高等学校规划教材

矿物材料科学系列教材

复合材料学

张以河　主编

化学工业出版社

·北京·

本书系统地介绍了复合材料的基本概念、基本理论、基本知识、基本性能和发展概况。全书包括绪论和10章主要内容，首先概述了复合材料的定义及分类、发展概况、特点及应用进展，然后介绍了复合材料的基体、增强体、复合材料界面与设计基础、复合材料成型与加工工艺等。在此基础上，以增强材料为主线，结合复合材料的特点、增强（改性）材料的种类分别介绍了无机纤维增强复合材料、有机纤维增强复合材料、矿物与晶须复合材料、纳米复合材料、木塑复合材料及碳/碳复合材料等各类复合材料。在兼顾复合材料学科共性的前提下，重点体现了矿物复合材料的特色，还介绍了近年来发展起来的纳米复合材料、木塑复合材料等新技术以及国内外复合材料最新发展动态。本书内容丰富，参考文献翔实，既有复合材料理论知识，又介绍了矿物复合材料、木塑复合材料等符合当前低碳环保、固体废弃物污染治理与资源化利用、节能减排、循环经济等国际大趋势的最新研究成果。

本书可作为从事材料科学与工程、复合材料、高分子材料、无机非金属材料、应用化学、岩石矿物材料、矿物加工、建筑材料、建筑设计、机械设计等相关专业研究、开发、教学、生产、销售、投资的科研工作者、教师、工程设计人员、企业经营管理与技术人员的参考书，同时适用于材料化学、材料科学与工程、复合材料、高分子材料、无机非金属材料、应用化学、岩石矿物材料、矿物加工等专业的本科生教材以及相近专业研究生的参考教材。

图书在版编目（CIP）数据

复合材料学/张以河主编．—北京：化学工业出版社，2011.1（2022.8重印）
高等学校规划教材
矿物材料科学系列教材
ISBN 978-7-122-09832-0

Ⅰ.复…　Ⅱ.张…　Ⅲ.复合材料-高等学校-教材　Ⅳ.TB33

中国版本图书馆CIP数据核字（2010）第213600号

责任编辑：窦　臻　　文字编辑：王　琪
责任校对：吴　静　　装帧设计：关　飞

出版发行：化学工业出版社（北京市东城区青年湖南街13号　邮政编码100011）
印　　装：北京建宏印刷有限公司
787mm×1092mm　1/16　印张19½　字数492千字　2022年8月北京第1版第5次印刷

购书咨询：010-64518888　　售后服务：010-64518899
网　　址：http://www.cip.com.cn
凡购买本书，如有缺损质量问题，本社销售中心负责调换。

定　　价：45.00元

《矿物材料科学系列教材》序

《矿物材料科学系列教材》是中国地质大学（北京）“十一五”期间重点建设的系列教材，是北京市“矿物材料学优秀教学团队”教改项目的主要建设内容，也是我校材料科学与工程品牌专业和教学质量工程建设的主要项目之一。

矿物资源是基础工业和消费品工业的原材料。随着现代工业的发展和科学技术的进步，发达国家对非金属矿物资源的开发利用已超过了金属矿产资源。以工业矿物作为原料的主要领域有：磨料，吸附材料，农用矿物，水泥，陶瓷，化学制品，建筑材料，钻井泥浆，电子仪器，过滤材料，阻燃材料，铸造，玻璃，冶金，涂料，纸张，颜料，塑料，耐火材料，合成纤维。2000年，向世界市场提供37种主要工业矿物产品的市场份额超过20%的国家有16个，其中中国提供的矿物产品有10种。矿物材料科学与技术对于国民经济发展的重要性由此可见一斑。

中国地质大学（北京）于1992年在全国最早招收“非金属矿物材料”大专专业；1994年，招收“无机非金属材料（矿物材料学）”本科专业；1995年，招收“材料化学”本科专业；1999年始，则按照工学一级学科“材料科学与工程”专业招生。尽管如此，长期以来我校在材料科学与工程领域，仍以依托学校的优势学科地球科学，重点发展无机非金属材料，尤其是矿物材料科学与技术为特色，并逐步形成了现今在国内该领域的优势学术地位。

编写《矿物材料科学系列教材》的计划始于1996年。当时，鉴于矿物材料学本科教学的急需，以及国内该领域研究工作的需要，曾拟订了一套6本教材的编写规划，列入学校的教材建设计划。后因各种原因，只有《工业矿物与岩石》正式出版（地质出版社，2002），用于实际教学。2004年，这套教材又被列入我校“211工程”建设“地球物质学与矿物新材料”子项目。遗憾的是，限于当时的师资状况和工作经费等问题，编写计划再度搁浅。

近年来，我校引进了多名材料科学与工程专业领域的青年学术骨干，使科学研究和专业教学水平有了显著提高；与本系列教材内容有关的二十余项国家级、北京市和校级教改项目的完成，加之国家对高等教育质量的重视，使专业教学水平有了质的飞跃。长期的教学实践和科研成果积累，学科发展方向与专业特色的凝练，特别是2008年以来，“矿物材料学优秀教学团队”的市级教改项目的实施和教学建设，构成了编写该系列教材的最重要工作基础。

《矿物材料科学系列教材》包括11种教材。其中本科教材：《工业矿物与岩石》（第三版）（普通高等教育“十一五”国家级规划教材；北京市高等教育精品教材），《无机材料工艺学》，《材料化学》，《材料物理》，《复合材料学》，《硅酸盐化学分析》；研究生教材：《硅酸盐物理化学》，《陶瓷热力学与材料设计》（北京市高等教育精品教材立项项目，2009）；教学参考书：《硅酸盐陶瓷相图》。列入后续编写计划的还有《矿物资源绿色加工学》、《硅酸盐材料学》等教材。

为保证本系列教材编写工作的有序高效和教材编写的学术水平，学校组织“矿物材料学优秀教学团队”的骨干教师承担教材的编写工作，同时组成“矿物材料科学系列教材编委会”，负责该系列教材中各教材的体例结构审定和重要内容取舍安排，以及每本教材具体内容的审定，组织校内外专家审稿等事宜。

编写本系列教材的主要目的是，系统总结近15年来我校在矿物材料科学与技术领域的教学改革与研究成果，客观反映课程体系与教学内容现状，并物化为系列教材的形式，以期有助于进一步提升教学质量，改进教学效果，并向其他具有相近专业背景的院校提供借鉴，同时向相关专业领域的研究人员提供参考。

本系列教材的内容力求充分体现矿物材料科学与技术的**基础性、系统性、前缘性、实践性**，要求反映矿物材料科学的篇幅不少于教材内容的1/3，近5年来的最新参考文献不少于1/3，教材内容涵盖超出实际授课需要不少于1/3。新教材体系不仅可满足材料科学与工程专业课堂教学的要求，而且兼顾了材料工程中的实际应用，同时也反映了矿物材料科学与技术的研究新进展和当代自然科学相关学科的发展趋势。

本系列教材除适用于地质、矿业、冶金、建材类高校的材料科学与工程、材料化学、资源勘查工程、宝石与材料工艺学等本科专业教学，也可作为其他理工科院校的材料科学与工程、材料物理、材料化学等专业作为参考教材，同时也适用于无机非金属材料学、矿产资源勘查工程、资源产业经济及相关专业领域的研究生和科研人员作为参考书使用。

最后，应予以说明的是，本系列教材能够顺利出版，完全得益于北京市教委“矿物材料学优秀教学团队”教改项目（2008～2010）、教育部“材料科学与工程国家级特色专业建设”项目（2010～2014）和“普通高等教育‘十一五’国家级规划教材”项目（2007～2010）、“北京市高等教育精品教材立项”项目（2009～2011）的实施，尤其是教材出版经费的资助，谨此致以诚挚谢意。

《矿物材料科学系列教材》编委会主任

北京市高等学校教学名师，二级教授

马鸿文

2010年10月6日

前　　言

材料是科学技术发展的基础，在多种材料并存的时代，复合材料由于具有轻质、高强、高模量、耐疲劳、可设计、通过复合可使各类材料取长补短提高综合性能等特点，逐渐成为先进材料的发展重点，已得到了迅速发展。本书的编写基于作者二十余年来从事复合材料研发的经验和科研成果，为了适应复合材料的学科发展和天然矿物的高效利用、固体废弃物污染治理与资源化利用、节能减排、循环经济等国内外发展趋势，立足复合材料学科与其他学科交叉、融合、渗透的特点以及当前矿物材料改性复合的科研和教学改革要求，作者针对近年来在中国地质大学（北京）材料化学、材料科学与工程、岩石矿物材料、复合材料、高分子材料、应用化学、矿物加工等专业本科生和研究生讲授复合材料学的基础上而编写的。

本书在兼顾复合材料学共性和系统性的前提下，以纤维与矿物增强材料为主线，重点体现矿物及其复合材料的特色。着眼于将矿物材料与复合材料有机结合，并与工业矿物与岩石、材料化学、材料物理、高分子材料等教材或专著相衔接。

近几十年来，复合材料发展非常迅速。鉴于复合材料学科涉及的内容和种类繁多，为方便读者较全面地学习复合材料的基础知识，掌握复合材料的主要内容，本书首先介绍了复合材料的定义、分类、基体、增强体、界面与设计基础、成型与加工工艺，然后分述了纤维复合材料、矿物与晶须复合材料、纳米复合材料、木塑复合材料、碳/碳复合材料等相关性能、应用和发展概况。既兼顾了复合材料的共性知识，也体现了矿物复合材料的特色，还介绍了近年来发展起来的纳米复合材料、木塑复合材料、污染治理与资源化利用制备新型复合材料等新技术和国内外复合材料最新动态。本书将有助于读者了解复合材料的基本知识及其发展趋势和应用，促进复合材料学科的发展以及与其他学科的交叉创新研究。

本书由张以河主编，郝向阳、吕凤柱和周风山参加部分章节编写。全书由张以河负责设计大纲和统稿。各章节编写人员如下：张以河（绪论、第一、三、五、六、八章，第二章第一、二、五、六节，第七章第一、三节）；郝向阳（第四、九、十章）；吕凤柱（第二章第四节，第七章第二、四节）；周风山（第二章第三节，第七章第五节）。参加本书资料收集、图表文献整理、校对工作的还有：余黎、于春晓、张锐、张安振、沈博、陆金波、卢波、孟祥海、尚继武、王凡、谢萌、方舟等。

北京科技大学贾成厂教授、中国地质大学（北京）张泽朋副教授分别对有关章节进行了认真细致的审稿，并提出了宝贵的修改意见。各章节审稿人员如下：贾成厂（绪论、第一、二、三、四、五、六、九、十章）；张泽朋（第七、八章）。在此深表谢意。

复合材料学是一门年轻但充满活力和发展潜力的学科，新型复合材料的发展日新月异，涉及的领域广泛，有许多新品种及其用途还在不断发展中，有关文献浩如烟海，难以收集完全。因此，书中难免存在疏漏、不妥之处，敬请读者指正与赐教。本书在编写过程中除了引用作者自己的科研成果外，还参阅、引用了其他大量文献。在此，谨向所引用文献的作者们表示衷心的感谢。

编　者

2010 年 11 月 18 日于北京

目 录

绪　论

第一节　复合材料的定义及分类

一、复合材料的定义

关于复合材料的定义，有研究者认为，复合材料就是由两种或两种以上单一材料构成的，具有一些新性能的材料[1]。根据国际标准化组织（International Organization for Standardization，ISO）为其所下的定义，复合材料是由两种或两种以上物理和化学性质不同的物质组合而成的一种多相固体材料。复合材料的组分材料虽然保持其相对独立性，但复合材料的性能却不是组分材料性能的简单加和，而是有重要的改性。

二、复合材料的分类

随着复合材料的发展，其种类日益繁多，为了更好地研究和使用复合材料，需要对其进行分类。复合材料的分类方法很多，常见的方法有以下几种[2]。

1. 根据基体材料类型分类

(1) 聚合物基复合材料

(2) 金属基复合材料

(3) 无机非金属基复合材料

2. 根据增强纤维类型分类

(1) 碳纤维复合材料

(2) 玻璃纤维复合材料

(3) 有机纤维复合材料

(4) 金属纤维复合材料

(5) 陶瓷纤维复合材料

3. 根据增强材料形态分类

(1) 连续纤维增强复合材料

(2) 纤维织物或片状材料增强复合材料

(3) 短纤维增强复合材料

(4) 层状矿物复合材料

(5) 链状矿物复合材料

(6) 粒状矿物（或其他填料）复合材料

4. 同质复合的与异质复合的复合材料

(1) 同质复合材料

(2) 异质复合材料

5. 根据材料作用分类

(1) 结构复合材料

(2) 功能复合材料

第二节　复合材料发展概况

一、复合材料的发展历史

人类在远古时代就从实践中认识到，可以根据用途需要，组合两种或多种材料，利用性能优势互补，制成原始的复合材料。所以，复合材料既是一种新型材料，也是一种古老的材料。复合材料的发展历史，从用途、构成、功能以及设计思想和发展研究等方面，大体上可以分为古代复合材料和现代复合材料两个阶段。

（一）古代复合材料

在中国西安东郊半坡村仰韶文化遗址发现，早在公元前2000年以前，古代人已经用草茎增强土坯作住房墙体材料。中国沿用至今的漆器是用漆作基体，麻绒或丝绢织物作增强体的复合材料，这种漆器早在7000年前的新石器时代即有萌芽。1957年江苏吴江梅堰遗址出土的油漆彩绘陶器，1978年浙江余姚河姆渡遗址出土的朱漆木碗，就是两件最早的漆器实物。史料记载，距今4000多年的尧舜夏禹时期已发明漆器，用作食品容器和祭品。湖南长沙马王堆汉墓出土的漆器鼎壶、盆具和茶几等，用漆作胶黏剂，丝麻作增强体。在湖北随县出土的2000多年前的曾侯乙墓葬中，发现有用于车战的长达3m多的戈戟和殳，用木芯外包纵向竹丝，以漆作胶黏剂，丝线环向缠绕，其设计思想与近代复合材料相仿。1000多年以前，中国已用木料和牛角制弓，可在战车上发射。至元代，蒙古弓用木材作芯子、受拉面贴单向纤维，受压面粘牛角片，丝线缠绕，漆作胶黏剂，弓轻巧有力，是古代复合材料中制造水平高超的夹层结构。在金属基复合材料方面，中国也有高超的技艺。如越王剑，是金属包层复合材料制品，不仅光亮锋利，而且韧性和耐腐蚀性优异，埋藏在潮湿环境中几千年，出土后依然寒光夺目，锋利无比。5000年以前，中东地区用芦苇增强沥青造船。在古埃及墓葬出土时，发现有用名贵紫檀木在普通木材上装饰贴面的棺撑、家具。古埃及修建的金字塔，用石灰、火山灰等作黏合剂，混合砂石等作砌料，这是最早、最原始的颗粒增强复合材料。但是，上述辉煌的历史遗产，只是人类在与自然界的斗争实践中不断改进而取得的，同时都是取材于天然材料，对复合材料还是处于不自觉的感性认识阶段。

（二）现代复合材料

20世纪40年代，玻璃纤维和合成树脂大量商品化生产以后，纤维复合材料发展成为具有工程意义的材料，同时相应地开展了与之有关的研究设计工作。这可以认为是现代复合材料的开始，也是对复合材料进入理性认识阶段。早期发展出的现代复合材料，由于性能相对较低，生产量大，使用面广，被称为常用复合材料。后来随着高技术发展的需要，在此基础上又发展出性能高的先进复合材料。第一次世界大战前，用胶黏剂将云母片热压制成人造云母板。20世纪初市场上有虫胶漆片与纸复合制成的层压板出售。但真正的纤维增强塑料工业，是在用合成树脂代替天然树脂、用人造纤维代替天然纤维以后才发展起来的。公元前，腓尼基人在火山口附近发现玻璃纤维。1841年英国人制成玻璃纤维拉丝机。第一次世界大战期间，德国以拖动脚踏车轮拉拔玻璃纤维丝。20世纪30年代，美国发明用铂坩埚生产连续玻璃纤维的技术，从此在世界范围内开始大规模生产玻璃纤维，以其增强塑料制成复合材料。至60年代，在技术上趋于成熟，在许多领域开始取代金属材料。

1. 常用树脂基复合材料的发展历史

可按制成年份排列如下：1910年酚醛树脂复合材料；1928年脲醛树脂复合材料；1938年三聚氰胺-甲醛树脂复合材料；1942年聚酯树脂复合材料；1946年环氧树脂复合材料、玻璃纤维增强尼龙；1951 年玻璃纤维增强聚苯乙烯；1956 年酚醛石棉耐磨复合材料。先进复合材料随着航空航天技术的发展，对结构材料要求比强度、比模量、韧性、耐热性、抗环境能力和加工性能都好。

2. 先进复合材料的发展历史

针对各种不同需求，出现了高性能树脂基先进复合材料，在性能上区别于一般低性能的常用树脂基复合材料。以后又陆续出现金属基和陶瓷基先进复合材料。对结构用先进复合材料，除英国外，各技术发达国家均提出研制开发目标。如日本通商产业省制定的下一代材料工业基础发展计划（1981～1988 年）对复合材料提出的要求是：树脂基复合材料的耐热性不低于 250℃，拉伸强度达到 2.8GPa 以上；金属基复合材料的耐热性不低于 450℃，拉伸强度达到 1.8GPa 以上。

（1）树脂基先进复合材料　经 60 年代末期试用，树脂基高性能复合材料已用于制造军用和民用飞机的承力结构，近年来又逐步进入其他工业领域。其增强体纤维有碳纤维、芳纶，或两者混杂使用；树脂基体主要是固化体系为 120℃或 175℃的环氧树脂，还有少量聚酰亚胺树脂，以适应耐热性高达 250℃的要求。几种树脂基先进复合材料的制成年份依次排列如下：1964 年碳纤维增强树脂基复合材料；1965 年硼纤维增强树脂基复合材料；1969 年碳/玻璃混杂纤维增强树脂基复合材料；1970 年碳/芳纶混杂纤维增强树脂基复合材料。

（2）金属基先进复合材料　70 年代末期发展出来用高强度、高模量的耐热纤维与金属复合，特别是与轻金属复合而成金属基复合材料，克服了树脂基复合材料耐热性差和不导电、导热性低等不足。金属基复合材料由于金属基体的优良导电和导热性，加上纤维增强体不仅提高了材料的强度和模量，而且降低了密度。此外，这种材料还具有耐疲劳、耐磨耗、高阻尼、不吸潮、不放气和低膨胀系数等特点，已经广泛用于航空航天等尖端技术领域作为理想的结构材料。金属基复合材料有纤维和颗粒增强两大类。纤维（包括连续纤维、短纤维和晶须）增强金属基复合材料的综合性能较好，但工艺复杂，成本高。颗粒增强金属基复合材料可以用一般的金属加工工艺和设备生产各种型材，已经规模生产。

（3）碳/碳复合材料　60 年代用碳纤维或石墨纤维作为增强体，以可碳化或石墨化的树脂浸渍，或用化学气相沉积碳作为基体，制成碳/碳复合材料。70 年代初，主要用以制造导弹尖锥、发动机喷管以及航天飞机机翼的前缘部件等。这种材料能在高温（可达 2700℃）下仍保持其强度、模量、耐烧蚀性。而且现在还正在设法拓宽民用领域。

（4）陶瓷基先进复合材料　80 年代开始逐渐发展陶瓷基复合材料，采用纤维补强陶瓷基体以提高韧性。主要目标是希望用以制造燃气涡轮叶片和其他耐热部件，但仍在发展中。

二、国内复合材料的发展概况

复合材料发展至今，在航空航天、军事、汽车、船舶和建筑等领域所占比重越来越大。我国复合材料发展潜力很大，但须处理好以下热点问题。

（一）复合材料创新

复合材料创新包括复合材料的技术发展、复合材料的工艺发展、复合材料的产品发展和复合材料的应用，具体要抓住树脂基体发展创新、增强材料发展创新、生产工艺发展创新和产品应用发展创新。到 2007 年，亚洲占世界复合材料总销售量的比例将从 18%增加到 25%，目前亚洲人均消费量仅为 0.29kg，而美国为 6.8kg，亚洲地区具有极大的增长潜力。

（二）聚丙烯腈基纤维发展

我国碳纤维（CF）工业发展缓慢，从 CF 发展回顾和特点、国内 CF 发展过程、中国聚丙烯腈基 CF 市场概况和特点、“十五”、“十一五”科技攻关情况看，发展聚丙烯腈基碳纤维既有需要也有可能。

（三）玻璃纤维结构调整

我国玻璃纤维70%以上用于增强基材，在国际市场上具有成本优势，但在品种规格和质量上与先进国家尚有差距，必须改进和发展纱类、机织物、无纺毡、编织物、缝编织物、复合毡，推进玻璃纤维与玻璃钢两行业密切合作，促进玻璃纤维增强材料的新发展。

（四）开发能源、交通用复合材料市场

一是清洁、可再生能源用复合材料，包括风力发电用复合材料、烟气脱硫装置用复合材料、输变电设备用复合材料和天然气、氢气高压容器；二是汽车、城市轨道交通用复合材料，包括汽车车身、构架和车体外覆盖件，轨道交通车体、车门、座椅、电缆槽、电缆架、格栅、电器箱等；三是民航客机用复合材料，主要为碳纤维复合材料。热塑性复合材料约占10%，主要产品为机翼部件、垂直尾翼、机头罩等。我国未来20年间需新增支线飞机661架，将形成民航客机的大产业，复合材料可建成新产业与之相配套；四是船艇用复合材料，主要为游艇和渔船，游艇作为高级娱乐耐用消费品在欧美有很大市场，由于我国鱼类资源的减少，渔船虽发展缓慢，但复合材料特有的优点仍有发展的空间。

（五）纤维复合材料基础设施应用

国内外复合材料在桥梁、房屋、道路中的基础应用广泛，与传统材料相比有很多优点，特别是在桥梁上和在房屋补强、隧道工程以及大型储仓修补和加固中市场广阔。

（六）复合材料综合处理与再生

重点发展物理回收（粉碎回收）、化学回收（热裂解）和能量回收，加强技术路线、综合处理技术研究，示范生产线建设，再生利用研究，大力拓展再生利用材料在石膏中的应用、在拉挤制品中的应用以及在SMC/BMC模压制品中的应用和典型产品中的应用。

21世纪的高性能树脂基复合材料技术是赋予复合材料自修复性、自分解性、自诊断性、自制功能等为一体的智能化材料。以开发高刚度、高强度、高湿热环境下使用的复合材料为重点，构筑材料、成型加工、设计、检查一体化的材料系统。组织系统上将是联盟和集团化，这将更充分地利用各方面的资源（技术资源、物质资源），紧密联系各方面的优势，以推动复合材料工业的进一步发展。

第三节 复合材料的特点及应用

一、复合材料的特点

根据复合材料的定义，复合材料由多相材料复合而成，其共同特点[3]如下。

(1) 可综合发挥各种组成材料的优点，使单一材料具有多种性能，具有天然材料所没有的性能。例如，玻璃纤维增强环氧基复合材料，既具有类似钢材的强度，又具有塑料的介电性能和耐腐蚀性能。

(2) 可按对材料性能的需要进行材料的设计和制造。例如，针对方向性材料强度的设计，针对某种介质耐腐蚀性能的设计等。性能的可设计性是复合材料的最大特点。影响复合材料性能的因素很多，主要取决于增强材料的性能、含量及分布状况，基体材料的性能、含量，以及它们之间的界面结合情况，作为产品还与成型工艺和结构设计有关。因此，不论哪一类复合材料，就是同一类复合材料的性能也不是一个定值。

(3) 可制成所需的任意形状的产品，可避免多次加工工序。例如，可避免金属产品的铸模、切削、磨光等工序。

二、复合材料的应用

复合材料是指由两种或两种以上不同物质以不同方式组合而成的材料，它可以发挥各种材料的优点，克服单一材料的缺陷，扩大材料的应用范围。由于复合材料具有重量轻、强度高、加工成型方便、弹性优良、耐化学腐蚀性和耐候性好等特点，已逐步取代木材及金属合金，广泛应用于航空航天、汽车、电子电气、建筑、健身器材等领域，在近几年更是得到了飞速发展。

随着科技的发展，树脂与玻璃纤维在技术上不断进步，生产厂家的制造能力普遍提高，使得玻璃纤维增强复合材料的价格成本已被许多行业接受，但玻璃纤维增强复合材料的强度尚不足以和金属匹敌。因此，碳纤维、硼纤维等增强复合材料相继问世，使高分子复合材料家族更加完备，已经成为众多产业的必备材料。目前全世界复合材料的年产量已达550多万吨，年产值达1300亿美元以上，若将欧美的军事、航空航天的高价值产品计入，其产值将更为惊人。从全球范围看，世界复合材料的生产主要集中在欧美和东亚地区。近几年欧美复合材料产需均持续增长，而亚洲的日本则因经济不景气，发展较为缓慢，但中国尤其是中国内地的市场发展迅速。据世界主要复合材料生产商PPG公司统计，2000年欧洲的复合材料全球占有率约为32%，年产量约200万吨。与此同时，美国复合材料在20世纪90年代年均增长率约为美国GDP增长率的2倍，达到4%～6%。2000年，美国复合材料的年产量达170万吨左右。特别是汽车用复合材料的迅速增加使得美国汽车在全球市场上重新崛起。亚洲近几年复合材料的发展情况与政治经济的整体变化密切相关，各国的占有率变化很大。总体而言，亚洲的复合材料仍将继续增长，2000年的总产量约为145万吨，2005年总产量达180万吨。

从应用上看，复合材料在美国和欧洲主要用于航空航天、汽车等行业。2000年美国汽车零件的复合材料用量达14.8万吨，欧洲汽车复合材料用量到2003年达到10.5万吨。而在日本，复合材料主要用于住宅建设，如卫浴设备等，此类产品在2000年的用量达7.5万吨，汽车等领域的用量仅为2.4万吨。不过从全球范围看，汽车工业是复合材料最大的用户，今后发展潜力仍十分巨大，目前还有许多新技术正在开发中。例如，为降低发动机噪声，增加轿车的舒适性，正着力开发两层冷轧板间黏附热塑性树脂的减振钢板；为满足发动机向高速、增压、高负荷方向发展的要求，发动机活塞、连杆、轴瓦已开始应用金属基复合材料。为满足汽车轻量化要求，必将会有越来越多的新型复合材料被应用到汽车制造业中。与此同时，随着近年来人们对环保问题的日益重视，高分子复合材料取代木材方面的应用也得到了进一步推广。例如，用植物纤维与废塑料加工而成的复合材料，在北美已被大量用作托盘和包装箱，用以替代木制产品；而可降解复合材料也成为国内外开发研究的重点。

另外，纳米技术逐渐引起人们的关注，纳米复合材料的研究开发也成为新的热点。如纳米改性塑料，可使塑料的聚集态及结晶态发生改变，从而使之具有新的性能，在克服传统材料刚性与韧性难以相容的矛盾的同时，大大提高了材料的综合性能。

参 考 文 献

[1] 周祖福等．复合材料学．武汉：武汉理工大学出版社，1995.

[2] 王荣国等．复合材料概论．哈尔滨：哈尔滨工业大学出版社，1999.

[3] 闻荻江等．复合材料原理．武汉：武汉理工大学出版社，1998.

第一章 复合材料基体

第一节 概 述

复合材料的原材料包括基体材料和增强材料。基体材料主要包括以下三类：聚合物基体材料、金属基体材料和陶瓷基体材料。

一、聚合物基体

聚合物是指由许多相同的、简单的结构单元通过共价键重复连接而成的高分子量（通常可达 10^4～10^6）化合物。例如，聚氯乙烯分子是由许多氯乙烯分子结构单元—CH_2CHCl—重复连接而成的，因此—CH_2CHCl—又称结构单元或链节。由能够形成结构单元的小分子所组成的化合物称为单体，是合成聚合物的原料。大多数聚合物使用氢（聚乙烯）、氯(PVC)、氟（ETFE、PVDF、特氟纶）或其他分子在碳链上进行构建。

(1) 热固性聚合物（环氧、酚醛、不饱和聚酯、聚酰亚胺树脂等） 通常为分子量较小的液态或固态预聚体，经加热或加固化剂发生交联化学反应并经过凝胶化和固化阶段后，形成不溶不熔的三维网状高分子。但固化后再加热将不再软化，也不溶于溶剂。热固性树脂在初始阶段流动性很好，容易浸透增强体，同时工艺过程比较容易控制。这些树脂几乎适合于各种类型的增强体。各种热固性树脂的固化反应机理不同，根据使用要求的差异，采用的固化条件也有很大的差异。一般的固化条件有室温固化、中温固化（120℃左右）和高温固化(170℃以上)。这类高分子通常为无定形结构。具有耐热性好、刚度大、电性能、加工性能和尺寸稳定性好等优点。

(2) 热塑性聚合物 包括各种通用塑料（聚丙烯、聚氯乙烯等)、工程塑料（尼龙、聚碳酸酯等）和特种耐高温聚合物（聚酰胺、聚醚砜、聚醚醚酮等)。它们是一类线型或有支链的固态高分子，可溶可熔，可反复加工而无化学变化，加热时软化并熔融，可塑造成型，冷却后即成型并保持既得形状，而且该过程可反复进行。

二、陶瓷基体

陶瓷是金属与非金属的固体化合物，以离子键（如 MgO、Al_2O_3)、共价键（金刚石、Si_3N_4、BN）以及离子键和共价键的混合键结合在一起。陶瓷材料的显微结构通常由晶相、玻璃相和气相（孔）等不同的相组成。传统上，陶瓷材料是指硅酸盐类材料，如陶器和瓷器，也包括玻璃、搪瓷、耐火材料、砖瓦等；现今意义上，陶瓷材料是指各种无机非金属材料的通称。

（一）传统陶瓷

传统陶瓷是以黏土、长石和石英等天然原料，经过粉碎、成型和烧结制成，主要用作日用、建筑、卫生以及工业上应用的绝缘、耐酸、过滤陶瓷等。

（二）特种陶瓷

特种陶瓷是以人工化合物为原料制成，如氧化物、氮化物、碳化物、硅化物、硼化物和氟化物陶瓷以及石英质、刚玉质、碳化硅质过滤陶瓷等。这类陶瓷具有独特的力学、物理、化学、电、磁、光学等性能，满足工程技术的特殊需要，主要用于化工、冶金、机械、电子、能源和一些新技术中。

（三）玻璃陶瓷

许多无机玻璃可通过适当的热处理使其由非晶态转变为晶态，这一过程称为反玻璃化。对于某些玻璃反玻璃化过程可以控制，最后能够形成无残余应力的微晶玻璃。这种材料称为玻璃陶瓷。玻璃陶瓷的密度为2.0～2.8g/cm^3，抗弯强度为70～350MPa，弹性模量为80～140GPa。为了实现反玻璃化，需要加入成核剂（TiO_2）。玻璃陶瓷具有热膨胀系数小、力学性能好和热导率较大等特点。如锂铝硅（Li_2O-Al_2O_3-SiO_2，LAS）玻璃陶瓷的热膨胀系数几乎为零，耐热性好。镁铝硅（MgO-Al_2O_3-SiO_2，MAS）玻璃陶瓷的硬度高，耐磨性好。

（四）氧化物陶瓷

氧化物陶瓷主要有Al_2O_3、MgO、SiO_2、ZrO_2和莫来石（$3Al_2O_3$-$2SiO_2$）等。其熔点在2000℃以上，主要为单相多晶结构，还可能有少量气相（气孔）。微晶氧化物的强度较高；粗晶结构时，晶界残余应力较大，对强度不利。氧化物陶瓷的强度随环境温度升高而降低。这类材料应避免在高应力和高温环境下使用。这是因为Al_2O_3和ZrO_2的抗热震性差；SiO_2在高温下容易发生蠕变和相变等。

（五）非氧化物陶瓷

非氧化物陶瓷主要有氮化物、碳化物、硼化物和硅化物。它们的特点是耐火性和耐磨性好，硬度高，但脆性也很强。碳化物、硼化物的抗热氧化温度约900～1000℃，氮化物略低些，硅化物的表面能形成氧化硅膜，所以抗热氧化温度可达1300～1700℃。氮化硅属于六方晶系，有两种晶相。其强度和硬度高，抗热震和抗高温蠕变性好，摩擦系数小，具有良好的耐（酸、碱和有色金属）腐蚀（侵蚀）性。抗热氧化温度可达1000℃，电绝缘性好。高温强度高，具有很高的热传导能力以及较好的热稳定性、耐磨性、耐腐蚀性和抗蠕变性。氮化硼具有类似石墨的六方结构，在高温（1360℃）和高压作用下可转变成立方结构的立方氮化硼，耐热温度高达2000℃，硬度极高，可作为金刚石的代用品。

三、金属基体

金属基复合材料学科是一门相对较新的材料学科，金属基体的选择对复合材料的性能有决定性作用。金属基体的密度、强度、塑性、导热性、导电性、耐热性、耐腐蚀性等均将影响复合材料的比强度、比刚度、耐高温、导热、导电等性能。基体材料成分的正确选择对能否充分组合及发挥基体金属和增强体的性能、特点，获得预期的优异综合性能，满足使用要求十分重要。

(1) 用于450℃以下的轻金属基体。目前使用最广泛、最成熟的是铝基和镁基复合材料，用于航天飞机、人造卫星、空间站、汽车发动机零件、刹车盘等。还有铝及其合金、镁及其合金等。

(2) 用于450～700℃的复合材料的金属基体。钛及其合金具有密度小、耐腐蚀、耐氧化、强度高等特点，可在450～700℃使用，用于航空发动机等零件。

(3) 用于1000℃以上的高温复合材料基体。主要是镍基、铁基耐热合金和金属间化合物。较成熟的是镍基、铁基高温合金，金属间化合物基复合材料尚处于研究阶段。

功能金属基复合材料的基体要求材料和器件具有优良的综合物理性能，如同时具有高力学性能、高导热性、低热膨胀系数、高电导率、高抗电弧烧蚀性、高摩擦系数和耐磨性等。单靠金属与合金难以具有优良的综合物理性能，而要靠优化设计和先进制造技术将金属与增强物做成复合材料来满足需求。例如，电子领域的集成电路，由于电子器件的集成度越来越高，单位体积中的元件数不断增多，功率增大，发热严重，需用热膨胀系数小、导热性好的材料做基板和封装零件，以便将热量迅速传走，避免产生热应力，来提高器件可靠性。

目前，功能金属基复合材料（不含双金属复合材料）主要用于微电子技术的电子封装、高导热和耐电弧烧蚀的介电材料和触头材料、耐高温摩擦的耐磨材料、耐腐蚀的电池极板材料等。主要的金属基体是纯铝及铝合金、纯铜及铜合金、银、铅、锌等金属。

第二节　聚合物基体

用于复合材料的聚合物基体可分为热固性树脂基体、热塑性树脂基体和橡胶基体。

一、热固性树脂基体

热固性树脂是指在加热、加压下或在固化剂、紫外线作用下，进行化学反应，交联固化成为不溶不熔物质的一大类合成树脂。这种树脂在固化前一般为分子量不高的固体或黏稠液体；在成型过程中能软化或流动，具有可塑性，可制成一定形状，同时又发生化学反应而交联固化；有时放出一些副产物，如水等。此反应是不可逆的，一经固化，再加压、加热也不可能再度软化或流动；温度过高，则分解或碳化。这也就是与热塑性树脂的基本区别。

在塑料工业发展初期，热固性树脂所占比例很大，一般在50%以上。随着石油化工的发展，热塑性树脂产量剧增，到20世纪80年代，热固性树脂在世界合成树脂总产量中仅占10%～20%。

热固性树脂在固化后，由于分子间交联，形成网状结构，因此刚性大、硬度高、耐高温、不易燃、制品尺寸稳定性好，但性脆。因而绝大多数热固性树脂在成型为制品前，都加入各种增强材料，如木粉、矿物粉、纤维或纺织品等使其增强，制成增强塑料。在热固性树脂中，加入增强材料和其他添加剂，如固化剂、着色剂、润滑剂等，即能制成热固性塑料，有的呈粉状、粒状，有的做成团状、片状，统称模塑料。热固性塑料常用的加工方法有模压、层压、传递模塑、浇铸等，某些品种还可用于注射成型。

热固性树脂多用缩聚法生产。常用热固性树脂有酚醛树脂、脲醛树脂、三聚氰胺-甲醛树脂、环氧树脂、不饱和聚酯树脂、聚氨酯、聚酰亚胺等。热固性树脂主要用于制造增强塑料、泡沫塑料、各种电工用模塑料、浇铸制品等，还有相当数量用于胶黏剂和涂料。

从发展来看，热固性树脂还在进一步改进质量，研制新品种，以满足新加工工艺开发的要求。用弹性体和热塑性树脂进行改性、开发注塑级热固性模塑料以及反应注射成型用专用树脂及配方，近年来已受到很大重视。采用互穿聚合物网络技术将为热固性树脂的合成开辟新途径。

（一）不饱和聚酯树脂

不饱和聚酯（unsaturated polyester resin）是一般由不饱和二元酸、二元醇或者饱和二元酸、不饱和二元醇缩聚而成的具有酯键和不饱和双键的线型高分子化合物，由于不饱和聚酯分子链中含有不饱和双键，因此可以和含有双键的单体如苯乙烯、甲基丙烯酸甲酯等发生共聚反应生成三维立体结构（图1-1），形成不溶不熔的热固性塑料[1]。

1. 性能特点

(1) 工艺性能优良。这是不饱和聚酯树脂最大的优点。可以在室温下固化，常压下成型，工艺性能灵活，特别适合大型和现场制造玻璃钢制品。

(2) 固化后树脂综合性能好。力学性能指标略低于环氧树脂，但优于酚醛树脂。耐腐蚀性、电性能和阻燃性可以通过选择适当牌号的树脂来满足要求，树脂颜色浅，可以制成透明制品。

(3) 品种多，适用广泛，价格较低。

(4) 缺点是固化时收缩率较大，储存期限短，含苯乙烯，有刺激性气体，长期接触对身体健康不利。

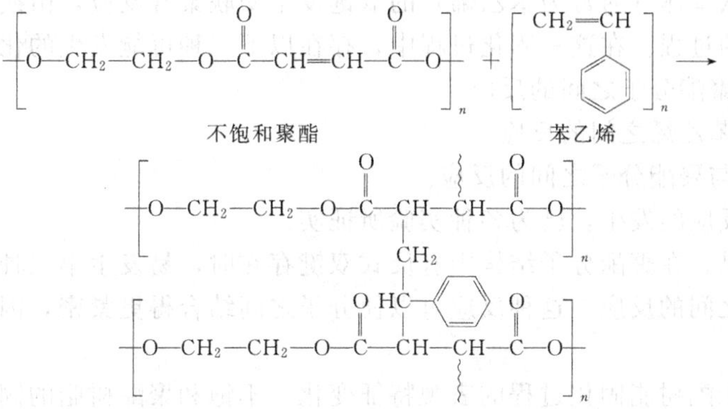

图 1-1　不饱和聚酯和苯乙烯发生共聚反应

2. 物理和化学性质

(1) 物理性质　不饱和聚酯树脂的相对密度在 1.11～1.20 之间，固化时体积收缩率较大，固化树脂的一些物理性质如下。

① 耐热性能　绝大多数不饱和聚酯树脂的热变形温度都在 50～60℃之间，一些耐热性好的树脂则可达 120℃。热膨胀系数 α_1 为 $(130\sim150)\times10^{-6}$℃$^{-1}$。

② 力学性能　不饱和聚酯树脂具有较高的拉伸、弯曲、压缩等强度。

③ 耐化学腐蚀性能　不饱和聚酯树脂耐水、稀酸、稀碱的性能较好，耐有机溶剂的性能差。同时，树脂的耐化学腐蚀性随其化学结构和几何形状的不同，可以有很大的差异。

④ 介电性能　不饱和聚酯树脂的介电性能良好。

(2) 化学性质　不饱和聚酯是具有多功能团的线型高分子化合物，在其骨架主链上具有聚酯链键和不饱和双键，而在大分子链两端各带有羧基和羟基。

主链上的双键可以和乙烯基单体发生交联共聚反应，使不饱和聚酯树脂从可溶可熔状态转变成不溶不熔状态。主链上的酯键可以发生水解反应，酸或碱可以加速该反应。若与苯乙烯共聚交联后，则可以大大降低水解反应的发生概率。

在酸性介质中，水解是可逆的，不完全的，所以，聚酯能耐酸性介质的侵蚀。在碱性介质中，由于形成了共振稳定的羧酸根阴离子，水解成为不可逆的，所以聚酯耐碱性较差。

聚酯链末端上的羧基可以和碱土金属氧化物或氢氧化物，如 MgO、CaO 和 $Ca(OH)_2$ 等反应，使不饱和聚酯分子链扩展，最终有可能形成络合物。分子链扩展可使起始黏度为 0.1～1.0Pa·s 黏性液体状树脂，在短时间内黏度剧增至 10^3Pa·s 以上，直至成为不能流动的、不粘手的类似凝胶状物。树脂处于这一状态时并未交联，在合适的溶剂中仍可溶解，加热时有良好的流动性。

3. 不饱和聚酯树脂的固化机理

(1) 从游离基聚合的化学动力学角度分析　UPR 的固化属于自由基共聚反应。固化反应具有链引发、链增长、链终止、链转移四个游离基反应的特点。

① 链引发　从过氧化物引发剂分解形成游离基到这种游离基加到不饱和基团上的过程。

② 链增长　单体不断地加合到新产生的游离基上的过程。与链引发相比，链增长所需

的活化能要低得多。

③ 链终止 两个游离基结合，终止了增长着的聚合链。

④ 链转移 一个增长着的大的游离基能与其他分子，如溶剂分子或抑制剂发生作用，使原来的活性链消失成为稳定的大分子，同时原来不活泼的分子变为游离基。

(2) 不饱和聚酯树脂固化过程中分子结构的变化 UPR 的固化过程是 UPR 分子链中的不饱和双键与交联单体（通常为苯乙烯）的双键发生交联聚合反应，由线型长链分子形成三维立体网络结构的过程。在这一固化过程中，存在以下三种可能发生的化学反应。

① 苯乙烯与聚酯分子之间的反应。

② 苯乙烯与苯乙烯之间的反应。

③ 聚酯分子与聚酯分子之间的反应。

对于这三种反应的发生，已为各种实验所证实。

值得注意的是，在聚酯分子结构中有反式双键存在时，易发生第三种反应，也就是聚酯分子与聚酯分子之间的反应，这种反应可以使分子之间结合得更紧密，因而可以提高树脂的各项性能。

(3) 不饱和聚酯树脂固化过程的表观特征变化 不饱和聚酯树脂的固化过程可分为三个阶段，分别如下。

① 凝胶阶段（A 阶段） 从加入固化剂、促进剂以后算起，直到树脂凝结成胶冻状而失去流动性的阶段。该阶段中，树脂能熔融，并可溶于某些溶剂（如乙醇、丙酮等）中。这一阶段大约需要几分钟至几十分钟。

② 硬化阶段（B 阶段） 从树脂凝胶以后算起，直到变成具有足够硬度，达到基本不粘手状态的阶段。该阶段中，树脂与某些溶剂（如乙醇、丙酮等）接触时能溶胀但不能溶解，加热时可以软化但不能完全熔化。这一阶段大约需要几十分钟至几小时。

③ 熟化阶段（C 阶段） 在室温下放置，从硬化以后算起，达到制品要求硬度，具有稳定的物理与化学性能可供使用的阶段。该阶段中，树脂既不溶解也不熔融。通常所指的后期固化就是指这个阶段。这个阶段通常是一个很漫长的过程。通常需要几天或几星期甚至更长的时间。

(4) 影响树脂固化度的因素 不饱和聚酯树脂的固化是线型大分子通过交联剂的作用，形成体型立体网络的过程，但是固化过程并不能消耗树脂中全部活性双键而达到 100% 的固化度。也就是说，树脂的固化度很难达到完全。其原因在于固化反应的后期，体系黏度急剧增加而使分子扩散受到阻碍的缘故。一般只能根据材料性能趋于稳定时，便认为是固化完全了。树脂的固化度对玻璃钢性能影响很大。固化程度高，玻璃钢制品的力学性能和物理、化学性能得到充分发挥。通过对 UPR 树脂固化后的不同阶段进行物理性能测试，结果表明，其弯曲强度随着时间的增长而不断增长，直到一年后才趋于稳定。而实际上，对于已经投入使用的玻璃钢制品，一年以后，由于热、光等老化以及介质的腐蚀等作用，力学性能又开始逐渐下降。

影响固化度的因素有很多，树脂本身的组分，引发剂、促进剂的量，固化温度、后固化温度和固化时间等都可以影响聚酯树脂的固化度。

4. 应用

各种不饱和聚酯未固化时是从低黏度到高黏度的液体，加入各种添加剂后加热固化，固化后即成刚性或弹性的塑料，可以是透明的或不透明的。不饱和聚酯的主要用途是用玻璃纤维增强制成玻璃钢，是增强塑料中的主要品种之一。广泛用于制造雷达天线罩、飞机零部件、汽车外壳、小型船艇、透明瓦楞板等建筑材料、卫生盥洗器皿以及化工设备和管道等。

（二）环氧树脂

环氧树脂是泛指分子中含有两个或两个以上环氧基的有机高分子化合物，除个别外，它们的分子量都不高。环氧树脂的分子结构是以分子链中含有活泼的环氧基为其特征，环氧基团可以位于分子链的末端、中间或呈环状结构，图 1-2 为双酚 A 型环氧树脂结构式。由于分子结构中含有活泼的环氧基，使它们可与多种类型的固化剂发生交联反应而形成不溶不熔的具有三向网状结构的高聚物。

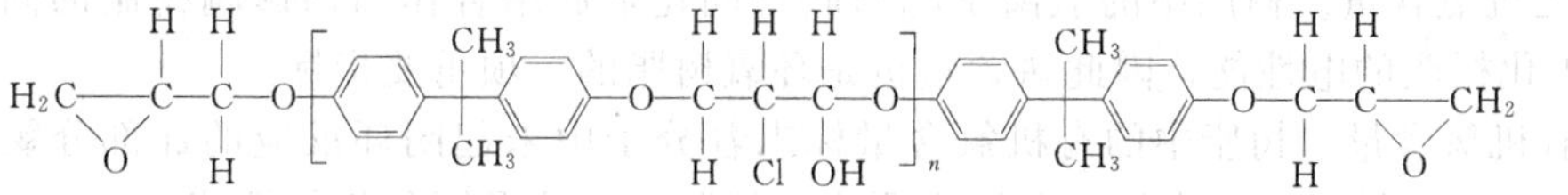

图 1-2　双酚 A 型环氧树脂结构式

1. 性能特性

(1) 形式多样。各种树脂、固化剂、改性剂体系几乎可以适应各种应用对形式提出的要求，其范围可以从极低的黏度到高熔点固体。

(2) 固化方便。选用各种不同的固化剂，环氧树脂体系几乎可以在 0～180℃温度范围内固化。

(3) 黏附力强。环氧树脂分子链中固有的极性羟基和醚键的存在，使其对各种物质具有很高的黏附力。环氧树脂固化时的收缩性低，产生的内应力小，这也有助于提高黏附强度。

(4) 收缩性低。环氧树脂和所用的固化剂的反应是通过直接加成反应或树脂分子中环氧基的开环聚合反应来进行的，没有水或其他挥发性副产物放出。它们和不饱和聚酯树脂、酚醛树脂相比，在固化过程中显示出很低的收缩性（小于 2%）。

(5) 力学性能。固化后的环氧树脂体系具有优良的力学性能。

(6) 电性能。固化后的环氧树脂是一种具有高介电性能、耐表面漏电性、耐电弧性的优良绝缘材料。

(7) 化学稳定性。通常，固化后的环氧树脂体系具有优良的耐碱性、耐酸性和耐溶剂性。像固化环氧体系的其他性能一样，化学稳定性也取决于所选用的树脂和固化剂。适当地选用环氧树脂和固化剂，可以使其具有特殊的化学稳定性。

(8) 尺寸稳定性。上述许多性能的综合，使环氧树脂体系具有突出的尺寸稳定性和耐久性。

(9) 耐霉菌。固化的环氧树脂体系耐大多数霉菌，可以在苛刻的热带条件下使用。

2. 分类

根据分子结构，环氧树脂大体上可分为五大类：①缩水甘油醚类环氧树脂；②缩水甘油酯类环氧树脂；③缩水甘油胺类环氧树脂；④线型脂肪族类环氧树脂；⑤脂环族类环氧树脂。

复合材料工业上使用量最大的环氧树脂品种是上述第一类缩水甘油醚类环氧树脂，而其中又以二酚基丙烷型环氧树脂（简称双酚 A 型环氧树脂）为主。其次是缩水甘油胺类环氧树脂。

(1) 缩水甘油醚类环氧树脂　缩水甘油醚类环氧树脂是由含活泼氢的酚类或醇类与环氧氯丙烷缩聚而成的。

① 二酚基丙烷型环氧树脂　二酚基丙烷型环氧树脂是由二酚基丙烷与环氧氯丙烷缩聚而成的。

工业二酚基丙烷型环氧树脂实际上是含不同聚合度的分子的混合物。其中大多数的分子是含有两个环氧基端的线型结构。少数分子可能支化，极少数分子终止的基是氯醇基团而不是环氧基。因此环氧树脂的环氧基含量、氯含量等对树脂的固化及固化物的性能有很大的影响。工业上作为树脂的控制指标如下。

a. 环氧值。环氧值是鉴别环氧树脂性质的最主要的指标，工业环氧树脂型号就是按环氧值不同来区分的。环氧值是指每100g树脂中所含环氧基的物质的量数。环氧值的倒数乘以100就称为环氧当量。环氧当量的含义是：含有1mol环氧基的环氧树脂的克数。

b. 无机氯含量。树脂中的氯离子能与胺类固化剂起络合作用而影响树脂的固化，同时也影响固化树脂的电性能，因此氯含量也是环氧树脂的一项重要指标。

c. 有机氯含量。树脂中的有机氯含量标志着分子中未起闭环反应的那部分氯醇基的含量，它的含量应尽可能地降低，否则也要影响树脂的固化及固化物的性能。

d. 挥发分。

e. 黏度或软化点。

② 酚醛多环氧树脂　酚醛多环氧树脂包括有苯酚甲醛型、邻甲酚甲醛型多环氧树脂，它与二酚基丙烷型环氧树脂相比，在线型分子中含有两个以上的环氧基，因此固化后产物的交联密度大，具有优良的热稳定性、力学性能、电绝缘性、耐水性和耐腐蚀性。它们是由线型酚醛树脂与环氧氯丙烷缩聚而成的。

③ 其他多羟基酚类缩水甘油醚型环氧树脂　这类树脂中具有实用性的代表有间苯二酚型环氧树脂、间苯二酚甲醛型环氧树脂、四酚基乙烷型环氧树脂和三羟苯基甲烷型环氧树脂，这些多官能缩水甘油醚树脂固化后具有高的热变形温度和刚性，可单独或者与通用E型树脂共混，供作高性能复合材料（ACM）、印刷线路板等基体材料。

④ 脂肪族多元醇缩水甘油醚型环氧树脂　脂肪族多元醇缩水甘油醚分子中含有两个或两个以上的环氧基，这类树脂绝大多数黏度很低；大多数是长链线型分子，因此富有柔韧性。

（2）其他类型环氧树脂

① 缩水甘油酯类环氧树脂　缩水甘油酯类环氧树脂和二酚基丙烷型环氧树脂相比较，它具有以下特点：黏度低，使用工艺性好；反应活性高；黏合力比通用环氧树脂高，固化物力学性能好；电绝缘性好；耐气候性好，并且具有良好的耐超低温性，在超低温条件下，仍具有比其他类型环氧树脂高的黏结强度；有较好的表面光泽度，透光性好。

② 缩水甘油胺类环氧树脂　这类环氧树脂的优点是：多官能度，环氧当量高，交联密度大，耐热性显著提高。目前国内外已利用缩水甘油胺环氧树脂优越的黏结性和耐热性，来制造碳纤维增强的复合材料（CFRP）用于飞机二次结构材料。

③ 脂环族环氧树脂　这类环氧树脂是由脂环族烯烃的双键经环氧化而制得的，它们的分子结构和二酚基丙烷型环氧树脂及其他环氧树脂有很大差异，前者环氧基都直接连接在脂环上，而后者的环氧基都是以环氧丙基醚连接在苯核或脂肪烃上。脂环族环氧树脂的固化物具有以下特点：a. 较高的压缩强度与拉伸强度；b. 长期暴露在高温条件下仍能保持良好的力学性能；c. 耐电弧性、耐紫外线老化性及耐气候性较好。

④ 脂肪族环氧树脂　这类环氧树脂分子结构里不仅无苯核，也无脂环结构。仅有脂肪链，环氧基与脂肪链相连。环氧化聚丁二烯树脂固化后的强度、韧性、黏结性、耐正负温度性都良好。

3. 固化机理

（1）液体-操作时间　操作时间（也称工作时间或使用期）是固化时间的一部分，混合之后，树脂/固化剂混合物仍然是液体和可以工作及适合应用。为了保证可靠的粘接，全部施工和定位工作应该在固化操作时间内做好。

（2）凝胶-进入固化　混合物开始进入固化相（也称熟化阶段），这时它开始凝胶或“突变”。此时的环氧树脂没有长时间的工作可能，也将失去黏性。在这个阶段不能对其进行任何干扰。它变成硬橡胶似的软凝胶物，用大拇指能压得动。因为此时混合物只是局部固化，新使用的环氧树脂仍能与它化学链接，因此该未处理的表面可以进行粘接或反应。无论如何，接近固化的混合物的这些能力在减小。

（3）固体-最终固化　环氧混合物达到固化变成固体阶段，这时能砂磨及整形。这时用大拇指已压不动它，在这时环氧树脂约有 90% 的最终反应强度，因此可以除去固定夹件，将其置于室温下维持若干天，使之继续固化。这时新使用的环氧树脂不能与它进行化学链接，因此该环氧树脂表面必须适当地进行预处理如打磨，才能得到好的黏结机械强度。

4. 环氧树脂在复合材料中的应用

（1）汽车　玻璃钢车壳、地板、槽车、控制系统仪器仪表、电气零部件、显示器、汽车干式点火线圈、防滑粒方向盘套、环氧树脂局部加强材料。

（2）工厂设备　玻璃钢氧气瓶、储槽、容器、管道、模具、螺旋桨、织机箭杆、飞机蜂窝结构件、引擎盖、辊筒、轴、电磁线圈、先导阀、泵阀、建筑工程结构件、机用传动装置部件。

（3）绝缘材料　覆铜板、玻璃钢板、管、棒，变压器、继电器、高压开关、绝缘子，互感器、阻抗器、电缆头，电子器件、元件的密封或包封和塑封，报警器、固体电源、FBT回扫变压器、聚焦电位器、摩托车、汽车等机动车辆点火线圈、电子、电气零部件、发光二极管、信号灯、全封闭蓄电池、电机封装、温度变送器、录音机磁头、线路板封闭、集成电路、LED 结构封装、封装太阳能电池板、电源组件、IC 调节器和固态继电器、煤矿安全巡查系统、本质安全型模块、自动重合器。

（4）体育用品　玻璃钢安全帽、球拍、高尔夫球杆、钓鱼竿、保龄球、雪橇、冲浪板、玻璃钢赛艇、帆船、赛车、躺椅、曲棍球杆。

（5）其他　飞机机身、直升机螺旋叶片、风力发电机叶片、医学仪器、手术刀柄、心脏起搏器、工艺品、珠宝、阀门密封件、水工建筑工程、场致发光屏、混凝土抗磨层、保温材料、动物模型、航天飞行器、船用尾轴、舵轴、化学木材、塔身加固、磁悬浮列车轨道、太阳能电池、乐器、环氧装饰品、玻璃钢帐篷杆具、刀柄、窗户、家具、泵、拐杖、显卡、红外滤光器、数字显示器、矩阵辐射器、实验室台面、仿真树、预制磨石、道路桥梁路面[2]。

（三）酚醛树脂

酚醛树脂（phenolic resin），简称 PF，酚醛树脂为黄色、透明、无定形块状物质，因含有游离分子而呈微红色，相对密度 1.25～1.30，易溶于醇，不溶于水，溶于丙酮、乙醇等有机溶剂中，对水、弱酸、弱碱溶液稳定。其是由苯酚和甲醛在催化剂条件下缩聚，经中和、水洗而制成的树脂（图 1-3）。因选用催化剂的不同，可分为热固性和热塑性两类。酚醛树脂具有良好的耐酸性能、力学性能、耐热性能，广泛应用于防腐蚀工程、胶黏剂、阻燃材料、砂轮片制造等行业。

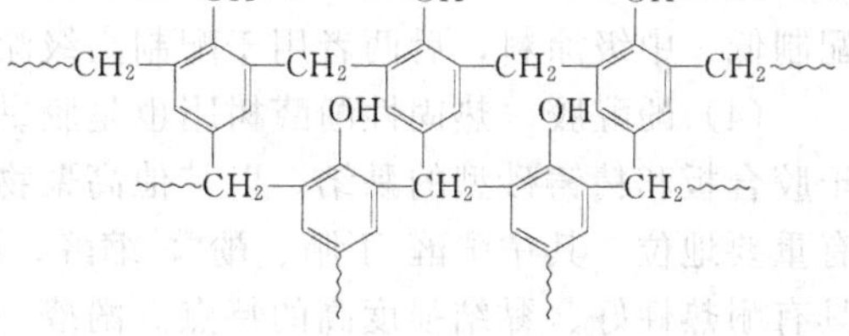

图 1-3　酚醛树脂结构式

1. 性能

（1）高温性能　酚醛树脂最重要的特征就是耐高温性，即使在非常高的温度下，也能保持其结构的整体性和尺寸的稳定性。正因为这个原因，酚醛树脂才被应用于一些高温领域，例如耐火材料、摩擦材料、黏结剂和铸造行业。

(2) 黏结强度　酚醛树脂一个重要的应用就是作为黏结剂。酚醛树脂是一种多功能，与各种各样的有机和无机填料都能相容的物质。设计正确的酚醛树脂，润湿速度特别快。并且在交联后可以为磨具、耐火材料、摩擦材料以及电木粉提供所需要的机械强度、耐热性能和电性能。水溶性酚醛树脂或醇溶性酚醛树脂被用来浸渍纸、棉布、玻璃布、石棉和其他类似的物质为它们提供机械强度、电性能等。典型的例子包括电绝缘和机械层压制造，离合器片和汽车滤清器用滤纸[3]。

(3) 高残炭率　在大约1000℃的惰性气体条件下，酚醛树脂会产生很高的残炭，这有利于维持酚醛树脂的结构稳定性。酚醛树脂的这种特性，也是它能用于耐火材料领域的一个重要原因。

(4) 低烟低毒　与其他树脂系统相比，酚醛树脂系统具有低烟低毒的优势。在燃烧的情况下，用科学配方生产出的酚醛树脂系统，将会缓慢分解产生氢气、碳氢化合物、水蒸气和碳氧化物。分解过程中所产生的烟相对少，毒性也相对低。这些特点使酚醛树脂适用于公共运输和安全要求非常严格的领域，如矿山、防护栏和建筑业等。

(5) 耐化学品性　交联后的酚醛树脂可以抵制任何化学物质的分解。例如汽油、石油、醇、乙二醇和各种碳氢化合物。

(6) 热处理　热处理会提高固化树脂的玻璃化温度，可进一步改善树脂的各项性能。玻璃化温度与结晶固体（如聚丙烯）的熔化状态相似。酚醛树脂最初的玻璃化温度与在最初固化阶段所用的固化温度有关。热处理过程可以提高交联树脂的流动性，促使反应进一步发生，同时也可以除去残留的挥发分，降低收缩，增强尺寸稳定性、硬度和高温强度。同时，树脂也趋向于收缩和变脆。树脂后处理升温曲线将取决于树脂最初的固化条件和树脂系统。

2. 应用

(1) 压塑粉　生产模压制品的压塑粉是酚醛树脂的主要用途之一。采用辊压法、螺旋挤出法和乳液法使树脂浸渍填料，并与其他助剂混合均匀，再经粉碎过筛即可制得压塑粉。常用木粉作填料，为制造某些高电绝缘性和耐热性制件，也用云母粉、石棉粉、石英粉等无机填料。压塑粉可用模压、传递模塑和注射成型法制成各种塑料制品。热塑性酚醛树脂压塑粉主要用于制造开关、插座、插头等电气零件，日用品及其他工业制品。热固性酚醛树脂压塑粉主要用于制造高电绝缘制件。

(2) 增强酚醛塑料　以酚醛树脂（主要是热固性酚醛树脂）溶液或乳液浸渍各种纤维及其织物，经干燥、压制成型的各种增强塑料是重要的工业材料。它不仅机械强度高、综合性能好，而且可进行机械加工。以玻璃纤维、石英纤维及其织物增强的酚醛塑料主要用于制造各种制动器摩擦片和化工防腐蚀塑料；高硅氧玻璃纤维和碳纤维增强的酚醛塑料是航天工业的重要耐烧蚀材料。

(3) 酚醛涂料　以松香改性的酚醛树脂、丁醇醚化的酚醛树脂以及对叔丁基酚醛树脂、对苯基酚醛树脂均与桐油、亚麻子油有良好的混溶性，是涂料工业的重要原料。前两者用于配制低、中级涂料，后两者用于配制高级涂料。

(4) 酚醛胶　热固性酚醛树脂也是胶黏剂的重要原料。单一的酚醛树脂胶性脆，主要用于胶合板和精铸砂型的黏结。以其他高聚物改性的酚醛树脂为基料的胶黏剂，在结构胶中占有重要地位。其中酚醛-丁腈、酚醛-缩醛、酚醛-环氧、酚醛-环氧-缩醛、酚醛-尼龙等胶黏剂具有耐热性好、黏结强度高的特点。酚醛-丁腈和酚醛-缩醛胶黏剂还具有抗张、抗冲击、耐湿热老化等优异性能，是结构胶黏剂的优良品种。

(5) 酚醛纤维　主要以热塑性线型酚醛树脂为原料，经熔融纺丝后浸于聚甲醛及盐酸的水溶液中做固化处理，得到甲醛交联的体型结构纤维。为提高纤维强度和模量，可与5%～

10%的聚酰胺熔混后纺丝。这类纤维为金黄色或黄棕色纤维，强度为11.5～15.9cN/dtex，耐燃性能突出，极限氧指数为34%，瞬间接触近7500℃的氧-乙炔火焰，不熔融也不延燃，具有自熄性，还能耐浓盐酸和氢氟酸，但耐硫酸、硝酸和强碱的性能较差。主要用作防护服及耐燃织物或室内装饰品，也可用作绝缘、隔热与绝热、过滤材料等，还可加工成低强度、低模量碳纤维、活性碳纤维和离子交换纤维等。

（四）呋喃树脂

呋喃树脂是由糠醛或糠醇本身进行均聚或与其他单体进行共缩聚而得到的缩聚产物。呋喃树脂为棕红色、琥珀色黏稠液体，微溶于水，易溶于酯、酮等有机溶剂，是铸造工业理想的砂（型）芯黏结剂。其特点是砂（型）芯精度好、强度高、气味小、抗吸湿、溃散性好及可回收再用等。呋喃树脂结构式如图1-4所示。

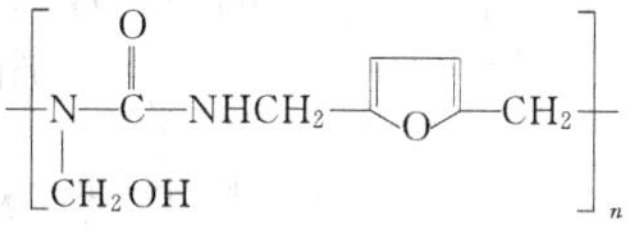

图1-4　呋喃树脂结构式

1. 分类

呋喃树脂的品种很多，其中以糠醛苯酚树脂、糠醛丙酮树脂及糠醇树脂较为重要。

（1）糠醛苯酚树脂　糠醛可与苯酚缩聚生成二阶热固性树脂，缩聚反应一般用碱性催化剂。常用的碱性催化剂有氢氧化钠、碳酸钾或其他碱土金属的氢氧化物。糠醛苯酚树脂的主要特点是在给定的固化速度时有较长的流动时间，这一工艺性能使它适宜用作模塑料。用糠醛苯酚树脂制备的压塑粉特别适于压制形状比较复杂或较大的制品。模压制品的耐热性比酚醛树脂好，使用温度可以提高10～20℃，尺寸稳定性、电性能也较好。

（2）糠醛丙酮树脂　糠醛与丙酮在碱性条件下进行缩合反应形成糠酮单体，并可与甲醛在酸性条件下进一步缩聚，使糠酮单体分子间以次甲基键连接起来，形成糠醛丙酮树脂。

（3）糠醇树脂　糠醇在酸性条件下很容易缩聚成树脂。一般认为，在缩聚过程中糠醇分子中的羟甲基可以与另一个分子中的α氢原子缩合，形成次甲基键，缩合形成的产物中仍有羟甲基，可以继续进行缩聚反应，最终形成线型缩聚产物糠醇树脂。

2. 呋喃树脂的性能及应用

未固化的呋喃树脂与许多热塑性和热固性树脂有很好的混溶性能，因此可与环氧树脂或酚醛树脂混合来加以改性。固化后的呋喃树脂耐强酸（强氧化性的硝酸和硫酸除外）、强碱和有机溶剂的侵蚀，在高温下仍很稳定。呋喃树脂主要用作各种耐化学腐蚀和耐高温的材料[4]。

（1）耐化学腐蚀材料　呋喃树脂可用来制备防腐蚀的胶泥，用作化工设备衬里或其他耐腐蚀材料。

（2）耐热材料　呋喃玻璃纤维增强复合材料的耐热性比一般的酚醛玻璃纤维增强复合材料高，通常可在150℃左右长期使用。

（3）与环氧树脂或酚醛树脂混合改性　将呋喃树脂与环氧树脂或酚醛树脂共混改性使用，可改进呋喃玻璃纤维增强复合材料的力学性能以及制备时的工艺性能。这类复合材料已广泛用来制备化工反应器的搅拌装置、储槽及管道等化工设备。

（五）有机硅树脂

硅树脂是具有高度交联网状结构的聚有机硅氧烷（图1-5），通常是用甲基三氯硅烷、二甲基二氯硅烷、苯基三氯硅烷、二苯基二氯硅烷或甲基苯基二氯硅烷的各种混合物，在有机溶剂如甲苯存在下，在较低温度下加水分解，得到酸性水解物。水解的初始产物是环状的、线型的和交联聚合物的混合物，通常还含有相当多的羟基。水解物经水洗除去酸，中性的初缩聚体于空气中热氧化或在催化剂存在下进一步缩聚，最后形成高度交联的立体网络结构。

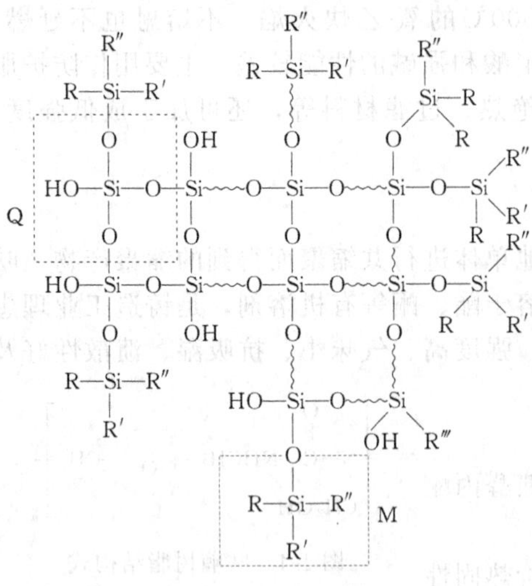

图 1-5 硅树脂结构式

硅树脂的固化通常是通过硅醇缩合形成硅氧链节来实现的。当缩合反应在进行时，由于硅醇浓度逐渐减小，增加了空间位阻，流动性差，致使反应速率下降。因此，要使树脂完全固化，须经过加热和加入催化剂来加速反应进行。许多物质可起硅醇缩合反应的催化作用，它们包括酸和碱，铅、钴、锡、铁和其他金属的可溶性有机盐类，有机化合物如二丁基二月桂酸锡或 N,N,N',N'-四甲基胍盐等。

硅树脂最终加工制品的性能取决于所含有机基团的数量（即 R 与 Si 的比值）。一般有实用价值的硅树脂，其分子组成中 R 与 Si 的比值在 1.2～1.6 之间。一般规律是：R∶Si 的值越小，所得到的硅树脂就越能在较低温度下固化；R∶Si 的值越大，所得到的硅树脂要使它固化就需要在 200～250℃的高温下长时间烘烤，所得的漆膜硬度差，但热弹性要比前者好得多。

此外，有机基团中甲基与苯基基团的比例对硅树脂性能也有很大的影响。有机基团中苯基含量越低，生成的漆膜越软，缩合越快；苯基含量越高，生成的漆膜越硬，越具有热塑性。苯基含量在 20%～60%之间，漆膜的抗弯曲性和耐热性最好。此外，引入苯基可以改进硅树脂与颜料的配伍性，也可改进硅树脂与其他有机硅树脂的配伍性以及硅树脂对各种基材的黏附力。

硅树脂是一种热固性的塑料，它最突出的性能之一是优异的热氧化稳定性。250℃加热 24h 后，硅树脂失重仅为 2%～8%。硅树脂另一突出的性能是优异的电绝缘性能，它在宽的温度和频率范围内均能保持其良好的绝缘性能。一般硅树脂的介电强度为 50kV/mm，体积电阻率为 $10^{13}\sim10^{15}\Omega\cdot cm$，介电常数为 3，介电损耗角正切在 10～30 之间。此外，硅树脂还具有卓越的耐潮、防水、防锈、耐寒、耐臭氧和耐候性能，对绝大多数含水的化学试剂（如稀矿物酸）的耐腐蚀性能良好，但耐溶剂性能较差。

鉴于上述特性，有机硅树脂主要作为绝缘漆（包括清漆、瓷漆、色漆、浸渍漆等）浸渍 H 级电机及变压器线圈，以及用来浸渍玻璃布、玻布丝及石棉布后制成电机套管、电器绝缘绕组等[5]。用有机硅绝缘漆黏结云母可制得大面积云母片绝缘材料，用作高压电机的主绝缘。此外，硅树脂还可用作耐热、耐候的防腐涂料，金属保护涂料，建筑工程防水、防潮涂料，脱模剂，黏合剂以及二次加工成有机硅塑料，用于电子、电气和国防工业上，作为半导体封装材料和电子、电气零部件的绝缘材料等。

硅树脂的固化交联大致有三种方式：一是利用硅原子上的羟基进行缩水聚合交联而成网状结构，这是硅树脂固化所采取的主要方式；二是利用硅原子上连接的乙烯基，采用有机过氧化物为催化剂，类似硅橡胶硫化的方式；三是利用硅原子上连接的乙烯基和硅氢键进行加成反应的方式，例如无溶剂硅树脂与发泡剂混合可以制得泡沫硅树脂。因此，硅树脂按其主要用途和交联方式大致可分为有机硅绝缘漆、有机硅涂料、有机硅塑料和有机硅黏合剂等几大类。

（六）聚酰亚胺树脂

聚酰亚胺作为一种特种工程材料（图 1-6），已广泛应用在航空、航天、微电子、纳米、

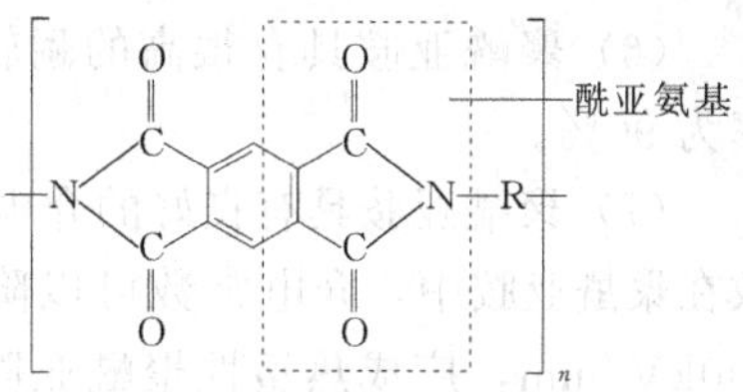

图 1-6　聚酰亚胺树脂结构式

液晶、分离膜、激光等领域。近来，各国都在将聚酰亚胺列入 21 世纪最有希望的工程塑料之一。聚酰亚胺，因其在性能和合成方面的突出特点，不论是作为结构材料还是作为功能性材料，其巨大的应用前景已经得到充分的认识，被称为是“解决问题的能手”（protion solver），并认为“没有聚酰亚胺就不会有今天的微电子技术”。

1. 分类

聚酰亚胺可分成缩聚型和加聚型两种。

（1）缩聚型聚酰亚胺　缩聚型芳香族聚酰亚胺是由芳香族二元胺和芳香族二酐、芳香族四羧酸或芳香族四羧酸二烷基酯反应而制得的。由于缩聚型聚酰亚胺的合成反应是在诸如二甲基甲酰胺、*N*-甲基吡咯烷酮等高沸点质子惰性的溶剂中进行的，而聚酰亚胺复合材料通常是采用预浸料成型工艺，这些高沸点质子惰性的溶剂在预浸料制备过程中很难挥发干净，同时在聚酰胺酸环化（亚胺化）期间也有挥发物放出，这就容易在复合材料制品中产生孔隙，难以得到高质量、没有孔隙的复合材料。因此缩聚型聚酰亚胺已较少用作复合材料的基体树脂，主要用来制造聚酰亚胺薄膜和涂料。

（2）加聚型聚酰亚胺　由于缩聚型聚酰亚胺具有如上所述的缺点，为克服这些缺点，相继开发出了加聚型聚酰亚胺。目前获得广泛应用的主要有聚双马来酰亚胺和降冰片烯基封端聚酰亚胺。通常这些树脂都是端部带有不饱和基团的低分子量聚酰亚胺，应用时再通过不饱和端基进行聚合。

① 聚双马来酰亚胺　聚双马来酰亚胺是由顺丁烯二酸酐和芳香族二胺缩聚而成的。与聚酰亚胺相比，性能相当，但合成工艺简单，后加工容易，成本低，可以方便地制成各种复合材料制品。但固化物较脆。

② 降冰片烯基封端聚酰亚胺　其中最重要的是由 NASA Lewis 研究中心发展的一类单体反应物就位聚合（for insitu polymerization of monomer reactants，PMR）型聚酰亚胺树脂。RMR 型聚酰亚胺树脂是将芳香族四羧酸二烷基酯、芳香族二元胺和 5-降冰片烯-2,3-二羧酸的单烷基酯等单体溶解在一种烷基醇（如甲醇或乙醇）中，此种溶液可直接用于浸渍纤维。

2. 性能

（1）全芳香聚酰亚胺按热重分析，其开始分解温度一般都在 500℃左右。由联苯四甲酸二酐和对苯二胺合成的聚酰亚胺，热分解温度达到 600℃，是迄今聚合物中热稳定性最高的品种之一。

（2）聚酰亚胺可耐极低温，如在－269℃的液氦中不会脆裂。

（3）聚酰亚胺具有优良的力学性能，未填充的塑料的拉伸强度都在 100MPa 以上，均苯型聚酰亚胺的薄膜（Kapton）在 170MPa 以上，而联苯型聚酰亚胺（Upilex S）达到 400MPa。作为工程塑料，弹性模量通常为 3～4GPa，纤维可达到 200GPa，据理论计算，均苯四甲酸二酐和对苯二胺合成的纤维可达 500GPa，仅次于碳纤维。

（4）一些聚酰亚胺品种不溶于有机溶剂，对稀酸稳定，一般的品种不耐水解，这个看似缺点的性能却是聚酰亚胺有别于其他高性能聚合物的一个很大的特点，即可以利用碱性水解回收原料二酐和二胺，例如对于 Kapton 薄膜，其回收率可达 80%～90%。改变结构也可以得到相当耐水解的品种，如经得起 120℃、500h 水煮。

（5）聚酰亚胺的热膨胀系数为 $2\times10^{-5}\sim3\times10^{-5}$℃$^{-1}$，广成热塑性聚酰亚胺为 3×10^{-5}℃$^{-1}$，联苯型可达 10^{-6}℃$^{-1}$，个别品种可达 10^{-7}℃$^{-1}$。

（6）聚酰亚胺具有很高的耐辐照性能，其薄膜在 5×10^9 rad❶ 快速电子辐照后强度保持率为 90%。

（7）聚酰亚胺具有良好的介电性能，介电常数在 3.4 左右，引入氟，或将空气纳米尺寸分散在聚酰亚胺中，介电常数可以降到 2.5 左右。介电损耗角正切为 10^{-3}，介电强度为 100～300kV/mm，广成热塑性聚酰亚胺为 300kV/mm，体积电阻率为 $10^{17}\Omega\cdot cm$。这些性能在宽广的温度范围和频率范围内仍能保持在较高的水平。

（8）聚酰亚胺是自熄性聚合物，发烟率低。

（9）聚酰亚胺在极高的真空下放气量很少。

（10）聚酰亚胺无毒，可用来制造餐具和医用器具，并经得起数千次消毒。有些聚酰亚胺还具有很好的生物相容性，如血液相容性实验为非溶血性，体外细胞毒性实验为无毒。

3. 应用

由于上述聚酰亚胺在性能和合成化学上的特点，在众多的聚合物中，很难找到像聚酰亚胺这样不仅具有如此广泛的应用方面，而且在每一个方面都显示了极为突出的性能。

（1）薄膜　是聚酰亚胺最早的商品之一，用于电机的绝缘槽及电缆绕包带材料。主要产品有杜邦 Kapton、宇部兴产 Upilex 系列和钟渊 Apical。透明的聚酰亚胺薄膜可作为柔软的太阳能电池底板。

（2）先进复合材料　用于航空、航天器及火箭部件。是最耐高温的结构材料之一。例如，美国的超声速客机计划所设计的速度为 2.4*M*，飞行时表面温度为 177℃，要求使用寿命为 60000h，据报道已确定 50%的结构材料为以热塑性聚酰亚胺为基体树脂的碳纤维增强复合材料，每架飞机的用量约为 30t。

（3）纤维　弹性模量仅次于碳纤维，作为高温介质及放射性物质的过滤材料和防弹、防火织物。

（4）泡沫塑料　用作耐高温隔热材料。

（5）工程塑料　有热固性也有热塑性，热塑性可以模压成型，也可以用注射成型或传递模塑成型。主要用于自润滑、密封、绝缘及结构材料。广成聚酰亚胺材料已开始应用在压缩机、旋片泵、活塞环及特种泵密封等机械部件上。

（6）分离膜　用于各种气体对，如氢/氮、氮/氧、二氧化碳/氮或甲烷等的分离，从空气烃类原料气及醇类中脱除水分。也可作为渗透蒸发膜及超滤膜。由于聚酰亚胺具有耐热和耐有机溶剂性能，在对有机气体和液体的分离上具有特别重要的意义。

（7）在微电子器件复合材料中的应用　用作介电层进行层间绝缘，作为缓冲层可以减少应力、提高成品率。作为保护层可以减少环境对器件的影响，还可以对 α 粒子起屏蔽作用，减少或消除器件的软误差。

（8）电-光复合材料　用作无源或有源波导材料、光学开关材料等，含氟的聚酰亚胺在通信波长范围内为透明，以聚酰亚胺作为发色团的基体可提高材料的稳定性。

（七）氨基树脂

氨基树脂（amino resin）是由含有氨基的化合物与甲醛经缩聚而成的树脂的总称，氨基树脂是一种多官能团的化合物，以含有—NH_2 官能团的化合物与醛类（主要为甲醛）加成缩合，然后生成的羟甲基（—CH_2OH）与脂肪族一元醇部分醚化或全部醚化而得到的产物。根据采用的氨基化合物的不同，主要的氨基树脂主要有脲醛树脂和三聚氰胺甲醛树脂，

❶ 1rad＝10mGy。

此外还包括苯胺甲醛树脂等。氨基树脂一般可制成水溶液或乙醇溶液，也可干燥成粉末固体。

1. 脲醛树脂

脲醛树脂（UF 树脂）是尿素与甲醛在催化剂作用下，先缩聚成初期脲醛树脂（图 1-7），然后固化成型，得到不溶不熔的脲醛树脂成品。1844 年 B. Tollens 首次合成出脲醛树脂，1896 年 C. Goldschmidit 等首次在研究中使用，直到 1929 年 IG 公司开发了名叫 Kanrit Leim 并能在常温固化胶合木材的 UF 树脂缩合中间体，才引起人们的重视[6]。

$$H\!-\!(OH_2CHN-\overset{\overset{O}{\|}}{C}-NHCH_2)_n\!-NH-\overset{\overset{O}{\|}}{C}-NH\!-\!(H_2CHN-\overset{\overset{O}{\|}}{C}-NHCH_2)_n\!-OH$$

图 1-7 脲醛树脂结构式

脲醛树脂因其原料来源方便、廉价、使用方法简单、初始黏结强度好等特点，在胶合板、刨花板、中密度纤维板、人造板二次加工等木材加工行业得到广泛应用。然而脲醛树脂胶黏剂的耐水性差，胶层脆性大，使用过程中会因降解或水解释放出对人体有害的甲醛气体。所以，近几十年来，人们对脲醛树脂的合成机理及其所制成板的甲醛释放机理进行了研究。同时，为适应产品的特种要求，应用助剂，改进其化学结构，提高树脂的胶接性能，并取得了一定的进展。国内外对脲醛树脂的研究主要围绕以下几个方面进行：①应用经典理论合成三维网状结构的脲醛树脂；②应用糠醛理论合成 Uron 环结构的脲醛树脂；③应用助剂合成改性脲醛树脂。我们所做的就是用添加助剂合成改性的脲醛树脂[10]。因为脲醛树脂存在水解不稳定、易老化、龟裂等缺点，人们为提高其胶接性能和耐水性能，减少其制品在使用过程中的释放甲醛对环境的污染，选用各种助剂改善树脂的性能，但这往往使脲醛树脂胶黏剂的生产成本升高。

2. 三聚氰胺甲醛树脂

三聚氰胺（蜜胺）甲醛树脂（MF）是较早工业化的聚合物化工产品之一，1938 年，瑞士 CIBA 公司的 G. Widmer 博士研制成功三聚氰胺甲醛树脂成为其工业生产的开端。三聚氰胺甲醛树脂起初作为浸渍溶液而大量生产，其后又作为胶黏剂受到人们重视。三聚氰胺甲醛树脂具有胶接强度高、耐沸水能力强、固化速度快等特点。这种树脂的主要缺点是：固化后易开裂（主要因为交联密度太高）；三聚氰胺比较活泼，因此树脂稳定性较差，造成使用困难；三聚氰胺价格较为昂贵。

三聚氰胺甲醛树脂为三聚氰胺与甲醛反应所得到的聚合物。原料为三聚氰胺和 37% 的甲醛水溶液，甲醛与三聚氰胺的摩尔比为 2～3，第一步生成不同数目的 *N*-羟甲基取代物，然后进一步缩合成线型树脂。反应条件不同，产物分子量不同，可从水溶性到难溶于水，甚至不溶不熔的固体，pH 值对反应速率影响极大。上述反应制得的树脂溶液不易储存，工业上常用喷雾干燥法制成粉状固体。蜜胺树脂在室温下不固化，一般在 130～150℃热固化，加少量酸催化可提高固化速度。三聚氰胺甲醛树脂加工成型时发生交联反应，制品为不溶不熔的热固性树脂，固化后透明，在沸水中稳定，甚至可以在 150℃使用，且具有自熄性、耐电弧性和良好的力学性能。

在我国该树脂广泛用于塑料、涂料、胶黏剂以及纸张、皮革、织物等的处理剂。三聚氰胺甲醛树脂还可作为新型的絮凝剂使用，可以吸附架桥和表面吸附两种主要方式使带负电荷的悬浮物絮凝成块。为了开发蜜胺树脂作为高性能材料的新用途，近年来还出现玻璃增强的蜜胺树脂可作为耐烧蚀复合材料用于航天技术中。

（八）聚氨酯

聚氨酯（polyurethane）全称为聚氨基甲酸酯，是主链上含有重复氨基甲酸酯基团（—NHCOO—）的大分子化合物的统称。它是由有机二异氰酸酯或多异氰酸酯与二羟基或多羟基化合物加聚而成的，反应式如图 1-8 所示。聚氨酯大分子中除了氨基甲酸酯外，还可含有醚、酯、脲、缩二脲、脲基甲酸酯等基团。

$$—N{=}C{=}O + HO^- \longrightarrow —NH—COO^-$$

图 1-8　加聚生成聚氨酯反应式

20 世纪 30 年代，德国 Otto Bayer 首先合成了 TPU。在 1950 年前后，TPU 作为纺织品整理剂在欧洲出现，但大多为溶剂型产品用于干式涂层整理。20 世纪 60 年代，由于人们环保意识的增强和政府环保法规的出台，水系 TPU 涂层应运而生。70 年代以后，水系 PU 涂层迅速发展，PU 涂层织物已广泛应用。80 年代以来，TPU 的研究和应用技术出现了突破性进展。与国外相比，国内关于 PU 纺织品整理剂的研究较晚。

目前聚氨酯泡沫塑料应用广泛。软泡沫塑料主要用于家具及交通工具各种垫材、隔声材料等；硬泡沫塑料主要用于家用电器隔热层、屋墙面保温防水喷涂泡沫、管道保温材料、建筑板材、冷藏车及冷库隔热材料等；半硬泡沫塑料用于汽车仪表板、方向盘等。市场上已有各种规格用途的泡沫塑料组合料（双组分预混料），主要用于（冷熟化）高回弹泡沫塑料、半硬泡沫塑料、浇铸及喷涂硬泡沫塑料等。

聚氨酯弹性体可在较宽的硬度范围内具有较高的弹性及强度，优异的耐磨性、耐油性、耐疲劳性及抗震动性，具有"耐磨橡胶"之称。聚氨酯弹性体在聚氨酯产品中产量虽小，但聚氨酯弹性体具有优异的综合性能，已广泛用于冶金、石油、汽车、选矿、水利、纺织、印刷、医疗、体育、粮食加工、建筑等工业部门。

二、热塑性树脂基体

（一）聚酰胺

聚酰胺（PA，俗称尼龙）是美国 Du Pont 公司最先开发用于纤维的树脂，于 1939 年实现工业化。20 世纪 50 年代开始开发和生产注塑制品，以取代金属满足下游工业制品轻量化、降低成本的要求。聚酰胺主链上含有许多重复的酰氨基，用作塑料时称为尼龙，用作合成纤维时称为锦纶，聚酰胺可由二元胺和二元酸制取，可以用 ω-氨基酸或环内酰胺来合成。根据二元胺和二元酸或氨基酸中含有碳原子数的不同，可制得多种不同的聚酰胺，目前聚酰胺品种多达几十种，其中以聚酰胺-6、聚酰胺-66 和聚酰胺-610 的应用最广泛。

聚酰胺-6、聚酰胺-66 和聚酰胺-610 的链节结构分别为 $NH(CH_2)_5CO$、$NH(CH_2)_6NHCO(CH_2)_4CO$ 和 $NH(CH_2)_6NHCO(CH_2)_8CO$。聚酰胺-6 和聚酰胺-66 主要用于纺制合成纤维，称为锦纶-6 和锦纶-66。尼龙-610 则是一种力学性能优良的热塑性工程塑料。

PA 具有良好的综合性能，包括力学性能、耐热性、耐磨损性、耐化学药品性和自润滑性，且摩擦系数低，有一定的阻燃性，易于加工，适于用玻璃纤维和其他填料填充增强改性，提高性能和扩大应用范围[11]。PA 的品种繁多，有 PA6、PA66、PA11、PA12、PA46、PA610、PA612、PA1010 等，以及近几年开发的半芳香族尼龙 PA6T 和特种尼龙等很多新品种。尼龙-6 塑料制品可采用金属钠、氢氧化钠等为主催化剂，*N*-乙酰基己内酰胺为助催化剂，使 δ-己内酰胺直接在模型中通过负离子开环聚合而制得，称为浇铸尼龙。用这种方法便于制造大型塑料制件。

尼龙为韧性角状半透明或乳白色结晶性树脂，作为工程塑料的尼龙分子量一般为 1.5 万～3 万。尼龙具有很高的机械强度，软化点高，耐热，摩擦系数低，耐磨损，有自润滑性、吸震性和消声性，耐油，耐弱酸，耐碱和一般溶剂，电绝缘性好，有自熄性，无毒，无臭，耐候性好，染色性差。缺点是吸水性大，影响尺寸稳定性和电性能，纤维增强可降低树脂吸水率，使其能在高温、高湿下工作。尼龙与玻璃纤维亲和性良好。

聚酰胺主要用于合成纤维，其最突出的优点是耐磨性高于其他所有纤维，比棉花耐磨性高10倍，比羊毛高20倍，在混纺织物中稍加入一些聚酰胺纤维，可大大提高其耐磨性；当拉伸至3%～6%时，弹性回复率可达100%；能经受上万次折挠而不断裂。聚酰胺纤维的强度比棉花高1～2倍，比羊毛高4～5倍，是黏胶纤维的3倍。但聚酰胺纤维的耐热性和耐光性较差，保持性也不佳，做成的衣服不如涤纶挺括。另外，用于衣着的锦纶-66和锦纶-6都存在吸湿性和染色性差的缺点，为此开发了聚酰胺纤维的新品种——锦纶-3和锦纶-4的新型聚酰胺纤维，具有质轻、防皱性优良、透气性好以及耐久性、染色性良好和热定型等特点，因此被认为是很有发展前途的。

由于聚酰胺具有无毒、质轻、优良的机械强度、耐磨性及较好的耐腐蚀性，因此广泛应用于代替铜等金属在机械、化工、仪表、汽车等工业中制造轴承、齿轮、泵叶及其他零件。聚酰胺熔融纺成丝后有很高的强度，主要做合成纤维，并可作为医用缝线。

锦纶在民用上可以混纺或纯纺成各种医疗及针织品。锦纶长丝多用于针织及丝绸工业，如织单丝袜、弹力丝袜等各种耐磨结实的锦纶袜，锦纶纱巾，蚊帐，锦纶花边，弹力锦纶外衣，各种锦纶绸或交织的丝绸品。锦纶短纤维大都用来与羊毛或其他化学纤维的毛型产品混纺，制成各种耐磨的衣料。在工业上锦纶大量用来制造帘子线、工业用布、缆绳、传送带、帐篷、渔网等。在国防领域主要用作降落伞及其他军用织物。

聚酰胺树脂，是性能优良、用途广泛的化工原料，按其性质可分为两大类：非反应性或中性聚酰胺及反应性聚酰胺。中性聚酰胺主要用于生产油墨、黏结剂和涂料，反应性聚酰胺用于环氧树脂熟化剂，和用于热固性表面涂料、黏结剂、内衬材料及罐封、模铸树脂。中性二聚酸基聚酰胺树脂在聚乙烯等基质上黏附性好，特别适合于在聚乙烯面包装膜、金属箔复合层压膜等塑料膜上印刷；中性聚酰胺树脂配制的油墨有光泽性，黏结性好，醇稀释性优良，胶凝性低，快干，气味小。二聚酸基的热合性树脂，广泛用于制鞋、制罐、包装及书籍装订；用于罐头包装的边缝密封；用于冷冻苹果、橘子及其他果汁的新型结构容器的黏结。热合性聚酰胺黏结剂，因具有耐干洗、耐强力洗涤剂、漂白剂及洗衣房与家庭的高温洗涤条件，对织物粘连强度大，使用方便而用于织物粘连；因具有必要的黏结力及优良的抗湿性而用于热缩型电缆套。中性聚酰胺树脂的其他用途包括制备触变型涂料、民用水基胶、织物抗静电剂、透明蜡烛及洗涤剂。反应性聚酰胺树脂进一步反应而用作环氧树脂的固化剂，产生广泛交联成为热固性树脂。用作固化剂时，具有配伍随意性大、无毒性、能常温下固化以及柔软不脆等优点，可使环氧树脂具有极好的黏结性、挠曲性、韧性、抗化学品性、抗湿性及表面光洁性。其最大用途是黏结剂、表面涂料及罐封、模铸树脂。该黏结剂润湿性能好、黏结强度大、内增塑性好，比以胺熟化的环氧树脂能耐更大的冲击力。二聚酸基聚酰胺熟化的环氧树脂，具有柔性、抗化学品、抗盐蚀、抗撞击及高光泽等优异性能。

(二) 聚碳酸酯

聚碳酸酯（polycarbonate）常用缩写PC，是一种无色透明的无定形热塑性材料。其名称来源于其内部的CO_3基团。化学名2,2′-双(4-羟基苯基)丙烷聚碳酸酯（图1-9）。

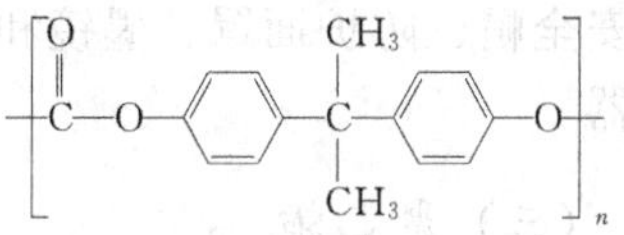

图1-9　聚碳酸酯结构式

1. 物理和化学性质

(1) 化学性质　聚碳酸酯耐油，不耐紫外线。

(2) 物理性质　密度 1.20～1.22g/cm³；线膨胀率 3.8×10^{-5}℃$^{-1}$；热变形温度 130℃。

聚碳酸酯无色透明，耐热，抗冲击，阻燃 B1 级，在普通使用温度下都有良好的力学性能[12]。同性能接近的聚甲基丙烯酸甲酯相比，聚碳酸酯的抗冲击性能好，折射率高，加工性能好，需要添加阻燃剂才能符合 UL94 V-0 级。但是聚甲基丙烯酸甲酯相对于聚碳酸酯价格较低，并可通过本体聚合的方法生产大型的器件。随着聚碳酸酯生产规模的日益扩大，聚碳酸酯同聚甲基丙烯酸甲酯之间的价格差异在日益缩小。

聚碳酸酯不耐强酸，不耐强碱。其耐磨性差，一些用于易磨损用途的聚碳酸酯器件需要对表面进行特殊处理。

2. 加工方法

PC 可注塑、挤出、模压、吹塑、热成型、印刷、粘接、涂覆和机加工[7]，最重要的加工方法是注塑。成型前必须预干燥，水分含量应低于 0.02%，在高温下加工微量水分会使制品产生白浊色泽、银丝和气泡，PC 在室温下具有相当大的强迫高弹形变能力。冲击韧性高，因此可进行冷压、冷拉、冷辊压等冷成型加工。挤出用 PC 分子量应大于 3 万，要采用渐变压缩型螺杆，长径比 1∶(18～24)，压缩比 1∶2.5，可采用挤出吹塑、注-吹、注-拉-吹法成型高质量、高透明瓶子。PC 合金种类繁多，改进 PC 熔体黏度大（加工性能）和制品易应力开裂等缺陷，PC 与不同聚合物形成合金或共混物，提高材料性能。具体有 PC/ABS 合金、PC/ASA 合金、PC/PBT 合金、PC/PET 合金、PC/PET/弹性体共混物、PC/MBS 共混物、PC/PTFE 合金、PC/PA 合金等，利用两种材料性能优点，并降低成本，如 PC/ABS 合金中，PC 主要贡献高耐热性，较好的韧性和冲击强度，高强度、阻燃性，ABS 则能改进可成型性、表观质量，降低密度。

3. 应用

PC 的三大应用领域是玻璃装配业、汽车工业和电子、电气工业，其次还有工业机械零件、光盘、包装、计算机等办公室设备、医疗及保健、薄膜、休闲和防护器材等。PC 可用作门窗玻璃，PC 层压板广泛用于银行、使馆、拘留所和公共场所的防护窗，用于飞机舱罩、照明设备、工业安全挡板和防弹玻璃。PC 板可做各种标牌，如汽油泵表盘、汽车仪表板、货栈及露天商业标牌、点式滑动指示器，PC 树脂用于汽车照相系统、仪表盘系统和内装饰系统，用作前灯罩、带加强筋汽车前后挡板、反光镜框、门框套、操作杆护套、阻流板，PC 被应用用作接线盒、插座、插头及套管、垫片、电视转换装置、电话线路支架下通信电缆的连接件、电闸盒、电话总机、配电盘元件、继电器外壳，PC 可做低载荷零件，用于家用电器电动机、真空吸尘器、洗头器、咖啡机、烤面包机、动力工具的手柄、各种齿轮、蜗轮、轴套、导轨、冰箱内搁架。PC 是光盘存储介质理想的材料。PC 瓶（容器）透明、重量轻、抗冲击性好，耐一定的高温和腐蚀溶液洗涤，作为可回收利用瓶（容器）。PC 及 PC 合金可做计算机架、外壳及辅机、打印机零件。改性 PC 耐高能辐射杀菌，耐蒸煮和烘烤消毒，可用于采血标本器具、血液充氧器、外科手术器械、肾透析器等，PC 可做头盔和安全帽、防护面罩、墨镜和运动护眼罩。PC 薄膜广泛用于印刷图表、医药包装、膜式换向器。

（三）聚乙烯

聚乙烯，简称 PE，是乙烯经聚合制得的一种热塑性树脂（$\mathrm{-\!\!\!\![CH_2-CH_2]_n}$）。在工业上，也包括乙烯与少量 α-烯烃的共聚物。聚乙烯无臭，无毒，手感似蜡，具有优良的耐低温性（最低使用温度可达−100～−70℃），化学稳定性好，能耐大多数酸碱的侵蚀（不耐具有氧化性质的酸），常温下不溶于一般溶剂，吸水性小，电绝缘性优良；但聚乙烯对于环境应力（化学与机械作用）是很敏感的，耐热老化性差。聚乙烯的性质因品种而异，主要取决于分子结构和密度。采用不同的生产方法可得不同密度（0.91～0.96g/cm³）的产物。聚乙烯可用一般热塑性塑料的成型方法（见塑料加工）加工。用途十分广泛，主要用来制造薄膜、容器、管道、单丝、电线电缆、日用品等，并可作为电视、雷达等的高频绝缘材料。随着石油化工的发展，聚乙烯生产得到迅速发展，产量约占塑料总产量的1/4。

聚乙烯有多种分类方法[13]，按密度主要分为以下几类。

① 高密度聚乙烯　是不透明的白色粉末，造粒后为乳白色颗粒，分子为线型结构，很少出现支化现象，是较典型的结晶高聚物。力学性能均优于低密度聚乙烯，熔点比低密度聚乙烯高，约126～136℃，其脆化温度比低密度聚乙烯低，约－140～－100℃。

② 低密度聚乙烯　是无色半透明颗粒，分子中有长支链，分子间排列不紧密。

③ 线型低密度聚乙烯　分子中一般只有短支链存在，力学性能介于高密度和低密度聚乙烯两者之间，熔点比普通低密度聚乙烯高15℃，耐低温性也比低密度聚乙烯好，耐环境应力开裂性比普通低密度聚乙烯高数十倍。

此外，按生产方法可分为低压法聚乙烯、中压法聚乙烯和高压法聚乙烯，聚乙烯的生产方法不同，其密度及熔体指数（表示流动性）也不同。按分子量可分为低分子量聚乙烯、普通分子量聚乙烯和超高分子量聚乙烯。

（四）聚丙烯

聚丙烯，英文名称 polypropylene，简称 PP。是由丙烯聚合而制得的一种热塑性树脂（图1-10）。按甲基排列位置分为等规聚丙烯（isotaetic polypropylene）、无规聚丙烯（atactic polypropylene）和间规聚丙烯（syndiotatic polypropylene）三种。

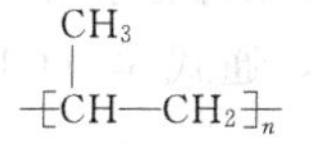

图1-10　聚丙烯结构式

1. 结构

甲基排列在分子主链的同一侧称为等规聚丙烯；若甲基无秩序地排列在分子主链的两侧称为无规聚丙烯；当甲基交替排列在分子主链的两侧称为间规聚丙烯。一般生产的聚丙烯树脂中，等规结构的含量为95%，其余为无规或间规聚丙烯。工业产品以等规物为主要成分。聚丙烯也包括丙烯与少量乙烯的共聚物在内。通常为半透明、无色固体，无臭，无毒。由于结构规整而高度结晶化，故熔点高达167℃，耐热，制品可用蒸汽消毒是其突出优点。密度0.90g/cm³，是最轻的通用塑料。耐腐蚀，拉伸强度30MPa，强度、刚性和透明性都比聚乙烯好。缺点是耐低温冲击性差，较易老化，但可分别通过改性和添加抗氧剂予以克服。

2. 性能

无毒、无味，密度小，强度、刚度、硬度、耐热性均优于低压聚乙烯，可在100℃左右使用。具有良好的电性能和高频绝缘性，不受湿度影响，但低温时变脆、不耐磨、易老化。适于制作一般机械零件、耐腐蚀零件和绝缘零件。常见的酸、碱、有机溶剂对它几乎不起作用，可用于食具。

3. 生产方法

（1）淤浆法　在稀释剂（如己烷）中聚合，是最早工业化，也是迄今生产量最大的方法。

（2）液相本体法　在70℃和3MPa的条件下，在液体丙烯中聚合。

（3）气相法　在丙烯呈气态条件下聚合。

后两种方法不使用稀释剂，流程短，能耗低。液相本体法现已显示出后来居上的优势。

4. 用途

(1) 工程用聚丙烯纤维　分为聚丙烯单丝纤维和聚丙烯网状纤维。聚丙烯网状纤维是以改性聚丙烯为原料，经挤出、拉伸、成网、表面改性处理、短切等工序加工而成的高强度束状单丝或者网状有机纤维，其耐强酸，耐强碱，弱导热，具有极其稳定的化学性能。加入混凝土或砂浆中可有效地控制混凝土（砂浆）固塑性收缩、干缩、温度变化等因素引起的微裂缝，防止及抑制裂缝的形成及发展，大大改善混凝土的阻裂抗渗性能，抗冲击及抗震能力，可以广泛地适用于地下工程防水，工业、民用建筑工程的屋面、墙体、地坪、水池、地下室等，以及道路和桥梁工程中。是砂浆/混凝土工程抗裂、防渗、耐磨、保温的新型理想材料。

(2) 双向拉伸聚丙烯薄膜　在塑料制品中包装材料占有极其重要的位置，据统计，世界用于包装领域的塑料约占塑料总消费量的 35%。我国包装用塑料发展迅速，产量从 1980 年的 19 万吨迅速增至 2003 年的 465 万吨，2005 年超过 550 万吨，2010 年将超过 700 万吨，2015 年将超过 900 万吨，约占全国包装总产量的 13%以上。

(3) 汽车用改性聚丙烯　PP 用于汽车工业具有较强的竞争力，但因其模量和耐热性较低，冲击强度较差，因此不能直接用作汽车配件，轿车中使用的均为改性 PP 产品，其耐热性可由 80℃提高到 145～150℃，并能承受高温 750～1000h 后不老化、不龟裂。

此外，聚丙烯材料还应用于家用电器、管材、高透明产品及生产生活的其他领域。随着人们生活水平不断提高，必然带来在文化、娱乐、食品、医疗、材料、居室装饰等各个方面不同变化的需求与提高，聚丙烯材料将会有更广阔的生产、开发前景。

（五）聚苯乙烯

聚苯乙烯是指由苯乙烯单体经自由基缩聚反应合成的聚合物，英文名称 polystyrene，简称 PS，通式是 $(CH_2CHC_6H_5)_n$。它是一种无色透明的热塑性塑料，具有高于 100℃的玻璃化温度，因此经常被用来制作各种需要承受开水温度的一次性容器以及一次性泡沫塑料饭盒等。聚苯乙烯结构式如图 1-11 所示。

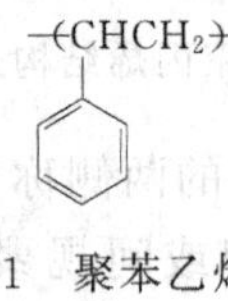

图 1-11　聚苯乙烯结构式

玻璃化温度 80～90℃，非晶态密度 1.04～1.06g/cm^3，晶体密度 1.11～1.12g/cm^3，熔融温度 240℃，体积电阻率 $10^{20}\sim10^{22}$ Ω·cm。热导率 30℃时 0.116W/(m·K)。通常的聚苯乙烯为非晶态无规聚合物，具有优良的绝热性、绝缘性和透明性，长期使用温度 0～70℃，但性脆，低温易开裂。此外还有全同和间同立构聚苯乙烯。全同聚合物有高度结晶性。

1. 结构

普通聚苯乙烯树脂属于无定形高分子聚合物，聚苯乙烯大分子链的侧基为苯环，大体积侧基为苯环的无规排列决定了聚苯乙烯的物理化学性质，如透明度高、刚度大、玻璃化温度高、性脆等。可发性聚苯乙烯为在普通聚苯乙烯中浸渍低沸点的物理发泡剂制成，加工过程中受热发泡，专用于制作泡沫塑料产品。高抗冲聚苯乙烯为苯乙烯和丁二烯的共聚物，丁二烯为分散相，提高了材料的冲击强度，但产品不透明。间规聚苯乙烯为间同结构，采用茂金属催化剂生产，是近年来发展的聚苯乙烯新品种，性能好，属于工程塑料。

2. 分类

聚苯乙烯（PS）包括普通聚苯乙烯（GPPS）、可发性聚苯乙烯（EPS）、高抗冲聚苯乙烯（HIPS）和间规聚苯乙烯（SPS）。

(1) 普通聚苯乙烯（GPPS）　普通聚苯乙烯树脂为无毒、无臭、无色的透明颗粒，是玻璃状脆性材料。其制品具有极高的透明度，透光率可达 90%以上，电绝缘性好，易着色，加工流动性好，刚性好及耐化学腐蚀性好等。普通聚苯乙烯的不足之处在于性脆、冲击强度低、易出现应力开裂、耐热性差及不耐沸水等。

聚苯乙烯的化学稳定性比较差，可以被多种有机溶剂（如芳香烃、卤代烃等）溶解，会被强酸、强碱腐蚀，不抗油脂，在受到紫外线照射后易变色。燃烧时会产生大量一氧化碳或者二氧化碳，注意防止中毒。

聚苯乙烯经常被用来制作泡沫塑料制品。聚苯乙烯还可以和其他橡胶类型高分子材料共聚生成各种不同力学性能的产品。日常生活中常见的应用有各种一次性塑料餐具、透明 CD 盒和公仔等。

(2) 耐冲击性聚苯乙烯（HIPS）　耐冲击性聚苯乙烯是通过在聚苯乙烯中添加聚丁基橡胶颗粒办法生产的一种抗冲击聚苯乙烯产品。该种产品会添加微米级橡胶颗粒并通过接枝办法把聚苯乙烯和橡胶颗粒连接在一起。当受到冲击时，裂纹扩展的尖端应力会被相对柔软的橡胶颗粒释放掉。因此裂纹的扩展受到阻碍，抗冲击性得到了提高。

（六）聚氯乙烯

聚氯乙烯（polyvinyl chloride）是世界上产量最大的塑料产品之一，价格便宜，应用广泛，聚氯乙烯树脂为白色或浅黄色粉末。根据不同的用途可以加入不同的添加剂，聚氯乙烯塑料可呈现不同的物理性能和力学性能。在聚氯乙烯树脂中加入适量的增塑剂，可制成多种硬质、软质和透明制品。

1. 结构

碳原子为锯齿形排列，所有原子均以 σ 键相连。所有碳原子均为 sp^3 杂化。聚氯乙烯结构式如图 1-12 所示。

$$\left[CH_2-\underset{\underset{Cl}{|}}{CH} \right]_n$$

图 1-12　聚氯乙烯结构式

2. 物理和化学性质

聚氯乙烯稳定，不易被酸、碱腐蚀，比较耐热。纯的聚氯乙烯的密度为 $1.4g/cm^3$，加入了增塑剂和填料等的聚氯乙烯塑件的密度一般为 $1.15\sim2.00g/cm^3$。聚氯乙烯（PVC）本色为微黄色半透明状，有光泽。透明度胜于聚乙烯、聚丙烯，差于聚苯乙烯，随助剂用量不同，分为软、硬聚氯乙烯，软制品柔而韧，手感黏，硬制品的硬度高于低密度聚乙烯，而低于聚丙烯，在曲折处会出现白化现象。

硬聚氯乙烯有较好的抗拉、抗弯、抗压和抗冲击能力，可单独用作结构材料。

软聚氯乙烯的柔软性、断裂伸长率、耐寒性会提高，但脆性、硬度、拉伸强度会降低。

聚氯乙烯有较好的电绝缘性，可作低频绝缘材料，其化学稳定性也好。由于聚氯乙烯的热稳定性较差，长时间加热会导致分解，放出 HCl 气体，使聚氯乙烯变色，所以其应用范围较窄，使用温度一般在 −15～55℃之间。

聚氯乙烯具有阻燃（氧指数在 40%以上）、耐化学药品性高、机械强度高及电绝缘性良好的优点。但其耐热性较差，软化点为 80℃，于 130℃开始分解变色，并析出 HCl。具有稳定的物理和化学性质，不溶于水、酒精、汽油，气体、水汽渗漏性低；在常温下可耐任何浓度的盐酸、90%以下的硫酸、50%～60%的硝酸和 20%以下的烧碱溶液，具有一定的耐化学腐蚀性；对盐类相当稳定，但能够溶解于醚、酮、氯化脂肪烃和芳香烃等有机溶剂。此外，PVC 的光、热稳定性较差，在 100℃以上或经长时间阳光暴晒，就会分解产生氯化氢，并进一步自动催化分解、变色，物理机械性能迅速下降，因此在实际应用中必须加入稳定剂以提高对热和光的稳定性。

3. 应用范围

聚氯乙烯历史上曾经是使用量最大的塑料，现在某些领域上已被聚乙烯、PET 所代替，但仍然在大量使用，其消耗量仅次于聚乙烯和聚丙烯。聚氯乙烯制品形式十分丰富，可分为硬聚氯乙烯、软聚氯乙烯和聚氯乙烯糊三大类。硬聚氯乙烯主要用于管材、门窗型材、片材等挤出产品，以及管接头、电气零件等注塑件和挤出吹塑的瓶类产品，它们约占聚氯乙烯65%以上的消耗。软聚氯乙烯主要用于压延片、汽车内饰品、手袋、薄膜、标签、电线电缆、医用制品等。聚氯乙烯糊约占聚氯乙烯制品的10%，主要产品有搪塑制品等。

4. PVC树脂的主要用途

（1）PVC一般软制品　利用挤出机可以挤成软管、电缆、电线等；利用注射成型机配合各种模具，可制成塑料凉鞋、鞋底、拖鞋、玩具、汽车配件等。

（2）PVC薄膜　PVC与添加剂混合、塑化后，利用三辊或四辊压延机制成规定厚度的透明或着色薄膜，用这种方法加工薄膜，成为压延薄膜。也可以通过剪裁、热合加工包装袋、雨衣、桌布、窗帘、充气玩具等。宽幅的透明薄膜可以供温室、塑料大棚及地膜之用。经双向拉伸的薄膜，所受热收缩的特性，可用于收缩包装。

（3）PVC涂层制品　有衬底的人造革是将PVC糊涂覆于布上或纸上，然后在100℃以上塑化而成。也可以先将PVC与助剂压延成薄膜，再与衬底压合而成。无衬底的人造革则是直接由压延机压延成一定厚度的软质薄片，再压上花纹即可。人造革可以用来制作皮箱、皮包、书的封面、沙发及汽车的坐垫等，还有地板革，用作建筑物的铺地材料。

（4）PVC泡沫制品　软聚氯乙烯混炼时，加入适量的发泡剂做成片材，经发泡成型为泡沫塑料，可作泡沫拖鞋、凉鞋、鞋垫及防震缓冲包装材料。也可用挤出机挤出成低发泡PVC硬质板材和异型材，可替代木材试用，是一种新型的建筑材料。

（5）PVC透明片材　PVC中加入抗冲改性剂和有机锡稳定剂，经混合、塑化、压延而成为透明片材。利用热成型可做成薄壁透明容器或用于真空吸塑包装，是优良的包装材料和装饰材料。

（6）PVC硬板和板材　PVC中加入稳定剂、润滑剂和填料，经混炼后，用挤出机可挤出各种口径的硬管、异型管、波纹管，用作下水管、饮水管、电线套管或楼梯扶手。将压延好的薄片重叠热压，可制成各种厚度的硬质板材。板材可以切割成所需的形状，然后利用PVC焊条用热空气焊接成各种耐化学腐蚀的储槽、风道及容器等。

（7）PVC其他用途　PVC门窗由硬质异型材料组装而成，在有些国家已与木门窗、铝窗等共同占据门窗的市场。还有仿木材料、代钢建材（北方、海边）和中空容器。

（七）聚砜

聚砜是分子主链中含有链节的热塑性树脂，英文名称为polysulfone（简称PSF或PSU），有普通双酚A型PSF（即通常所说的PSF）及聚芳砜和聚醚砜两种。聚砜结构式如图1-13所示。

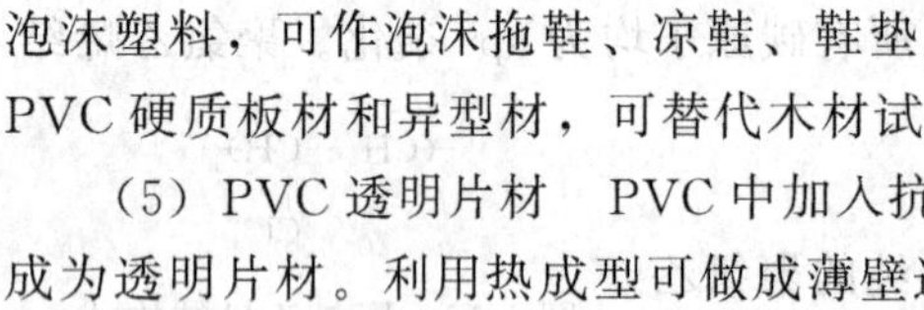

图1-13　聚砜结构式

PSF是略带琥珀色非晶性透明或半透明聚合物，力学性能优异，刚性大，耐磨，高强度，即使在高温下也保持优良的力学性能是其突出的优点，其范围为−100～150℃，长期使用温度为160℃，短期使用温度为190℃，热稳定性高，耐水解，尺寸稳定性好，成型收缩率小，无毒，耐辐射，耐燃，有自熄性。在宽广的温度和频率范围内有优良的电性能。化学稳定性好，除浓硝酸、浓硫酸、卤代烃外，能耐一般酸、碱、盐，在酮、酯中溶胀。耐紫外线性和耐候性较差。耐疲劳强度差是主要缺点。PSF成型前要预干燥至水分含量小于0.05%。可进行注塑、模压、挤出、热成型、吹塑等成型加工，熔体黏度高，控制黏度是加工关键，加工后宜进行热处理，消除内应力，可做成精密尺寸制品。

PSF主要用于电子电气、食品和日用品、汽车、航空、医疗和一般工业等部门，制作各种接触器、接插件、变压器绝缘件、可控硅帽、绝缘套管、线圈骨架、接线柱，印刷电路板、轴套、罩、电视系统零件、电容器薄膜、电刷座，碱性蓄电池盒、电线电缆包覆。PSF还可做防护罩元件、电动齿轮、蓄电池盖、飞机内外部零配件、宇航器外部防护罩，照相机挡板，灯具部件、传感器。代替玻璃和不锈钢做蒸汽消毒餐盘、咖啡盛器、微波烹调器、牛奶盛器、挤奶器部件、饮料和食品分配器。卫生及医疗器械方面有外科手术盘、喷雾器、加湿器、牙科器械、流量控制器、起槽器和实验室器械，还可用于镶牙，粘接强度高，还可做化工设备（泵外罩、塔外保护层、耐酸喷嘴、管道、阀门、容器）、食品加工设备、奶制品加工设备、环保及控制传染设备。

三、橡胶基体

（一）橡胶的概念与分类

橡胶是有机高分子弹性化合物。在很宽的温度（$-50\sim150$℃）范围内具有优异的弹性，所以又称弹性体[14]。橡胶按其来源可分为天然橡胶和合成橡胶两大类。天然橡胶是从自然界含胶植物中制取的一种高弹性物质。合成橡胶是用人工合成的方法制得的高分子弹性材料。合成橡胶品种很多，按其性能和用途可分为通用合成橡胶和特种合成橡胶。凡是性能与天然橡胶相同或相近，广泛用于制造轮胎及其他大量橡胶制品的，称为通用合成橡胶，如丁苯橡胶、顺丁橡胶、氯丁橡胶、丁基橡胶等。凡是具有耐寒、耐热、耐油、耐臭氧等特殊性能，用于制造特定条件下使用的橡胶制品，称为特种合成橡胶，如丁腈橡胶、硅橡胶、氟橡胶、聚氨酯橡胶等。但是，特种合成橡胶随着其综合性能的改进、成本的降低以及推广应用的扩大，也可以作为通用合成橡胶使用，如乙丙橡胶、丁基橡胶等。合成橡胶还可按大分子主链的化学组成的不同分为碳链弹性体和杂链弹性体两类。碳链弹性体又可分为二烯类橡胶和烯烃类橡胶等。

橡胶具有独特的高弹性，还具有良好的耐疲劳强度、电绝缘性、耐化学腐蚀性以及耐磨性等，使它成为国民经济中不可缺少和难以代替的重要材料。

（二）橡胶的结构特征

作为橡胶材料使用的聚合物，在结构上应符合以下要求，才能充分表现橡胶材料的高弹性能。

(1) 大分子链具有足够的柔性，玻璃化温度（T_g）应比室温低得多。这就要求大分子链内旋转位垒较小，分子间作用力较弱，内聚能密度较小。橡胶类聚合物的内聚能密度一般在290kJ/cm^{3}以下，比塑料和纤维类聚合物的内聚能密度低得多。

前已述及，只有在T_g以上，聚合物才能表现出高弹性能，所以橡胶材料的使用温度范围在T_g与熔融温度之间。

(2) 在使用条件下不结晶或结晶度很小。例如聚乙烯、聚甲醛等，在室温下容易结晶，故不宜用作橡胶材料。但是，如天然橡胶等在拉伸时可结晶，而除去负荷后结晶又熔化，这是最理想的，因为结晶部分能起到分子间交联作用而提高模量和强度，去载后结晶又熔化，不影响其弹性恢复性能。

(3) 在使用条件下无分子间相对滑动，即无冷流，因此大分子链上应存在可供交联的位置，以进行交联，形成网络结构。也可采用物理交联方法，例如苯乙烯-丁二烯嵌段共聚物，由于在室温下苯乙烯链段聚集成玻璃态区域，把橡胶链段的末端连接起来形成网络结构，故可作为橡胶材料使用。这类橡胶材料也称热塑性弹性体。

（三）橡胶结构与性能的关系

橡胶的性能，如弹性、强度、耐热性、耐寒性等与分子结构和超分子结构密切相关。

（1）弹性和强度　弹性和强度是橡胶材料的主要性能指标。

分子链柔顺性越大，橡胶的弹性就越大。线型大分子链的规整性越好，等同周期越大，含侧链越少，链的柔顺性越好，其橡胶的弹性越好。例如高顺式聚 1,4-丁二烯是弹性最好的橡胶。此外，分子量越高，橡胶的弹性和强度越大。橡胶的分子量通常为 10^5～10^6，比塑料类和纤维类要高。

交联使橡胶形成网络结构，可提高橡胶的弹性和强度。但是交联度过大时，交联点间网链分子量太小，强度大，而弹性差。

如前所述，橡胶在室温下是非晶态才具有弹性。但结晶对强度影响较大，结晶性橡胶拉伸时形成的微晶能起网络节点作用，因此纯硫化胶的拉伸强度比非结晶橡胶高得多。

（2）耐热性和耐老化性　橡胶的耐热性主要取决于主链上化学键的键能。含有 C—C、C—O、C—H 和 C—F 键的橡胶具有较好的耐热性，例如乙丙橡胶、丙烯酸酯橡胶、含氟橡胶和氯醇橡胶等。橡胶中的弱键能引发降解反应，对耐热性影响很大。不饱和橡胶主链上的双键易被臭氧氧化。次甲基的氢也易被氧化，因而耐老化性差。饱和橡胶没有降解反应途径而耐热氧老化性好，例如乙丙橡胶、硅橡胶等。此外带供电取代基者容易氧化，例如天然橡胶。而带吸电取代基者较难氧化，例如氯丁橡胶，由于氯原子对双键和 α 氢的保护作用，使它成为双烯类橡胶中耐热性最好的橡胶。

（3）耐寒性　当温度低于玻璃化温度时，或者由于结晶，橡胶将失去弹性。因此，降低其 T_g 或避免结晶，可以提高橡胶材料的耐寒性。

降低 T_g 的途径有：降低分子链的刚性；减小链间作用力；提高分子的对称性；与 T_g 较低的聚合物共聚；支化以增加链端浓度；减少交联键以及加入溶剂和增塑剂等方法。避免结晶，则可以通过以下方法使结构无规化：无规共聚；聚合之后无规地引入基团；进行链支化和交联，采用不导致立构规整性的聚合方法及控制几何异构等。

（4）化学反应性　橡胶的化学反应性有两个方面：一方面是可进行有利的反应，如交联反应或进行取代等改性反应；另一方面是有害的反应，如氧化降解反应等。上述两个方面反应往往同时存在。例如，二烯烃类橡胶主链上的双键，一方面为硫化提供了交联的位置，同时又易受氧、臭氧和某些试剂所攻击。为了改变不利的一面，可以制成大部分结构的化学活性很低，而引入少量可供交联的活性位置的橡胶。例如丁基橡胶、三元乙丙橡胶、丙烯酸酯橡胶和氟橡胶等。

（5）加工性能　结构对橡胶加工中熔体黏度、压出膨胀率、压出胶质量、混炼特性、胶料强度、冷流性以及黏着性有较大影响。

橡胶的分子量越大，则熔体黏度越大，压出膨胀率增加，胶料的强度和黏着强度都随之增大。橡胶的分子量通常大于缠结的临界分子量。分子链的缠结，引入少量共价交联键或离子键合键，早期结晶等热短效交联都可减少冷流和提高胶料强度。

橡胶的分子量分布一般较宽，其中高分子量部分提供强度，而低分子量部分起增塑剂作用，可提高胶料的流动性和黏性，增加胶料混炼效果，改善混炼时胶料的包辊能力。同时，加宽分子量分布，可有效地防止压出胶产生鲨鱼皮表面和熔体破裂现象。长链支化也可改善胶料的包辊能力。

此外，胶料的黏着性与结晶性有关。对于结晶性橡胶，在界面处可以由不同胶块的分子链段形成晶体结构，从而提高了黏着程度；对于非结晶性橡胶，则需加入添加剂。

（四）天然橡胶（NR）

1. 天然橡胶的概述

天然橡胶是由人工栽培的三叶橡胶树分泌的乳汁，经凝固、加工而制得的，其主要成分为聚异戊二烯，含量在90%以上，此外还含有少量的蛋白质、脂肪酸、糖分及灰分。天然橡胶生胶的玻璃化温度为－72℃，胶流温度为130℃，开始分解温度为200℃，激烈分解温度为270℃。当天然橡胶硫化后，其温度上升，也再不会发生黏流。

2. 天然橡胶的分类

天然橡胶按制造工艺和外形的不同，分为烟片胶、颗粒胶、绉片胶和乳胶等。但市场上以烟片胶和颗粒胶为主。烟片胶是经凝固、干燥、烟熏等工艺而制得的，我国进口的天然橡胶多为烟片胶；颗粒胶则是经凝固、造粒、干燥等工艺而制得的，我国国产的天然橡胶基本上为颗粒胶，也称标准胶。烟片胶一般按外形的不同，分为特级、一级、二级、三级、四级、五级共6级，达不到五级的则列为等外胶；颗粒胶则一般按国际上统一的理化效能、指标来分级，这些理化性能包括杂质含量、塑性初值、塑性保持率、氮含量、挥发物含量、灰分含量及色泽指数7项。其中以杂质含量为主导性指标，依据杂质的多少分为5L、5、10、20及50共5个级别[15]。

3. 天然橡胶的性能

(1) 天然橡胶的弹性　其生胶及交联密度不太高的硫化胶的弹性是高的。

(2) 天然橡胶的强度　在弹性材料中，天然橡胶的生胶、混炼胶、硫化胶的强度都比较高。天然橡胶机械强度高的原因在于它是自补强橡胶，当拉伸时会使大分子链沿应力方向取向形成结晶。

(3) 天然橡胶的电性能　天然橡胶是非极性物质，是一种较好的绝缘材料。当天然橡胶硫化后，因引入极性因素，如硫黄、促进剂等，从而使电绝缘性能下降。

(4) 天然橡胶的耐介质性能　天然橡胶是一种非极性物质，它溶于非极性溶剂和非极性油。

4. 天然橡胶的应用

天然橡胶因其具有很强的弹性和良好的电绝缘性、可塑性、隔水隔气、抗拉和耐磨等特点，广泛地运用于工业、农业、国防、交通、运输、机械制造、医药卫生和日常生活等领域，其中轮胎的用量要占天然橡胶使用量的一半以上。

（五）丁苯橡胶（SBR）

SBR除作为汽车轮胎材料外，还可用作防振胶、胶管、运输带和鞋类等普通工业用品材料，其用量最大，应用范围很广。SBR可根据其聚合方法大致分为乳聚丁苯橡胶（以下简称E-SBR）和溶聚丁苯橡胶（以下简称S-SBR）两种[16]。

E-SBR可分为低温聚合的冷聚丁苯橡胶（5℃）和高温聚合的热聚丁苯橡胶（40～50℃）。目前，其主要品种为各种性能优异的冷聚丁苯橡胶。另外，E-SBR可根据制造方法、添加剂的种类、结合苯乙烯含量和门尼黏度来分类。其他品种还有充油橡胶、炭黑母炼胶、充油炭黑母炼胶以及胶乳等，其种类非常多。具有代表性的E-SBR是苯乙烯含量为23.5%的冷聚丁苯橡胶，这种橡胶的苯乙烯和丁二烯排列为无规排列，丁二烯部分的微观结构很少受聚合温度的影响，没有立体规则性。如果聚合温度高，则反式-1,4-结构逐渐减少，顺式-1,4-结构增加，主链的支链增加。由于冷聚E-SBR是在5℃和低温下聚合，所以其反式-1,4-结构约为70%。在合成橡胶中，E-SBR的加工性能和物理性能最接近天然橡胶，作为通用合成橡胶，它与天然橡胶一样，可用于所有的橡胶制品。

S-SBR 用活性阴离子聚合法制造。可用烷基锂作为引发剂并在碳氢化合物溶剂中进行聚合。在最初的 S-SBR 研究开发时期，S-SBR 有加工性能和强度差等许多缺点，在市场上不受欢迎。后来，通过对聚合工艺加以改良，迎合了当时的省资源和省能源的世界潮流，人们对其作为轮胎材料做了重新的评估。目前 S-SBR 的生产比率在不断地增加。特别是在发达国家和地区，这种趋势更加突出。在西欧，S-SBR 与 E-SBR 的比率约为 70：30，在美国和日本约为 80：20。

S-SBR 主要用于轿车轮胎的胎面胶。特别是 1980 年以后，提高了对轮胎节省燃料费的要求，致使 S-SBR 的合成和设计技术得以发展。对轮胎滚动阻力的影响因素有胎面胶的滞后损失等。这种滞后损失同时也是决定轮胎的刹车性能（湿路面抓着性能）的重要因素。省燃料费性能与湿路面抓着性能是相互矛盾的性能。近年来开发出了可同时满足这两种相互矛盾性能的技术。从材料的角度看，实现上述要求的手段是采用 S-SBR。如上所述，用活性阴离子聚合法制造的 S-SBR 通过控制分子量、支链、丁二烯部分的微观结构以及进行端基改性可以设计出用 E-SBR 不可能得到的精细的材料。特别是使在聚合物链的活性端基具有锡化合物或极性基有机化合物反应的端基改性 S-SBR 与炭黑配合可以降低滞后损失。这种 S-SBR 已经在 20 世纪 80 年代后半期实现了工业化生产。另外，为了降低滞后损失，用氨化锂替代烷基锂作为引发剂也可以开发出制造 S-SBR 的方法。而且，通过采用氨化锂引发剂也可以开发出在聚合物链端导入具有极性基的官能团的两端基改性的 S-SBR。

另外，在轮胎配方技术方面也有了很大的进展。以前一直采用炭黑作为补强填充剂，从 20 世纪 90 年代上半期开始，已经采用了滞后损失与湿路面抓着综合平衡性能比炭黑好的白炭黑作为补强填充剂。此后，采用白炭黑的轮胎一年比一年增加。已经开发出白炭黑端基改性技术，例如开发出了烷氧基硅烷改性制品和胺改性制品等。这样一来，与 E-SBR 相比，S-SBR 的设计自由度高，且其具有柔软性。

（六）顺丁橡胶（BR）

在各种合成橡胶中，BR 的产量和消耗量仅次于 SBR。BR 的微观结构有顺式-1,4-结构、反式-1,4-结构和 1,2-结构（乙烯键），可以通过选择聚合催化剂来控制 BR 的立体构型。

高顺式-BR 与天然橡胶不同，即使在室温下高度拉伸也不容易结晶，越是高顺式结构含量的 BR，其回弹性和耐磨性越好。另外，高顺式-BR 的玻璃化温度为－110～－95℃，其低温特性优异。用锂系催化剂制造的低顺式-BR 的顺式-1,4-结构含量约为 35%以下，其玻璃化温度约为－85～－30℃，1,2-结构含量越高，玻璃化温度越高。低顺式-BR 也具有优异的耐磨性、回弹性和低温特性。

高顺式-BR 的主要用途是用于汽车轮胎。特别是高顺式-BR 具有优良的耐磨性、回弹性、低生热性、耐老化性、耐花纹沟龟裂性和低温特性，但在加工性能、抗崩塌性、耐割伤性和制动性能方面有问题。目前，通常是 BR 与 SBR 和天然橡胶并用。BR 被广泛应用于轿车、载重汽车和公共汽车等大型载重汽车轮胎的胎面胶、胎侧胶和填充胶条等。另外，在非轮胎应用方面，由于其回弹性高，所以也用于鞋类和高尔夫球的芯材。其他还有用于挂胶布、密封垫和 O 形密封圈等工业用品。

低顺式-BR 也具有与高顺式-BR 接近的性能。由于其具有优异的耐磨性、动态特性和低温特性，所以可用于各种汽车用橡胶制品、胶管和辊筒等工业用品以及鞋类等。低顺式-BR 还可用作聚苯乙烯的抗冲改性剂。

（七）氯丁橡胶（CR）

氯丁橡胶是由 2-氯-1,3-丁二烯通过乳液聚合而得到的一种高分子弹性体，于 1931 年实现工业化生产，是最早开发的合成橡胶之一，其结构式如图 1-14 所示[17]。

$$-CH_2-C=CH-CH_2-(CH_2-C=CH-CH_2)_n CH_2-C=CH-CH_2-$$

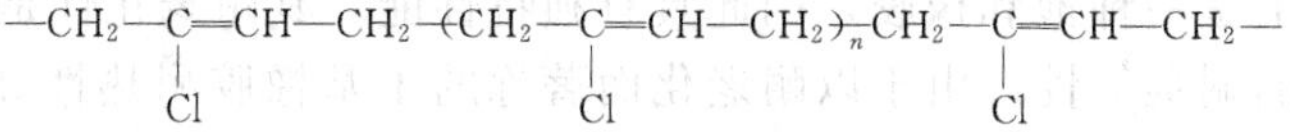

图 1-14 氯丁橡胶结构式

CR 分子链的微观结构，大部分是反式-1,4-结构（约占 85%）和顺式-1,4-结构（约占 10%），以及少量的 1,2-结构（约占 1.5%）和 3,4-结构（约占 3.5%）。反式-1,4-结构含量越高，聚合物分子链排列越规则，机械强度越高，结晶度越高；而 1,2-结构和 3,4-结构使聚合物带有侧基，且侧基上还有双键，能阻碍分子链运动，对聚合物的弹性、强度、耐老化性等都有不利影响。不过由于 1,2-结构的化学活性较高，会成为硫化时的活性点。由于分子链中含有电负性较大的氯侧基，使其成为极性橡胶。

CR 根据其性能和用途可分成通用型、专用型和氯丁胶乳三大类。其中通用型包括硫调节型、非硫调节型和混合调节型三类，专用型包括粘接型和其他特殊用途型，氯丁胶乳则有通用胶乳和特种胶乳之分。

CR 具有优异的耐燃性，是通用橡胶中耐燃性最好的，还有优良的耐油、耐溶剂、耐老化性能，其耐油性仅次于丁腈橡胶而优于其他通用橡胶，CR 是结晶性橡胶，具有自补强性，生胶强度高，还具有良好的黏着性、耐水性和气密性，其耐水性是合成橡胶中最好的，气密性比天然橡胶大 5～6 倍。CR 的缺点是电绝缘性较差，耐寒性不好，密度大，储存稳定性差，储存过程中易硬化变质。CR 具有较好的综合性能和耐燃、耐油等优异特性，广泛用于各种橡胶制品，如耐热运输带、耐油、耐化学腐蚀胶管和容器衬里、胶辊、密封条等。

（八）丁腈橡胶（ABR）

ABR 是以丁二烯和丙烯腈为单体经乳液共聚而制得的高分子弹性体，其结构式如图 1-15 所示[18]。

$$\left[(CH_2-CH=CH-CH_2)_x (CH_2-CH)_y \atop CN \right]_n$$

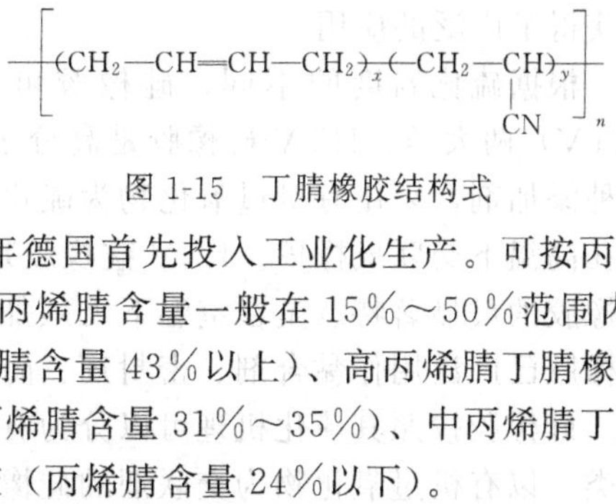

图 1-15 丁腈橡胶结构式

ABR 是以耐油性而著称的特种合成橡胶。1937 年德国首先投入工业化生产。可按丙烯腈含量、分子量、聚合温度等因素分类。丁腈橡胶中丙烯腈含量一般在 15%～50% 范围内。按其含量不同分为五种：极高丙烯腈丁腈橡胶（丙烯腈含量 43% 以上）、高丙烯腈丁腈橡胶（丙烯腈含量 36%～42%）、中高丙烯腈丁腈橡胶（丙烯腈含量 31%～35%）、中丙烯腈丁腈橡胶（丙烯腈含量 25%～30%）和低丙烯腈丁腈橡胶（丙烯腈含量 24% 以下）。

因含有极性氰基，对非极性或弱极性的矿物油、动植物油、液体燃料和溶剂等化学物质有良好的抗耐性，其中耐油性是通用橡胶中最好的，丙烯腈质量分数越高，耐油性越好。它的耐热性比天然橡胶、丁苯橡胶和顺丁橡胶要好，可以在 100℃ 下长期使用，120℃ 下使用 40d。丁腈橡胶耐臭氧性能比氯丁橡胶差，但比天然橡胶要好。其气密性较好。丁腈橡胶的抗静电性较好，它的体积电阻率为 $10^9 \sim 10^{10} \Omega \cdot cm$，等于或低于半导体材料体积电阻率 $10^{10} \Omega \cdot cm$ 这一临界上限值，所以丁腈橡胶是一种半导体材料，在通用橡胶里是独一无二的。

（九）乙丙橡胶

乙丙橡胶[19]是以乙烯、丙烯或乙烯、丙烯及少量非共轭双烯为单体，在立体有规则催化剂作用下制得的无规共聚物。是一种介于通用橡胶和特种橡胶之间的合成橡胶。1957 年意大利首先实现二元乙丙橡胶工业化生产。

乙丙橡胶主要分为二元乙丙橡胶和三元乙丙橡胶两大类。三元乙丙橡胶按第三单体种类不同又分为双环戊二烯、亚乙基降冰片烯和1,4-己二烯三元乙丙橡胶三类。

乙丙橡胶基本上是一种饱和橡胶，因此具有独特性能，其耐老化性是通用橡胶中最好的之一。还具有突出的耐臭氧性。由于以耐老化而著称的丁基橡胶耐热性好，可在120℃下长期使用，具有较高的弹性和低温性能，其弹性仅次于天然橡胶和顺丁橡胶，最低使用温度可达−50℃以下。具有非常好的电绝缘性和耐电晕性，由于吸水性小，浸水后电气性能变化很小。乙丙橡胶耐化学腐蚀性较好，对酸、碱和极性溶剂有较大的抗耐性。此外，还具有较好的耐蒸汽性、低密度和高填充性。乙丙橡胶的密度为860～870kg/m^3，是所有橡胶中最低的。

乙丙橡胶的缺点是硫化速度慢，不宜与不饱和橡胶并用，自黏性和互黏性差，耐燃性、耐油性和气密性差，因而限制了它的应用。

乙丙橡胶主要用于汽车零件、电气制品、建筑材料、橡胶工业制品及家庭用品，如汽车轮胎胎侧、内胎及散热器胶管，高、中压电缆绝缘材料，代替沥青的屋顶防水材料，耐热输送带，橡胶辊，耐酸、碱介质的罐衬里材料及冰箱用磁性橡胶等。

（十）硅橡胶

硅橡胶[20]是有机硅聚合物中最重要的产品之一。硫化前为高摩尔质量的线型聚硅氧烷，硫化后为网状结构的弹性体。由于其主链由Si—O—Si键组成，因而使硅橡胶具有优良的热氧化稳定性、耐候性以及良好的电性能。在分子链上引入不同的功能基团，如乙烯基、苯基、环氧丙基、三氟丙基等，还可使硅橡胶具有较小的压缩永久形变、良好的耐高低温性和耐辐照性、较好的粘接性以及良好的耐油性等。由于硅橡胶制品具有优异的综合性能，故已在航空航天、电气、电子、化工、仪表、汽车、机械等工业以及医疗卫生、日常生活各个领域获得了广泛的应用。

根据硫化温度的不同，硅橡胶可分为高温硫化硅橡胶（HTV）和室温硫化硅橡胶（RTV）两大类。HTV硅橡胶是高分子量的聚有机硅氧烷（即生胶）加入补强填料和其他各种添加剂，采用有机过氧化物为硫化剂，经加压成型（模压、挤出、压延）或注射成型，并在高温下交联成橡皮。RTV硅橡胶是20世纪60年代问世的一种新型有机硅弹性体，这种橡胶的最显著特点是在室温下无须加热、加压即可就地固化，使用极其方便。现在RTV硅橡胶已广泛用作黏合剂、密封剂、防护涂料、灌封和制模材料，在各个行业中都有应用。

硅橡胶按照其硫化机理可以分为有机过氧化物引发型、缩合反应型和加成反应型硅橡胶三类。以有机过氧化物为交联剂的硅橡胶一般是以分子量为50万～80万的直链聚硅氧烷为生胶，配合以各种添加剂（如补强填料、热稳定剂、结构控制剂等），在炼胶机上混炼成均相胶料，然后采用模压、挤出、压延等方法高温硫化成各种橡胶制品；缩合型硅橡胶一般是以端羟基封端的聚硅氧烷为基础胶料，采用多官能团的有机硅化合物（如正硅酸乙酯、甲基三乙氧基硅烷等）作交联剂，并用有机金属化合物（如二月桂酸二丁基锡）作催化剂，再配合其他填料及添加剂在室温下缓慢缩聚成三维网络结构；加成型硅橡胶是以含乙烯基的聚硅氧烷为基础胶料，以含Si—H键的聚硅氧烷作交联剂，在铂系催化剂的作用下，发生硅氢化加成反应，交联成弹性体。

（十一）热塑性弹性体

热塑性弹性体是指在高温下能塑化成型而在常温下能显示橡胶弹性的一类材料。

热塑性弹性体具有类似于硫化橡胶的物理机械性能，又有类似于热塑性塑料的加工特性，而且加工过程中产生的边角料及废料均可重复加工使用。因此这类新型材料自1958年问世以来，引起极大重视，被称为“橡胶的第三代”，得到了迅速的发展。目前已工业化生产的有聚烯烃类、苯乙烯嵌段共聚物类、聚氨酯类和聚酯类。

第三节　陶瓷基体

用作陶瓷及复合材料的基体主要包括氧化物陶瓷、非氧化物陶瓷和微晶玻璃。

一、碳化硅陶瓷基体

碳化硅（SiC）陶瓷具有优良的高温力学性能，抗氧化性强，耐磨损性好，热稳定性佳，热膨胀系数小，热导率大，硬度高，以及抗热震性和耐化学腐蚀性等优良，被广泛应用于精密轴承、密封件、汽轮机转子、喷嘴热交换器部件及原子热反应堆材料等，并日益受到人们的重视。

（一）碳化硅陶瓷制备工艺

SiC 是强共价键结合的化合物，烧结时的扩散速率相当低，即使在 2100℃的高温下，C 和 Si 的自扩散系数也仅为 $1.5\times10^{-10}cm^2/s$ 和 $2.5\times10^{-13}cm^2/s$，必须借助于添加剂形成特殊的工艺手段促进烧结。目前制备高温 SiC 陶瓷的方法主要有无压烧结、热压烧结、热等静压烧结、反应烧结等，不同烧结工艺研制出的 SiC 陶瓷性能存在差异。一般而言，一方面，就烧结密度和抗弯强度指标而言，热压烧结和热等静压烧结 SiC 相对较高，无压烧结 SiC 次之，反应烧结 SiC 相对较低，另一方面，同种烧结工艺下，SiC 陶瓷的力学性能还随添加剂的不同而不同（表 1-1）。

表 1-1　SiC 陶瓷的烧结方法及物理性能

项　目	无压烧结	热压烧结	热等静压烧结	反应烧结
体积密度/(g/cm^3)	3.12	3.21	3.21	3.05
断裂韧性/$MPa\cdot m^{1/2}$	3.2	3.2	3.8	3.0
抗弯强度(20℃)/MPa	410	640	640	380
抗弯强度(1400℃)/MPa	410	650	610	300
弹性模量/GPa	410	450	450	350
热膨胀系数/$\times10^{-6}K^{-1}$	4.7	4.8	4.7	4.5
热导率(20℃)/[W/(m·K)]	110	130	220	140
热导率(1400℃)/[W/(m·K)]	45	45	50	50

1. 常压烧结

常压烧结是 SiC 烧结最有前途的烧结方法，通过常压烧结工艺可以制备出大尺寸和复杂形状的 SiC 陶瓷制品。根据烧结机理的不同，无压烧结又可分为固相烧结和液相烧结。对含有微量 SiO_2 的 β-SiC 可通过添加 B 和 C 进行常压烧结，这种方法可明显改善 SiC 的烧结动力学。掺杂适量的 B，烧结过程中 B 处于 SiC 晶界上，部分与 SiC 形成固溶体，从而降低了 SiC 的晶界能。

掺杂适量的游离 C 对固相烧结有利，因为 SiC 表面通常会被氧化，有少量 SiO_2 生成，加入的适量 C 有助于使 SiC 表面上的 SiO_2 膜还原除去，从而增加了表面能。然而 C 对液相烧结会产生不利影响，因为 C 会与氧化物添加剂反应生成气体，在陶瓷烧结体内形成大量的开孔，影响致密化进程。

2. 热压烧结

纯 SiC 粉热压可以达到致密，但需要高温（高于 2000℃）及高压（大于 35MPa）。国内外很多研究致力于添加适当的烧结助剂以便有效促进 SiC 热压烧结。热压烧结虽然降低烧结温度，得到较致密和抗弯强度高的 SiC 陶瓷，但是热压工艺效率低，很难制造形状复杂的 SiC 部件，不利于工业化生产。

3. 热等静压烧结

无论是无压烧结还是热压烧结，如果不加入适当的添加剂，纯 SiC 很难烧结致密。为了获得致密的 SiC 烧结体，必须采用亚微米级 SiC 细粉，并加入少量合适的烧结添加剂。但是添加剂引入，SiC 陶瓷的许多性能必定受到影响。为了克服传统烧结工艺存在的缺陷，研究人员多采取热等静压（HIP）烧结工艺制备 SiC 陶瓷，并取得了良好效果。尽管热等静压烧结可获得形状复杂的致密 SiC 制品，并且 SiC 具有较好的力学性能，但是 HIP 烧结必须对素坯进行包封，所以很难实现工业化生产。

4. 自结合（反应烧结）SiC

自结合 SiC 制备基本上是一种反应烧结过程。由 α-SiC 和石墨粉按一定比例混合压成坯体，在高温（1600～1700℃）下使其与液态 Si 接触，坯体中的 C 会与外部渗入的 Si 发生反应，生成 β-SiC，并与 α-SiC 相结合，过多的 Si 填充于气孔，从而得到无孔致密反应烧结体。反应烧结过程通常在真空下用感应加热石墨坩埚来完成。自结合 SiC 的强度在 1400℃以前基本上与 Si 含量无关，超过 1400℃由于 Si 的熔化，强度骤降。目前反应烧结 SiC 生产工艺成熟，产品性能稳定，生产的反应烧结碳化硅密度大于 $3.02g/cm^3$。

（二）碳化硅陶瓷的性能

SiC 陶瓷的典型性能见表 1-2。

表 1-2 SiC 陶瓷的典型性能

项目	体积密度 /(g/cm^3)	抗弯强度 /MPa	弹性模量 /GPa	热膨胀系数 /$\times 10^{-6}K^{-1}$
无压烧结 SiC				
日本特殊陶业 EC-422	3.13	550	450	4.80
美国 GE 公司(掺 B)	3.10	540	420	4.90
上海硅酸盐研究所(掺 B_4C+C)	3.05～3.10	460		4.96
热压烧结 SiC				
美国 Norton NC-203	3.20	770	450	4.80
德国 HP-SiC(掺 Al)	3.20	640	450	4.50
上海硅酸盐研究所(掺 Al_2O_3)	3.17～3.22	700		4.50
热等静压烧结 SiC				
德国 HP-SiC(掺 Al)	3.21	640	450	4.50
反应烧结 SiC				
日本特殊陶业 EC-414	3.15	500	430	4.40

（三）碳化硅陶瓷研究进展

SiC 陶瓷材料具有优异的抗氧化性、耐腐蚀性及其抗热震性，高温结构材料的应用具有很大的吸引力。SiC 不易烧结，采用陶瓷的传统制备方法不易制备出高强度、形状复杂的陶瓷构件，尤其是 SiC 陶瓷纤维。近年来，以有机金属聚合物为先驱体，利用其可溶、可熔等特性成型后，经高温热分解处理使之从有机物转变为无机陶瓷材料的先驱体，该转化法已广泛地应用于陶瓷材料的制备。

邢素丽等[16]采用溶胶-凝胶法，以正硅酸乙酯和酚醛树脂为原料，在草酸和六亚甲基四胺的催化作用下，制备出了不含硫和氯等有害杂质的均相碳化硅先驱体。在特定条件下，对所得先驱体进行烧结，使之转化为陶瓷。研究结果表明，溶胶-凝胶法制得的先驱体呈黄色透明的玻璃态，其微观组成为几十纳米的微粒，树脂与 SiO_2 可能通过氢键相互作用，有利于树脂在先驱体中均匀分布而形成均相先驱体，其陶瓷产率为 78%；另外硝酸镍的加入对先驱体烧结过程中 β-SiC 的生成起到明显的促进作用。溶胶-凝胶法制备 SiC 陶瓷工艺流程如图 1-16 所示。

酚醛树脂、乙醇、正硅酸乙酯 —草酸、六亚甲基四胺催化，38～45℃、24h→ 溶胶 —陈化→ 湿溶胶 —干燥→ 干凝胶 —烧结(1260℃)→ SiC 陶瓷

图 1-16　溶胶-凝胶法制备 SiC 陶瓷工艺流程

余煜玺等[17]用聚硅碳硅烷（polysilacarbosilane，PSCS）与乙酰丙酮铝［Al(AcAc)$_3$］反应制备了含铝 SiC 陶瓷的先驱体聚铝碳硅烷（polyaluminocarbosilane，PACS）。PACS 中主要存在如下结构：—Si(CH_3)$_2$—CH_2—和—Si(CH_3)·(H)—CH_2—。PACS 在 N_2 中的陶瓷化表明，600℃以下 PACS 是有机状态；900℃时，PACS 中 C—H、Si—CH_3 结构消失，PACS 基本完成了无机化；1300℃左右 PACS 完全脱 H，真正完成了无机化，转化为 SiC 陶瓷。1300℃以下陶瓷化产物的 X 射线衍射线很宽，产物为不定形结构。1500℃以上的陶瓷化产物为结晶度较高的 SiC 陶瓷。刘坚等[18]采用 SiC 粉体与聚碳硅烷（PCS）为原料浇注成型低温烧结制备 SiC 多孔陶瓷，研究了 PCS 含量对 SiC 多孔陶瓷性能的影响。结果表明，PCS 含量大于 2%（质量）时可浇注成型，PCS 经烧结后生成裂解产物将 SiC 颗粒黏结起来。所得 SiC 多孔陶瓷孔径呈单峰分布，孔径分布窄，热膨胀系数低，烧结过程中线收缩率小。随着 PCS 含量的增大，烧成 SiC 多孔陶瓷的孔隙率降低，但强度显著提高。PCS 含量为 6%（质量）时多孔陶瓷的孔隙率、弯折强度和线收缩率分别为 36.2%、33.8MPa 和 0.42%。陈巍等[19]系统研究了不同温度无压烧结条件下，添加质量分数为 2%C 及不同 B 元素量对 SiC 的致密机制、微观结构及力学性能的影响。研究表明，添加质量分数为 2.0%C＋1.0%B 的 SiC 经 2150℃下 2h 无压烧结后的力学性能最优，其抗弯强度达 470MPa，断裂韧性达 5.12MPa·$m^{1/2}$。武七德等[20]用工业尾料低纯 3.5μm SiC 微粉为原料，在 N_2 保护下烧结碳化硅（SiC）陶瓷。研究了低纯 SiC 微粉中杂质对 SiC 陶瓷力学性能的影响，对比了微粉提纯后材料的性能与结构。研究结果表明，微粉杂质中 SiO_2、金属氧化物在 SiC 烧结温度下的放气反应是影响陶瓷材料力学性能的主要因素。由低纯 SiC 粉制得的材料的烧结密度达到 (3.15±0.01)g/cm^3，抗折强度达到 (441±10)MPa。徐明扬等[21]以硅锭线切割回收料为主要原料、Al_2O_3 为烧结助剂、石墨粉为造孔剂，用普通烧结工艺制备了 SiC 多孔陶瓷。研究表明，当 Al_2O_3 和石墨添加量分别为 30%和 10%（质量分数），在 1450℃下烧成的多孔陶瓷的气孔率高达 42.21%，抗弯强度达到 30.5MPa，热膨胀系数为 $6.64\times10^{-6}K^{-1}$，可以满足在熔融金属过滤等方面的应用。

二、氧化铝陶瓷基体

氧化铝陶瓷是氧化物中最稳定的物质，具有机械强度高、硬度大、耐磨、耐高温、耐腐蚀、高的电绝缘性与低的介电损耗等特点，它是发展比较早、成本低、应用最广的一种陶瓷材料，广泛应用于陶瓷、纺织、石油、化工、建筑及电子等行业。

通常氧化铝陶瓷分为两大类：一类是高铝瓷；另一类是刚玉瓷。高铝瓷是以 Al_2O_3 和 SiO_2 为主要成分的陶瓷，其中 Al_2O_3 的含量在 45%以上，随着 Al_2O_3 含量的增多，高铝瓷的各项性能指标都有所提高；由于瓷坯中主晶相的不同，又分为刚玉瓷、刚玉-莫来石瓷、莫来石瓷等。根据 Al_2O_3 含量的不同，习惯上又称 75 瓷、80 瓷、85 瓷、90 瓷、92 瓷、95 瓷、99 瓷等。高铝瓷的用途极为广泛，除了用作电真空器件和装置瓷外，还大量用来制造厚膜、薄膜电路基板，火花塞瓷体，纺织瓷件，晶须及纤维，磨料、磨具及陶瓷刀，高温结构材料等；目前市场上生产、销售和应用最为广泛的氧化铝陶瓷是 Al_2O_3 含量在 90%以上的刚玉瓷。

（一）氧化铝陶瓷的性能

氧化铝陶瓷的性能指标见表 1-3。

表 1-3 氧化铝陶瓷的性能指标

性能	密度 /(g/cm^3)	熔点 /℃	抗弯强度 /MPa	破坏韧性 /MPa·$m^{1/2}$	硬度 (莫氏)	热导率 /[W/(m·K)]	体积电阻率 /Ω·cm	介电强度 /(kV/mm)
指标	3.93	2050	509.9	8.06	9	25.5	10^5	>20

（二）氧化铝陶瓷研究进展

氧化铝陶瓷的熔点高、硬度大，具有优良的热稳定性和化学稳定性，是优异的工程陶瓷材料之一。但是其离子键较强，导致其质点的扩散系数低、烧结温度高，高烧结温度使晶粒急剧生长，残余气孔聚集长大，从而导致材料的力学性能降低，同时也使材料气密性变差，并加大对窑炉耐火砖的损害。因此，降低氧化铝陶瓷的烧结温度、缩短烧成周期、减少对窑炉和窑具的损害、降低能耗，是氧化铝陶瓷行业需要解决的。多孔陶瓷是一种体积密度小、比表面积大、具有相互贯通三维立体网络结构的陶瓷制品，在气体液体过滤、净化分离、催化剂载体、高级保温材料、生物植入材料、吸声减震和传感器材料等许多方面得到广泛应用。

赵群[22]以 SiO_2、$CaCO_3$、$MgCO_3$ 为添加剂，与 α-Al_2O_3 共同配料，进行了氧化铝陶瓷的烧结实验。分析认为从热力学角度来看，烧结过程中液相的产生降低了氧化铝的烧结峰，即减少了达到烧结状态需要外界所供给的能，有利于氧化铝陶瓷的烧结；用动力学观点分析，液相 α-Al_2O_3 陶瓷烧结过程的作用，一为毛细管压，二为液相传质。毛细管压对氧化铝粒子有着诸如“拉紧”等作用，而液相传质的溶入-析出过程大大加速了氧化铝的传质过程，并且减弱了液相的化学组成对氧化铝陶瓷烧结的影响。肖汉宁等[23]研究了 Al_2O_3 陶瓷从室温至 1200℃在干摩擦条件下的高温摩擦磨损行为。结果表明，在 600℃以后的摩擦磨损随温度上升而逐渐减小，在 1200℃的摩擦系数仅为室温的 60%，表现出良好的高温自润滑特征。在不同温度下存在三种显著不同的磨损机理：从室温至 600℃，主要是磨粒磨损和微断裂，磨损随温度上升而略有增加；在 600～1000℃磨损机理逐渐由脆性断裂过渡到塑性变形和再结晶，在表面形成一个厚度 5～10μm 的、类似于纳米材料结构的特殊表面层，随着这种特殊表面层的形成，磨损显著下降；在 1200℃摩擦表面由塑性变形发展到软化状态，出现流体动力润滑，使摩擦磨损进一步降低。薛明俊等[24]研究发现引入钛酸铝后，氧化铝陶瓷的抗热震性由于热膨胀系数的下降而提高。与纯氧化铝陶瓷相化，钛酸铝添加量为 10%时，经 750℃→10℃水中急冷，抗弯强度提高近 50%。刘彤等[25]针对一般氧化铝陶瓷材料断裂韧性差的缺点，通过球磨的方法向初始原料氢氧化铝中添加晶种，并采用热压烧结方式，使氧化铝生长成长柱状晶粒结构，产生了明显的增韧效果，使这种氧化铝瓷体的断裂韧性比一般氧化铝陶瓷材料提高 1 倍以上，可达到 6170MPa·$m^{1/2}$。张斌等[26]研究表明，CuO 与 TiO_2 分别以液相烧结和固相反应烧结来促进氧化铝陶瓷的致密化进程；TiO_2 与 Al_2O_3 反应生成的 $Al_2Ti_7O_{15}$ 的固相烧结，比 CuO 的液相烧结更能有效地促进陶瓷的晶粒生长与致密化。在 TiO_2 固相烧结的基础上适当引入 CuO 液相，能够最大程度地降低氧化铝陶瓷的烧结温度。当在 50g Al_2O_3 粉体中添加总量为 0.025mol 的 CuO-TiO_2 复合助剂，并使 $m(TiO_2)/m(TiO_2+CuO)$ 为 0.8 时，氧化铝陶瓷在 1250℃烧结后其密度达到理论密度的 98%以上。魏巍等[27]以 Al_2O_3 和 AlN 作为原料，采用放电等离子烧结（spark plasma sintering，SPS）技术，通过固相反应法成功制备了 AlON 透明陶瓷。通过改变烧结工艺，制得样品的最高透光率达到 75.2%。结果表明，烧结体具有较高的纯度、致密度和良好的晶体结构。SPS 技术为直接烧结合成 AlON 透明陶瓷提供了一种新的方法。

（三）氧化铝陶瓷在复合材料制品中的应用

1. 机械方面

有耐磨氧化铝陶瓷衬砖、衬板、衬片，氧化铝陶瓷钉，陶瓷密封件（氧化铝陶瓷球阀），黑色氧化铝陶瓷切削刀具，红色氧化铝陶瓷柱塞等。

2. 电子、电力方面

有各种氧化铝陶瓷底板、基片、陶瓷膜、高压钠灯透明氧化铝陶瓷以及各种氧化铝陶瓷电绝缘瓷件，电子材料，磁性材料等。

3. 化工方面

有氧化铝陶瓷化工填料球，氧化铝陶瓷微滤膜，氧化铝陶瓷耐腐蚀涂层等。

4. 医学方面

有氧化铝陶瓷人工骨，羟基磷灰石涂层多晶氧化铝陶瓷人工牙齿、人工关节等。

5. 建筑卫生陶瓷方面

球磨机用氧化铝陶瓷衬砖、微晶耐磨氧化铝球石的应用已十分普及，氧化铝陶瓷辊棒、氧化铝陶瓷保护管及各种氧化铝质、氧化铝结合其他材质耐火材料的应用随处可见。

6. 其他方面

各种复合、改性的氧化铝陶瓷如碳纤维增强氧化铝陶瓷、氧化锆增强氧化铝陶瓷等各种增韧氧化铝陶瓷越来越多地应用于高科技领域；氧化铝陶瓷磨料、高级抛光膏在机械、珠宝加工行业起到越来越重要的作用；此外氧化铝陶瓷研磨介质在涂料、化妆品、食品、制药等行业的原材料粉磨和加工方面应用也越来越广泛。

三、氧化锆陶瓷基体

（一）简介与分类

在常压下纯 ZrO_2 共有三种晶态：单斜氧化锆（m-ZrO_2）、四方氧化锆（t-ZrO_2）和立方氧化锆（c-ZrO_2）。上述三种晶型存在于不同的温度范围，并可以相互转化：m-ZrO_2 在 1170℃转变为 t-ZrO_2，t-ZrO_2 在 950℃时转变为 m-ZrO_2，t-ZrO_2 与 c-ZrO_2 在 2370℃下可相互转化。

t-ZrO_2 与 m-ZrO_2 之间的转变是马氏体相变，有 3%～5%的体积膨胀和 7%～8%的切应变，因此 ZrO_2 制品往往在生产过程的冷却过程中会发生 t-ZrO_2 到 m-ZrO_2 的相变，并伴随着体积变化而产生裂纹，甚至碎裂。加入适当的稳定剂，常见的 ZrO_2 稳定剂是稀土或碱土氧化物，如 Y_2O_3、MgO、CaO、CeO_2 等，其机理一般认为这些阳离子在 ZrO_2 中具有一定的溶解度，可以置换其中的 Zr^{4+} 而形成置换型固溶体，阻碍四方晶型向单斜晶型的转变，从而降低氧化锆陶瓷 t→m 相变的温度，使 t-ZrO_2 与 m-ZrO_2 相也能在室温下稳定或亚稳定存在[45]。进一步研究发现，氧化锆发生马氏体相变时伴随着体积和形状的变化，能吸收能量，减缓裂纹尖端应力集中，阻止裂纹的扩展，提高陶瓷韧性。

ZrO_2 陶瓷材料主要有三类：部分稳定 ZrO_2、四方多晶 ZrO_2（TZP）和超塑性 ZrO_2。

部分稳定 ZrO_2 是利用 t-ZrO_2 与 m-ZrO_2 之间马氏体相变时产生的体积变化，通过加入适当的稳定剂，防止相变的产生，稳定 ZrO_2 的结构。目前已经有多种部分稳定 ZrO_2：ZrO_2-Y_2O_3、ZrO_2-MgO、ZrO_2-CaO、ZrO_2-Y_2O_3-MgO、ZrO_2-CaO-MgO 系。

TZP 主要有 ZrO_2-Y_2O_3、ZrO_2-CeO_2、ZrO_2-Y_2O_3-CeO_2 系列。TZP 的抗弯强度变化于 800～1000MPa 之间，由于亚稳 t-ZrO_2 在扩展裂纹顶端向 m-ZrO_2 的马氏体转变，且体积约增大了 5.3%，增大过程区域（t-ZrO_2→m-ZrO_2 的相变区域）体积的剪切应变得到发育，材料力学性能明显改善。因此，亚稳 t-ZrO_2 颗粒于裂纹扩展区域的转变能力在达到的 TZP

极限性能中起着主导作用。

陶瓷材料要具有超塑性，必须具有下列四个基本条件：晶粒尺寸要细小（0.3～0.5μm）；晶粒属于等轴晶系；变形时结构稳定；在一定的应变速率和温度范围内，ZrO_2 陶瓷基本上符合这些原则。对于 Y-TZP，其压缩变形真实应变为－1.5%，拉伸应变达 200%～300%。20%（质量分数）Al_2O_3-TZP 复合体，其压缩变形真实应变为－1.8%，拉伸应变则为 200%。徐洁等[28]研究了超塑性 Y-TZP 陶瓷拉伸变形，研究表明，超塑性 Y-TZP 在 1450℃下，初始应变速率为 10^{-5}～10^{-4} s^{-1} 条件下拉伸变形量达到 240%，而应变速率敏感指数 $m=0.42$。

（二）氧化锆陶瓷的烧结方法

烧结过程，就是通过加热，使颗粒黏结，经过物质迁移而使粉体产生强度并导致致密化和再结晶的过程。烧结过程直接影响陶瓷显微结构（晶体、玻璃体、气孔等）中晶粒尺寸和分布、气孔尺寸和分布及晶界体积分数等参数。

1. 无压烧结

无压烧结工艺是最为常用的 ZrO_2 陶瓷烧结方法。其整个过程是在没有外加驱动力的情况下进行的，烧结驱动力主要是自由能（表面能）的变化，既可以固相扩散来传递物质，也可通过气体的蒸发凝聚来进行，或加入某些烧结助剂，使其形成液相而传递物质。此类方法的特点是工艺简单、成本低、易于制备复杂形状坯体、大批量生产。缺点是所得材料性能稍差。

2. 热等静压烧结

是采用高温高压等工艺条件制备 ZrO_2 陶瓷的另一类方法。该类方法不仅可降低烧结温度、缩短烧结时间，而且可在无烧结添加剂条件下制备出显微结构均匀且不含气孔的完全致密材料。所得材料，具有强度高、韧性好和韦伯尔模数大的优点。缺点是成本高、条件要求苛刻。

3. 反应烧结

是在一定温度下，前驱体通过固相、液相和气相相互间发生化学反应，同时进行致密化和规定组分的合成，得到所需要的烧结体的过程。特点是坯体烧结前后几乎没有尺寸收缩、反应烧结温度较低、高温性能稳定、易于制成复杂形状的陶瓷。缺点是含有较高的气孔率、力学性能差。

4. 气氛加压烧结

是在加压氮气或惰性气体气氛下，经高温烧结而获取致密、形状复杂的烧结体的方法。高压气氛的目的是为了防止氮化硅的高温分解。目前，该方法主要应用于含氮化硅复相陶瓷的烧结，在 ZrO_2 陶瓷的制备中很少使用。

（三）研究进展

黄晓巍[29]以 CaO-MgO-SiO_2 玻璃为烧结助剂，用液相烧结法制备了摩尔分数为 3%的氧化钇稳定四方氧化锆陶瓷（3Y-TZP）。研究了烧结助剂对材料致密化、显微结构、相组成及力学性能的影响。研究结果表明，烧结助剂的引入显著降低了材料的烧结温度，使材料具有细晶显微结构，并对材料的相组成产生影响，同时也使材料具有良好的力学性能。材料的力学性能主要与其致密化程度有关，在最佳条件下，材料的抗弯强度和断裂韧性可分别达到 691MPa 和 6.6MPa·$m^{1/2}$。

周泽华等[30]研究了 1580℃×1h 常压烧结下，氧化钇含量变化对氧化锆陶瓷的力学性能和热学性能的影响。结果显示，当氧化钇含量为 3.0%（摩尔分数）时，1580℃×1h 常压烧结的氧化钇稳定氧化锆陶瓷的综合力学性能达到最佳，材料最佳抗热震性能出现在氧化钇含量为2.5%（摩尔分数）时。

邓雪萌等[31]研究了Al_2O_3添加的含量对氧化锆陶瓷的抗热震性能的影响。添加不同含量的Al_2O_3，陶瓷的抗热震性能发生改变，当添加量为10%时，陶瓷的抗热震性能最好；添加量超过15%，陶瓷的抗热震性能降低。研究认为，热处理使材料中单斜相增加，导致材料的抗热震性能降低，而Al_2O_3的加入会抑制单斜相的生成，从而使陶瓷抗热震性能较好。

运新跃等[32]以经900℃、1000℃和1100℃三种不同温度煅烧处理的3%（摩尔分数）的氧化钇稳定氧化锆粉体为原料，在1450℃、1500℃和1550℃三个温度下烧结致密块体陶瓷。并测定了烧结体的相组成、密度、硬度和断裂韧性等性能。结果表明，经高温煅烧的粉体的烧结致密度随烧结温度的上升而提高；材料的硬度随密度的增加而相应提高；烧结氧化锆的断裂韧性指标主要与材料中亚稳四方相含量有关。

陈常连等[33]采用平均粒径约为10μm的Ca-ZrO_2粉和直径为0.2～1mm的Ca-ZrO_2空心球，经叠层模压和常压烧结制备了具有密度梯度的氧化锆多孔陶瓷。研究表明，在相同烧结温度下其密度和抗压强度明显依赖于ZrO_2粉和ZrO_2空心球的比例分数，ZrO_2粉的含量越高，试样的密度和抗压强度越高。

（四）氧化锆陶瓷的应用

氧化锆材料具有独特的化学键以及晶体结构，因此在高温、导电、机械、光学等领域都有着特殊用途。

1. Y-TZB 磨球

适用于电子陶瓷生产工艺中的粉末研磨，也可用于颜料研磨，与传统磨球相比，高耐磨损的Y-TZB陶瓷磨球不仅可以防止物料污染，还可防止化学腐蚀对磨机使用寿命的影响。

2. 微型风扇轴芯

发挥了氧化锆工程陶瓷材料的高强度、高韧性、抗高温及抗磨耗、抗氧化、抗腐蚀等优点，其在冷却风扇轴承系统中的运用，取得了美国专利。

3. 氧传感器

目前已大量被用于钢铁制程中，测量熔融钢水及加热炉所排放的含氧量，借此了解钢铁制程中钢铁质量是否达到标准。

4. 高温发热体

ZrO_2室温下体积电阻率高达$10^{15}\Omega\cdot cm$，但当温度升至600℃时，即可导电。1000℃时电导率为2.4～25S/m，具有导体的性能。目前已将它成功地用于2000℃以上氧化气氛下的发热元件及其设备中。

5. 压电材料

以ZrO_2作为主要成分，可制成PZT（锆钛酸铅）、PLZT（锆钛酸铅镧）等压电材料，在超声、水声及各种蜂鸣器等压电元件制备中，起到重要的作用。

6. 临床医学

ZrO_2陶瓷是一种生物惰性陶瓷，不仅本身具有高强度和高韧性，而且具有良好的耐腐蚀性和生物相容性。可用作关节假体的关节头、假牙等。

此外，在光纤接插件及套管、耐磨刀具、切割工具、表壳、表带、高尔夫球的轻型击球棒及纺织等方面，都有着广泛的应用。

四、氮化硅陶瓷基体

Si_3N_4 陶瓷作为一种高温结构陶瓷，具有强度高、抗热震稳定性好、高温蠕变小、耐磨、抗氧化性优良和化学稳定性高等特点，是结构陶瓷研究中最为深入的材料，被广泛地应用于制造燃气发动机的耐高温部件、化学工业中耐腐蚀部件、半导体工业中的坩埚，以及高温陶瓷轴承、高速切削工具、雷达天线罩、核反应堆的支撑、隔离件和裂变物质的载体等。

（一）氮化硅陶瓷的性质

Si_3N_4 陶瓷是一种共价键化合物，基本结构单元为［SiN_4］四面体，硅原子位于四面体的中心，在其周围有四个氮原子，分别位于四面体的四个顶点，然后以每三个四面体共用一个原子的形式，在三维空间形成连续而又坚固的网络结构。

氮化硅陶瓷的线膨胀系数较低，为 $2.53\times10^{-6}℃^{-1}$，热导率为 18.42W/(m·K)，具有优良的抗热震性能，仅次于石英和微晶玻璃，在 20～1200℃循环上千次也不破坏。

氮化硅的显微硬度值为 3300kgf/mm²❶，仅次于金刚石、立方氮化硼等少数几种超硬物质。它的摩擦系数小，并且具有自润滑性，似加油的金属表面，因此它具有优良的耐磨蚀性，成为出色的耐磨材料。

氮化硅具有较高的机械强度，一般热压制品的抗折强度为 500～700MPa，高的可达 1000～1200MPa；反应烧结后的抗折强度为 200MPa，高的可达 300～400MPa。虽然反应烧结制品的室温强度不高，但在 1200～1350℃的高温下，其强度仍不下降。氮化硅的高温蠕变小，例如，反应烧结的氮化硅在 1200℃时荷重为 24MPa，1000h 后其形变为 0.5%。

氮化硅具有良好的电绝缘性，它的室温体积电阻率为 $1.1\times10^{12}\Omega\cdot m$，900℃时为 $5.7\times10^{4}\Omega\cdot m$，它的介电常数为 8.3，介质损耗角正切为 0.001～0.1。

氮化硅具有优良的化学性能，能耐除氢氟酸以外的所有无机酸和某些碱的腐蚀。它耐氧化的温度可达到 1400℃，在还原气氛中最高可达到 1870℃，对金属尤其对非金属不润湿。

（二）氮化硅陶瓷的制备方法

Si_3N_4 陶瓷制备工艺主要集中在反应烧结法、热压烧结法、常压烧结法和气压烧结法等类型。由于制备工艺不同，各类型氮化硅陶瓷具有不同的微观结构（如孔隙度和孔隙形貌、晶粒形貌、晶间形貌及晶间第二相含量等）。

1. 反应烧结法

先将硅粉压制成所需形状的生坯，放入氮化炉经预氮化烧结处理（预氮化后的生坯已具有一定的强度，可以进行各种机械加工），然后在硅熔点的温度以上将生坯再一次进行完全氮化烧结，得到尺寸变化很小的产品（即生坯烧结后，收缩率很小，线收缩率<0.1%）。该方法制备的陶瓷一般不需研磨加工即可使用。反应烧结法适于制造形状复杂、尺寸精确的零件，成本也低，但氮化时间很长。

2. 热压烧结法

将 Si_3N_4 粉末和少量添加剂（如 MgO、Al_2O_3、MgF_2、Fe_2O_3 等）在 19.6MPa 以上的压力和 1600℃以上的温度进行热压成型烧结。烧结时添加物和物相组成对产品性能有很大的影响。通过严格控制晶界相组成，以及在 Si_3N_4 陶瓷烧结后进行适当的热处理，可以获得温度高达 1300℃时强度也不会明显下降的 Si_3N_4 陶瓷材料，抗蠕变性可提高 3 个数量级。若对 Si_3N_4 陶瓷材料进行 1400～1500℃高温预氧化处理，则在陶瓷材料表面上形成 Si_2N_2O 相，它能显著提高 Si_3N_4 陶瓷的耐氧化性和高温强度。热压烧结法生产的 Si_3N_4 陶瓷的力学

---

❶ 1kgf/mm² = 9.80665MPa。

性能比反应烧结的 Si_3N_4 要优异，强度高、密度大。但是制造成本高、烧结设备复杂，由于烧结体收缩大，使产品的尺寸精度受到一定的限制，难以制造复杂零件，只能制造形状简单的零件制品，工件的机械加工也较困难。

3. 常压烧结法

在 1700～1800℃温度范围内进行常压烧结后，再在 1800～2000℃温度范围内进行气压烧结。该法目的在于采用气压能促进 Si_3N_4 陶瓷组织致密化，从而提高陶瓷的强度。所得产品的性能比热压烧结略低。这种方法的缺点与热压烧结相似。

4. 气压烧结法

气压烧结氮化硅在 1～10MPa 气压、2000℃左右温度下进行。高的氮气压抑制了氮化硅的高温分解，在添加较少烧结助剂情况下，也足以促进 Si_3N_4 晶粒生长，而获得密度＞99％的含有原位生长的长柱状晶粒高韧性陶瓷。气压烧结氮化硅陶瓷具有高韧性、高强度和好的耐磨性，可直接制取接近最终形状的各种复杂形状制品，从而可大幅度降低生产成本和加工费用。而且其生产工艺接近于硬质合金生产工艺，适用于大规模生产。

目前的问题是利用热压方法制造复杂氮化硅陶瓷部件过于昂贵；反应烧结氮化硅的残余孔隙不仅使反应烧结强度降低，而且易被氧化，特别是中温区的氧化对蠕变、热冲击和热循环等性能有严重影响；各种技术制备的氮化硅陶瓷材料性能和利用先进技术制备大型复杂件的可靠性还不能令人满意。

（三）氮化硅陶瓷的研究进展

多孔氮化硅陶瓷，是近年来在研究氮化硅陶瓷和多孔陶瓷基础上逐渐兴起的一种新型陶瓷材料。多孔氮化硅陶瓷除了具有高比强度、高比模量、耐高温、抗氧化和耐磨损等优点外，还具有比表面积高，具有高度开口、内连的气孔，孔道分布较均匀，气孔尺寸可控，良好的机械强度和刚度，在气压、液压或其他应力负载下，多孔体的孔道形状和尺寸不发生变化等特点。一般的反应烧结或常压烧结的方法就可制备。

自韧化是近几年发展起来的能够有效地提高陶瓷断裂韧性的一种新工艺，其实质是通过合理的成分设计和工艺参数优化，使陶瓷晶粒在原位形成较大尺寸长径比、直径等的晶粒，从而起到类似于晶须的补强增韧作用。由于氮化硅晶体本身具有生长各向异性的特点，高温时 α-Si_3N_4 向 β-Si_3N_4 转变，所形成的 β-Si_3N_4 不断发展成棒状、针状、晶须状等具有高长径比的显微结构。因此，可通过控制 β-Si_3N_4 晶粒的成核和生长获得所需的显微结构，并发展和形成了自韧化 Si_3N_4 陶瓷。

鲁元等[34]采用 SiO_2 和 α-Si_3N_4 在氮气中通过碳热还原-常压反应烧结法，原位反应制备了多孔氮化硅陶瓷。通过改变原料中 α-Si_3N_4 与 SiO_2 和 C 粉的相对含量，可以形成具有细小针状结构的 β-Si_3N_4 晶粒，以此获得气孔率可控的高性能的多孔氮化硅材料。随着原料中 α-Si_3N_4 含量的增大，烧结后，收缩率逐渐降低，气孔率逐渐减小，弯曲强度逐渐增大。当 α-Si_3N_4 的质量分数为 50％时，碳热还原-常压反应烧结的样品中的 β-Si_3N_4 晶粒具有更高的长径比，样品气孔率为 68.7％，具有优良的力学性能，弯曲强度达到 37.7MPa。唐翠霞等[35]以 Y_2O_3-Al_2O_3 系为烧结助剂在 5.4～5.7GPa、1570～1770K 的高温高压条件下进行了氮化硅陶瓷的超高压烧结研究。结果表明，得到的氮化硅由相互交错的长柱状 β-Si_3N_4 晶粒组成，微观结构均匀，α-Si_3N_4 完全转变为 β-Si_3N_4。经 5.7GPa、1770K 且保温 15min 的超高压烧结，样品的相对密度达 99.0％，Rockwell 硬度（HRA）为 99，Vickers 硬度（HV）达 23.3GPa。徐洁等[36]以硅粉为原料，添加质量分数为 30％的成孔剂（苯甲酸）球形颗粒，反应烧结制备了气孔率为 55％，具有球形宏观孔的低密度多孔氮化硅陶瓷。研究结果表明，烧结后样品的介电常数和介电损耗角正切随着初始硅粉粒径的减小都有明显的降低。平均颗粒尺寸为7μm的硅粉制备的样品介电常数最小，约为2.5。硅粉的粒径将影响反应烧结的反应速率，从而影响反应烧结后样品的生成相和微观结构。随着平均颗粒尺寸的减小，反应烧结后Si_3N_4相含量增加，Si_2N_2O相和游离硅含量减少，气孔变小。张庆等[37]以非晶氮化硅纳米陶瓷粉体为起始材料，以纳米氧化钇和氧化铝为添加剂液相烧结获得超塑性陶瓷材料，实现氮化硅陶瓷的超塑性拉伸和超塑性成型。氮化硅陶瓷的平均晶粒直径为280nm，在1550℃的较低温度，$4.7\times10^{-4}s^{-1}$的相对较高应变速率下，延伸率可达到110%。

（四）氮化硅陶瓷的应用

氮化硅具有优良的化学性能，兼有抗热震性好、高温蠕变小、与渣、铁难润湿等特性。所以成为一种新型的有前途的材料，在冶金、航空、化工、陶瓷、机械、半导体等行业应用日益广泛。目前单独的氮化硅最大用途是汽车发动机上的元件，包括涡轮增压器上的转子、燃烧室、摇臂、喷嘴等。用陶瓷发动机可以明显改善发动机的性能。如用氮化硅制成的涡轮轮子，转动惯量可减少40%，增压响应时间缩短30%，并明显改进了低速时的加速度。氮化硅的第二大市场是在切割工具上的应用，每年大约有100t的氮化硅用于生产切割刀具。用氮化硅制成的球轴承用量也在稳步增长。其他的应用包括泵封材料和其他耐磨器件的材料等。

氮化硅陶瓷可作为测温热电偶套管，还可作炼铝熔炼炉炉衬、盛铝液的“包子”内衬、坩埚等以及输送铝液的泵、管道、阀门、铸铝的模具。氮化硅结合碳化硅砖在钢包上可以提高钢包的使用寿命，降低了耐火材料消耗和砌筑成本，有利于提高钢的质量。氮化硅作为耐火材料在炼钢行业中最重要的用途是作为水平连铸的分离环。在水平连铸中，分离环把钢液流分成熔融钢液区和钢液开始凝固区，起着分离钢的液固界面的作用，对保持稳定的钢液凝固起点和铸坯质量起着极大的作用。

另外，还用作化学工业中的耐腐蚀部件、半导体工业中的坩埚，以及高温陶瓷轴承、高速切削工具、雷达天线罩、核反应堆的支撑、隔离件和裂变物质的载体等。

第四节　金属基体

相对于传统金属材料，金属基复合材料具有优异的力学性能与物理性能以及较大的材料设计自由度，已经逐渐成为国内外材料领域的研究重点。其中许多研究集中于铝基复合材料，原因在于铝密度小，是航空航天、军工制造和汽车制造等高技术领域的传统材料。然而，镁是另一种重要的候选材料，镁、镁合金及镁基复合材料的密度一般小于$1.8\times10^3kg/m^3$，仅为铝或铝基复合材料的66%左右，因而具有更高的比强度和比刚度以及优良的力学性能和物理性能，在新兴高新技术领域中比传统金属材料和铝基复合材料的应用潜力更大。因此，自20世纪80年代末，镁基复合材料成为了金属基复合材料领域的新兴研究热点之一。

一、铝镁轻合金基体

由于镁和镁合金比铝和铝合金化学性质更活泼，因而所用增强相与铝基复合材料不尽相同。如Al_2O_3是铝基复合材料常用的增强相，但在镁基复合材料中，其与Mg会发生反应：

$$3Mg+Al_2O_3 = 2Al+3MgO$$

降低其与基体之间的结合强度，所以镁基复合材料中较少采用Al_2O_3作为增强相。碳纤维高强度、低密度的特性使其理应是镁基复合材料最理想的增强相之一。虽然C与纯镁不反应，但却与镁合金中的 Al 反应，可生成 Al_4C_3 化合物，严重损伤碳纤维。

界面是指基体与增强相之间化学成分有显著变化的、构成彼此结合的能起载荷传递作用的微小区域。界面虽然很小，约几纳米到几微米，但对复合材料性能的影响是极为重要的。在镁基复合材料中往往由于基体与增强相发生相互作用、生成化合物，基体与增强相相互扩散、形成扩散层，增强相的表面预处理涂层，使界面的开头尺寸、成分结构等变得非常复杂。它可以通过化学腐蚀界面脆化相的形成以及基体成分的改变而潜在地削弱界面相，最终影响复合材料性能。此外，由于基体同增强相间存在热膨胀系数的差异，在某些特定应用领域也可能会造成材料形成内应力、产生高密度位错而影响材料的性能。

（一）加工工艺

镁基复合材料的制备工艺与铝基复合材料基本相似，但因镁合金基体化学性质很活泼，制备过程中的高温阶段都需要真空、惰性气氛、CO_2+SF_6 混合气体保护，以防止氧化。其制备方法主要有粉末冶金法、熔体浸渗法、搅拌铸造法、喷射沉积法以及目前仅用于 Mg-Li 基复合材料的薄膜冶金法等。

1. 粉末冶金法

首先将镁合金制成粉末，然后与增强相颗粒混合均匀，放入模具中压制成型，最后热压烧结，使增强相与基体合金复合为一体，该方法与常规粉末冶金法差别不大，只是镁合金的制粉过程需要防氧化保护。通过不同的粉末冶金条件制备的镁基复合材料的结构与性能也是不同的。在一般情况下，增强相颗粒尺寸增大，复合材料的屈服强度和抗拉强度降低。机械合金化工艺也能用于制备镁基复合材料，工艺原理同粉末冶金法有些类似。这种工艺方法所制备得到的镁基复合材料，颗粒增强相能够在镁基体中均匀弥散分布。利用粉末冶金工艺和机械合金化工艺都可以制备出具有优良储氢性能的镁基复合材料。粉末冶金法制备的复合材料增强体分布均匀，体积分数任意可调，但工艺设备复杂，小批量成本高。

2. 熔体浸渗法

其原理是通过压力，将熔融的镁合金渗入陶瓷纤维中。它包括挤压铸造法和真空浸渗法。氧化铝纤维、SiC 晶须以及碳纤维等增强的镁基复合材料，均可用熔体浸渗技术方法进行制备。熔体浸渗法工艺分为预制块制备和压力浸渗两个阶段，使镁合金液在压力下渗入预制块中凝固后形成复合材料。预制块的制备过程是：首先将增强相分散均匀，然后模压成型，最后经烘干或烧结处理使之具有一定的耐压强度。大部分晶须或短纤维增强相的预制块中需要添加黏结剂，以承受预制块压制过程中的较大应力而不开裂，黏结剂的含量为 3%～5%，多为含 SiO_2 的硅胶黏结剂，或硅胶黏结剂＋有机胶混合黏结剂。利用挤压铸造法制备连续纤维复合材料，可以发现在压力冲击过程中存在纤维移动现象。为避免预制块在加压过程中受损开裂产生铸造缺陷以及减少增强相纤维在压力下的损伤，有研究者探讨了两步加压挤压铸造工艺，其加压过程是：在浸渗阶段压力较低（0.4～0.5MPa），凝固过程的压力较大（100MPa）。

（二）研究与发展

镁基复合材料拥有优异的力学性能和物理性能，已经显示出广阔的应用前景。但其力学性能相对于铝基复合材料尚有一定差距，发展方向可能在于选用超细增强相（如亚微米、纳米级增强相）提高复合材料强度的同时细化晶粒、提高塑性等，另外，通过原位反应合成增强相，控制界面反应制备镁基复合材料的方法也是一个值得研究和开发的领域。此外，在现有的镁基复合材料制备工艺条件下，大范围的应用还远未成为现实，因此在镁基复合材料的制备工艺、回收技术以及材料内部结构性能的各领域都需要进行更多的原理研究及应用探索。

对于空间应用及交通领域来说，都需要发展如高弹性模量、高比强度、高耐磨性能的轻质材料。而且，在未来的几十年中，人类社会的老龄化问题将日益突出，发展各种超轻结构材料对于老年人独立工作及日常生活是十分必要的。镁基复合材料以其固有的优良性能，将会具有更广阔的发展空间，在材料应用领域中发挥出更大的作用。

二、重合金基体

重合金，又称高密度合金，是指密度不低于 16.5g/cm^3 的烧结材料。主要以钨（W）为基，加入其他合金元素组成。通常通过混粉、压制和烧结制成。其具有高密度，高强度，良好的塑性和切削加工性能，良好的导电性和导热性，膨胀系数低，耐腐蚀性和抗氧化性好，对射线有极好的吸收能力，可焊性良好。主要用作陀螺仪转子材料、平衡配重材料、穿甲弹弹芯材料、工模具夹具材料、屏蔽材料和仪器仪表材料等。

（一）W 基重合金的组分及作用

W 基重合金是一类以钨为基（含钨量为 85%～99%）并加入少量 Cu、Fe、Ni、Co、Mo、Cr 等元素而组成的合金。到目前为止，在 W 基重合金的研究和生产中作为合金添加元素的有 Mn、V、Ti、Ta、Zr、Re、Y、Nb、B、Si、Sn、Al 等。Ni 是液相烧结工艺的必要元素，一般含量 0.5%～12%。如果大于 12%，则耐热性和耐腐蚀性降低。Fe 在 W-Ni 二元合金中可提高 W 合金的强度和塑性。一般含量 0.5%～8%。如果大于 8%，则脆性升高。Cu 在 W-Ni 二元合金中也可提高 W 合金的强度和塑性。和 Fe 不同的是 Cu 可以改善烧结性能和加工性能。Mo 在液相烧结时溶于 Ni-Fe 黏结相中，强化合金，改善力学性能，提高了高温强度和硬度，一般含量 0.2%～5%。Co 可改善高温性能，特别是强化了黏结相，并防止生成 W-Ni、Mo-Fe 金属间化合物，可明显提高合金的高温强度和硬度，一般含量 0.5%～5%。B 与 Mo 或 W 结合，可改善合金的高温强度和硬度，一般含量 0.05%～0.5%。Mn 可改善 W-Ni-Fe-Mo 合金的延性，降低缺口敏感性。V 可改善室温和高温强度、硬度，而且可细化黏结相的晶粒，改善合金的塑性，一般含量 0.5%～5%。Zr 和 Ti 的作用和 V 相似。Sn 加入 W-Ni 二元合金中，显著降低液相烧结温度。当 Ni 和 Sn 的比在（1∶1）～(9∶1)之间，1150℃烧结可达到接近理论密度[38]。

（二）不同 W 基重合金性能对比

（1）W-Ni-Fe 合金系列　通常这类合金的密度为 17～18g/cm^3。室温强度可达 827MPa，延伸率可大于 15%。近年来由于使用者要求增大密度、提高强度，许多研究者致力于 W 基重合金高性能的开发研究。美国 Mallory 公司的生产标准是 90%～95%W，Ni/Fe 比为 7/3。这个成分比的根据是 Ni-Fe 二元合金相图中，液相线和固相线接近，在 1430℃冷凝，可避免黏结相中晶内偏析。该公司还生产高密度、高塑性和高强度的高 W 合金。采用 97W-1.5Ni-1.5Fe，在 1600℃烧结，慢冷到 1300～1400℃，然后水淬，获得较好的力学性能。其屈服强度为 686MPa，抗拉强度为 940MPa，延伸率为 11%。

（2）W-Ni-Cu 系、W-Ni-Cr 系和 W-Ni-Fe-B_4C 系　为了改善合金性能和工程使用上的安全可靠性，在 W-Ni-Fe 系合金的基础上又产生了 W-Ni-Cu 合金系列。W-Ni-Fe 系合金比 W-Ni-Cu 系合金的强度和塑性都要高。但是 W-Ni-Fe 系合金有微磁。W-Ni-Cu 系合金的宏观偏析较为严重，生产上不容易控制，而且对冷速更为敏感。W 的接触性较高。W-Ni-Cr 系合金的特点是硬度值（HV）高达 600。而 W-Ni-Fe 系合金 HV 在 300 左右。W-Ni-Cr 系合金的力学性能主要取决于 Cr/Ni 的比值。按合金成分分为两类：一类是低 Cr/Ni 比，塑性较好，硬度略高；另一类是高 Cr/Ni 比，硬度高，抗拉强度低，几乎没有塑性。W-Ni-

Fe-B_4C属于硬质材料，这种新型硬质合金仍处于发展初期。仅含1.52%B_4C的合金有相当高的断裂韧性，含2.5%～2.8%B_4C的合金具有很高的硬度，可与工业上常见的WC+Co材料相比，在抗磨损应用方面很有价值。这种材料由于生成结构均匀、晶粒细小的W的硼化物，而使其韧性、硬度、压缩强度和抗磨损性均得到改善。

从上述性能对比中，不难看出目前任何种类W基重合金不能兼备各种优异的力学性能。改善一种性能总是以牺牲另外一种性能为代价。致力于综合性能优异的W基重合金的开发将有很大的意义。

（三）W基重合金的开发与应用

1. 新型钨基合金的开发

美国R. Jamas等发明的穿甲弹用细晶粒钨基重合金，含钨量为88%～98%，镍/铁比为(1∶1)～(9∶1)，另加晶粒细化剂钌或铼0.25%～1.5%。美国专利US4960563介绍了一种具有高力学性能的钨-镍-铁合金，其中钨为85%～96%，镍/铁比为（5.5∶1)～(8.2∶1)。日本专利平2-259053介绍了一种镍为2%～8%、铁为0.5%～8%，余量为钨的硬质钨基重合金。我国钢研总院刘铭成发明的一种高速冲击体材料，其中含钨量为75%～99.1%，镍为0.5%～20%，铁为0.5%～20%，钴、铬、硼、钼中一种以上为0.009%～6%，另加锌0.001%～1.0%。

2. 钨基高密度合金的应用

钨基高密度合金的应用有如下几个方面。

(1) 在军事工业中的应用 军事工业是钨基合金的重要应用领域。如穿甲弹弹芯材料，它所承受的高速冲击能力可穿透178mm厚的装甲钢板。现在已完全取代了第二次世界大战中用WC-Co硬质合金做的穿甲弹材料。目前一些大口径的第三代穿甲弹材料（如105mm M735式、M774式和XM833式等）都是钨基合金。随着坦克装甲材料的更新，原来用的装甲已改为复合材料，一般的穿甲弹已无法破甲。因此美国和以色列研制出一种聚能弹用的药型罩材料——钨基高密度材料，能显著提高穿透能力。

(2) 航空、航天工业中开发的钨基材料 在现代飞机、卫星、导弹和宇宙飞船等制造业中，大量用高密度合金来制作陀螺仪、陀螺仪调整片、配重螺丝、导向平衡锤等。所用的钨基合金系列品种多，需求量也大。有资料介绍，美国有些类型的飞机，每架用量竟达上百千克。

(3) 在民品工业中应用的钨基重合金 在民品工业中的应用范围较广泛。如机械制造业中的钻杆、连杆、刀夹、刀杆、自动手表的摆锤等。在模具工业中，用于精密铸造工艺的压铸模、挤压模和电热镦粗模等。在电气工业中，用作电极、触头、电焊嘴材料等。在医用工业中，用作γ射线的屏蔽材料、核燃料储存器等。

近几年来，钨基合金的应用又有新的开发，如湖南省冶金材料研究所开发的钨-镍-铁-钼系合金，它在用于制作进口铜杆生产线上的对焊切削头材料上，既能承受焊接时的大电流作用，又能对焊接飞边进行切削，达到了进口切削头材料的性能。宝鸡稀有金属加工研究所的刘康美等[39]研究了一种钨-镍-铁系多孔燃气过滤器材料，其最大孔径达到130.7μm，能净化1523K和11.8MPa的高温高压燃气。

三、铜及合金基体

以铜及其合金为基体的复合材料是近年来发展起来的新型材料，它兼备高强度、高电导率及良好的热特性，而且还有良好的抗电弧侵蚀和抗磨损能力及较高的硬度，是一种具有广泛应用前景的新型材料。除可用作触头材料、点焊电极、集成电路引线框架外，还可作为铸机结晶器材料。随着机械、电子工业的发展，对这类高强度、高导电复合材料的需求越来越迫切，现有的铜基复合材料可分为原位铜基复合材料、颗粒增强铜基复合材料和纤维增强铜基复合材料。

（一）原位铜基复合材料

原位铜基复合材料（in-situ CMCs）最早出现于20世纪70年代末。Bevk等在研究超导合金时首次发现铸态Cu-15%～20%Nb（体积分数）合金经大量拉拔变形后，形成的Nb纤维分布在铜基体上，合金具有高强度和良好的导电性。由于纤维结构是在形变过程中原位形成的，同时合金又具有复合材料的组织和性能特点，故称为原位形变CMCs。随后，出现了原位反应CMCs和原位生长CMCs。原位反应铜基复合材料是指在铜基体中，通过元素之间或元素与化合物之间发生放热反应生成增强体的一类复合材料。由于其中的增强体没有界面污染，且与基体有良好的界面相容性，与传统的人工外加增强体复合材料相比，其强度有大幅度提高，同时保持较好的韧性和良好的高温性能。原位生长铜基复合材料则是指在共晶合金、偏晶合金或包晶合金等复相合金的定向凝固过程中，通过合理控制工艺参数，使基体铜和增强相均匀相间、定向整齐排列的一类复合材料。由此法制备的Cu-Cr系线材，电导率和抗拉强度均有大幅度提高，但是由于制备工艺难以控制，适合的合金系有限，因而用这种方法制备铜基复合材料的研究还处于探索阶段。随着研究的进一步深入，原位铜基复合材料的制备工艺不断完善，综合性能将逐步提高，而生产成本则降低，可望实现规模化工业生产，成为集成电路引线框架、电子封装、支撑电极、电力机车架空导线等方面的优选材料。

目前，铜基复合材料（CMCs）的原位制备方法有以下几种：塑性变形复合法、原位反应复合法和原位生长复合法。塑性变形复合法和原位生长复合法受到原材料成本高、适合的体系有限、制备工艺难以控制等因素的影响，使得其研究还不是很广泛。而原位反应复合法由于制备方法相对简单、生产成本低、材料综合性能好等优点而备受青睐，成为原位合成CMCs的重要制备方法。

（二）颗粒增强铜基复合材料

有关颗粒增强铜基复合材料的制备，和其他颗粒增强金属基复合材料的制备方法基本相同。在所有的制备方法中，近年来机械合金化（MA）法发展较快，机械合金化工艺可制备氧化物弥散强化（oxide dispersion strengthening，ODS）和碳化物弥散强化（carbonize dispersion strengthening，CDS）的铜基复合材料。

粉末冶金法制备颗粒增强铜基复合材料，用得较多的是铜-钨、铜-钼、铜-碳化钨及铜-氧化铝。钨、钼、碳化钨、氧化铝由于具有高温硬度、高的熔点及抗黏附的特性，而被选为增强相与Cu粉一起进行粉末冶金烧结成铜基复合材料。铜-氧化铝烧结成的复合材料的性能不及MA工艺制备的Al_2O_3/Cu复合材料，但MA工艺制备的颗粒增强铜基复合材料成本较高，因而有待进一步研究出性能较好而且成本较低的颗粒增强铜基复合材料。

（三）纤维增强铜基复合材料

铜或铜合金与非金属或金属纤维制造的复合材料，既保持了铜的高导电性、高导热性，又具有高强度与耐高温的性能。在制造此类铜基复合材料时，既有用长纤维的，也有用短纤维的。

碳纤维增强铜基复合材料是以铜为基体、以碳纤维为增强体的金属基复合材料。选择高强高模、高强中模及超高模量碳纤维，以一定的含量和分布方式与铜基体组成不同性能的碳/铜复合材料。由于碳纤维具有很高的强度和模量，负的热膨胀系数以及耐磨、耐烧蚀等性能，与具有良好导热导电性的铜基组成复合材料，具有很好的导热导电性，高的比强度、比模量，很小的热膨胀系数和耐磨性、耐烧蚀性，是高性能的导热导电功能材料。主要用于大电流电器、电刷、电触头和集成电路的封装零件。用碳/铜复合材料制成的惯性电机电刷工作电流密度可高达 $500A/cm^2$。碳/铜复合材料热膨胀系数为 $6\times10^{-6}℃^{-1}$，热导率为 220W/(m·K)，高于任何低热膨胀系数材料。在高集成度的电子器件中有很好的应用前景。

第五节　水泥基体

一、简介

水泥是一种重要的基础原材料，由于水泥的用量大、用途广、性能稳定且耐久性好及其制品结构性能优良，所以水泥是建筑工程和各种构筑物不可或缺的大宗材料，而且在今后相当长的时期内，不可能会有别的材料可以完全代替它。对水泥粉体进行改性的主要目的是为了得到不同性能和不同品质的水泥，以满足建筑工程或水泥制品的需要。例如，随着建筑物的高层化、大型化及耐久化，对混凝土的施工性、强度和长寿命的要求也越来越高了，在港口、机场、桥梁建设时又需要一些特殊性能的水泥，这就要求水泥必须实现高性能化和多功能化。水泥的改性是通过物理法或化学法使水泥粉体产生物理化学变化，并使其性能发生变化，在粉体工程中常常采用的粉体表面改性技术，也在水泥工业中得到了很好的应用。

水泥是水硬性胶凝材料，被广泛应用于各种建筑工程和结构工程中。为了满足水泥应用的各种性能要求，而出现了多品种水泥和各种功能水泥。概括来说，水泥的改性是水泥应用的需要。当然，在水泥制备过程中，许多粉粒体物料也要进行改性，以适应生产工艺的需要，本书没有述及。建筑工程与水泥制品对水泥性能的要求如下。

二、性能与要求

（一）对水泥强度的要求

一般来说，水泥抗压强度越高，性能越好，因为各种建筑工程主要是利用水泥的抗压强度，所以随着高层、大型建筑结构的出现，对混凝土的强度要求越来越高。水泥不是最终产品，水泥的性能要通过混凝土或通过水泥制品的形式来体现。

（二）对特种水泥的需求

水泥水化时会生成热，因此有时会使构筑物因热膨胀而受损害，像三峡大坝那样的特大体积和面积的混凝土构筑物就需要低放热性的水泥，即大坝水泥；为了美化环境需要白色水泥和彩色水泥等，这些都是对特种水泥的需求。

（三）军工的需要

在防原子辐射的特殊军事工程、牢固的防御工事、军事指挥中心、要塞和堡垒的构筑物等方面，都需要特殊功能的水泥进行修建，例如防原子辐射水泥、快硬高强水泥等。

（四）对新型功能水泥的需要

通过水泥改性所得到的各种特殊功能水泥，可以满足水泥应用时的特殊需要，例如陶瓷水泥（硬度可与硬塑料媲美）、碳纤维水泥（耐高温、阻燃性好）、木质水泥（其制品能像木材一样锯切、钉割和开螺孔）、变色水泥（可预报天气、湿度的变化）、夜光水泥（储存白天的日光及来往车辆的灯光，夜晚时闪闪发光，构成“夜光公路”）等。

三、水泥基体的改性方法

（一）改变原料配料方案、制备不同品种水泥

改变水泥品种主要依赖水泥原料的配料方案变化，从而达到产品性能的改变。这种改性采用的是水泥物理化学法。熟料的矿物组成决定了水泥水化速度、形态以及彼此构成网状结构时各种链的比例，因此对强度的增长起着很重要的作用。为了得到某品质的水泥（如快硬、低放热性、膨胀性低等），可通过设计熟料矿物含量和熟料率值，求出原料的配料量。

（二）控制水泥细度、制备不同强度等级的水泥

水泥的粉磨细度与强度有着密切关系。水泥细度可以用不同的指标来说明，如筛余量、比表面积、颗粒平均粒径或颗粒级配等。水泥颗粒越细，强度越高，水泥的标号也越高，尤其是早期强度。后来人们注意到更应注意水泥中是否含有粗粒，因而发展用筛余量来表示细度，欧洲采用标准筛是 90μm 筛，美国最先采用筛孔 74μm 和 44μm 的 200 目筛和 325 目筛，但有些国家在采用细筛的同时还限制 90 目筛（筛孔 200μm）的筛余量。此外，水泥颗粒级配不当会影响水泥标准稠度的需水量，因此合适的粒度分布也是重要的。

20 世纪 50 年代以后，水泥工业使用了比表面积来从另一角度表示水泥细度，这不单可以反映水泥颗粒的粗细，还可表示粉磨水泥时输入的能量多少，也反映了水泥水化能力的高低，因为任何反应速率都随反应物质比表面积的增大而加快。

我国水泥细度用 80μm 筛孔的标准筛筛余百分数表示，例如，硅酸盐水泥的细度为 80μm 筛孔的筛余量小于 15%，当用透气法测定水泥比表面积时，普通硅酸盐水泥的比表面积范围在 250～350m^2/kg。在水化过程中，由于水泥颗粒被 C-S-H 凝胶包裹，反应速率逐渐为扩散所控制，当包裹层厚度达到 25μm 时，扩散非常缓慢，水化逐渐停止。因此粒径在 50μm 以上时，水泥颗粒就有可能存在未水化的内核部分。

在一般情况下，水泥强度与比表面积成正比，尤其对早期强度影响最为明显，但扩散逐渐控制水化进程，比表面积的作用也逐步减弱，水泥浆体硬化 90d 以后，细度对强度已几乎没有影响。可以说提高细度的效果对原来较粗的水泥比较有利。

（三）利用不同的粉磨方法改变水泥颗粒特性

随着水泥粉磨技术的不断进步与发展，出现了多种粉磨设备，如球磨机、立式磨、辊压机和辊筒磨等，并且以这些设备加上选粉机又组成多种粉磨系统，一般认为以立式磨或辊压机作为预粉磨设备、以球磨机为终粉磨设备的粉磨系统，具有很好的节能粉磨效果。

表 1-4 不同粉磨设备的水泥抗压强度

试样	粉磨设备	比表面积/(m^2/kg)	抗压强度/MPa		
			1d	3d	28d
1	立式磨	307	22.3	41.2	69.2
2	球磨机	313	16.8	33.8	59.9
3	振动磨	311	16.6	29.8	55.8

然而不同的粉磨设备或粉磨系统对水泥颗粒特性（如比表面积、颗粒级配、颗粒形貌等）有一定影响，在其他各种因素相同的条件下，水泥颗粒分布对水化过程及强度的影响是：<30μm 颗粒对强度起主要作用，0.1～10μm 颗粒主要对水泥早期强度有作用，10～30μm 颗粒对水泥后期强度贡献大。当用同一水泥厂的熟料和石膏，用不同粉磨机进行粉磨试验时，水泥强度的数值列于表 1-4。试验中还对各粒级范围内的水泥矿物含量（如 C_3S 和 C_2S）进行了测定，用于比较易磨性。

由上述试验得出的几点结论如下。

(1) 不同粉磨方法制成的相同比表面积的水泥强度差异较大，强度大小的顺序是：立磨水泥、球磨水泥、振动磨水泥。这是因为不同的粉磨方法得到的水泥颗粒粒度分布不同，各龄期水泥强度与3～30μm颗粒含量相对应。

(2) 相同粉磨方法制成的水泥，比表面积越大，强度越高，且振动磨水泥的3μm以下颗粒含量增加较快、最为明显。

(3) 立磨的颗粒级配较窄，且细粉含量高，其他粉磨设备颗粒级配则较宽，在同一粉磨设备情况下，水泥颗粒的球形度随比表面积的增大而增大。

(4) 水泥的颗粒形貌与水泥性能有着密切的关系，水泥球形度低（球形度的定义：具有与颗粒相等体积的球的表面积与实际颗粒的表面积之比），摩擦阻力大，使得水泥流动度变小，标准稠度需水量增大，使得强度减小；而由于水泥强度的产生主要是由于水泥颗粒及水化产物之间相互连生、搭接，可以抵抗外力的作用。水泥球形度高时，虽然使得标准稠度需水量减少，避免产生泌水现象，但同时水泥中的多角形颗粒减少，不利于颗粒间的搭接，降低了强度。在比表面积增大的情况下，水泥水化面积增大，水化速率增加，水化程度变大，有利于水泥颗粒及水化产物之间的相互搭接，此时再加上球形度增大使得水泥流动度变大，标准稠度需水量减少，这些变化都使得水泥的强度增加。

(5) 球磨与振动磨的水泥产品球形度最高，而立磨水泥球形度较低。

(6) 粉碎机械力化学效应。所谓机械力化学是指通过压缩、剪切、摩擦、延伸、弯曲、冲击等方法对固体、液体等物质施加机械能而诱发这些物质的物理化学性质变化，以促进其与周围的气体、液体、固体的相互作用。机械力化学同热力学、电化学、光化学等一样是化学领域的一个分支，作为一门新的学科，目前在材料科学和水泥技术等领域也有了一些探讨和研究。

（四）机械力化学法

机械力化学的机理逐步被探明，由于机械力化学效应引起的粉体活性增强的原因，一般有格子缺陷或格子畸变的原因，还有比表面积和表面能的原因。粉体的比表面积在粉体反应中，既是动力学，又是热力学的重要参数。比表面积大，反应面积增加，反应速率加快，所以活性大，当粉碎达到微细化，使比表面积增加时，再伴随着格子畸变、格子不规则，就会使表面能增加。

机械力化学在水泥工业中的应用可举例如下：水泥生料需经烧结工艺才能发生物理化学变化生成熟料，因此熟料的烧结性能直接影响熟料的物性，所以可利用机械力活化进行前处理，使之易于烧结。若将水泥原料经超细粉磨等处理，使其获得最佳的机械力活化效果，在高温下煅烧时，烧结时间可能缩短或使烧成温度降低到1450℃以下。

此外，电厂的粉煤灰经机械力活化，使其各氧化物参与水化，可作为新资源，在水泥粉磨时作为掺和料使用。现在已有许多研究者指出，将矿渣粉磨到比表面积为400～600m^2/kg，作为混合材以较大比例加到水泥中，而水泥强度不变，并且对水泥后期强度有好处，这就是细掺和料技术。可将工业废渣的利用提升到工业废渣资源化的高度，成为水泥性能调节型材料。

四、水泥基体的研究发展前景

水泥是一种处于介稳状态的矿物粉体材料，通过水化后产生水化物，水化物彼此键合并逐渐硬化成为具有强度的硬化体。水泥从制备到应用，不单是复杂的粉体工程，而且是一个从稳定态到介稳态，又从介稳态向较稳定的状态过渡的过程。所以为了提高水硬性就要提高水泥熟料矿物的介稳性，使其尽量处于高能态，但为了提高耐久性就要提高水化物的稳定性，尽量降低其能态。

为了得到高性能，要考虑采用上述的各种改性方法，其主要研究目标如下。

(1) 通过水泥熟料矿相体系的优化与改进，使水泥高强度化、高性能化。发现新的水泥矿相形成机理，使水泥生产能耗降低，矿相晶格缺陷增加，解决矿相低温生成与高位能的矛盾。

(2) 深入研究水泥颗粒微细化理论和最佳级配的理论，提高水泥熟料颗粒水化率，提高水泥内部潜能利用率，并使水泥基材料有高致密性和高耐久性，例如，用体积增大型水化产物增加组织结构的致密性，用须状等特殊形状的水化产物增加浆体的强度和韧性，通过亚微米级或纳米级的微细水化产物共生复合化实现物理性能的突变，调整水泥颗粒形状和颗粒级配，将水泥各组分控制在不同粒度范围，达到体系最紧密堆积，需水量减少。

(3) 研究不同熟料的复合、不同熟料与混合材的复合、不同颗粒尺寸材料的复合以及有机与无机的复合，增加水泥水化密实性和耐久性。

(4) 对混合材进行物理化学预处理（如用机械力化学法），使之微细化、活性化，具有性能调节功能，使混合材的水化产物在水泥中起到结构致密性、胶结性和耐久性作用。

参 考 文 献

[1] 谢青，游长江，曾一铮．不饱和聚酯改性研究新进展．广州化学，2009，34：65-69.
[2] 翟青霞，黄英，苗璐．树脂基复合吸波材料在航空航天中的应用．树脂基复合吸波材料在航空航天中的应用，2009，6：72-76.
[3] 董建娜，陈立新，梁滨．水溶性酚醛树脂的研究及其应用进展．中国胶黏剂，2009，18 (10)：37-40.
[4] 蔡义军，马荣华，肖毅．新型呋喃树脂和固化剂及其应用．铸造，2008，57 (6)：620-622.
[5] 杨文杰，李吉英．有机硅涂料在船舶防污中的应用．新材料，2009，23 (7)：63-64.
[6] 易庆锋，张勇，陈健．耐高温聚酰胺研究进展．工程塑料应用，2009，37 (11)：80-82.
[7] 刘逢博，董如永．聚碳酸酯（PC）材料的精密加工工艺的研究和应用．机电产品开发与创新，2009，22 (6)：188-190.
[8] 杜新胜，杨成洁，陈秀娣．聚乙烯改性的研究与进展．塑料制造，2009，8：78-81.
[9] 张留成，瞿雄伟，丁会利．高分子材料基础．北京：化学工业出版社，2004.
[10] 王惠君，王文泉，杨子贤等．橡胶综述．安徽农业科学，2006，34 (13)：3049-3052.
[11] 纪豪．通用橡胶．现代橡胶技术，2008，38 (2)：34-38.
[12] 高宏．氯丁橡胶/顺丁橡胶共混物结构及性能研究．天津：天津大学出版社，2006.
[13] 蒋小强．丁腈橡胶基压电复合材料制备及其性能研究．北京：北京化工大学，2008.
[14] 张留成，瞿雄伟，丁会利．高分子材料基础．北京：化学工业出版社，2004.
[15] 魏朋．加成型室温硫化硅橡胶的制备及改性研究．武汉：武汉理工大学，2007.
[16] 邢素丽等．新型碳化硅先驱体的制备及其性能研究．宇航材料工艺，2002，3：27-29.
[17] 余煜玺等．SiC 陶瓷先驱体聚铝碳硅烷的合成及其陶瓷化．硅酸盐学报，2004，4 (32)：494-497.
[18] 刘坚等．含先驱体聚合物浆料浇注成型制备 SiC 多孔陶瓷．材料科学与工程学报，2009，4 (27)：620-623.
[19] 陈巍等．陶瓷无压烧结工艺探讨．兵器材料科学与工程，2004，5 (27)：35-37.
[20] 武七德等．用低纯碳化硅微粉烧结碳化硅陶瓷．硅酸盐学报，2006，1 (34)：60-64.
[21] 徐明扬等．硅锭线切割回收料制备 SiC 多孔陶瓷的研究．中国陶瓷，2009，8 (45)：24-27.
[22] 赵群，孙志昂．对氧化铝陶瓷液相烧结的研究．轻金属，1996，8：13-16.
[23] 肖汉宁，千田哲也，殷冀湘．氧化铝陶瓷的高温磨损与自润滑机理研究．无机材料学报，1997，3 (12)：420-424.
[24] 薛明俊，孙承绪．改善氧化铝陶瓷抗热震性初探．华东理工大学学报，2001，6 (27)：701-702.
[25] 刘彤等．长柱状晶高韧性氧化铝陶瓷的制备与性能研究．材料工程，2001，8：14-17.
[26] 张斌等．$CuO-TiO_2$ 复合助剂低温烧结氧化铝陶瓷的机理．材料研究学报，2009，5 (23)：535-541.
[27] 魏巍等．放电等离子烧结氮氧化铝透明陶瓷的研究．武汉理工大学学报，2009，15 (31)：13-16.
[28] 徐洁．超塑性 Y-TZP 陶瓷拉伸变形研究．硅酸盐学报，1995，1 (23)：97-101.

[29]　黄晓巍．液相烧结 3Y-TZP 陶瓷的相组成与力学性能．硅酸盐通报，2007，3 (26)：462-465.
[30]　周泽华等．氧化锆力学性能和热学性能的综合分析．重庆大学学报：自然科学版，2002，2 (25)：60-62.
[31]　邓雪萌．添加剂对氧化锆陶瓷抗热震性能的影响．稀有金属材料与工程，2007，81 (36)：391-393.
[32]　运新跃等．烧结温度对氧化锆陶瓷相组成及力学性能的影响．硅酸盐通报，2009，81 (28)：101-104.
[33]　陈常连等．具有密度梯度氧化锆多孔陶瓷的制备研究．稀有金属材料与工程，2007，81 (36)：553-556.
[34]　鲁元等．碳热还原-常压烧结法制备多孔氮化硅陶瓷．硅酸盐学报，2009，8 (37)：1277-1271.
[35]　唐翠霞等．添加 Y_2O_3-Al_2O_3 烧结助剂的氮化硅陶瓷的超高压烧结．硅酸盐学报，2007，7 (35)：1828-1831.
[36]　徐洁等．硅粉粒径对反应烧结多孔氮化硅陶瓷介电性能的影响．硅酸盐学报，2007，7 (35)：849-853.
[37]　张庆等．氮化硅陶瓷超塑性研究．塑性工程学报，2007，1 (14)：24-26.
[38]　马国刚．W 基重合金的成分设计和性能．五邑大学学报，2007，20 (4)：38-41.
[39]　邹惠兰．钨基重合金的研究与应用现状．湖南冶金，1997，2：60-64.

第二章　复合材料增强体

第一节　无 机 纤 维

一、玻璃纤维

玻璃纤维是用熔融玻璃制成的细纤维，是现代非金属材料家族中具有独特功能的材料和新型结构材料。由于它的主要原料是叶蜡石、石灰石、硼钙石、萤石及硅砂等天然矿石，所以它与金属纤维、棉纤维及其他人造有机纤维相比，具有耐高温、耐腐蚀、强度高、密度小、吸湿低、延伸小及电绝缘性好等一系列优异特性，使其在机械、电气、光学及耐腐蚀、绝热、吸声等方面发挥出无可比拟的作用。随着科学技术水平的不断提高与发展，它在国民经济各工业部门中的应用已遍及电子、电气、通信、机械、冶金、化工、建筑、车船、航空、航天、信息、环保、能源及遗传工程、微电子技术等高新技术领域[1,2]。

(一) 玻璃纤维的分类

玻璃纤维的分类方法很多。一般可从以下几个方面分类。

1. 以玻璃原料成分分类

这种分类法主要用于连续玻璃纤维的分类[3]。一般以不同的碱金属氧化物含量（R_2O）来区分，碱金属氧化物一般是指氧化钠、氧化钾。在玻璃原料中，由纯碱、芒硝、长石等物质引入。碱金属氧化物是普通玻璃的主要组分之一，其主要作用是降低玻璃的熔点。但玻璃中碱金属氧化物的含量提高，它的化学稳定性、电绝缘性和强度都会相应降低。因此，对不同用途的玻璃纤维，要采用不同含碱量的玻璃成分。从而经常采用玻璃纤维成分的含碱量，作为区别不同用途的连续玻璃纤维的标志。根据玻璃成分中的含碱量，可以把连续玻璃纤维分为如下几种。

(1) 无碱玻璃纤维（通称E玻璃纤维）　R_2O含量小于0.8%，是一种铝硼硅酸盐成分。其化学稳定性、电绝缘性、强度都很好。主要用作电绝缘材料、玻璃钢的增强材料和轮胎帘子线。

(2) 中碱玻璃纤维　R_2O含量为11.9%～16.4%，是一种钠钙硅酸盐成分，因其含碱量高，不能作电绝缘材料，但其化学稳定性和强度尚好。一般作乳胶布、方格布基材、酸性过滤布、窗纱基材等，也可作对电性能和强度要求不很严格的玻璃钢增强材料。这种纤维成本较低，用途较广泛。

(3) 高碱玻璃纤维　R_2O含量等于或大于15%的玻璃成分。如采用碎的平板玻璃、碎瓶子玻璃等作原料拉制而成的玻璃纤维，均属此类。可作蓄电瓶隔离片、管道包扎布和毡片等防水、防潮材料。

(4) 特种玻璃纤维　如由纯镁铝硅三元组成的高强玻璃纤维、镁铝硅系高强高弹玻璃纤维、硅铝钙镁系耐化学腐蚀玻璃纤维、含铅纤维、高硅氧纤维、石英纤维等。

2. 以单丝直径分类

玻璃纤维单丝呈圆柱形，因此其粗细可以用直径来表示。通常根据直径范围，把拉制成型的玻璃纤维分成以下几种（其直径值以μm为单位）。

（1）粗纤维　其单丝直径一般为 30μm。

（2）初级纤维　其单丝直径大于 20μm。

（3）中级纤维　其单丝直径 10～20μm。

（4）高级纤维（也称纺织纤维）　其单丝直径 3～10μm。对于单丝直径小于 4μm 的玻璃纤维又称超细纤维。

单丝直径不同，不仅纤维的性能有差异，而且影响纤维的生产工艺、产量和成本。一般 5～10μm 的纤维作为纺织制品用，10～14μm 的纤维一般做无捻粗纱、无纺布、短切纤维毡等较为适宜。

3. 以纤维外观分类

玻璃纤维的外观，即其形态和长度取决于它的生产方式，又与其用途有关。可分为以下几种。

（1）连续纤维（又称纺织纤维）　从理论上讲，连续纤维是无限延续的纤维，主要用漏板法拉制而成，经纺织加工后，可以制成玻璃纱、绳、布、带、无捻粗纱等制品。

（2）定长纤维　其长度有限，一般为 300～500mm，但有时也可较长，如在毡片中基本上是杂乱的长纤维。例如，采用蒸汽吹拉法制成的长棉，拉断成毛纱后，长度也不过几百毫米。其他还有棒法毛纱、一次粗纱等制品，都制成毛纱或毡片使用。

（3）玻璃棉　是一种定长玻璃纤维，其纤维较短，一般在 150mm 以下或更短。在形态上组织蓬松，类似棉絮，故又称短棉，主要作保温、吸声用途。此外，还有短切纤维、空心纤维、玻璃纤维粉及磨细纤维等。

4. 以纤维特性分类

这是一类为适应特殊使用要求，新发展起来的，纤维本身具有某些特殊优异性能的新型玻璃纤维。大致可分为高强玻璃纤维、高模量玻璃纤维、耐高温玻璃纤维、耐碱玻璃纤维、耐酸玻璃纤维、普通玻璃纤维（指无碱及中碱玻璃纤维）、光学玻璃纤维、低介电常数玻璃纤维、导电玻璃纤维等。

（二）玻璃纤维的结构及化学组成

1. 结构

大量资料表明，玻璃纤维的结构与玻璃相同。玻璃的结构是近似有序的，原因是玻璃结构中存在一定数量和大小比较规则排列的区域，这种规则性是由一定数目的多面体遵循类似晶体结构的规则排列造成的。但是有序区域不像晶体结构那样有严格的周期性，微观上是不均匀的，宏观上又是均匀的，反映到玻璃的性能上是各向同性的。

2. 化学组成

玻璃纤维的化学组成主要是二氧化硅、三氧化二硼、氧化钙、三氧化二铝等[4]，它们对玻璃纤维的性质和生产工艺起决定性作用（表 2-1）。以二氧化硅为主的称为硅酸盐玻璃，以三氧化二硼为主的称为硼酸盐玻璃。氧化钠、氧化钾等碱性氧化物为助熔氧化物，它们可以降低玻璃的熔化温度和黏度，使玻璃熔液中的气泡容易排除。它们主要是通过破坏玻璃骨架，使结构疏松，从而达到助熔的目的。因此氧化钠、氧化钾等碱性氧化物的含量越高，玻璃纤维的强度、电绝缘性和化学稳定性都会相应降低。加入氧化钙、三氧化二铝等，能在一定程度上构成玻璃网络的一部分，改善玻璃的某些性质和工艺性能；用氧化钙取代二氧化硅可降低拉丝温度，加入三氧化二铝可提高耐水性；总之，玻璃纤维成分的制定一方面要满足玻璃纤维的物理和化学性能要求，具有良好的化学稳定性，另一方面要满足制造工艺的要求，如适合的成型温度、硬化温度和黏度范围等。

表 2-1 玻璃纤维的化学组成

成分	无碱E玻璃纤维	耐酸C玻璃纤维	有碱A玻璃纤维	高强S玻璃纤维	特殊D玻璃纤维
SiO_2	55.2	65	72	65.0	70
Al_2O_3	14.8	4	2.5	25.0	1
B_2O_3	7.3	5	0.5	—	25
MgO	3.3	3	0.9	10.0	1
CaO	18.7	14	9.0	—	2
Na_2O	0.3	8.5	12.5	—	—
K_2O	0.2	—	0.5	—	—
LiO_2	—	—	—	—	1
Fe_2O_3	0.3	0.5	0.5	—	—

（三）玻璃纤维的性能

玻璃纤维耐高温，不燃，耐腐蚀，隔热、隔声性好（特别是玻璃棉），抗拉强度高，电绝缘性好（如无碱玻璃纤维）；但性脆，耐磨性较差[5,6]。

1. 外观和相对密度

玻璃纤维表面比内部结构的活性大得多，因此其表面上就容易吸附各种气体、水蒸气、尘埃等，容易发生表面化学反应。一般玻璃纤维表面上往往有弱酸性的基团存在，这就会影响其表面张力，引起与黏结剂基体间的黏结力的改变。以高倍的电子显微镜观察，就会发现其表面具有很多的凹穴和微裂纹，这会使其复合材料性能下降。因此，应该防止玻璃纤维表面的水分及羟基离子浓度的增加，以避免该复合材料受水浸蚀后强度的下降，所以一般玻璃纤维增强塑料的耐酸性好而耐碱性差。玻璃纤维比玻璃的强度高是因为玻璃纤维经高温拉丝成型时减少了玻璃熔液的不均一性，使其具有危害性的微裂纹大大少于玻璃。从而减少了应力集中，使纤维具有较高的强度。玻璃纤维的横断面几乎是完整的圆形，由于其表面光滑，故纤维间的抱合力小，不利于与树脂的黏合。

玻璃纤维的单丝直径一般为1.5～25μm，大多数为4～14μm。玻璃纤维的密度为2.16～4.30g/cm^3，较有机纤维大很多，但比一般的金属密度低，与铝相比几乎一样，所以在航空工业上用复合材料代替铝钛合金就成为可能。此外，一般无碱玻璃纤维比有碱玻璃纤维的相对密度大。

2. 力学性能

虽然玻璃的强度较小，约为40～120MPa，但是玻璃纤维却有很高的抗拉强度，超过大部分已知材料的强度（表2-2）。玻璃纤维受力时，应力-应变曲线基本上是一条直线，没有塑性变形，呈现脆性特征。玻璃纤维的弹性模量不高，是其主要缺点。

玻璃纤维的实际强度和理论强度有一定差距，不过和块状玻璃相比又高出很多倍。出现这种现象的原因没有一个统一的理论，目前倾向于采用微裂纹理论。该理论认为玻璃纤维比块状玻璃的横截面面积小得多，因此微裂纹存在的概率也就小很多。纤维的实际强度低于理论强度是由于微裂纹位于纤维的内部和表面，造成应力集中的结果。

玻璃纤维力学性能的最大特点是抗拉强度高，影响玻璃纤维抗拉强度的因素很多，主要有以下几个。

① 纤维直径和长度与抗拉强度的关系。一般来说，玻璃纤维直径减小，其抗拉强度会迅速增加；纤维的长度增加，其抗拉强度会显著下降。

② 纤维强度与玻璃化学成分的关系。一般来说，含K_2O和PbO成分多的玻璃纤维强度较低。

③ 存放时间对纤维强度的影响。玻璃纤维存放一定时间后，会出现强度下降的现象，

这主要是由于空气中水分的作用。

④ 负荷时间对强度的影响。玻璃纤维的强度随着施加负荷时间的增长而降低，且环境湿度较高时，这种现象更为明显。此外玻璃纤维拉制时所用玻璃原料本身的缺陷和成型工艺条件也会对抗拉强度有显著影响。

表 2-2 几种纤维性能的对比[7]

性 能	E 玻璃纤维	碳纤维	芳酰胺纤维	PET 纤维	剑麻纤维	不锈钢纤维	陶瓷纤维
纤维直径/mm	0.0102	0.0076	0.0127	0.0229	0.2540	0.0076	0.0051
密度/(g/cm³)	2.54	1.84	1.45	1.38	1.50	7.77	2.7
弹性模量/GPa	72.4	359	131	10.0	16.5	193	103
抗拉强度/GPa	3.45	3.79	2.76	1.03	0.52	0.59	1.72
伸长率/%	4.8	1.1	2.4	22	2～3	2.3	—

3. 耐磨性和耐折性

玻璃纤维的耐磨性和耐折性都很差，经揉搓摩擦容易损伤或断裂，这是玻璃纤维的严重弱点，使用时应注意。当纤维表面吸附水分后能加速裂纹扩展，使耐磨性和耐折性降低。为了提高玻璃纤维的柔性以满足纺织工艺的要求，可以采用适当的表面处理，如经过 0.2%阳离子活性水溶液处理后，玻璃纤维的耐磨性比未处理的高 200 倍。

4. 热性能

玻璃纤维是无定形无机高聚物，其力学性能与温度的关系类似无定形有机高聚物，存在 T_g、T_f 两个转变。由于 T_g 较高，约为 600℃，且不燃烧，所以相对于聚合物基体来讲，耐热性好。玻璃纤维的导热性非常低，室温下热导率为 0.027W/(m·K)，使用温度的变化对玻璃纤维的导热性影响不大，如当玻璃纤维的使用温度升高到 200～300℃，其热导率只升高 10%。玻璃纤维的耐热性较高，软化点为 550～580℃，其膨胀系数为 4.8×10^{-6}℃$^{-1}$。玻璃纤维在较低温度下受热其性能变化不大，但却会产生收缩现象。因此，在制造玻璃纤维增强材料时，如果纤维与树脂黏结不良，就会由于加热和冷却的反复作用而产生剥离现象，导致制品强度下降。强度降低还与热作用时间有关，时间越短，下降就越少[8]。

5. 电性能

玻璃纤维的导电性主要取决于化学组成、温度和湿度。无碱玻璃纤维的电绝缘性比有碱玻璃纤维优越得多，这主要是因为无碱玻璃纤维中碱金属离子少的缘故。碱金属离子越多，电绝缘性越差；玻璃纤维的电阻率随温度的升高而下降。在玻璃纤维的化学组成中，加入大量的氧化铁、氧化铅、氧化铜、氧化铋和氧化钒，会使纤维具有半导体性能。在玻璃纤维上涂覆金属或石墨，能获得导电纤维。

6. 化学性能

玻璃纤维的化学稳定性较好，其主要取决于化学组成、介质性质以及温度和压力等条件。一般来说，在玻璃纤维中二氧化硅含量多则化学稳定性高，而碱金属氧化物多则化学稳定性低。有碱玻璃纤维的耐水性很差，这是由于其成分中含碱硅酸盐容易发生水解之故。玻璃纤维中碱金属氧化物含量越多，对水、水蒸气及碱溶液作用的化学稳定性也越低，一般成分中控制 Na_2O 质量分数不超过 12%～13%。温度对玻璃纤维化学稳定性有明显的影响，100℃以下时，温度每升高 10℃，玻璃纤维在水介质侵蚀下的破坏速度将增加 50%～150%，温度在 100℃以上时，破坏作用将更剧烈[9]。

（四）玻璃纤维的制造工艺

玻璃纤维的生产方法很多，主要可分为定长纤维拉丝法和连续纤维拉丝法两类。与增强复合材料有密切关系的主要是连续纤维拉丝法，分为坩埚拉丝法和池窑拉丝法两种[10,11]。

1. 坩埚拉丝法

图 2-1 为玻璃纤维拉丝工艺流程。坩埚拉丝法是首先将经过精选符合规定成分的石英砂、长石、石灰石、硼酸、碳酸镁、氧化铝等原料粉碎成一定细度的粉料，并调制成一定比例的配合原料、充分混合，加入玻璃池窑中。在 1500℃左右的高温下熔化，制成熔融的玻璃原料，然后用制球机制成一定直径的玻璃球。对这种玻璃球进行质量检测，剔除含有气泡或混有杂质的玻璃球，将优质玻璃球加入带铂漏板的坩埚中重新熔融成玻璃液，再经过温度调制，最后从铂漏板的漏嘴中流出并被拉成连续玻璃纤维。坩埚的主要作用是通过电流发热熔化玻璃球，并使坩埚内的玻璃液保持所要求的温度和液面高度。玻璃液从坩埚底部漏板上的漏孔中稳定地流出来，形成液滴。将液滴引下成丝，集成一束，经集束轮使丝束涂上浸润剂，绕在高速旋转的绕丝筒上，制成一股原丝。图 2-2 为铂坩埚玻璃纤维拉丝工艺流程。

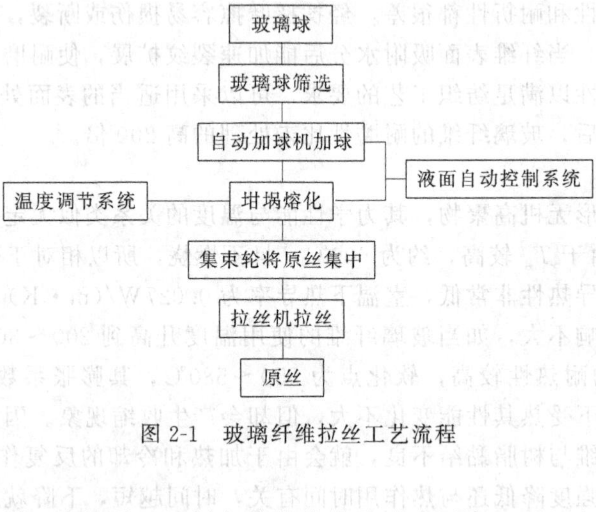

图 2-1　玻璃纤维拉丝工艺流程

2. 池窑拉丝法

由于坩埚拉丝法须二次熔融，消耗大量的能量及造成污染，所以人们发明了池窑拉丝法以节约能源。池窑拉丝法是在熔窑料道底部装有铂铑合金制造的多孔漏板，当玻璃液从漏板孔流出的时候，受到高速运转拉丝机的牵引，同时涂覆浸润剂，制成纤维，称为原丝。原丝经过捻线机加捻、整经机整经等工序可织成各种结构和性能的玻璃布。原丝经烘干（或风干）可制成短切纤维、短切毡、无捻粗纱或织成方格布。池窑拉丝法的特点是直接将熔化好的玻璃液经过温度调制就送到漏板去拉丝，不需要再做成玻璃球（或棒）。所以又称直接拉丝法，还有人称它为一次法。与坩埚拉丝法相比优点是：①省去制球工艺，简化工艺流程，效率高；②池窑容量大，生产能力高；③对窑温、液压、压力、流量和漏板温度可实现自动化集中控制，所得产品质量稳定；④适用于采用多孔大漏板生产粗玻璃纤维；⑤废产品易于回炉。图 2-3 为直接短切拉丝法工艺流程。

3. 玻璃纤维浸润剂

在玻璃纤维拉丝过程中，需要在玻璃纤维表面涂覆一种以有机物乳状液或溶液为主结构的专用表面处理剂。这种涂覆物既能有效地润滑玻璃纤维表面，又能将数百根乃至数千根玻璃纤维单丝集成一束，还能改变玻璃纤维的表面状态，这样不仅满足玻璃纤维原丝后道工序加工性能的要求，而且还能促进玻璃纤维与被增强的高分子聚合物的结合。这些有机涂覆物统称玻璃纤维浸润剂（简称拉丝浸润剂）。

在玻璃纤维生产和应用中，浸润剂的作用为：①润滑-保护作用；②黏结-集束作用；

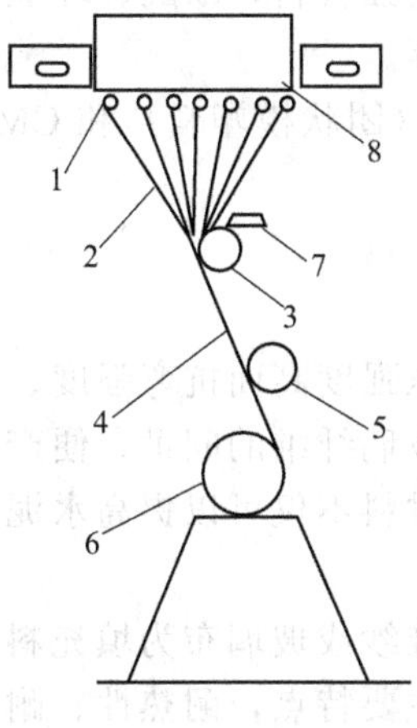

图 2-2　铂坩埚玻璃纤维拉丝工艺流程

1—漏孔；2—单丝；3—集束轮；4—原丝；
5—拉丝排线轮；6—绕丝筒；
7—浸润筒；8—坩埚

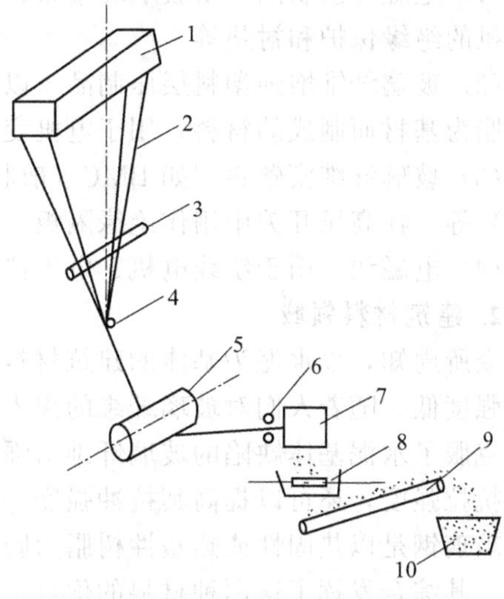

图 2-3　直接短切拉丝法工艺流程

1—多孔漏板；2—单根纤维；3—单丝涂油器；
4—集束轮；5—导向辊；6—牵引对辊；7—短切机；
8—短切纤维束输送带；9—输送带；10—成品箱

③防止玻璃纤维表面静电荷的积累；④为玻璃纤维提供进一步加工和应用所需要的特性；⑤使玻璃纤维获得与基材良好的相容性及界面化学结合或化学吸附等性能。

浸润剂的配方很多，主要有三类，即增强型浸润剂、纺织型浸润剂和增强纺织型浸润剂。浸润剂是一种混合物体系，从外观看，可以是溶液、乳状液、触变性胶体或者膏体，因为作用和性能多样，所以组分相当复杂。其主要成分如下。

(1) 黏结剂　又称成膜剂或集束剂。它是实现单丝集束，并保持原丝完整性和提供原丝硬挺或柔软的主要组分，这种组分占浸润剂的 2%～15%，对浸润剂的性能和作用都有重要影响，是浸润剂关键组分之一。

(2) 偶联剂　又称表面处理剂。它是通过其本身的两种不同反应性质，把玻璃纤维与高分子聚合物结合起来，起到一个桥梁作用，实现无机物和有机物之间良好的界面结合。在浸润剂组成中，用量为 0.2%～1.2%。

(3) 润滑剂　分为湿润滑剂和干润滑剂两种。湿润滑剂是在拉丝过程中，可降低玻璃纤维原丝在潮湿含水情况下与单丝涂油器的石墨辊，集束槽与钢丝排线器的磨损，保持原丝筒上玻璃纤维的完整性；干润滑剂是在原丝烘干后，在退解或玻璃钢成型机上，可有效降低动摩擦系数，保持滑爽，减少毛丝。

(4) 抗静电剂　可以有效地降低玻璃纤维在加工及使用过程中的静电作用，特别是在需短切加工的玻璃纤维浸润剂中使用。抗静电剂一方面可以降低摩擦系数，使玻璃纤维难以产生静电，阳离子季铵类润滑剂及咪唑啉类润滑剂均具有抗静电的作用。另一方面可以形成导电通道，使电荷能很快地从纤维表面移走。

(5) 辅助成分　主要有润湿剂、pH 调节剂、交联剂、防腐剂或杀菌剂、消泡剂等。

(五) 玻璃纤维在复合材料中的应用

1. 电工绝缘复合材料领域

电工绝缘材料根据 JB/T 2197—1996 电气绝缘材料产品分类可分为八大类，而大部分与玻璃纤维有关。包括以下几类。

（1）绝缘浸渍制品　由玻璃纤维布、套管、无纺绑扎带等经浸渍或涂覆绝缘漆制成，用于电机的绝缘保护和衬垫等。

（2）玻璃纤维增强塑料层压制品　以无碱玻璃纤维为增强材料，酚醛、环氧树脂等热固性树脂为基材而制成的材料，用于电机变压器、电子设备等。

（3）玻璃纤维模塑料　如BMC（散状模塑料）、DMC（团状模塑料）和CMC（片状模塑料）等，在高压开关中用作绝缘隔板、提升杆等。

（4）电磁线　用于绕线电机、电工仪表的绕组和线圈[12]。

2. 建筑材料领域

众所周知，以水泥为基体的建筑材料突出的特点是抗压强度高而抗弯强度、抗拉强度和抗冲强度低。随着人们对玻璃纤维的深入研究开发，耐碱玻璃纤维的问世，便产生了一种新型的克服了水泥基体缺陷的玻璃纤维增强水泥材料，这种材料不仅可以提高水泥基的抗弯强度、抗拉强度，还可以提高其抗冲强度。

玻璃钢是以热固性或热塑性树脂为胶结料，以玻璃纤维纱或玻璃布为填充料的一种复合材料。其综合发挥了这两种材料的优点，具备轻质高强的主要特点，耐热性、耐腐蚀性及电绝缘性都良好。玻璃钢在建筑领域的应用有采光、卫生、装饰装修、给排水、采暖通风、围护土木、电气、工装器具等。

3. 航空航天复合材料领域

随着我国在航空航天领域的大力发展，高性能玻璃纤维复合材料已成为航空航天工业中不可或缺的一种材料，与铝合金、钢和钛合金三大金属材料共同成为支撑航空航天事业发展的基石。

在航空上，无论是民用客机还是军用飞机都使用了玻璃纤维复合材料。如在内外侧副翼、方向舵和扰流板等处都有用到。在航天领域，高性能玻璃纤维复合材料作为主承力结构材料在运载火箭和航天器上的应用越来越普遍。利用纤维缠绕工艺制造的纤维/环氧复合材料固体发动机壳是近代复合材料发展史上的一个里程碑，它具有耐腐蚀、耐高温、耐辐射、阻燃、抗老化的性能。玻璃纤维从我国神舟2号开始直到神舟7号载人飞船均获得了成功应用。

二、碳纤维

碳纤维是由有机纤维如黏胶纤维、聚丙烯腈纤维或沥青纤维在保护气氛（N_2或Ar）下热处理碳化成为含碳量90%～99%的纤维。碳纤维的快速发展源自20世纪50年代，经过数十年的不懈努力，碳纤维已经在力学性能、工业化生产、品种、应用等方面，技术日趋成熟，遥遥领先于其他新材料。1969年世界碳纤维的年产量为100t，1985年增长到4700t，2000年约20000t。目前，日本是碳纤维的最大制造国（特别是PAN原丝的制造技术和产量方面），美国是碳纤维的最大应用国。我国20世纪70年代开始就可以生产碳纤维，但总体来讲，发展缓慢、品种少、性能一般、产量低[13]。

（一）碳纤维的分类

1. 按先驱体纤维的原料类型分类

可分为聚丙烯腈（PAN）基碳纤维、沥青基碳纤维、黏胶基碳纤维和气相生长碳纤维。不同原料制备碳纤维的性能见表2-3。

2. 按碳纤维的制造方法不同分类

可分为碳纤维（800～1600℃）、石墨纤维（2000～3000℃）、氧化纤维（预氧化丝200～300℃）、活性碳纤维和气相生长碳纤维。

表 2-3　不同原料制备碳纤维的性能

性　能	聚丙烯腈基碳纤维	沥青基碳纤维	黏胶基碳纤维
抗拉强度/GPa	2.5～3.1	1.6	2.1～2.8
抗拉模量/GPa	207～345	379	414～552
密度/(g/cm^3)	1.8	1.7	2.0
断裂伸长率/%	0.6～1.2	1	

3. 按碳纤维的力学性能分类

可分为通用级碳纤维（GP）和高性能碳纤维（HP）。其中高性能碳纤维包括中强型（MT）、高强型（HT）、超高强型（UHT）、中模型（IM）、高模型（HM）和超高模型（UHM），碳纤维的性能见表 2-4。

表 2-4　碳纤维的性能

性能	碳纤维				
	UHM	HM	UHT	HT	IM
抗拉强度/GPa	＞400	300～400	200～350	200～250	180～200
抗拉模量/GPa	＞1.7	＞1.7	＞2.76	2.0～2.75	2.7～3.0
含碳量/%	99.8	99.0	96.5	96.5	99.0

4. 按纤维的应用领域分类

可分为商品级碳纤维和宇航级碳纤维。商品级碳纤维一般是大丝束的，指一束纱的单丝数在 24K（1K＝1000）以上的，为降低成本目前已发展到 360K、480K、540K 的大丝束纤维。军用结构复合材料采用的宇航级碳纤维是小丝束（＜12K），过去 1K、3K 较多，现已发展到 6K、12K。商品级碳纤维和宇航级碳纤维的性能和价格列于表 2-5。

表 2-5　商品级碳纤维和宇航级碳纤维的性能和价格

碳纤维的类型		E_f/GPa	价格/(美元/kg)
商品级		210～230	17～26
宇航级	标准模量	231～245	39～44
	中模量	255～310	68～72
	HM	336～490	132～143
	UHM	490～980	264～1028

5. 按碳纤维的功能分类

可分为受力结构碳纤维、耐焰（火）碳纤维、活性碳纤维、导电用碳纤维、润滑用碳纤维、耐磨用碳纤维和耐腐蚀用碳纤维。

6. 按碳纤维的加工工艺分类

在制备复合材料时，碳纤维大致可分为两种类型：连续纤维和短纤维。连续纤维增强的复合材料通常具有更好的力学性能，但由于其制造成本较高，并不适宜于大规模的生产。短纤维复合材料可采用与树脂基体相同的加工工艺，如模压成型、注射成型以及挤出成型等。当采用适合的成型工艺时，短纤维复合材料甚至可以具备与连续纤维复合材料相媲美的力学性能，并且适宜于大规模的生产，因此短纤维复合材料近年来得到了广泛的应用。

（二）碳纤维的结构

碳纤维具有较高的强度和模量，是与其结构分不开的。碳纤维的结构与石墨晶体类似，

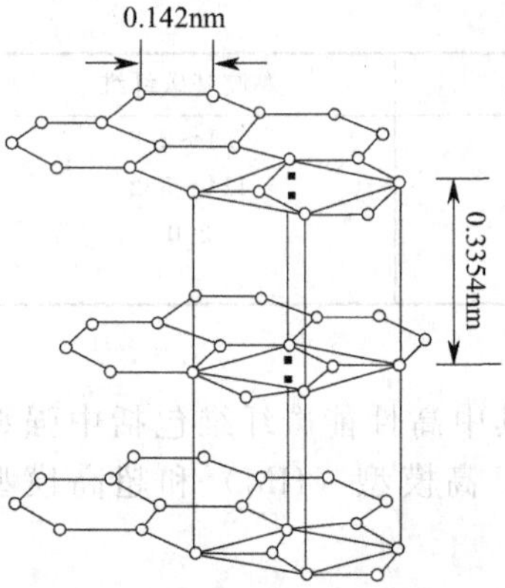

图 2-4 石墨的晶体结构

性质与其石墨化的程度相关。石墨的结晶结构为六方晶系，其层间相隔为 3.354Å❶，层间原子没有化学键相连，仅有微弱的范德华力维系，易于分离；另外，石墨的基面以 AB-AB…排列方式所组成（图 2-4）。石墨单晶的性质具有高度的异向性，即在平行基面的方向具有良好的力学性能及导电性，但在横向方面，每一碳层间，则是靠较弱的范德华力来结合，故强度较低。但碳纤维并非完美的石墨结晶构造，而是具有一起伏的带状结构，称为乱层石墨，如图 2-5 所示[14~17]。

图 2-6(a)、(b) 是碳纤维经离子减薄所得的 TEM 照片，(b) 为其表皮局部放大图，图中箭头指向垂直于纤维轴。从图 2-6 可以看出，碳纤维有明显的皮芯结构，表皮致密；而芯部疏松，有很多孔洞。Bennett 和 Johnson 提出的皮芯结构（shin-core）模型认为：石墨微晶的层平面在皮层沿纤维轴向排列有序，芯部呈现褶皱的紊乱形态，并在石墨层片间存在错综复杂的孔洞系统。碳纤维的皮芯结构是由原丝和预氧丝遗传来的。在纺丝过程中，丝条凝固是一个双扩散过程，双扩散首先在丝条表层进行，表面先形成薄膜，该膜使双扩散过程不利于向芯部进行，致使原丝表层和内部致密化程度不同，形成皮芯结构；而具有这种缺陷的原丝在预氧化过程中，仅仅表层预氧化完全，芯部还处在半熔堆垛状态，因此形成更加严重的皮芯结构；具有皮芯结构的预氧丝进入碳化炉碳化，最终碳纤维结构是表层为片层有序结构、芯部为堆垛无序结构。

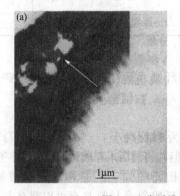

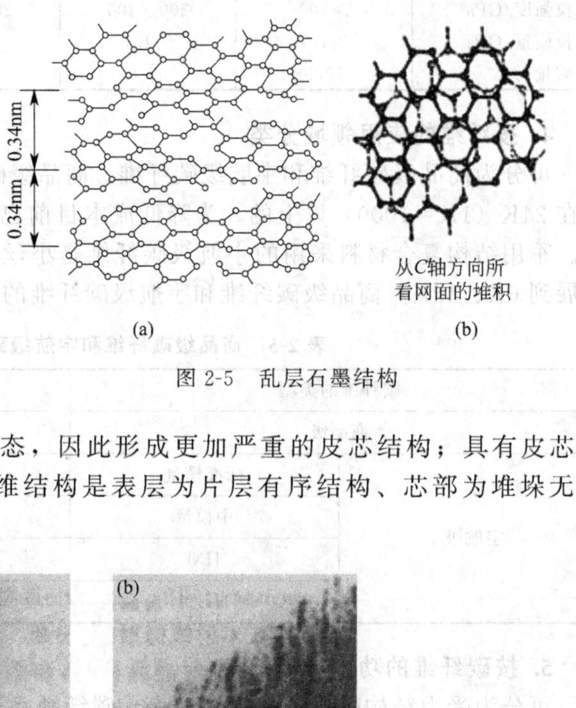

图 2-5 乱层石墨结构

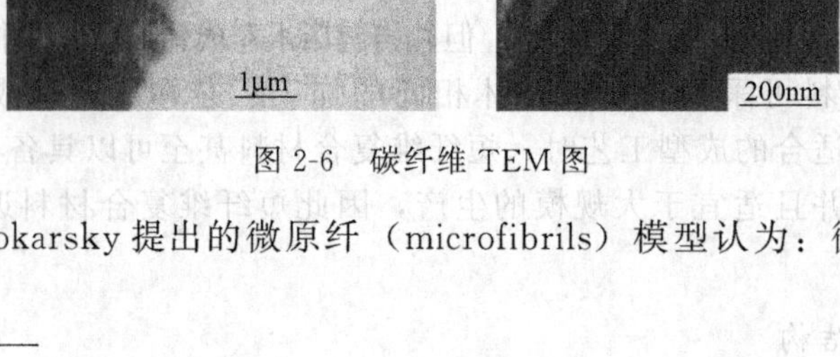

图 2-6 碳纤维 TEM 图

Diefendorf 和 Tokarsky 提出的微原纤（microfibrils）模型认为：微原纤是碳纤维的基

---

❶ 1Å=0.1nm。

本结构单元，由 10～30 个基本碳网面构成微原纤，再由它沿轴向择优取向排列，堆叠成条带结构。图 2-7 基本符合此模型所描述的形态，碳网平面构成的微原纤沿轴向择优取向排列，形成条带结构，层面间隔小，层面堆积大，晶相所占比例大。其石墨层良好地堆垛并沿一定方向择优取向[16]。

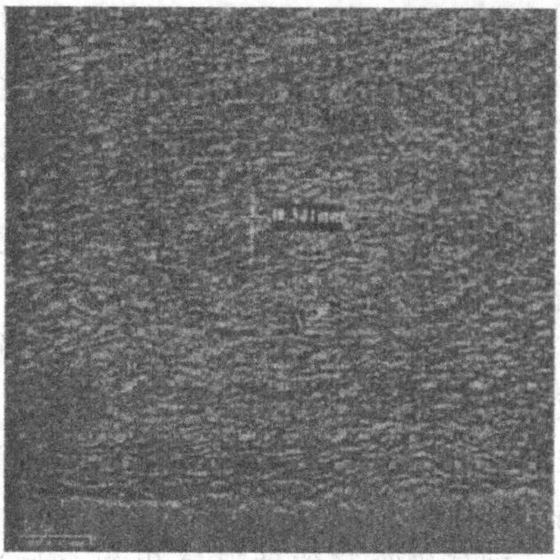

图 2-7　碳纤维的 HRTEM 图

（三）碳纤维的性能

1. 力学性能

碳纤维的强度 σ_{fu} 高，模量 E_f 大。由于密度 ρ_f 小，所以具有较高的比强度 σ/ρ 和很高的比模量 E/ρ。几种碳纤维的力学性能见表 2-6。

表 2-6　几种碳纤维的力学性能[18,19]

性　能	A 型(普通、中强)	Ⅱ型	Ⅰ型
HTT/℃	1000	1500	2500
ρ_f/(g/cm^3)	1.73	1.75	1.9～2.0
σ_{fu}/GPa	2.1	2.5	1.4～2.1
E_f/×10^{2}GPa	2	2.2～2.5	3.9～4.6
ε_{fu}/%	1.2～1.5	1.0	0.5

碳纤维的模量随碳化过程处理温度的提高而提高，这是因为随碳化温度升高，结晶区长大，碳六元环规整排列区域扩大，结晶取向度提高。经 2500℃高温处理后，称为高模量碳纤维（或称石墨纤维）-Ⅰ型纤维，其弹性模量可达 400～600GPa，其断裂伸长率最低约 0.5%。碳纤维的强度随处理温度升高，在 1300～1700℃范围内，强度出现最高值，超过 1700℃后处理，强度反而下降，这是由于纤维内部的缺陷增多、增大所造成的，碳纤维的强度与其内部缺陷有关。在 1300～1700℃范围内处理的碳纤维称为高强度碳纤维（或称Ⅱ型碳纤维）。可见，Ⅰ型 CF 模量最高，强度最低，断裂伸长率最小，密度最大；Ⅱ型 CF 模量居中，强度最高，断裂伸长率最大，密度最小。碳纤维的成本随 HTT 升高而提高。

碳纤维的脆性很大，抗冲击性差。碳纤维的拉伸破坏方式属于脆性破坏；碳纤维的密度在 1.5～2.0g/cm^3 之间，取决于原料的性质及热处理温度。

2. 物理性能

见表 2-7，碳纤维的耐高低温性好。在隔绝空气（惰性气体保护）条件下 2000℃仍有强度；液氮条件下也不脆断。碳纤维的导热性好。热导率随温度的升高而减小。热导率有方向性，即沿纤维轴向方向的热导率远大于垂直纤维轴向方向的热导率。高强度碳纤维的热导率远小于高模量碳纤维的热导率，如 T300 为 6.5W/(m·K)，而 M40 高达 85W/(m·K)。碳纤维的线膨胀系数沿轴向方向具有负的温度效应，即随温度的升高，碳纤维有收缩的趋势，可制成零膨胀复合材料，尺寸稳定性好，耐疲劳性好。

表 2-7　玻璃纤维和碳纤维的热导率和线膨胀系数

项　目	热导率 λ/[W/(m·K)]	线膨胀系数 α/×10^{-6}℃$^{-1}$
GF	1.0	4.8
CF 轴向//	16.7	−0.9～−0.72
CF 横向⊥	0.84	22～32

碳纤维的表面活性低，与基体材料的黏结力比玻璃纤维差，所以碳纤维复合材料的层间剪切强度较低。石墨化程度越高，碳纤维表面的惰性越大。作为树脂基复合材料的碳纤维，需经表面处理提高其表面活性。

3. 化学性能

碳纤维在空气中，200～290℃就开始发生氧化反应，当温度高于400℃时，出现明显的氧化，氧化物以 CO、CO_2 的形式从其表面散失。所以 CF 在空气中的耐热性比 GF 差。高模量碳纤维的抗氧化性显著优于高强度型的，表面上有保护浆液的抗氧化性还不如未经上浆液的。若用 30%的 H_3PO_4 处理后，可提高它的抗氧化性。利用能被强氧化剂（如浓硫酸、浓硝酸、次氯酸、重铬酸）氧化的特点，将表面碳氧化成含氧基团，从而提高碳纤维的界面黏结性能。

碳纤维除了能被强氧化剂（如浓硫酸、浓硝酸、次氯酸、重铬酸盐）氧化外，一般酸、碱对它的作用很小，比玻璃纤维具有更好的耐腐蚀性。将碳纤维置于 50%的盐酸、硫酸和磷酸中浸泡 20d 后，其弹性模量、抗拉强度及直径均无变化。碳纤维在 NaOH 溶液中浸泡后的体积及强度变化都较小。碳纤维在 NaOH 溶液中变化的 SEM 照片如图 2-8 所示。

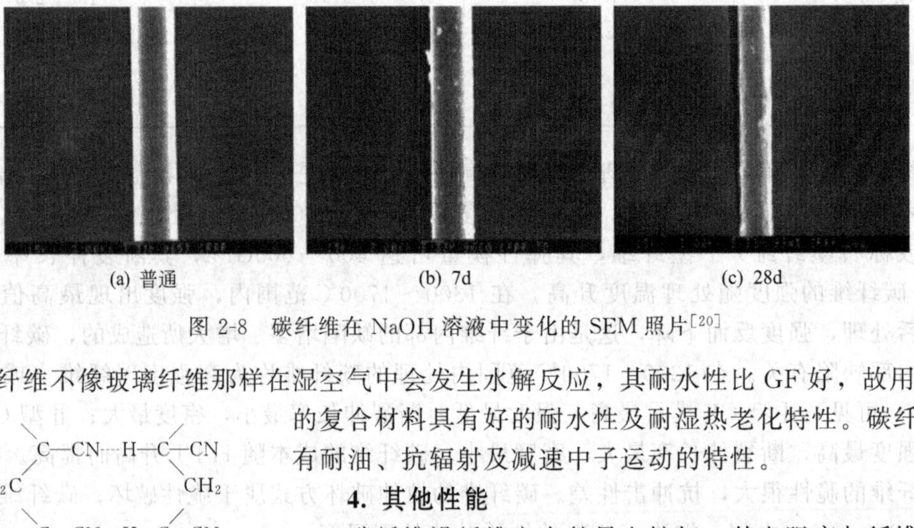

(a) 普通　(b) 7d　(c) 28d

图 2-8　碳纤维在 NaOH 溶液中变化的 SEM 照片[20]

碳纤维不像玻璃纤维那样在湿空气中会发生水解反应，其耐水性比 GF 好，故用它制备的复合材料具有好的耐水性及耐湿热老化特性。碳纤维还具有耐油、抗辐射及减速中子运动的特性。

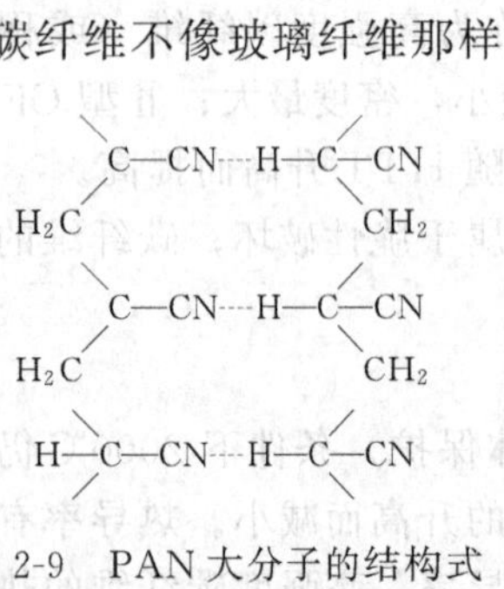

图 2-9　PAN 大分子的结构式

4. 其他性能

碳纤维沿纤维方向的导电性好，其电阻率与纤维类型有关，在 25℃时，高模量纤维为 755Ω·cm，高强度纤维为 1500Ω·cm。碳纤维的电动势为正值，而铝合金的电动势为负值。因此，当碳纤维复合材料与铝合金组合时会发生电化学腐蚀。此外，碳纤维的摩擦系数小，并具有自润滑性。

（四）碳纤维的制备

1. 聚丙烯腈基碳纤维

（1）PAN 大分子结构式　与一般高聚物的分子一样，PAN 的分子具有链状结构（图 2-9）[21]。由于其大分子链上有强极性和体积较大的氰基，使其分子间形成强的偶极力。氰基的氮原子能与相邻分子链上的 α-氢原子形成氢键。

（2）工艺流程　聚丙烯腈基碳纤维的制备工艺流程如图 2-10 所示。

（3）聚丙烯腈原丝的制备　PAN 基碳纤维的生产通常需要经过原料单体的聚合和纺丝；聚丙烯腈原丝纺丝工艺流程如下：聚合→过滤→脱单→脱泡→喷丝板→凝固浴→第一牵伸

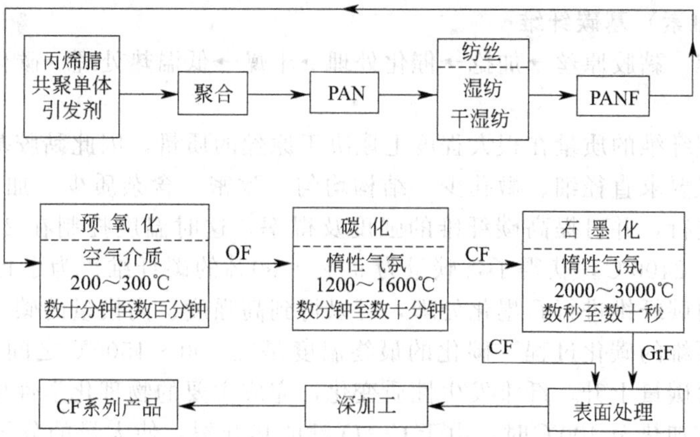

图 2-10 聚丙烯腈基碳纤维的制备工艺流程

辊→第一牵伸槽→第二牵伸辊→第二牵伸槽→第三牵伸辊（喷淋辊）→水槽→烘干辊→上油→落筒→成品。纺丝方法有湿法纺丝、干法纺丝和干湿法纺丝等纺丝方法，目前一般采用湿法纺丝，对高性能碳纤维原丝来说，目前的发展趋势是干湿法纺丝。

（4）碳纤维制备原理 从聚丙烯腈原丝向碳纤维结构转化过程中经历如图 2-11 所示的三个过程。

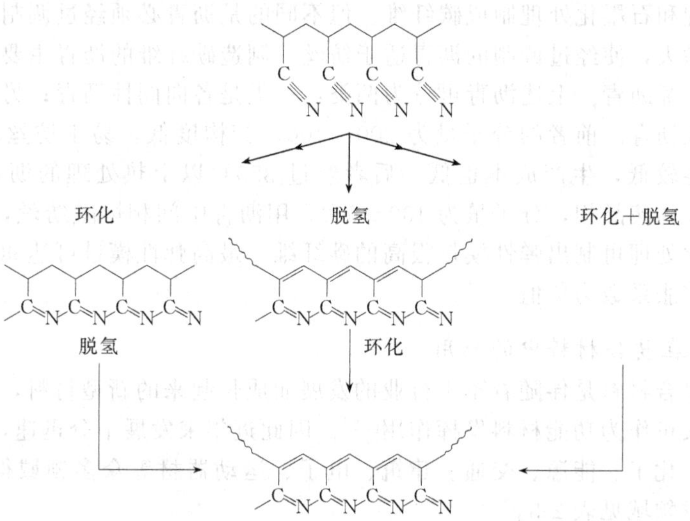

图 2-11 聚丙烯腈脱氢环化示意图

第一个过程是预氧化。PAN 纤维在空气中 200～300℃下加热，同时施加一定的张力。目的是要使线型分子链转化为耐热的梯形结构，使之热处理时不再熔融。PAN 纤维在氧气存在下进行热处理时，纤维颜色从白经黄、棕逐渐变黑，表明其内部发生了复杂的化学反应，如环化反应、脱氢反应、氧化反应以及分解反应。PAN 热处理时，氰基经环化聚合，转化为稳定性较高的梯形结构。

第二个过程是碳化。预氧丝在惰性气体中 350～1600℃下热处理，纤维中的非碳原子如 N、H、O 等元素被裂解出去，预氧化时形成的梯形大分子发生交联，转变为稠环状结构。纤维中的含碳量已达 90%以上，形成一种由梯形六元环连接而成的乱层石墨结构。

第三个过程是石墨化。通常，碳纤维一般是指热处理到 1000～1500℃的纤维，石墨纤维是指加热到 2000～3000℃的纤维。实际上，一般多将碳纤维和石墨纤维统称碳纤维。

2. 黏胶（纤维素）基碳纤维

（1）工艺流程　黏胶原丝→加捻→催化处理→干燥→低温热处理→碳化→表面处理→上浆→干燥→卷绕。

（2）机理　碳纤维的质量在很大程度上取决于原丝的质量，因此黏胶基原丝有专门的质量控制指标，一般要求直径细、微孔少、结构均匀、致密、含杂质少。加入适当的催化剂，使热处理平稳地进行，并可提高碳纤维的强度及得率。这时温度控制在200～400℃。高温碳化温度为1400～2400℃，获得了含碳量为90%～99%的碳纤维。为了提高碳纤维的力学性能，有时还要对碳纤维进行石墨化处理，可以得到高强度、高模量的碳纤维。

（3）黏胶基纤维的碳化过程　碳化的最终温度是在900～1500℃之间。在碳化过程中，发生结构转化，含碳量上升，纤维发生性质变化，完成主要的物理化学性质转变和材料性能的改变。纤维素在加热至400℃时，由于C—O键的热开裂，使大量的分子键断开，其残留物都被认为由低分子量的呋喃衍生物所组成。在400℃以上，通过包括脱氢的缩合反应进行芳构化；碳化条件主要涉及介质、催化剂、其他添加剂、温度和时间。

3. 沥青基碳纤维

用沥青为原料制造碳纤维，比用聚丙烯腈和黏胶纤维制备碳纤维有更丰富的原料来源，且属于综合利用，可以降低成本。沥青是一种带烷基的稠环碳氢化合物的混合物，其含碳量高、价格低。沥青碳纤维的制备过程与PAN碳纤维相似，也是将纺成的沥青纤维经过稳定化处理、碳化处理和石墨化处理制成碳纤维。但不同的是沥青必须经过调制处理，将其中不适合纺丝的部分除去，使经过调制的沥青适于纺丝。制造碳纤维的沥青主要有石油沥青、煤焦油沥青和聚氯乙烯沥青。上述沥青可分为两类：一类是各向同性沥青；另一类是含有液晶中间相的各向异性沥青。前者的分子量为200～400，芳构度低，易于纺丝，但该原料制成的碳纤维力学性能较低，生产成本也低。后者经过350℃以上热处理的沥青中间相是高取向、光学各向异性的液晶相，分子量为400～600。用沥青中间相熔融纺丝，经不熔化处理、碳化处理和石墨化处理可制出弹性模量很高的碳纤维。最高弹性模量可达90GPa。其导热性高于铜3倍，热膨胀系数为负值。

（五）碳纤维在复合材料中的应用

碳纤维及其复合材料是伴随着军工行业的发展而成长起来的新型材料，它既可作为结构材料承载负荷，又可作为功能材料发挥作用[22]。因此近年来发展十分迅速，在航空、航天、汽车、环境工程、化工、能源、交通、建筑、电子、运动器材等众多领域得到了广泛应用。碳纤维的重点开发领域见表2-8。

表2-8　碳纤维的重点开发领域

应用领域	典　型　件	制造工艺
汽车	车身、传动轴、板形构件等	铺层、缠绕、模压、注射成型等
电子	外壳、支架、底板等	热塑性树脂注射成型等
土木建筑	增强水泥、钢筋、桥墩、层压板等	拉挤、手工铺层等
能源	风力发电机叶片、燃料电池等	纤维缠绕、铺层、模压等
航海	桅杆、缆绳、甲板、船身等	手工铺层、纤维缠绕等
离岸石油	链绳、浮标、螺旋管、吸入杆、防水装置等	纤维缠绕、拉挤等
其他工业应用	压力气罐、辊子、轴类件、飞轮等	纤维缠绕等
体育休闲用品	高尔夫球杆、网球拍、冰球杆、滑雪板等	纤维缠绕、拉挤、铺层等

1. 碳纤维增强胶接复合材料层板

纤维增强胶接层板是在木板的一面或两面粘一层或两层纤维增强胶接层板，以承受拉伸或压缩载荷。纤维增强胶接层板表面的纤维增强复合材料层板具有良好的阻燃性能，一般采用拉挤工艺制备，制造技术的关键是纤维增强层板和木板之间的应变匹配。所使用的增强材料为混杂的碳纤维和其他纤维（玻璃纤维），基体为环氧树脂体系。使用纤维增强胶接层板比使用钢桁架的天花板系统价格低8%，比使用传统木桁架价格低25%，以及可明显减重和减少木材的需求。

2. 碳纤维复合材料片材

碳纤维复合材料片材是采用常温固化的热固性树脂（通常是环氧树脂）将定向排列的碳纤维束黏结起来制成的薄片。把这种薄片按照设计要求，贴在结构物被加固的部位，充分发挥碳纤维的高拉伸模量和高拉伸强度的作用，来修补加固钢筋混凝土结构物。碳纤维复合材料片具有轻质（密度是铁的1/5～1/4）、拉伸模量比钢高10倍以上、耐腐蚀性优异、可以手糊、工艺性好等优点。

3. 复合材料建材

碳纤维树脂基复合材料棒材是人们开发出来替代建材用钢材的新型高性能建材。混凝土增强用碳纤维增强树脂基复合材料棒材最近在美国已经商品化。复合材料棒材不腐蚀、不导电，密度是钢材的1/4，热膨胀系数与钢材相比较更接近混凝土，价格约比环氧涂覆保护的钢材高20%左右。使用复合材料棒材增强比使用中碳圆钢增强，其弯曲强度得到很大提高。复合材料棒材和水泥的黏结强度比圆钢和水泥的黏结强度高约50%～70%。因此它可以在海堤、化工厂、高速公路护栏、房屋地基和桥梁等易腐蚀场合使用。

三、陶瓷纤维

陶瓷纤维作为一种高效节能材料，从20世纪70年代开始在我国逐渐被推广应用。它除了具有传统隔热材料的优点和特点外，还因其特有的耐热性、热稳定性和化学稳定性而广泛应用于工业炉窑、热工设备的绝热保温，对提升加热质量、实现高效节能及结构轻型化具有十分重要的意义。

陶瓷纤维可分为非氧化物陶瓷纤维和氧化物陶瓷纤维。非氧化物陶瓷纤维具有较高的热导率、低热膨胀系数及较高的强度和抗蠕变性能，但高温抗氧化性能低，因而不适宜用于高温氧化环境[23]。氧化物陶瓷纤维是氧化铝基纤维，包括硅酸铝、莫来石和纯氧化铝纤维等，它们具有较高的强度、低热导率和抗腐蚀、高温抗氧化性能。

（一）陶瓷纤维的化学成分与结构

1. 结构性质

陶瓷纤维的直径一般为2～5μm，长度多为30～250mm，纤维表面呈光滑的圆柱形，横截面通常是圆形。其结构特点是气孔率高（一般大于90%），而且气孔孔径和比表面积大（图2-12）。由于气孔中的空气具有良好的隔热作用，因而纤维中气孔孔径的大小及气孔的性质（开气孔或闭气孔）对其导热性具有决定性的影响。实际上陶瓷纤维的内部组织结构是一种由固态纤维与空气组成的混合结构。其显微结构特点是固相和气相都是以连续相的形式存在，因此，在这种结构中固态物质以纤维状形式存在，并构成连续相骨架而气相则连续存在于纤维材料的骨架间隙之中。正是由于陶瓷纤维具有这种结构，使其气孔率较高、气孔孔径和比表面积较大，从而使陶瓷纤维具有优良的隔热性能和较小的体积密度。

2. 化学组成

陶瓷纤维的化学组成见表2-9[24]。

（二）制品的性能

陶瓷纤维制品具有耐高温、体积密度小、绝热性好、化学稳定性好、抗热震稳定性好、

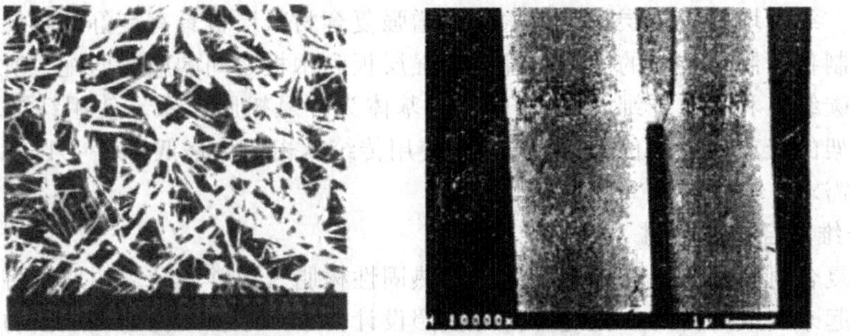

(a) 低倍率(100倍) (b) 高倍率(10000倍)

图 2-12 陶瓷纤维的表面形貌

抗风蚀性好、施工方便快捷等特点，是当今世界上最具发展潜力的节能环保型绝热保温材料(表 2-10)。一般低温型硅酸铝纤维的使用温度在 1000℃左右，标准型在1260℃左右，高温型在 1400℃左右。氧化铝纤维的使用温度高达 1600℃左右。而陶瓷纤维的熔点在 1750～1800℃之间。

表 2-9 陶瓷纤维的化学组成

项 目		非晶质纤维					晶质纤维			
		标准型硅酸铝纤维	高纯型硅酸铝纤维	高铝型硅酸铝纤维	含铬型硅酸铝纤维	含锆型硅酸铝纤维	莫来石纤维	80%氧化铝纤维	95%氧化铝纤维	氧化锆纤维
分类温度/℃		1260	1260	1400	1400	1400	1600	1600	1600	1800
使用温度/℃		1000	1100	1200	＜1300	≥1300	≥1350	1400	1400	1600
化学组成/%	Al_2O_3	≥45	47～49	52～55	42～46	39～40	73.53	79.9	94.82	0.94
	SiO_2	≥51	50～52	44～47	47～54	44～45	25.85	19.80	4.96	0.11
	ZrO_2	—		—		15～17	—			＞98
	Cr_2O_3	—			2.7～5.4					—
	Fe_2O_3	＜1.2	＜0.2	＜0.2	＜0.2	＜0.1	0.073	0.06	0.085	0.006
	Na_2O	—	＜0.2	＜0.2	＜0.2	＜0.2	0.3	0.06	0.01	微
	K_2O	＜0.5	＜0.05	＜0.05	＜0.05	＜0.05	0.038	＜0.01	0.03	微
	TiO_2	0.3	0.08	0.06	微	微	0.03	0.03	0.005	微
	CaO	1.21	0.06	0.18	0.18	—	0.01	0.03	0.02	微
	MgO		0.08	0.03	0.09		0.036	＜0.06	0.04	0.43

表 2-10 Al_2O_3 基陶瓷纤维的基本性能[25]

牌 号	直径/μm	组成/%	强度/MPa	模量/GPa	密度/(g/cm³)	熔化温度/℃	生产厂家
Nextel-312	10～12		1700	150	2.7	1800	3M
Nextel-440	10～12		2000	190	3.05	1800	3M
Nextel-550	10～12		2000	193	3.03	1800	3M
Nextel-610	10～12		3100	380	3.9	2000	3M
Nextel-650	11		2500	350	4.1		3M
Nextel-720	10～12		2100	260	3.4	1800	3M
FP	20		1200	414	3.92		Do Pont
FRD166	20		1460	366	4.2		Do Pont
Saffil	3～5		1030	100	2.8		ICI

陶瓷纤维为极细的连续长丝或长短纤维互相交缠的散棉，而且即使温度急剧变化，也不会产生结构应力，所以在骤冷、骤热的环境中，纤维不会发生剥落，还能抵御弯折、扭曲和机械震动。陶瓷纤维中碱类含量极少，所以几乎不受冷、热水的影响，耐酸性也比较好。只是易受氢氟酸、磷酸和强碱的侵蚀。

与一般的刚性耐火材料不一样，陶瓷纤维柔软而有一定弹性，受到一定压力时能够压缩，压力取消后又能迅速恢复。陶瓷纤维含碱量低、吸湿小，具有优良的电绝缘性，但绝缘电阻随着温度的升高而降低。在高温状态下，介电常数高，介电损失小。陶瓷纤维的导热性是所有耐火材料中最低的一种。500℃时硅酸铝纤维的热导率为0.07～0.12W/(m·K)，为轻质耐火砖的1/5～1/3；1000℃时氧化铝纤维的热导率为0.23W/(m·K)。

（三）陶瓷纤维制备工艺

为制备连续陶瓷纤维，通常有两种方法：一是直接利用目标陶瓷材料为起始原料，在玻璃态高温熔融纺丝冷却固化而成，或通过纺丝助剂的作用纺成纤维经高温烧结而得；二是利用含有目标元素并且裂解可得目标陶瓷的先驱体（可以是无机先驱体，也可以是有机聚合物先驱体），经干法或湿法纺得纤维高温裂解而成[26]。

（1）水溶剂热合成法　在密封压力容器中，以水或其他流体作为溶剂（也可以是固相成分之一），在高温、高压的条件下制备纤维。这是一种应用广泛、可制备多种成分材料的方法，而且制品质量高，成本也较低。

（2）化学气相沉积法　以导热、导电性能较好的纤维作为芯材，利用可以气化的小分子化合物在一定的温度下反应，使生成的目标陶瓷材料沉积到芯材上，从而得到“有芯”的陶瓷纤维。但是该方法制备的是一种“有芯”的陶瓷纤维，成品纤维的直径太粗，柔韧性太差，难以编织，从而不利于特殊结构复合材料的制备，难以实现大批量规模化生产，生产效率低、成本高，限制了成品纤维的实际应用。

（3）化学气相反应法　以通过反应转化成目标纤维的基体纤维为起始材料，与引入的化学气氛发生气固反应形成陶瓷纤维。该法工艺简单、成本低廉，但由于是气固反应过程，纤维由外向内呈梯度式逐步转化，一般反应时间较长。

（4）有机聚合物前驱体转化法　以有机金属聚合物为前驱体，利用其可溶、可熔等特性成型后，经高温热分解处理使之从有机物转变为无机陶瓷材料。这种方法可以获得高强度、高模量、细小直径的连续陶瓷纤维，可以在相对较低的温度下生产陶瓷纤维，可获得较高的陶瓷产率，具有可编织性，可成型复杂构件。但是由于前驱体转化的制备路线较长，有时陶瓷前驱体的合成较为困难，使得陶瓷纤维成本较高。

（5）静电纺丝法　是使带电荷的高分子溶液或熔体在静电场中流动与变形，然后经溶剂蒸发或熔体冷却而固化，得到纤维状物质。静电纺丝技术制得的纤维，直径可达纳米级，具有比表面积大、孔隙率高、长径比大、纤维精细程度与均一性高等优点，在纳米纤维材料的制备领域有着广泛的应用。

除了以上的几种制备方法外，还可以通过激光烧蚀法、分子自组装法、模板法、微乳法、静电纺丝等方法来制备陶瓷纳米纤维。陶瓷纤维各种制备技术的比较见表2-11。

（四）陶瓷纤维的品种及应用

陶瓷纤维的品种主要有普通硅酸铝纤维、高铝硅酸铝纤维、含Cr_2O_3、ZrO_2或B_2O_3的硅酸铝纤维、多晶氧化铝纤维和多晶莫来石纤维等。近年来国外已经开发成功或正在开发一些新的陶瓷纤维品种，如镁橄榄石纤维、SiO_2-CaO-MgO系陶瓷纤维、Al_2O_3-CaO系陶瓷纤维和一些特殊的氧化物纤维。

表 2-11 陶瓷纤维各种制备技术的比较

纺丝技术		主要优点	适用材料系	典型纤维	其他实例	不足之处
物理成型	熔融纺丝	工艺简单，成本较低	氧化物	SiO_2	Glass，B_2O_3	应用范围有限
	挤出纺丝	适用范围较广	氧化物 非氧化物	Al_2O_3	SiC	孔隙率较高，晶粒尺寸较大
	溶液浸渍	工艺简单，易于实现	氧化物 非氧化物	Al_2O_3	SiC	孔隙率较高，晶粒尺寸较大
气相合成	CVD	可制备高纯、高强纤维	非氧化物	B，SiC	BN，B_4C	直径很粗，成本很高
	CVR	工艺简单，成本较低	非氧化物	BN	SiC，B_4C TiN	难以完全转化，纯度较低
先驱体转化	溶胶-凝胶	制备温度低，结构可控	氧化物 盐类	Al_2O_3	SiO_2，ZrO_2 TiO_2，SiC	微裂纹较多，且难以控制
	聚合物	制备温度低，组成与结构可控	非氧化物	C，SiC	Si_3N_4，BN $SiBN_3C$	制备路线长，成本较高

1. 高温绝热复合材料

近年来，国外在钢铁工业中越来越多地应用各种陶瓷纤维制品，其应用范围也在不断扩展。在各种工业炉中应用陶瓷纤维炉衬，可以节能 20%～40%，还可以使工业炉的自重降低 90%，钢结构重量降低 70%。由于多晶氧化铝纤维和多晶莫来石纤维的应用，陶瓷纤维炉衬目前的最高使用温度已可达 1500～1600℃。如果在陶瓷纤维炉衬涂上高温涂料，不但可以扩大陶瓷纤维炉衬的应用范围，提高其使用寿命，还可以使陶瓷纤维炉衬的最高使用温度提高到 1800℃[27]。

2. 填密和摩擦复合材料

陶瓷纤维制品具有压缩回弹性，可以用作高温填密材料。用硅酸铝陶瓷纤维、丁腈橡胶、无机黏结剂、云母和非膨胀蛭石可以制得一种无石棉的高温填密复合材料。陶瓷纤维同玻璃纤维、岩棉一样，可以用来制造无石棉摩擦材料。这类摩擦材料的特点是摩擦系数稳定、耐磨性良好、噪声低。

四、硼纤维

硼纤维是一种新型的无机纤维，其英文名称为 boronic filament，实际上它是一种复合纤维。通常它是以钨丝和石英为芯材，采用化学气相沉积法制取。最早开发研制硼纤维的是美国空军增强材料研究室（AFML），其目的是研究轻质、高强度增强用纤维材料，用来制造高性能体系的尖端飞机。随后，又以 Textron Systems 公司（原名 AVCO 公司）为中心，面向商业规模生产并继续研发。该公司将硼纤维与环氧树脂进行复合制成 BFRP，以及与金属铝等复合制成 FRM，面向飞机、宇航用品、体育娱乐用品以及工业用品等方面进行应用研究。现在能生产硼纤维的国家还有瑞士、英国、日本等[28]。

（一）硼纤维的性能

硼是以共价键结合，其硬度仅次于金刚石，把硼直接做成纤维非常困难，硼纤维通常是以钨丝和石英为芯材，采用化学气相沉积法（CVD）在上面包覆硼而得到的复合纤维，因此直径较粗，一般在 100μm 左右，密度 2.62g/cm^3，熔点 2050℃。弹性模量比玻璃钢高 5 倍，断裂强度可达 280～350kgf/mm^2。几乎不受酸、碱和大多数有机溶剂的侵蚀，电绝缘性良好，有吸收中子的能力。硼纤维质地柔软，属于耐高温的无机纤维。

硼纤维是作为尖端复合材料的增强材料开发出来的，目的是在弹性模量方面超过原有的玻璃纤维。硼纤维的特点是弹性模量高，范围是392000～411600MPa，但密度（约2.6g/cm³）只有钢材的1/4；尤其是它的抗压强度是其抗拉强度的2倍（6900MPa），是其他增强纤维中尚未看到的；优良的耐热性，可与金属、塑料或陶瓷制成复合材料用于航天、军工等部门作为高温结构材料使用[29]。

硼纤维在和金属复合时，与金属基体之间的润湿性比较好，而且反应性比较低；纤维直径较大，因而操作简便。缺点是由于纤维的直径较大，制成复合材料时在纤维纵向容易断裂，而且价格也贵[30]。采用新的较小直径硼纤维（76.2μm）及硼-碳纤维环氧树脂预浸带用于加强低熔点铝合金是B/Al复合材料新的研究热点之一。已开发的小直径硼纤维的优点是更容易弯曲和处理，与标准单纤维（101.6μm）相比，抗拉强度增加约20%，且仍保留了硼纤维固有的高的压缩性能。硼纤维在高温下能与大多数金属起反应而变脆，使用温度超过1200℃时强度显著下降。

硼纤维的抗拉强度由化学气相沉积过程中产生的缺陷来决定，有以下几种：①二硼化钨芯材与硼层界面附近有空隙；②在沉积过程中，产生压扁状况；③结晶或结晶节生长时，表面有缺陷等。另外，纤维的弹性模量由芯线和纯硼的体积含量所决定。

硼是活性的半金属元素，在常温下为惰性物，除了与铝、镁很难发生反应以外，与其他金属很容易起化学反应，为了稳定其性能，纤维表面需预先涂覆B_4C、SiC涂层，以提高惰性。如与铝复合时，为了避免高温时硼和熔融状态下的铝起反应，硼纤维表面预先涂覆一层碳化硅。此法也适用于钛基体。

（二）硼纤维的制备技术

非金属的非碳纤维应用较广的是B纤维、SiC纤维和Al_2O_3纤维等，这些纤维具有耐热性好和比强度高等优点，并且能较方便地生产连续纤维以及采用各种措施改进润湿性。1973年美国采用CVD法通过三氯甲基硅烷热分解在碳纤维或钨丝表面沉积硅烷化合物，再经热处理后，制成碳化硅晶须。美国联合飞机公司已能较成熟地使用覆有SiC膜的B纤维（如Borsic）增强铝合金，生产技术采用粉末冶金或箔扩散黏结法。日本住友公司采用液相热压法用连续B丝及不连续SiC纤维增强铝[31]。

制造硼纤维时，都是使用氢还原法。这种化学气相沉积法连续生产工艺实质是在连续移动的钨丝基体上用氢气还原三氯化硼制备硼纤维，化学反应式如下：

$$BCl_3+\frac{3}{2}H_2 \longrightarrow B+3HCl$$

具体做法是：使用直径为12.5μm的钨丝，通过反应管由电阻加热，三氯化硼（BCl_3）和氢气的化学混合物从反应管的上部进口流入，被加热至1300℃左右，经过化学反应，硼层就在干净的钨丝表面沉积，制成的硼纤维被导出，缠绕在丝筒上。HCl和未反应的H_2及BCl_3从反应管的底部出口排出，BCl_3经过回收工序可利用。通过调节钨丝（载体纤维）经过沉积室的速度，可获得不同直径的硼纤维。

在20世纪70年代以后，硼纤维的制造技术有了很大发展，主要集中在三个方面[3]。

(1) 采用新的芯材代替昂贵的钨丝。最具代表性的是采用涂钨（或碳）的石英玻璃纤维芯材。用此种纤维制备硼纤维，比直接使用钨丝或碳丝便宜得多，比直接使用碳纤维时的高温膨胀性能要好一些，还可降低硼纤维的表观密度，以及提高它的比弹性模量。

(2) 改进化学气相沉积法及相关设备。在沉积过程中，随着纤维直径的增加以及芯材与硼在高温下的化学反应，电阻值变化很大，甚至由于局部电阻增大出现“亮点”，造成硼的不均匀沉积，影响硼纤维的质量。因此，采取了辅助外部加热装置和射频加热装置，实现反应温度的均匀分布。

(3) 硼纤维的后处理。主要包括化学处理和表面涂层处理两个方面。一方面化学处理的目的是把影响纤维性能（如裂纹等）的表面缺陷处理掉，这类处理方法包括用某些化学试剂对纤维进行浸湿或抛光；另一方面表面涂层的目的是增加硼纤维的辅助保护层，使其在高温下不与基质材料（如金属）起反应。这些保护层有氧化铝、碳化物、硼化物或氧化物合成的各种渗滤障碍层。

（三）硼纤维的应用

1. 航空航天复合材料领域

在航空方面，主要用作飞机的零部件。例如，美国空军飞机 F-15 和海军飞机 F-14 的垂直尾翼、稳定器，B-1 飞机机翅纵向通材，直升机 CH-54B 方向舵，707 飞机襟翼等都使用硼纤维与环氧树脂复合材料。由硼纤维与铝制成的复合管材，可用作直升机的主要结构零件、框架和机壳。作为更进一步的应用，采用硼纤维与环氧树脂带材对飞机金属机体的修补。在航天方面，可用作航天器的结构零件。采用硼纤维与碳纤维混杂结构，具有很高的刚性，使热膨胀系数趋近 0，适应宇宙中苛刻环境的变化需要。

2. 体育用品复合材料领域

在大多数情况下，都是将硼纤维与碳纤维制成混杂纤维复合材料用于体育及娱乐用品。例如，由硼纤维与碳纤维混杂纤维制成的高尔夫球杆，既像单一碳纤维球棒那样轻，又有钢质球棒那样的打球感，使高尔夫球的飞行距离及飞行方向都很优异；在钓鱼竿方面，采用硼纤维振动传递性强，反应灵敏，还难折断。

3. 工业制品复合材料领域

利用硼纤维高导热性和低热膨胀系数等特点，制成硼纤维与铝合金复合金属材料，可用作半导体用冷却基板；利用硼纤维的高努氏硬度（3200kgf/mm^2），开发面向录音剪辑材料及车轮等制品方面的应用。硼纤维还具有吸收中子的能力，可适用于核废料搬运及储存用容器。

五、玄武岩纤维

玄武岩连续纤维是以纯天然玄武岩矿石为原料，将矿石破碎后放进池窑中，经 1450～1500℃的高温熔融后，通过喷丝板拉伸成连续纤维。类似于玻璃纤维，其性能介于高强度 S 玻璃纤维和无碱 E 玻璃纤维之间，纯天然玄武岩纤维的颜色一般为褐色，有些似金色。由于玄武岩熔化过程中没有硼和其他碱金属氧化物排出，使玄武岩连续纤维的制造过程对环境无害，无工业垃圾，不向大气排放有害气体，玄武岩连续纤维是 21 世纪又一种新型的环保型纤维[32]。

（一）分类

(1) 以单丝直径分类　可分为：玄武岩超细纤维 $d=1\sim3\mu m$；玄武岩细纤维 $d=5\sim9\mu m$；玄武岩连续纤维 $d=10\sim19\mu m$。单丝的直径不同，不仅使纤维的性能有差异，而且影响纤维的生产工艺、产量和成本。$1\sim9\mu m$ 的纤维一般作为纺织品使用，$10\sim19\mu m$ 的纤维一般做无捻粗纱、无纺布和短切纤维毡等较为适宜。

(2) 以纤维外观分类　可分为：玄武岩短纤维 $L=30\sim90mm$。

（二）玄武岩纤维的结构及化学组成

1. 玄武岩纤维的结构

随着现代表征技术的发展，玄武岩纤维的结构日益明朗。目前，业内人士普遍认为：内部玄武岩纤维为非晶态物质，具有近程有序、远程无序的结构特征，主要由［SiO_4］四面体形成骨架结构，四面体的两个顶点互相连接成 $[SiO_3]_n$ 链，铝原子可以取代硅氧四面体中的硅，也可以氧八面体的形式存在于硅氧四面体的空隙中[33]。链的侧方由钙、镁、铁、钾、钠、钛等金属阳离子进行连接。处于玄武岩纤维表面的金属离子因配位数未能满足而从空气和水中缔合质子或羟基，导致表面的羟基化。

2. 玄武岩纤维的化学组成

众所周知，地壳由火成岩、沉积岩和变质岩组成。火成岩是地下岩浆喷出在地表冷凝后形成的岩石。玄武岩属于火成岩中的一种。玄武岩纤维化学成分见表 2-12[34～36]。

表 2-12　玄武岩纤维化学成分（质量分数）

化学成分	玄武岩纤维/%	玄武岩纤维(乌克兰)/%	C 玻璃纤维/%	E 玻璃纤维/%	S 玻璃纤维/%
SiO_2	51.6	52.43	65.7～67.7	52.0～53.4	65.0
Al_2O_3	14.6～18.3	18.33		13.5～14.5	25.0
B_2O_3			5.4～6.4	8.0～9.0	
CaO	5.9～9.4	7.68	3.5～4.5	18.5～19.5	
MgO	3.0～5.4	4.04	3.6～4.4	3.6～4.4	10.0
Na_2O+K_2O	3.6～5.2	3.95	13～14	0～1.0	
TiO_2	0.8～2.25	1.19		0～0.5	
Fe_2O_3+FeO	9.0～14.0	10.53		0～0.6	痕量
F_2				0～0.5	
其他	0.09～0.13				

玄武岩中含有的不同组分会赋予纤维特定的性能：SiO_2 含量增加有利于提高纤维的弹性；K_2O、MgO 和 TiO_2 等成分对提高纤维防水、耐腐蚀性能起了重要的作用；SiO_2、Al_2O_3、TiO_2、MnO 和 Cr_2O_3 含量增加可提高纤维的化学稳定性；SiO_2、Al_2O_3、TiO_2 含量增加时，可提高熔体的黏度，有利于制取长纤维；CaO、MgO 含量增加有利于原料的熔化和制取细纤维；在原料配方中大量引入 Fe_2O_3（矿石）后可提高纤维的使用温度。

（三）玄武岩纤维的性能

玄武岩纤维具有一系列的优良性能，高强度、耐高温、耐腐蚀、高电绝缘性能等。

1. 外观和相对密度

连续玄武岩纤维外表呈光滑的圆柱状。光滑的表面对于玄武岩纤维的应用是有利有弊的。连续玄武岩纤维作为增强体制备复合材料时，光滑的表面不利于纤维与基体树脂粘接，影响其与树脂复合效果，因此在复合材料制作中可能需要对其表面进行必要的修饰。通过机械处理、等离子体法、化学处理等方法，增加连续玄武岩纤维表面粗糙度，提高连续玄武岩纤维与树脂之间的机械结合力，增强复合材料的力学性能。而作为过滤材料使用时，光滑的表面有利于液流与气流的通过，提高过滤效率，是理想的过滤基体。

连续玄武岩纤维的密度为 2.65～3.00g/cm^3，要略大于 E 玻璃纤维和 S 玻璃纤维，其原因可能是因为连续玄武岩纤维的化学组成不同于玻璃纤维，其中铁、铝氧化物质量分数要高于后两者，导致密度的增加[37,38]。

2. 表面能

连续玄武岩纤维的表面能为 60.37mN/m，其中极性分量为 57.33mN/m，非极性分量为 3.04mN/m。与玻璃纤维和碳纤维等传统的增强体材料相比，连续玄武岩纤维具有较高的表面能，而且表面极性大。对于纤维增强复合材料而言，纤维与基体树脂之间较弱的界面黏结强度一直是限制复合材料性能进一步提高的主要因素，连续玄武岩纤维优异的表面特性势必赋予其复合材料一系列优异的性能，使纤维与树脂体系能够更好地协同作用，达到理想的复合效果。

3. 力学性能

玄武岩连续纤维具有优良的物理机械性能，抗拉强度、弹性模量及断裂伸长率都较大，在一些应用领域内，完全可以充当复合材料的增强体，且其性价比较优越（表 2-13）。玄武岩纤维的弹性模量与昂贵的玻璃纤维相近，强度相当；用于织造织物单位面积质量为 150～210g/m^2 的产品时，织造性能良好；可用以代替玻璃纤维等制造绝热制品和复合材料，制造硬质装甲和各种 GFRP 产品[39]。

4. 热性能

（1）热稳定性　玄武岩纤维具有卓越的耐高温性，最高可达到 700℃，玻璃纤维最高使用温度不超过 400℃；耐超低温，最低可达到－270℃。此外玄武岩矿石还可以和许多配料组合形成可在 800℃下工作的耐高温材料[40]。图 2-13 为玄武岩纤维、碳纤维、玻璃纤维在热处理后的强度变化，从图中可以看出，玄武岩纤维在 200℃以上仍能保持 90%以上的强度，而另外两种纤维在 200℃以上则出现明显的强度下降。

表 2-13　玄武岩纤维与其他纤维的对比

性　能	密度/(g/cm³)	抗拉强度/MPa	弹性模量/GPa	断裂伸长率/%	最高使用温度/℃	软化点/℃
玄武岩纤维	2.65～3.00	3000～4840	79.3～93.1	3.15	700	960
E 玻璃纤维	2.55～2.62	3100～3800	76～78	4.70	380	850
S 玻璃纤维	2.46～2.49	4590～4830	88～91	5.60	300	1056
碳纤维	1.78	2500～3500	230～240	—	500	—
芳纶	1.44	2758～3034	124～131	2.3	250	—

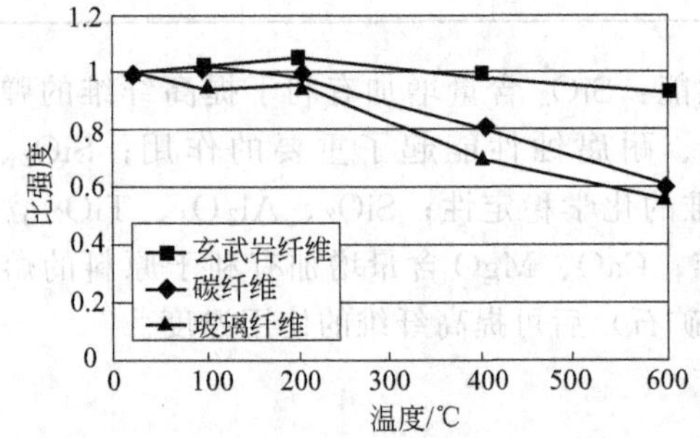

图 2-13　热处理后不同纤维的强度变化[20]

（2）导热性　玄武岩纤维的热导率低，表 2-14、表 2-15 分别为玄武岩细纤维（纤维直径在 9～11μm 之间）和玄武岩超细纤维（纤维直径在 1～3μm 之间）材料的导热性能。

表 2-14　直径在 9～11μm 之间的玄武岩细纤维制品的导热性能

材料密度/(kg/m³)	40	60	80	100	120	140	160
热导率/[kcal/(m·h·K)]	0.052	0.050	0.047	0.044	0.041	0.040	0.041

表 2-15　直径在 1～3μm 之间的玄武岩细纤维制品的导热性能

材料密度/(kg/m³)	20	30	60	80	100	120	140
热导率/[kcal/(m·h·K)]	0.0405	0.0375	0.0345	0.0340	0.0360	0.0380	0.041

玄武岩纤维可在低温技术中用作高效绝热材料。直径 1～3μm、密度 140kg/m³ 的玄武岩超细纤维绝热材料在－196℃下的热导率约为 0.026kcal/(m·h·K)❶，而且在长期处于低温（－196℃）液氮介质作用之后，玄武岩纤维绝热材料的强度不会降低。玄武岩纤维绝热材料在液氧制造装置中已经有长时间的应用实践。

5. 声绝缘性

玄武岩纤维隔声效果好，表 2-16 列出的直径在 1～3μm 之间的玄武岩超细纤维材料的

❶　1kcal/(m·h·K)＝1.163W/(m·K)。

表 2-16　直径在 1～3μm 之间的玄武岩超细纤维材料的隔声特性

材料密度 15kg/m³、厚度 30mm、材料与绝缘板间距 0			
频段/Hz	100～300	400～900	1200～7000
法向吸声系统	0.05～0.15	0.22～0.75	0.85～0.93
材料密度 15kg/m³、厚度 30mm、材料与绝缘板间距 100mm			
频段/Hz	100～300	400～900	1200～7000
法向吸声系统	0.15	0.86～0.99	0.74～0.99

隔声特性数据，充分展示了它在航空、船舶、机械制造行业中用作隔声材料的广阔前景。由于玄武岩纤维具有多孔结构和无规则的排列方式，还可以制造一系列兼备声热隔绝性能的复合结构材料，这类材料不燃烧，加热时不会分解出有害气体，工作温度可以达到 600～700℃，在与其他材料匹配使用时的工作温度可以达到 1000℃。这样在防火墙、防火门、电缆通孔等特殊工业或高层建筑防火设施中，玄武岩纤维制品大有用武之地。

6. 电性能

玄武岩纤维具有比玻璃纤维高的电绝缘性，对电磁波的透过性极好，如果在建筑物的墙体中增加一层玄武岩纤维布，则能对各种电磁波产生良好的屏蔽作用。

7. 吸湿率

吸湿率是玻璃纤维的 12%～15%，正是由于玄武岩纤维的吸湿性极低，所以由玄武岩纤维制造的隔声隔热材料在飞机、火箭、船舶制造业等需要低吸湿性的领域率先得到广泛的应用。

8. 与金属、塑料、碳纤维等材料的良好兼容性

玄武岩连续纤维和各类树脂复合时，比玻璃纤维、碳纤维有着更强的黏合强度。用连续玄武岩纤维制成的复合材料在强度方面与 E 玻璃纤维相当，但弹性模量在各种纤维中具有明显优势。如果在玄武岩纤维中加入一定数量的碳纤维，并将两种不同纤维相间混杂编织，其复合材料的弹性模量、拉伸强度和其他性能都将得到明显的提高，与纯碳纤维复合材料相比，成本则会大大降低。

9. 过滤净化特性及原料无毒副反应

玄武岩纤维的过滤系数高，可用作过滤材料。它成功地在净化空气或烟气的设备中用作高温过滤材料，过滤腐蚀性液体或气体，如过滤熔融铝，并用作医学领域中的空气超净化过滤器等。玄武岩纤维避免了传统材料在生产、使用和废弃过程中需消耗大量的能源和资源，造成环境污染等缺点，而且具有优良的环境协调性和循环再生利用率高的特点，有助于解决资源短缺，从源头上控制污染，实现“零排放”，有利于促进社会经济的可持续发展，是一种真正取之于自然又用之于自然的绿色纤维。

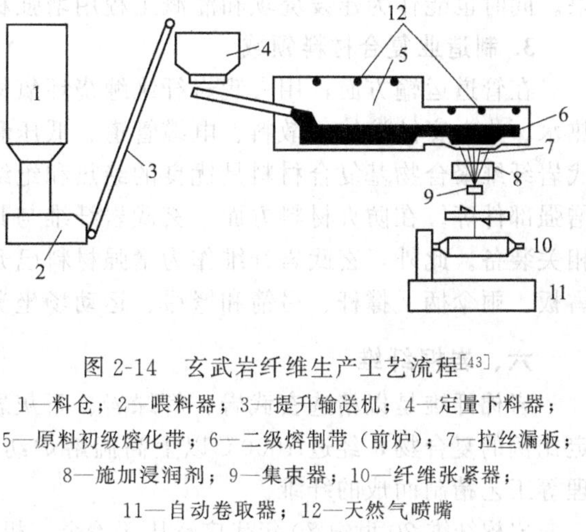

图 2-14　玄武岩纤维生产工艺流程[43]

1—料仓；2—喂料器；3—提升输送机；4—定量下料器；5—原料初级熔化带；6—二级熔制带（前炉）；7—拉丝漏板；8—施加浸润剂；9—集束器；10—纤维张紧器；11—自动卷取器；12—天然气喷嘴

（四）玄武岩纤维的制备工艺

目前玄武岩纤维生产工艺基本上是前苏联的玄武岩生产模式，其生产工艺流程如图 2-14 所示[41,42]。首先要选用来自合适玄武岩矿的原料，经破碎、清洗后的玄武岩原料储存在料仓中待用，经喂料器喂入单元熔窑，玄武岩原料在1500℃左右的高温下熔化，目前玄武岩熔制窑炉均是采用顶部的天然气喷嘴的燃烧加热，由于含铁量高的玄武岩熔体透热性差，因此真正流动的玄武岩熔体深度不足100mm。熔化后的玄武岩熔体流入拉丝前炉，为了确保玄武岩熔体充分熔化，其化学成分得到充分均化以及熔体内部的气泡充分挥发，一般需要适当提高拉丝前炉中的熔制温度，同时还要确保熔体在前炉中的较长停留时间。为此，有些厂家据称在前炉熔制中还采用了一些辅助电熔技术，但又有厂家宣称为了确保纤维质量等原因，只采用天然气来加热。最后，玄武岩熔体进入两个温控区，将熔体温度调至约1350℃的拉丝成型温度，初始温控带用于“粗”调熔体温度，成型区温控带用于“精”调熔体温度。来自成型区的合格玄武岩熔体经200孔的铂铑合金漏板拉制成纤维，拉制成的玄武岩纤维在施加合适浸润剂后经集束器及纤维张紧器，最后至自动绕丝机。从绕丝机上取下的玄武岩纤维称为原丝，原丝经质量检验合格后可送到纺织工段进行进一步加工。

拉制连续玄武岩纤维所需的玄武岩矿石的各组分含量见表2-17。

表2-17 拉制连续玄武岩纤维所需的玄武岩矿石的各组分含量[41]

化学成分	SiO_2	Al_2O_3	Fe_2O_3+FeO	CaO	MgO	TiO_2	Na_2O+K_2O	其他
最低/%	45	12	5	6	3.0	0.9	2.5	2.0
最高/%	60	19	15	12	7	2.0	6.0	3.5

（五）玄武岩纤维在复合材料中的应用

1. 国防军工复合材料领域

玄武岩纤维是继碳纤维、芳纶、超高分子量聚乙烯纤维之后的第四大高技术纤维。它是21世纪在国防军工领域有着非常重要应用的一种高技术纤维。玄武岩纤维作为增强体可制成各种性能优异的复合材料，在航空航天、火箭、导弹、战斗机、核潜艇、军舰、坦克等武器装备的国防军工领域有广泛的应用[44]。它可在某些领域替代碳纤维，节约相关武器装备的制造成本；也可形成新的军民两用技术。

2. 土木建筑复合材料领域

玄武岩纤维抗拉强度高，同时既耐酸又耐碱，与混凝土有着基本相同的成分，密度也接近，所以玄武岩纤维的相容性和分散性好于其他增强纤维，可用来替代钢筋作为混凝土建筑结构的增强材料，不仅能提高建筑物强度，还能大大延长建筑物的使用寿命。它能从根本上大幅度提高建筑质量，增强抗震加固、抗冲击性、防火安全性、吸声、消声和保暖节能效果。同时也能作为建设堤坝和灌溉工程用增强材料以及港口码头建设的增强材料。

3. 制造业复合材料领域

在管道运输方面，用玄武岩纤维缠绕环氧树脂的复合管材可用于输送石油、天然气、冷热水、化学腐蚀液体、散料、电缆管道、低压和高压钢瓶和出油管等。在电子工业方面，玄武岩纤维聚合物基复合材料是优良的绝热和绝缘材料，同时也可用作绝缘线皮、变压器模与增强部件等。在防火材料方面，玄武岩纤维与其他纤维混纺可制成阻燃面料，应用于部队的相关装备。此外，玄武岩纤维作为增强材料已开发的产品有：钓鱼竿、曲棍球棒、天线、滑雪板、雨伞柄、撑杆、弓箭和弩弓、运动场坐凳等。

六、岩棉纤维

岩棉纤维是以精选玄武岩、辉绿岩、石灰岩、白云石等无机原料为主要原料，并添加一定比例的复合物，经过1000℃以上高温熔炉纺丝、水洗除渣、高速切割并进行表面有机处理等工艺精制而成的纤维。

岩棉纤维20世纪70年代广泛用于冶金、机械、建材、石油、化工工业。将天然岩石、矿石等原料，在冲天炉或其他池窑内熔化（温度在2000℃以下），用50atm❶ 的压力强吹、骤冷成纤维状。或用甩丝法，将熔融液流脱落在多级回转转子上，借离心力甩成纤维。按使用温度分为普通岩棉（低于900℃）和高温岩棉（高于900℃）。优质岩棉能耐1250～1400℃高温。

（一）岩棉纤维的化学成分及物化性能

1. 化学成分

岩棉的主要原料为玄武岩或辉绿岩，见表2-18，不同原料生产的纤维的化学成分有所差异。

表 2-18 几种岩棉纤维的化学成分[45]

岩棉纤维	SiO_2	Al_2O_3	CaO	MgO	Fe_2O_3	FeO
岩棉 1	41.80	15.40	16.70	10.13	0.77	11.00
岩棉 2	39.60	15.44	18.05	12.06	0.63	8.98
岩棉 3	41.80	14.98	26.00	8.50	3.57	—

2. 物化性能

岩棉纤维的直径一般为3～9mm，容重为50～200kg/m^3，不燃、不霉、不蛀。岩棉纤维的化学成分及其微观结晶作用影响其性能。

(1) 耐水性能 岩棉在CaO-Al_2O_3-SiO_2三元相图组成点均落在硅灰石-铝方柱石-钙长石结晶作用区（即CS-C_2AS-CAS_2区）内，其固相中必定留有这三种结晶相，由于硅灰石、铝方柱石、钙长石均不具备水硬特性，遇水后变化很小，使岩棉具有较好的耐水性能。岩棉中很少存在$2CaO \cdot SiO_2$，所以它的耐水性能比矿渣棉高得多。岩棉的pH值一般小于4，属于耐水性能特别稳定的矿物纤维。岩棉一般以玄武岩或辉绿岩为原料，除在熔炼时由焦炭带入微量硫外，不存在更多的硫来源，因而其对金属无腐蚀作用。

(2) 绝热性能 绝热性能好是岩棉、矿渣棉制品的基本特性，在常温条件下（25℃左右），它们的热导率通常在0.03～0.047W/(m·K)之间。

(3) 燃烧性能 岩棉、矿渣棉制品的燃烧性能取决于其中可燃性黏结剂的多少。岩棉、矿渣棉本身属于无机质硅酸盐纤维，不可燃，在加工成制品的过程中，有时要加入有机黏结剂或添加物，这些对制品的燃烧性能会产生一定的影响。

(4) 隔声性能 岩棉、矿渣棉制品具有优良的隔声和吸声性能，其吸声机理是这种制品具有多孔性结构，当声波通过时，由于流阻的作用产生摩擦，使声能的一部分为纤维所吸收，阻碍了声波的传递。

（二）岩棉纤维的生产方法

合格原料（通常是矿渣、基性岩石和石灰岩或白云石）和燃料经配料计量后加入冲天炉中熔化，经高温熔化的熔体从出口流经导流槽，流到高速成棉装置的1号辊上，并在3个高速旋转离心辊的离心作用和离心辊外围风环吹出的高速气流的共同作用下，熔体被牵拉成纤维，同时纤维被吹送至集棉辊筒。纤维在负压风抽吸作用下均匀地铺摊在集棉辊筒表面上形成薄棉毡[46]。其后面的工艺流程根据产品进行选择。

1. 生产粒状棉制品

棉毡由集棉辊筒送出经过渡辊道至撕棉机，撕棉机将棉毡打碎，碎棉掉入碎棉输送机由吸风机吸出，经渣球分离器至旋风筒，旋风筒将细小棉尘与碎棉分离，碎棉进入造粒机中成

❶ 1atm=101325Pa。

为颗粒状，颗粒棉经回转筛进一步将废渣与粒状棉分离，废渣经废渣输送机送出，粒状棉由皮带输送机送至粒状棉提升机提升至打包机中，打包机将粒状棉打包。

2. 生产岩棉制品

离心辊中心设有黏结剂喷吹装置，熔制成纤时将黏结剂通过喷嘴均匀地喷到纤维表面。薄棉毡经辊筒集棉送入摆锤，经摆锤带往复摆动铺在与其成90°布置的成型输送机上形成多层折叠的均匀棉毡，并可根据不同的产品要求调整集棉辊筒转速、摆锤机摆幅、摆速、成型输送机速度。棉毡由成型输送机送入打褶加压装置进行打褶，并预压后进入固化炉，棉毡在固化炉中被加压，并由220℃热风加热使黏结剂固化形成具备一定厚度和强度的岩棉板或毡，经切割、检验后，再经包装机打包后即为成品。

（三）岩棉纤维在复合材料中的应用

岩棉纤维经后续加工可制成条、带、绳、毡、毯、席、垫、管、板状。对岩棉增强复合材料的研究很多，用于吸附及保温材料。韩衍春[47]发明了一种岩棉复合材料，由岩棉、酚醛树脂溶液、硅酸铝纤维毡制备而成。与现有技术相比，具有隔热保温效果好、生产工艺简单、价格便宜等优点和广泛的应用价值。此外，岩棉纤维作为增强体应用于水泥制品、橡胶制品及高温密封材料、高温过滤材料和高温催化剂载体等。

第二节 有机纤维

一、芳酰胺（芳纶）纤维

（一）概述

芳酰胺纤维（aramid fiber）是由芳香族聚酰胺树脂（aromatic polyamide resin）纺成的纤维，国外称为芳酰胺纤维，我国定名为芳纶。凡是聚合物大分子主链由芳香环和酰胺键构成，且至少有85%的酰胺直接键合在芳香环上，每个重复单元的酰氨基中的氮原子和羰基直接与芳香环中的碳原子相连，并置换其中一个氢原子的聚合物，称为芳香族聚酰胺树脂。美国杜邦公司于20世纪70年代初生产了芳纶，1971年产品注册为Kevlar。目前，美国、日本、俄罗斯、荷兰等都能生产芳纶。我国于20世纪80年代初期试生产出聚对苯甲酰胺（PBA）纤维，定名为芳纶Ⅰ（14）；又于80年代中期试生产出PPTA纤维，定名为芳纶Ⅱ（1414），可批量生产。

芳酰胺纤维分为全芳族聚酰胺纤维和杂环芳族聚酰胺纤维两类。全芳族聚酰胺纤维主要包括对位的聚对苯二甲酰对苯二胺（PPTA）和聚对苯甲酰胺（PBA）纤维、间位的聚间苯二甲酰间苯二胺和聚间苯甲酰胺纤维、共聚芳酰胺纤维以及如引入折叠基、巨型侧基的其他芳族聚酰胺纤维。杂环芳族聚酰胺纤维是指含有氮、氧、硫等杂质原子的二胺和二酰氯缩聚而成的芳酰胺纤维，如有序结构的杂环聚酰胺纤维等[48]。

用于高性能复合材料的芳酰胺纤维的主要品种是聚对苯二甲酰对苯二胺（poly-*p*-phenglene terephthalamide，PPTA）、聚对苯甲酰胺（PBA）、对位芳酰胺共聚纤维（Technora）、聚对芳酰胺并咪唑纤维（CBM）和APMOC纤维。PPTA和PBA纤维是美国杜邦公司生产的。Technora纤维是日本帝人公司生产的。CBM和APMOC纤维是俄罗斯生产的。在复合材料中应用最普遍的是PPTA纤维。

（二）聚对苯二甲酰对苯二胺（PPTA）纤维

美国杜邦公司的Kevlar系列纤维品种、荷兰AKZO公司的Twaron纤维系列、俄罗斯的Terlon纤维系列和中国的芳纶1414（芳纶Ⅱ）均属于PPTA纤维。

1. PPTA 树脂和纤维的制备

PPTA 纤维的制备过程是：由严格等摩尔比的高纯度对苯二甲酰氯（TCl）或对苯二甲酸和对苯二胺（PPD）单体在强极性溶剂（如含有 LiCl 或 $CaCl_2$ 增溶剂的 *N*-甲基吡咯烷酮，即 NMP 体系）中通过低温溶液缩聚法或直接缩聚反应，获得分子量高、分子量分布窄的 PPTA 聚合物。这种方法称为液晶溶液法。PPTA 聚合物经过纺丝和热处理，制得 PPTA 纤维。

（1）PPTA 的合成　合成 PPTA 的原料为对苯二甲酰氯（TCl）或对苯二甲酸、对苯二胺（PPD）、强极性的酰胺类溶剂（二甲基乙酰胺或六甲基磷酰胺）。选用强极性的酰胺类溶剂，是为了将开始生成的聚合物留在溶液中。合成后生成聚对苯二甲酰对苯二胺（PPTA）。反应式如下[49]：

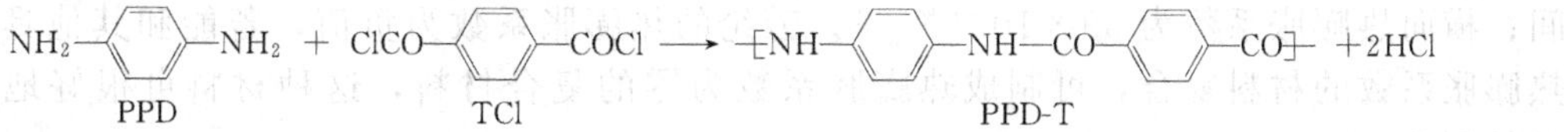

（2）纺丝　纺丝液由浓盐酸与聚对苯二甲酰对苯二胺（PPTA）组成，配成的液晶溶液称为明胶。配比为 PPTA：硫酸＝20：100。PPTA 在浓硫酸中形成向列型液晶态，聚合物呈一维取向有序排列。纺丝有湿纺、干喷和干喷-湿纺三种方法。干喷-湿纺工艺（the dry jet-wet spinning process）是最常用的纺丝方法。纺丝时，在剪切力作用下，PPTA 极易沿作用力方向取向。采用干喷-湿纺法液晶纺丝工艺，可抑制纤维中产生卷曲或折叠链，使分子链沿纤维的轴向进一步高度取向，形成几乎为 100％的次晶结构。

2. PPTA 的结构

PPTA 分子的化学结构式[50]如下：

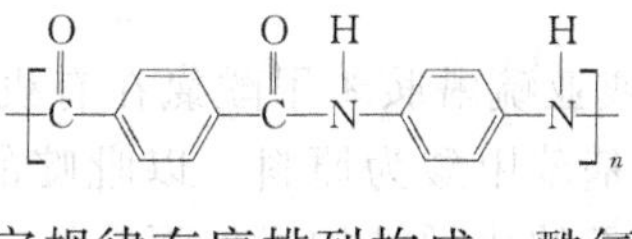

PPTA 由苯环和酰氨基按一定规律有序排列构成，酰氨基的位置接在苯环的对位上。在芳纶中，分子间的骨架原子通过强共价键结合；高聚物分子间是酰氨基，由于酰氨基是极性基团，其上的氢能与另一个链段上酰氨基中可供电子的羰基（—CO—）结合成氢键，构成梯形聚合物，这种聚合物具有良好的规整性，因此具有高度结晶性。高度结晶结构和聚合物链的直线度，导致芳纶具有高的堆垛效应和高的弹性模量。

芳纶沿分子链方向（平行于纤维的轴向）为强共价键；垂直于纤维轴向的分子链以氢键相连，因而纤维显现各向异性（在轴向，强度和模量高；在纤维的横向，强度和模量均较低）。呈大共轭键（π 键）的苯环难以旋转，所以，大分子链具有线型刚性伸直链（棒状）构型，从而赋予其高强度、高模量和耐热性。

芳纶具有更高层次的有序微纤状态，即超分子结构。如“微纤结构”、“芯皮结构”、“空洞结构”等，使其能够承受更高的载荷。芯皮结构的含义是：皮层由参差不齐的刚性分子链轴向排列，这一皮层很薄，仅占直径的 1％～10％，约为 0.1～1μm。芯由半晶集聚而成（棒状分子的长度约为 200～250nm）的长的单分子链周期性出现，在横向形成弱平面层。芳纶芯皮结构如图 2-15 所示[51]。

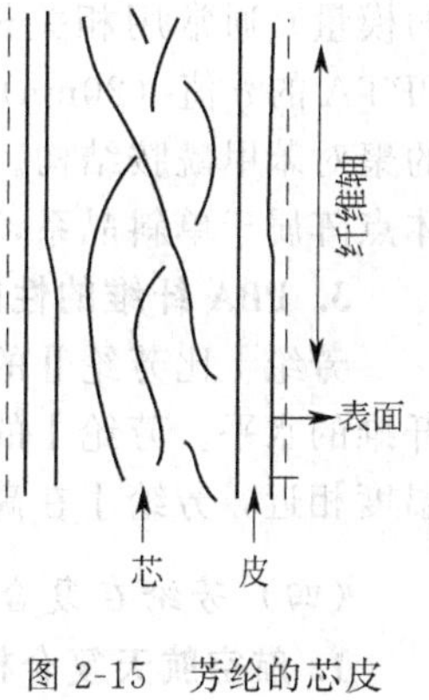

图 2-15　芳纶的芯皮结构示意图

3. 芳纶的性能

（1）力学性能　芳纶具有韧性好、拉伸强度高（3.0～5.5GPa）、弹性模量高（80～160GPa）、断裂伸长率小（在 3％左右）、加工性好的特点，而且抗冲击性特别好，若与碳纤维混杂用于复合材料，还能大大提高复合材料的抗冲击性。芳纶还具有质轻的特点，相对密度仅为1.44～1.45。因此，芳纶具有高的比强度（高于碳纤维、硼纤维）和高的比模量，可应用于要求高强度、高模量的场合（作为增强材料）和要求高耐冲击的场合（如防弹衣材料）以及低延展的场合（如某些特殊的绳索）。但芳纶的压缩强度不高（为拉伸强度的1/5），剪切强度不高（为拉伸强度的1/17）。

（2）化学性能 对中性化学药品的抵抗能力一般是很强的，但易受各种酸、碱的侵蚀，尤其对强酸抵抗力较弱。由于芳纶分子结构中存在极性基团酰氨基，致使纤维耐水性较差。

（3）耐热性能 芳纶具有良好的热稳定性，耐火而不熔，低可燃氧指数，LOI在27%～43%之间，能长期在180℃下使用。另外，在低温－60℃不发生脆化，也不降解。芳纶的热膨胀系数很小，具有各向异性的特点：纵向热膨胀系数在$-4\times10^{-6}\sim-2\times10^{-6}$℃$^{-1}$之间；横向热膨胀系数为$59\times10^{-6}$℃$^{-1}$。芳纶的热膨胀系数为负值，若能和其他具有正值热膨胀系数的材料复合，可制成热膨胀系数为零的复合材料，这种材料可很好地用于模具的制造。

（4）摩擦性能 芳纶具有优良的耐磨性，尤其是用于增强热塑性基体时，其润滑性最佳。在摩擦过程中芳纶起到提高摩擦系数稳定性、降低磨损的作用，表现为复合材料制品的磨损速率随复合材料中芳纶含量的增加而显著下降，同时还可降低摩擦对应面材料的磨损。利用芳纶的优良耐磨性，可把它应用于汽车轮胎、刹车片等耐磨制品的制造[52]。

芳纶除具有以上优良性能外，还具有很好的电绝缘性。另外，芳纶也存在一些不足，主要包括：耐光性差；溶解性差；压缩强度低；吸湿性强。

（三）聚对苯甲酰胺（PBA）纤维

1. PBA树脂和纤维的制备

以对氨基甲苯甲酰氯盐酸盐或亚硫酰胺苯甲酰氯在有机极性溶剂中经低温缩聚可以得到PBA树脂。另一种方法是由对氨基苯甲酸为原料，以吡啶的*N*-磷酸盐为催化剂，在极性有机溶剂中直接缩聚而成。PBA分子的化学结构式如下：

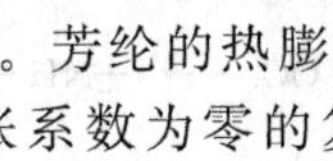

PBA溶液可以直接纺丝，也可以制成粉末，将粉末溶于溶剂配成向列型液晶再纺丝。为了得到高强度、高模量纤维，纺丝最好采用干喷-湿纺法。

2. PBA的结构

PBA的结构构象是氨基酸和羰基对位取向连接处于中轴位置的链，分子链完全伸直。并且氨基倾向于形成反向构象，有助于保持大分子轴的线性排列。链的刚性强度（代表纤维的模量）通常用相关长度q来表示，q值越大，刚性越强。PBA的q值（400nm）远高于PPTA的q值（20nm）。这种纤维的中国牌号为芳纶Ⅰ。红外光谱分析表明，芳纶Ⅰ为典型的聚对苯甲酰胺结构。X射线衍射光谱表明，芳纶Ⅰ具有规整的超分子结构，结晶度高。晶体点阵属于单斜晶系，单胞中有两个结构单体，取向度高达97%。

3. PBA纤维的性能

芳纶Ⅰ比芳纶Ⅱ的拉伸强度低约20%，但拉伸模量却高出50%以上，相当于Kevlar-49纤维的水平。芳纶Ⅰ的起始分解温度（474℃）比Kevlar-49纤维（520℃）低，但分解终点温度相近，芳纶Ⅰ在高温下的强度保持率和热老化性能优于Kevlar-49纤维。

（四）芳纶在复合材料中的应用

1. 航空航天复合材料领域

飞行器及太空飞行体的设计家们纷纷转向Kevlar纤维复合材料的应用开发，以求得降低能源消耗及操作成本的目的。最具代表性的是美国洛克希勒-马丁公司的隐形飞机。从1974年以来由于使用Kevlar-49纤维补强复合材料取代传统的玻璃纤维，每架飞机减轻了800lb❶重量。

2. 汽车工业复合材料领域

Kevlar-29纤维取代了石棉在汽车工业中的运用，因而降低了对环境与人体健康的潜在性危害。用Kevlar-29纤维补强的材料提供了比石棉纤维更强、更耐久的性能。例如刹车片、变速器等。Kevlar-49纤维优异的强度及低密度，使它能用于汽车体，以达到减轻重量，而不损害应有的强度。

3. 个人防护装备复合材料领域

特种防暴警察部队、私人保镖、联合国维和部队、军事人员等，由于穿着Kevlar-29或Kevlar-49纤维制作的防弹背心而免于死亡和受伤。而且重量轻使得执勤人员在任何情况下都可以一直穿着它，因而大大减少了死亡与受伤的机会。钢盔、高射炮兵的保护夹克、军事保护区的遮拦保护装置也可使用Kevlar纤维。

（五）芳纶复合材料的发展趋势

目前国外PPTA生产主要集中在日本、美国和欧洲。如美国杜邦公司的Kevlar纤维，荷兰阿克苏·诺贝尔公司（已与帝人公司合并）的Twaron纤维，日本帝人公司的Technora纤维及俄罗斯的Terlon纤维等。由于PPTA合成技术难度较大，国外对我国封锁合成技术，因此我国虽经过十多年研究开发，但目前尚没有建设工业化生产装置。作为高科技基础的合成材料，国内市场需求不断扩大，据统计，我国每年直接和间接进口的芳纶及相关制品数以亿元计，缺口在6000t左右，市场潜力极大。因此芳纶1414再次被列为我国“十一五”重点支持发展的双星号项目。目前高性能纤维主要研究课题是：发展具有差别化、功能化的纤维以及具有特殊意义的高性能纤维和特种纤维。芳香族聚酰胺纤维作为典型高性能纤维必将得到全面的发展，其研究方向主要集中在以下四个方面。

（1）更高模量。具有130～170GPa的弹性模量，用于高强度、高刚度的结构复合材料。

（2）更高强度。具有60～90GPa的拉伸强度，用于高强度、中刚度的弹性复合材料。

（3）耐更高温度。具有耐500～600℃高温的特性。

（4）更多功能。除了具有高模量、高强度、耐高温特性外，还具有其他功能和特性。

另外，芳纶的着色及作为电缆和光缆的包覆性材料也是目前全球研究的课题[53]。

二、超高分子量聚乙烯纤维

（一）概述

超高分子量聚乙烯纤维（ultra-high molecular weight polyethylene fiber，简记为UHMWPE纤维）是指平均分子量在10^6以上的聚乙烯所纺出的纤维。工业上多采用3×10^6左右分子量的聚乙烯。由于UHMWPE纤维相对密度低（0.97）、比强度高、比模量高，而且能量吸收性能和阻尼性能比Kevlar纤维优越，弥补了高性能碳纤维、碳化硅纤维等断裂应变小的弱点。在现代化战争和宇航、航空、航天、海域、防御装备等领域发挥着举足轻重的作用。此外，该纤维在汽车、船舶制造、医疗器械、体育运动器材等领域也有广阔的应用前景。因此，该纤维一经问世就引起了世界上发达国家的极大兴趣和重视，发展很快[54]。

（二）超高分子量聚乙烯纤维的制备

为制备高强度、高模量纤维，人们首先想到的是选用高分子量PE原料来制备纤维。然

❶ 1lb＝0.45359237kg。

而，随着PE分子量的提高，熔体黏度的剧增，无法采用通常的纺丝方法来制备纤维。数十年来，各国专家学者对高强度、高模量PE纤维的制备进行了不懈的研究，目前主要有如下几种方法。

1. 凝胶纺丝法

此法是以萘、石蜡油等碳氢化合物为溶剂，制成平均分子量大于10^6的高分子量PE的半稀溶液，浓度为0.5%～10%，一般为1%～2%，经喷丝孔挤出后骤冷形成凝胶纤维，对凝胶原丝进行萃取和干燥，随后在90～150℃的温度下，运用已往的技术进行30倍以上的超倍拉伸。由于采用的是稀纺丝溶液，所以凝胶纤维分子间的链缠结数明显减少，适宜于超倍拉伸。随着拉伸倍数的提高，断裂强度增加，断裂伸长率减小。

凝胶纺丝工艺有很大的适应性，除了丝的纤度和根数外，其力学性能可根据需要在较大的范围内调节，其他性能，如导电性、黏结强度和阻燃性可用添加剂来控制，还可加入染料或其他载体。

2. 熔融纺丝法

该方法是用一般的高密度PE（也可以用低密度PE）熔纺，接着以特殊的张力拉伸，可生成具有极高模量的、取向的PE纤维。该工艺只限于较低分子量的PE，因而纤维强度也较低。

3. 固体挤出法

此法是将UHMWPE置于固态挤出装置内，加热熔融PE并以每平方厘米几千千克力的压力将熔体从锥形喷孔挤出，随即进行高倍拉伸。在高剪切力和拉伸张力作用下，使PE大分子链充分伸展，以此来改善纤维的强度。由于选用的PE分子量受到工艺设备的限制，故制得的纤维强度达8.83cN/dtex。Du Pont公司最近采用平均分子量为10^6的PE，制造的纤维强度可达19.4cN/dtex，但高压挤出很难进行工业化生产。

4. 超倍拉伸或局部拉伸法

该法是将被拉伸的初生纤维加热到结晶分散温度α_c（PE熔纺纤维α_c=127℃）以上，进行超倍或局部拉伸，使折叠的大分子链充分伸展，以此来提高纤维的强度。由于该法受使用PE分子量的限制，仅靠拉伸方法使纤维强度提高具有局限性，其最高强度可达17.6cN/dtex。

5. 表面结晶生长法

该工艺的纺丝液为UHMWPE（平均分子量大于10^6）的二甲苯烯溶液（浓度在1%以下，最好是0.4%～0.6%），将该溶液置于Couette装置内，转动纺丝液中的转子，使转子表面生成PE的凝胶皮膜，接着在均匀流动的纺丝液中放入晶种，由于晶种的诱导作用使PE结晶生长，在100～125℃下可生长成纤维状晶体，待结晶生长到一定程度后，将此纤维从导管中引出。将取出的纤维浸入稀的PE溶液中拉伸，在0.3～0.6m/min的拉伸速率下，溶液中的高分子排列到理想程度，呈凝胶态，因而在后工序中极易取向，赋予纤维极其优良的力学性能。该方法制得的纤维强度为48.5cN/dtex，模量为1235cN/dtex。

上述几种方法中，熔融纺丝和凝胶纺丝已工业化生产，且以凝胶纺丝法制得的纤维强度和模量最高[55]。

（三）超高分子量聚乙烯纤维的性能

1. 优良的物理机械性能

UHMWPE纤维经凝胶热拉伸后，分子链完全伸展，纤维内部高度取向和高度结晶，使其强度、模量大为提高，是目前高性能纤维中比模量、比强度最高的纤维，其比强度比钢高 14 倍，比高强度碳纤维高 2 倍，比对位芳酰胺纤维高 40%。表 2-19 列出荷兰 DSM 公司的 Dyneema SK66 UHMWPE 纤维与其他几种高性能纤维单丝的性能比较。从表 2-19 中可看出，UHMWPE 纤维具有质轻、高比模量、高比强度的特点。

表 2-19 UHMWPE 纤维与其他几种高性能纤维单丝的性能比较

性能	Dyneema SK66	Kevlar		碳纤维		玻璃纤维 S-2	PA66 HT
		29	49	HM	LM		
密度/(g/cm^3)	0.97	1.44	1.45	1.85	1.78	2.55	1.14
拉伸强度/GPa	3.10	2.67	2.76	2.30	3.40	2.00	0.90
弹性模量/GPa	100	88	124	390	240	73	6
断裂伸长率/%	3.8	3.6	2.5	1.5	1.4	2.0	20.0
比强度/$(\times 10^5 m^2/s^2)$	3.30	1.85	1.90	1.24	1.91	0.78	0.80
比模量/$(\times 10^5 m^2/s^2)$	103	61	86	210	135	1	5

2. 优越的耐化学介质性和环境稳定性

UHMWPE 纤维是一种非极性材料，分子链中不含极性基团，其表面会在拉伸应力下产生一层弱界面层（10～100nm），因而纤维表面呈化学惰性，对酸、碱、一般化学药品和有机溶剂有很强的抗腐蚀能力；由于分子链上不含不饱和基团，UHMWPE 纤维的耐光、热老化性能优良，环境稳定性异常优越[56]。

3. 优异的耐冲击性和防弹性能

防弹材料的防弹性能是以该材料对弹丸或碎片能量的吸收程度来衡量的。而防弹材料的能量吸收性是受材料的结构和特性影响的。纤维的密度、韧性、比模量及断裂伸长率都影响纤维的防弹效果。纤维的防弹性能可以由下式表征：

$$R^2 = WC$$

式中 R——防弹性能指标；

W——断裂能量吸收率；

C——纤维中的声速。

C 由纤维的韧性和模量决定，模量越高，韧性越好，C 越大。

由于 UHMWPE 纤维的高模量、高韧性，使其具有相应的高断裂能和高传播声速，防弹性能好。

4. 其他性能

UHMWPE 纤维还具有良好的疏水性、抗紫外线性、自润滑性和耐磨性，且抗霉性、耐疲劳性好，柔软，有较长的挠曲寿命，低温性能突出，在 −150℃ 时也无脆化点，所以该纤维的使用温度范围宽（−150～100℃），在较高温度下短时间不会引起性能降低；由于其主链的氢原子含量高，因而防中子、防 γ 射线性能优良。

（四）UHMWPE 纤维在复合材料中的应用

UHMWPE 纤维除了在现代化战争、宇航、航天、航空、海域、防御装备等方面发挥了重要作用外，由于其良好的纺织加工性能，还适用于机织、针织、编织、无纺织物及复合纺丝等加工。

UHMWPE 纤维及织物经表面处理可改善其与聚合物树脂基体的黏合性能而达到增强复合材料的效果。UHMWPE 纤维作为增强材料的加入可大幅度减轻重量、提高冲击强度、改善消震性，在防护性护板、防弹背心、防护用头盔、飞机结构部件、坦克的防碎片内衬等方面均有较大的实用价值。此外，用 UHMWPE 纤维增强的复合材料具有较好的介电性能，抗屏蔽效果也优异，因此，可用作无线电发射装置的天线整流罩、光纤电缆加强芯、X射线室工作台等[57]。

三、尼龙纤维

（一）概述

聚酰胺（polyamide，PA）纤维是合成纤维中主要的品种，也是最早开发的纤维，又称锦纶或尼龙（nylon）纤维。1935年美国的卡罗泽斯发明了尼龙66，作为最早的合成纤维实现了工业化生产。1950年日本的东洋人造丝公司（现名为东丽公司）成功地进行了尼龙6的生产。自1935年由美国杜邦公司发明以来，在此后的30年间呈指数增长，而至1972年，聚酯纤维取代其地位，产量居合成纤维首位，此后尼龙纤维产量增长十分缓慢，各地区发展很不平衡，目前仅在中国及东南亚地区还保持较高的增长速度。许多传统市场受到聚酯纤维、聚烯烃纤维的冲击而逐渐失去了优势。

由于尼龙纤维具有弹性好、耐磨性好等一系列优良性能，因此仍然被广泛应用于服装、工业和装饰地毯三大领域。其存在模量低，耐光性、耐热性、吸湿性、抗静电性差等缺陷，及进一步提高其强力，改善手感、回弹性、耐磨性和耐用性，均是有待深入攻关的课题。利用共聚、共混、变形、异型、复合纺丝等工艺技术，开发永久性抗静电、抑菌、增湿、阻燃、超细旦等纤维，以适应各种用途的要求，提高产品的附加值，在世界上已经显现出勃勃生机。差别化聚酰胺纤维已引起国内外学者的广泛关注，研究和开发正方兴未艾[58]。

（二）尼龙纤维的制备

尼龙的主要品种是尼龙66和尼龙6，占绝对主导地位。其次是尼龙11、尼龙12、尼龙610、尼龙612，另外，还有尼龙1010、尼龙46、尼龙7、尼龙9、尼龙13，新品种有尼龙6I、尼龙9T和特殊尼龙MXD6（阻隔性树脂）等。

尼龙66（聚己二酰己二胺）的主要原料己二酸的主要生产方法是：先用空气氧化等方法使环己烷氧化成环己酮或环己醇，然后在催化剂存在下再用硝酸进行氧化的方法。对于用丁二烯的羰基化/水解的方法研究仍在进行。

尼龙6（聚己内酰胺）的原料己内酰胺由以下三种方法合成：一种是先将环己酮与硝酸根离子的还原等方法得到的羟胺，再进行肟化反应得到环己酮肟后，用贝克曼重排的直接氧化法；另一种是用环己烷和氯化亚硝酰的光反应的一步法制得环己酮肟后，用贝克曼重排的光亚硝化法；另外，还有己二腈的半还原/环化制备方法。由于与尼龙66的原料单体之一己二胺的制造工艺可以部分通用的优点，目前仍在研究之中[67]。

尼龙纤维可以采用干纺的方法进行制备。在干纺过程中，减少惰性热气体对纺丝液的影响，以从溶液中将溶剂蒸发。制造方法按下述步骤进行：制备聚酰胺纺丝液，纺丝进入纺丝容器中，通过一个附加在干式纺丝组件周围的进口管，将诸如氮气的惰性气流送入容器中。纺丝容器中的纺丝液通过惰性气体被加热蒸发溶剂，即得到聚酰胺纤维产品。在纺丝容器内，纺丝喷丝头被固定，在喷丝头底部，供有30～130℃的低温惰性气体，可避免高温惰性气体与喷嘴接触。

（三）尼龙纤维的性能

1. 耐磨性

尼龙纤维的耐磨性是所有纺织纤维中最好的，在相同条件下，其耐磨性为棉花的10倍，羊毛的20倍，黏胶纤维（rayon）的50倍，如在毛纺或棉纺中掺入15%的尼龙纤维，则其耐磨度比纯羊毛料或棉料提高3倍。

2. 断裂强度

衣料用途尼龙纤维长纤的断裂强度为5.0～6.4g/d，产业用的高强力丝则为7～9.5g/d甚至更高，其湿润状态的断裂强度约为干燥状态的85%～90%。

3. 断裂伸度

尼龙纤维的断裂伸度依据品种的不同而有所差异，强力丝的伸度较低，在10%～25%之间，一般衣料用丝为25%～40%，其湿润状态的断裂伸度约较干燥状态高3%～5%。

4. 弹性回复率

尼龙纤维的回弹性极佳，长纤的伸度为10%时，其弹性回复率为99%，而聚酯在相同状况下为67%，黏胶纤维则仅为32%。由于尼龙纤维的弹性回复率好，因此其耐疲劳性也佳，其耐疲劳性与聚酯丝接近而高于其他化学纤维及天然纤维，在相同的试验条件下尼龙纤维的耐疲劳性比棉纤维高7～8倍，比黏胶纤维高几十倍。

5. 吸湿性

尼龙纤维的吸湿性比天然纤维和黏胶纤维低，但在合成纤维中仅次于聚乙烯醇缩醛纤维（PVA，维纶）而高于其他合成纤维。尼龙66在温度20℃、相对湿度65%时的含水率为3.4%～3.8%，尼龙6则为3.4%～5.0%，故尼龙6的吸湿性略高于尼龙66。

6. 耐热性

尼龙纤维的耐热性不佳，在150℃时历经5h即变黄，170℃开始软化，到215℃开始熔化。尼龙66的耐热性要较尼龙6好，其安全温度分别为130℃及90℃，热定型温度最高不能超过150℃，最好在120℃以下。但尼龙纤维耐低温性佳，即使在－70℃的低温下使用，其弹性回复率也变化不大。

7. 耐化学品性

尼龙纤维的耐碱性佳，但耐酸性则较差，在一般室温条件下，其可耐7%的盐酸、20%的硫酸、10%的硝酸、50%的烧碱溶液浸泡。因此，尼龙纤维适用于防腐蚀工作服。另外，其可用作渔网，不怕海水浸蚀，尼龙渔网要比一般渔网寿命长3～4倍。

尼龙纤维的缺点为：耐旋光性稍差，如在室外长时间受日照时，则易变黄，强度下降；与聚酯丝相比其保形性较差，因此织物较不够挺拔；还有其纤维表面光滑，较有蜡状感。关于这些缺点近年来已研究出各种改善措施，如加入耐光剂以改善耐旋光性，或制成异型断面以改善外观及光泽，以DTY或ATY加工或与其他纤维混纺或交织，以改善手感。

（四）尼龙纤维的应用

尼龙66和尼龙6，两者都可用作长丝和短纤维。尼龙用作工程塑料时，掺混填充物、颜料、玻璃纤维或增韧剂，以提高性能。尼龙6的最大消费市场在汽车行业，也有部分尼龙6用于包装薄膜的生产，玻璃纤维增强尼龙还可用于生产液体储存器；尼龙66也主要用于汽车工业，广泛用于散热器、引擎等部件的生产；尼龙12和尼龙11因吸水性低、黏结性能好，多用于汽车软管和热熔胶的生产。

电子电气领域是尼龙6及其复合材料的第二大消费市场。尼龙6经过玻璃纤维、阻燃、增韧处理后，材料强度、阻燃性、电绝缘性、耐漏电等性能得到提高。可用于生产变压器骨架、接线座、固定夹、开关、保险盒、端子、导线夹、各种电动工具外壳、内部构件等电气部件，而机械工业中的许多大型部件，如轴套、底板、大型车床挡板、大口径管道连接件是尼龙6的专有领域。

四、麻纤维

用于复合材料的天然麻纤维包括大麻、黄麻、亚麻和剑麻纤维。随着全球环保意识的强化和“绿色工程”的兴起，随着人们对麻纤维优良性能的不断认识，麻纤维产业用纺织品的开发应用越来越受到国内外纺织业关注。麻纤维是天然纤维中长度最长的。纤维的结晶度、取向度、纵向弹性模量较高，吸湿与散湿快，耐磨，断裂强度较高而湿强度更高，断裂伸长率极低等，很适合作树脂基复合材料的增强体。其结构表现出了典型的复合材料特征。麻纤维是可再生资源，可自然降解，不会对环境构成负担。近几年国内外掀起了研究各种麻纤维复合材料的热潮，有些国家已经进入产业化阶段，我国尚处在研究探索阶段。众所周知，我国是世界上麻类资源最丰富的国家，有着别国难以企及的资源优势，世界上主要麻类作物在我国均有种植。在石油资源日益短缺、木材资源日益受到保护的21世纪，麻类纤维的优良特性正好满足了人们追求自然、绿色、环保的要求。麻纤维复合材料的开发，具有广阔的市场前景[59]。

（一）麻纤维的分类及性能

按照从其植物本体抽取部位的不同来定义区分，各类麻纤维包括一年生或多年生草本双子叶植物皮层的韧皮纤维和单子叶植物的叶纤维。韧皮纤维主要有苎麻（ramie）、亚麻（flax）、黄麻（jute）、大麻（hemp）和洋麻（kenaf）等；叶纤维则包括剑麻（sisal）和蕉麻（abaca）等。其中黄麻和洋麻等韧皮纤维细胞壁木质化，纤维短，多用于纺制绳索和包装用麻袋等；亚麻等细胞壁不木质化，纤维的粗细、长短同棉纤维相近，广泛用于纺织原料等；叶纤维则比韧皮纤维粗硬，主要用于麻绳、麻袋和手工艺品等。

麻纤维具有独特的微观结构，表现出典型的复合材料特征。不同种类的麻纤维其长度和宽度分布在5～50mm和20～50μm；其横截面为有中空腔的腰圆形或多角形，纵向有横节和竖纹。各类麻纤维主要由纤维素、半纤维素、木质素、果胶等组成，其化学成分组成和结构参数列于表2-20[60]。麻纤维因其组成和结构特点以及连续长度较长等原因，具有良好的力学性能和可加工性（表2-21），但是其力学性能则因其生长条件、抽取部位和种植时间的不同而不同。

表2-20 麻纤维的组成和结构参数

纤维类型	纤维素/%	半纤维素/%	木质素/%	胶质/%	蜡状物/%	螺旋角/(°)	吸湿率/%
亚麻	71	2.2	18.6～20.6	2.3	1.7	10	10
黄麻	61～71.5	12～13	13.6～20.4	0.2	0.5	8.0	12.6
苎麻	68.6～76.2	0.6～0.7	13.1～16.7	1.9	0.3	7.5	8
大麻	70.4～74.4	3.7～5.7	17.9～22.4	0.9	0.8	6.2	10.8
洋麻	31～39	15～19	21.5	—	—	—	12
剑麻	67～68	8～11	10～14.2	10	2	20	11
灰叶剑麻	77.6	13.1	4～8	—	—	—	—

表2-21 麻纤维的力学性能[60]

纤维类型	相对密度	平均直径/mm	拉伸强度/MPa	弹性模量/GPa	断裂伸长率/%
亚麻	1.5	—	345～1100	27.6	2.7～3.2
黄麻	1.3～1.45	0.025～0.2	393～773	13～26.5	1.16～1.5
苎麻	1.5	0.034	400～938	61.4～128	1.2～3.8
大麻	—		690	—	1.6
洋麻	1.04	0.078	448	24.6	—
剑麻	1.45	0.05～0.2	468～640	9.4～22	3～7
蕉麻	1.30	0.2	792	26.6	—

（二）大麻纤维

大麻是桑科属一年生草本植物，英文名Hemp，拉丁文名*Cannabis satival*。从大麻中获取的纤维是一种具有天然色泽的高品质天然纤维素纤维。我国是大麻纤维的主产国，栽培遍布全国，其中以北方为多，且北方的大麻比南方的大麻洁白、柔韧。我国的纤用大麻，最负盛名的均在北方，其中以河北蔚县大麻、山西潞安大麻、山东莱芜大麻品质最优。近年来中国大麻产量已占世界大麻产量的 1/3 左右，居世界第一位。

1. 大麻纤维的成分及结构

大麻纤维的主要成分为纤维素，其次为半纤维素、果胶物质、木质素、脂蜡质、含氮物质及微量元素等。木质素是无定形芳香族并具有三度空间的高分子化合物。麻纤维中木质素的含量直接影响纤维的品质。木质素含量少的纤维柔软并富有弹性，可纺性好；反之，则纤维的弹性、可纺性差。因此，要加强对木质素的去除，以提高纤维的可纺性。去除木质素的有效方法有硫化、氧化或氯化、在碱液中溶解[61]。大麻纤维的纤维素含量低于苎麻，胶质含量高于苎麻，尤其是木质素含量较高（约为苎麻的 7 倍）。

大麻纤维是各种麻纤维中细度较细的一种麻纤维，几种主要麻纤维单纤维细度见表 2-22。由表 2-22 可以看出，大麻纤维平均细度较细，大麻单纤维细度约为兰麻纤维的 2～3 倍，接近于棉纤维，而且纤维细胞两端为钝圆[63]。

表 2-22　大麻、苎麻、亚麻、黄麻纤维单纤维细度、长度指标[62]

纤维类型	单纤维细度/μm			单纤维长度/μm		
	平均	最宽	最细	平均	最长	最短
大麻	22	50	16	20	55	5
苎麻	29	60	20	60.3	600	20
亚麻	25	30	20	21	130	10
黄麻	23	25	20	2.32	5.08	1.52

图 2-16 为大麻纤维的扫描电镜照片。可以看出，大麻纤维表面有许多纵线条，这种结构与其他纤维有明显区别。从大麻纤维的扫描照片可以看出，大麻纤维表面分布着许多裂纹（条状裂痕），这些裂纹深入到细胞中腔，大麻纤维中腔较大，约占横截面面积的 1/3～1/2，比苎麻、亚麻、棉大得多，这种结构产生优异的毛细效应，从而使大麻纤维的吸湿排汗、透气导热性能格外出色，穿着凉爽不贴身。

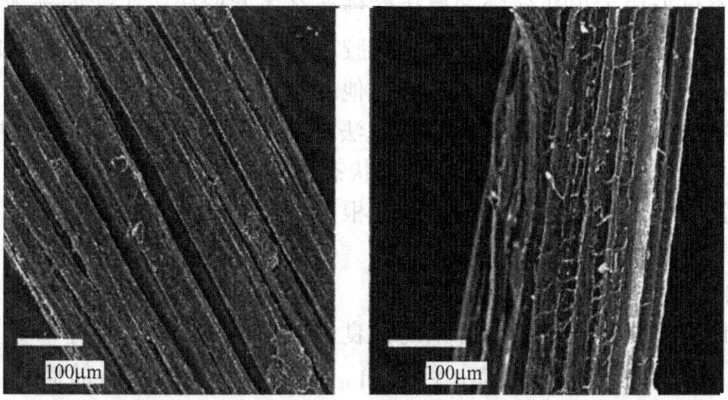

(a) 未处理　(b) 8%NaOH处理

图 2-16　大麻纤维纵向结构[63]

2. 大麻纤维的性能

（1）大麻纤维的物理机械性能　由表 2-22 可以看出，大麻纤维细度细、强度高，单纤维断裂强度优于亚麻，低于苎麻，按亚麻工艺路线纺纱，理论上大麻纤维可纺特数比亚麻、胡麻要细。因此，如果进一步提高大麻纤维的纺纱细度，将使大麻纺织品成为亚麻纺织品的有力竞争者。

（2）大麻纤维的抗静电性能　表2-23为几种不同麻纤维和棉纤维在同样条件下纤维比电阻的测试结果。从表中的结果可以看出，麻纤维的比电阻比棉纤维高，在不同品种的麻纤维中，苎麻纤维的比电阻最高，亚麻纤维的比电阻最低，大麻纤维与黄麻纤维接近，高于亚麻，低于苎麻。

表2-23　不同品种麻纤维及棉纤维的纤维比电阻测试结果

性　能	亚麻	大麻	苎麻	黄麻	棉
体积比电阻/Ω	1.67×10^8	3.31×10^8	4.25×10^8	3.26×10^8	2.46×10^8
质量比电阻/Ω	2.59×10^8	5.31×10^8	6.58×10^8	5.05×10^8	3.82×10^8

（3）大麻纤维的耐热、耐晒、耐腐蚀性能　大麻纤维的耐热性能较好，可耐370℃的高温，耐日晒牢度好，耐海水腐蚀性能好，坚牢耐用。

（4）大麻纤维的防紫外线辐射功能及消散音波功能　从拍摄的大麻纤维扫描电镜照片中可以看出，大麻纤维的横截面为不规则的多边形、腰圆形或多角形等，中腔呈线形或椭圆形，从大麻纤维的分子结构分析，其分子结构中有螺旋线纹，多棱状，较松散。

（5）大麻纤维的抗霉抑菌性能　大麻纤维中含有的大麻酚、大麻二酚、四氢大麻酚、大麻酚酸、大麻萜酚及其衍生物是一类有效的天然抗菌物质，微量的大麻酚类物质的存在足以灭杀霉菌类微生物[64]。日常生活经验证明，大麻作物生长无须任何化学药物，自身可抵御病虫害，是典型的绿色环保作物。抑菌效果测试见表2-24。

表2-24　大麻纺织品抑菌实验结果[64]

实验项目	金黄色葡萄球菌抑菌率/%		大肠杆菌抑菌率/%		白色念珠菌抑菌率/%	
时间	1h	4h	1h	4h	1h	4h
大麻面料	92.35	97.37	92.39	97.55	92.27	96.65

3. 大麻纤维的制备技术

采用机械的、化学的和生物处理（酶脱胶）的方法从大麻茎中分离出纤维束。国内大麻纺纱技术开发至今已形成了干法纺纱和湿法纺纱两条工艺路线。干法纺纱类似于苎麻纺纱的工艺路线，纺纱全过程在干态中完成，采用含胶率较低的精麻，适于纺制41.6tex以上的纯麻纱。目前在干法纺纱中还普遍采用大麻与其他纤维混纺，既可以提高成纱支数，又可发挥不同纤维各自的特点。湿法纺纱则借鉴亚麻湿法纺纱工艺，麻的含胶率较高，制成粗纱后，须经练漂（实质为二次脱胶），在完全湿润的状态下进行细纱加工，可以纺出62.5tex以下的纯麻纱。在干法纺纱、湿法纺纱的基础上，根据"工艺纤维"的长度，大麻纺纱又有长麻纺和短麻纺两条工艺路线[65,66]。

4. 大麻纤维在复合材料中的应用

在复合材料的应用中，利用大麻纤维的优良性能，国外已开发出了一系列具有可生物降解性能的新产品，如防霉抗菌储藏盒、包装箱、隔层垫（用于食品的储藏与运输、销售）、高档机械零件（含大麻60%～70%）、大麻纤维增强塑料制品、园林产品等。

（三）黄麻纤维

黄麻是椴树科黄麻属的一年生草本植物，在我国栽培历史悠久。由于黄麻纤维中木质素和半纤维素含量较高，纤维粗硬，支数低，弹性及断裂伸长率也低，因而可纺性差，一直被用于加工麻袋、麻布及其他包装材料。随着生态与环保意识的增强，消费者越来越青睐天然纤维纺织品，尤其是近年麻类产品的热销导致了麻类原料的紧缺，成本昂贵。而黄麻产量丰富，价格低廉，具有更优良的抑菌、防霉、抗紫外线、易降解等生态环保特性，是21世纪最可持续发展的绿色环保型纺织服装材料，因此，深入开发黄麻产品具有良好的市场前景[67]。

1. 黄麻纤维的形态结构及成分

黄麻纤维属于纤维素纤维，主要成分为纤维素（64%～67%），另有半纤维素、木质素、果胶等杂质。其中木质素的含量高达11%～15%，这就导致了纤维偏硬偏脆，可纺性和服用性较差。其横截面大多呈五角形或六角形，中间有多个空腔，空腔呈圆形或卵圆形，有宽有窄；表面呈竹子节状或呈X形节状。细胞厚度整齐，呈圆筒状，没有天然卷曲（图2-17）。因单纤维较短，长度参差不齐，只能以工艺纤维纺纱[68]。

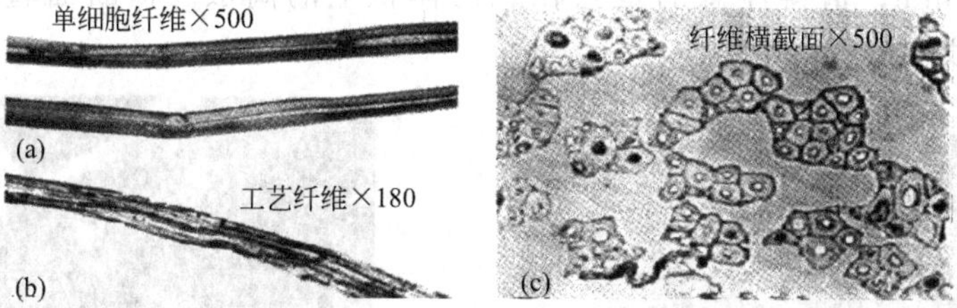

图2-17　黄麻纤维的纵向及横截面

2. 黄麻纤维的主要性能

黄麻纤维除具有麻纤维的一般性能外，还具有一些独特的性能[69,70]。

（1）抗菌保健作用　黄麻纤维因其独特的纤维空腔结构，使其富含氧气，厌氧菌无法生存；而含有的抗菌性麻甾醇等有益物质，有助于人体的卫生保健。

（2）热湿舒适性　黄麻纤维不但含有较多的亲水性纤维素、半纤维素和胶质，而且还具有不规则的多角形混合横截面，这种结构产生了优异的毛细效应，因此具有优良的吸放湿和透湿能力。在标准恒温恒湿实验室［(20±2)℃，(65±2)%］测得其吸湿率达到12.34%，而菠萝麻是10.38%，亚麻只有9.41%。

（3）生态环保性能　黄麻纤维的老化直至腐烂是一个生物可降解过程。在自然界的光、热和微生物作用下能自行降解，腐烂后沉淀下来48%～63%的纤维素、10%～20%的木质素、12%～19%的半纤维素（由多缩戊糖和多缩己糖组成）和0.5%～1.0%果胶、0.2%～0.6%脂蜡质以及含量达0.5%～1.5%的少量无机盐、硅酸、碳酸、磷酸等的钾、钙、镁盐等。最终产物是二氧化碳和水，对环境无污染，适应了人们对生态环保的追求。

（4）抗紫外线功能　黄麻纤维由于具有不规则的横截面，对声波和光波都有很好的消散作用。

3. 黄麻纤维的应用

在汽车行业，黄麻纤维可满足汽车内饰所需高强、低伸性的要求，而且在以焚化方式处理过程中，仅发散出CO_2，是一种天然的可再生资源。

黄麻纤维复合材料在加工过程中也有着以下优良性能：①低温性能好；②成型工艺简单，可用较低压力、一步法成型产品，节省机器和模具的投资，简化加工工艺（附加座和装饰层等可与坯材一步合成，无须化学粘接和后续加工）；③可成型大拉伸、复杂的三维形状；④天然纤维在加工中还表现出对模具的磨蚀作用较低；⑤边角料可以重新破碎后进行热塑加工，几乎没有废料产生。

（四）亚麻纤维

1. 亚麻纤维的组分与结构

亚麻纤维是植物纤维，其基本组成为纤维素。亚麻纤维属于植物纤维的韧皮部分，亚麻单根纤维是通过果胶、半纤维素、木质素连接在一起而形成的束状纤维，此外，还含有一些蜡质、色素以及无机盐和灰分等物质，通常把亚麻纤维中除了纤维素以外的部分称为纤维素的伴生物。亚麻纤维中，纤维素含量为80.5%，木质素为5.2%，果胶为3.7%，脂蜡质为2.7%，含氮物质为2.1%，灰分为1.1%，水溶物为3.4%[71]。

亚麻纤维束基本是由10～40根纤维被果胶粘绑在一起构成的。当使用时，纤维应被单独分离。天然纤维的一个普遍特点是它们没有均匀的几何特性。如图2-18所示，亚麻纤维存在具有5～7个边的多边形；其电子显微镜的扫描照片如图2-19所示。从纵向来看，纤维无一恒定的体积。纤维的根部逐渐变粗，而接近尖端时越来越薄。一个纤维的平均宽度是19μm，长度为33mm；值得注意的是它在几何体积上的离散。横断面直径的范围为5～76μm，长向范围为4～77mm[72]。

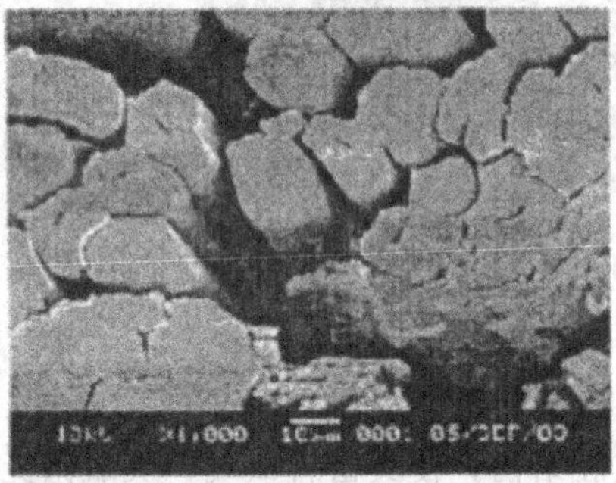

图2-18 亚麻纤维横截面的SEM照片

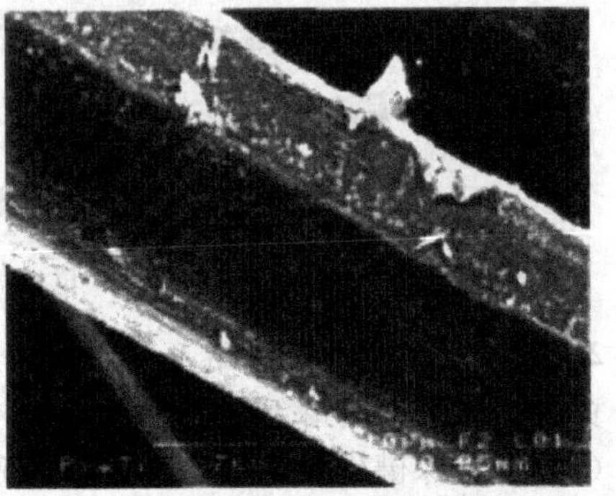

图2-19 亚麻纤维表面的SEM照片

2. 亚麻纤维的性能

(1) 卫生舒适性能　亚麻纤维无论是吸水、吸湿还是透气等都特别好，究其原因，除了亚麻纤维的主要成分都是吸湿性能较强的亲水性纤维素外，更重要的是亚麻纤维具有独特的果胶质斜偏孔结构。

(2) 抗菌抑菌性能和天然卫生保健功能　亚麻纤维结构中空，可富含氧气，使厌氧菌无法生存，具有抗菌抑菌作用。亚麻能散发出对细菌的生长有很强抑制作用的香味，对螨类也有较强的杀伤力[73]。

(3) 抗紫外线功能　适度的紫外线照射对人体有益，过多的照射对人体会产生危害。亚麻纤维的横截面很不规则，因此对声波和光波有很好的消散作用，而其织物具有较强的天然抗紫外线功能。

(4) 化学稳定性　亚麻纤维对酸的稳定性较差，在酸作用的情况下，主要发生苷键的断裂反应，引起纤维聚合度和分子量的下降，分子链变短，导致纤维强力下降。亚麻纤维比较耐碱，但稳定性也是相对的。有氧存在时，碱就成为纤维素氧化的催化剂；没有氧存在时，纤维素纤维比较稳定。亚麻纤维在强氧化剂的作用下，最终可以转化为二氧化碳和水。亚麻纤维的氧化反应主要发生在纤维素分子链中的葡萄糖环上的伯醇羟基或仲醇羟基上。亚麻纤维的氧化作用，也主要发生在纤维的无定形区或结晶区的表面。

(五) 剑麻纤维

剑麻(sisal)是一种广泛种植的多年生麻类经济作物，主要生长在热带、亚热带地区，全球每年的产量高达450万吨，我国广东、广西、海南和福建等地均有种植。剑麻纤维除与其他麻类纤维一样，具有质地坚硬、富有弹性、拉伸强度高、耐摩擦、耐低温等特点外，还有纤维长(1～1.5m)、色泽洁白、耐海水腐蚀等多种特性，可经海水长期浸泡而不易腐烂。长期以来，剑麻纤维主要用于制作缆绳、麻袋、手工艺品等，其新的应用领域亟待进一步开发[74]。

1. 剑麻纤维的组成

剑麻纤维（sisal fiber，SF）取自剑麻作物的叶片，每一叶片含有1000多个纤维束，而每个纤维束由100～200个纤维细胞组成，纤维束的尺寸为100～300μm（图2-20）。其化学组成以纤维素（50%～65%）、木质素（8%～10%）、半纤维素（12%～20%）三大组分为主，这些化学成分含量随种植地域及生长年份的不同而有所差异。SF的木质素含量相对较高，因而质地较硬。

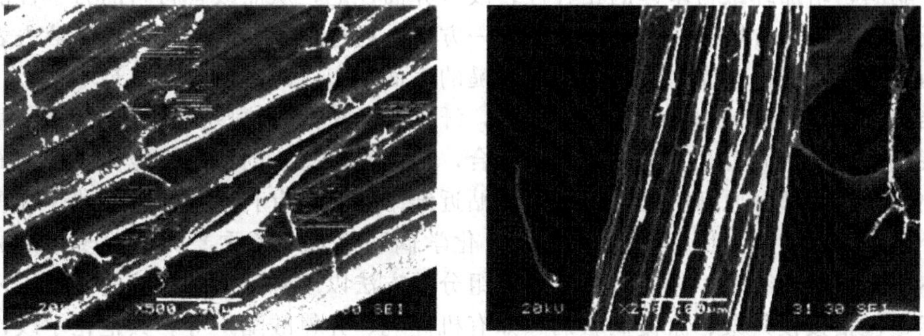

(a)　(b)

图2-20　剑麻纤维的SEM照片

2. 剑麻纤维的性能

与其他天然植物纤维相比，SF具有纤维素长（1～1.4m）、色泽洁白、耐海水腐蚀等多种特性。从表2-25中可以看出，剑麻纤维在海水中浸泡247d强度保留率还有75%，而在淡水中它的保留率为52%；黄麻纤维在模拟海水中浸泡110d强度保留率仅为21.9%，而在淡水中强度几乎为零。剑麻纤维耐海水特性是黄麻、红麻纤维等所不能比拟的，而且SF的拉伸强度比黄麻纤维高1倍以上，是麻类纤维中较高的一种。

表2-25　剑麻纤维在海水及淡水中耐腐蚀能力的比较

实验	浸前		浸15d		浸35d		浸152d		浸247d	
	干强/(N/g)	保留率/%	干强/(N/g)	保留率/%	干强/(N/g)	保留率/%	干强/(N/g)	保留率/%	干强/(N/g)	保留率/%
海水浸泡实验	777.9	100	772.7	99	769.9	99	676.0	87	583.7	75
淡水浸泡实验	777.9	100	739.0	95	692.0	89	608.4	78	401.7	52

SF的木质素和果胶含量较高，但其纤维素含量高于木材，故SF是植物纤维中较为理想的一种。而且SF的密度小，其比强度和比模量较高，纤维的拉伸强度和拉伸模量分别为450～700MPa和7～13GPa，价格也比较低廉；缺点是SF力学性能的多分散性，既含有结晶成分，也含有非晶成分。因此，SF适于制备轻质、比强度和比模量高、价廉的纤维树脂基复合材料[75]。

3. 剑麻纤维表面性能的改性

在纤维增强复合材料中，复合材料的性能取决于组分的性能和组分间的界面相容性，因此界面的强弱对材料的性能有很大的影响。植物纤维中由于含有大量的羟基而呈现亲水性，而大部分聚合物是憎水的，因而不利于植物纤维与树脂基体的界面黏结；同时亲水性的纤维还容易吸取外界的水分，使材料在使用过程中界面逐渐脱黏，造成性能下降。此外，天然纤维还存在结构不均匀和尺寸稳定性差的缺陷。因此，在制备剑麻/树脂基复合材料前通常需要对纤维进行改性处理，以降低其亲水性及吸湿性，提高复合材料的界面黏结力[76]。目前改性的方法有物理方法和化学方法两种。

（1）物理方法　不改变纤维的化学成分，通过影响纤维的结构和表面特性，由此改变纤维和基体的亲和力。适度的热处理可以提高剑麻纤维的结晶度，使其断裂强度和初始模量有明显增加，吸水性略有下降，提高复合材料的综合性能[77]。

（2）化学方法　强极性的剑麻纤维从本质上说很难与C—H聚合物相容，但由于纤维存在大量的活性羟基基团，可通过适当的化学改性，改变纤维表面性质和结构，或在其表面引入新的官能团，增加纤维与基体的相容性，改善界面性能，从而改善材料的力学性能和吸湿性能。碱处理是最为常用的化学改性方法，一方面，通过适度的碱处理，可以溶去表面的半纤维素和木质素及其他杂质，使纤维产生粗糙的表面形态，同时由于碱与羟基反应，破坏了部分纤维素分子链间的氢键，降低纤维密度，纤维变得松散，这些都增加了纤维与基体浸润的有效接触面积，从而有利于增强界面的黏合，提高复合材料的力学性能；另一方面，碱处理可以导致剑麻中部分原纤解旋，使原纤更贴近纤维轴向，有利于提高纤维的弹性模量，因此对复合材料的性能改善也有所帮助[78,79]。化学偶联是另一类重要的化学改性方法。当纤维和基体两组分不相容时，可通过引入第三组分的方法以改善纤维和基体的界面，来提高材料的性能，包括接枝共聚、涂覆偶联剂（如有机硅烷、异氰酸酯）等。其他化学改性方法还包括使用各种化学试剂处理纤维，如乙酰化处理、氰乙基化处理等，主要原理是在纤维表面引入乙酰基和氰乙基等官能团，改善纤维的表面性能，提高纤维与基体的相容性。

4. 剑麻纤维在复合材料中的应用

由于剑麻纤维属于天然纤维素纤维，其表面具有一定的羟基基团，容易与高分子聚合物发生共聚形成复合材料，剑麻纤维现在开始应用于增强聚合物基复合材料[80]。剑麻纤维合成的聚合物复合材料具有韧性好、重量轻、隔热性好等优点，主要用于门板、轿车衬里、扶手等部件的加强筋。另外，剑麻纤维通过一定的改性，在摩擦材料[81]中得到广泛的应用，一些实践表明，采用剑麻布作为抛光材料无论在效率还是效果上都要明显优于普通棉布和化纤布类。目前，有研究人员利用剑麻纤维和玻璃纤维混杂增强酚醛模塑料，这项研究的成功深化了剑麻纤维的应用领域，使得剑麻纤维的作用更为突显。

五、竹纤维

（一）概述与分类

竹纤维的化学成分主要是纤维素、半纤维素和木质素，三者同属于高聚糖，总量占纤维干质量的90%以上，另外还有灰分等少量物质。大多数存在于细胞内腔或特殊的细胞器内，直接或间接地参与其生理作用。由于生长的地域不同，纤维素的含量不同。竹纤维素是组成竹原纤维细胞的主要物质，也是它能作为纺织纤维的意义所在。由许多β-D-葡萄糖通过1,4-苷键连接起来的链状高分子化合物（$C_6H_{10}O_5$）$_n$，聚合度（n）一般在1000000左右。由于竹龄的不同，其纤维素含量也不同，如毛竹嫩竹为75%，1年生为66%，3年生为58%。竹原纤维中的半纤维素含量一般为14%～25%，毛竹平均含量约为22.7%，并且随着竹龄的增加，其含量也有所下降，如2年生为24.9%，4年生为23.6%。

用竹子加工成的纤维称为竹纤维，竹纤维分成两大类。

（1）第一类：天然竹纤维——竹原纤维　竹原纤维是一种全新的天然纤维，是采用物理、化学相结合的方法制取的天然竹纤维。天然竹纤维具有吸湿、透气、抗菌抑菌、除臭、防紫外线等良好性能。

（2）第二类：化学竹纤维　包括竹浆纤维和竹炭纤维。竹浆纤维是一种将竹片做成浆，然后将浆做成浆粕，再湿法纺丝制成纤维，其制作加工过程基本与黏胶相似。竹炭纤维是选用纳米级竹炭微粉，经过特殊工艺加入黏胶纺丝液中，再经近似常规纺丝工艺纺织出的纤维。在加工过程中，竹子的天然特性遭到破坏，纤维的除臭、抗菌、防紫外线功能明显下降。

（二）竹纤维结构

竹纤维细长，呈纺锤状，两端尖锐，平均长度 1.5～2.5mm，宽度 12～16μm，壁厚约 5μm。竹子长宽比大，纤维长度介于针叶木和阔叶木之间，属于长纤维原料。而且竹纤维比较细，长宽比大[93]。经微观检测，竹纤维纵向表面有无数微细凹槽，横截面上布满了大大小小的空隙，可以在瞬间吸收或蒸发水分，因此被专家誉为“会呼吸的纤维”[82]。

竹纤维中央有细孔，从外到内分别由第一膜层、第二膜层、第三膜层构成。在第二膜层纤维横断面，由许多层形成，层与层之间隔有不同成分的薄层；由于此薄层与第二膜层相重叠，区分出许多轮回。第二膜层中间皮层区分成 3～4 层切线纵皮层，且辐射方向在纵皮层可分成许多线条，此线条与纤维轴成一定角度排列，因而纤维呈螺旋状构造，其线条又由无数微丝组成。竹纤维有厚壁与薄壁两大类，薄壁竹纤维为多层结构，厚壁竹纤维为典型的三层结构。薄壁竹纤维次生壁为多层复合结构，层次少的 4～5 层，多的达 11 层之多，次生壁多层结构为宽层和窄层交替排列而成。竹纤维纹孔为悬缘孔，纹孔较少，数量小，因此，竹纤维挺硬，打浆时易切断，纤维初生壁和次生壁外层易起毛。竹纤维纵向表面光滑、均一，呈多条较浅的沟槽，横截面接近圆形，边沿具有不规则锯齿形，表面结构与成型条件有关。这种表面结构使得竹纤维的表面具有一定的摩擦系数，纤维具有较好的抱合力[83]。

（三）竹纤维性能

1. 物理机械性能

竹子的甲纤成分略低于木材，但用竹子为原料制成的纤维与用棉、木原料制成的纤维相比，保持了原有透气性、染色性、悬垂性好的特点，并具有抗菌性和防臭性。竹纤维线密度、白度与普通精漂黏胶纤维接近，强力较好，且稳定均一，韧性、耐磨性较高，可纺性优良。竹纤维的单纤断裂强度在 1.37cN/tex 以上，比黏胶纤维要高，和棉纤维接近，次于大豆蛋白纤维。回潮率比其他几种纤维都高[85]。

2. 绿色环保性

竹材是一种生长十分广泛，栽种成活后 4～5 年即可成林砍伐的速生高产纤维原料。利用竹材生产纤维浆粕，缓解了植物纤维原料与日俱增的供需矛盾，有利于森林资源的综合保护，竹纤维在原料的提取和生产制造过程中全部实施绿色生产，所以，该种纤维属于环保型的绿色纤维。利用竹纤维生产的棉纱是该绿色原料的延伸，同属绿色产品[86]。

（四）竹纤维在复合材料中的应用

近年来，为了解决环境问题，生物分解性树脂的开发越来越受到人们的关注，特别是欧美国家等在生物分解性树脂方面的研究取得了令人瞩目的进展，有些品种已经实现了产业化。李亚滨等通过在 PCL 树脂中添加适量的竹纤维提高了复合材料的拉伸强度和拉伸模量，降低了材料的断裂伸长率，使其具有硬质材料的力学性能；通过使用合适的相容剂还可以改善复合材料的热学性能和耐水性[87]。

无机水泥的性质较脆，有机竹纤维具有较好的韧性，两者组成的复合材料的韧性比水泥有所提高。纤维的增强能抑制裂纹的扩展，能改变水泥本身的性能；反过来，水泥也可保护竹纤维[88]。

竹/玻璃纤维复合建筑材料是一种较理想的复合建筑材料，它不仅具有较高的承载能力和抗弯能力，而且具有一定的抗冲击性能，竹/玻璃纤维复合建筑材料的比强度、比模量较大，力学性能较好，完全可以满足一般承力件的要求。竹/玻璃纤维复合建筑材料面板构件不仅可以作为覆盖件，还可以作为承力件，而且具有一定的保温、隔热和降低噪声等性能。竹/玻璃纤维复合材料可以整体成型，有较强的可设计性，可直接应用于房屋、管道、桥梁、建筑等各个领域，具有较广阔的发展前景[89]。

六、椰壳纤维

椰壳纤维属于低成本天然纤维，是一种从椰壳中获得的木质纤维素纤维[90]。主要分布在我国的海南、广东以及斯里兰卡、印度等热带、亚热带地区和国家，但传统应用只消耗了世界椰壳产量的一小部分，大部分被遗弃。这不但浪费资源，还造成一定的环境污染，因此研究天然椰壳纤维并将其应用于工业生产，既可弥补纤维资源的不足，又有利于环境保护、生态平衡及能源节约[91]，具有深远的社会意义和经济效益。

（一）结构与成分

椰壳纤维的外观呈淡黄色，是一种具有多细胞附聚结构的长纤维。1根椰壳纤维包含30～300根甚至更多的纤维细胞，呈圆形，如一棵向日葵。与其他天然植物纤维一样，椰壳纤维主要由纤维素、木质素、半纤维素等组成，其中纤维素占36%～43%，木质素占41%～45%，半纤维素占0.15%～0.25%，果胶占3%～4%等[92]。从聚集态结构看，椰壳纤维中结晶化的纤维素呈螺旋状嵌在不定形的木质素和半纤维素中。椰壳纤维的性能见表2-26。

表2-26　椰壳纤维的性能[93]

性　能	堆积密度/(g/cm³)	粒密度/(g/cm³)	空隙度/%	最大吸水率/%	pH值	电导率/(S/m)
椰壳纤维	0.1525	0.4916	76.77	624.31	5.80	—

（二）椰壳纤维的制备

椰壳纤维取自椰子壳，将椰壳浸泡在海水中或者由机械加工处理得到，也可用化学方法制备[94]。

1. 物理制备法

（1）手工加工　先把椰壳放在水池中浸泡6d左右，取出用木棒（或铁棒）不断敲打，把椰糠（渣）打干净，然后晒干，包装。

（2）半机械化加工　先把椰壳放在水池中浸泡6d左右，取出用辊筒打丝机把椰糠打干净，再在振动筛上清除杂质和短纤维，将长纤维干燥，然后包装。

（3）机械化加工　椰衣不需要浸泡，直接把椰壳放入椰壳纤维加工机，经机械加工分离出椰壳纤维和椰糠，椰壳纤维干燥后打包。

2. 化学制备法

椰壳含有果胶和蜡质，将椰壳用CaO或NaOH溶液浸泡以去除这些物质，然后用清水冲洗，风干，获得所需的椰壳纤维。

第三节　晶　须

晶须是指在人工控制条件下以单晶形式生长成的一种纤维，其直径非常小（微米级），不含有通常材料中存在的缺陷（晶界、位错、空穴等），其原子排列高度有序，因而其强度接近于完整晶体的理论值。其机械强度等于邻接原子间力。晶须的高度取向结构不仅使其具有高强度、高模量和高伸长率，而且还具有电、光、磁、介电、导电、超导电性质。晶须的强度远高于其他短切纤维，主要用作复合材料的增强体，用于制造高强度复合材料。制造晶须的材料分为金属、陶瓷和高分子材料三大类。已发现有100多种材料可制成晶须，主要是金属、氧化物、碳化物、卤化物、氮化物、石墨和高分子化合物。常见的晶须主要有硫酸钙晶须、碳酸钙晶须和碳化硅晶须。

一、硫酸钙晶须

硫酸钙（$CaSO_4$）晶须，又称石膏晶须，是无水 $CaSO_4$ 的纤维状单晶体。它是以二水硫酸钙（$CaSO_4 \cdot 2H_2O$）为主要原料制得的白色疏松针状物，晶体结构完整，其尺寸稳定，平均长径比为80，横截面恒定，强度和模量接近晶体材料的理论值。硫酸钙晶须具有耐高温、抗化学腐蚀、韧性好、强度高、耐腐蚀、耐磨耗、电绝缘性好、易进行表面处理，与树脂、塑料、橡胶相容性好，能够均匀分散，pH值接近中性等优点，性价比较高，具有很强的市场竞争力。与其他无机晶须相比，硫酸钙晶须是毒性最低的绿色环保材料。目前，开发和应用 $CaSO_4$ 晶须越来越成为众多科技工作者关注的焦点[95～97]。

（一）结构与性质

表2-27为 $CaSO_4$ 晶须与其他几种晶须的性能比较[98]。由表2-27可以看出，$CaSO_4$ 晶须的抗拉强度比 α-Al_2O_3 和 β-SiC 晶须低，但较 $K_2Ti_6O_3$ 晶须高；$CaSO_4$ 晶须的弹性模量较低，但其数值也并非普通材料所能达到。$CaSO_4$ 晶须的价格相当于 α-Al_2O_3 和 β-SiC 晶须的1%左右、$K_2Ti_6O_3$ 晶须的1/3左右，成本及价格的明显优势使其在增强塑料、尼龙、聚氨酯、橡胶等材料方面获得了广泛的应用和显著的效果。同时，$CaSO_4$ 晶须也广泛应用于摩擦材料、环境工程以及轻质建材、隔热材料、涂料、难燃纸张等方面。

表2-27 几种晶须的性能比较

晶须	密度/(g/cm³)	熔点/℃	长度/μm	直径/μm	抗拉强度/GPa	弹性模量/GPa
$CaSO_4$	2.96	1450	50～150	1～4	21	182
α-Al_2O_3	3.96	2040	5～200	0.5～10	28	420～500
β-SiC	3.2	2700	5～200	0.5～10	35	
$K_2Ti_6O_3$	3.6	1370	10～100	0.1～1.5	7	280

图2-21是硫酸钙晶须的扫描电镜照片。从硫酸钙晶须SEM谱图可以观察到，晶须直径为1～5μm，长度为30～100μm。其微观结构为针状晶须，分布均匀，纤维化显著[99]。

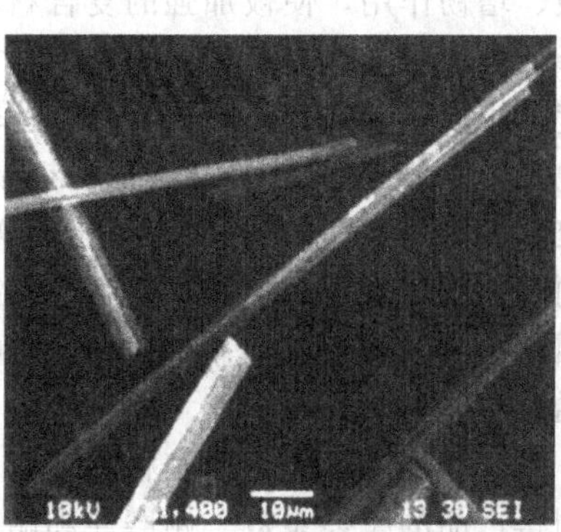

图2-21 硫酸钙晶须扫描电镜照片

（二）在复合材料中的应用

开发晶须的初衷和最主要的用途就是利用其完整结构所带来的高强度、高模量，用作高分子、金属和陶瓷材料的增强体。张立群等将硫酸钙晶须经偶联剂KH550处理后，用于EPDM（三元乙丙橡胶）/PP（聚丙烯）共混体系，材料除冲击强度外，各项力学性能均有较大幅度的提高。硫酸钙晶须可以作为反应注射成型聚氨酯的补强剂。以硫酸钙晶须作为补强剂与玻璃短纤维增强聚氨酯泡沫体相比，填充量大、黏度低、浇口生热小、易操作。含有硫酸钙晶须及芳香胺纤维的树脂有很好的耐磨性，可以制作轴承或者齿轮[100]。

此外，如果在 $CaSO_4$ 晶须中掺杂某些纳米产物，使其在发挥自身作用的同时，也具备纳米产物的特殊性能，这必将增加 $CaSO_4$ 晶须的经济价值，扩大其应用范围。

二、碳酸钙晶须

（一）结构及性质

碳酸钙晶须（也称针状碳酸钙，属于文石型结构）作为一种新型的晶须材料，可用 0.1mol $Ca(NO_3)_2$ 与 0.1mol K_2CO_3 混合后在 90℃反应一定时间而制得。具有高强度、高模量和优良的热稳定性，价格更为低廉。碳酸钙晶须 SEM 照片如图 2-22 所示。从图 2-22 可以看出，碳酸钙晶须呈针状。

图 2-22 碳酸钙晶须 SEM 照片

碳酸钙晶须兼有轻质碳酸钙与晶须材料的双重优点，用于塑料中不仅可以增容，而且可以改进塑料的力学性能与热学性能，使塑料增韧，而且碳酸钙晶须原料丰富、成本低廉，近年来已经引起了国内外众多研究人员的广泛关注。碳酸钙晶须的性质见表 2-28。日本在碳酸钙晶须的合成及其产业化方面处于国际领先地位。我国在晶须材料尤其是质高价廉的碳酸钙晶须方面的研究起步较晚，有关碳酸钙晶须合成方面的报道很少[101]。

表 2-28 碳酸钙晶须的特性

性能	日本丸尾钙公司	性能	日本丸尾钙公司
成分	文石型 $CaCO_3$（纯度 98%）	水分	0.3%
形状	白色针状晶体	pH 值	8.3～10.3（10%水溶液）
白度	98%	平均长度	20～30μm
相对密度	2.8	平均直径	0.5～1.0μm
表观密度	0.1	热稳定温度	约 640℃

（二）碳酸钙晶须在复合材料中的应用

碳酸钙晶须一般应用于粒状碳酸钙填料领域中，在降低成本的同时，还表现出显著的增强、增韧作用，使被加强的复合材料表现出更好的抗冲击性，提高加工过程的流动性，从而降低加工能耗，提高型材制品尺寸稳定性及表面光洁度[102]。碳酸钙晶须依靠自身的高强度、高模量而在体系中产生增强作用，且为微米级，团聚现象少、易于分散，可以更有效地发挥增强、增韧作用。碳酸钙晶须具有类似短纤维的结构、出色的热稳定性，作为高聚物复合材料的增强材料可提高塑料的弯曲弹性模量、弯曲强度、尺寸稳定性等指标。同时，碳酸钙晶须不带结晶水，在各种塑料注模成型时不会产生由水蒸发产生的银纹。因此，现正广泛研究将碳酸钙晶须用于增强聚酰胺、聚碳酸酯、热塑性聚酯以及聚氯乙烯等复合材料。

碳酸钙晶须用于摩擦材料可以显著提高基体的耐磨性，而且原材料廉价，制造成本低，制得产品的摩擦系数、耐磨性和耐热性大大提高，具有较高的机械强度，且摩擦产生的粉尘无毒、污染小。

三、碳化硅晶须

（一）简介

碳化硅晶须（SiCw）素有“晶须之王”的美称，它是一种直径为纳米级至微米级的具有高度取向性的短纤维单晶材料。碳化硅晶须以有机硅化合物为原料，经纺丝、碳化或气相沉积而制得具有 β-SiC 结构的无机纤维，属于陶瓷纤维类。碳化硅可作为金属基、陶瓷基和高聚物基等复合材料的优良增强增韧剂，特别是晶须强化增韧被认为是解决材料高温韧性的有效方法，而且与连续纤维强化增韧相比，晶须增韧的工艺更为简便，经改性后的复合材料已广泛应用于机械、电子、化工、能源、航空航天及环保等国民经济领域。在制备高性能复合材料方面已得到了广泛的应用。

（二）SiC 晶须结构与性质

1. 物理性质

SiC 晶须的密度为 3.21g/cm^3，晶体内化学杂质少，无晶粒边界，晶体结构缺陷少，结晶相成分均一，长径比大，其强度接近原子间的结合力，是最接近于晶体理论强度的材料，具有很好的比强度和比弹性模量[103,104]。其熔点高于 2700℃，抗拉强度为 210MPa，弹性模量为 490GPa，具有良好的力学性能和化学稳定性。SiCw 类似金刚石的晶体结构，有 α 型和 β 型两种晶型，β 型各方面性能优于 α 型（表 2-29）[105]。

表 2-29　α 型和 β 型 SiCw 性能对比

晶须	密度/(g/cm^3)	耐受温度/℃	长度/μm	直径/μm	抗拉强度/GPa	弹性模量/GPa	硬度(莫氏)
β-SiCw	3.22	2960	10～40	0.05～0.2	20.8	480	9.5
α-SiCw	3.22	1800	50～200	0.1～1.0	12.9～13.7	392	9.2～9.5

SiC 晶须是单一取向的晶体，呈针状。SiC 颗粒生长形貌不规则，有块状物、片状物及不定形状颗粒物。SiC 晶须有零散存在的，也有和 SiC 颗粒共生在一起的。SiC 是针状体相互交织在一起的，形成混合体系包含的孔隙大，相对地所占空间就大，使得它的视密度的测量值比 SiC 颗粒小得多。图 2-23 为不同形貌的 SiC 晶须 SEM 照片。

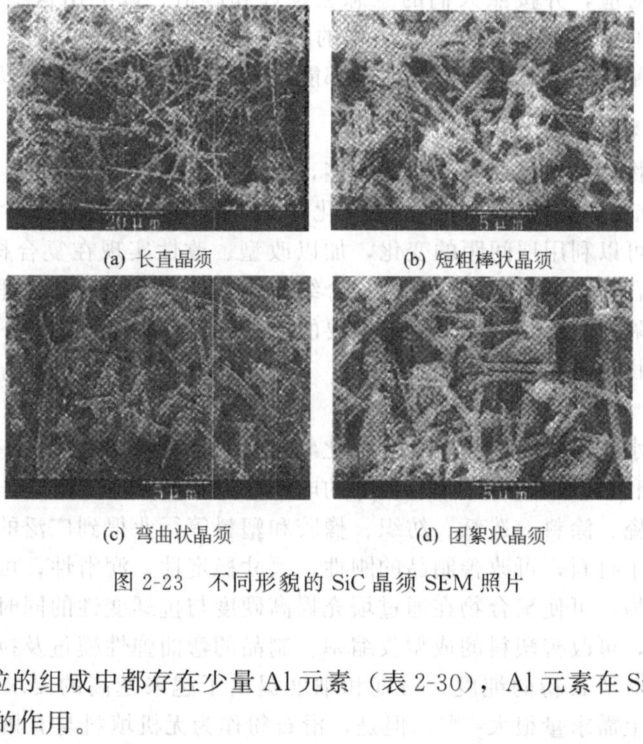

(a) 长直晶须　(b) 短粗棒状晶须

(c) 弯曲状晶须　(d) 团絮状晶须

图 2-23　不同形貌的 SiC 晶须 SEM 照片

2. 化学组成

SiC 晶须和颗粒的组成中都存在少量 Al 元素（表 2-30），Al 元素在 SiC 晶须和颗粒的形成过程中起催化剂的作用。

表 2-30 SiCw 的化学组成（质量分数）

组分	Si	C	Al	SiC
SiCw	67％	94％	29％	5％

（三）SiC 晶须在复合材料中的应用

目前，用 SiCw 增强、增韧的材料，其强度、硬度得到很大改善，可广泛用于航空航天、军事和民用等众多工业领域。其中 SiC 增强聚合物基复合材料可以吸收或透过雷达波，可作为雷达天线罩、火箭、导弹、飞机的隐身结构材料。由于 SiCw 复合材料的力学性能比单质材料高得多，因此，美国、日本、法国、英国、德国等在先进复合材料的研究与开发上投入了大量资金，并取得了明显的社会效益。

国际上对当前 SiCw 的发展要求是：改善晶须自身质量，使完整 β-SiCw 单晶的含量提高，晶须中的缺陷少，弯晶和复晶的含量低，晶须的直晶率高，直径、长短和长径比均匀，杂质含量低。同时降低加工成本，开发 SiCw 增强、增韧的复合材料，使得 SiCw 产量逐年增加，以适应市场需求。

第四节 天然矿物材料

天然矿物材料在复合材料中的应用，已被人们视为新兴的交叉学科，它的发展将会推动复合材料工业的重大变革。这是因为天然矿物的种类繁多、性能各异，可利用和改造的潜力巨大，具有很强的生命力，在复合材料中，要达到某种特定的功能要求，以及降低成本的目的，也为天然矿物利用提供了广阔的空间。

选用天然矿物应用于复合材料中，绝对不是一个简单的填充和叠加，要根据使用时对材料性能的要求，明确材料的指标，然后选择相应的基体材料或补强材料，在这个基础上再选用相应的矿物与之对应，并按照人们的意志去设计和改造。以突出这些天然矿物材料的性能，组成一个最佳的结构体系，使天然矿物的特性在复合材料中充分显示出来。如机械强度、光、电、磁、耐热、阻燃、灭菌等性能都能在复合材料的制品中得以充分表现。

一、硅酸盐矿物

层状硅酸盐矿物在自然界中的分布比较多，如云母、高岭土、滑石、蒙脱石、蛭石，这类矿物又称书本状矿物。这些矿物层间距变化较大，除高岭石、滑石外，其层间结合力较强。其他层状矿物可以利用层间距的变化，加以改型、改性实现在复合材料中的特殊用途。由于它具有常规聚合物复合材料所没有的复合结构，并具有更优异的物理机械性能、耐热性能和气体、液体阻隔性能等，因而显示出重要的科学意义和应用前景。下面简要介绍几种常用的层状硅酸盐矿物和层链状硅酸盐矿物。

1. 滑石

滑石是一种含水的层状硅酸盐矿物，其化学式为 $3MgO \cdot 4SiO_2 \cdot H_2O$。滑石的化学稳定性良好，耐强酸和强碱，同时还具有良好的电绝缘性和耐热性。滑石作为一种优良的功能原料和填料，在陶瓷、涂料、造纸、纺织、橡胶和塑料等行业得到广泛的应用。滑石粉作为填料填充有机高分子材料，可改善制品的刚性、尺寸稳定性、润滑性，可防止高温蠕变，减少对成型机械的磨损，可使聚合物在通过填充提高硬度与抗蠕变性的同时，还可使聚合物的耐热冲击强度提高，可改善塑料的成型收缩率、制品的弯曲弹性模量及拉伸屈服强度。随着现代工业的发展，对滑石粉的纯度、白度和细度提出了越来越高的要求，特别是超细滑石粉，在国内外市场上需求量很大[106]。但是，滑石粉作为无机填料与有机高聚物分子材料之间在化学结构和物理形态上有着很大的差异，缺少亲和性，使滑石粉与聚合物之间混合不均匀、黏合力弱，导致制品的力学性能降低。为此，必须对滑石粉进行表面改性处理，提高滑石粉与聚合物的界面亲和性，改善滑石粉填料在高聚物基料中的分散状态，这样滑石填料在复合材料中就不仅具有增量作用，还能起到增强改性的效果，从而提高复合材料的物理机械性能，使滑石得到更好的应用和扩大其应用领域。

2. 蒙脱石

蒙脱石是由两层 Si—O 四面体夹一层 Al(Mg)—(OH) 八面体层组成的，它是由基性岩或凝灰岩在碱性环境中风化而成的。蒙脱石的化学式为 $Na_xCa_y(H_2O)_4\{(Al_{2-x}MgO_x)_2$-$[(Si_4Al_4)O_{10}](OH)_2\}$。蒙脱石具有表面电性、膨胀性、悬浮性和造浆性、离子交换性和吸附性、热稳定性以及可塑性和黏结性等，因而可作为黏结剂、悬浮剂、增强剂、增塑剂、增稠剂、触变剂、絮凝剂、稳定剂、净化脱色剂、填充剂、催化剂、载体等，广泛应用在冶金、机械制造、钻探、石油化工、轻工、农林牧和建筑等方面[107]。

3. 高岭石

高岭石 $[Al_2Si_2O_5(OH)_4]$ 是 1∶1 型的层状结构硅酸盐，由一层铝氧八面体 $[AlO_2(OH)_4]$ 和一层硅氧四面体 $[SiO_4]$ 在 C 轴方向上周期性重复排列构成。层与层间通过铝氧面的羟基（OH）和硅氧面的氧形成氢键连接。高岭石主要呈假六边形层状结构，它易于沿与层面平行的方向劈开。目前在高岭石的开发利用中，用作纸张的填料和涂布料、陶瓷原料、橡胶填充剂和涂料的添加剂等，粒度均在 0.1μm 以上，一般在 2μm 左右。层间解离堆垛的高岭石晶体，实现在纳米尺度上应用高岭石，将会使现有的用途产生质的提高，使原矿的价值倍增。高岭石的一些特征参数包括比表面积、亮度、晶粒的大小和形状直接决定其在技术上的应用性。若能够在较短时间内，成功地使高岭石剥片达到纳米级，将会带来工业上的革新，产生良好的经济效益和社会效益。

4. 蛭石

蛭石是结构层为 2∶1 型的层状硅酸盐矿物，具有可膨胀的层间域，层间域内具有水分子和可交换性阳离子。蛭石具有优良的阳离子交换性、吸附性和加热膨胀性。与蒙脱土（MMT）相比，蛭石具有较好的阳离子交换能力、层膨胀能力、吸附能力和很好的保温隔热性能，同时我国的蛭石矿产资源丰富，但目前的利用水平较低，从提高产品的利用价值方面考虑，研究、开发聚合物/蛭石复合材料具有重要的意义和广泛的应用前景。

5. 云母

云母（mica）是钾、铝、镁、铁、锂等层状结构铝硅酸盐的总称。云母普遍存在多型性，其中属单斜晶系者常见，其次为三方晶系，其余少见。云母通常呈假六方或菱形的板状、片状、柱状晶型。颜色随化学成分的变化而异，主要随 Fe 含量的增多而变深。化学通式为 $X\{Y_{2\sim3}[Z_4O_{10}](OH)_2\}$。

云母具有较高的电绝缘性、耐热性、耐化学腐蚀性，云母的机械强度较高，剥分性好，能沿解理面剥分成极薄的薄片。能广泛地应用于塑料、橡胶等的填充改性[108]。

云母能改善聚合物的形稳性，经偶联剂改性后，与热塑性树脂或热固性树脂混炼制作云母增强塑料，添加云母粉粒度在 100～400 目之间，白度＞70％，径厚比大效果更好。这种塑料主要性能有：①抗拉模量和抗挠模量显著增加，同时增加抗拉强度和抗挠强度，减少延伸率；②减少热膨胀，而且云母平面性质阻止了非均匀性收缩，而塑料往往导致皱曲；③云母用量越大，热变形温度越高，云母小片的平面排列增加了不透水和不透气性；④改善塑料的电绝缘性；⑤对紫外线、微波及大多数化学试剂的惰性。增强塑料云母的填充量一般在 40％左右，并且需要偶联剂进行改性。增强塑料主要应用于汽车工业，如车灯灯罩、车内装潢、挡板元件及空调和加热器阀外壳以及微波炉、空调的扇叶等[109]。橡胶制品加工中，云母粉是一种良好的润滑剂和脱模剂；云母粉是丁苯橡胶（SBS）等橡胶补强剂，填充适量的云母粉取代白炭黑，对于提高橡胶制品的质量，降低生产成本极为有益，所用云母粉通常为160～325目。

6. 凹凸棒石

凹凸棒石黏土又名坡缕石或坡缕缟石，是一种层链状结构的含水富镁铝硅酸盐黏土矿物，其晶体呈针状和纤维状集合体，单根纤维晶的直径在20nm左右，长度可达1μm，符合纳米材料的尺寸标准。凹凸棒土是一种天然的纳米材料，常用作高分子材料的补强剂，但是在其应用的过程中往往不能发挥作为纳米材料的优势，主要是因为凹凸棒土比表面积大，表面活性高，易团聚，并且表面含有极性的羟基，故它与非极性的有机高聚物的亲和性很差，因此在一些高分子的材料中往往只能作为惰性填料使用；当用作纳米材料时，在聚合物基体中更难分散。只有改善其在高聚物基体中的分散性和亲和性，最终得到的才可能是纳米复合材料[110]。目前较常用的处理是通过超声波的方法使凹凸棒土达到纳米级的分散，并复合一些偶联剂或表面活性剂，用得比较多的试剂主要有三乙醇胺、十二烷基磺酸钠、十六烷基三甲基溴化铵、硅烷偶联剂（KH550）和钛酸酯偶联剂（T671）等。

7. 海泡石

海泡石是一种层链状硅酸盐矿物，化学式为 $Mg_8(H_2O)_4[Si_6O_{16}]_2\cdot(OH)_4\cdot 8H_2O$，其中 SiO_2 含量一般在54%～60%之间，MgO含量多在21%～25%范围内。海泡石矿物有白、黄、灰等几种颜色，纯净的海泡石多呈白色至浅灰白色。干燥后黏结成块，手触无滑感或少有滑感，黏舌有涩感。密度为2.032～2.035g/cm³，硬度（莫氏）为2～2.5。质轻，粉末易浮于水面。入水，吸水甚速成为絮凝状，且吸水量较大。润湿的海泡石具有极强的黏结性[111]。海泡石作为一种含水镁硅酸盐的天然矿石，常呈纤维状或针状结构（图2-24），具有较高的形状比和表面物理化学性质，可用于聚合物的改性。海泡石离子交换能力不是很高，但单位晶层间的作用力较弱，具有制造插层复合材料的基本条件。

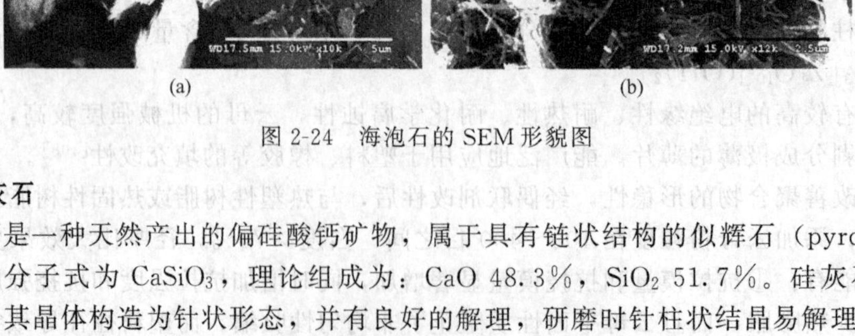

(a) (b)

图2-24 海泡石的SEM形貌图

8. 硅灰石

硅灰石是一种天然产出的偏硅酸钙矿物，属于具有链状结构的似辉石（pyroxenoid）类矿物。它的分子式为 $CaSiO_3$，理论组成为：CaO 48.3%，SiO_2 51.7%。硅灰石的链状结构，决定了其晶体构造为针状形态，并有良好的解理，研磨时针柱状结晶易解理，形成长径比可达20或更高的细粒（图2-25）。利用这一特性可以提高聚合物的冲击强度和拉伸强度，并可产生消光作用，用作涂料平光剂；也可改善涂料涂层的均匀性、耐久性、耐摩擦性、耐气候性和色泽的持久性；降低聚合物的收缩率和改善消声作用。其热膨胀系数低，沿其 b 轴

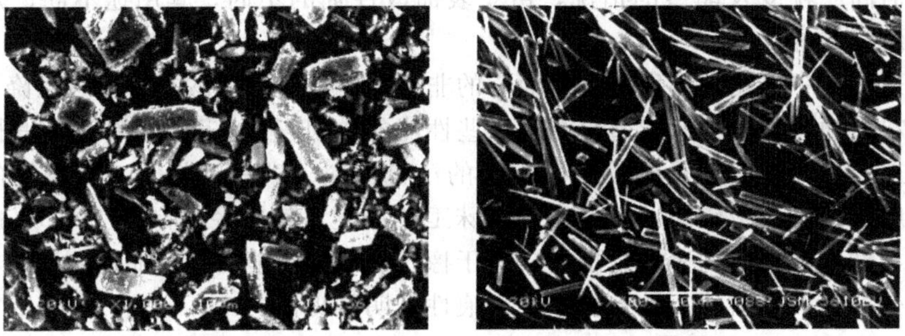

(a) 振动磨粉碎　　(b) 气流磨粉碎

图 2-25　硅灰石的 SEM 照片

方向，在升温至 800℃时，为 $6.50\times10^{-6}\sim6.71\times10^{-6}℃^{-1}$，且呈线性膨胀。由于硅灰石这一特性可改善聚合物的热稳定性，降低收缩率，广泛用作聚合物填料。

填料用硅灰石是其最有潜力、附加值最高、增长最快的品种。目前，该类型硅灰石产品占硅灰石世界总消费量的 25%左右。硅灰石可取代或部分取代玻璃纤维作聚合物复合材料的增强体，提高材料性能，降低成本，起增量和增强的双重作用。目前硅灰石应用研究重点是硅灰石填充复合材料在电子元件、封装材料、高性能橡塑制品、汽车壳体、模具以及光盘材料等领域中的应用[112,113]。

9. 纤蛇纹石

纤蛇纹石的理想化学式为 $Mg_3Si_2O_5(OH)_4$，是含水的镁硅酸盐，是蛇纹石的纤维状变种。是传统工业矿物，具有许多优良的性能，如耐热、隔热、热导率低、高电阻、强绝缘、抗张强度高、柔韧性好、密封性好等，曾在传统工业上广泛应用。纤蛇纹石的纤维强度比其他石棉都要好。单根纤维呈白色，有丝般光泽，而聚集在一起的纤蛇纹石一般显出绿色或浅黄色。纤蛇纹石的纤维像弹簧那样螺旋状卷起来，在电子显微镜下可见一个空心管状的纤维。纤蛇纹石的纤维长度可超过 15cm。

纤蛇纹石纤维为一维纳米纤维，其天然的一维纳米管具有许多独特的优良性能，极好的抗张强度、柔韧性、密封性等，用在摩阻材料、密封材料上可与合成的纳米碳管相媲美；良好的热稳定性及低热导率又使之成为纳米碳管所不具备的优质隔热材料；高电阻率使其在绝缘材料上有良好的应用；巨大的比表面积和表面化学活性还是潜在的处理污染的环保材料，同时也为增强纤维紧固效应和表面改性提供了可能[114]。此外，纤蛇纹石天然产出的低成本，也是投资成本高、价格昂贵的人工合成材料无法比拟的。

二、其他矿物

（一）碳酸钙

碳酸钙是一种无机化合物，是石灰岩石（简称石灰石）的主要成分，其分子式为 $CaCO_3$。根据生产方法不同，碳酸钙分为两大类，以方解石、大理石、白垩、贝壳、石灰石等为原料经机械粉碎及超细研磨等制取的产品称为重质碳酸钙，通常以 GCC 表示；以石灰石为原料经燃烧、消化、碳酸化、分离、干燥分级制取的产品称为轻质碳酸钙，通常以 PCC 表示。碳酸钙产品按表面是否改性分为活性 GCC、活性 PCC 及普通 GCC、普通 PCC 两大类。

碳酸钙是重要的无机化工产品，用于塑料、造纸、涂料、橡胶、化学建材、日用化工、油墨、牙膏、胶黏剂、密封材料等行业。碳酸钙产品的用途首先要满足不同用户的粒度及晶型的要求，但同一粒度及晶型的情况，由于表面改性剂的不同，其用途不同，效果相差很大，经济价值相差悬殊[115]。

碳酸钙是塑料中应用数量大、使用面广的非矿粉体材料。碳酸钙不仅可以降低塑料制品的原材料成本，而且还具有改善塑料材料某些性能的作用[116]。其用量有逐年增长的趋势。

在橡胶工业中，碳酸钙是橡胶制品主要的浅色填料。碳酸钙作为一种传统的补强填充剂，价格低廉，而纳米级碳酸钙则是利用特殊工艺处理，使粒径控制在1～100nm，其比表面积增大，活性增强。将纳米级碳酸钙应用于橡胶制品中，能够使产品的物理机械性能有所改善，特别是产品的耐磨性、致密性、抗划痕性有明显提高。

（二）水镁石

水镁石（brucite）是一种层状结构的氢氧化物，又称氢氧镁石。水镁石呈白色，自然白度较高，可达90%以上，有时水镁石含有杂质Fe、Zn、Ni、Mn，从而使水镁石呈灰白色、淡绿色等。水镁石含有结构水，在340℃开始逐渐吸热分解得到氧化镁与水，这一独特的性质也是它作为阻燃剂和镁质高温耐火材料的主要原因。纤维水镁石是一种罕见的天然水镁石矿，属于非石棉矿物，是一种新型的非金属矿产资源，主要成分为氢氧化镁。纤维水镁石是被验证安全的、没有致病性的天然矿物材料，并且具有优良的力学性能、抗碱性能、水分散性能及环境安全性[117]，是生产橡胶、摩擦制动、密封、保温隔热制品最理想的环保材料。

1. 水镁石阻燃剂

以水镁石为原料制备的阻燃剂，由于其层状结构效应，兼具填充和阻燃两重作用。这类阻燃剂的阻燃性能主要体现在：①不含卤素，属于非卤性阻燃剂，安全性高；②加工温度高[起始分解温度达320℃，比氢氧化铝（仅为220℃）高得多]，可用于加工温度较高的树脂阻燃添加剂；③材料本身无毒、无味，腐蚀性小，高温条件下不产生有毒气体，不会导致二次污染。这类阻燃剂的阻燃和消烟性能俱佳。因此，以水镁石为原料制备用于各种塑料、橡胶、胶合板等高档阻燃剂，具有较高的附加值。

2. 水泥基复合材料的增强体

水镁石纤维与水泥具有很好的相容性和结合强度。纤维混凝土是一种复合材料，它可以在体现混凝土抗压强度高的同时，发挥纤维抗拉强度高的长处，还可利用纤维在混凝土承载中的脱黏、拔出、桥接、载荷传递等作用，增加混凝土承载中吸收能量的能力，从而大大增加混凝土的抗裂性、韧性、抗冲击性和耐疲劳强度。天然产出的水镁石以短纤维为主，应用于水泥混凝土中，操作工艺性能很好。水镁石纤维具有亲水性，因而应用于水泥混凝土中还有利于混凝土的保水性和黏聚性的提高[118]。

（三）硅藻土

硅藻土（diatomite）是一种生物成因的硅质沉积岩，主要由古代硅藻遗骸组成，其化学成分主要是SiO_2，含少量的Al_2O_3、Fe_2O_3、CaO、MgO、K_2O、Na_2O、P_2O_5和有机质。SiO_2通常占60%以上，优质硅藻土矿可达90%左右。优质硅藻土的氧化铁含量一般为1%～1.5%，氧化铝含量为3%～6%。

硅藻土的颜色为白色、灰白色、灰色和浅灰褐色等，有细腻、松散、质轻、多孔、吸水和渗透性强的特性。硅藻土中的硅藻有许多不同的形状，如圆盘状、针状、筒状、小环状、羽状等。松散密度为0.3～0.5g/cm³，莫氏硬度为1～1.5（硅藻骨骼微粒为4.5～5μm），孔隙率达80%～90%，能吸收其本身重量1.5～4倍的水，是热、电、声的不良导体，熔点为1650～1750℃，化学稳定性高，除溶于氢氟酸以外，不溶于任何强酸，但能溶于强碱溶液中。硅藻土的二氧化硅多数是非晶体，碱中可溶性硅酸含量为50%～80%。非晶型二氧化硅加热到800～1000℃时变为晶质二氧化硅，碱中可溶性硅酸可减少到20%～30%。

由于硅藻土特殊的结构，使其具有许多特殊的性质，如大的孔隙度，较强的吸附性，质轻、隔声、耐磨、耐热，并有一定的强度，可用来生产助滤剂、吸附剂、催化剂载体、功能填料、磨料、水处理剂、沥青改性剂（填料）等，广泛应用于轻工、食品、化工、建材、环保、石油、医药、高等级公路建设等领域。

（四）*石墨*

石墨是自然界广泛存在的一种晶态单质碳，有着六边形层状晶格构架，层间距0.335nm，以范德华力结合起来。石墨一直以来就作为填料和基材在复合材料中广泛出现，其纳米填料一般以纳米石墨片层的形式出现。石墨是典型层状结构物质，片层间靠离域π键和范德华力连接，因此采用合适的措施可以将石墨片层剥离成纳米石墨微片，实现纳米石墨微片与基体复合，制得纳米石墨复合材料。由于纳米石墨微片具有很大的径厚比，因此纳米石墨微片很容易在聚合物基体内形成三维连通的立体导电网络，逾渗阈值很低，复合材料可以在低石墨含量情况下获得优良的导电性能。

Podall于1958年首次采用碱金属插层聚合法来制备聚合物/纳米石墨复合材料。该法将碱金属插入石墨层间后再将聚合物单体插入，其后由碱金属在石墨层间引发单体的聚合，同时撑开石墨片层，得到纳米石墨复合材料。碱金属插层聚合需要首先制得碱金属插层石墨，同时基体的聚合方法必须是阴离子聚合，因此整个制备过程复杂、工艺控制严格，存在一些特定的技术问题，比如石墨颗粒表面规整且无活性官能基团，催化剂和单体常常难以负载；反应活性高的单体通常大部分在石墨颗粒表面即发生聚合，只有少数单体进入石墨颗粒内部碳层间进行聚合，以至于制备的复合材料中纳米石墨微片分散程度不高。

与由石墨直接制备纳米石墨复合材料的方法相比，由膨胀石墨（EG）制备纳米石墨复合材料的方法有着更广泛的应用。由化学氧化法或电化学氧化法可将化合物插入石墨片层间，这类石墨的体积在高温下因其层间化合物的急剧分解而膨胀几百倍。膨胀石墨的结构蓬松，呈蠕虫状［图2-26(a)］，表观密度极低，内部由厚度100nm以下且径厚比可达100～500的相互粘连的大量蓬松状纳米石墨微片组成［图2-26(b)］，一定的力学作用就可以将膨胀石墨中相互粘连的纳米石墨薄层剥离［图2-26(c)］。膨胀石墨一般通过原位聚合法和直接共混法制备纳米石墨复合材料。

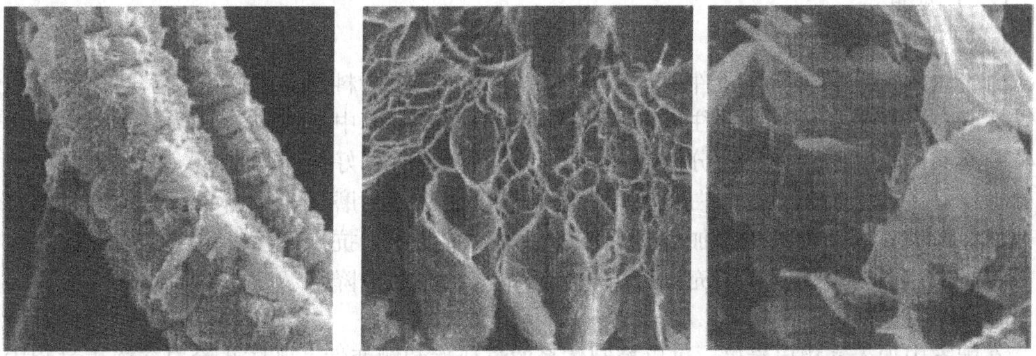

(a) 蠕虫状膨胀石墨　(b) 膨胀石墨内部　(c) 玻璃后膨胀石墨

图2-26 膨胀石墨的SEM图[119]

第五节 人工合成材料及固体工业废渣

一、白炭黑

白炭黑又称水合二氧化硅、活性二氧化硅和沉淀二氧化硅，化学式为 $SiO_2 \cdot nH_2O$。它是白色、无毒、无定形微细粉状的无机硅化合物，能溶于苛性碱和氢氟酸，不溶于水、溶剂和酸（氢氟酸除外），耐高温、不燃、无味、无嗅，具有很好的电绝缘性，已应用于塑料、橡胶、造纸、涂料、染料和油墨等诸多领域。

（一）结构

如图 2-27 所示，白炭黑是 SiO_2 的无定形结构，以 Si 原子为中心，O 原子为顶点所形成的四面体不规则堆积而成。它表面上的 Si 原子并不是规则排列，连在 Si 原子上的羟基也不是等距离的，它们参与化学反应时也不是完全等价的。红外光谱研究表明，白炭黑表面上有三种羟基：一是孤立的、未干扰的自由羟基；二是连生的、彼此形成氢键的缔合羟基；三是双生的，即两个羟基连在一个 Si 原子上的羟基。孤立的和双生的羟基都没有形成氢键[120]。

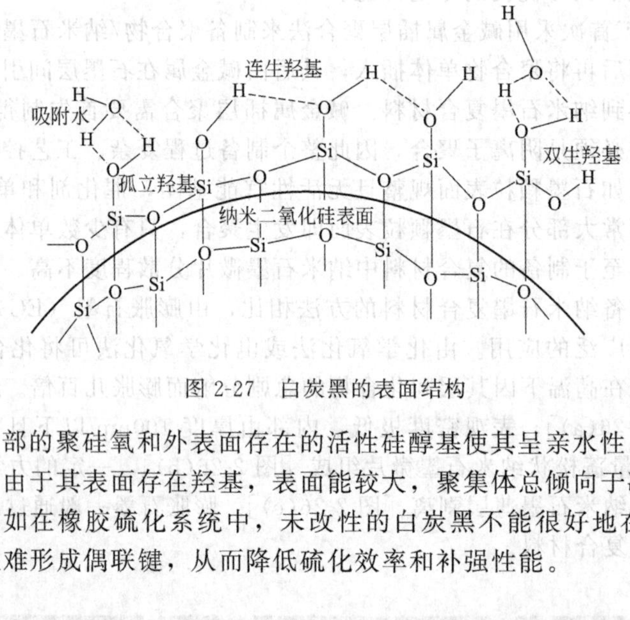

图 2-27 白炭黑的表面结构

由于白炭黑内部的聚硅氧和外表面存在的活性硅醇基使其呈亲水性，在有机相中难以湿润和分散，而且，由于其表面存在羟基，表面能较大，聚集体总倾向于凝聚，因而产品的应用性能受到影响。如在橡胶硫化系统中，未改性的白炭黑不能很好地在聚合物中分散，填料、聚合物之间很难形成偶联键，从而降低硫化效率和补强性能。

（二）应用

1. 塑料、橡胶

白炭黑掺入环氧树脂浇注件中，可防止其收缩，提高塑料制品的硬度、耐磨、耐温和绝缘等性能。白炭黑在橡胶中往往以附聚体的形式分散在基体中形成三维网状交联结构，从而对橡胶起到增稠和补强作用；分散在基体中的白炭黑具有良好的光学性能，可做出白色透明的硅橡胶制品；作为填充剂，白炭黑可以提高塑料制品的耐磨性、耐撕裂性、抗臭氧老化性和冰面抓着性；在胎面胶中添加白炭黑可提高轮胎抗切割、抗撕裂性能，减少崩花掉块；白炭黑填充的胶料与普通炭黑填充的胶料相比较，滚动阻力可降低 30%。

2. 涂料、油墨

在配方中加入气相白炭黑，可以控制体系的流变性和触变性，既防止涂料在施工过程中出现流挂现象，又可保证涂层厚薄均匀，获得高品质的涂刷效果。气相白炭黑还能提高颜料和填料的悬浮性，改善颜料的分散性，从而提高了涂层的表面光泽以及抗刮擦和耐磨防腐性能。

3. 黏合剂和密封剂

白炭黑在黏合剂和密封剂中均匀分散后，其表面的活性硅羟基易与聚合物形成氢键，产生结构化效应，形成网状结构，使得体系的黏度增加，流动性变差，从而起到增稠作用。如存在外界剪切力，网状结构就会受到破坏，导致体系黏度下降，发生触变效应；如外界剪切力消除，网状结构又重新形成，这样就能有效地防止黏合剂和密封剂在储存期间的沉淀和固化期间的流挂现象，并提高其撕裂强度和黏结强度。

二、二氧化硅

二氧化硅是一种无定形的白色非金属材料，表面存在不饱和的残键及不同键合状态的羟基，其分子状态是三维链状结构（图 2-28）。

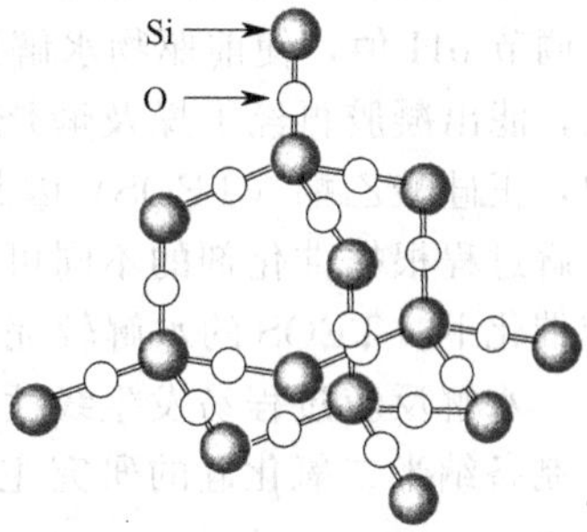

图 2-28　二氧化硅结构示意图

（一）性质

二氧化硅纳米颗粒具有许多独特的性质，例如具有量子尺寸、量子隧道效应、特殊的光电特性与高磁阻现象、非线性电阻现象以及高温下仍具有的高强、高韧、稳定性好等特性。这些独特的性质使它具有抗紫外线的光学性能；可提高材料的抗老化性和耐化学品性；可提高材料的强度、弹性，具有吸附色素离子、降低色素衰减的作用等，可广泛应用于催化剂载体、高分子复合材料、电子封装材料、精密陶瓷材料、橡胶、造纸、塑料、黏结剂、高档填料、涂料、光导纤维、精密铸造等方面。

（二）制备方法

1. 物理法

纳米二氧化硅的物理制备方法主要为机械粉碎，通过超细粉碎机械产生的冲击、剪切、摩擦等力的综合作用对大颗粒二氧化硅进行超细粉碎，然后利用高效分组装置分离不同粒径的颗粒，从而实现纳米二氧化硅粉末粒度分布的均匀化与特定化。物理法的生产工艺简单、生产量大、生产过程易于控制，但对原料要求较高，且随着粒度减小，颗粒因表面能增大而团聚，难以进一步缩小粉体颗粒粒径，所得的一般为晶体二氧化硅颗粒，而化学法制备得到的一般为无定形二氧化硅颗粒且粒径较小[121]（图 2-29）。

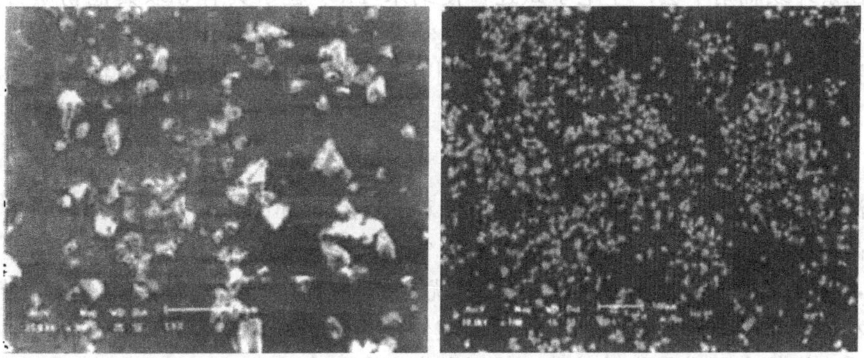

(a) 物理法制备的纳米二氧化硅　　(b) 化学法制备的纳米二氧化硅

图 2-29　不同方法制备的纳米二氧化硅 TEM 图

2. 化学法

化学气相反应法利用有机硅化合物（如有机卤硅烷、硅烷等）、氢气与氧气或空气混合燃烧，有机硅化合物在高温燃烧后，在反应生成的水中进行高温水解，从而制得纳米二氧化硅。这种方法合成的纳米颗粒具有粒度均匀、粒径小且呈球形、产品纯度高、表面羟基少等优点。但此法要使化学反应发生，还必须利用加热、射线辐照或等离子体等方式将反应物活化成分子，因而此法所用设备要求高，所用原料贵，产品价格较高，且其制备核心技术和市场主要由德国、美国和日本的几大公司控制，限制了它的应用。

（1）沉淀法　沉淀法是将反应物溶液与其他辅助剂混合，然后在混合溶液中加入酸化剂沉淀，生成的沉淀再经干燥与煅烧得到纳米二氧化硅。此法因其工艺简单、原料来源广泛而得到广泛的研究与应用，但其产品性状难以控制的问题尚没有得到较好解决[122]。

（2）溶胶-凝胶法　此法一般以硅酸盐或硅酸酯为前驱物溶于溶剂中形成均匀溶液，然后调节 pH 值，使前驱物水解聚合形成溶胶。随着水解的进行，水解产物进一步聚集形成凝胶，滤出凝胶再经干燥及煅烧，制得所需的纳米二氧化硅粉体。此制备方法采用的前驱物中，正硅酸乙酯（TEOS）因其水解及溶胶-凝胶化过程易于控制而得到广泛研究。TEOS 的水解过程根据催化剂的不同可分成酸催化和碱催化，两者的催化水解过程有一定的区别。在碱催化下，TEOS 的水解较完全，易于形成球形粒子；在酸催化下，由于单体缩聚速率较大，水解反应过程易发生线性缩合，形成三维空间网络结构而难以形成球形粒子。所以，目前制备纳米二氧化硅的研究主要为碱性催化，吸附性能更优越的酸性纳米二氧化硅的研究较少。

（3）微乳液法　微乳液通常由表面活性剂、助表面活性剂、油、水组成，剂量小的溶剂被包裹在剂量大的溶剂中形成一个个纳米级的、表面由表面活性剂组成的微泡。微乳液法就是通过向由前驱物制得的微乳液中滴加酸化剂或催化剂，使制备反应在微乳液泡内发生，利用微乳液使固相的成核生长、凝结、团聚等过程局限在一个微小的球形液滴微泡内，从而形成纳米球形颗粒，又避免了颗粒之间进一步团聚，易实现粉体粒径的可控性生产。通过微乳液，再结合适当的后处理工序，将可以制得形貌及粒径都较为均一的纳米二氧化硅粉体。微乳液法作为一种新兴的制备方法，由于其具有纳米级的自装配能力，易于实现粒径与形貌的可控性制备而引起众多研究者的兴趣，成为近年的研究热点[123]。

三、二氧化钛

纳米 TiO_2 具有粒径小、比表面积大、表面活性高、分散性好等特点，并有着独特的光敏作用，在紫外线辐射下会产生电子跃迁，使纳米 TiO_2 粒子具有夺取其他物质自由电子的能力，进而发生氧化反应。这些独特的物理化学性质，使其在环境、材料、能源、医疗和卫生领域有着广阔的应用前景。纳米 TiO_2 的制备方法有很多，归纳起来主要有气相法和液相法。

（一）气相法制备二氧化钛

气相法制备纳米二氧化钛的方法通常有两种。一种不伴随化学反应，通过真空干燥、激光、电弧高频感应和电子束照射等方法使原料气化或形成等离子体，然后在介质中冷却凝结形成微粒，称为物理气相沉积法（PCD）。其优点是产物的纯度高、晶型结构好、粒度可控；但对设备和技术水平要求高。另外一种是伴随化学反应的化学气相沉积法（CVD），它是利用气态物质在固体表面进行化学反应，使用激光、电子束、高频电弧为热源，生成固体沉积物。化学气相法主要有以下几种。

1. $TiCl_4$ 气相火焰水解法

方程式：　$TiCl_4(g)+2H_2(g)+O_2(g) \longrightarrow TiO_2(g)+4HCl(g)$

该法最早由德国 Degussa 公司开发成功。以 $TiCl_4$ 为原料，将 $TiCl_4$ 气体导入高温氢氧焰中（700～1000℃）进行高温水解制备纳米二氧化钛。该工艺制备的粉体晶相一般是锐钛矿型和金红石型的混合型。此法制备工艺成熟，生产过程较短，自动化程度高，产品纯度高、粒径小、比表面积大、分散性好、团聚程度小，但因反应过程温度较高，且 HCl 的生成使设备腐蚀严重，对设备材质要求较严，此外还需要精确控制工艺参数，因此产品成本较高。产品主要用于电子材料、催化剂和功能陶瓷等领域。

2. $TiCl_4$ 气相氧化法

方程式：$$TiCl_4(g)+O_2(g)\longrightarrow TiO_2(g)+2Cl_2(g)$$

以 $TiCl_4$ 为原料，氧气为氧源，氮气为载气，在高温条件下（900～1400℃），$TiCl_4$ 和 O_2 之间发生均相化学反应，生成二氧化钛前驱体，并通过成核生长为二氧化钛粒子。该工艺的优点是自动化程度高，可以制备出优质的粉体，但因是高温反应过程，对设备要求高，技术难度大，且副产有害气体 Cl_2，腐蚀性大，且产量不高。

3. 钛醇盐热裂解法

方程式：$$Ti(OC_4H_9)_4(g)\longrightarrow TiO_2(g)+4C_4H_8+2H_2O(g)$$

该工艺以高纯氮气为载气，将钛醇盐蒸气引入反应器，在高温下发生热裂解反应，沉积区得二氧化钛微粒。该工艺可实现连续生产，反应速率快。所得的纳米二氧化钛为无定形粒子，分散性好、表面活性大。但设备的形式、材质，反应的加热和进料及产物颗粒的收集和存放等问题有待进一步解决。

4. 钛醇盐气相水解法

方程式：$$Ti(OC_4H_9)_4(g)+2H_2O(g)\longrightarrow TiO_2(g)+4C_4H_9OH(g)$$

该工艺又名气溶胶法，最早由美国麻省理工学院开发成功，可以用来生产单分散的球形纳米 TiO_2。钛醇盐蒸气经喷雾和氮气激冷形成 $Ti(OR)_4$ 气溶胶颗粒，而后与水蒸气快速水解形成二氧化钛超细颗粒。日本曹达公司和出光公司已经利用该工艺实现了工业化生产，并生产出纳米 TiO_2。该工艺的反应温度较 $TiCl_4$ 气相氧化法的反应温度低、能耗小、对材质要求不是很高，并且可以连续生产，因而是目前气相法生产纳米二氧化钛使用最多的方法。

（二）液相法制备二氧化钛

液相法制备纳米二氧化钛是选择可溶于水或有机溶剂的金属盐类，使金属盐溶解，并以离子或分子状态混合均匀，再选择一种合适的沉淀剂或采用蒸发、结晶、升华、水解等过程，将金属离子均匀沉淀或结晶出来，再经过脱水或热分解制得粉体。主要的方法包括以下几种。

1. 溶胶-凝胶法

溶胶-凝胶法是 20 世纪 80 年代兴起的一种制备纳米材料的湿化学方法，该法以钛醇盐 $Ti(OR)_4$ 为原料，将其溶于丁醇、乙醇或丙醇等溶剂中形成均相溶液，使钛醇盐在分子均匀的水平上进行水解反应，同时发生失水与失醇的缩聚反应，生成物聚集成 1nm 左右的粒子并形成溶胶，经陈化形成三维网络的凝胶。干燥除去残余水分、有机基团和有机溶剂得到干凝胶，经研磨、煅烧最终得到纳米级 TiO_2 粉体[124]。

2. 微乳液法

微乳液法制备纳米二氧化钛是近年来才发展起来的一种方法。微乳液是指热力学稳定分散的互不相溶的液体组成的宏观上均一而微观上不均匀的液体混合物。该法的制备原理是在表面活性剂作用下使两种互不相溶的溶剂形成一个均匀的乳液。利用这两种微乳液间的反应可得到无定形的二氧化钛，经煅烧、晶化得到二氧化钛纳米晶。此法得到粒子纯度高、粒度小而且分布均匀，但稳定微乳液的制备较困难，因此，此法的关键在于制备稳定的微乳液[125]。

3. 水热/溶剂热方法

水热/溶剂热方法合成 TiO_2 通常在水热釜中进行，通过控制前驱物的水或有机溶剂的温度和压力进行反应。温度和水热釜中的溶液量决定了产生的压力。水热/溶剂热方法中使用最普遍的前驱体是 $Ti(SO_4)_2$、$H_2TiO(C_2O_4)_2$、钛的卤化物和钛酸丁酯等。溶剂热方法与水热法的区别在于，溶剂热方法中使用的溶剂是无水的有机溶剂。溶剂热方法中最常使用的有机溶剂是甲醇、丁醇、甲苯等。与水热法相比，溶剂热方法的优点在于，具有更高沸点的有机溶剂有很多种，溶剂热方法比水热法能够达到更高的温度，能更好地控制 TiO_2 纳米颗粒的大小、形态分布和晶型。用不同的表面活性剂可以调整生成纳米棒的形貌[126]。

4. 沉淀法

沉淀法是制备纳米材料的一种相对比较简单的方法。它又可分为直接沉淀法和均匀沉淀法。直接沉淀法是较早使用的一种方法，但由于所得沉淀物一般为胶状物，洗涤、过滤比较困难；而且沉淀剂可能混入产品、洗涤时沉淀物可能溶解，造成产品不纯、分散性较差，所以，现在已很少使用，或是采用已经经过改进的直接沉淀法。均匀沉淀法较直接沉淀法有很多优点，一般向含有一种或多种离子的金属盐溶液中加入沉淀剂，并通过化学反应使沉淀剂从溶液中缓慢析出，而使金属氢氧化物或其盐类从溶液中慢慢析出，然后洗去阴离子，将沉淀过滤、干燥，经600℃左右煅烧得到锐钛矿型纳米 TiO_2 粉体，或在800℃以上煅烧得到金红石型纳米 TiO_2 粉体[127]。

四、三氧化二铝

纳米级氧化铝通常具有纳米粉体所特有的体积效应、量子尺寸效应、表面效应和宏观量子隧道效应，在光、电、力学和化学反应等许多方面表现出一系列的优异性能，广泛用作精细陶瓷、复合材料、医用材料、高级磨料、冶金材料、荧光材料、湿敏性传感器及红外吸收材料等。

纳米 Al_2O_3 的制备方法有多种，按其制备过程中是否伴随有化学反应发生可分为物理法、化学法和物理化学法；按其制备条件可分为干法和湿法；按制备时的物相可分为气相法、液相法和固相法。

（一）固相法

固相法是指将铝或铝盐研磨、煅烧，经固相反应后直接得到纳米氧化铝的方法。固相法的特点是产量大，易实现工业化；不足之处是粉体的粒径、纯度及形态受设备和工艺的限制，往往得不到高纯超细粉体。目前制备纳米氧化铝常用的固相法有非晶晶化法、机械粉碎法和燃烧法等。非晶晶化法制备纳米氧化铝一般先制备得到非晶态的化合态铝，然后再经退火处理，使其非晶晶化。机械粉碎法则利用机械粉碎和研磨的方法制备氧化铝颗粒。燃烧法是利用高温下迅速点火来制备纳米材料的一种新方法。固相法设备简单，产率高，成本低，环境污染小，但产品粒度难以控制，分布不均匀，易团聚。

（二）气相法

气相法是直接使物质在气态下发生物理、化学反应，并在冷却过程中形成纳米粉体的方法。

化学气相沉积法（CVD）是气相法制备高纯超细氧化铝中最常用的方法。该法是以金属单质、卤化物、氢化物或有机金属化合物为原料，通过气相加热分解和化学反应合成微粒。目前，已发展的制备方法有火焰气相沉积法、激光热解气相沉积法以及激光加热蒸发气相沉积法等。

惰性气体凝聚加原位加压法通常是在真空蒸发室内充入低压惰性气体，通过加热使原料气化或形成等离子体，与惰性气体原子碰撞而失去能量，然后骤冷使之凝结成超细粉体。此法在制备过程中对真空要求很高，导致生产成本上升，对其工业化生产是个极大的障碍。

气相法的特点是反应条件易控制、产物易精制，只要控制反应气体和气体的稀薄程度就可得到少团聚或不团聚的纳米粉体。颗粒分散性好、粒径小、分布窄，但其成本高、产率低的缺点也导致气相法难以实现工业化生产。

（三）液相法

液相法制备纳米氧化铝粉体通常是选择一种或几种可溶性铝盐，按成分计量配成溶液，使各元素呈离子或分子态，然后再用另一种沉淀剂将所需物质均匀沉淀，结晶出来，最后经热处理制得纳米氧化铝粉体。目前，这种方法在工业上应用较为广泛。

溶胶-凝胶法是近几年迅速发展起来的新技术。它利用醇铝盐的水解和聚合反应制备氢氧化铝均匀溶胶，再浓缩成透明凝胶，凝胶经抽真空低温干燥可得氢氧化铝的超微细粉，在不同热处理条件下煅烧，得到不同晶型的纳米氧化铝。

无机盐热分解法主要有硫酸铝铵热分解法和碳酸铝铵热分解法两种。硫酸铝铵热分解法是指将含铝无机盐和铵盐直接化合，经重结晶提纯后加热分解，再在一定温度下转相和控制相态，可得到所需的 Al_2O_3 超细粉体。碳酸铝铵热分解法是指将硫酸铝铵与碳酸氢铵反应生成碱式碳酸铝，然后经热分解、转相和粉碎，得到高纯超细 Al_2O_3 粉体。

除上述方法外，液相法还有反乳胶团微乳法、溶剂蒸发法、液相沉淀法和相转移分离法等。总的来说，液相法制备 Al_2O_3 可精确控制化学组成，易添加微量有效成分，制成多种成分的均一微粉体，虽然容易引入杂质，但超细微粒表面活性好，形貌、粒径容易控制，工业化生产成本低。

五、工业废渣

（一）赤泥

赤泥是氧化铝工业中副产的不溶性残渣，主要成分为 SiO_2、Al_2O_3、CaO、Fe_2O_3 等，赤泥的颗粒直径在 0.088～0.25mm 之间，密度 2.7～2.9g/cm^3，容重 0.8～1.0g/cm^3，熔点 1200～1250℃。赤泥按氧化铝的生产方式可分为烧结法、拜耳法和联合法赤泥。不同的生产方式其成分不同，在我国主要是烧结法和联合法赤泥，主要成分为硅酸钙及其水合物，国外则是含赤铁矿、铝硅酸钠水合物较多的拜耳法赤泥。

1. 赤泥的性质与特点

赤泥具有较高的阳离子交换量和比表面积，但是大小相差悬殊，变化幅度大，阳离子最大交换量为 578.1mol/kg，最小为 207.9mol/kg，其值高于膨胀土和高岭土，低于伊利土和蒙脱土。赤泥比表面积最大值为 186.9m^2/g，最小值为 64.09m^2/g。每生产 1t 氧化铝要排出 0.6～2.0t 赤泥，全世界氧化铝工业每年产生的赤泥超过 7000 万吨，2007 年中国的赤泥产生量就已超过 3000 万吨，而我国赤泥的利用率不到 10%[119]。目前世界上大多数氧化铝厂多将赤泥采用干法或者湿法堆积储存，湿法堆积即将赤泥输送至堆场，筑坝堆存；而干法堆积是先将赤泥进行干燥脱水后堆积。湿法堆积易使大量废碱液渗透到附近农田，造成土壤碱化、沼泽化，污染地表、地下水源；干法堆积易产生扬尘，污染大气。也有铝厂将赤泥排入深海，但是赤泥中的碱性物质将污染海水，危害渔业生产。这些不仅造成了环境负担，更使赤泥中的许多可利用成分不能得到合理利用，造成了资源的浪费。

2. 赤泥在复合材料方面的应用

赤泥是塑料制品优良的补强剂和热稳定剂，与其他常用的稳定剂并用时，还具有协调效应，使填充后的塑料制品具有优良的抗老化性能，赤泥改性聚氯乙烯等材料的研究较多，其工艺简单，生产成本低廉，易于推广应用，改性后的聚氯乙烯抗老化性能提高，具有良好的热稳定性能和加工性能以及较好的耐酸、碱性和更强的阻燃性。

（二）粉煤灰

粉煤灰是煤燃烧后的固体废弃物。粉煤灰作为燃煤电厂排出的固体废弃物，是一种可利用的资源。我国电厂以燃煤为主，粉煤灰年排放量约 1.8 亿吨，但其利用率仅 30% 左右[128]，大量粉煤灰堆积于灰场，不仅占用了大量的土地资源，而且对环境造成了严重污染。随着电力工业的不断发展，粉煤灰的排放量也日益增多。

1. 粉煤灰的化学成分及结构特点

粉煤灰的化学成分主要是 SiO_2、Al_2O_3、Fe_2O_3、CaO 和未燃的炭，此外还有少量的 MgO、Na_2O、K_2O 以及砷、铜、锌等微量元素。主要由玻璃微珠、海绵状玻璃体、石英、氧化铁、炭粒、硫酸盐等组成，其中玻璃微珠是粉煤灰具有活性的组分。

粉煤灰的结构[129]是在高温燃烧（1200～1600℃）和急剧冷却下形成的，它是由结晶体、玻璃体和少量未燃尽炭组成的混合体。其存在形态是以珠状颗粒和渣状颗粒的微粒状形态存在。粉煤灰中漂珠壳壁薄，粒径一般为 30～200μm，内部分布着许多椭圆形或近似圆形气孔，部分漂珠内包裹次级微珠；空心沉珠壳壁较厚、粒径较小，实心微珠表面光滑、粒径更小；磁珠呈球形，粒径为 10～150μm，表面常见磁铁矿和赤铁矿的析晶或粘连更小的微珠或颗粒，海绵状玻璃呈不规则片状，疏松多孔，无数微米级气泡或空洞分布于颗粒中，常黏附次级微珠。未燃尽炭粒的形貌与海绵状玻璃类似，有空心炭、未熔炭和网状炭三种类型。

2. 粉煤灰在复合材料方面的应用

以偏高岭土、粉煤灰、煤矸石等为主要原料，经激发剂的作用可制备粉煤灰基矿物聚合材料，矿物聚合物因具有类似有机高聚物的结构和性能特点而得名。矿物聚合材料的各项性能优越，在建筑、道路交通、有毒废料和核废料的处理等方面具有广阔的应用前景。

对粉煤灰进行细化加工和改性处理后，可以作为塑料、橡胶等制品的填料，粉煤灰填充聚氯乙烯塑料制品可提高塑料弯曲挠度和热变形温度；粉煤灰填充橡胶制品可起到增强和补强、硫化及替代炭黑的作用；粉煤灰作填料的酚醛树脂，可以改善和增强酚醛树脂的尺寸稳定性、弯曲强度、冲击强度和压缩强度等。

（三）煤矸石

煤矸石是在成煤过程中与煤层伴生的一种含碳量较低、比煤坚硬的黑灰色岩石，是采煤和洗煤过程中排放的固体废弃物。包括巷道掘进过程中的掘进矸石、采掘过程中从顶板、底板及夹层里采出的矸石以及洗煤过程中挑出的洗矸石。

1. 煤矸石的化学成分及结构

煤矸石的化学成分一般以氧化物为主，如 SiO_2、Al_2O_3、Fe_2O_3、CaO、MgO、K_2O 等，此外，还有少量稀有元素，如钒、硼、镍、铍等。矿物成分主要由黏土矿物（高岭石、伊利石、蒙脱石、勃姆石）、石英、方解石、硫铁矿及碳质组成。

磨细的新鲜矸石（风化矸石）胶凝作用很弱，煅烧后的煤矸石具有一定的活性，未煅烧煤矸石的结构比较致密，而煅烧后煤矸石的结构发生了很大变化（图 2-30）。煅烧后的煤矸石结构基本都呈疏松状态，这是因为煤矸石在高温煅烧过程中伴有结构膨胀、成分挥发，其结构与多微孔、多断键、多可溶物（如 SiO_2、Al_2O_3）、内能更高的无定形态结构相对应（含有晶体）。

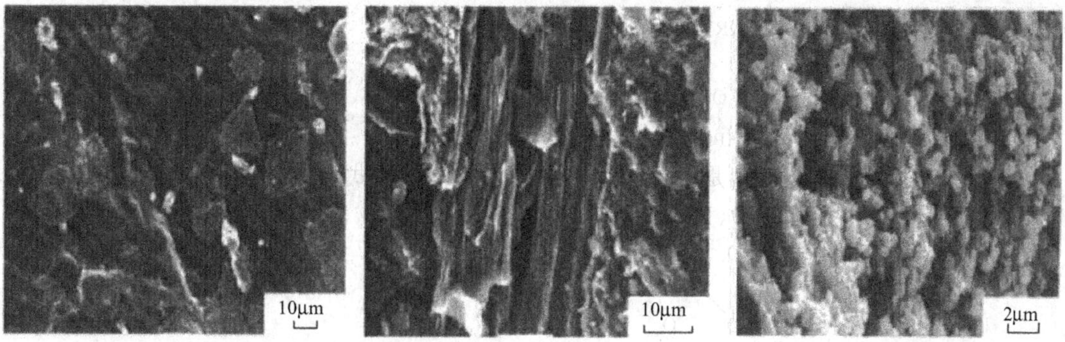

(a) 煤矸石A未煅烧 (b) 煤矸石B在700℃煅烧 (c) 煤矸石E在1000℃煅烧

图 2-30 各种煤矸石的 SEM 照片

2. 煤矸石在复合材料方面的应用

煤矸石经磨碎、焙烧和表面活性处理后，可用作天然橡胶的补强填充剂。焙烧后煤矸石具有较强的活性，易于与大分子高聚物发生交联作用，另外煤矸石中 SiO_2 和 Al_2O_3 的表面通常被硅醇基和铝醇基所覆盖，具有较强的反应活性，可在表面进行芳族化或接枝聚合，对有机高聚物产生较好的补强效果[130]。

第六节 助 剂

一、偶联剂

偶联剂是在无机材料和有机材料或者不同的有机材料复合系统中，能通过化学作用，把两者有机结合起来，或者能通过化学反应，使两者的亲和性得到改善，从而提高复合材料功能的物质。

偶联剂性质的优劣是决定聚合物复合填充体系的增量和增强成功与否的关键。偶联剂作为提高高分子复合材料性能及降低高分子复合材料成本的关键辅料，广泛适用于塑料、橡胶、玻璃钢、涂料、颜料、造纸、黏合剂、磁性材料、油田化工等行业，而且随着聚合物共混材料、填充材料的不断发展，对于新型多功能的偶联剂的研制开发需要显得更为突出。

（一）偶联剂种类

1. 硅烷偶联剂

有机硅烷偶联剂是目前应用品种最多、用量最大的偶联剂，主要用于填充热固性树脂的玻璃纤维和颗粒状的含硅填料的表面处理。其结构通式为：

$$Y—R—Si—X_3$$

其中，R 是脂肪族碳链 $\lbrack CH_2 \rbrack_n$ ，n 一般为 2～3，把 Y 和 Si 连接起来；Y 是和有机基体进行反应的有机官能团，如乙烯基、甲基丙烯酸基、环氧基、巯基、氨基等；X 是在硅原子上结合的特性基团。当 X 是易水解基团，如卤基、烷氧基时，称为水解硅烷；当 X 是过氧化基团—O—O—R 时，则是过氧化硅烷；当 X 是含多硫原子基团—S—S—R 时，则是多硫化硅烷。

2. 钛酸酯偶联剂

钛酸酯偶联剂一般可分为以下六类。

（1）单烷氧型 $RO—Ti(OXRY)_3$

（2）螯合型 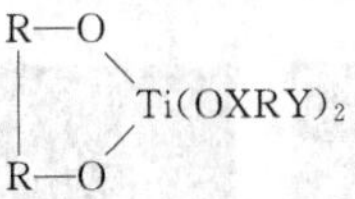

（3）配位型 $(RO)_4Ti\cdot(HPOR)_2$（P=O）

（4）季铵盐型　季铵盐型是由螯合型发展起来的，结构式相似。

（5）新烷氧型　$R^1C(R^2)(R^3)CHOTi(OXRY)_3$

（6）环状杂原子型 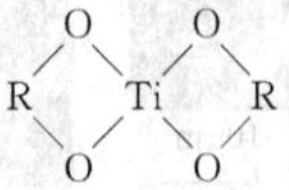

3. 锆铝酸酯偶联剂

Cavedon 化学公司在 Woosocket，R. I. 于 1985 年 9 月 3 日申请的专利公布了一类新的偶联剂——锆铝酸酯。其结构式为：

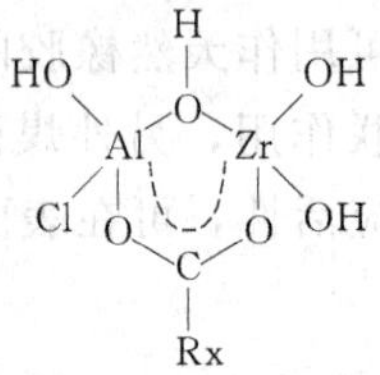

（Rx 为配位基团）

4. 铝酸酯偶联剂

铝酸酯偶联剂是福建师范大学章文贡等发明的一种新型偶联剂。其化学通式为：

$$(C_3H_7O)_xAl(OCOR)_m(OCORCOOR)_n(PAB)_y$$

式中，$m+n+x=3$，$y=0\sim2$。

5. 铝钛复合偶联剂

铝钛复合偶联剂是国家“八五”攻关项目。山西省化工研究所从国情出发，系统进行了铝钛双金属中心原子偶联剂结构、机理、合成方法和应用技术等基础研究，并开发了 OL-AT 系列铝钛复合偶联剂，兼备钛酸酯类和铝酸酯类偶联剂的特点，成本低，用途广。OL-AT 系列铝钛复合偶联剂的化学结构可由如下通式来表示：

$$a(R'O)_nAl(OOCR'')_{3-n}\cdot b(R'O)_mTi(OOCR'')_{4-m}$$

6. 稀土偶联剂

武德珍等采用国产新型稀土偶联剂处理碳酸钙填充 PVC 复合材料，结果表明，当碳酸钙加入量不超出 15 份时，可提高或维持制品的韧性。表 2-31 说明，当填充量相同时，用稀土偶联剂和钛酸酯偶联剂作碳酸钙外表面处理时，其拉伸强度和断裂伸长率最高，铝酸酯次之，未经表面处理最差。

表 2-31　稀土偶联剂对 PVC/$CaCO_3$ 复合体系力学性能的影响

性　能	纯 PVC	未处理 $CaCO_3$		铝酸酯处理		钛酸酯处理		稀土处理	
		7.5 份	15 份	7.5 份	15 份	7.5 份	15 份	7.5 份	15 份
拉伸强度/MPa	46.9	41.5	40.8	42.0	41.5	45.2	43.4	45.5	43.5
断裂伸长率/%	123	103	30	107	50	109	50	120	52
冲击强度/(kJ/m^2)	2.00	1.92	1.86	2.17	2.30	1.99	2.35	2.14	2.32

（二）作用机理

偶联剂的作用和效果早已被世人所承认和肯定，但界面上极少量偶联剂对复合材料的性能有显著的影响，迄今尚无一套完整理论来解释。绝大多数关于分子水平的偶联机理的理论研究工作是针对硅烷偶联剂和玻璃纤维的。这其中化学键理论、浸润效应和表面能理论、可变形层理论和拘束层理论已被广大学者所提出。此外，还有 Pluedde 提出的把化学键理论、可变形层理论和拘束层理论联系起来的可逆水解理论，田伏宗雄的化学键、氢键、物理吸附共同使表面粘接的 Arkles 模式。上述三种新型偶联剂作用机理又各自具有不同特点。

(1) 铝钛复合偶联剂分子中有双中心原子，且同时带有低碳链的烷氧基和长碳链的烷酰氧基，增加与无机物和有机物互相作用的作用点。更值得指出的是，由于双金属中心原子之间存在一定的亲和作用，两者复合偶联体系在填料表面形成的单分子吸附层较单金属中心原子偶联剂更为密集，显示出良好的协同效果。

(2) XOL-4 偶联剂在处理滑石粉表面时，XOL-4 上的官能团与滑石粉中的 Si 可以形成一种配合物，该配合物在两个聚离子 [$(Si_4O_{11})^{6-}$] 片晶中，形成坚固结合，且 XOL-4 另一端与填充树脂分子具有良好相容性，且可以形成部分共结晶。

(三) 用途

偶联剂的种类较多，通常按其核心元素进行分类可分为硅系、钛系、铝系、铬系、锆系、锌系和钙系等。在涂料工业中最常用的是硅烷偶联剂和钛酸酯偶联剂。

硅烷偶联剂是一类具有特殊结构的低分子有机硅化合物，它研究得最早且应用较多。它不仅能提高涂料的力学性能，还可以改善其电学性能、耐热性、耐水性和耐候性等性能，已成为涂料填充改性中不可缺少的一种助剂。硅烷偶联剂既能与无机填料中的羟基又能与有机聚合物中的长分子链相互作用，使两种不同性质的材料“偶联”起来，从而改善涂料的各种性能。常用硅烷偶联剂的品种、结构及其适用树脂见表 2-32。

表 2-32 常用硅烷偶联剂

牌 号	化学结构	适用树脂
A-143	$Cl(CH_2)_3Si(OCH_3)_3$	聚酰胺、环氧
A-150	$CH_2=CHSiCl_3$	聚乙烯、聚酯、聚苯乙烯
A-151	$CH_2=CHSi(OC_2H_5)_3$	聚烯烃、聚酯、聚氯乙烯
A-153	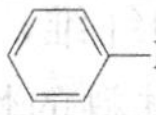 $-NHCH_2Si(OC_2H_5)_3$	聚氨酯、酚醛
A-171	$CH_2=CHSi(OCH_3)_3$	聚烯烃、聚酯
A-172	$CH_2=CHSi(OC_2H_4OCH_3)_3$	聚酯、环氧、聚烯烃
A-175	H_3C O $CH_2=C-CO(CH_2)_3Si(OC_2H_4OCH_3)_3$	聚酯、聚烯烃
A-186	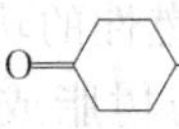 $-CH_2CH_2Si(OCH_3)_3$	环氧、酚醛、聚酯
A-187	$CH_2-CHCH_2O(CH_2)_3Si(OCH_3)_3$ O	环氧、酚醛、聚酯、蜜胺
A-188	$CH_2=CHSi(OCOCH_3)_3$	聚酯、聚烯烃
A-189	$HS(CH_2)_3Si(OCH_3)_3$	环氧、聚苯乙烯、聚氨酯、橡胶
A-1100	$NH_2(CH_2)_3Si(OC_2H_5)_3$	环氧、酚醛、聚酰胺、蜜胺

钛酸酯偶联剂是继硅烷偶联剂之后美国 Kenrich 石油化学公司于 20 世纪 70 年代后期开发研制的一种新型偶联剂。与硅烷偶联剂相比，钛酸酯偶联剂价格便宜，适用范围广，能赋予涂料体系较好的综合性能。另外，有些钛酸酯偶联剂对漆膜交联固化还具有促进作用，降低漆膜固化温度，缩短固化时间以及增加黏结性，提供防锈性、耐腐蚀性、耐热性及耐氧化性等多种功能。因此，钛酸酯偶联剂在涂料中既是偶联剂，又可以兼有分散剂、湿润剂、固化催化剂、阻燃剂等多种功效。常用的钛酸酯偶联剂见表 2-33。

表 2-33 常用钛酸酯偶联剂

代 号	化学名称	结 构 式
KR-TTS	异丙基三(异硬脂酰基)钛酸酯	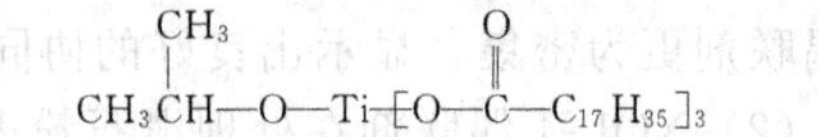
KR-9S	异丙基三(十二烷基苯磺酰)钛酸酯	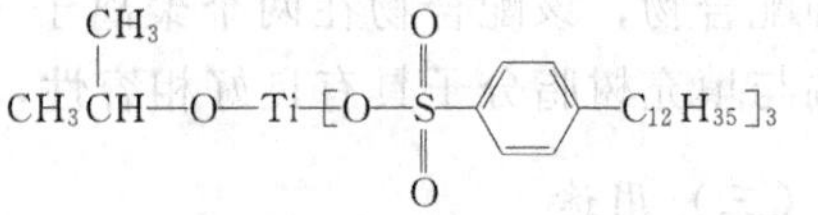
KR-38S	异丙基三(二辛基焦磷酸酯)钛酸酯	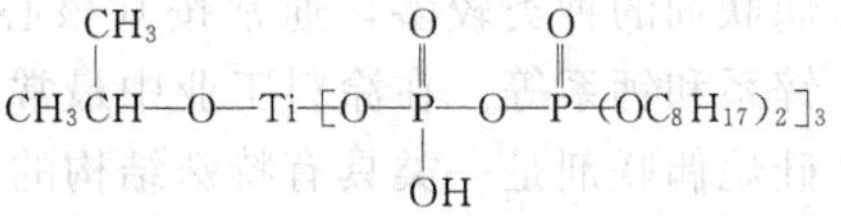
KR-238S	双(二辛基焦磷酸酯)亚乙基钛酸酯	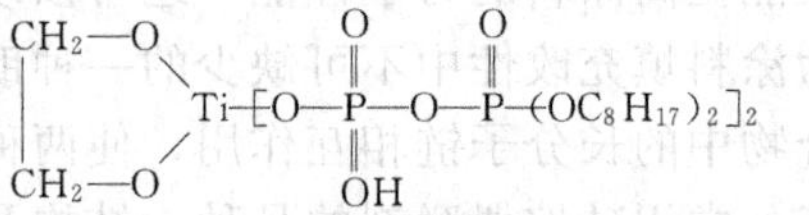
KR-41B	四异丙基双(二辛基亚磷酸酯)钛酸酯	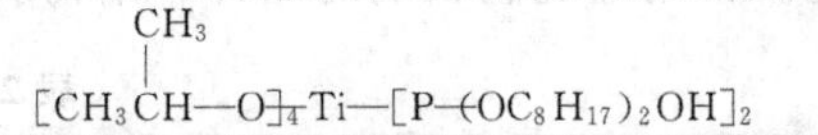

与硅烷偶联剂、钛酸酯偶联剂不同，铝酸酯偶联剂用于填料的表面处理有其独特的优点，它可以改善涂料的力学性能和加工性能。而且铝酸酯在常温下为固态，有色浅、无毒、使用方便和热稳定性好等优点，如果将铝酸酯与钛酸酯偶联剂并用，还可以产生协同效应，从而进一步提高使用性能并降低成本。

复合材料的填料一般有聚合物基复合材料中的玻璃纤维、植物纤维、矿物纤维、矿物粉体以及水泥基复合材料中的聚合物纤维。这些填料可以提高复合材料的性能，如拉伸模量、断裂伸长率及断裂强度等。但复合材料填料与基体之间的相容性会直接影响复合材料性能，偶联剂两功能端可以分别与填料和基体反应，从而改善两者的相容性，进而提高复合材料性能。

二、阻燃剂

阻燃剂又称难燃剂、耐火剂或防火剂，是赋予易燃聚合物难燃性的功能性助剂。依据应用方式分为添加型阻燃剂和反应型阻燃剂。添加型阻燃剂直接与树脂或胶料混配，加工方便，适应面广，是阻燃剂的主体。反应型阻燃剂常作为单体键合到聚合物链中，对制品性能影响小且阻燃效果持久。根据组成，添加型阻燃剂主要包括无机阻燃剂、卤系阻燃剂（有机氯化物和有机溴化物）、磷系阻燃剂（红磷、磷酸酯及卤代磷酸酯等）和氮系阻燃剂等。反应型阻燃剂多为含反应性官能团的有机卤和有机磷的单体。此外，具有抑烟作用的钼化合物、锡化合物和铁化合物等也属阻燃剂的范畴。

在非卤阻燃剂中红磷是一种较好的阻燃剂，具有添加量少、阻燃效率高、低烟、低毒、用途广泛等优点；红磷与氢氧化铝、膨胀性石墨等无机阻燃剂复配使用，制成复合型磷/镁、磷/铝、磷/石墨等非卤阻燃剂，可使阻燃剂用量大幅度降低，从而改善塑料制品的加工性能和物理机械性能。但普通红磷在空气中易氧化、吸湿，容易引起粉尘爆炸，运输困难，与高分子材料相容性差等，应用范围受到了限制。为弥补这方面不足，以扩大红磷应用范围，我国采用了国外先进的微胶囊包覆工艺，使之成为微胶囊化红磷。微胶囊化红磷除克服了红磷固有的弊端外，还具有高效、低烟、在加工中不产生有毒气体等特点，其分散性、物理机械性能、热稳定性及阻燃性均有提高和改善。

（一）类型

1. 按所含阻燃元素分

按所含阻燃元素可将阻燃剂分为卤系阻燃剂、磷系阻燃剂、氮系阻燃剂、磷-卤系阻燃剂和磷-氮系阻燃剂等几类。卤系阻燃剂在热解过程中，分解出捕获传递燃烧自由基的 X· 及 HX，HX 能稀释可燃物裂解时产生的可燃气体，隔断可燃气体与空气的接触。磷系阻燃剂在燃烧过程中产生了磷酸酐或磷酸，促使可燃物脱水炭化，阻止或减少可燃气体产生。在氮系阻燃剂中，氮的化合物和可燃物作用，促进交联成炭，降低可燃物的分解温度，产生的不燃气体，起到稀释可燃气体的作用。磷-卤系阻燃剂、磷-氮系阻燃剂主要是通过磷-卤、磷-氮协同效应作用达到阻燃目的。

2. 按组分的不同分

按组分的不同可分为无机阻燃剂、有机阻燃剂和有机、无机混合阻燃剂三种。无机阻燃剂是目前使用最多的一类阻燃剂，它的主要组分是无机物，应用产品主要有氢氧化铝、氢氧化镁、磷酸一铵、磷酸二铵、氯化铵、硼酸等。有机阻燃剂的主要组分为有机物，主要的产品有卤系、磷酸酯、卤代磷酸酯等。有机、无机混合阻燃剂是无机阻燃剂的改良产品，主要用非水溶性的有机磷酸酯的水乳液，部分代替无机阻燃剂。在三大类阻燃剂中，无机阻燃剂具有无毒、无害、无烟、无卤的优点，广泛应用于各类领域，需求总量占阻燃剂需求总量的一半以上，需求增长率有增长趋势。

3. 按使用方法分

按使用方法的不同可把阻燃剂分为添加型阻燃剂和反应型阻燃剂。添加型阻燃剂主要是通过在可燃物中添加阻燃剂发挥阻燃的作用。反应型阻燃剂则是通过化学反应在高分子材料中引入阻燃基团，从而提高材料的抗燃性，起到阻止材料被引燃和抑制火焰传播的目的。在阻燃剂类型中，添加型阻燃剂占主导地位，使用的范围比较广，约占阻燃剂的 85%，反应型阻燃剂仅占 15%。

（二）阻燃机理

阻燃剂是通过若干机理发挥其阻燃作用的，如吸热作用、覆盖作用、抑制链反应、不燃气体窒息作用等。多数阻燃剂是通过若干机理共同作用达到阻燃目的的。

1. 吸热作用

任何燃烧在较短的时间所放出的热量都是有限的，如果能在较短的时间吸收火源所放出的一部分热量，那么火焰温度就会降低，辐射到燃烧表面和作用于将已经气化的可燃分子裂解成自由基的热量就会减少，燃烧反应就会得到一定程度的抑制。在高温条件下，阻燃剂发生了强烈的吸热反应，吸收燃烧放出的部分热量，降低可燃物表面温度，有效地抑制可燃气体的生成，阻止燃烧的蔓延。

2. 覆盖作用

在可燃材料中加入阻燃剂后，阻燃剂在高温下能形成玻璃状或稳定泡沫覆盖层，隔绝氧气，具有隔热、隔氧、阻止可燃气体向外逸出的作用，从而达到阻燃目的。

3. 抑制链反应

根据燃烧的链反应理论，维持燃烧所需的是自由基。阻燃剂可作用于气相燃烧区，捕捉燃烧反应中的自由基，阻止火焰的传播，使燃烧区的火焰密度下降，最终使燃烧反应速率下降直至终止。

4. 不燃气体窒息作用

阻燃剂受热时分解出不燃气体，将可燃物分解出来的可燃气体的浓度冲淡到燃烧下限以下，同时也对燃烧区内的氧浓度具有稀释的作用，阻止燃烧的继续进行，达到阻燃的作用。

（三）研究应用现状

国内阻燃剂的品种和消费量还是以有机阻燃剂为主，无机阻燃剂生产和消费量还较少，但近年来发展势头较好，市场潜力较大。阻燃剂中最常用的卤系阻燃剂虽然具有其他阻燃剂系列无可比拟的高效性，但是它对环境和人的危害是不可忽视的。无卤、低烟、低毒的环保型阻燃剂一直是人们追求的目标，近年来全球一些阻燃剂供应和应用商对阻燃无卤化表现出较高热情，对无卤阻燃剂及阻燃材料的开发也投入了很大的力量。据分析，无卤阻燃剂主要品种为磷系阻燃剂及无机水合物。前者主要包括红磷阻燃剂，无机磷系的聚磷酸铵（APP）、磷酸二氢铵、磷酸氢二铵、磷酸酯等，有机磷系的非卤磷酸酯等。后者主要包括氢氧化镁、氢氧化铝、改性材料如水滑石等。

三、脱模剂

脱模剂是一种用在两个彼此易于黏着的物体表面的一个界面涂层，它可使物体表面易于脱离、光滑及洁净。脱模剂用于玻璃纤维增强塑料、铸塑、聚氨酯泡沫和弹性体、注塑热塑性塑料、真空发泡片材和挤压型材等各种模压操作中。在模压中，有时其他塑料添加剂如增塑剂等会渗出到界面上，这时就需要一个表面脱除剂来除掉它。

没有一种脱模剂的作用可包罗万象，并适用于所有的模压操作。如模压材料及组成、循环时间、温度、成品件的使用及二次加工等模压条件均需考虑。脱模剂的性能必须与模压条件相一致。

（一）类型

脱模剂为蜡、硅氧烷、金属硬脂酸盐、聚乙烯醇、含氟低聚物及聚烯烃等，也有它们与植物衍生物、脂肪酸、聚二甲基硅氧烷及其他复杂聚合混合物的专利拼混物。传统的脱模剂是喷雾剂、有机溶剂型溶液、水溶液或糊状形式。使用时可以在模具表面进行喷雾、涂覆或抛光，当溶剂或水挥发后，在模具表面留下一层薄膜涂层起脱模作用。

糊状脱模剂或液体蜡通常用于聚酯、乙烯基树脂和环氧增强混合料及以石膏和黏土模子作原模等方面，也广泛用于聚氨酯泡沫和弹性体的脱模。在多孔模具表面上使用石蜡脱模剂可封住孔眼，脱模可靠。

聚乙烯醇是一种成膜层脱模剂，广泛用于新做的聚酯玻璃纤维模的脱模。PVA 具有优异的防止苯乙烯从新的和“未熟化的”模压件中蒸发的作用。

含氟低聚物、聚二甲基硅氧烷及其他聚合物脱模剂可形成一层薄的或单分子层的膜，并可反复脱模。“半耐用型”脱模剂也属这一范畴，其使用容易、附着少，但成本高于蜡脱模剂。喷雾剂型硅氧烷脱模剂广泛用于热塑性塑料加工中，特别是注模、真空发泡及旋转模塑中。

植物衍生物和含氟低聚物及共混聚合物也可作脱模剂，不妨碍二次加工操作。其中有些具有高温稳定性，适合于工程塑料和旋转模塑的树脂。

（二）性能

理论上，脱模剂应当具有较大的拉伸强度，以使它在与模压树脂经常接触时不容易磨光。特别是在树脂中有磨砂矿物填料或玻璃纤维增强料时尤其如此。脱模剂应有耐化学性，以便在与不同树脂的化学成分（特别是苯乙烯和胺类）接触时不被溶解。脱模剂还应具有耐热及耐磨性能，不易分解或磨损；脱模剂应黏合到模具上而不转移到被加工的制件上，以便不妨碍喷漆或其他二次加工操作。

（三）脱模剂作用机理

不同的脱模剂成分的脱模机理有所不同。总的来说，脱模效果的好坏，取决于脱模剂的表面张力和弱界面层的形成，以阻止粘接的有效进行，从而达到脱模效果。

脱模剂的隔离性取决于其表面性质，而表面不湿润性物质的物性值是根据其临界表面张力（γ_c）的概念得出的。γ_c 的测定方法是在被测物质的表面上滴上表面张力不同的几种物质的液滴，测出它们的接触角 θ。用被测物质的表面张力为横坐标与其接触角 θ 的余弦值 $\cos\theta$ 为纵坐标作图得一直线，延长这条直线和直线 $\cos\theta=1.0$ 相交，其交点对应的横坐标就是被测物质的表面张力值，也称该物质的临界表面张力 γ_c。这个值表示：当物质表面上液体表面张力 $\gamma_1>$物质的临界表面张力 γ_c 时，液体不湿润物质的表面；当 $\gamma_1<\gamma_c$ 时，液体就会湿润物质的表面。因此，物质的临界表面张力 γ_c 越小，该物质就越难被其他物质润湿。所以，临界表面张力小的物质作脱模剂，是隔离性好的脱模剂。数据证明氟化物的临界表面张力最小，是隔离性最好的脱模剂。

参考文献

［1］ 姜肇中，高建枢，王惟峰．玻璃纤维的发展与应用．玻璃钢/复合材料，1997，6：5-10.
［2］ 姜肇中．玻璃纤维与可持续性发展．玻璃纤维，2002，1：11-15.
［3］ 周曦亚．复合材料．北京：化学工业出版社，2005.
［4］ 邹永春．玻璃纤维增强 ABS 复合材料的研究．北京：北京化工大学，2002.
［5］ 张云灿，陈瑞珠，于辑兴．玻璃纤维增强的性能及界面研究．高分子材料科学与工程，1992，8（3）：94-100.
［6］ 张增浩，赵建盈，邹王刚．高硅氧玻璃纤维产品的发展和应用．高科技纤维与应用，2007，32（6）：30-33.
［7］ Roger F Jones. 短纤维增强塑料手册．北京：化学工业出版社，2002.
［8］ 高建枢．国外玻璃纤维产品结构及发展趋势．玻璃纤维，1998，5：10-16.
［9］ 李新中．玻璃纤维增强 HDPE 及其硅烷交联改性研究．北京：北京化工大学，2006.
［10］ 刘劲松．超细连续玻璃纤维生产技术．玻璃纤维，2006，2：1-4.
［11］ 付极．玻璃纤维对沥青混凝土界面和路用性能的影响研究．长春：吉林大学，2008.
［12］ 刘新年，张红林等．玻璃纤维新的应用领域及发展．陕西科技大学学报，2009，27（5）：169-173.
［13］ 王汝敏，郑水蓉，郑亚萍．聚合物基复合材料及工艺．北京：科学出版社，2004.
［14］ Bennett S C，Johnson D J. Electron-microscope studies of structural heterogeneity in PAN-based carbon fibres. Carbon，1979，17（1）：25-39.
［15］ 简汇宏，曾信雄，张雅慧．碳纤维之结构与导电性的关系．高科技纤维与科技，2003，28（1）：43-47.
［16］ 陈娟，王成国，丁海燕等．PAN 基碳纤维的微观结构研究．化工科技，2006，14（4）：9-12.
［17］ 张新，马雷，李常清等．PAN 基碳纤维的微观结构特征的研究．北京化工大学学报，2008，35（5）：57-60.
［18］ 储长流，朱宁．碳纤维的性能与应用．北京纺织，2001，22（6）：39-40.
［19］ 沃西源．国内外几种碳纤维性能比较及初步分析．高科技纤维与应用，2000，25（2）：30-36.
［20］ Sim Jongsung，Park Cheolwoo，Moon Do Young. Characteristics of basalt fiber as a trengthening material for concrete structures．Composites Part B Eng，2005，36（6-7）：504-512.
［21］ 程罡．PAN 基碳纤维的制造及应用．安徽化工，2003，2：25-27.
［22］ 储长流，朱宁．碳纤维的性能与应用. 北京纺织，2001，22（6）：41-42.
［23］ 孙妍．静电纺丝法制备陶瓷纤维及其表征．大连：大连理工大学，2008.
［24］ 邢声远．陶瓷纤维性能及其产品开发．纤维技术，2005，5：64-68.

[25] 王涛平，沈湘黔，刘涛．氧化物陶瓷纤维的制备及应用．矿冶工程，2004，1（12）：72-76.
[26] 楚增勇，王军，宋永才．连续陶瓷纤维制备技术的研究进展．高科技纤维与应用，2004，29（2）：39-46.
[27] 李湘洲．陶瓷纤维发展的现状与趋势．佛山陶瓷，2005，7：1-5.
[28] 毕鸿章．硼纤维及其应用．高科技纤维与应用，2003，28（1）：31-35.
[29] 王双喜，刘雪敬等．铝基复合材料的制备工艺．热加工工艺，2006，35（1）：6-9.
[30] 朱和国，王恒志，孙强金等．Al-TiO_2-B系合成铝基复合材料的力学性能．材料科学与工程学报，2005，23（1）：9.
[31] 闫洁．硼纤维增强铝基复合材料的研究进展．上海金属，2006，31（6）：47-51.
[32] 王广健，尚德库，胡琳娜等．玄武岩纤维的表面修饰及生态环境复合过滤材料的制备与性能研究．复合材料学报，2004，21（1）：38-44.
[33] 霍冀川，雷永林，王海滨等．玄武岩纤维的制备及其复合材料的研究进展．材料导报，2006，20：382-385.
[34] 石钱华．国外连续玄武岩纤维的发展及其应用．玻璃纤维，2003，（4）：27-31.
[35] 谢尔盖，李中郢．玄武岩纤维材料的应用前景．纤维复合材料，2003，17（3）：17.
[36] Czigany T. Special manufacturing and characteristics of basalt fiber reinforced hybrid polypropylene composites：Mechanical properties and acoustic emission study. Composites Science and Technology，2006，(66)：3210-3220.
[37] 王岚，陈阳，李振伟．连续玄武岩纤维及其复合材料的研究．玻璃钢/复合材料，2000，(6)：22-24.
[38] 崔毅华．玄武岩连续纤维的基本特性．纺织学报，2005，26（5）：120-121.
[39] 黄根来，孙志杰，王明超等．玄武岩纤维及其复合材料基本力学性能实验研究．玻璃钢/复合材料，2006，（1）：24-27.
[40] Militky J，Kovacic V，Rubnerová J. Influence of thermal treatment on tensile failure of basalt fibers. Engineering Fracture Mechanics，2002，69：1025-1033.
[41] 李建军，党新安．玄武岩连续纤维的制备．合成纤维工业，2007，30（2）：35-37.
[42] 雷静，党新安，李建军．玄武岩纤维的性能应用及最新进展．化工新型材料，2007，35（3）：9-14.
[43] 奥斯诺斯·谢尔盖·彼得洛维奇，李中郢．玄武岩纤维制造方法与设备：CN Patent，200310117774.4. 2005-05-27.
[44] Kamiya，Tanaka，et al. Basalt Fiber Material：US Patent，20060287186A1. 2006-12-21.
[45] 宋世林．岩棉与矿渣棉性能差异研究．非金属矿，2001，24（1）：11-13.
[46] 韩修智．在16300t岩棉生产线改造中的技术创新．新型建筑材料，2007，12：56-57.
[47] 韩衍春．岩棉复合材料：中国专利，92104783. 1994-02-02.
[48] 钱伯章．芳纶的国内外发展现状．化工新型材料，2007，35（8）：26-27.
[49] 赵钰，吴文隆．对位方向聚酰胺纤维的性质、裁切加工及应用（1）．高科技纤维与应用，2002，27（1）：22-27.
[50] 路向辉，王吉贵．芳纶纤维表面处理技术的发展概况．塑料工业，2007，35（增刊）：84-86.
[51] 李龙，郭楠．酸处理条件下芳纶纤维的结构与性能．西安工程大学学报，2008，22（2）：139-142.
[52] 李同起，王成扬．影响芳纶纤维及其复合材料性能的因素和改善方法．高分子材料科学与工程，2003，19（5）：5-9.
[53] 袁金慧，江棂，马家举，吕希光．芳纶的应用与发展．高科技纤维与应用，2005，30（4）：27-30.
[54] 王桦．超高分子量聚乙烯纤维．四川纺织科技，2001，（1）：6-8.
[55] 耿成奇，张菡英．超高分子量聚乙烯（UHMWPE）纤维的制造、性能和应用．玻璃钢，1998，（1）：13-20.
[56] 黄玉松，陈跃如，邵军，李明利．超高分子量聚乙烯纤维复合材料的研究进展．工程塑料应用，2005，33（11）：69-73.
[57] 王桦．超高分子量聚乙烯纤维．四川纺织科技，2001，（1）：8-10.
[58] 宋新，张德先．差别化聚酰胺纤维的开发．广东纤维，2001，（1）：24-28.
[59] 永安直人．聚酰胺纤维的开发动向．国外纺织技术，2001，（6）：3-6.
[60] 曹勇，吴义强，合田公一．麻纤维增强复合材料的研究进展．材料研究学报，2008，22（1）：10-17.
[61] 黄翠蓉，于伟东．大麻纤维的可纺性能及其研究进展．武汉科技学院学报，2006，19（1）：35-38.
[62] 孙小寅，管映亭等．大麻纤维的性能及其应用研究．纺织学报，2001，22（4）：34-36.
[63] Mwaikambo L Y，Ansell M P. Chemical modification of hemp，sisal，jute，and kapok fibers by alkalization. Journal of Applied Polymer Science，2002，84（12）：2222-2234.
[64] 周永凯，张建春，张华．大麻纤维的抗菌性及抗菌机制．纺织学报，2007，28（6）：12-15.
[65] 高志强，马会英．大麻纤维的性能及其应用研究．北京纺织，2004，25（6）：30-33.

[66] 田华，张金燕．大麻产品开发现状与发展趋势．纺织科技进展，2005，5：7-11.
[67] 彭文芳．黄麻纤维性能及其服用产品开发．纺织科技进展，2007，3：83-84.
[68] 陈琼华，于伟东．黄麻纤维的形态结构及组分研究现状．中国麻业，2005，27（5）：254-259.
[69] 刘东升，俞建勇，夏兆鹏．黄麻纤维的产业状况及其应用进展．纺织科技进展，2007，3：81-83.
[70] 彭文芳．黄麻纤维的性能及服用织物开发前景．山东纺织科技，2007，2：44-46.
[71] 赵欣，高树珍，王大伟．亚麻纺织与染整．北京：中国纺织出版社，2007.
[72] 周玲，郁崇文．黄麻与亚麻的纤维性能比较．中国麻业，2005，27（1）：24-27.
[73] 陈燕．亚麻纤维蛋白质改性及结构与性能研究．苏州：苏州大学，2009.
[74] 才红，韦春．剑麻纤维增强聚合物的研究进展．绝缘材料，2003，5：50-54.
[75] 章毅鹏，廖建和，桂红星．剑麻纤维及其复合材料的研究进展．热带农业科学，2007，27（5）：53-58.
[76] 卢珣，章明秋等．剑麻纤维增强聚合物基复合材料．复合材料学报，2002，19（5）：1-6.
[77] 杨桂成，曾汉民，张维邦．剑麻纤维的热处理及热行为的研究．纤维素科学与技术，1995，3（4）：15-19.
[78] 杨桂成，曾汉民，李家驹等．剑麻纤维的改性与拉抗性能关系的研究．中山大学学报：自然科学版，1996，35（4）：53-57.
[79] 卢珣，章明秋，容敏智等．剑麻纤维增强聚合物基复合材料．复合材料学报，2002，（5）：4-9.
[80] 徐欣，程光旭，刘飞清等．剑麻纤维的改性及其在摩擦材料中的应用．复合材料学报，2006，（1）：133-138.
[81] 王尉，周文钊．剑麻核酸的高效提取及应用（英文）．热带作物学报，2008，（6）：57-61.
[82] 王晓玲，徐剑辉，周国英．竹纤维的利用．安徽农业科学，2006，34（8）：1578-1579.
[83] 孙宝芬，隋淑英等．新型再生纤维素纤维．山东纺织科技，2003，（2）：46-47.
[84] 王宏勋，徐春燕，张晓昱．竹纤维的开发及应用研究进展．上海纺织科技，2005，33（11）：8-10.
[85] 周衡书．竹纤维纺纱与织造性能研究．纺织学报，2004，25（5）：91-94.
[86] 王文淑．环保抗菌纤维——竹纤维．合成纤维工业，2003，26（6）：42-43. 王文淑，冯素江，赵其明．天然抗菌纤维——竹纤维．毛纺科技，2003，（5）：48-50.
[87] 李亚滨，寇士军．竹纤维/聚己内酯复合化的研究．天津工业大学学报，2004，23（3）：26-28.
[88] 叶颖薇，冼定国，冼杏娟．竹纤维和椰纤维增强水泥复合材料．复合材料学报，1998，15（3）：92-98.
[89] 张戌社，宁辰校．竹/玻璃纤维复合建筑材料及其应用．建材技术与应用，2002，(2)：6-7.
[90] Owolabi O，Czvikovszky T，Kovacs I. Coconut fiber rein forced thermosetting plastics. Journal of Applied Polymer Science，1985，30 ：1827-1836.
[91] Brahmakumar M，Pavithran C，Pillai R M. Coconut fiber rein forced polyethylene composites ：Effect of natural waxy surface layer of the fiber on fiber/matrix inter facial bonding and strength of composites . Composites Science and Technology，2005，65 ：563 - 569.
[92] Geethamma V G，Reethamma Joseph，Sabu Thomas. Short coir fiber-rein forced natural rubber composites. Journal of Applied Polymer Science，1995，55 ：583 - 594.
[93] Chandran K R，Kuriakose A P. 椰子木髓和椰纤维废料作为填充剂在天然橡胶硫化胶中的作用．橡胶参考资料，1996，2（26）：10-17.
[94] 王威，黄故．椰壳纤维长度分布．纺织学报，1994，3（29）：9-12.
[95] 李广宇，李子东，叶进．晶须的性能及其应用进展．热固性树脂，2000，15（2）：48-52.
[96] 张家凯，曹冬梅，王玉琪等．海水卤水制备硫酸钙晶须的研究．盐业与化工，2009，38（5）：3-5.
[97] 王莹，李彦．硫酸钙晶须的研究现状及进展．化工新型材料，2006，34：30-32.
[98] 韩跃新，田泽峰，袁志涛．$CaSO_4$ 晶须改性沥青工艺研究．金属矿山，2005，(344)：68-72.
[99] 梁兵，关旭东．硫酸钙晶须的制备及其在聚丙烯树脂中的应用．沈阳化工学院学报，2009，23（3）：235-238，242.
[100] 陈立新，唐玉生，胡晓兰等．晶须改性聚合物的研究概况．中国塑料，2005，19（1）：1-5.
[101] 朱万诚，陈建峰．晶须碳酸钙的合成进展．现代化工，2004，24：21-24.
[102] 余卫平．晶须碳酸钙在聚乙烯中的应用研究．塑料，2009，38（3）：78-80.
[103] 杨斌．碳化硅纤维介绍．有机硅氟资讯，2009，8：49.
[104] 彭龙贵，王晓刚，杨晓凤等．β 型碳化硅晶须与颗粒的制备及特性表征．矿冶工程，2006，26（6）：95-98.
[105] 戴长虹，赵茹，孟永强．碳化硅纳米晶须的研究进展．中国陶瓷，2003，39（1）：29-31.
[106] 黄立婕，李艺．超细滑石粉的表面改性及应用特性．广西轻工业，2007，23（1）：9-12.
[107] 马鸿文．工业矿物与岩石．北京：化学工业出版社，2005.

[108] 韩跃新，印万忠，王泽红等．矿物材料．北京：科学出版社，2006.
[109] 徐文炘，郭陀珠，李衡等．云母矿物材料研究现状及前景．矿产与地质，2001，15（3）：201-204.
[110] 马玉恒，方卫民，马小杰．凹凸棒土研究与应用进展．材料导报，2006，20（9）：44-47.
[111] 张江凤，段星．海泡石的性能及其应用．中国非金属矿工业导刊，2009，4：19-22.
[112] 梁建银．世界硅灰石产销及市场回顾．中国非金属矿工业导刊，2000，（3）：41-43.
[113] 刘新海，杨友生，沈上越等．硅灰石深加工及其在工程塑料中的应用．中国非金属矿工业导刊，2003，（增刊）：21-25.
[114] 江绍英．蛇纹石矿物学及性能测试．北京：地质出版社，1987.
[115] 胡庆福．纳米级碳酸钙生产与应用．北京：化学工业出版社，2004.
[116] 刘英俊．碳酸钙在塑料中的应用及其具体要求．无机盐工业，2005，（4）37：46-47.
[117] 关博文，刘开平．水镁石纤维及其复合材料研究．矿业快报，2008，（6）：32-35.
[118] Liu Kaiping，Cheng Hewe，Zhou Jingen. Investigation of brucite fiber reinforced concrete. Cement and Concrete Research，2004，34（11）：1981-1986.
[119] Zhang X L，Shen L，Xia X，et al. Study on the interface of phenolic resin/expanded graphite composites prepared via situ polymerization. Materials Chemistry and Physics，2008，111（2）：368-374.
[120] 杨海堃．超微细气相法白炭黑的表面改性．化工新型材料，2006，27（10）：8-12.
[121] 李清海，翟玉春，田彦文等．沉淀法与研磨法制备二氧化硅微粉的比较．材料与冶金学报，2004，1：43-45.
[122] 何清玉，郭锴，赵柄国等．超重力法制备超细二氧化硅及影响因素的研究．北京化工大学学报，2006，33（1）：16-19.
[123] 骆锋，阮建明，万千．微乳液法制备纳米二氧化硅粉末工艺的研究．硅酸盐通报，2004，5：48-52.
[124] Zhang Baolong，Chen Baishun，Shi Keyu，et al. Preparation and characterization of nanocrystal grain TiO_2 porous microsphere. Applied Catalysis：Enviromental，2003，（40）：253-258.
[125] 益帼，邓瑞红．微乳液法制备纳米 TiO_2 粒子．有色金属，2007，59（1）：46-48.
[126] Aruna S T，Tirosh S，Zaban A. Nanosize rutile titania particle synthesis via a hydrothermal method without mineralizers．Material Chemical，2000，10：2388-2391.
[127] 孙家跃，肖昂．均相沉淀-发泡法制备纳米氧化钛的应用．国外建材科技，2004，4：57-59.
[128] 郑宾国，刘军坛，崔节虎，余莫鑫．粉煤灰在我国废水处理领域的利用研究，水资源保护，2007，3：36-38.
[129] 孙俊民，韩德馨．粉煤灰的形成和特性及其应用前景．煤炭转化，1999，1（22）：10-14.
[130] 曹建军，刘永娟．郭广礼．煤矸石的综合利用现状．环境污染治理技术与设备，2004，1：19-22.

第三章　复合材料设计基础

第一节　复合材料界面及其设计

一、纤维表面处理与复合材料界面设计

（一）复合材料界面概述

复合材料的界面是指基体与增强物之间化学成分有显著变化的、构成彼此结合的、能起载荷传递作用的微小区域。界面虽然很小，但它是有尺寸的，约几纳米到几微米，是一个区域或一个带或一层，厚度不均匀，它包含了基体和增强物的部分原始接触面，基体与增强物相互作用生成的反应产物，此产物与基体及增强物的接触面，基体和增强物的互扩散层，增强物上的表面涂层，基体和增强物上的氧化物及它们的反应产物等。在化学成分上，除了基体、增强物及涂层中的元素外，还有基体中的合金元素和杂质、由环境带来的杂质。这些成分或以原始状态存在或重新组合成新的化合物。因此，界面上的化学成分和相结构是很复杂的。纤维增强复合材料界面如图 3-1 所示。

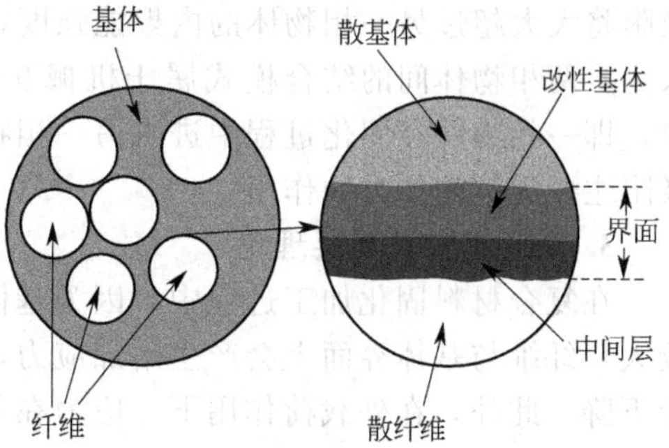

图 3-1　纤维增强复合材料界面示意图[1]

（二）复合材料界面效应

界面是复合材料的特征，可将界面的机能归纳为以下几种效应[2]。

1. 传递效应

界面能传递力，即将外力传递给增强物，起到基体与增强物之间的桥梁作用。

2. 阻断效应

结合适当的界面有阻止裂纹扩展、中断材料破坏、减缓应力集中的作用。

3. 不连续效应

在界面上产生物理性能的不连续性和界面摩擦出现的现象，如抗电性、电感应性、磁性、耐热性、尺寸稳定性等。

4. 散射和吸收效应

光波、声波、热弹性波、冲击波等在界面产生散射和吸收，如透光性、隔热性、隔声性、抗机械冲击性及抗热冲击性等。

5. 诱导效应

一种物质（通常是增强物）的表面结构使另一种（通常是聚合物基体）与之接触的物质的结构由于诱导作用而发生变化，由此产生一些现象，如强的弹性、低的膨胀性、抗冲击性和耐热性等。

（三）复合材料界面形成理论

1. 化学键理论

化学键理论[3]是目前应用最广的一种理论，也是最古老的界面形成理论。此理论认为

两物体接触时，一种物质表面上的官能团与另一种物质表面上的官能团起化学反应，在两者之间生成化学键结合，形成界面，从而产生良好的黏结强度。比如，硫化橡胶与铜之间的黏结、聚苯乙烯与铜之间的黏结等，前者经电子衍射证明在界面形成了硫化铜，后者的聚苯乙烯片基经氧气等离子体处理之后，表面生成的—COOH、—OH 等与铜反应，经 X 射线光电子能谱（XPS）分析证实，聚苯乙烯与铜之间的黏结界面形成了配价键结合的铜-氧-聚合物的络合物；难粘的聚烯烃材料，经氧气等离子体处理后，表面的—COOH、—C ═O、—OH 等含氧基团可显著提高与环氧树脂的反应能力，使界面形成化学键，大大改善了黏结强度。同时合理调整材料表面的酸碱度，使表面发生酸碱反应形成化学键，也可提高黏合强度。界面有了化学键的形成，对黏结界面的耐水性和耐介质腐蚀的能力有显著提高，同时界面化学键的形成对抵抗应力的破坏、防止裂纹扩展的能力也有积极的作用。

2. 浸润理论

浸润理论[4]认为，若两相物质能实现完全浸润，则表面能较高的一相物体表面的物理吸附将大大超过另一相物体的内聚能强度，从而使两相物体具有良好的黏合强度。这种理论认为，两相物体间的结合模式属于机械互锁和浸润吸附。其中机械黏合是一种机械互锁现象，即一相物质在固化过程中进入另一相物体的空隙和凹凸不平之中形成机械锚固，而物理吸附主要为范德华力的作用。

3. 变形层和抑制层理论

在复合材料固化加工过程中，因为基体（尤其指聚合物基体）与纤维的热膨胀系数相差较大，纤维与基体界面上会产生附加应力，这种附加应力会使界面破坏而导致复合材料的性能下降。此外，在外载荷作用下，应力在复合材料中的分布也是不均匀的，结果在界面上的某些部位发生应力集中现象，使纤维与基体之间的作用遭到破坏，从而使复合材料性能下降。当增强材料经处理剂处理后，能减缓以上几种应力的作用。据此，Kinloch[5]和 Kodokion 等[6]对界面的形成及其作用机理提出了两种理论：一种认为，处理剂在界面上形成了一层塑性层，它能松弛界面的应力、减少界面应力的作用，这种理论称为“变形层理论”；另一种则认为，处理剂是界面区的组成部分，这部分是介于高模量增强材料和低模量基体之间的中等模量物质，能起到均匀传递应力、减少界面应力的作用，从而能增强复合材料的性能，这种理论则称为“抑制层理论”。

4. 吸附理论

吸附理论[7]认为，黏合力主要是由胶黏体系的分子或原子在界面层相互吸附而产生的。胶黏剂分子与被粘物表面分子的相互作用过程有两个阶段。第一阶段是液体胶黏剂分子借助于热布朗运动向被粘物表面扩散，使两者所有的极性基团或链节相互靠近。在此过程中，升温、施加接触压力、降低胶黏剂黏度等因素都有利于热布朗运动的加强。第二阶段是吸附力的产生，当胶黏剂分子与被粘物分子之间的距离达到 0.5～1nm 时，便产生相互吸引作用，并使分子间的距离进一步缩短到能够处于最稳定的状态。该理论正确地把黏合现象与分子之间力的作用联系起来，黏合力的大小与胶黏剂极性有关，但最主要的是取决于胶黏体系分子在接触区的稠密程度。

5. 扩散理论

两种聚合物在具有相容性的前提下，当它们相互紧密接触时，由于分子的布朗运动或链段的蠕动会产生相互扩散现象，这种扩散作用是聚合物-胶黏剂-聚合物表面的大分子相互穿越界面进行的。扩散的结果导致界面的消失和过渡区的产生，黏合体系借助于扩散作用形成了牢固的黏合结构[8]。

在黏合体系中，适当降低胶黏剂的分子量有助于提高扩散系数，改善黏合性能。如天然橡胶通过适当的塑炼降解，可显著提高黏合性能。聚合物分子链排列堆积的紧密程度不同，其扩散行为显著不同。大分子结构中有空穴或分子间有空洞结构，其扩散作用就比较强。扩散作用还受到两种聚合物的接触时间、黏合温度等因素的影响，一般是接触温度越高，时间越长，其扩散作用也越强，扩散产生的黏合力就越高。

（四）纤维表面处理与复合材料界面设计

界面是复合材料极为重要的微观结构，它作为增强体与基体连接的“桥梁”，对复合材料的物理机械性能有至关重要的影响。随着对复合材料界面结构及优化设计研究的不断深入，研究材料的界面力学行为与破坏机理是当代材料科学、力学、物理学的前沿课题之一。复合材料一般由增强相、基体相和它们的中间相（界面相）组成，各自都有其独特的结构、性能与作用，增强相主要起承载作用，基体相主要起连接增强相和传载作用，界面是增强相和基体相连接的桥梁，同时是应力的传递者。目前对增强相和基体相的研究已取得了许多成果，但对作为复合材料三大微观结构之一的界面问题的研究却不够深入，其原因是测试界面的精细方法运用起来较困难，描述的理论尚不完整，尤其从力学的角度研究界面的性质、作用及其对复合材料力学性能的影响和破坏机理等方面的工作正在开展。界面的性质直接影响复合材料的各项力学性能，尤其是层间剪切、断裂、抗冲击等性能，因此随着复合材料科学和应用的发展，复合材料界面及其力学行为将越来越受到重视。

1. 玻璃纤维的表面处理

玻璃纤维在复合材料中主要起承载作用。为了充分发挥其作用，减少玻璃纤维和树脂基体差异对复合材料界面的影响，以及减少玻璃纤维表面缺陷所导致的与树脂基体不良的黏合，有必要对玻璃纤维的表面进行处理，使之能够很好地与树脂黏合，形成性能优异的界面层，从而提高复合材料的综合性能。

(1) 玻璃纤维表面的偶联剂处理　Wazisman[9]于1963年发表关于黏结的表面化学与表面能的研究成果，认为要获得完全的表面润湿，黏结剂起初必须是低黏度且其表面张力须低于无机物的临界表面张力，这一结果引发了对采用偶联剂处理玻璃纤维表面的研究。偶联剂是增强用玻璃纤维表面处理的主要处理剂，种类很多，包括硅烷偶联剂、铝酸酯偶联剂和钛酸酯偶联剂等，通过偶联剂能使两种不同性质的材料很好地“偶联”起来，从而使复合材料获得较好的黏结强度。

① 硅烷偶联剂表面处理　用偶联剂对玻璃纤维表面处理中研究较多的是硅烷偶联剂。硅烷偶联剂的水解产物通过氢键与玻璃纤维表面作用，在玻璃纤维表面形成具有一定结构的膜。偶联剂膜含有物理吸附、化学吸附和化学键作用的三个部分，部分偶联剂会形成硅烷聚合物。在加热的情况下，吸附于玻璃纤维表面的偶联剂将与玻璃纤维表面的羟基发生缩合，在两者之间形成牢固的化学键。

氨基硅烷偶联剂也是偶联剂的一种，对其研究后得出：含有氨基的偶联剂比不含氨基的偶联剂对玻璃纤维的表面处理效果好，因为偶联剂的氨基与基体中的氨基有亲和性，使界面较好黏结；氨基还能与接枝的酸酐官能团反应，提高复合材料的性能。Plueddemann[10]采用含羧基的化合物改性聚丙烯，并用含氨基的硅烷偶联剂来处理玻璃纤维，使玻璃纤维增强聚丙烯复合材料的力学性能极大提高。Crespy[11]等采用含有双键的乙烯基三乙氧基硅氧烷和正丙烯基三甲氧基硅氧烷以及相容剂混合物处理玻璃纤维的表面，使玻璃纤维增强聚丙烯复合材料的冲击强度、拉伸强度和弯曲强度得到大幅度提高。

② 铝酸酯偶联剂表面处理　铝酸酯偶联剂具有处理方法多样化、偶联反应快、使用范围广、处理效果好、分解温度高、性能价格比好等优点而被广泛地应用。陈育如[12]利用铝

锆偶联剂对玻璃钢中玻璃纤维的表面处理比用沃兰（甲基丙烯酰氯化铬络合物）、硅烷偶联剂处理的效果要好，其弯曲强度、拉伸强度都高于后者处理的结果。

③ 偶联剂和其他助剂协同表面处理　由于偶联剂的独特性质，利用偶联剂和其他物质的协同效应对玻璃纤维的表面处理，如运用氯化物和硅烷偶联剂混合处理玻璃纤维的表面，可显著改善 PP/GF 复合材料强度，特别是采用具有热稳定性的氯化二甲苯，其性能最优异[13]。

（2）玻璃纤维表面的接枝处理　聚烯烃类基体缺乏活性反应官能团，难以与偶联剂形成化学键，用偶联剂不会起到应有的作用。为了玻璃纤维在聚烯烃类基体中较好地应用，需要寻找一种方法使聚烯烃类基体和玻璃纤维有良好的界面黏合。国内外的学者用不同的方法使高分子链接枝到玻璃纤维的表面上，接枝了高分子链的玻璃纤维在界面处产生一个柔性界面层。柔性界面层的引入使复合材料能在成型以及受到外力作用时所产生的界面应力得到松弛，使复合材料具有较高的抗冲击性能。Salehir[14]等用两种方法对玻璃纤维的表面接枝处理：一种是采用界面缩聚的方法处理玻璃纤维的表面；另一种是玻璃纤维表面经含有过氧键的硅烷偶联剂处理，再用缩聚的方法处理。两种方法都可以得到柔性界面层。薛志云[15]利用臭氧对表面涂有 MAC（一种玻璃纤维表面处理剂）试剂的玻璃纤维进行预处理，使玻璃纤维表面产生活化中心，引发甲基丙烯酸甲酯在玻璃纤维上进行接枝聚合。接枝甲基丙烯酸甲酯的玻璃纤维与树脂基体具有很大的亲和性，处理后的玻璃纤维与树脂有充分的相容性，接枝聚甲基丙烯酸甲酯的玻璃纤维与树脂基体之间形成过渡层，使复合材料的力学性能等获得极大的提高。杨卫疆[16]采用在玻璃纤维表面涂上有过氧键的偶联剂，然后接枝苯乙烯等高分子链。经接枝处理的玻璃纤维作为复合材料的增强体，得到黏合较好的复合材料界面，减少了界面的应力，达到了界面优化的目的。

（3）等离子体表面处理　用等离子体对碳纤维表面处理的报道很多，而对玻璃纤维表面处理的报道却不多，这是由于玻璃纤维和碳纤维的表面性质不同。等离子体虽不适于玻璃纤维的表面处理，但用适当的处理方式也能获得好的玻璃纤维表面。李志军[17]研究了等离子体对玻璃纤维处理的机理是：使玻璃纤维表面的官能团发生变化，产生轻微刻蚀，扩大玻璃纤维的有效接触面积，改善基体对玻璃纤维的浸润状况，使界面黏合增强。结果表明，等离子体处理的玻璃纤维作为增强体的复合材料力学性能提高了 2～3 倍，还明显降低复合材料的吸湿率，改善复合材料的耐湿热稳定性。

除此之外，可采用几种方法联用处理玻璃纤维表面，这样可以集合几种处理方法的优点于一体。因此，要在玻璃纤维增强的树脂基复合材料中获得良好的界面，最好的方法是对增强体进行表面处理，在其表面接枝上一定长度的高分子链，使其与基体有良好的相容性，获得优良的界面层。

2. 碳纤维的表面处理

碳纤维增强树脂基复合材料（CFRP）由于具有密度小、比强度高、比模量高、热膨胀系数小等一系列优异特性，在航天器结构上已得到广泛的应用。碳纤维表面惰性大、表面能低，缺乏有化学活性的官能团，反应活性低，与基体的黏结性差，界面中存在较多的缺陷，直接影响了复合材料的力学性能，限制了碳纤维高性能的发挥。为了改善界面性能，充分利用界面效应的有利因素，可以通过对碳纤维进行表面改性的办法来提高其对基体的浸润性和黏结性。国内外对碳纤维表面改性的研究十分活跃，主要有氧化处理、表面涂层处理、等离子体处理等，经表面改性后的碳纤维，其复合材料层间剪切强度有显著提高。

（1）氧化处理

① 气相氧化法　气相氧化处理是用氧化性气体来氧化纤维表面而引入极性基团（如

—OH 等)，并给予适宜的粗糙度来提高复合材料层间剪切强度。如把碳纤维在 450℃下空气中氧化 10min，所制备的复合材料的剪切强度和拉伸强度都有提高；采用浓度为 0.5～15mg/L 的臭氧连续导入碳纤维表面处理炉对碳纤维进行表面处理，经处理后碳纤维复合材料的层间剪切强度可达 78.4～105.8MPa；另外除对纤维直接进行表面气相氧化外，还可对经涂覆处理的纤维进行氧化改性。气相氧化虽易于实现工业化，但对纤维拉伸强度的损伤比液相氧化大。另外随纤维种类的不同（高模量碳纤维、高强度碳纤维）、处理温度的不同，气相氧化处理效果也不相同。

② 液相氧化法　液相氧化处理对改善碳纤维/树脂复合材料的层间剪切强度很有效。硝酸、酸性重铬酸钾、次氯酸钠、过氧化氢和过硫酸钾等都可以用于对碳纤维的表面处理。硝酸是液相氧化中研究较多的一种氧化剂，用硝酸氧化碳纤维，可使其表面产生羧基、羟基和酸性基团，这些基团的量随氧化时间的延长和温度的升高而增多，氧化后的碳纤维表面所含的各种含氧极性基团和沟壑明显增多，有利于提高纤维与基体材料之间的结合力。由于液相氧化的方法较气相氧化温和，不易使纤维产生过度的刻蚀和裂解，而且在一定条件下含氧基团数量较气相氧化多，因此是实践中常用的处理方法之一。

③ 电化学氧化法　电化学氧化处理是利用了碳纤维的导电性，一般是将碳纤维作为阳极置于电解质溶液中，通过电解所产生的活性氧来氧化碳纤维表面而引入极性基团，从而提高复合材料性能。同其他氧化处理相同，电化学氧化使纤维表面引入各种功能基团，从而改善纤维的浸润、黏附特性及与基体的键合状况，显著增加碳纤维复合材料的力学性能。国内的房宽峻等通过正交实验的方法对碳纤维在酸、碱、盐三类电解质中的电化学氧化进行了研究，认为在氧化过程中，电解质种类是影响处理碳纤维表面酸性官能团的最主要因素，其次是处理时间和电流密度，电解质浓度的影响最不显著。

(2) 表面涂层处理

① 气相沉积法　气相沉积处理是在碳纤维和树脂的界面引入活性炭的塑性界面区来松弛应力，从而提高了复合材料的界面性能。近年来，用气相沉积技术对碳纤维进行涂覆处理是碳纤维改性的一个重要方面。在高模量结晶型碳纤维表面沉积一层无定形碳来提高其界面黏结性能。涂层方法主要有两种：一种是把碳纤维加热到 1200℃，用甲烷（乙炔、乙烷）-氮混合气体处理，甲烷在碳纤维表面分解，形成无定形碳的涂层，处理后所得到的复合材料层间剪切强度可提高 2 倍；另一种是先用喹啉溶液处理碳纤维，干燥后在 1600℃下裂解，所得复合材料层间剪切强度可提高 27 倍。另外还可用羧基铁、二茂铁和酚醛等热解后的沉积物来提高界面性能。

② 表面电聚合　表面电聚合技术是近年来发展起来的碳纤维表面改性的一项新技术，在电场的引发作用下使物质单体在碳纤维表面进行聚合反应，生成聚合物涂层，从而引入活性基团使纤维与基体的连接强度大幅度提高。

③ 偶联剂涂层　偶联剂提高复合材料的界面黏结性能的应用非常广泛，用硅烷偶联剂处理玻璃纤维的技术已有较成熟的经验。用它处理碳纤维（低模量）同样可以提高碳纤维增强树脂基复合材料的界面强度。但对高模量碳纤维效果不明显。偶联剂为双性分子，一部分官能团能与碳纤维表面反应形成化学键，另一部分官能团与树脂反应形成化学键。这样偶联剂就在树脂与碳纤维表面起到一个化学媒介的作用，将二者牢固地连在一起。但由于碳纤维表面的官能团数量及种类较少，用偶联剂处理的效果往往不太理想。

④ 聚合物涂层　碳纤维经表面处理后，再使其表面附着薄层聚合物，这就是所谓的上浆处理。这层涂覆层既保护了碳纤维表面，同时又提高了纤维对基体树脂的浸润性。常用的聚合物有聚乙烯醇、聚醋酸乙烯、聚缩水甘油醚、脂环族环氧化合物等，这些聚合物都含有

两种基团，能同时与碳纤维表面及树脂结合。树脂浆料的用量一般为碳纤维质量的 0.4%～5%，最佳含量为 0.9%～16%。

⑤ 表面生成晶须法　在碳纤维表面，通过化学气相沉积生成碳化硅、硼化金属、TiO_2、硼氢化合物等晶须，能明显提高复合材料的层间剪切强度，并且晶须质量只占纤维的 0.5%～4%，晶须含量在 3%～4%时层间性能达到最大。生长晶须的过程包括成核过程以及在碳纤维表面生长非常细的高强度化合物单晶的过程。尽管晶须处理能获得很好的效果，但因费用昂贵、难以精确处理，故工业上无法采用。

(3) 等离子体处理　用等离子体对碳纤维表面进行辐射，可以使碳纤维表面发生化学反应，从而引入活性基团，改善碳纤维的表面性能。等离子体处理包括高温处理和低温处理两种。高温处理时温度为 4000～8000K，设备功率为 8MHz 下 10kW，在含有 5%～15%氩气的混合气中产生等离子体。低温处理是在惰性气体中、0～150℃、1×10^5～3×10^5Pa 条件下产生等离子体。等离子体处理能明显改善碳纤维表面与树脂基体的结合力，且不影响其他强度性能。

对于等离子体改性碳纤维表面的理论有不同的解释。有人提出碳纤维表面经等离子体辐射后生成了 sp^3 杂化的碳及—C—O—C—结构，破坏并降低了表面层的石墨化结构，形成三维交联结构而增加了纤维表面层的抗剪能力。还有另外一种解释指出，低温等离子体生成的活性体与高分子或碳纤维表面反应生成游离基，这些游离基在表面层氧化、交联、分解及接枝，与基体树脂形成化学键、范德华力、氢键等，从而提高层间剪切强度。作为一种新兴的处理手段，等离子体处理有以下几个优点：可以在低温下进行，避免了高温对纤维的损伤；处理时间短，几秒就能获得所需要的效果；经改性的表面厚度薄，可达到几微米，因此可以做到使材料表面性质发生较大变化，而本体相的性质基本保持不变。

3. 芳纶的表面处理

芳纶以其高比模量、高比强度、耐疲劳等优异性能在航空航天领域得到了广泛的应用。但是从其结构可知，它是刚性分子，分子对称性高，横向分子间作用力变弱，且分子间氢键弱，在压缩及剪切力作用下容易产生断裂。因此，为了充分发挥芳纶优异的力学性能，对芳纶表面进行改性处理，改善芳纶增强复合材料的界面结合状况成为材料科学界研究的一个热点。

目前，针对芳纶进行的表面改性技术，主要集中在利用化学反应改善纤维表面组成及结构，或借助于物理作用提高芳纶与基体树脂之间的浸润性。

(1) 表面涂层法　表面涂层法是在纤维表面涂上柔性树脂，而后与基体复合。这层涂层可以钝化裂纹的扩展，增大纤维的拔出长度，从而增加材料的破坏能。这类处理剂主要是改善材料的韧性，同时又使材料的耐湿热老化性能提高。目前用于芳纶的涂层主要是饱和、不饱和脂肪族酯类，包括 SVF-200 硅烷涂层、Estapol-7008 聚氨酯涂层[18]等。

(2) 化学改性技术

① 表面刻蚀技术　表面刻蚀技术是通过化学试剂处理芳纶表面，引起纤维表面的酰胺键水解，从而破坏纤维表面的结晶状态，使纤维表面粗化。一般表面刻蚀技术采用的化学试剂为酰胺。Tarantili[19]和 Andreopoulos 等[20]采用甲基丙烯酸酰胺的 CCl_4 溶液对芳纶进行了处理，并研究了芳纶表面刻蚀后芳纶/环氧复合材料的力学性能。经过丙烯酰氯处理后的纤维，一方面表面粗糙度增加，增大了纤维与基体的啮合，除去了弱界面层，增加了纤维与基体之间的接触面积；另一方面提高了纤维的表面能，使树脂更有效地润湿纤维，因而使改性后的芳纶/环氧复合材料韧性提高 8%。C. Y. Yue 采用乙酸酐刻蚀芳纶表面也使界面剪切强度从 38MPa 提高到 63MPa[21]。但是这类化学试剂都属于高反应活性的物质，反应速率

快，很难控制反应仅在纤维表面发生，极易损伤纤维，降低纤维的本体强度，使复合材料的拉伸强度降低。因而在要求拉伸强度较高的复合材料制品的制备过程中，不宜采用这种方法。

② 表面接枝技术　表面接枝技术改性芳纶是化学改性方法中研究最多的技术。根据接枝官能团位置的不同，可将表面接枝技术分为两类：一类是发生在苯环上的接枝反应；另一类则是取代芳纶表面层分子中酰胺键上氢的接枝反应。

芳纶中苯环的邻、对位具有反应活性，可与某些亲电取代基团发生二氢的取代反应，因此可在芳纶表面引入一些具有反应活性的极性基团，增加与基体的反应，提高材料的界面强度，从而达到改善界面的目的。目前利用发生在苯环上的反应改善芳纶的方法有两类：一类是硝化还原反应引入氨基；另一类则是利用氯磺化反应引入氯磺酸基团，以便进一步引入活性基团。

硝化还原反应是将芳纶浸在硝化介质中，在苯环上引入硝基，随后在一定介质中用硼氢化钠等还原剂将硝基还原成氨基，从而在纤维表面引入极性基团，促进树脂对纤维的润湿，提高界面黏结性能。Ramazan 等研究了不同硝化介质、不同还原试剂处理方法对芳纶的影响。通过研究发现，在一定条件下处理的芳纶，韧性提高幅度最大，用其制成的复合材料界面剪切强度提高 33%。氯磺化反应是发生在苯环上的另一类取代反应，在芳纶表面引入—SO_2Cl 基团，随后与含有反应活性官能团的反应物反应，在芳纶表面接枝上极性基团。芳纶表面发生的氯磺化反应，反应速率快，且极易引入其他极性基团，很适于芳纶的改性处理，但是氯磺化反应也存在反应不易控制、易损伤纤维的缺点。

发生在苯环的硝化还原反应、氯磺化反应在改变芳纶表面结构、增加纤维润湿的比表面积、降低表面自由能、提高界面强度方面都是很有效的。但这两种方法都存在需要控制反应程度、以纤维表面引入的官能团不超过 1.0Å❶为极限的问题，否则反应将进入纤维内部发生，使纤维本体强度降低。

(3) 等离子体表面改性技术　等离子体处理技术是目前进行芳纶表面改性技术中研究最多的一种方法。目前，用于芳纶表面改性的多为冷等离子体。其能量只有几十电子伏特，具有作用强度高、穿透力小的特点。

(4) 射线辐射方法　利用 γ 射线对芳纶进行表面接枝以及纤维内部微纤交联反应，从而提高纤维本体强度及其润湿性的方法，是一种新型的改进技术，这种方法不需催化剂或引发剂，可在常温下进行反应，是很有发展前途的一种改性技术。

从目前的文献报道来看，仅前苏联采用 γ 射线辐照技术对芳纶表面进行了改性处理，国内哈尔滨工业大学对该技术也进行了跟踪研究[22]。γ 射线辐照处理芳纶主要发生两种作用：一种是辐照交联，利用 γ 射线辐照引发光化学自由基反应，使纤维的皮层与芯层之间发生交联，提高纤维的横向拉伸强度；另一种是辐照接枝，利用 γ 射线促进芳纶与表面涂覆物发生自由基反应，增加纤维表面极性基团的数量，从而提高芳纶的润湿性、黏附性，改善界面状况。

若在 γ 射线辐照过程中将纤维放入一定单体的溶液环境中，还可将某些单体接枝到纤维表面，在界面形成较强的化学键合，并且由于接枝使纤维表面能升高，物理镶嵌作用也相应得到加强，因而，γ 射线辐照接枝技术可以提高芳纶增强复合材料的力学性能。

(5) 超声浸渍改性技术　超声浸渍改性技术是处理芳纶增强复合材料界面的改性技术。俄罗斯首先对超声改性技术进行了研究，指出超声辐射技术主要是利用超声波在液体中引起

❶ 1Å=0.1nm。

气泡的破裂时产生的高温、高压及局部激波作用引起树脂浸渍纤维的变化。超声波对胶液及复合材料主要产生两个方面的作用：一是作用于胶液，有利于提高胶黏剂的活性，改善工艺加工特性；利用超声空化作用消除槽中多余的空气夹杂物及局部多余的热量，并提高树脂基体的强度；二是作用于浸胶之后的湿纤维上可进一步除去空气夹杂物，并使纤维表面浸胶均匀，进而浓缩，改善树脂沿界面分布不均匀，以降低缺陷程度，提高复合材料的性能。

刘丽[23]在应用超声浸渍改性技术进行芳纶表面及界面处理方面进行了多年的研究。从纤维表面化学组成及其表面结构特征、树脂体系物理化学变化和界面特征多角度研究了超声波对芳纶的在线处理。结果表明，在芳纶增强复合材料制备过程中，超声波主要是通过降低树脂体系的黏度和表面张力，增强对芳纶的浸润性，并且利用超声空化作用产生的高压强迫树脂浸渗芳纶，可以大大改善两者的浸润性，使其初始浸润速度提高 90%以上。经超声波处理后，芳纶增强复合材料的力学性能得到了提高。

4. UHMWPE 纤维的表面处理

UHMWPE 纤维增强复合材料的制备，由于 UHMWPE 纤维的表面十分光滑、比表面积小、呈化学惰性，且存在弱边界层（UHMWPE 纤维凝胶加工后，表面会残留一些溶剂、酸和低分子聚合物，从而形成较弱的界面层），使得该纤维的表面能很低，基体与纤维界面黏附性极差，导致 UHMWPE 纤维的高强度、高模量特性难以充分发挥，因而必须对 UHMWPE纤维进行表面处理。

国内外研究了许多 UHMWPE 纤维的表面处理方法，如低温等离子体、化学酸蚀、电晕、火焰等，这些方法都取得了一定程度的进展。

(1) 化学试剂处理　化学试剂多为强氧化剂，如铬酸、高锰酸钾溶液和双氧水等。UHMWPE 纤维表面经这些试剂氧化浸蚀会产生含氧活性基团，在其表面形成蜂窝状凹坑，粗糙程度加大，提高了纤维与基体树脂的接触面积，有利于纤维与树脂之间的力学啮合，从而提高其黏结性能。其中以铬酸处理的效果较好。

(2) 等离子体处理　等离子体处理仅涉及 UHMWPE 纤维的表面（小于 1μm），故该纤维自身的性质不会受太大的影响。此法按处理性质可分为表面不形成聚合物和表面形成聚合物两类。区别在于处理气氛不同，如在 O_2、N_2、H_2、Ar、NH_3 等气氛中处理，UHMWPE 纤维表面不形成聚合物，而采用有机气体或蒸气来产生等离子体（如烯丙胺）时，则在 UHMWPE 纤维表面会因聚合反应而沉积一层涂层。这种涂层会在纤维与基体之间形成很好的黏结层，提高复合材料的柔韧性。其中前一类处理方法应用较广。

(3) 电晕放电处理　使 UHMWPE 纤维通过电晕放电装置氧化产生微坑、表面交联、链断裂，以及消除弱边界层，使表面能增大，以改善 UHMWPE 纤维与基体树脂之间界面的黏结性能。

(4) 辐射引发表面接枝处理　辐射引发表面接枝是在 UHMWPE 纤维表面通过辐射引发第二单体［如丙烯酸类单体丙烯酸（AA）、丙烯酰胺（AM）、甲基丙烯酸缩水甘油酯（GMA）等］进行接枝聚合，从而在纤维表面覆盖一层与 UHMWPE 纤维化学性质不同的涂层，以此来改善 UHMWPE 纤维与基体之间的黏结性能。辐射源有 γ 射线、电子束、紫外线等。其中紫外线引发接枝是先引发光敏剂（如二苯甲酮），再由光敏剂引发单体接枝到 UHMWPE 纤维表面。现在所用的第二单体主要为丙烯类单体，如丙烯酸等。

二、矿物表面改性与复合材料界面设计

（一）矿物的表面及界面性质

矿物的表面性质主要有比表面积、表面能、表面晶体结构与官能团、表面电性和润湿

性等。

1. 比表面积

比表面积是矿物粉体最重要的性质之一，表面改性剂的用量与矿物粉体的比表面积有关。比表面积越大，达到同样覆盖度所需的表面改性剂的用量就越大。比表面积与粒度大小有关，矿粒的比表面积与其平均粒径成反比。

2. 表面能

矿物经粉碎后产生了新的表面，部分机械能转变为新表面的表面能。矿物粉体的表面能与其应用有很大关系，表面能越高，吸附作用越强。对于用作填料的非金属矿物来说，表面能越高，越难以均匀分散。因此，大多数表面改性剂的主要功能之一就是降低矿粒的表面能，使其不产生凝聚团粒而易于在有机高聚物中分散。矿粒的表面能除了与矿物种类有关外，还与矿粒的比表面积有关。一般来说，比表面积越大，表面能也越高。

3. 表面官能团

矿物表面的官能团是矿物晶体结构与化学组成在表面上的体现，它决定了矿物在一定条件下的吸附反应活性和电性。因而对其应用性能及与表面改性剂的作用等有重要影响。不同矿物甚至同种矿物在不同 pH 值范围内的官能团有明显差异。同类型矿物如硅酸盐矿物的官能团也有相同的。

绝大多数高岭石的活性出现在其晶片边缘或沿着表面的棱边上。其表面上的主要官能团是羟基或含氧基团。石棉为纤维状硅酸盐矿物，其表面的活性官能团主要为—OH。

4. 表面润湿性

矿物表面的润湿性，尤其是疏水（亲油）性的大小是矿物用作有机高聚物基复合材料填料的重要表面性质之一。除了石墨、滑石等少数矿物的解理面具有天然疏水性外，其余大多数矿物的表面都具有不同程度的亲水性，即使是天然疏水性矿物（如石墨和滑石），其棱角边缘也是亲水性的。作为高聚物基复合材料的填料，要求矿物表面亲油疏水，以增强其与有机基体材料的亲和性。

5. 表面电性

矿物的表面电性是由矿物表面的荷电离子如 H^+、OH^-、Ca^{2+}、SiO_3^{2-} 等决定的，矿物在溶液中的电性还与水溶液的 pH 值有关。矿物表面的荷电类型（正电与负电）以及荷电大小影响矿物之间、矿物与表面改性剂分子之间的静电作用力。因而影响矿物之间的絮凝和分散特性以及表面活性剂在矿物表面的吸附量。

（二）矿物表面改性方法

1. 包覆处理

这是利用无机物、有机物对矿粒表面进行“包覆”而达到改性的方法。如用酚醛树脂或呋喃树脂涂覆石英砂以提高精细铸造砂的黏结性能。这是一种对矿物表面进行简单涂（包）覆处理的方法。

2. 表面化学改性

这是采用化学手段，如利用有机官能团与矿物表面进行化学反应或化学吸附进行改性的方法，如利用硅烷、钛酸酯偶联剂改性，利用硬脂酸（盐）、非饱和脂肪酸、有机硅等有机化合物改性，利用电荷转移络合体的反应改性，利用游离基改性等。

改性所采用的设备包括具有高速剪切作用的搅拌混合机（国内主要采用高速捏合机）、流态化床、能流磨、反应釜等。其中搅拌混合（或捏合）设备、反应釜等主要用于液态表面改性剂的化学表面改性，流态化床和能流磨等主要用于气态表面改性剂的化学表面改性。英国 Atritor 有限公司制造并出售的用于表面改性的流体磨是一种连续改性设备，最适合于在蒸气相中进行表面改性，其中的温度、压力、表面能、停留时间等均可严格控制。由于这一系统起着一个快速干燥机的作用，加入过程中的表面改性剂的溶剂基质能迅速地被除掉，留下来的活性成分沉积吸附在矿物颗粒上。

3. 利用沉淀反应改性

用无机或有机物在矿粒表面沉积一层或多层“包覆层”或“改性层”以改变矿粒表面性质，云母珠光颜料就是用这种方法生产的。这是一种应用广泛的有效改性方法，尤其是采用无机表面改性剂时效果更佳。

4. 机械化学改性

利用矿物超细粉碎过程中机械应力的作用有目的地对矿粒表面进行激活，以改变矿物表面的晶体结构和物理化学性质。虽然仅通过超细粉碎的机械应力进行改性，目前还难以直接满足对矿物表面物理化学性质（如亲油疏水）的应用要求，但机械化学作用激活了矿粒表面，使新生表面产生游离基或离子，可以引发苯乙烯、烯烃类进行聚合，形成性能良好的填料。此外，机械化学改性也能增强矿粒与有机表面改性剂分子的作用。

5. 高能改性

利用紫外线、电晕放电和等离子体照射等方法进行表面改性。这种方法与前述 1、2 两种方法并用则效果更好。但这种方法由于技术复杂，成本较高，故实际应用尚不多见。

6. 选择表面改性方法时应考虑的重要因素

应考虑的重要因素包括：矿物能否经受高或低的剪切作用（这种剪切作用将影响矿物的表面能和粒度）；表面改性剂对温度的敏感性；操作时间与温度；物料在容器中的运动状态；物料的停留时间；表面改性剂的形态和添加方式；表面改性剂的成本；要求表面改性的精度以及改性产品的应用领域等。

（三）*表面改性剂*

矿物的表面改性主要是依靠化学改性剂在矿物表面的吸附、包覆等来实现的。因此，表面化学改性剂对于矿物的表面处理或表面改性具有决定性作用。

矿物的表面改性往往都有其特定的应用背景或应用领域，不同矿物或同种矿物用于不同的领域时所选用的表面改性剂可能有所不同。因此，选用表面改性剂时须考虑被处理矿物的应用对象。例如，塑料、橡胶等高聚物填料矿物的表面改性所选用的改性剂，既要能与矿物表面的各种官能团（羟基等）反应，覆盖于矿物表面，又要与有机高分子有较强的化学或物理作用。因此，从分子结构上来说，表面改性剂是一类具有一个以上能和无机矿物表面作用的官能团和一个以上能与有机高分子作用的基团。目前工业上常用的试剂有如下几类。

1. 偶联剂

这是具有两性结构的物质，其分子中的一部分基团可与矿物表面的各种官能团反应，形成强有力的化学键合，另一部分基团可与有机高分子发生某些化学反应或物理缠绕，从而将两种性质差异很大的材料牢固地结合起来。使用作填料的无机矿物和有机高分子之间产生了具有特殊功能的“分子桥”，改变了无机矿物填料表面的性质，与有机高分子形成了新型复合材料。

偶联剂适用于各种不同的有机高分子和无机矿物填料的复合材料体系，有利于改善体系的流变性能。经偶联剂处理后的矿物填料，既抑制了“相”的分离，又使矿物填料有机化。即使增大填充量仍可较好地均匀分散，从而改善了复合材料的综合性能，特别是改善冲击强度、柔韧性和弯曲强度等。

偶联剂按其化学结构可分为硅烷类、钛酸酯类、锆类和有机络合物四种。

2. 高级脂肪酸及其金属盐类

高级脂肪酸及其金属盐有着相似的分子结构，分子一端为长链烷基（C_{16}～C_{18}）。这样的结构和聚合物分子结构近似，特别是和聚烯烃分子结构近似，因而和聚烯烃有着一定的相容性。分子另一端为羧基及其金属盐，可与无机矿物（填料）发生一定的化学反应。因此，用高级脂肪酸及其金属盐处理矿物表面时，可起到类似偶联剂的作用，有一定的表面处理效果，可改善矿物填料和聚合物分子的亲和性。如用硬脂酸包覆处理碳酸钙，可提高补强效果，改善制品的加工性能和提高制品的冲击强度。

矿物表面处理中常用的高级脂肪酸及其金属盐类表面处理剂有硬脂酸、硬脂酸钙、硬脂酸锌等，用量约0.5%～2%。使用时可直接与无机矿物填料均匀混合，也可将硬脂酸熔融后喷洒在矿物填料表面上。

3. 聚烯烃低聚物

聚烯烃低聚物可以用作矿物填料的表面改性剂，在聚烯烃类复合材料中得到广泛的应用，其品种主要是聚丙烯和聚乙烯蜡。

聚烯烃低聚物有较好的黏附性能，可以和无机矿物填料较好地浸润、黏附、包覆。同时，其基本结构与聚烯烃相近，可以和聚烯烃很好地相容结合，从而改善矿物填料和聚合物之间的亲和性。

4. 不饱和有机酸

带有不饱和双键的有机酸对含有碱金属离子的矿物填料进行表面处理，具有较好的改性效果且价格便宜，为一种新型偶联剂，含有活泼金属离子的矿物填料常带有 K_2O-Al_2O_3-SiO_2、Na_2O-Al_2O_3-SiO_2、CaO-Al_2O_3-SiO_2 和 MgO-Al_2O_3-SiO_2 组分，由于在矿物填料表面上有这些活泼金属离子的存在，用含有不饱和双键的有机酸进行表面处理时，就会以稳定的离子键形成，构成单分子层薄膜包覆在矿物填料表面。由于有机酸中含有不饱和双键，故在和基体树脂复合时，在残余引发剂的作用或热能、机械能的作用下，双键被打开，和基体树脂发生接枝、交联等一系列化学反应，使得无机矿物填料和基体树脂较好地结合在一起，从而提高了复合材料的物理机械性能。因此，不饱和有机酸是一类性能较好且开发前景广阔的新型表面改性剂。常见的不饱和有机酸是丙烯酸、丁烯酸、醋酸乙烯、醋酸丙烯等。一般来说，酸性越强，越易形成离子键，处理效果越好。

5. 有机胺

有机胺主要用于膨润土的改性及制备有机土。用膨润土制备有机土一般选用季铵盐，即甲基苯基或二甲基二烃基铵盐。用于制备有机土的季铵盐，其烃基的碳原子数一般为12～22，优先碳原子数为16～18，其中十六烃基占20%～35%，十八烷基占60%～75%。

可用于膨润土覆盖剂的季铵盐品种较多，如双烷基甲基苄基二氢化牛脂氯化铵、甲基苄基椰子油酸氯化铵等都是国内外常用的制备有机土的覆盖剂。这些覆盖剂可单独使用，也可混合使用。近年来的研究表明，混合使用覆盖剂较使用单一覆盖剂效果要好。

6. 有机硅

高分子有机硅又称硅油，指的是以硅氧键链（Si—O—Si）为骨架，硅原子上接有有机基团的一类聚合物。绝大多数有机硅都带有低表面能的侧基，特别是烷基中表面能最低的甲基。因此，有机硅分子有很高的化学稳定性及很低的表面能。有机硅可对碳酸钙、云母、滑石、三水铝石、高岭土等填料或颜料进行表面处理，经有机硅改性的上述填料可改善聚丙烯和聚乙烯的工艺性能和力学性能，并可提高填料在涂料系统内的分散性。

常用于处理无机矿物填料或颜料的有机硅一般为带活性基团的聚甲基硅氧烷，其硅原子上接有若干氢键，或以氢键封端。氢键和羟基有很强的反应性，易与无机矿物填料或颜料形成牢固的化学键，从而包覆矿物颗粒，使填料或颜料表面改性，变得亲油疏水而易被基料树脂润湿，增强了与有机基料的亲和力。

（四）矿物粒子在聚合物中的分散

矿物粒子在聚合物基体中的分散状态可归纳为三种情况[24]：①矿物粒子在聚合物中形成的第二聚集体（如粒径足够小，界面结合良好，则具有很好的增强效果，二氧化硅、炭黑增强橡胶就是例子）；②矿物粒子以无规则的分散状态存在，该状态既不能增强也不能增韧；③矿物粒子均匀而个别地分散在基体中，该状态能产生明显的增韧效果。为了获得矿物粒子增强和增韧的聚合物材料，应争取第三种分散相结构形态。要获得均匀分散的复合材料，则要求矿物粒子与聚合物的表面自由能、极性要匹配，其间的相互作用力、聚合物黏度要小。一般来说，矿物粒子极性较强，亲水性强；而聚合物的极性较弱，表现出亲油性。因此，矿物粒子的改性处理是改善这种状况的理想途径。

（五）矿物粒子/聚合物的界面相结构模型

有学者[25]提出了矿物粒子增强和增韧聚合物三种界面分子结构。

(1) 矿物粒子增强和增韧硬基质　在均匀分散的矿物粒子周围，嵌入具有良好界面结合和一定厚度的柔性界面相，以便在材料经受破坏时既能引发银纹，或引发基体剪切屈服而消耗大量冲击能，又能较好地传递所承受的外应力。

(2) 矿物粒子增韧软基质　在均匀分散的矿物粒子周围，嵌入非界面化学结合，能产生强物理性缠结，具有一定厚度的柔性界面层。该结构能大幅度提高复合材料的缺口冲击强度，但其拉伸强度和弯曲模量会受到影响。

(3) 矿物粒子增强和增韧软基质　在均匀分散的矿物粒子周围，嵌入具有良好界面结合的、一定厚度的、模量介于刚性粒子和基体之间的梯度界面层形成核-壳分散相结构，增加界面的黏结，促使弹性层部分硫化，模量梯度分布的界面层有利于应力传递，从而产生增强和增韧的效果。

三、金属表面润湿性与复合材料界面设计

（一）金属表面润湿性

润湿是指固体表面上一种液相取代另一种与之不混溶的流体的过程，润湿性一般用接触角来衡量。接触角是固、液、气三相交界处，自固液界面经液体内部到气液界面的夹角，如图 3-2 所示。

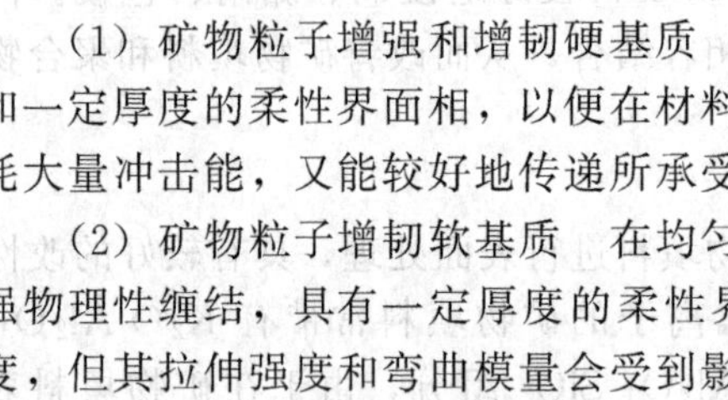

图 3-2　润湿性示意图

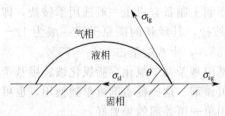

若 $\theta<90°$，液相润湿固相基体；$\theta>90°$，液相不润湿固相基体（当 $\theta=0°$、$\theta=180°$ 分别称为完全润湿和不完全润湿）。

从能量角度来考虑，可用黏附功来衡量复合材料中金属与其他组分的润湿程度和结合强度：

$$W_a=\sigma_{sg}-\sigma_{sl}+\sigma_{lg}=(1+\cos\theta)\sigma_{lg}$$

黏附功 W_a 可理解为将某一界面分解为两个表面所需的可逆功，θ 越小，W_a 值越大，结合强度越强。

按照金属基复合材料的结合情况，可以将润湿过程分为非反应性润湿和反应性润湿。非反应性润湿是指界面润湿过程中不发生化学反应，润湿过程的驱动力仅仅是扩散力及范德华

力。其中液相的表面张力是决定液相是否能在固相表面润湿的主要热力学参数。一般此类润湿过程进行得很快，在很短的时间内就能达到平衡；且温度和保温时间对润湿性影响不大。同时，研究中还发现非反应性润湿体现出对体系成分的不敏感性。

相对而言，由于伴随着不同程度的界面化学反应，反应性润湿过程中液相的表面张力并不是影响金属表面润湿性的主要参数，润湿作用主要是通过界面反应形成界面反应产物来实现。此界面反应产物的生成使润湿过程在一个具有更优良润湿性能的中间层上进行，极大地改善了润湿效果。反应性润湿过程时间较长，一般随着时间的延长，润湿角减小。

（二）金属表面处理方法

一般而言，金属属于高表面能物质。金属表面在各种热处理、机械加工、运输及保管过程中，不可避免地会被氧化，产生一层厚薄不均匀的氧化层。同时，也容易受到各种油类污染和吸附一些其他的杂质、油污及某些吸附物，较薄的氧化层可先后用溶剂清洗、化学处理和机械处理，或直接用化学处理。对于严重氧化的金属表面，氧化层较厚，就不能直接用溶剂清洗和化学处理，而最好先进行机械处理。

通常经过处理后的金属表面具有高度活性，更容易再度受到灰尘、湿气等的污染。为此，处理后的金属表面应尽可能快地进行胶接。

经不同处理后的金属保管期如下：①湿法喷砂处理的铝合金，72h；②铬酸-硫酸处理的铝合金，6h；③阳极化处理的铝合金，30d；④硫酸处理的不锈钢，20d；⑤喷砂处理的钢，4h；⑥湿法喷砂处理的黄铜，8h。

(1) 铝及铝合金表面处理方法　脱脂处理。用脱脂棉蘸湿溶剂进行擦拭，除去油污后，再以清洁的棉布擦拭几次即可。常用溶剂为：三氯乙烯、醋酸乙酯、丙酮、丁酮和汽油等。

(2) 镁及镁合金表面处理方法　脱脂处理。常用溶剂为：三氯乙烯、丙酮、醋酸乙酯和丁酮等。

(3) 铜及铜合金表面处理方法　脱脂处理。常用溶剂为：三氯乙烯、丙酮、丁酮、醋酸乙酯。

(4) 碳钢及铁合金表面处理方法　脱脂处理。常用溶剂为：三氯乙烯、丙酮、醋酸乙酯、汽油、苯、无水乙醇。

(5) 钛及钛合金表面处理方法　脱脂处理。常用溶剂为：三氯乙烯、丙酮、丁酮、苯、醋酸乙酯、汽油、无水乙醇。

（三）金属基复合材料的界面设计

改善增强剂与基体的润湿性以及控制界面反应的速率和反应产物的数量，防止严重危害复合材料性能的界面或界面层产生，进一步进行复合材料的界面设计，是金属基复合材料研究的重要内容。从界面优化的观点看，增强剂与基体在润湿后又能发生适当的界面反应，达到化学结合，有利于增强界面结合，提高复合材料的性能。金属基复合材料的界面性能优化及界面设计一般有以下几种途径。

(1) 增强剂的表面改性处理　增强材料的表面改性（涂层）处理可起到以下作用：改善增强剂的力学性能，保护增强剂的外来物理和化学损伤（保护层）；改善增强剂与基体的润湿性和黏着性（润湿层）；防止增强剂与基体之间的扩散、渗透和反应（阻挡层）；减缓增强剂与基体之间因弹性模量、热膨胀系数等的不同以及热应力集中等因素所造成的物理相容性差的现象（过渡层、匹配层）；促进增强剂与基体的（化学）结合（牺牲层）。

常用增强材料的表面（涂层）处理方法有PVD、CVD、电化学法、溶胶-凝胶法等。

常用纤维涂层种类如下：SiC纤维-富碳涂层、SCS涂层等；硼纤维-SiC涂层、B_4C涂层等；碳纤维-TiB_2涂层、C/SiC复合涂层等。

（2）金属基体改性（添加微量合金元素） 在金属基体中添加某些微量合金元素有以下作用：控制界面反应；增加基体合金流动性，降低复合材料的制备温度和时间；改善增强剂与基体的润湿性。

第二节　复合效应与复合原理

一、复合效应

材料在复合后所得的复合材料，就其产生复合效应的特征可分为两类：一类为线性效应；另一类则为非线性效应。在这两类复合效应中，又可以显示出不同的特征。表3-1列出了不同复合效应的类别。

表3-1　不同复合效应的类别

复合效应		复合效应	
线性效应	非线性效应	相补效应	共振效应
平均效应	相乘效应	相抵效应	系统效应
平行效应	诱导效应		

（一）平均效应

平均效应是复合材料所显示的最典型的一种复合效应。它们可以表示为：

$$P_c = P_m V_m + P_f V_f$$

式中，P为材料性能；V为材料体积含量；角标c、m、f分别表示复合材料、基体和增强体。

例如，复合材料的弹性模量，若用混合律（或混合法则）表示，则为：

$$E_c = E_m V_m + E_f V_f$$

（二）平行效应

显示这一效应的复合材料，其组成复合材料的各组分，在复合材料中均保留本身的作用。既无制约，也无补偿。对于增强体（如纤维）与基体界面结合很弱的复合材料所显示的复合效应，可看作是平行效应。

（三）相补效应

组成复合材料的基体与增强体，在性能上可互补，从而提高了综合性能，则显示出相补效应。对于脆性的高强度纤维增强体与韧性基体复合时，两相间若能得到适宜的结合而形成的复合材料，其性能显示为增强体与基体互补。

（四）相抵效应

基体与增强体组成复合材料时，若组分间性能相互制约，限制了整体性能提高，则复合后显示出相抵效应。例如，脆性的纤维增强体与韧性基体组成的复合材料，当两者界面结合很强时，复合材料整体显示为脆性。在玻璃纤维增强塑料中，当玻璃纤维表面选用适宜的硅烷偶联剂处理后，与树脂基体组成的复合材料，由于强化了界面的结合，故使材料的拉伸强度比未处理纤维组成的复合材料可高出30％～40％。

（五）相乘效应

两种具有转换效应的材料复合在一起，即可发生相乘效应。例如，把具有电磁效应的材料与具有磁光效应的材料复合时，将可能产生复合材料的电光效应。因此，通常可以将一种具有两种性能互相转换的功能材料 X/Y 和另一种换能材料 Y/Z 复合起来，可用下列通式来表示：

$$(X/Y)\times(Y/Z)=X/Z$$

式中，X、Y、Z 分别表示各种物理性能。上式符合乘积表达式，所以称为相乘效应。这样的组分可以非常广泛，已被用于设计功能复合材料。常用的复合材料乘积效应见表 3-2。

（六）诱导效应

在一定条件下，复合材料中的一个组分材料可以通过诱导作用使另一组分材料的结构改变而改变整体性能或产生新的效应。这种诱导行为已在很多实验中发现，同时也在复合材料界面的两侧发现。如结晶的纤维增强体对非晶基体的诱导结晶或晶型基体的晶型取向作用。在碳纤维增强尼龙或聚丙烯中，由于碳纤维表面对基体的诱导作用，使界面上的结晶状态与数量发生了改变，如出现横向穿晶等，这种效应对尼龙或聚丙烯起着特殊的作用。

表 3-2　常用的复合材料的乘积效应

A 相性质 X/Y	B 相性质 X/Y	复合后的乘积性质(X/Y)×(Y/Z)＝X/Z
压磁效应	磁阻效应	压敏电阻效应
压磁效应	磁电效应	压电效应
压电效应	场致发光效应	压力发光效应
磁致伸缩效应	压阻效应	磁阻效应
光导效应	电致效应	光致伸缩效应
闪烁效应	光导效应	辐射诱导效应
热致变形效应	压敏电阻效应	热敏电阻效应

（七）共振效应

两个相邻的材料在一定条件下，会产生机械的或电、磁共振，由于不同材料组分组成的复合材料其固有频率不同于原组分的固有频率，当复合材料中某一部分的结构发生变化时，复合材料的固有频率也会发生改变。利用这种效应，可根据外来的工作频率，改变复合材料固有频率而避免材料在工作时引起破坏。

对于吸波材料，同样可以根据外来波的频率特征，调整复合材料频率，达到吸收外来波的目的。

（八）系统效应

这是一种材料的复杂效应，到目前为止，这一效应的机理尚不很清楚，但在实际现象中已经发现这种效应的存在。例如，交替叠层镀膜的硬度大于原来各单一膜的硬度和按线性混合律估算值，说明组成了复合系统才能出现的现象。

二、复合原理

复合材料的复合原理是研究复合材料的结构特性、开拓新材料的基础，尽管多年来科学工作者一直致力于这一理论的研究工作，但材料的复合原理在复合材料领域中还处于发展之中，有许多问题亟待研究和完善。

无论是宏观上还是微观或亚微观状态上，复合材料性能与结构优化后（即复合后的材料性能优于每个单独组分的性能）可以使复合材料具备新的特殊性质。这种不同性质材料之间的相互作用，也就是耦合，这也是从力学和物理学上理解复合材料多性能的基础，虽然不同类型复合材料的增强机理有所不同（如片状增强体与粒子增强体），特别是功能复合材料，但它们在一些具体性能上仍可遵循一些共同的规律。

第三节　复合材料性能与工艺设计

一、复合材料的性能设计

从工程应用的角度看，复合材料可分为两大类：结构复合材料和功能复合材料。结构复合材料主要是以其力学性能如强度、刚度、形变等特性为工程所应用；而功能复合材料则是以其声、光、电、热、磁等物理特性为工程所应用，诸如压电材料、阻尼材料、自控发热材料、吸波屏蔽材料、磁性材料、生物相容性材料、磁性分离材料。材料性能组合如图 3-3 所示。

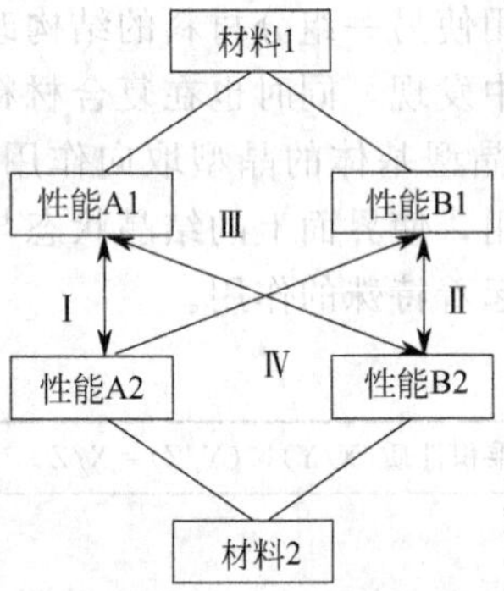

图 3-3　材料性能组合示意图

复合材料的主要特点之一是不仅保持其原组分的部分优点，而且具有原组分不具备的特性；复合材料区别于单一材料的另一个显著特性是材料的可设计性。传统的单一材料，如木材、金属、玻璃、陶瓷、塑料等只能被选用，而不能被设计（指宏观材料设计，不含分子设计）。由于复合材料的多相特性，即由不同单一材料组成，故存在单一原材料的选择、原材料的含量及几何形态、复合方式的程度，以及界面情况等不同的配合和选择等一系列影响因素。由于各种原材料都有各自不同的性能，因此，复合材料在不同的组合上可能出现如图 3-3 所示的复合效果。因而，可以对组分的选择、各组分分布设计和工艺条件的控制等，利用复合材料的复合效应使之出现新的性能，发挥复合的优势。例如，高强度结构材料可选用高强度纤维，如玻璃纤维或高强度碳纤维为增强体与树脂基体相配合所组成的复合材料。而高模量结构材料则应选用高模量纤维，如高模量碳纤维或聚酰胺纤维等为增强体所组成的树脂基复合材料，此外，设计结构复合材料时，应考虑增强体与基体的体积比，并将增强纤维的轴向分布在主应力方向上。

高温下使用的结构复合材料应选用耐高温材料为基体。由于聚合物材料的耐热性能差，故树脂基复合材料一般只适用于 400℃以下使用，更高温度下使用的复合材料应考虑以碳、金属或陶瓷作为复合材料的基体，组成碳/碳复合材料（＜2400℃）、金属基复合材料（400～1300℃）或陶瓷基复合材料（1300～1650℃）。

玻璃纤维增强塑料由于玻璃纤维和塑料都不反射电磁波而具有良好的电磁波透过性，因此，它是设计雷达罩用的"理想"材料。与之相反，为了防止电磁波干扰而设计的电磁波屏蔽材料，则应选用含有导电功能填料的树脂基复合材料。

用于化工防腐蚀的玻璃纤维增强塑料，在材料设计时应针对接触介质的不同而采取不同的复合方式。例如，对于酸性介质，宜选用中碱玻璃纤维为增强体和耐酸性良好的树脂（如乙烯基树脂）为基体所组成的复合材料。对于碱性介质，则宜采用无碱玻璃纤维为增强体和耐碱性良好的树脂（如胺固化环氧树脂）为基体所组成的复合材料。由于玻璃纤维易被酸、碱所侵蚀，故作为耐腐蚀复合材料，在保证必要的力学性能前提下，应尽量减少玻璃纤维在复合材料中所占的体积比例，使纤维周围的树脂基体尽量保护这些纤维不受介质的侵蚀。从以上例子可见复合材料的性能是受其组成材料的性能所制约的。

（一）复合材料基体性能设计

无论基体还是增强体（含填料）和功能体，都给复合材料性能以决定性影响，因此，复合材料设计人员必须熟知复合材料中这些组分本身的独特性能。由于目前工程应用最广的复合材料是树脂基复合材料，为此着重论述聚合物基体的性能特点如下。

（1）密度低，因而单位体积质量小。大多数聚合物复合材料的相对密度为1。

（2）耐腐蚀。聚合物一般耐酸、碱和盐的水溶液，但不耐有机溶剂。

（3）易氧化、老化。特别是紫外线引起的老化必须引起足够重视，因为老化使聚合物失去韧性和降低强度。

（4）聚合物耐热性能通常较差，在不太高的温度下就引起降解和氧化。

（5）聚合物一般易燃。

（6）低的摩擦系数。聚合物-聚合物和聚合物-金属接触面的摩擦系数通常很低。

（7）低的导热性和高的热膨胀性是聚合物材料典型的热性能。但是，这些热性能通常可以通过填料来改性，特别是纤维填料能降低热膨胀性。

（8）极佳的电绝缘性和静电积累是有机材料典型的电学性能。非极性聚合物的介电损耗极低，但极性聚合物则较高。

（9）聚合物可以整体着色制得带色制品。

（10）聚合物的一些力学性能，例如抗蠕变性、弹性模量、强度和韧性等，可随其分子结构的改变而大幅度变化。

（二）增强体或功能体设计

增强体或功能体在复合材料中起主导作用，概括起来有以下三种代表性作用。

（1）填充。用廉价的增强体，特别是颗粒状填料可降低成本，如PVC中添加碳酸钙粉末即是代表性实例。

（2）增强。纤维状或片状增强体可提高聚合物基复合材料的力学性能和热学性能，其效果在很大程度上取决于增强体本身的力学性能和形态等。

（3）赋予功能。功能体可以赋予聚合物基体本身所没有的特殊功能。功能体的这种作用主要取决于它的化学组成和结构。

（三）界面性能设计

除了基体和增强体或功能体对复合材料的性能有决定性影响外，界面的作用也是不可忽视的。界面、界面效应对复合材料性能的巨大影响正是复合材料区别于一般混合材料的重要标志。例如，玻璃纤维增强塑料的力学性能，特别是湿态力学性能在很大程度上与玻璃纤维和树脂之间界面的黏结状态有关。对于透光复合材料，界面黏结状态好坏更是决定透光材料使用寿命的依据。

为了改善基体和增强体的界面黏结状态，就必须对增强体进行表面处理。表面处理的方法通常有两大类：一类是用物理或化学的方法使填料表面结构发生变化；另一类是将偶联剂引入增强体表面以实现改变增强体表面结构的目的。

复合材料区别于单一材料的另一个显著特征是材料与结构的一致性，即复合材料既是材料，又可以看作是结构。许多复合材料制作件不是由复合材料二次加工而成的，而是由基体、增强体经一次成型而得的。例如，玻璃纤维增强塑料高压气瓶，是由玻璃纤维及树脂缠绕成型一次加工而成的，这里就存在成型前的结构设计问题。从事复合材料研制的工程技术人员除了需确定选用合适的材料外（包括增强体的处理要求），还必须进行结构设计和功能设计，并且结构设计或功能设计还必须考虑工程上实施的可能性和合理性。

正因为复合材料既是材料又是结构，故材料设计与结构设计往往相互交叉而没有明显的分界线，同时这种设计都受到成型技术的制约。通常认为复合材料中的材料设计属于复合材料科学（材料物理及材料化学）的研究范畴，而结构设计则属于复合材料力学的研究范畴。

二、复合材料的工艺设计

（一）复合材料成型工艺特点

复合材料成型工艺与其他材料加工工艺相比有其独特的地方，即其材料的形成与制品的成型是同时完成的。复合材料的生产过程，也就是复合材料制品的生产过程。实践说明，复合材料的工艺水平会直接影响材料或制品的性能。工艺方法的确定与制品结构有关，所以应根据制品的受力情况、设计精度要求来选择成型工艺。虽然每种工艺方法都有它自己的特点，但各种工艺方法均有一些共同特点。无论采取哪种成型工艺，在工艺过程中都必须遵循的要点如下。

(1) 要使纤维增强材料适量、均匀地分布在制品的各个部位，因此先进复合材料的力学性能主要取决于纤维的分布状况及含量，纤维体积含量不足或不均匀，必然会在局部地方形成薄弱环节，同时严重影响制品的性能。

(2) 要使树脂基体材料均匀地分布在制品的各个部位并充分固化。树脂含量过高或过低都是不合适的。它会使制品形成局部地方薄弱环节，从而降低整个复合材料制品性能。树脂基体的固化是一个连续变化的过程，在工艺过程中必须使树脂基体达到一定的固化程度，否则会严重降低制品的性能。

(3) 在工艺过程中要设法减少气泡，降低复合材料制品空隙率，提高致密性。在通常情况下，制备复合材料制品时，要把挥发性气体全部排走是不容易的，这样就会在制品中形成一定量的气孔，气孔的存在，特别是长期存在会对复合材料性能带来极为不利的影响。因此，在工艺过程中应尽量减少气孔的含量。

(4) 充分掌握所选用的树脂基体材料的工艺特性，制定合理的工艺规范。在整个工艺过程中纤维增强材料性能是没有什么变化的，起变化的是树脂基体材料。在初期树脂基体一般是黏度较低的液体，在工艺过程中黏度逐渐增加、凝胶，直至固化。树脂基体在固化时，会产生大量气体，放出一定的热量，体积有一定收缩等，所以必须充分掌握所用树脂基体配方的工艺性能，才能制定出合理的工艺规范，制造出符合要求的复合材料制品。

(5) 为了确保复合材料构件的质量以及设计的可靠性，对纤维增强材料、树脂基体材料、预浸料、层压板等进行一系列性能实验是十分重要和必要的，因为导致复合材料失效的原因甚多，进行各种性能实验可评定材料性能，保证原材料质量，评定工艺参数，提供设计依据，检查产品质量等。

（二）复合材料工艺设计的主要内容

从事复合材料结构件研制的设计人员必须与工艺人员密切配合、互相协作，通过互相努力、不断技术协调，解决研制过程中出现的各种技术难题，才能取得圆满的结果。其中工艺师的主要任务是寻求和采用最好的工艺方法，制定合理的工艺规范，从而研制出高质量的复合材料制品。然而由于复合材料与金属材料制品制造的方法不同，前者是从原材料制成复合材料同时制成复合材料产品，因此从事复合材料研制的工艺师进行工艺设计时，首先必须从选择原材料开始，根据制品的使用要求，选择合适的树脂基体材料和纤维增强材料。选材时除了要考虑材料的实用性外，还须考虑材料的工艺性能及材料来源。此外，工艺师还应对制品的技术要求及结构特性等有清楚的了解，才能成功地进行工艺设计。工艺设计是工艺过程中设计，工艺过程是将材料制成零件，再由零件组装成组合件或部件的过程。其主要内容如下。

（1）对复合材料制品设计图纸进行工艺性审查。

（2）拟订工艺总方案，确定制造产品工艺方法及工艺流程，列出工艺实验项目，进行工艺攻关内容。

（3）确定各工序的操作方法、工艺参数、注意事项。

（4）确定检验项目和检查制度。

（5）选择所用工艺装备（工装模具、样板）、成型设备（固化设备等）和工具（检测工装量具、刀具等）。

（6）编制工艺文件、工艺规范、检查规范。

（7）根据设计条件要求确定随炉试件测试项目和无损检测等要求。

工艺规范是指导和组织生产的重要文件，经评审批准生效后，应严格执行。根据工艺设计内容，在拟订工艺方案时，对同一种复合材料结构件制品，往往可以同时具有几种不同的成型工艺方案，这些工艺方案都能同样地满足设计文件要求，此时应考虑经济效果、生产周期和生产规模等。在拟订工艺方案时，还必须认真进行科学、周密的调查研究，摸清情况，一切从实际出发，深入研究了解制品的设计文件要求，细致分析零件或部件的结构特点[26]。此外，还应了解本单位生产条件、操作人员技术水平、机加工及后加工能力、外协项目等。

参 考 文 献

[1] Cech V，Balkova R. The influence of surface modifications of glass on glass fiber polyester inters phase properties. Adhesion Sci Technol，2003，17 (10)：1299-1320.

[2] 闻荻江等．复合材料原理．武汉：武汉理工大学出版社，1998.

[3] 赫尔 D. 复合材料导论．张双寅，郑维平，蔡良武译．北京：中国建筑工业出版社，1989：46-52.

[4] 蒲启君．橡胶与骨架材料的黏合机理．橡胶工业，1999，46 (11)：683-695.

[5] Kinloch A J. Adhesion and Adhesives . London：Chapman & Hall，1987.

[6] Kodokian G K A，Kinloch A J. Surface pretreatment and adhesion of thermoplastic fiber composites . Journal of Material Science Letters，1988，(7)：625-627.

[7] Schonhnrn H. In Polymer Surface . New York ：John Wiley，1978.

[8] Kaelble D H. Physical Chemistry of Adhesion . New York：John Wiley，1971.

[9] Zisman W A. Surface chemistry of plastic rein forced by strong fibers. IEC Product Research and Development，1963，8 (2)：98-111.

[10] Pape P G，Plueddemann E P. Improvements in saline coupling agents formore durable bonding at the polymer reinforcement interface . ANTEC，1991：1870-1875.

[11] Crespy A，Franon J P，Turenne S，et al. Effect of Silanes on the Glass Fiber/Polypropylene Matrix Interface. Macromolecular Chemistry，Macromolecular Symp. 1987.

[12] 陈育如．铝锆偶联剂的应用．塑料工业，2001，29 (6)：44-46.

[13] 姜勇，徐声钧，王燕舞．玻璃纤维增强聚丙烯的研制与应用．塑料科技，2000，1：7-9.

[14] Salehir Mobarakeh H，Brisson J，Ait - Kadi A. Ionic interphase of glass fiber/polyamide 6,6 composites . Polymer Composites，1998，19 (3)：264-274.

[15] 薛志云，胡福增，郑安呐等．玻璃纤维表面的乙烯基单体接枝聚合．功能高分子学报，1996，9 (2)：177-182.

[16] 杨卫疆，郑安呐，戴干策．过氧化物偶联剂在玻璃纤维表面上接枝高分子链的研究．华东理工大学学报，1996，22 (4)：429-432.

[17] 李志军，程光旭，韦玮．离子体处理在玻璃纤维增强聚丙烯复合材料中的应用．中国塑料，2000，14 (6)：45-49.

[18] Ymma F Castino. Fracture toughness of kevlar-epoxy composites with controlled interfacial bonding . Journal of Material Science，1984，19 (1)：638-655.

[19] Tarantili P A，Gandreopoules A. Mechanical properties of epoxies rein forced with chloride-treated aramid fibers. Journal of Applied Polymer Science，1997，65：267-275.

[20] Gandreopoules A. A new coupling agent for aramid fibers . Journal of Applied Polymer Science，1989，38：1053-1064.

[21] Yue C Y，Padmanabhan K. Interfacial studies on surface modified kevlar fiber/epoxy matrix composites . Composites：Part B，1999，30：205-217.

[22] 邱军，张志谦，黄玉东．γ射线辐照 APMOC 纤维对 AFRP 层间剪切强度的影响．材料科学与工艺，1999，7（1）：48-50.

[23] 刘丽，黄玉东，张志谦．超声波对 F-12/环氧复合材料力学性能的影响．复合材料学报，1999，16（1）：67-71.

[24] 欧玉春．刚性粒子填充聚合物的增强增韧与界面相结构．高分子材料科学与工程，1998，（2）：12-15.

[25] Kitamura H. Interfacial structure of mineral particles/polymer composites. Proc 4th Int Conf Comps Mat ICCM-Ⅳ，Tokyo，Japan，Oct，1982. 2. Comitov P G，Nicolova Z G，et al. Reinforcing model of polymer matrix composites. Eur Polym J，1984，20：405-408.

[26] 沃西源，夏英伟．聚合物基复合材料工艺设计与质量控制．航天返回与遥感，2003，24（2）：50-52.

第四章 复合材料成型与加工工艺

复合材料成型工艺是复合材料工业的发展基础和条件。随着复合材料应用领域的拓宽，复合材料工业得到迅速发展，老的成型工艺日臻完善，新的成型方法不断涌现。根据复合材料类型的不同，所采用的成型与加工工艺也不同。一般金属材料和陶瓷材料的成型与加工工艺基本相同，在此不作赘述。本章主要表述聚合物基复合材料的成型工艺。

目前聚合物基复合材料的成型方法已有 20 多种，并成功地用于工业生产，例如：手糊成型工艺——湿法铺层成型法；喷射成型工艺；树脂传递模塑成型技术（RTM 技术）；袋压法（压力袋法）成型；真空袋压成型等。视所选用的树脂基体材料的不同，上述方法分别适用于热固性和热塑性复合材料的生产，有些工艺两者都适用。

与其他材料加工工艺相比，复合材料成型工艺具有如下特点。

（1）材料制造与制品成型同时完成　在一般情况下，复合材料的生产过程，也就是制品的成型过程。材料的性能必须根据制品的使用要求进行设计，因此在选择材料、设计配比、确定纤维铺层和成型方法时，都必须满足制品的物化性能、结构形状和外观质量要求等。

（2）制品成型比较简便　一般热固性复合材料的树脂基体成型前是流动液体，增强材料是柔软纤维或织物，因此，生产复合材料制品所需工序及设备要比其他材料简单得多，对于某些制品仅需一套模具便能生产。

第一节 挤出成型

一、概述

挤出成型在复合材料加工中又称挤塑，在非橡胶挤出机加工中利用液压机压力作用于模具本身的挤出称为压出。是指物料通过挤出机料筒和螺杆之间的作用，边受热塑化，边被螺杆向前推送，连续通过机头而制成各种截面制品或半成品的一种加工方法。

挤出成型设备有螺杆式挤出机和柱塞式挤出机两大类，前者为连续式挤出，后者为间歇式挤出。螺杆挤出机可分为单螺杆挤出机和多螺杆挤出机，目前单螺杆挤出机是生产上用得最多的挤出设备，也是最基本的挤出机。多螺杆挤出机中的双螺杆挤出机近年来发展最快，其应用也逐渐广泛。柱塞式挤出机是借助于柱塞的推挤压力，将事先塑化好的或由挤出机料筒加热塑化的物料从机头口模挤出而成型的。物料挤完后柱塞退回，再进行下一次操作生产，是不连续的，而且挤出机对物料没有搅拌混合作用，故生产上较少采用。但由于柱塞能对物料施加很高的推挤压力，只应用于熔融黏度很大及流动性极差的塑料，如聚四氟乙烯和硬聚氯乙烯管材的挤出成型。世界上第一台柱塞式挤出机由英国的 H. Bewley 和 R. Brooman 于 1845 年研制成功，而第一台单螺杆挤出机由美国的 Kiel 和 Prior 于 1876 年研制成功。历经一个半世纪的发展，挤出成型已成为高分子材料最主要的加工方法[1]。

与其他成型方法相比，挤出成型有以下特点。

（1）操作简单，工艺易控，可连续化、自动化生产，生产效率高。

（2）应用范围广，除在塑料、橡胶、合成纤维的成型加工中广泛应用外，挤出工艺也可用于塑料的着色、混炼、塑化、造粒及聚合物的共混改性等。以挤出为基础，配合吹胀、拉伸等技术则可发展为挤出-吹塑成型和挤出-拉幅成型制造中空吹塑和双轴拉伸薄膜等制品。

（3）根据产品的不同要求，通过改变机头口模（型），即可成型各种断面形状的产品或半成品。

（4）设备简单，投资少，占地面积小。

二、挤出成型设备

挤出成型机组由挤出机主机、辅机和控制系统组成。

（一）挤出机主机

挤出机主机包括挤压系统、传动系统，还有加热和冷却系统。评价挤出机时，可从两个方面考虑：生产能力的高低，适用范围是否广泛；是否具有较完善的控制系统。

1. 挤出机主机的分类与构造

按工作原理分为螺杆式挤出机和柱塞式挤出机，螺杆式又可分为单螺杆式和双螺杆式，这是主要的分类方法。按排气状况可分为排气式挤出机和分段组合式挤出机；按用途可分为粒料挤出机、混炼挤出机和超高分子量挤出机；按安装位置可分为立式挤出机和卧式挤出机两种。目前用得最广泛的是卧式单螺杆挤出机和双螺杆挤出机。

2. 单螺杆挤出机

单螺杆挤出机的基体结构包括加料装置和挤压系统。

（1）加料装置 一般为锥形漏斗，其大小以能容纳1h用料为宜。料斗内装有阀门、定量计量、卸除余料等装置。

（2）挤压系统 挤压系统包括螺杆、机筒、端头多孔板。

① 螺杆。通常螺杆分为加料段、压缩段和均化段，螺槽越来越浅。

② 机筒。机筒在工作过程中压力为30～50MPa，温度为150～300℃，因此机筒需强度高、耐腐蚀、耐磨损。机筒外采用电阻加热和水冷却。

③ 端头多孔板。端头多孔板使物料由旋转流动变为直线流动，沿螺杆轴方向形成压力，增大塑化的均匀性。多孔板的孔径应为3～6mm，板厚为直径的1/5。

3. 双螺杆挤出机

双螺杆挤出机是在“∞”字形机筒内，装有两根互相啮合的螺杆。双螺杆挤出机的每根螺杆可以是整体，也可以加工成几段组装，其形状可以是平行式，也可以是锥形，两根螺杆旋转方向分为同向和异向两种。

（1）双螺杆挤出机的特点

① 由摩擦产生的热量较少。

② 物料受到的剪切力比较均匀。

③ 输出能力较大，挤出量比较稳定。

④ 机筒可以自动清洗。

（2）螺杆的主要参数

① 螺杆直径。例如45～400mm。

② 螺杆长径比。例如7～8。

③ 螺槽深度。可以取较大的螺槽深度，可以超过0.06D。

④ 螺纹厚度。依据不同螺纹的形状而定。

⑤ 螺杆转速。同向旋转转速可达300r/min，异向旋转转速可达8～50r/min。

⑥ 双螺杆的中心距。(0.7～1)D_s（D_s为螺杆外径），单螺纹、双螺纹、三头螺纹（来复线根数）。

⑦ 螺杆转向。目前国内多采用异向旋转式，可加工硬度较大的塑料混合料。

⑧ 螺杆与机筒的间隙。0.3～2mm，小直径螺杆取大值，大直径螺杆取小值（大直径不易变形）。

4. 影响挤出机生产能力的因素

（1）物料压力与生产能力的关系　正流量与压力无关，倒流和漏流量与压力成反比，因此，一般压力增加，挤出机产量降低。但是提高压力对物料的塑化有利。螺杆与机筒的间隙越大，产量降低越多。

（2）树脂种类及螺杆转速对生产能力的影响　转速增加，生产能力增加；不同树脂，其增加的幅度不一样。

（3）螺杆几何尺寸对生产能力的影响

① 螺杆直径。螺杆直径越大，生产能力越大。

② 螺槽深度。螺槽深度大，当压力低时生产能力大，当压力高时生产能力小。

③ 螺杆长度。均化段长度增加，生产能力增加。

④ 螺杆与机筒的间隙。间隙越大，产量越低（$Q_{漏} \propto \delta^3$）。

（4）温度对生产能力的影响　温度升高时，生产能力下降。这是因为温度升高时，物料黏度下降，逆流、漏流量增加。

（二）挤出机辅助设备

挤出机辅助设备由机头、定型装置、冷却装置、牵引装置、切割装置和堆放装置组成。

1. 基本的挤出机辅机

（1）机头　机头的型孔决定制品断面的形状，不同的制品可更换。

（2）定型装置　其作用是稳定挤出型材的形状，一般采用冷却式压光法。

（3）冷却装置　使挤出的制品充分冷却固化。

（4）牵引装置　将挤出制品引出，牵引速度的大小对断面尺寸也有一定影响，对生产效率有一定影响。

（5）切割装置　将挤出的制品按要求切断。

（6）堆放装置　将切断的制品整齐堆放。

辅机的作用是将连续挤出的已获得初步形状和尺寸的制品进行定型，达到一定的表面质量，最终成为可供使用的制品或半成品。

2. 制管和异型材的辅机

辅机由机头、定型装置、冷却装置、牵引装置和夹紧切割装置等组成。

（1）机头　机头分为直型和弯型两种。

（2）定型装置　从机头挤出的制品处于熔融状态（温度很高），在重力作用下容易变形，因此在机头后必须立即冷却，以使制品定型。定型装置分为外径定型和内径定型两种。

（3）冷却装置　制品由定型装置出来后，并未完全冷却，还需要继续降温。冷却装置分为浸浴式冷却水槽和喷淋式冷却箱。

① 浸浴式冷却水槽　冷却水槽长 2～6m，冷却水从制品的最后一段流入，即逆流法，使制品逐渐冷却。用于小口径管或异型材。

② 喷淋式冷却箱　用于较大截面的制品，由几个喷淋管喷水冷却。

（4）牵引装置　其作用是给挤出管提供一定的牵引力、牵引速度，均匀、稳定地将制品引出。

牵引装置必须满足以下条件。

① 速度无级调节。

② 牵引力、牵引速度保持恒定。

③ 对制品的夹持力能够调节。

牵引装置分为履带式和轮式两种。牵引速度一般比挤出速度略快。

(5) 夹紧切割装置

① 自动或手动圆锯切割机　由行程开关控制夹持器和电动锯片组成。夹持器夹住制品之后，锯座与制品同步运动，锯片开始切割，切断后夹持器松开返回原处。适用于切直径200mm以下的管。

② 行星切割装置　锯片不仅自转，而且围绕管的直径旋转，锯片可以是一个，也可以是几个。适用于切大口径管。

3. 挤板辅机

挤板辅机的主要设备有挤出机机头、三辊压光机、牵引机、切割机等。

(1) 挤板机头　扁平式机头按机头内部结构可分为以下几种。

① 鱼尾板形机头　形状像鱼尾，适合于宽幅板生产，结构简单，容易制造。

② 支管式机头　特点是机头内有一个圆筒形槽，槽内可储存一定量的物料，起到使料流稳定、压力稳定的作用。另外，其结构简单，机头体积小，操作方便，但物料在机头内停留时间长，易分解，不适于热敏性树脂。

③ 衣架式机头　综合了支管式和鱼尾式机头的优点，并缩小了支管式圆筒形槽，使停留时间缩短，采用了鱼尾式机头的扇形流槽。但结构复杂，制作难度大，造价高。

④ 螺杆分配机头　其特点是在支管式机头的支管内安装一根分配螺杆，分配螺杆由独立的电机驱动，使熔融物料不在支管内滞留，并保证物料在宽度方向分配均匀。

(2) 压光机　压光机的作用是压光、冷却和一定的牵引作用。

压光辊的长度一般比挤出机机头稍宽，表面镀铬。三辊压光机距机头的距离为5～10cm，越近越好，减少制品收缩。三辊压光机的牵引速度应比挤出速度快10%～25%，由此可消除皱纹，并减少板材的挤出膨胀内应力，起到很好的压光作用。

(3) 牵引装置　由一对钢轮组成，一为主动轮，一为从动轮，外包橡胶以防止打滑，要求无级调速。其牵引速度应与压光机同步，考虑冷却收缩，可略小于压光速度。

(4) 切割与卸料机构　切割可分为切边和切断，切边是用圆盘切割机，切断是用切刀。

卸料机构的作用是将切断的板材堆积起来，堆积方式包括下堆料式、侧堆料式和前堆料式，目前采用最多的是下堆料式。

下堆料式卸料机原理是：切断后的板材到达翻料位置后，触动行程开关，翻转电机依靠自重向两侧翻下，板材落在接料车上，并触动另一行程开关，使翻转电机反转，翻板回复原位。

(三) 控制系统

一般是电气控制设备或计算机控制系统。其作用是保证机组正常运行，使设备准确完成各工艺动作。

三、挤出成型原理与工艺

1. 挤出成型原理

此处以螺杆式挤出机为例。

通过螺杆连续旋转，将加入料斗的粒料送入机筒，并连续不断地向前推进。粒料在挤出机的料筒内受压、受热，逐渐软化，排气、密实；在继续向前推进的过程中，软化的物料受自身摩擦和机筒加热作用，转化成黏流态，凭借螺杆旋转运动产生的推力，均匀地从机头挤出，经冷却定型回复到玻璃态（固态）。

粒料在挤出机内沿螺杆长度向机头方向运动，可划分为三个阶段：加料段、压缩段和均化段。

(1) 加料段　在加料段内，物料仍是固体，它在机筒内的运动可分解为旋转运动和轴向运动。旋转运动使物料在接受机筒加热的同时，物料自身也摩擦发热；轴向运动使物料压实，并向机头方向移动。加料段的作用主要是将粒料加热、压实和输送到压缩段；在该阶段的末尾，物料已达到黏流态温度，并开始熔化。

(2) 压缩段　在压缩段内，开始熔化的物料被压实、软化，同时把夹带的空气压回到加料口排出。压缩段螺杆上的螺槽由深到浅，再加上机头阻力和不断加热，使物料处在高温、高压下；由于螺杆不断旋转运动，物料受到强烈的搅拌、混合和剪切作用，固体物料逐渐变成熔融状态物料，至压缩段末端时，全部物料已熔化成黏流态。

(3) 均化段　均化段的作用是把压缩段送来的熔融物料进一步塑化均匀，并使其定量、定压地由机头挤出。

2. 挤出成型工艺

挤出成型主要用于热塑性塑料（复合材料）制品的成型，多数是用单螺杆挤出机按干法连续挤出的操作方法成型的。挤出成型也可用于少数热固性塑料的成型，其与热塑性塑料的挤出有所不同。挤出成型工艺的流程一般包括原料的准备、预热、干燥、挤出成型、挤出物的定型与冷却、制品的牵引与卷取（或切割），有些制品成型后还需经过后处理。

(1) 原料的准备和预处理　用于挤出成型的热塑性塑料多数是粒状或粉状塑料，由于原料中可能含有水分，将会影响挤出成型的正常进行，同时影响制品质量，例如出现气泡，表面晦暗无光，出现流纹，力学性能降低等。因此，挤出前要对原料进行预热或干燥。不同种类塑料允许含水量不同，通常应控制原料的含水量在0.5%以下。此外，原料中的机械杂质也应尽可能除去。

原料的预热和干燥一般是在烘箱或烘房内进行。

(2) 挤出成型　首先将挤出机加热到预定的温度，然后开动螺杆，同时加料。初期挤出物的质量和外观都较差，应根据塑料的挤出工艺性能和挤出机机头口模的结构特点等，调整挤出机料筒各加热段和机头口模的温度及螺杆的转速等工艺参数，以控制料筒内物料的温度和压力分布。根据制品的形状和尺寸的要求，调整口模尺寸和同心度及牵引设备等装置，以控制挤出物离模膨胀和形状的稳定性，从而达到最终控制挤出物的产量和质量的目的，直到挤出达到正常状态即进行连续生产。

不同的塑料品种要求螺杆特性和工艺条件不同。挤出过程的工艺条件对制品质量影响很大，特别是塑化情况直接影响制品的外观和物理机械性能，而影响塑化效果的主要因素是温度和剪切作用。

物料的温度主要来自料筒的外加热，其次是螺杆对物料的剪切作用和物料之间的摩擦，当进入正常操作后，剪切和摩擦产生的热量甚至变得更为重要。

温度升高，物料黏度降低，有利于塑化，同时降低熔体的压力，挤出成型出料块，但如果机头和口模温度过高，挤出物形状的稳定性较差，制品收缩性增大，甚至引起制品发黄，出现气泡，成型不能顺利进行。

温度降低，物料黏度增大，机头和口模压力增大，制品密度大，性状稳定性好，但挤出膨胀较严重，可以适当增大牵引速度以减少因膨胀而引起的制品壁厚增加，但是，温度不能太低，否则塑化效果差，且熔体黏度太大而增加功率消耗。

口模和型芯的温度应该一致，若相差较大，则制品会出现向内或向外翻甚至扭歪等现象。增大螺杆的转速能强化对塑料的剪切作用，有利于塑料混合和塑化，且大多数塑料的熔融黏度随螺杆转速增加而降低。

(3) 定型和冷却　热塑性塑料挤出物离开机头口模后仍处在高温熔融状态，具有很大的塑性变形能力，应立即进行定型和冷却。如果定型和冷却不及时，制品在自身的重力作用下就会变形，出现凹陷或扭曲等现象。根据不同的制品有不同的定型方法，在大多数情况下，冷却和定型同时进行，只有在挤出管材和各种异型材时才有一个独立的定型装置。挤出板材和片材时，往往挤出物通过压光辊，也起定型和冷却作用，而挤出薄膜、单丝等不必定型仅通过冷却即可。

(4) 制品的牵引和卷取（切割）　热塑性塑料挤出离开口模后，由于有热收缩和离模膨胀双重效应，使挤出物的截面与口模的断面形状尺寸并不一致。此外，挤出是连续的，如不引出，会造成堵塞，生产停滞，使挤出不能顺利进行或制品产生变形。因此在挤出热塑性塑料时，要连续而均匀地将挤出物牵引出，其目的一是帮助挤出物及时离开口模，保持挤出过程的连续性；二是调整挤出型材截面尺寸和性能。牵引速度要与挤出速度相配合，通常牵引速度略大于挤出速度，这样一方面起到消除由离模膨胀引起的制品尺寸变化，另一方面对制品有一定的拉伸作用。牵引的拉伸作用可使制品适度进行大分子取向，从而使制品在牵引力方向的强度得到改善。各种制品的牵引速度是不同的，通常挤出薄膜和单丝需要较快的速度，牵引速度较大，制品厚度和直径减小，纵向断裂程度提高。挤出硬质品的牵引速度则小得多，通常是根据制品离口模不远处的尺寸来确定牵引速度。

定型和冷却后的制品根据制品的要求进行卷绕或切割。软质型材在卷绕到给定长度或重量后切断；硬质型材从牵引装置送出达到一定长度后切断。

(5) 后处理　有些制品挤出成型后还需进行后处理，以提高制品的性能。后处理主要包括热处理和调湿处理。在挤出较大截面尺寸的制品时，常因挤出物内外冷却速率相差较大而使制品内有较大的内应力，这种挤出制品成型后应在高于制品的使用温度 10～20℃或低于塑料的热变形温度 10～20℃的条件下保持一定时间，进行热处理以消除内应力。有些吸湿性较强的挤出制品，如聚酰胺，在空气中使用或存放过程中会吸湿而膨胀，而且这种吸湿膨胀过程需很长时间才能达到平衡，为了加速这类塑料挤出制品的吸湿平衡，常需在成型后浸入含水介质加热进行调湿处理，在此过程中还可使制品受到消除内应力的热处理，对改善这类制品的性能十分有利。

第二节　注射成型

一、概述

注射成型是树脂基复合材料生产中的一种重要成型方法，它适用于热塑性和热固性复合材料，但以热塑性复合材料应用最广。

注射成型是将粒状或粉状纤维与树脂混合料从注塑机的料斗送入机筒内，加热熔化后由柱塞或螺杆加压，通过喷嘴注入温度降低的闭合模内，经过冷却定型后，脱模得到制品。注射成型相对于模压成型的特点是：①成型周期短，物料的塑化在注塑机内完成；②热耗量少；③闭模成型；④可使形状复杂的产品一次成型；⑤生产效率高，成本低。其缺点是：不适用于长纤维增强产品，一般纤维长度小于 7mm；模具质量要求高。

注射成型作为塑料加工中重要的成型方法之一，已发展和运用得相当成熟，在国民经济的各个领域都有广泛应用。统计结果表明，注射成型用塑料量约占整个塑料产量的30%，并有逐年增长的趋势。

注塑机是将热塑性塑料或热固性塑料制成各种塑料制件的主要成型设备[2]。1872年美国人发明了最早的柱塞式注塑机。随后相继出现活塞式注塑机、全自动柱塞式卧式注塑机。1948年注塑机开始使用螺杆塑化装置。1956年在美国诞生了世界上第一台往复螺杆式注塑机，这是注射成型技术的重大突破，它使得更多的塑料通过比较经济的注射成型方法加工成各种塑料制件。注塑机是借助于金属压铸机的原理，以高速高压将塑料熔体注入已闭合的模具型腔内，经冷却定型，得到与模腔形状一致的塑料制件。注塑机加工产品的过程包括：闭模和合紧、注射装置前移和注射、压力保持、制品冷却和预塑化，以及注射装置后退和开模顶出制品等单元。在工业中使用注塑机生产塑料制品适应性强、周期短、产率高、易于自动化控制。

二、注射成型设备

注射成型设备主要包括注射成型机和模具。

注射机按物料的塑化形式可分为柱塞式和往复螺杆式，其中往复螺杆式用得最多。往复螺杆式注射机的优点是：简化了预塑结构，不需要分流梭，因而使注射压力降低了很多；螺杆转动使物料翻滚，传热条件好。物料内部受到剪应力大，塑化效率高；因无分流梭，更换物料方便；注射速度快；对原料的适应性广，能加工热敏性树脂。按照注射机的外形特征可分为五类：立式注射机、卧式注射机、角式注射机、螺杆预塑和柱塞注射式及转盘式注射机。

螺杆式注射机主要由注射、合模、传动和控制四部分组成。

1. 注射系统

注射系统包括螺杆、料筒、加料加热装置和喷嘴等。

（1）螺杆　注射机螺杆与挤出机螺杆的区别在于：①注射机螺杆既能旋转，又能轴向移动，挤出机螺杆仅能转动；②注射机螺杆长径比和压缩比都比挤出机螺杆小；③注射机均化段螺槽比同直径挤出机螺槽深15%～25%；④与挤出机螺杆比，加料段增长，均化段缩短；⑤注射机螺杆头为尖锥形，挤出机螺杆头为圆锥形或半圆形。

（2）料筒　注射机的料筒与挤出机的构造和选材相同。

（3）喷嘴　喷嘴的作用是提高熔融物料的流速，使其能迅速充模。分为开式喷嘴和闭式喷嘴两种。

2. 合模系统

合模系统的作用是开启和闭合模具。合模系统由固定板、移动板、合模油缸和顶出装置等组成。

3. 传动部分

主要由油缸、电机、各种阀门和开关等组成。通过油路供给的压力驱动各部分动作。

4. 控制系统

一般是电气控制设备或计算机控制系统。其作用是保证机组正常运行，使设备准确完成各工艺动作。

三、注射机的参数

（一）注射部分参数

1. 最大注射量

是指注射螺杆完成一次最大注射行程时（有轴向移动），注射机的最大注射量。

其表示方法有两种：一种以注射出的熔料质量（g）表示；另一种以注射出的熔料体积（cm^3）表示。第二种表示方法即容积法与物料的密度无关，用起来比较方便，采用此表示方法的较多。

2. 注射压力

是指注射时螺杆对熔融物料的压强，用 MPa 表示。

3. 注射速度

是指在最大注射量时，螺杆单位时间内的行程。以公式表达如下：

$$v=\frac{s}{t}$$

式中，v 为注射速度，m/s；s 为注射行程（螺杆长度），m；t 为注射时间，s。

4. 塑化性能指数

与螺杆直径、长径比、物料性能、螺杆转速等多种因素有关。

（二）合模部分参数

1. 锁模力

以公式表达如下：

$$P_{cm}=kP_{\Phi}F$$

式中，P_{cm} 为锁模力，N；k 为安全系数（取 2 左右）；P_{Φ} 为模腔压力，Pa；F 为分型面投影面积，m^2。

2. 模板尺寸

一般是成型面积的 3～10 倍。

3. 模具最大厚度、模板行程及模板最大间距

（1）模具最大厚度　表示注射机安装模具的最大厚度，根据这个厚度确定加工制品的最大厚度，如超过这个厚度则无法开启脱模。

（2）模板行程　是指模板开闭时行走的最大距离，其大小直接影响制品取出是否方便，它不能小于模具最大厚度的 2 倍。

（3）模板最大间距　是指移动模板移动到终点位置时与固定模板的距离，一般为最大制品高度的 3 倍。

四、注射成型工艺

（一）注射成型工艺流程

不论柱塞式还是往复螺杆式注射机，一个完整的注射成型过程包括成型前的准备、注射成型过程和制品的后处理三个阶段。

1. 成型前的准备

（1）原料的预处理　一般注射成型用的是粒状塑料，如果来料是粉料，则有时还预先进行造粒。对于所用的粒状塑料要进行预热和干燥，除去原料中的水分及挥发物以减少制品出现气泡的可能性，对某些塑料则可避免高温注射时出现水解等化学反应。这一过程与挤出成型的原料预处理类似。

（2）料筒的清洗　在注射成型过程中，如需换料生产时，一定要清洗料斗。一般采用加入新料进行清洗的方法，可反复进行。需注意，如果用一台注射机加工几种不同物料时，为了清洗方便，最好先加工成型温度低、颜色浅的物料。

（3）嵌件的预热　为了避免两种物质膨胀系数不同而产生的热应力或应力开裂现象，注射成型制品中的嵌件要提前预热。一般钢、铁嵌件预热到110～130℃，铝、铜嵌件预热到150℃。嵌件预热温度越高越好，但不应高于物料的分解温度。

（4）脱模剂的选用　注射成型制品的脱模一般依赖于合理的工艺条件与正确的模具设计，但有时为了能顺利脱模，在生产上可采用脱模剂。常用的脱模剂主要有硬脂酸锌、液体石蜡、硅油等。脱模剂的使用应适量，涂抹均匀，否则会影响制品表面质量。

2. 注射成型过程

注射成型过程包括加料、塑化、注射充模、保压、冷却固化和脱模等几个工序。

（1）加料、塑化　注射成型是一个间歇过程，因此加料要保证定量或定容以保证操作稳定。对于柱塞式注射机，塑料粒子加入料筒中，经料筒的外加热逐渐变为熔体，加料和塑化两个过程是分开的，而往复螺杆式注射机，螺杆在旋转的同时往后退，在这一加料过程中，物料经料筒的外加热及螺杆转动时对塑料产生的摩擦热而逐渐塑化，即加料和塑化同时进行。

（2）注射充模　塑化均匀的熔体被柱塞或螺杆推向料筒的前端；经过喷嘴、模具的浇注系统而进入并充满模腔。

（3）保压　充模之后，柱塞或螺杆仍保持施压状态，迫使喷嘴的熔体不断充实模腔中，使制品不因冷却收缩而缺料成为完整而致密的制品。当浇注系统的熔体先行冷却硬化，这个现象称为“凝封”，模腔内还未冷却的熔体就不会向喷嘴方向倒流，这时保压可停止，柱塞或螺杆便可退回，同时向料筒加入新料，为下次注射做准备。

（4）冷却固化　保压结束，同时对模具内制品进行冷却，直到冷却至所需的温度为止。实际上，模腔内制品的冷却过程从充模后便开始了。

（5）脱模　塑料冷却固化到玻璃态或结晶态时，则可开模，用人工或机械方法取出制品。

3. 制品的后处理

制品后处理的作用是提高制品的尺寸稳定性，消除内应力。可分为热处理和调湿处理两类。

（1）热处理　热处理的实质是迫使冻结的分子链松弛，凝固的大分子链段转向无规位置，消除部分内应力，提高结晶度，稳定结晶结构，提高弹性模量，降低断裂伸长率。

（2）调湿处理　对于尼龙类等吸湿性大的制品，加工时总含水分，而制品却极易吸湿，因此在成型之后要将制品放在一定湿度环境下进行调湿处理才能使用，以免在制品使用过程中发生较大的尺寸变化。

（二）注射成型工艺条件

注射成型包括闭模、加料、塑化、注射、保压、固化（冷却定型）和开模出料等工序，而成型温度、注射压力（包括注射速度）、成型周期（包括注射、保压时间）被称为注射成型工艺的“三大工艺条件”。

1. 加料及剩余量

加料一般要求定时、定量、均匀供料。保证每次注射后料筒底部有一定剩余的物料，这就是剩余量，也可称为剩料。剩料的作用是传压和补料（收缩后的补料）。剩料一般控制在10～20mm，不能太多或太少。若太多，注射压力损失大，剩料受热时间太长，易发生分解或固化等；若太少，起不到很好的传压作用，模腔内物料受压不足。

2. 成型温度

成型温度包括料筒、喷嘴和模具温度。成型温度是三大工艺条件之一，关系到物料的塑化、流动性、充模等工艺条件。应考虑以下因素。

（1）注射机的种类　螺杆式注射机所需的料筒温度比柱塞式低，原因是：①螺杆式注射机料筒内的料层较薄；②物料在螺杆推进的过程中不断翻转，有利于传热；③物料翻转运动，受剪切力作用，自身摩擦生热。

（2）产品厚度　对薄壁制品，要求物料有较高的流动性才能充满模腔，因此需较高的成型温度；相反，厚壁制品成型温度可低一些。

（3）注射料的品种和性能　这是确立加工温度的决定因素。对于热塑性树脂，料筒温度略高于喷嘴温度，高于模具温度。对于热固性树脂，模具温度略高于喷嘴温度，高于料筒温度。判断料筒喷嘴温度的方法有两种：一种是熔体对空注射法，脱开模具，用低压注射，观察料流是否毛糙、变色、起泡，料流表面光滑者表明温度合适；另一种是产品直观分析法，对试生产制品观察有无毛糙、波纹、气泡等弊病。

3. 螺杆转速及背压

螺杆转速及背压必须根据所选用的树脂热敏程度及熔体黏度进行调整。

若转速慢，塑化好，物料易降解、早期固化；若转速快，有利于塑化，但物料停留时间短可能塑化不够，还可使纤维变短。

背压是指螺杆转动推进物料塑化时，传给螺杆的反向压力。背压的作用是能使物料在运动过程中不断排出空气和挥发物，并使物料逐渐密实。背压过小，起不到以上作用；背压过大，功率消耗大，并在物料温度较低时能使纤维粉化，影响制品性能。

4. 注射速度及注射压力

注射压力大小与注射机种类、物料流动性、模具浇口尺寸、产品厚度、模具温度及流程等因素有关。一般热固性塑料的注射压力略高于热塑性塑料的注射压力。

保压的作用是使制品冷却收缩时得以补料，尺寸准确，表面光洁，有利于消除气泡。保压时间一般为0.3～2min，特厚制品可达5～10min。

注射速度与注射压力、温度、口模尺寸等因素有关。注射速度慢不利于充模，生产效率低，注射速度过快易混入气泡。需通过实际实验确定。

5. 成型周期

成型周期即完成一次注射成型制品所需的时间，包括：①注射加压时间（保压时间、注射时间）；②冷却时间（模内冷却或固化时间）；③其他时间（开模、取出制品、涂脱模剂、安放嵌件、闭模等时间）。成型周期是提高生产效率的关键，在保证产品质量的前提下，应尽量缩短成型周期。

五、增强反应注射（RRIM）成型

RRIM技术是把纤维增强技术与RIM工艺结合起来的新技术。成型时把增强材料作为原料的一个组分加入A组分（或B组分）中，通过高压计量装置进入成型机混合头，使其混合均匀后注入模具内成型，脱模后即得到RRIM制品，其成型设备与RIM成型机基本相同（图4-1），只是由于原料中掺入增强材料，材料黏度增高，增加了对计量泵的磨损，需要增加某些辅助设备，如在高压计量泵后增加高压计量缸，物料管线的压力也相应提高到25～29MPa，混合头的孔径也要相应增大。用于RRIM的增强材料有磨细玻璃纤维、碳纤维、尼龙纤维、木质素纤维和短玻璃纤维等[3]。

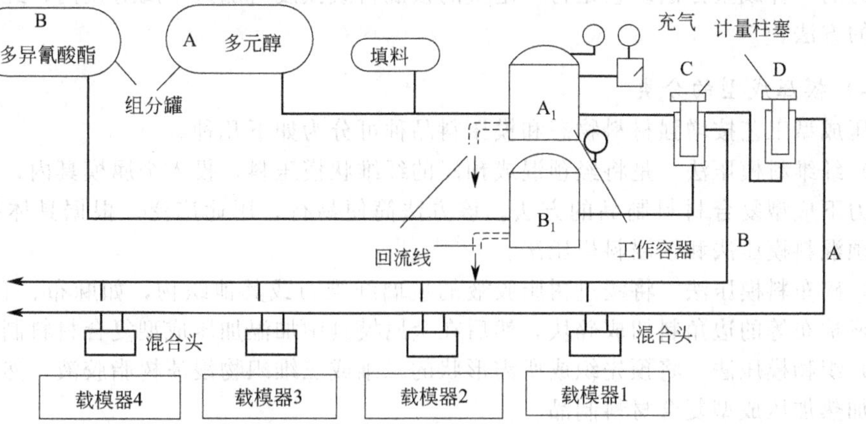

图 4-1　RIM/RRIM 装置示意图

A，B—组分罐；A_1，B_1—工作容器；C，D—计量柱塞

第三节　模压成型

一、概述

模压成型（compression molding）是将一定量的模压料放入金属对模中，在一定温度、压力作用下，固化成型制品的方法。加热加压的作用是使模压料塑化、流动，充满空腔，并使树脂发生固化反应。当模压料在模具内被加热到一定的温度时，其中树脂受热熔化成为黏流状态，在压力作用下黏裹着纤维一道流动，直至充满模腔，此时称为树脂的“黏流阶段”。继续提高温度，树脂发生交联，流动性很快降低，表现为一定的弹性，最后失去流动性，树脂成为不溶不熔的体型结构，此时称为“硬化阶段”。

许多个世纪前，人们就已采用各种初始的模压成型方法。几千年前，中国人已采用一种早期的模压工艺造纸。中世纪，模压成型技术被用来压制各种天然树脂。18 世纪，美国人采用动物的角或龟壳模压成制品。19 世纪初期至中期，人们采用模压方法压制橡胶零件，由杜仲胶压制刀柄及其他用品，由虫胶塑料、木质纤维等压制照片框架等。

20 世纪的前 50 年，由于酚醛树脂的出现并被大量采用，模压成型是加工塑料的主要方法。至 20 世纪 40 年代，因热塑性塑料的出现并可采用挤出和注射方法来成型，情况开始发生变化。模压成型初期加工的塑料约占塑料总量的 70%（质量分数），但至 50 年代，该比例降至 25%以下，目前约为 3%。这种变化并不意味着模压成型是一种没有发展前景的方法，只不过是模压成型生产热塑性塑料制品时成本过高。20 世纪初期，95%（质量分数）的树脂为热固性的，至 40 年代中期，该比例降至约 40%，而目前仅约为 3%。不过，模压成型仍是一种重要的塑料成型方法，尤其在成型某些低成本、耐热等制品时。随着新的树脂基热塑性和热固性模压料的出现，以及汽车工业等的发展，模压成型正焕发出新的活力。

二、模压成型

(一) 模压成型概述

模压成型（又称压制成型或压缩成型）是先将粉状、粒状或纤维状的塑料（或复合材料）放入成型温度下的模具型腔中，然后闭模加压而使其成型并固化的作业。模压成型可兼用于热固性塑料、热塑性塑料和橡胶材料。模压成型工艺是复合材料生产中最古老而又富有无限活力的一种成型方法。它是将一定量的预混料或预浸料加入金属对模内，经加热加压固化成型的方法。

（二）模压成型的分类

模压成型工艺按增强材料物态和模压料品种可分为如下几种。

（1）纤维料模压法　是将经预混或预浸的纤维状模压料，投入金属模具内，在一定的温度和压力下成型复合材料制品的方法。该方法简便易行，用途广泛。根据具体操作上的不同，有预混料模压法和预浸料模压法。

（2）碎布料模压法　将浸过树脂胶液的玻璃纤维布或其他织物，如麻布、有机纤维布、石棉布或棉布等的边角料切成碎块，然后在金属模具中加温加压成型复合材料制品。

（3）织物模压法　将预先织成所需形状的二维或三维织物浸渍树脂胶液，然后放入金属模具中加热加压成型复合材料制品。

（4）层压模压法　将预浸过树脂胶液的玻璃纤维布或其他织物，裁剪成所需的形状，然后在金属模具中经加温加压成型复合材料制品。

（5）缠绕模压法　将预浸过树脂胶液的连续纤维或布（带），通过专用缠绕机提供一定的张力和温度，缠在芯模上，再放入模具中进行加温加压成型复合材料制品。

（6）片状塑料（SMC）模压法　将SMC片材按制品尺寸、形状、厚度等要求裁剪下料，然后将多层片材叠合后放入金属模具中加热加压成型制品。

（7）预成型坯料模压法　先将短切纤维制成形状和尺寸相似的预成型坯料，将其放入金属模具中，然后向模具中注入配制好的黏结剂（树脂混合物），在一定的温度和压力下成型。

按成型过程，模压成型法可分为压制-烧结-压制法、烧结压制法、压制-烧结同时进行法、快速加热压制法以及传递模法五种方法。

（三）模压成型的优点与不足

模压成型工艺的主要优点是：①生产效率高，便于实现专业化和自动化生产；②产品尺寸精度高，重复性好；③表面光洁，无须二次修饰；④能一次成型结构复杂的制品；⑤因为批量生产，价格相对低廉。

模压成型的不足之处在于，模具制造复杂，投资较大，加上受压机限制，最适合于批量生产中小型复合材料制品。随着金属加工技术、压机制造水平及合成树脂工艺性能的不断改进和发展，压机吨位和台面尺寸不断增大，模压料的成型温度和压力也相对降低，使得模压成型制品的尺寸逐步向大型化发展，目前已能生产大型汽车部件、浴盆、整体卫生间组件等[4]。

三、复合材料的模压成型

模压成型又称压缩模塑或压塑，它是最古老的聚合物及复合材料加工技术之一，是生产热固性塑料及复合材料制品最常用的方法之一，也用于部分热塑性塑料及复合材料。

模压成型中，把一定量通常被预热的塑料（可以是粉状、粒状或片状等）置于被加热的模具型腔内，然后合上模具，对塑料施加压力，使之熔融成为黏流态而充满模腔，成型为制品；制品固化后，开模，取出制品，并清理模具，开始下一成型周期（图4-2）。

（一）模压成型原理

模压成型热固性塑料（部分聚合）时，置于模具型腔内的塑料被加热到一定温度后，其中的树脂熔融成为黏流态，并在压力作用下黏裹着纤维一起流动直至充满整个模腔而取得模腔所赋予的形状，此即充模阶段；热量与压力的作用加速了热固性树脂的聚合或称交联（一种不可逆的化学反应），随着树脂交联反应程度的增加，塑料熔体逐渐失去流动性变成不熔的体型结构而成为致密的固体，此即固化阶段。聚合过程所需的时间一般与温度有关，适当提高温度可缩短固化时间。最后打开模具取出制品（此时制品的温度仍很高）。可见，采用热固性塑料模压成型制品的过程中，不但塑料的外观发生了变化，而且结构和性能也发生了质的变化，但发生变化的主要是树脂，所含增强材料基本保持不变。因此，可以说热固性塑料的模压成型是利用树脂固化反应中各阶段的特性来成型制品的。

热塑性塑料模压成型中的充模阶段与热固性塑料的类似，但由于不发生化学反应，故在熔体充满模腔后，要冷却模具使制品固化才能开模取出制品。正因为热塑性塑料模压成型时模具需要交替地加热和冷却，成型周期长，生产效率低，因此一般不采用模压方法成型热塑性塑料制品，只有在成型大型厚壁平板状制品和一些流动性很差的热塑性塑料时才采用模压成型方法。图 4-2 为模压成型的过程。

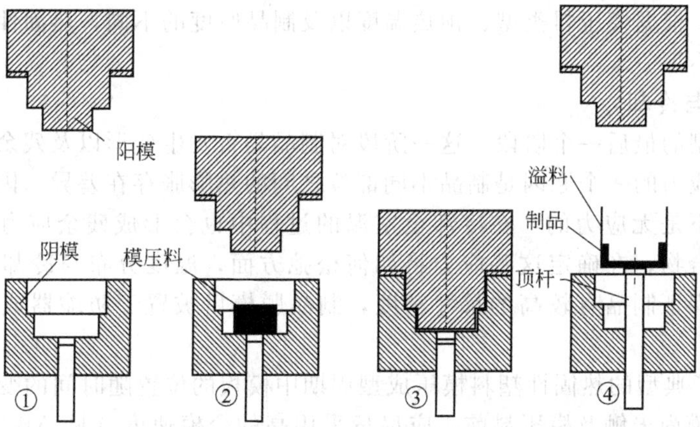

图 4-2　模压成型的过程

①清理模具；②加料，合模；③固化；④开模，取出制品

模压成型中，除模具加热外，另一种热源是合模过程中产生的摩擦热。这是因为合模会使塑料产生流动，其局部流动速度会很高，从而转变成摩擦热。对热固性塑料的模压成型，还有一种热量输入发生在后固化阶段或称熟化阶段（一般为在 135℃下进行 2h，然后在 65℃下再进行 2h）。这是因为许多热固性塑料制品脱模后在一升高的温度下放置一段时间继续完善交联，可改善其电气性能和力学性能。不进行后固化，热固性模压成型制品可能要在很长时间（数月甚至数年）完成最后 5%～10%的交联，尤其是对酚醛模压料。后固化可适当缩短制品在模腔内的固化时间，从而提高生产效率。

（二）模压成型工艺流程

1. 原材料准备

即制备模压料或预浸料坯。这一阶段可能包括使树脂混合、使树脂与填料或纤维混合在一起或使增强织物或纤维与树脂浸渍。原材料准备阶段通常要控制模压料的流变性能；对增强塑料，还要控制纤维与树脂之间的黏结。

2. 预热

对某些热固性塑料，预热是在模具外采用高频加热完成的；对 SMC，预热可在模压料置于模腔内之后但在合模与流动开始之前进行。热固性塑料经预热后进行模压成型，可降低模压压力，缩短成型周期，提高生产效率，改善模压料固化的均匀性，从而提高制品的性能。

3. 熔体充模

这一阶段从塑料开始流动至模腔被完全充满时为止。模压成型中物料流动的量是较少的，但对制品的性能影响很大。流动控制着短纤维增强塑料中增强纤维的取向，从而对制品的力学性能有着直接的影响；即使对未增强的塑料，流动也对热传递起着重要的作用，从而控制制品的固化。在某些模压成型过程中，尤其是包含层压的过程中，初始的模压料就已充满模腔，基本上没有流动。

4. 模内固化

这是紧接着熔体充模的一个阶段，即制品在模具内固化。不过，对热固性模压料，有些固化在充模过程中就开始发生了，而固化的最后阶段也可以在制品脱模后的"后固化"加热过程中完成。通常模内固化要把模压料由黏流态（可以流动以充满模腔）转变成固态（足够硬以便从模具内取出）。这一阶段要发生大量的热传导，因此重要的是要弄清热传递与固化之间的相互作用。根据模压料类型、预热温度以及制品厚度的不同，热固性塑料的固化时间由数秒至数分钟不等。

5. 制品脱模与冷却

这是模压成型的最后一个阶段。这一阶段对制品是否发生变形以及残余应力的形成会有影响。产生残余应力的一个原因是制品不同部位之间的热膨胀存在差异。因此，即使制品在模压成型的温度下是无应力的，在冷却至室温的过程中也会形成残余应力，从而使制品变形。对黏弹性聚合物，在确定这些应力将如何松弛方面，温度分布与冷却速率是重要的参数。有时，为了保证制品有较高的尺寸精度，制品脱模后被置于防缩器或冷压模内进行后处理。

图 4-3 示出了典型的热固性塑料模压成型周期中模板的位置随时间的变化情况。装料后合上模具，在阳模尚未触及模压料前，应尽量采用高的合模速度（见 AB 段），以缩短成型周期和避免热固性模压料过早固化；阳模触及模压料后，合模速度应降低（见 BC 段）；最后以较快的速度完全合模（见 CD 段）。合模时间由几秒至数十秒不等。热固性塑料模压成型过程中，在合模加压后，将模具松开少许（见 EF 段）并停留一段时间（见 FG 段），以排出模腔内的气体。排气有利于缩短固化时间，提高制品性能。

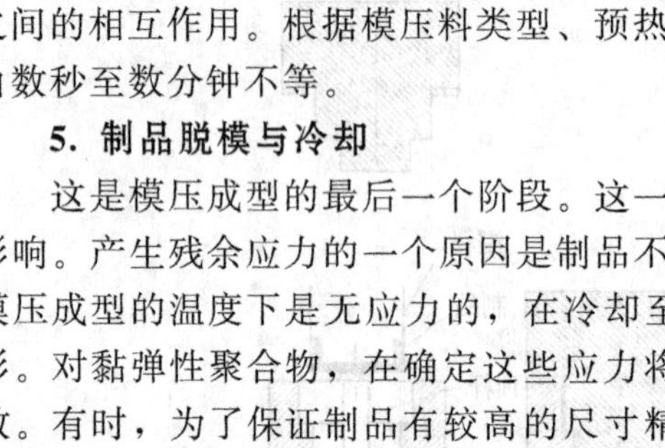

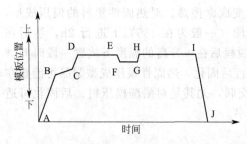

图 4-3 典型的热固性塑料模压成型周期中模板的位置示意图

A—周期始点；A-B—高速合模；B-C—慢速合模；C-D—高速完全合模；D-E—加压；E-F—开模；F-G—排气；G-H—合模；H-I—固化；I-J—开模；J—周期终点

（三）模压成型的优缺点

模压成型具有如下所述的优点。

(1) 由于没有浇注系统，故原料的损失小（通常为制品质量的 2%～5%）。

(2) 由于模腔内的塑料所受的压力较均匀，在压力作用下所产生的流动距离较短，形变量较小，且流动是多方向的，因此，制品的内应力很低，从而制品的翘曲变形也很小，力学性能较稳定。此外，模压成型中不像在注塑模具浇口或流道处那样存在很高的剪切应力区，故对含增强纤维的模压料，不会出现注塑中经常会发生的充模过程中纤维被剪碎的现象，这样，模压料中可加入较多且较长的增强纤维，模压成型制品中纤维的长度可以较长，从而制品可保持高的力学性能和电气性能。正因为这样，模压成型技术的不少进展是直接或间接地涉及采用树脂基复合材料生产高强轻质的结构制件。而注塑中仅能加入含量低且长度短（一般小于 3mm）的增强纤维。

（3）由于模压料的流动距离短，故模腔的磨损很小，模具的维护费用也就较低。

（4）成型设备的造价较低，其模具结构较简单，制造费用通常比注塑模具或传递成型模具的低，故适于多品种、小批量制品的生产，制品的成本也就较低。也正因为这样，不少研究者采用模压成型试制新产品，或对新的聚合物材料和树脂基复合材料的性能进行研究，以缩短试制周期。

（5）特别适于成型不得翘曲的薄壁制品。壁厚小至0.6mm的制品也可模压成型，但通常推荐壁厚最小取1.5mm。模压成型还可生产壁厚相差较大的制品。

（6）可成型较大型平板状制品。模压所能成型的制品尺寸仅由已有模压机的合模力与模板尺寸所决定。

（7）制品的收缩率小，且重复性较好。

（8）由于不需像注塑那样要考虑浇注系统的布置，且成型压力要比传递成型的低，故可在一给定的模板上放置模腔数量较多的模具，以提高生产效率。

（9）可以适应自动加料与自动取出制品，自动模压成型广泛用于生产小制品。

模压成型也存在如下所述的缺点。

（1）成型周期较长（数分钟至数十分钟），效率低（尤其是成型厚壁制品时），劳动强度大。

（2）对存在凹陷、侧面斜度或小孔等的复杂制品，可能不适合采用模压方法成型。因为这要求模具的结构较复杂，还可能发生熔体在较高压力作用下流动时使模具销轴、侧芯等弯曲甚至折断的现象。对壁厚大于9mm的制品，尤其是厚壁小面积的制品，采用传递成型更有利。

（3）由于一般模压料熔体的黏度很高，要使之完全充模可能存在问题。为了保证熔体能完全充模，可能必须把模压料置于模腔内的一个最佳位置，有时要把模压料预制成特殊形状的料坯，这对模具没有提供一种把模压料限制在某一特定位置的措施时，显得特别重要。

（4）固化阶段结束并开模取出制品时，制品的刚度不同是要考虑的一个重要问题。例如，三聚氰胺甲醛制品的硬度、刚度很高，酚醛制品较柔软，未增强聚酯制品的刚性则相当差。这样，一套模具模压成型无斜度或甚至有适度凹陷的酚醛制品时，工作得可能很好；但同样的模具对三聚氰胺甲醛制品而言，开模要求高得多的压力，可能会使制品凹陷处龟裂；而模压聚酯制品时，模具需要设置较多的顶杆。

（5）难以成型有很高尺寸精度要求的制品（尤其是对多型腔模具），这时，建议采用传递成型或注塑方法。

（6）模压成型制品的飞边较厚，去除飞边的工作量大，尤其是模压料含增强纤维时。

（四）模压成型的分类

根据原材料的特点，可大致把模压成型分为以下11种。

1. 模塑粉模压法

模塑粉主要由树脂、填料、固化剂、着色剂和脱模剂等构成。其中的树脂主要是热固性树脂（如酚醛树脂、环氧树脂、氨基树脂等），分子量高、流动性差、熔融温度很高的难以注射和挤出成型的热塑性树脂也可制成模塑粉。模塑粉和其他模压料的成型工艺基本相同，两者的主要差别在于前者不含增强材料，故其制品强度较低，主要用于次受力件。

2. 吸附预成型坯模压法

采用吸附法（空气吸附或湿浆吸附）预先将玻璃纤维制成与模压成型制品结构相似的预成型坯，然后把其置于模具内，并在其上倒入树脂糊，在一定的温度与压力下成型。此法采用的材料成本较低，可采用较长的短切纤维，适于成型形状较复杂的制品，可以实现自动化，但设备费用较高。

3. 团状模塑料模压法

团状模塑料（BMC）是一种纤维增强的热固性塑料，且通常是一种由不饱和聚酯树脂、短切纤维、填料以及各种添加剂构成的、经充分混合而成的团状预浸料。BMC中加入有低收缩添加剂，从而大大改善了制品的外观性能。BMC具有如下优点：价格低；成型速率高，适合大批量生产；可整体成型形状复杂的制品；能成型嵌件、孔、螺纹、筋和凸台等结构；制品的耐热性、耐燃性、耐腐蚀性、耐冲击性、电绝缘性、耐电弧性、耐漏电性优良；制品的尺寸精度、表观性能和稳定性好。BMC模压成型制品已在电子电气、仪表、化工、军工等领域中得到广泛应用。

4. 片状模塑料模压法

片状模塑料（SMC）是一种由树脂、增强纤维、填料以及各种添加剂（如固化剂、化学增稠剂、低收缩添加剂、脱模剂和着色剂）等组成的夹芯薄片状材料，其芯部由经树脂糊充分浸渍的短切玻璃纤维（或毡片）构成，上下两面被聚乙烯薄膜覆盖。自从1960年德国Bayer公司将SMC工业化生产、压制成玻璃钢制品以来，由于其具有不少优点，因而已广泛应用于电子电气、汽车等各个领域。与BMC相比，SMC所含的短切玻璃纤维较多，而填料则较少，需要化学增稠。

5. 短纤维料模压法

这是一种把经过预混或预浸渍后的短纤维料置于模具内成型的方法。此法采用的树脂一般为酚醛树脂、环氧树脂、改性环氧树脂等，树脂体系多为单组分或双组分；玻璃纤维较长（30～50mm），其含量较高（50%～60%，质量分数）；一般很少加入粉状填料，有时可加入某种着色剂。预混时为了更好地浸渍，常需加入非活性稀释剂。此法应用广泛，主要用于成型高强度、耐热、耐腐蚀等特殊性能的制品。为了保证制品具有高的性能，多采用半溢式模具或不溢式模具。

6. 毡料模压法

此法采用树脂（多数为酚醛树脂）浸渍玻璃纤维毡，然后烘干为预浸毡，并把其裁剪成所需形状后置于模具内，加热加压成型为制品。此法适于成型形状较简单、厚度变化不大的薄壁大型制品。

7. 碎布料模压法

把浸渍过树脂的玻璃布或其他织物的下脚料剪成碎块，然后置于模具内成型。此法适于成型形状简单、性能要求一般的制品。

8. 层压模压法

这是介于层压与模压之间的一种成型方法，它把预浸渍的玻璃布或其他织物裁剪成所需形状，置于模具内层叠铺设，并加热加压成型为制品。此法适于成型大型薄壁制品或形状简单而有特殊要求的制品。

9. 缠绕模压法

这是介于缠绕与模压之间的一种成型方法，它采用专用缠绕机，在一定的张力与温度下，把预浸渍的玻璃纤维或布、带缠绕在芯模上，然后在模具内进行加热加压成型为制品。此法适于成型有特殊要求的管件或回转体形制品。

10. 织物模压法

即把预先织成所需形状的二维或三维织物浸渍树脂后，置于模具内加热加压成型为制品，其中三维织物模压法由于在z方向上引入了增强纤维，而且纤维的配置能根据受力情况合理安排，因而明显改善了制品的性能，特别是层间性能。与一般模压成型制品相比，织物模压成型制品的性能有更好的重复性和可靠性，故这是开发具有特殊性能要求模压成型制品的一种有效途径。但此法工艺较复杂，成本较高。

11. 定向铺设模压法

按制品使用时的受力情况，将玻璃纤维定向铺设，然后把定向铺设的料坯置于模具内成型为制品。此法能充分发挥增强纤维的强度特性；通过纤维的准确排列，可预测制品的各向强度；制品性能的重复性好。此法尤其适于成型单向、双向应力型受力大的大型制品[5]。

（五）模压成型设备

模压成型设备包括模压机、模具和辅助设备。

1. 模压机

模压机是模压成型的主要设备。模压机的作用是通过模具对模压料施加压力，若采用固定式模具，还起开合模具和顶出制品的作用。

模压机可分为液压式和机动式两类，目前使用的模压机基本上均为液压式。多数模压机采用立式开合模的排列形式，也可采用旋转式排列。液压式模压机由机架、传动机构和控制系统构成（图 4-4）。

机架主要由模板和立柱组成。下模板固定，上模板受液压作用往下移动，由上往下对模压料施压，这被称为上压式模压机，相反则被称为下压式模压机。大吨位、大模板、大行程、快速合模的模压机通常采用上压式，各种尺寸的 SMC、BMC 和增强热塑性塑料的模压成型也常采用上压式模压机。

尽管使模压机模板移动的方法有多种，但典型的模压机采用由液压泵驱动的双动液压缸，而液压泵则由电机带动，如图 4-4 所示，其工作压力一般为 14～20MPa，也可采用带增压缸的较低压力的液压泵。液压缸内的液压作用在活塞上，经过活动模板和模具而施加于模压料上。除液压缸、液压泵和电机外，模压机的传动机构还包括储油箱、各种阀和管道。液压动力装置通常包含各种止逆阀、顺序阀和节流阀等，以按时产生所需的速度和压力。若工厂拥有许多台模压机，则采用液压蓄能器较为有利。对合模力小于 250kN 的模压机，可采用汽缸和气压来代替液压系统，为降低生产成本，有时采用液压和气压的组合方式。

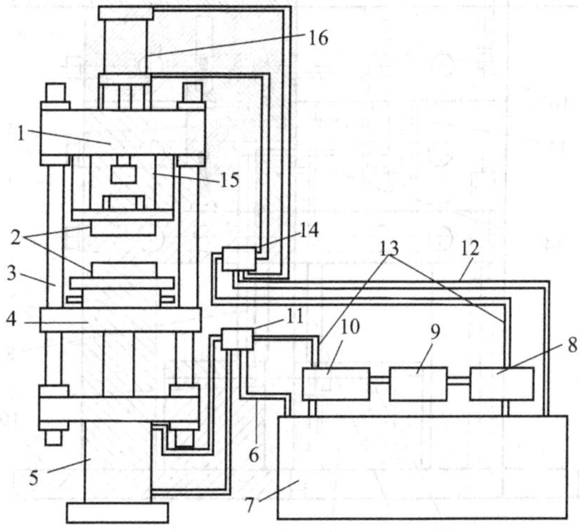

图 4-4　立式开合模的液压式模压机示意图

1—固定模板；2—模具；3—立柱；4—活动模板；5—合模油缸；6，12—回油管道；7—储油箱；8—压料泵；9—电机；10—合模泵；11—合模阀；13—送油管道；14—压料阀；15—压料塞；16—压料油缸

按模压机的控制方式，可把其分成手动式、半自动式和全自动式三种。手动模压机的所有运动（除顶出制品外）均由操作者完成，模具可固定在模压机的模板上，也可采用移动式（手动）模具。半自动控制的模压机中，由操作者取出制品、清理模具并加料，接着按下电接触按钮，开始一个新的成型周期，电气控制系统通过四通阀使模压机闭合，借助于时间继电器、限位开关和液压阀等元器件，可完全自动地依次完成高速合模、慢速合模、完全合模、开模排气、排气停留、合模、固化与开模这些动作。每一成型周期均需由操作者重新启动。半自

动控制可使操作者的失误减至最小，其系统中可包括安全联锁装置，以防止发生故障，使操作者在紧急情况下可采用手动控制。全自动模压机的所有动作均采用自动方式完成。自动模压成型过程通常采用上压式模压机，因为下模板固定便于加料、制品脱模和高频预热等。

液压式模压机的性能参数主要有压力参数、速度参数和尺寸参数。其中压力参数中的公称压力是表示模压机成型能力的主要参数，常用的有45t、63t、100t、160t、250t、300t与500t等；速度参数包括活塞行程速度和顶出速度；尺寸参数主要包括活塞最大行程、工作台尺寸和主活塞直径等。

2. 模压成型模具

将模压料置于被加热的模压成型模具的模腔或加料室内，模具在模压机上闭合并被加压，模腔内的模压料在热和压力的作用下变为流动状态，充满整个模腔，最后成型为制品。

模压成型对其模具一般有如下基本要求：①能承受高压（有些高达80MPa）的作用；②在高温（175～200℃）条件下，硬度应无明显降低；③能耐成型时塑料的摩擦；④能耐塑料和脱模剂的化学腐蚀；⑤结构上要有利于塑料的流动及制品的取出，并能满足成型工艺的要求；⑥模腔表面高度抛光或镀铬，以保证模压成型制品表面光滑。

为此，模压成型工艺条件要求严格时，模具通常由淬硬钢制造；模压成型工艺条件要求不太严格时，模具则可由低碳钢或黄铜制造；产品批量很小时，模具也可由塑料制成。

模具在模压成型中起着重要作用。首先，模具型腔的形状、尺寸、表面粗糙度、分模面及脱模方式等对模压成型制品的尺寸与形状精度、物理和力学性能、表面性能等有重要的影响。其次，在模压成型过程中，模具结构对操作难易程度和生产效率影响很大，尽量减少开模、合模和脱模中的手工操作，可较明显地提高生产效率。此外，模具对制品成本也有较大影响，一般模压成型模具设计和制造费用较高，当产品批量不大时，模具费用在产品中所占比例会较大，故应尽可能采用结构简单、合理的模具，以降低制品成本。

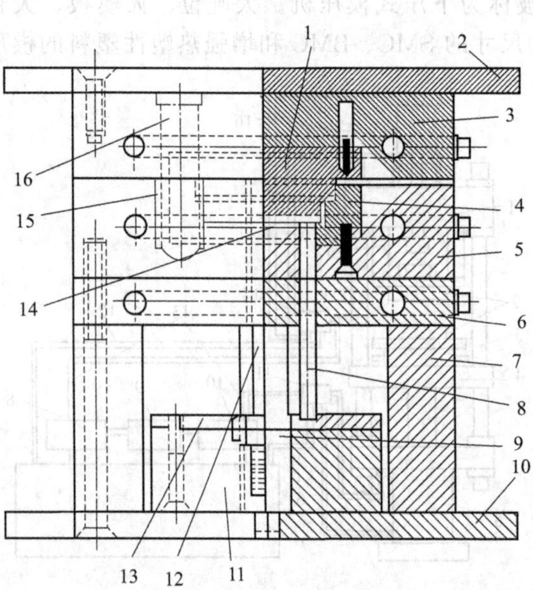

图 4-5 典型的模压成型模具

1—阳模；2—上模板；3—上固定板；4—阴模；5—下固定板；6—加热板；7—垫板；8—顶杆；9—支撑杆；10—下模板；11—顶杆板；12—安全销；13—顶杆固定板；14—制品；15—导柱套；16—导柱

（1）模具的结构　图4-5所示为一种典型的模压成型模具的结构，它主要由上模和下模构成。上、下模闭合时，可对加料室和模腔内的塑料施加压力；制品固化后，上、下模打开，借助于顶出装置顶出制品。

模压成型模具可进一步划分为模腔、加料室、导向机构、侧向分型抽芯机构、脱模机构以及加热与/或冷却系统这些部分。其中模腔是直接成型制品的部位，图4-5中的模腔由阳模（1）和阴模（4）组成。模腔的形状和尺寸主要由制品决定。由于热固性模压料的压缩率一般较大，合模前模腔通常不能容纳一个成型周期的所有塑料量，故一般在模腔上设置一段加料室。导向机构由导柱（16）和导柱套（15）组成。模压带有侧孔和侧凹的制品时，模具必须设置有各种侧向分型抽芯机构，才能保证制品脱模。脱模机构由顶杆（8）、顶杆固定板（13）和顶杆板（11）等组成。

(2) 模具的分类 模压成型模具有不同的种类，要根据模压料的性能（如压缩率）、制品的结构以及模压机的种类来选择。塑料制品的形状和尺寸千变万化，如何根据塑料的成型工艺性能和对制品性能的要求而设计或选用合适的模具是很重要的。根据结构特征，可把模压成型模具分为溢式、不溢式和半溢式三类。

(3) 模具的加热 模压成型是在较高温度下进行的，且不同塑料的模压温度是不同的。因此，模压成型模具须设置有可调温的加热系统。此外，应保证模具被均匀加热，其加热方式通常为电加热，也可采用蒸汽或过热水加热和油加热。其中电加热元件多为电热棒和电热圈，其投资少，电热元件尺寸紧凑，便于安装、维修、使用和更换，易于调温和自动控制，但升温较慢，不能在成型中轮换加热和冷却。蒸汽或过热水加热和循环油加热适于既要加热又要冷却的模压成型。蒸汽加热速度快，而模具温度又不会过高；过热水加热可避免蒸汽在模具内易积聚冷凝水而使模具温度不均匀的缺点，并可在过热水中直接掺入冷水来调节模具温度。

(六) 模压成型的工艺参数

模压成型的主要工艺参数包括模具温度、模压压力和固化时间。

不同的塑料模压成型时要求设定不同的模具温度。多数热固性模压料可在较宽的温度范围内发生交联，在室温下需要很长时间，某些塑料（如B阶环氧塑料）可能要在制冷状态下储存，以防止在成型前发生交联。多数热固性模压料必须加热至125～180℃，以取得最佳的固化。温度过高会影响制品的物理性能或电气性能；温度较低则要求较长的固化时间，从而降低生产效率。对热固性塑料的模压成型，制品的厚度较大时，要适当降低模压温度；塑料经预热后，可采用高一些的模压温度。

对模具施加压力，一方面是为了使塑料熔体完全充满模腔，密实制品，提高其性能；另一方面是抵抗热固性塑料在固化反应过程中放出的气体所产生的顶模压力，避免制品起泡。塑料在模腔内的流动过程中，不仅树脂流动，增强材料也要随之流动，故要求较高的模压压力。模压压力的大小与树脂和填料种类、模具温度、预热方法以及制品形状等有密切关系。压缩率高的塑料，通常比压缩率低的塑料需要较高的模压压力；在一定范围内提高模具温度有利于降低模压压力；在预热条件正确的前提下，预热的塑料所需的模压压力均比不预热的低；制品的高度越大，所需的模压压力也越高；对形状复杂、有细长狭肋的制品，应适当提高模压压力。多数热固性模压料的模压压力为20～70MPa。

固化时间直接影响模压成型的周期和固化程度，前者关系到生产效率，后者关系到制品性能。恰当的固化时间应能缩短成型周期，并保证制品充分均匀固化，使制品性能达到最佳值。如果固化时间过短，制品芯部和外表的固化程度会有差异，从而导致制品厚度方向强度的不均匀。模压料种类、制品壁厚、模具温度和模压料预热情况等不同，固化时间会有较大差别。固化速率较快的塑料（如氨基塑料）可采用较短的固化时间；适当提高模具温度或对模压料进行预热，可缩短固化时间；厚壁制品的固化时间应适当延长。

加入模具型腔内的模压料的尺寸、质量、形状及位置对模压成型的过程和制品性能也有重要影响[6]。模压料的尺寸决定了模具的初始覆盖面积及模压料在模具内的流动长度。模压料尺寸过小会引起流动过度，产生流动诱导增强纤维的取向，导致模压成型制品的各向异性；模压料尺寸过大则其流动长度太短，使模压料内的气泡难以逸出，导致模压成型制品内存在空隙。如果模压料偏置于模具的一侧时，一方面在熔体流动初期会出现模具两侧流动不均匀的现象，从而可能导致制品厚度的不均匀；另一方面会使模具一侧先充满熔体，然后随模腔压力的增加，模压料内的树脂向另一侧回流，导致纤维分布不均匀，出现树脂富集区和波纹。

四、热压罐成型

复合材料热压罐成型工艺是生产航空高质量先进树脂基复合材料制件的主要方法，其特点如下。

（一）罐内压力均匀

采用压缩空气、惰性气体（N_2、CO_2），或惰性气体与空气混合气体向热压罐内充气加压，作用在真空带表面各点法线上的压力相同，使真空带内的构件在均匀压力下成型、固化。

（二）罐内空气温度均匀

因为热压罐内装有大功率风扇和导风套，加热（或冷却）气体在罐内高速循环，罐内各点气体温度基本一样，在模具结构合理的前提下，可保证密封在模具上的构件升降温过程中各点温差不大。一般迎风面及罐头升降温较快，背风面及罐尾升降温较慢。

（三）适用范围较广

模具相对简单，效率高，适合大面积复杂型面蒙皮、壁板和壳体的成型。可成型或胶接各种飞机构件，若热压罐尺寸大，一次可放置多层模具，同时成型或胶接各种较复杂的结构及不同尺寸的构件。热压罐的温度和压力条件几乎能满足所有聚合物基复合材料的成型工艺要求，包括低温成型的聚酯基复合材料，高温（300～400℃）和高压（＞10MPa）成型的PMR-15 和 PEEK 复合材料，以及缝纫/RFI 等工艺的成型。

（四）成型工艺稳定可靠

由于热压罐内的压力和温度均匀，可保证成型或胶接的构件质量稳定。一般热压罐成型工艺制造的构件孔隙率较低，树脂含量均匀，与其他成型工艺相比，构件力学性能稳定、可靠[7]。

第四节 缠绕成型

一、概述

第一个纤维缠绕技术专利于 1946 年在美国注册，即对固体火箭发动机壳体和压力容器开发系统的研究。此后，发动机壳体、压力容器、飞机雷达罩、导弹头锥、鱼雷发射管及玻璃钢制品等都开始应用。缠绕成型工艺历经半个世纪的发展，经过了从纤维缠绕、纤维铺放到带缠绕的发展过程，成为聚合物基复合材料制造的重要手段之一。从航空航天用的固体火箭发动机壳体到民用的玻璃钢管、储罐都有缠绕成型制品在广泛采用。进入 20 世纪 90 年代以来，应用发展速度更是明显加快。据报道，1996 年西欧纤维缠绕制品销售量达到 8 万吨，到 2001 年达到 12 万吨，年增长率为 10％，明显高于大多数成型技术。

缠绕成型工艺的原理是：将经过浸胶的连续纤维、布带等增强材料，按照一定规律缠绕到芯模上，然后固化成型。与其他成型法相比，用缠绕工艺获得的复合材料制品具有下述特点：纤维伸直和按缠绕规律方向排列的整齐和准确率高，制品能充分发挥纤维的强度，因此比刚度和比强度均较高。

缠绕成型工艺的增强材料多为纤维或布带。常用的纤维主要是玻璃纤维，碳纤维和芳纶纤维应用也很广泛。树脂体系对缠绕成型制品的力学性能也有重要影响。缠绕工艺用树脂应具有[8]：①对纤维有良好的浸润性和黏结力；②固化后有较高的强度和与纤维相适应的延伸率；③具有较低的起始黏度；④具有较低的固化收缩率和低毒性，来源广且价格低廉。

二、连续纤维增强复合材料缠绕成型工艺过程

连续纤维增强聚合物复合材料的缠绕成型工艺最早在 19 世纪 40 年代由 Richard

E. Young开发。缠绕成型可按制品的受力状况设计缠绕规律，能充分发挥纤维的增强作用，同时，缠绕成型制品容易实现机械化和自动化生产，制品质量稳定，生产效率高。连续纤维增强聚合物复合材料缠绕制品的应用十分广泛，如固体火箭发动机壳体、雷达罩、直升飞机叶片、管道和各种压力容器等。

与热固性树脂复合材料相比，热塑性树脂复合材料的突出优点是具有高韧性和高损伤容限，耐冲击性能好，因此，连续纤维增强热塑性复合材料缠绕成型制品的耐疲劳性能将大大超过热固性树脂的制品，使用寿命显著提高；同时，热塑性树脂复合材料成型周期短、生产效率高，还存在二次加工和回收利用等方面的优势。因此，近几年来，热塑性树脂复合材料的研发及应用发展速度很快，缠绕成型所用的基体树脂已经开始从传统的热固性树脂向热塑性树脂转变。

连续纤维增强热塑性复合材料缠绕成型技术基本沿袭热固性复合材料的缠绕技术，其技术难度更大，过程也比热固性复合材料缠绕复杂。两者最大的区别在于，热塑性复合材料缠绕需要采用合适的浸渍方法，在缠绕的过程中进行合理的加热，防止树脂在缠绕过程中冷却凝固，导致层内和层间黏结不良，严重影响制品性能。其缠绕成型工艺主要可以分为两种，即两步法工艺（预浸料缠绕工艺，预浸料一般为预浸带以及混纤纱）和一步法工艺（在线浸渍和纤维缠绕的联合工艺）。

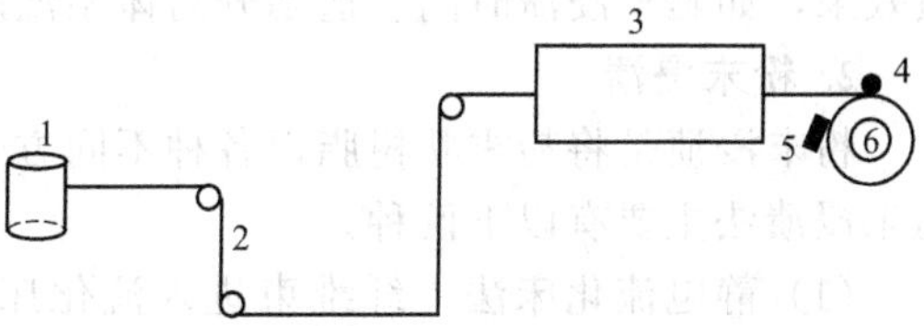

图 4-6　法国圣戈班公司的缠绕工艺流程

1—Twintex 混纤纱；2—分散辊和张力辊；3—张力装置；4—压力辊；5—支持层加热；6—芯模

法国圣戈班公司采用的是两步法工艺，主要的工艺流程如图 4-6 所示。

Twintex 混纤纱先通过张力装置，然后进入加热装置，主要是红外线加热或者空气对流加热，最后通过导引装置，熔融的混纤纱缠绕在芯模上，然后冷却定型。在这个过程中还可以进行二次浸渍，调节树脂含量，这也是两步法工艺的优势之一。

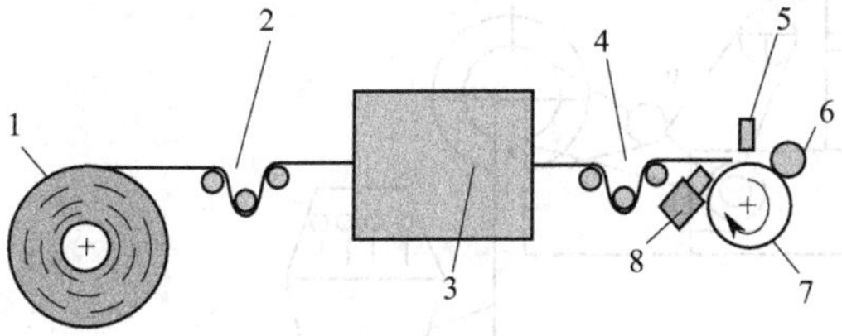

图 4-7　Kaiserslautern 大学在线浸渍和纤维缠绕的联合工艺过程

1—粗纱；2—粗纱分散辊；3—浸渍系统；4—浸渍带展开辊；5—红外测温仪；6—压力辊；7—芯模；8—热空气枪

德国 Kaiserslautern 大学 F. Henninger 等开发的则是一步法在线浸渍和纤维缠绕的联合工艺，其工艺过程如图 4-7 所示。纤维束通过分散装置进入浸渍区，浸渍完成后的过程步骤大致和预浸料缠绕相同。

本质上两种缠绕成型工艺是一样的，都是先浸渍后缠绕，区别就在于浸渍和缠绕是否同步。前者适用于浸渍比较困难、浸渍所需时间长的热塑性树脂，在加热过程中还可以二次浸渍，调节树脂含量；而后者则适用于那些容易浸渍、浸渍速度可与缠绕速度匹配的树脂，可以减少预浸料的储存环节，提高生产效率。

根据上面两种缠绕工艺把缠绕工艺过程分为浸渍、加热缠绕和冷却定型这三个主要步骤[9]。

三、复合材料缠绕成型技术

（一）连续纤维增强热塑性复合材料的浸渍

由于热塑性树脂的熔融黏度高，不利于连续纤维的充分浸渍，浸渍的难度比热固性树脂大得多。而浸渍效果对连续纤维增强热塑性复合材料的性能有重要的影响，较高的纤维分散程度，合理的纤维含量，均匀的纤维分布，低空隙率的浸渍效果是获得具有良好性能缠绕制品的前提。目前，热塑性树脂的浸渍方法主要有熔融浸渍、粉末浸渍、混纤纱浸渍和反应浸渍。

在熔融浸渍和粉末浸渍过程中，为了使纤维分散良好，纤维束一般需要通过由多个辊组成的分散系统，纤维在张力的作用下展开、分散，便于树脂进入和浸渍，良好的纤维分散才能获得优异的浸渍效果。纤维束分散过程如图 4-8 所示。

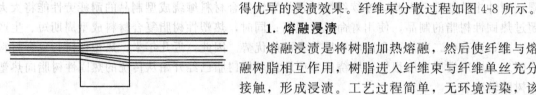

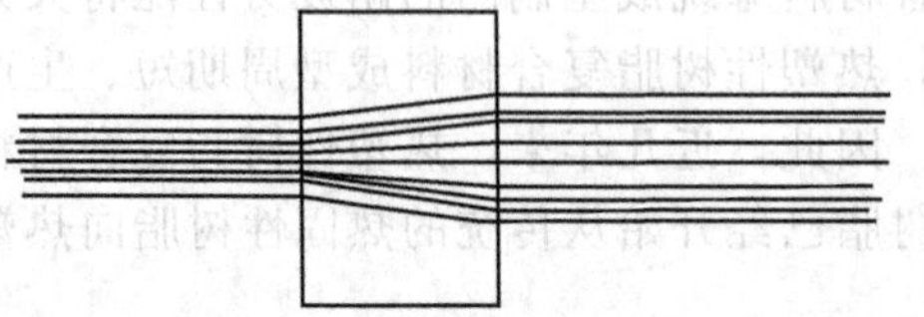

图 4-8 纤维束分散过程

1. 熔融浸渍

熔融浸渍是将树脂加热熔融，然后使纤维与熔融树脂相互作用，树脂进入纤维束与纤维单丝充分接触，形成浸渍。工艺过程简单，无环境污染，该方法制备的预浸带树脂含量控制精度高，有利于提高预浸带的质量和生产效率。

熔融浸渍过程最关键的是使纤维束内部得到浸渍，采取一些适当的措施可以有效提高浸渍效果，如延长浸渍时间、适当升高体系温度、减少熔体在纤维束内部的流动路径等。

2. 粉末浸渍

粉末浸渍是将粉末状树脂以各种不同方式与增强纤维的单丝接触，适合连续纤维浸渍的粉末浸渍法主要有以下两种。

（1）静电流化床法　纤维束进入流化床，流化床中是带有静电的呈流化状态的树脂粉末，当纤维束通过时，树脂粉末沉积在纤维束上，然后进行加热熔化，形成良好的浸渍。这种工艺能快速连续地生产热塑性浸渍带，纤维损伤少，浸渍效果良好，适用于多种热塑性树脂粉末。静电的存在大大增加了树脂在纤维上的沉积和对纤维的附着作用。不施加静电的流化床法也有采用。静电流化床粉末浸渍流程如图 4-9 所示。

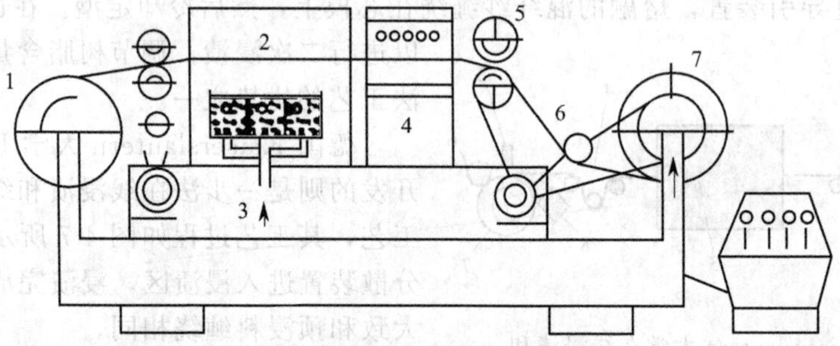

图 4-9 静电流化床粉末浸渍流程

1—纱架；2—静电流化室；3—空气入口；4—粉末加热炉；5—压辊；6—冷却；7—收卷

（2）树脂槽粉末法　另外一种粉末浸渍法是纤维通过导向辊进入树脂槽，在一组浸渍辊的作用下分散，吸附树脂粉末，然后通过加热装置进行浸渍。该工艺设备比上法简单，具体过程如图 4-10 所示。

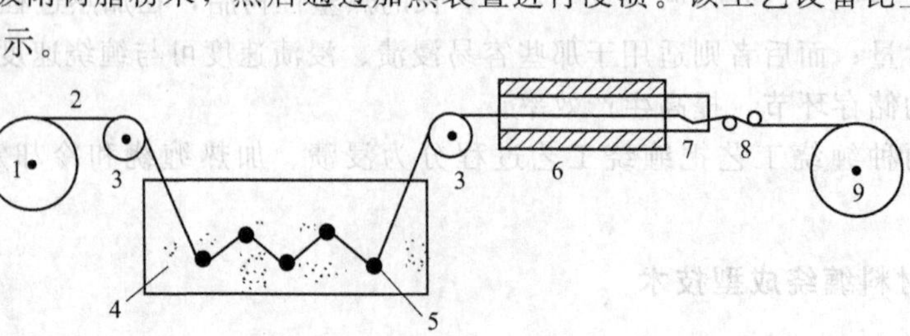

图 4-10 树脂槽粉末浸渍流程

1—纱卷；2—纤维；3—导向辊；4—粉末槽；5—浸渍辊；6—加热通道；7—销钉；8—冷却辊；9—收卷

粉末浸渍的重点在于树脂粉末的沉积、吸附以及熔融。树脂粉末的沉积、吸附最终影响树脂含量，而树脂粉末的熔融则关系到浸渍效果。

3. 混纤纱浸渍

混纤纱是将树脂纤维和增强纤维在拉丝后合股，使得树脂纤维和增强纤维达到理论上的单丝分散水平。熔融浸渍和粉末浸渍工艺生产的预浸带在使用时都存在一个共同缺点，即带子刚硬、柔性差，而混纤纱则克服了该缺点。同时，混纤纱中树脂纤维和增强纤维达到理论上的单丝分散程度，浸渍效果更胜一筹。

混纤纱的制备有多种方法，如水相混合法、空气变形法等。法国圣戈班的 Vetrotex 公司生产了一种品名为 Twintex 的混合纤维，生产过程如图 4-11 所示。它是在玻璃纤维拉丝的过程中与树脂纤维进行合股，浸渍效果非常好，纤维含量最高可达 75%。

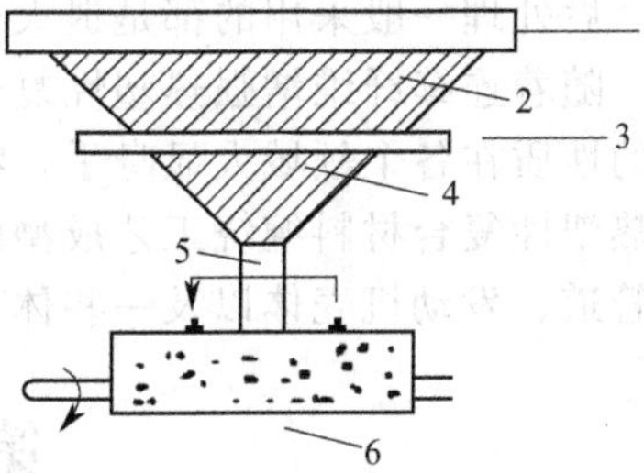

图 4-11　Twintex 纤维制造示意图
1—玻璃窑；2—玻璃纤维；3—挤出机；4—热塑性纤维；5—混纤纱；6—收卷

4. 反应浸渍

反应浸渍制备技术是利用单体或者预聚体初始分子量小、黏度低及流动性好的特点，以低黏度的单体或预聚体完成对纤维的浸渍，然后快速聚合形成高分子聚合物，从而获得理想的浸渍效果。采用反应浸渍技术要求单体聚合速率快、反应可控。目前仅主要对聚氨酯、尼龙-6 等一些可以进行阴离子型聚合的体系进行了研究，存在的主要问题是工艺条件比较苛刻、反应不易控制。这种浸渍方法主要应用在 RTM 成型过程中，在其他的成型过程中也有所采用。

（二）缠绕过程

热塑性复合材料的两步法缠绕过程包括张力控制、预浸料加热过程和芯模缠绕三部分。

首先是张力控制部分，张力主要是由摩擦力或者阻力施加在预浸料上而产生的，张力的作用主要是防止预浸料的滑移、架空。在整个缠绕过程中要保持纤维受到稳定的张力，以免出现缠绕层内松外紧的情况，需要在缠绕过程中逐步递减张力。

其次是预浸料加热过程，一般由两部分组成，预加热和缠绕过程中加热。原料一般都是先通过一个加热通道进行预加热，然后在缠绕过程中进一步加热。加热过程是连续纤维增强热塑性复合材料缠绕成型工艺与热固性缠绕成型最大的区别。加热的作用是在缠绕过程中始终保持预浸料的熔融状态，以防止树脂冷却凝固，导致层内和层间黏结不良。

常见的加热方式有气体对流加热、红外线加热、激光加热、微波加热、火焰加热、热辊加热以及芯模加热。目前大多采用组合加热的方法。国外采用比较多的是利用热空气枪进行加热，德国 Kaiserslautern 大学 F. Henninger 等开发的工艺就采用了该方法。

缠绕过程与纤维增强热固性复合材料的缠绕过程相似，主要的工艺参数有缠绕张力、缠绕角度（方向）、缠绕速度等，这些参数都会影响最终的制品性能，应该选择最优的操作条件。缠绕张力的合理和均衡是保证制件稳定成型的关键。缠绕张力过小则纤维取向差，层间粘接不良，结构松散，使制品强度和耐疲劳性降低；而缠绕张力过大，使得缠绕过程中纤维与设备、纤维与纤维、纤维层间的摩擦增大，磨损加大，强度和耐疲劳性下降，同时还可能导致使用内衬的制品由于内衬受压失稳而变为废品。

缠绕角度的变化对复合材料内压管强度的影响显著，不合理的缠绕角将造成明显的材料浪费。一般内压管最佳的缠绕角在 45°～55°之间。缠绕速度影响纤维在各个步骤的停留时间。缠绕速度过快，将会使停留时间过短，可能造成预浸料的浸渍或熔化不充分；缠绕速度过慢，则会降低生产效率。缠绕速度是在对各个步骤进行综合考虑的基础上确定的。

（三）冷却定型和后处理

冷却定型是在一定压力作用下，通过冷却实现的。冷却定型压力一般都是采用压力辊在缠绕部件的表面加压获得，也可以对预浸料施加张力并由此获得冷却定型压力，另外就是将缠绕好的“半固结”部件在加压釜中进行冷却定型，即分为原位冷却定型和后冷却定型，主要的有在线浸渍缠绕/原位冷却定型、预浸料缠绕/原位冷却定型、预浸料缠绕/后冷却定型。

后处理一般采用的都是退火处理，这样可以降低成型过程中产生的热应力。

随着连续纤维增强热塑性复合材料缠绕成型工艺的不断完善，缠绕制品也会凭借自身优良的性质在各个领域大显身手，特别是航空航天、管道设备以及体育器械领域。连续纤维增强热塑性复合材料缠绕工艺成型的制品（如各种压力容器、气瓶和气罐、石油输送管道、海底管道、发动机壳体以及一些体育器材等）具有广阔的应用前景。

第五节 拉挤成型

一、概述

复合材料的拉挤成型工艺是将已浸润树脂胶液的连续纤维束或带在牵引结构拉力作用下，通过成型模成型，在模中或在固化炉进行固化，连续引拔出长度不受限制的复合材料型材。由于在成型过程中需经过成型模的挤压和外牵引拉拔，而且生产过程和制品长度是连续的，故又称拉挤连续成型工艺。拉挤成型工艺具有生产效率高、工艺易于控制、产品质量稳定等优点；而且拉挤制品中纤维按纵向布置，又是在引拔预张力下成型，因此纤维的单向强度得到了充分的发挥，制品具有高的拉伸强度和弯曲强度。

拉挤成型工艺的缺点是：制品性能具有明显的方向性，其横向强度差，只限于生产型材，且设备复杂，对各工序必须严格准确控制，生产不能轻易中断。

拉挤成型工艺要求所用的树脂黏度低。大量使用不饱和聚酯树脂，其次是环氧树脂或其他改性的环氧树脂。用于拉挤制品的增强材料多为玻璃纤维及其制品，如无捻粗纱、布带和各种毡布，也可用芳纶、碳纤维、金属丝网夹层等。这些纤维及其制品必须经过适当的表面处理，并选用与树脂相匹配的偶联剂。

拉挤成型技术经过30～40年的发展，至今已取得了很大进展。从开始的等截面拉挤制品发展到截面厚度可变、宽度不变，进而发展到截面形状可变、面积不变，原材料由粗纱和单一树脂发展到含多种添加剂（如加入布、毡、装饰表面层、耐腐蚀渗透薄膜等），还可沿拉挤方向放入嵌件（如木材、泡沫材料等），使制品性能在很大程度上具有可设计性。为了更广泛地开拓拉挤制品的销售市场，国外的一些公司正在研究开发新的拉挤技术和制品。从我国1985年引入第一套拉挤机开始，经过持续不断的拉挤技术研究，我国的技术水平明显提高。

二、拉挤成型工艺

（一）拉挤成型工艺

拉挤成型工艺是指将浸渍了树脂的连续纤维粗纱经加热模拉出形成预定截面型材的过程。在拉挤成型工艺的发展中，有以下三种同时发展起来的工艺。

1. 隧道炉拉挤工艺

该工艺是把玻璃纤维粗纱或类似的增强材料牵引穿过树脂浴后，经过整形套管除去包藏的空气和多余的树脂达到预定的直径，然后牵引穿过隧道炉并悬空连续固化得到最终产品。

2. 间歇成型拉挤工艺

该工艺是把增强纤维牵引穿过树脂浸渍槽并进入对分式阴模，在静止状态下由模外加热固化。通常模具进入端要冷却，以防止树脂固化，当一段增强纤维上的浸渍树脂完全固化后，打开模具再牵引下一段到模中。

3. 高频或微波加热拉挤工艺

该工艺与上述两种方法类似，但采用高频或微波加热，这种方法树脂固化速度快，在模内即可固化。

由于20世纪70年代初连续纤维毡的问世解决了拉挤型材的横向强度问题，使拉挤成型工艺获得高速发展。

通常拉挤过程包括纤维粗纱自纱团架经纤维控制系统向前牵引，在浸渍槽中用适宜的浸渍树脂浸润并整理，将合在一起的浸渍过树脂的纤维束穿过成型模，使已成型的浸渍了树脂的预浸件穿过拉挤模等过程。

（二）拉挤成型工艺特点

拉挤成型工艺作为一种自动化连续生产的复合材料成型工艺方法类似于金属的挤出工艺，其主要优点是制造速度快，拉挤成型材料的利用率为95%（手糊成型材料的利用率仅为75%）。用拉挤成型方法制成的拉挤制品具有高强、轻量（钢的20%，铝的60%）、较少或不需维修、耐化学腐蚀、耐老化、耐紫外线降解、尺寸稳定、表面光滑、易着色、无磁性、电磁透过性好、易于加工、可机械连接或胶接等特性。拉挤制品与其他成型方法成型制品的不同之处主要是：可大批量生产；生产效率高，成本低；制品纤维含量高；强度和刚度高；制品可复制性好；产品为直线形柱体[10]。

第六节　手糊成型与树脂传递模塑（RTM）成型

一、手糊成型

所谓手糊成型工艺，是指用手工或在机械辅助下将增强材料和热固性树脂铺覆在模具上，树脂固化形成复合材料的一种成型方法。对于数量少、品种多及大型制品，较适宜采用此法。但这种成型方法操作人员多，操作者的技术水平对制品质量影响大，虽看似简单，但要制得优质制品也是相当困难的，手糊成型工艺制造复合材料制品一般要经过如下工序：①增强材料裁剪；②模具准备；③涂擦脱模剂；④喷涂胶衣；⑤成型操作；⑥固化；⑦脱模；⑧修边；⑨装配；⑩制品。

二、RTM成型

（一）概述

树脂传递模塑（RTM）成型工艺是一种闭模成型技术。该成型工艺是为了克服手糊成型工艺的缺点而发展起来的，特别是RTM成型工艺极大地减小了车间的苯乙烯浓度，符合越来越高的环保要求，因此，RTM成型工艺在欧美得到普遍的重视。

RTM成型工艺是将增强材料预先铺设在对模模腔内，锁紧模具，用压力从预设的注入口将树脂胶液注入模腔，浸透增强材料后固化，脱模得到制品。

RTM成型工艺的特点是：①RTM为闭模操作，不污染环境，苯乙烯的挥发量约为5.0×10^{-5}，大大低于手糊成型的3.0×10^{-4}；②成型效率高；③可以制造两面光的制品；④增强材料可以按设计进行铺放；⑤原材料及能源消耗少；⑥投资少。

（二）原材料

RTM 成型工艺所用原材料包括增强材料、树脂、填料等。

1. 增强材料

RTM 成型工艺对增强材料的要求是：①适用性强；②重量均匀性好；③容积压缩系数大；④耐冲击性好；⑤与树脂浸渍性好且均匀；⑥机械强度高。国内外一般常用的材料为连续毡、复合毡、方格布。

为了提高 RTM 制品增强材料的铺模速度，国外一般采用预成型方法。预成型方法分为两种。一种是高速、高产的称为 COMP-FORM 预成型工艺。这种工艺以玻璃纤维毡为原材料，把毡切割成预先设计的图案，使其与成型模具有一致的外形。这种工艺可生产刚性复杂构件，固化时间小于 15s，采用 UV 辐射能固化。这种工艺也可选用各种增强物，生产复杂外形产品。另一种是喷涂工艺，它采用气动切割/黏结剂喷枪，把短切纤维粗纱和水溶性黏结剂喷到具有所需制品外形的一个多孔金属网上，在所需玻璃纤维和黏结剂沉积后，用约 120℃的热空气把玻璃纤维吹干并使黏结剂固化，冷却后把预成型料脱离金属网制成。

（1）连续原丝毡　该毡的特点是耐树脂冲刷能力较强。注射压力在 0.4MPa 左右时，纤维无明显被冲刷的迹象，纤维分布均匀，充模性好，能适应形状复杂的模具。即使玻璃纤维含量很低时，在制品整个厚度范围内仍分布均匀，树脂浸渍性良好。

（2）针刺复合毡　这种毡为多层复合织物，各层由无捻粗纱单向平行排列构成，单向角度分别为 0°、±45°、90°，最外层还可复合一层短切纤维，然后经针织而成。特点是耐树脂冲刷性好，树脂浸润性好，厚度可调，减少铺放增强材料时间，提高生产效率，但它的充模性不如连续毡。

（3）方格布　这种布纱束密，交点多，对树脂阻力大。由于纱束密集，对树脂浸渍性差，固化后制品白色纱束清晰可见，没有被树脂充分浸透，充模性不好，不能单独使用。与连续毡能结合使用。

2. 树脂

RTM 对树脂的要求是：黏度相对较低（0.15～1.5Pa·s），固化放热峰低（100～180℃），以免损伤模具；凝胶时间和固化时间短，并可以有较大幅度的调节，这样可以缩短固化周期，提高生产效率；树脂固化时收缩率小，以保证产品精度；不含溶剂。

RTM 工艺的首要问题是树脂系统的选择，找到合适的凝胶时间和黏度值至关重要。影响工艺参数的原因很多，有以下四个方面。

（1）树脂体系　树脂为 189# 不饱和聚酯，促进剂为 1%环烷酸钴苯乙烯溶液，引发剂为 5%过氧化环己酮邻苯二甲酸二丁酯糊。一般认为，黏度不能过高，黏度过高树脂系统未充满整个模腔就凝胶，气泡排不出，不利于树脂与纤维结合。黏度过小则造成充模过快，冲动模腔内纤维。最佳黏度为 0.1～0.3Pa·s，中温固化短时间内能完成充模。

（2）凝胶时间　改变引发剂和促进剂的用量可以调节树脂固化所需时间和放热峰温度。促进剂对加速树脂的固化反应效果很明显，过氧化环己酮对固化温度的敏感性弱，因此，固定过氧化环己酮的用量而调节促进剂用量来选择适当的凝胶时间。随着促进剂用量的增加，放热峰温度提高，固化时间缩短；反之，放热峰温度下降，固化时间延长。一般过氧化环己酮的用量取 4%，促进剂含量取 0.1%比较合适。促进剂含量为 0.1%时，在 40～80℃范围内黏度小于 0.15Pa·s，凝胶时间在 3～4min 之间，适合 RTM 工艺。

（3）固化温度　固化温度对制品的力学性能影响比较大，力学性能不是随着温度升高而升高，而是在 80℃附近有一最大值，温度再高反而下降。这跟放热峰与固化温度的关系有关。固化温度会影响树脂放热峰的位置和峰值。温度越高，反应越快，热量来不及释放，峰值越大，这会造成加热过程中与树脂受热升温的不同步。当树脂在90℃固化时，固化反应的放热量会使温度超过150℃，过高的固化温度会破坏玻璃纤维和树脂的界面结合。

（4）固化时间　在所说明选择的固化温度和固化时间范围内，树脂的固化度已比较完全，延长固化时间对制品的改善没有多大作用。RTM树脂有通用型、低收缩型以及其他一些特殊类型树脂等。

3. 填料

RTM成型工艺常用的填料有氢氧化铝、玻璃微珠、碳酸钙、云母粉等。其用量为10%～40%。填料能降低成本、改善制品性能、在树脂固化放热阶段吸收热量、降低收缩率。填料的表面处理、大小颗粒的级配、加入适当的分散剂都有利于降低体系的黏度。

（三）模具和设备

1. 模具

（1）RTM模具的设计　在模具设计过程中主要考虑的因素是操作过程中模具变形问题，此外，还有三个较为关键的因素须列入考虑范围之列，即注入口、排气口和密封。注入口的设计应注意放在模具最低处，尽量靠近模具型芯，放在不醒目的位置，否则会影响外观质量。排气口的设计原则上在模具最高处，有利于排尽空气，浸渍树脂，减少树脂流失。密封一般采用橡胶、改性橡胶或硅橡胶作为密封材料。密封位置在模具边缘。

（2）模具制造：①模型准备；②制造第一片模具——阴模；③专用厚度蜡片的铺设；④制造第二片模具——阳模；⑤生模具的处理；⑥预成型体的铺设及第一次制品的成型；⑦模具移交。

（3）模具结构　RTM模具材料分为三类：钢、铝和FRP。前二者成本高，故一般采用FRP制作模具。模具有7层，厚度约8mm，第一层采用乙烯基酯耐热胶衣树脂层；第二层纤维/树脂层，树脂采用耐高温聚酯；第三层电热层；第四层纤维/树脂层；第五层塑料夹心层；第六层纤维层，RTM模具外层；第七层钢结构支撑层。

2. 设备

（1）注射机

① 单射RTM机。PLAS-TECH公司生产一种HYPAJEEL-MKⅡ设备，为单射（SINGLE SHOT）RTM机，最多能输送30L树脂混合料。

② 低压连续树脂注射机，牌号MEGA-JECT-Ⅱ型。它添置了一个模压警戒器，当产生的压力较大，可使混合器达到最大流量，而模具反向压力增大到超出预定的调节指数时，就会立即自动停止注射，优于传统的催化剂注射机。

（2）双球往复式泵　在低压操作下，输出物料满足需求量。

（3）内混合喷枪　这种喷枪有一个新颖的混合头和一个18cm长的静态混合管，组合在一起可以使树脂和催化剂在低压下得到极佳的混合，这就保证了制品均匀、连贯地固化。

（4）液压控制系统　它有助于控制树脂注射量。

（四）RTM成型工艺

成型工艺其一是准备模具，清理模具。其二是涂布胶衣和胶衣固化，制得胶衣膜厚为400～600μm。对胶衣的要求是没有气泡，表面凹凸要少。其三是将玻璃纤维增强材料或者预成型体（件）安放在模具中，使其成为与最终成型制品形状相似的坯料。采用预成型体，易于顺利转入后道工序。其四是合模和夹紧模具。其五是注射树脂，树脂注入闭合模腔后，在压力和毛细管现象的作用下迅速浸润增强材料，排出腔中空气。如注射复杂外形构件，注射点选择位置较好，有利于减少气体在角位置的储存，使制品更完善。由于模腔内不同位置的树脂热循环过程明显不同，要注意分析RTM的热循环过程，以利于优化注射点，缩短周期。

RTM树脂一般0.1～0.4MPa的压力变化可分成三个区域：①树脂注射充模过程，模腔内各点压力随树脂流动前峰的到来而升高；②静态液压平衡区，此时注射停止，溢流口关闭，模腔内压力较稳定，该平衡可一直持续到溢流口处固化反应开始时止；③固化反应，固化反应收缩，热膨胀造成模腔内压力波动。如溢流口周围树脂已固化，而注射口处树脂固化放热引起周围树脂体积迅速膨胀，压力迅速提高，然后随着体积收缩而减少。显然在固化过程中，注射口处存在一个压力冲击过程，模具注射口处应加强刚度。因此RTM工艺用低压注射方法较适宜。冷却后，脱模、修边、装箱，至此，完成整个加工过程，如图4-12所示。

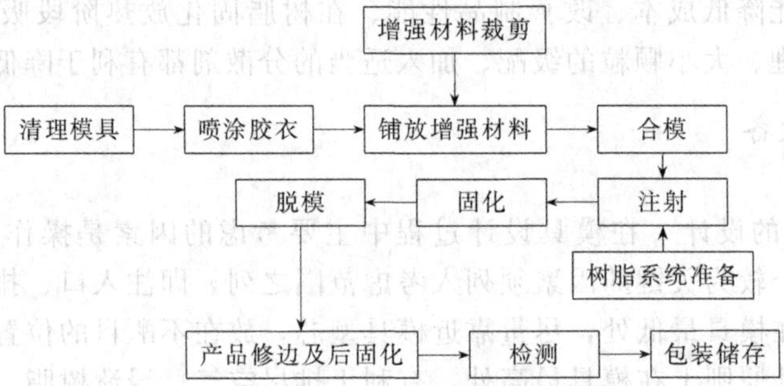

图4-12 RTM成型工艺流程

RTM工艺的关键技术是四个部分：一要实施微机控制注射机组；二要自动化增强物预成型技术；三要用低成本模具技术；四是快速固化树脂系统。

目前RTM制品的应用已覆盖了建筑、交通、电信、卫生、航空航天等领域，如汽车车身板、娱乐车构件、货车的气流导向板、螺旋桨风力发电机叶片、浴盆、洗澡间、游泳池板、天线罩、储罐、椅子、舰船辅件、风机外罩、水泵外壳、机器外壳、头盔、管接头、货车驾驶室、电线杆、电话亭外壳等[11]。

第七节 混炼与压延成型

一、混炼

（一）混炼的概述

为了提高橡胶产品使用性能、改进工艺和降低成本，常常在生胶中加入各种助剂。在炼胶机上将各种助剂加入生胶，制成分散均匀的混炼胶的过程称为混炼，混炼是橡胶加工最为重要的基本工艺之一。

混炼工艺是在橡胶工业早期阶段产生并在实践中逐步发展起来的。1839年，美国科学家Goodyear发现了硫黄硫化，使混炼工艺得以产生。1926年，英国科学家Hanckock发明了塑炼机（开炼机），为混炼工艺奠定了基础。混炼工艺所使用的设备与塑炼基本相同，同一种设备既可用作橡胶塑炼，也可用作混炼。橡胶混炼是橡胶加工中不可缺少的。在整个橡胶加工过程中，混炼胶的质量对胶料进一步加工和制品性能具有决定性影响，混炼也是最容易产生质量波动的工艺之一。

为了保证后续加工的顺利进行及制品性能稳定，对混炼胶质量有严格要求，主要体现在：混炼胶必须保证成品具有良好的物理机械性能；混炼胶本身必须具有良好的工艺性能。为此，混炼工艺必须达到以下要求：使各种助剂完全而均匀地分散在生胶中，保证胶料性能均匀一致，即胶料的任何一部分都含有相同数量的组分，不至于因助剂局部集中而使胶料性能不一；使助剂（特别是补强性助剂）达到一定分散程度，并与生胶产生结合橡胶，以达到良好的补强效果；使胶料具有一定可塑度，保证各项加工操作顺利进行；要求混炼速度快、生产效率高和耗能少。

（二）混炼的分类

根据混炼环境的开放或是密闭以及混炼过程的不同，可以分为开炼、间歇式密炼和连续式混炼。

1. 开炼

早期的橡胶工业混炼采用双辊开炼机，而双辊开炼机混炼存在许多缺点，最重要的一条就是混炼胶质量差。由于轮胎工业的发展导致微粒及有毒硫化促进剂用量增长，同时橡胶制品对胶料质量要求不断提高，开炼机混炼已经满足不了生产的需要。因此在20世纪20年代密炼机就引入了橡胶加工工业。

2. 间歇式密炼

间歇式密炼机是现代工厂主要的炼胶设备，它能够保证得到优质的混炼胶，具有生产能力较高、使用寿命较长和工作性能可靠等优点，但是间歇式混炼原理也存在薄弱点。

尽管间歇式密炼机在其发展过程中结构发生了一定的变化，性能也得到优化，但是这并不能改变间歇式混炼工艺固有的缺点。间歇式混炼过程中各流体微团有不同的流动轨迹，虽然物料在间歇式密炼机中停留的时间一样，但是物料在密炼机整个容积中所经受的切变速率不同，物料微团在不同的剪切区停留的时间也不完全一样。总的来说，在给定时间内，各物料团经历了不同的应变历程，最终积累了不同的总应变量。因此，就使得间歇式混炼所得到的混炼胶质量不均匀。

间歇式密炼机需要有更大的容积，此外，由于密炼机的转子转速很高，导致密炼室内热量增加，间歇式密炼机混炼的胶料是没有固定形状的胶块，需要辅助设备进行进一步加工，以便得到下道工序所需要的胶料形状。用间歇式密炼机加工胶料时由于密炼室内温度很高，胶料难以一次完成混炼，有时需要二段混炼。在一次混炼之后，再进行下一次混炼时，硫化剂一般都加到二段混炼的密炼机中，间歇式混炼过程使得调整更加复杂。

3. 连续式混炼

连续式混炼技术是混炼操作自动化、连续化的新技术。相对于间歇式混炼技术，连续式混炼技术具有以下六个方面的优点。

（1）连续式混炼机混炼不需要进行周期性的加料和卸料，可以充分利用混炼机的混炼能力。这样就可以将单位机台的生产能力提高，也就大大提高了生产效率。

（2）使用连续式混炼机可以在稳定的机械条件和热条件下混炼胶料，有效地利用调整和控制手段，以便使过程按最佳水平进行。

（3）采用连续式混炼可以使自动化程度大大提高。

（4）连续式混炼的能量消耗稳定，没有大的峰值，可以节约能源。

（5）使用连续式混炼机进行连续式混炼，可以省去上、下辅机设备。这就大大简化了生产设备，降低了生产设备投资。同时上、下辅机的取消还使得连续式混炼厂房无须像密炼厂房那样需要三层楼房，这样就可以节约占地面积，大大降低厂房设施投资。

（6）使用密炼机进行胶料混炼时，在加料和卸料的同时不能进行混炼生产，而连续式混炼机就不存在这个问题，可以进行连续生产，从而提高生产效率，同时降低劳动强度。

连续式混炼机的特点是混炼质量与混炼机供料系统有关，如果在原料配比上有波动，那么在成品混炼胶成分中也将反映出来。

连续式混炼工艺也有其缺点：不能加工流动性差的材料；生产成本比较高；工艺流程中

需要增加比较困难的胶料造粒和胶料粉末化的工艺。

二、压延成型

压延成型是将熔融塑化的热塑性塑料通过两个以上的平行异向旋转辊筒间隙，使熔体受到辊筒挤压、延展、拉伸而成为具有一定规格尺寸和符合质量要求的连续片状制品，最后经自然冷却成型的方法。压延成型工艺常用于塑料薄膜或片材的生产。

压延也是橡胶加工中常用的基本工艺，即通过压延机用胶料制备厚薄均匀的胶片或织物涂胶层。压延的具体用途分为压片、压型、贴胶、擦胶、贴合、薄通和滤胶等，最后两种属于正规压延外的特殊作业，目的是去除胶中的细微杂质，因此也为其他的橡胶加工作业（如挤出）所采用。另外，压延还承担某些生产流水线上的胶料输送和前后工序之间的衔接。压延工艺包括准备工艺和压延作业两步。前者为后者提供温度、可塑度合适，数量足够的胶料；而后者则根据不同产品的特定要求，制备出合格的胶片、织物涂胶层或半成品部件。

胶片在橡胶工业中的地位举足轻重，绝大多数橡胶产品制造过程中都需要其作为成品或半成品，例如：全钢载重子午线轮胎、半钢子午线轮胎、工程子午线轮胎以及斜交轮胎等轮胎中的气密层（有内胎轮胎则称油皮胶）、缓冲层胶片、隔离胶片等；胶管、输送带的内外层胶和中间层胶片；还有近年来用于塑胶跑道底层胶片等。但是在一般情况下，胶片的成型只是成品诸多加工工序中的一道工序，由于成型通常在硫化之前进行，所以人们往往不太容易看出类似轮胎和密封件等成品是由胶片制成的，但却比较容易看出输送带、屋顶防水卷材和衬里这些较厚或较宽的带状产品是通过胶片的贴合形成的。

但是不管胶片用到哪一种橡胶产品中，其成型工艺以及质量上的要求基本都是一致的。通常人们对胶片的质量要求主要有以下几点：①表面光滑，无皱缩；②内部密实，无孔穴、气泡或海绵；③断面厚度要均匀、精确，而且要保证各部分收缩变形率均匀一致。

早期胶片的成型工艺大部分采用压延法成型工艺。采用这种成型工艺，需要在体积庞大的二辊、三辊或四辊压延机上进行压出胶片。为了保证工艺上对压延厚度的要求，其机组上必须带有复杂的辊距调节和辊筒挠度补偿装置。而为了保证压延精度，对压延温度和温控系统的要求也是很高的。这就使得其不仅价格昂贵，而且操作也不太简便。而且最重要的是，根据其工作机理，即胶料与辊筒的摩擦角必须大于辊筒上胶料的接触角，故在两辊筒之间常有堆积胶料，而堆积胶料中容易存气，从而致使压延出来的胶片中存在大量气泡，气密度下降。尤其是在输送带的覆盖胶片生产工艺中，由于贴合后直接进行硫化，胶片中的气泡对产品质量的影响十分明显。压延法成型工艺的主要优点是生产能力大。

（一）压延法成型机组

该成型机组（图 4-13）主要由三辊或四辊压延机、胶片输送带、冷却装置、表面卷取装置、储料缓冲装置、双工位导开装置、架空运输带、定中心装置、贴合装置、中心卷取装置及控制系统组成。

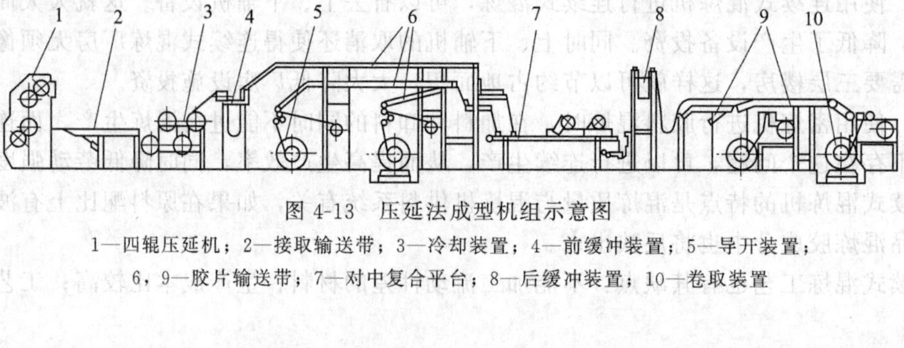

图 4-13　压延法成型机组示意图

1—四辊压延机；2—接取输送带；3—冷却装置；4—前缓冲装置；5—导开装置；6，9—胶片输送带；7—对中复合平台；8—后缓冲装置；10—卷取装置

（二）生产过程及工作原理

混炼胶片经热炼后被送入二辊或四辊压延机的辊筒缝隙中，压延出一片或两片胶片。传统工艺采用开炼机进行热炼，随着压延工艺自动化水平和压延速度的提高，对现代化大规模生产已经采用销钉式冷喂料挤出机进行热炼和供胶。这样不仅简化了工艺，节省机台、厂房面积和操作人员，而且也提高了自动化程度和生产效率，并有利于胶料质量。胶片被输送带送入冷却装置冷却后，既可由表面卷取装置直接卷取，也可进入储料缓冲装置，在贴合运输带上与由双工位导开装置导出的胶片贴合，再经定中心装置定中后，由双工位中心卷取装置卷取，由此可以根据需要生产单层及两层、三层或多层的复合胶片[12]。

参考文献

[1] 吴大鸣，李晓林．高聚物的精密挤出．合成橡胶工业，2002，25（3）：131-135.

[2] 王玉洁，黄明福，陈晋南．注射成型技术研究进展．广东化工，2007，34（2）：31-33.

[3] 陈长青，郦华兴．反应注射成型工艺进展．湖北工学院学报，1994，9（2）：34-38.

[4] 黄汉雄．塑料模压成型技术（一）．橡塑技术与装备，2001，27（2）：1-5.

[5] 黄汉雄．塑料模压成型技术（二）．橡塑技术与装备，2001，27（3）：12-17.

[6] 黄汉雄．塑料模压成型技术（三）．橡塑技术与装备，2001，27（5）：8-13.

[7] 田军良．全动复合材料水平尾翼主承力壁板热压罐成型工艺．航空制造技术，2005，（9）：92-94.

[8] 赵秋艳．复合材料成型工艺的发展．航天返回与遥感，1999，20（1）：41-46.

[9] 方立，周晓东．连续纤维增强热塑性复合材料的浸渍及其缠绕成型．纤维复合材料，2008，（3）：27-31.

[10] 黄克均，张建伟．拉挤成型工艺及应用．工程塑料应用，1997，25（3）：54-57.

[11] 蒋春华，陆士元．RTM综述．玻璃钢，1996，（2）：25-32.

[12] 韩宇．胶片成型工艺及其成型机组．世界橡胶工业，2008，35（4）：36-41.

第五章　无机纤维增强复合材料

第一节　玻璃纤维增强复合材料

玻璃纤维增强复合材料可分为热固性树脂基和热塑性树脂基复合材料。热塑性塑料由于线膨胀系数大、尺寸稳定性差、刚性、耐疲劳性和某些机械强度不高，不能满足结构材料的要求，大多数作为通用材料。为了改善上述性能，20 世纪 50 年代美国首先用玻璃纤维增强尼龙获得成功，但发展较慢，到 60 年代中期，美国和西欧才大规模生产各种纤维增强塑料，进入 80 年代，纤维增强热塑性树脂复合材料的生产迅速增长。

一、玻璃纤维增强热固性树脂基复合材料

玻璃纤维增强热固性树脂基复合材料（GFRP）是指玻璃纤维作为增强材料，热固性塑料作为基体的纤维增强塑料，俗称玻璃钢。

（一）GFRP 的优良特性

1. 轻质高强

相对密度在 1.5～2.0 之间，只有碳钢的 1/5～1/4，可是拉伸强度却接近，甚至超过碳素钢，而比强度可以与高级合金钢相比。因此，在航空、火箭、宇宙飞行器、高压容器以及在其他需要减轻自重的制品应用中，都具有卓越成效。某些环氧 FRP 的拉伸强度、弯曲强度和压缩强度均能达到 400MPa 以上（表 5-1）。

表 5-1　各种玻璃钢与金属性能的比较

性　　能	聚酯玻璃钢	环氧玻璃钢	酚醛玻璃钢	钢	铝	高级合金
相对密度	1.7～1.9	1.8～2.0	1.6～1.85	7.8	2.7	8.0
拉伸强度/MPa	180～350	70.3～298.5	70～280	700～840	70～250	12.8
压缩强度/MPa	210～250	180～300	100～270	350～420	30～100	
弯曲强度/MPa	210～350	70.3～470	1100	420～460	70～100	
吸水率/%	0.2～0.5	0.05～0.2	1.5～5			
热导率/[W/(m·K)]	1.206	0.732～1.752		0.157～0.869	0.844～0.962	
线膨胀系数/$\times 10^{-6}$℃$^{-1}$		1.1～3.5	1.35～1.07	0.012	0.023	
比强度/MPa	1600	2800	1150	500		1600

2. 耐腐蚀性能好

GFRP 是良好的耐腐蚀材料，对大气、水和一般浓度的酸、碱、盐以及多种油类和溶剂都有较好的抵抗能力。已应用到化工防腐的各个方面，正在取代碳钢、不锈钢、木材、有色金属等。

3. 电性能好

GFRP 是优良的绝缘材料，用来制造绝缘体。在高频下仍能保持良好的介电性。微波透过性良好，已广泛用于雷达天线罩。

4. 热性能良好

GFRP 的热导率低，室温下为 0.3～0.4kcal/(m·h·K)，只有金属的 1/1000～1/100，

是优良的绝热材料。在瞬时超高温情况下，是理想的热防护和耐烧蚀材料，能保护宇宙飞行器在2000℃以上承受高速气流的冲刷。

5. 可设计性能好

可以根据需要，灵活地设计出各种结构产品，来满足使用要求，可以使产品有很好的整体性；可以充分选择材料来满足产品的性能，如可以设计出耐腐蚀的、耐瞬时高温的、产品某方向上有特别高强度的、介电性好的等。

6. 工艺性能优良

可以根据产品的形状、技术要求、用途及数量来灵活地选择成型工艺；工艺简单，可以一次成型，经济效益突出，尤其是对形状复杂、不易成型的数量少的产品，它的工艺优越性更突出。

（二）GFRP的不足之处

1. 弹性模量低

GFRP的弹性模量比木材大2倍，但是钢（$E=2.1\times10^6$ MPa）的1/10，因此在产品结构中常感到刚性不足，容易变形。可以做成薄壳结构、夹层结构，也可通过高模量纤维或者做加强筋等形式来弥补。

2. 长期耐温性差

一般FRP不能在高温下长期使用，通用聚酯GFRP在50℃以上强度就明显下降，一般只在100℃以下使用；通用环氧GFRP在60℃以上强度有明显下降。但可以选择耐高温树脂，使长期工作温度在200～300℃之间是可能的。

3. 老化现象

老化现象是塑料的共同缺陷，GFRP也不例外，在紫外线、风沙雨雪、化学介质、机械应力等作用下容易导致性能下降。

4. 层间剪切强度低

层间剪切强度是靠树脂来承担的，所以很低。可以通过选择工艺、使用偶联剂等方法来提高层间黏结力，最主要的是在产品设计时，尽量避免使层间受剪。

玻璃纤维增强环氧树脂是GFRP中综合性能最好的一种，这是因为环氧树脂的黏结能力最强，与玻璃纤维复合时，界面剪切强度最高。它的机械强度高于其他的GFRP，尺寸稳定性好。但因其黏度大，加工不太方便，且成型时需要加热，如在室温下成型会导致环氧树脂固化反应不完全。因此不能制造大型部件，使用范围受到一定的限制。孙康等发明了一种耐海水玻璃纤维增强环氧树脂纳米复合材料的制备方法，原料采用环氧树脂、固化剂甲基四氢苯酐、促进剂2,4,6-三-二甲氨基甲基苯酚、有机化黏土及无纺玻璃纤维布，制备采用树脂传递成型（RTM）方法，即先将有机化黏土加到环氧树脂中，在一定的温度下搅拌均匀，再依次加入固化剂和促进剂，搅拌均匀后真空脱气，注入预先铺设好玻璃纤维布的模具，然后固化成型。该发明具有生产工艺简单、加工性能好、适用性强等优点，所制备的玻璃纤维增强环氧树脂纳米复合材料不仅具有较好的力学性能，而且具有一定的耐海水性能，可用于制作海上舰艇、潜艇等船体构件。曾西平制备了一种汽车上用的玻璃纤维多层织物增强环氧树脂复合材料，由以下质量分数的原料制成：玻璃纤维多层织物50%～70%、环氧树脂30%～50%和固化剂8%～12%（质量分数）。其制备方法为：先对玻璃纤维多层织物进行表面处理，然后将处理后的玻璃纤维多层织物按模腔尺寸剪裁，同时用环氧树脂加溶剂和固化剂配制成胶液，将玻璃纤维多层织物浸入胶液两三分钟拿出晾置后放入模具固化，固化时间为30～40min，固化温度为140～170℃，最后切掉毛边，检测成品。该发明在相同的成型工艺与条件下，所得材料的弯曲强度、拉伸强度同比都有较大的提高，成型工艺也相对简单，在成本方面有一定的降低。

玻璃纤维增强酚醛树脂是各种 GFRP 中耐热性最好的一种，它在 200℃以下可长期使用，甚至在 1000℃以上的高温下，也可以短期使用。它是一种耐烧蚀材料，同时可作为耐电弧的绝缘材料。其缺点是脆性较大，机械强度不如环氧树脂基 GFRP，由于酚醛树脂固化时有小分子副产物放出，因而其尺寸不稳定，收缩率大。李志军等以丁腈橡胶改性酚醛树脂为基体，以经过表面处理的玻璃纤维为增强材料，研制出新型无石棉摩擦材料，其各项性能均达到汽车制动器衬片 GB 5763—86 的规定。通过详细研究玻璃纤维的质量分数、长度及表面状态对材料摩擦磨损性能的影响，得出玻璃纤维的最佳质量分数为 15%～25%，最佳长度为 4～8mm。研究还表明，采用热处理、等离子体处理和偶联剂处理后的玻璃纤维，可以大大降低磨损量和改善材料的摩擦磨损性能。

玻璃纤维增强聚酯树脂的优点是：加工性能好，在树脂中加入引发剂和促进剂后，它可以在室温下固化成型；透光性好，透光率可达 60%～80%。其不足之处是：固化收缩率大，可达 4%～8%；耐酸碱性能较差，不适宜用来制作耐酸碱的设备和管件。郭旭等研究了玻璃纤维/甲基硅树脂复合材料高温下层间剪切强度的变化及耐湿热性。结果表明，室温～800℃过程中层间剪切强度随温度升高不断降低，800～1000℃层间剪切强度保持不变。采用 IR 对甲基硅树脂在室温、600℃、800℃及 1000℃的结构进行表征，结果表明，甲基硅树脂在 800℃时结构趋于稳定。对甲基硅树脂的 TG 分析表明，甲基硅树脂有良好的耐热性。利用 SEM 分析了玻璃纤维/甲基硅树脂复合材料 800℃时树脂与纤维的结合变化。耐湿热性实验表明，复合材料经 100h 水煮后吸水率仅有 2.35%，层间剪切强度下降 21.9%。李华等研究了玻璃纤维增强乙烯基酯树脂抗冲击复合材料，研究结果表明：经过改性的乙烯基酯树脂基 GF 增强复合材料的力学性能均能满足抗冲击复合材料的性能指标要求，根据刚度计算公式可以算出抗冲击复合材料的刚度与装甲钢相当；以改性乙烯基酯树脂为基体制备的 GF 增强复合材料的抗冲击性能较佳，满足抗冲击复合材料的要求；从乙烯基酯树脂的结构可以看出，乙烯基酯树脂兼有环氧树脂和不饱和聚酯树脂两种热固性树脂的特点，可以通过自由基聚合而实现快速固化，同时固化后树脂的性能与环氧树脂类似，因此乙烯基酯树脂具有优异的耐化学腐蚀性、力学性能及加工性能。

二、玻璃纤维增强热塑性树脂基复合材料

玻璃纤维增强热塑性树脂基复合材料是指玻璃纤维作为增强材料，热塑性塑料作为基体的纤维增强塑料。热塑性塑料都可以用玻璃纤维增强，但增强效果因基体不同有所差异，对尼龙的增强效果最为显著，对于聚碳酸酯、聚丙烯、聚乙烯、聚酯等的增强效果也很好(表 5-2)。玻璃纤维增强热塑性树脂复合材料的力学性能、热学性能在不同程度上得到提高，尺寸稳定性好，缩短成型周期，流动性下降，吸水率低。纤维对材料力学性能的贡献是显而易见的，但也存在以下缺点：材料密度增加，制品表面不光滑，制品表面光泽度降低，力学性能和成型收缩率容易呈现各向异性，制品透明度降低，摩擦系数增大，材料的焊接强度低等。

表 5-2 热塑性塑料纤维增强前后的性能比较[1]

材料		拉伸强度/MPa	断裂伸长率/%	冲击强度/(J/m)	弹性模量/GPa	热变形温度/℃
聚乙烯	未增强	23	60	8	0.84	48
	增强	77	3.8	24.1	6.3	126
聚苯乙烯	未增强	59	2.0	1.6	2.8	85
	增强	98	1.1	13.4	8.5	104

续表

材料		拉伸强度/MPa	断裂伸长率/%	冲击强度/(J/m)	弹性模量/GPa	热变形温度/℃
聚碳酸酯	未增强	63	60～100	64	0.22	132～138
	增强	104	1.7	2048	1.19	147～149
聚甲醛	未增强	70	60	7.6	2.8	110
	增强	84	1.5	4.3	5.7	168
尼龙 66	未增强	70	60	5.5	2.8	66～86
	增强	210	2.2	20.3	6.1～12.6	200
PBT	未增强	50	1.7	—	2.5	55
	增强	130	0.2		8.2	205

（一）玻璃纤维增强聚乙烯

玻璃纤维经过偶联剂的处理后与 HDPE 复合，材料的拉伸强度和弯曲强度明显提高。在此基础上再加入界面改性剂后性能还能再次提高，拉伸强度可达到 70MPa 以上。研究认为界面改性剂和玻璃纤维及其表面的偶联剂发生了化学作用或交联，使玻璃纤维表面产生了厚达数微米的界面过渡区域，从而显著提高了玻璃纤维与树脂之间的界面相模量、界面黏结强度及其复合材料的力学性能。四川大学的袁毅等[2]用 HDPE 和玻璃纤维增强聚丙烯按一定比例混合后，经剪切拉伸双向复合应力场挤出管材，轴向和周向的强度都得到增强，且轴向拉伸强度可轻易达到 35MPa 以上。希腊的 Bikiaris[3] 等对玻璃纤维增强的力学性能进行了研究，对比经过表面处理的玻璃纤维和未经表面处理的玻璃纤维对力学性能的影响，认为表面处理与否对断裂伸长率的影响基本上是相同的，对冲击强度和拉伸强度以及模量的影响方面，经过表面处理的玻璃纤维显然对两者的贡献要大得多，而且在玻璃纤维含量超过 20%（质量分数）以后，含量的变化对 LDPE 力学性能的影响变小。玻璃纤维表面处理后，与基体树脂 LDPE 之间的结合得到改善，因此力学性能得到较大提高。Tovmasyan[4] 等研究了短玻璃纤维增强高密度聚乙烯的力学性能和玻璃纤维在基体树脂中的聚集程度，认为随玻璃纤维长度和含量的增加，聚集程度会增加。

张云灿等[5]的研究表明，玻璃纤维含量不同会引起基体结晶形态的明显变化，玻璃纤维含量在 30%（质量分数）以下时，随其含量的增加，球晶的数量明显减少和尺寸明显减小；玻璃纤维含量达到 30%（质量分数）时，基本上观察不到球晶结构的存在，此时串晶或微纤晶晶体结构已经基本上贯穿整个复合体。界面黏结强度的增加和玻璃纤维含量的增加对基体的结晶形态起到类似的作用，黏结强度达到一定程度时，几乎观察不到球晶结构，而是转变成为另一种结晶形态下的结晶形式。在玻璃纤维增强 HDPE 复合材料的界面相存有较牢固的化学偶联作用条件下，其试样熔体成型冷却过程中，因基体体积收缩而产生的界面应力可通过应变诱导玻璃纤维周围基体树脂伸展链晶体结构的形成过程而得到松弛，并且由此而显著提高了复合材料的界面相模量及其力学性能。复合材料的界面黏结强度越大，试样熔体的成型冷却速率越快，则其应变诱导作用就越强烈。相反，若试样界面黏结力较弱，则其界面应力便以界面相发生脱黏、开裂，并在界面处形成缝隙的形式而得到松弛。而此时界面应力对玻璃纤维周围基体的球晶形态不产生很明显的影响。在复合材料界面相联结较为牢固的条件下，其材料中玻璃纤维含量对基体的应变诱导致结晶作用及其伸展链晶体的形成分量具有重要影响。在本体系玻璃纤维含量为 25%～30%（质量分数）的情况下，各玻璃纤维周围的应变诱导作用区域产生了重叠或联系，所形成的伸展链晶体几乎贯穿于全部复合基体，并由此引起了材料缺口冲击强度的显著增大。

（二）玻璃纤维增强聚丙烯

聚丙烯的加工性能好，具有优良的耐腐蚀性、电绝缘性，它的力学性能，包括拉伸强度、压缩强度、硬度等均比低压聚乙烯好，而且还有很突出的刚性和耐折叠性，并且价格便宜。而聚丙烯亟待克服的缺点是：成型收缩率较大，低温易脆裂，耐磨性不足，热变形温度不高，耐光性差等。玻璃纤维增强聚丙烯的强度比纯聚丙烯大大提高，当玻璃短纤维含量为30%～40%（质量分数）时，其强度达到顶峰，拉伸强度达到100MPa，大大高于工程塑料聚酰胺、聚碳酸酯等，尤其使聚丙烯的低温脆性大大改善，而且随着玻璃纤维含量的增加，其冲击强度也有所提高。聚丙烯为结晶性聚合物，当加入30%（质量分数）的玻璃纤维复合后，其热变形温度显著提高，达到130℃，已接近聚丙烯的熔点，但复合时需加入硅烷偶联剂[6]。

咸贵军等[7]利用自行研制的玻璃纤维增强聚丙烯预浸装置制备了长玻璃纤维增强聚丙烯（LGFRP）粒料，并利用普通注塑机成型了长玻璃纤维增强聚丙烯试样，研究了模具和注塑工艺对注塑试样拉伸强度的影响。试验发现，对注射成型的平板试样，其拉伸强度具有位置分布，边缘处的拉伸强度高于中间部位。对哑铃形试样，所用模具的浇口尺寸越大，试样的拉伸强度就越高。注塑温度（200～250℃）对注塑试样的拉伸强度影响较小。较低速度注塑试样的拉伸强度要高于高速注塑试样。他利用自行研制的连续纤维/热塑性树脂浸渍装置，制备了注射成型用长玻璃纤维增强聚丙烯粒料。利用Charpy冲击试验，研究了界面相容剂（接枝马来酸酐聚丙烯）的用量、粒料长度等对注塑试样冲击韧性的影响。试验发现，随着接枝聚丙烯含量的增加，试样的冲击韧性显著提高。但当接枝聚丙烯含量达到一定程度时，冲击韧性反而下降。注塑试样的冲击韧性随长纤维粒料的长度增加和冲击试样模具的浇口尺寸变大而升高。对于平板材料，冲击试样所处的位置不同，其韧性也有较大的变化。试验还发现，退火处理可以有效地提高注塑试样的冲击韧性[8]。

姜勇等[9]探讨了玻璃纤维增强聚丙烯的制造工艺，研究发现：基体聚丙烯最好选择3%～15%的结晶性乙烯-丙烯嵌段共聚物；采用马来酸酐改性PP，硅烷偶联剂改性玻璃纤维；玻璃纤维的含量控制在5%～30%（质量分数）；挤出造粒过程中玻璃纤维长度控制在0.5～1.0mm；加入少量抗氧剂。依此参数，复合材料的性能大幅度提高。张志谦等[10]研究了聚丙烯（PP）微粒与马来酸酐（MAH）在紫外线辐照下进行接枝反应。考察了单体MAH的用量、辐照时间等对接枝率的影响，以及接枝率与复合材料弯曲强度和冲击韧性的关系。通过IR、DSC和力学性能测试表明，在紫外线辐照下可实现PP-MAH固相接枝，而且接枝PP含量的提高使复合材料的弯曲强度和冲击韧性得到改善。杜春阳等[11]选用无碱玻璃纤维，采用特殊方法使长纤维与基体聚丙烯树脂有序复合，制备了一系列不同纤维长度、含量以及采用不同表面处理的玻璃纤维/PP复合材料。试验表明：KH570偶联剂处理过的长玻璃纤维能使玻璃纤维和基体树脂聚丙烯很好地结合，界面黏合强度较好，所得到的复合材料力学性能优良；在纤维长度和质量含量选择方面，在长度为14mm和含量为17.5%（质量分数）时，所得到的复合材料力学性能比较优异，适宜用作工程材料。樊在霞等[12]用GF/PP复合纱针织物预型件通过热压成型法得到的玻璃纤维针织物增强聚丙烯复合材料的拉伸性能进行了试验研究。研究结果表明，玻璃纤维针织物增强聚丙烯复合材料的拉伸应力-应变曲线与纯聚丙烯的形状相似，且前者的拉伸性能较后者有所提高，研制的复合材料的纤维/基体界面结合情况良好。邵静波等[13]研究了聚丙烯接枝马来酸酐（PP-*g*-MAH）和剪切强度等对玻璃纤维增强聚丙烯（GFRPP）性能的影响。加入PP-*g*-MAH后，GFRPP的拉伸强度持续增加，最大达到82.5MPa；弯曲强度大幅度提高；缺口冲击强度明显增大，最大达到160.3J/m；热变形温度基本维持不变。PP-*g*-MAH的加入可改善玻璃纤维与聚丙烯之间的界面作用，从而有利于提高GFRPP的性能；在极高剪切强度的条件下，GFRPP的力学性能和热学性能有所下降。

庄辉等[14]采用自主开发的在线混合生产设备，以玻璃纤维（GF）和聚丙烯（PP）为原料，制备了长玻璃纤维增强聚丙烯（LFT-PP）复合材料。结果表明：纤维的平均长度可以达到7.24～16.46mm；GF长度的增加，有利于提高LFT-PP的弯曲强度和冲击强度，对弯曲模量的影响很小。添加适量的界面改性剂有利于提高复合材料的弯曲性能，但是降低了其冲击强度。庄辉等还以玻璃纤维和聚丙烯为原料，制备了长玻璃纤维增强聚丙烯（LFT-PP）复合材料，研究了基体韧性、纤维长度和界面相容剂对LFT-PP韧性的影响。结果表明：LFT-PP韧性随基体韧性增加而增加；当玻璃纤维长度从2.06mm增加到4.66mm时，LFT-PP的悬臂梁缺口冲击强度从134.4J/m提高到238.0J/m，增加了约80%；添加界面改性剂降低了LFT-PP悬臂梁缺口冲击强度，从311.4J/m降为181.8J/m[15]。

（三）玻璃纤维增强聚酰胺

聚酰胺也称尼龙，是一种热塑性工程塑料。其强度比一般通用塑料要高，耐磨性也较好。但其吸水率较大，影响了其尺寸稳定性，而且其耐热性也较低，用玻璃纤维增强聚酰胺，这些性能可大大改善。一般玻璃纤维增强聚酰胺中，纤维含量达到30%～35%（质量分数）时，其增强效果最佳，其拉伸强度可提高2～3倍，压缩强度提高1.5倍，其耐热性提高也很大。在聚酰胺中加入玻璃纤维后，唯一的缺点是降低其耐磨性。因为聚酰胺制品表面光滑，光滑度越高越耐磨，而加入玻璃纤维后，如果制品被磨损时，玻璃纤维会暴露于表面，这时材料的摩擦系数和磨损量就会增大。

朱明等[16]通过重量变化、力学性能测试以及SEM断口分析对实验室制备的连续玻璃纤维增强尼龙（GF/PA66）在酸、碱、汽油、机油、丙酮等介质中的行为进行了探讨，发现GF/PA66具有良好的耐油性，而酸、碱对其性能影响较大，极性介质丙酮对其性能也有一定影响。刘正军等[17]采用一种新的熔融浸渍工艺制备了长玻璃纤维增强尼龙6复合材料，研究了玻璃纤维含量、玻璃纤维长度分布对复合材料力学性能的影响。结果表明，在玻璃纤维质量分数为50%时复合材料的拉伸强度为234MPa，弯曲强度为349MPa，弯曲弹性模量为11.4GPa，缺口冲击强度为313J/m，综合力学性能明显优于短玻璃纤维增强尼龙6复合材料。郑云龙等[18]以*N*-丁基对甲苯磺酰胺（BTSA）、*N*-环己基对甲苯磺酰胺（CTSA）、间苯二甲酸-5-磺酸钠（5-SSIPA）为改性剂，通过双螺杆挤出机制备聚酰胺6（PA6）/玻璃纤维（GF）复合材料。研究结果表明，三种助剂都能改善界面黏结性能，提高GF在基体中分散程度，PA6/GF/5-SSIPA复合材料性能提高最为明显，与PA6/GF相比，其干态拉伸强度提高21.3%，弯曲强度及弯曲模量分别提高40.5%、60.1%，相同条件下的吸水率从7.3%降低到4.7%。热重分析（TG）结果显示，PA6/GF/5-SSIPA的热稳定性要好于PA6/GF。吕桂英等[19]以聚酰胺66（PA66）为主要原料，探讨了玻璃纤维对聚酰胺材料的吸湿率、力学性能、形貌的影响。试验结果表明，玻璃纤维能使PA66的拉伸强度提高2～3倍，弯曲强度提高3倍；同时GF的加入减缓了PA66力学性能的下降，同时推导出玻璃纤维增强聚酰胺的老化机理：玻璃纤维阻止了聚酰胺老化裂纹的进一步扩展，同时减缓了外界因素对聚酰胺本体的进一步侵蚀，老化速度减慢。

（四）玻璃纤维增强聚四氟乙烯

聚四氟乙烯（PTFE）具有高低温使用范围广，优良的耐腐蚀性、热稳定性和耐气候性，高的绝缘性和润滑性，极小的吸水性，无毒害等优点，被广泛应用于现代工业。但其力学性能相对较差，线膨胀系数较大，成型收缩率高，二次加工困难，硬度低，耐磨损性差，导热性差，以及价格较高，这些缺陷在一定程度上限制了它的广泛应用。因此，对纯PTFE进行适当改性，可提高其综合性能，扩大其在各领域中的应用。

薛玉君等[20]研究了用稀土元素（RE）处理玻璃纤维表面的最佳用量及其对玻璃纤维增强聚四氟乙烯（GF/PTFE）复合材料拉伸性能的影响。测试了不同表面处理条件下GF/PTFE复合材料的拉伸性能，并对断口形貌进行了SEM分析。由于稀土元素对亲和性的作用，RE比SGS/RES和SGS能够更好地提高玻璃纤维与PTFE之间的界面结合力。用RES或SGS/RES处理的GF/PTFE复合材料界面结合力主要受稀土元素含量的影响。当稀土元素在表面改性剂中的含量为0.2%～0.4%时，GF/PTFE复合材料的拉伸性能得到明显提高，并且在RE含量为0.3%时其性能最佳。徐红星等[21]通过机械混合、冷压和烧结成型制备了不同质量分数（5%～30%）的玻璃纤维和石墨填充聚四氟乙烯（PTFE）复合材料。结果表明：加入玻璃纤维后，拉伸强度、断裂伸长率和冲击强度迅速下降，弹性模量增加，材料呈脆性；材料硬度随玻璃纤维加入量增加而增加，随软质石墨的加入量增加而减小；玻璃纤维改性处理，会提高复合材料硬度；石墨对材料冲击韧性影响较小，少量加入时对拉伸强度影响也较小；质量分数为10%的石墨和20%的玻璃纤维填充增强PTFE复合材料的综合力学性能较好。他还通过机械混合、冷压和烧结成型制备了碳纤维、玻璃纤维和石墨填充协同改性聚四氟乙烯（PTFE）复合材料。结果表明：玻璃纤维和碳纤维改性PTFE都会使复合材料冲击强度下降，填充玻璃纤维使复合材料的拉伸强度下降，碳纤维则使复合材料拉伸强度稍有增强，玻璃纤维和碳纤维均能使复合材料压缩强度增加，但碳纤维的增强效果更为明显；石墨和玻璃纤维、碳纤维协同填充增强PTFE复合材料的拉伸强度较高，弹性模量较大，断裂伸长率较高，且材料拉伸时呈塑性断裂，综合力学性能有明显改善。试验表明，用质量分数为20%的玻璃纤维、5%的碳纤维和5%的石墨协同填充增强的PTFE复合材料具有较好的压缩性能，在刚性提高的同时，仍能保持较好的韧性，可用作高性能润滑密封材料[22]。孙春峰等[23]通过冷压成型和烧结固化工艺制备了不同配方下玻璃纤维增强聚四氟乙烯（GFRPTFE）试样，对其进行了力学性能、摩擦磨损性能的测试。实验结果表明：GFRPTFE材料随着短切玻璃纤维含量的增加，抗冲击性能有所下降，而耐磨损性能明显提高；偶联剂的加入明显地提高了复合材料的力学性能。胡福田[24]制备了玻璃纤维布增强聚四氟乙烯复合材料，实验结果表明：不同的偶联剂对复合材料的拉伸强度和微观形态影响很大，6032硅烷偶联剂处理效果最好；烧结工艺条件对复合材料的拉伸强度影响大。通过纯PTFE和玻璃纤维布增强PTFE的DSC分析，确定了最佳的烧结工艺条件；玻璃纤维布的含量为40%（质量分数）时，复合材料拉伸强度最好；树脂含量减少，复合材料介电性能降低，树脂含量＞72%能得到介电损耗角正切＜0.002、介电常数＜2.6的复合材料。

（五）玻璃纤维增强聚酯

聚酯作为复合材料的基体有两种：一种是聚对苯二甲酸乙二醇酯（PET）；另一种是聚对苯二甲酸丁二醇酯（PBT）。纯聚酯结晶性高，成型时收缩率大，尺寸稳定性差，且较脆。经玻璃纤维增强后，复合材料的机械强度升高，耐热性提高。

姜润喜等[25]利用自行研制的浸润装置，采用一体化结合的工艺路线制备长玻璃纤维增强PET复合材料，实验结果表明：热处理温度、时间及玻璃纤维的含量对复合材料的特性黏度有显著影响；玻璃纤维的含量对复合材料的力学性能有显著影响，在研究的玻璃纤维含量20%～50%范围内，拉伸强度、弯曲强度、弯曲弹性模量随玻璃纤维含量的增加而提高，冲击强度在玻璃纤维含量为40%（质量分数）时最大。肖维箴[26]对长玻璃纤维增强PET复合材料界面进行了研究，结果表明，长玻璃纤维增强PET复合材料预浸料经过一定的热处理，可以有效地提高复合材料的界面黏合强度。这种界面黏合强度的提高主要来源于热处理过程中，PET分子链在增强玻璃纤维表面实现了化学接枝反应，形成化学键结合的复合材料界面层。杨革生[27]用双螺杆挤出机制备了不同组成的玻璃纤维增强聚对苯二甲酸丁二醇酯（PBT）/聚碳酸酯（PC）共混体系，研究了抗冲改性剂及酯交换抑制剂对共混体系力学性能的影响，并用扫描电子显微镜观察了不同共混体系的形态结构。结果表明：抗冲改性剂使共混体系冲击强度提高的同时，降低了共混体系的拉伸强度、弯曲强度及弯曲弹性模量；酯交换抑制剂的加入，降低了共混体系的力学性能，适当的酯交换反应有利于共混体系力学性能的提高；在该体系中 PBT 与 PC 相容性较好。翁永华[28]发明了一种低翘曲、高表面光洁度玻璃纤维增强 PBT 复合材料，其组成为：PBT 45%～80%；镁盐晶须 5%～25%；增韧、相容剂 1.5%～20%；抗氧剂 0.2%～1%；玻璃纤维 10%～37%，其中，所述的增韧、相容剂为一种含有环氧官能团的乙烯共聚物，包括乙丙橡胶与甲基丙烯酸甘油酯的接枝共聚物；所述的抗氧剂为四[β-(3,5-二叔丁基-4-羟基苯基)丙酸]季戊四醇酯或三(2,4-二叔丁基酚)亚磷酸酯中的一种。其制备方法是以 PBT 为基体，与改性剂、增韧、相容剂、抗氧剂混合后与玻璃纤维在双螺杆挤出机中经熔融挤出、造粒。该发明的优点是制备工艺简单、成本低、材料制件翘曲度低、表面光洁度高、各项力学性能优异。

（六）玻璃纤维增强聚苯乙烯

聚苯乙烯类树脂已有系列产品，多为橡胶改性树脂，例如丁二烯-苯乙烯共聚物（BS）、丙烯腈-苯乙烯共聚物（AS）、丙烯腈-丁二烯-苯乙烯共聚物（ABS）等。这些共聚物改善了苯乙烯的性能，其抗冲击性和耐热性都提高了。这些聚合物经玻璃纤维增强后，其强度及耐高温性、耐低温性、尺寸稳定性都有提高。如 AS 的拉伸强度为 66.8～84.4MPa，掺有 20%纤维后，其拉伸强度为 135MPa，其弹性模量也提高了好几倍。

李东红[29]以 ABS 树脂为主要原料，用短玻璃纤维对其进行增强改性。结果表明：短玻璃纤维增强复合材料的拉伸强度随着玻璃纤维含量的增加而增加；冲击强度和断裂伸长率均下降；复合材料的流动性能随玻璃纤维含量的增加而呈下降的趋势；复合材料的热稳定性随玻璃纤维含量的增加明显提高。邹永春[30]以 ABS 接枝粉料和 SAN 为主要原料，利用长玻璃纤维增强改性。结果表明：随玻璃纤维用量的增加，玻璃纤维增强 ABS 复合材料的拉伸强度和弯曲模量增大，热变形温度升高，熔体指数和断裂伸长率降低；随玻璃纤维长度的增加，玻璃纤维增强 ABS 复合材料的拉伸强度和冲击强度增大；随玻璃纤维直径的变小，玻璃纤维增强 ABS 复合材料的拉伸强度和冲击强度增大。ABS 树脂是影响玻璃纤维增强 ABS 复合材料性能的重要因素，利用 ABS 接枝粉料和 SAN 共混可以制得性能优异的复合材料。加入偶联剂 KH550 可明显改善 ABS 基体与玻璃纤维表面的相互作用强度，从而提高了玻璃纤维增强 ABS 复合材料的力学性能。加入 0.05%的抗氧剂可以提高玻璃纤维增强 ABS 复合材料的使用寿命，降低玻璃纤维增强 ABS 复合材料的黄色指数，加入 2%的抗冲改性剂可以提高玻璃纤维增强 ABS 复合材料的冲击强度。

（七）玻璃纤维增强其他热塑性塑料

聚甲醛（POM）是一种性能较好的工程塑料，当加入玻璃纤维后，不但其强度有大幅度提高，而且其耐疲劳性和抗蠕变性也有很大提高。含 25%玻璃纤维的 FR/POM 的拉伸强度比纯 POM 提高 1 倍，而弹性模量为纯 POM 的 3 倍，耐疲劳性能为纯 POM 的 2 倍，在高温下具有良好的抗蠕变性和耐老化性。曲敏杰等研究了 GF 含量、偶联剂的种类与添加量对 GF/POM 复合材料的影响。结果表明：用硅烷偶联剂 KH550 处理 GF 比 KH560 效果好，其用量以 GF 质量的 0.4%为最佳，可以明显改善 POM 基体树脂与 GF 的界面结合，从而提高 GF/POM 复合材料的力学性能。SEM 微观形貌分析表明：GF 的表面处理对 GF/POM 的力学性能有较大影响；随着 GF 含量的增加，POM 的拉伸强度和弯曲强度提高，而冲击强度、断裂伸长率和熔体指数降低，但热稳定性提高[31]。

聚苯醚（PPO）是一种优异的工程塑料，但存在熔融后黏度大，流动性差，加工困难和易发生应力开裂现象，成本高等缺点。加入其他树脂共混或共聚使其改性，虽然可克服上述缺点，但其力学性能和耐热性有所下降，因而用玻璃纤维增强有很好的效果。加入20%GF的GF/PPO，其弯曲强度比纯PPO提高2倍，含30%GF的GF/PPO其强度提高3倍。

聚苯硫醚（PPS）是新型的耐高温热塑性工程塑料，它不仅具有较高的强度和良好的尺寸稳定性，而且还有优良的耐化学腐蚀性、阻燃性和良好的加工性能；是一种能在高温条件下长期使用的特种工程塑料。但是，由于PPS主链上大量的苯环增加了高分子链的刚性，使其性脆、冲击韧性不高，因而在应用中受到了一定的限制。邱军[32]研究了玻璃纤维布增强聚苯硫醚复合材料及高岭土填充GF/PPS复合材料力学性能的变化。研究表明：随着玻璃纤维含量的增加，GF/PPS复合材料的拉伸强度与冲击强度升高，但达到一定程度后开始下降；用偶联剂处理高岭土提高了高岭土在树脂中的分散性和相容性，KH550处理的效果较好；高岭土的含量影响GF/PPS体系的冲击韧性，随着高岭土含量的增加，材料的冲击强度增大，含量为20%时，GF/PPS体系的冲击强度最好；随着玻璃纤维含量的增加，T_g变化不太明显，但总体上呈上升趋势。

聚碳酸酯（PC）是一种透明度较高的工程塑料，其优点是刚柔并济，其缺点是易产生应力开裂、耐疲劳性能差。加入玻璃纤维后，GF/PC的耐疲劳强度比PC提高2～3倍，耐应力开裂性能可提高6～8倍，耐热性比PC提高10～20℃，线膨胀系数缩小为（1.6～2.4）×10^{-6}℃$^{-1}$，因而可制成耐热机械零件。

三、玻璃纤维增强橡胶基复合材料

在橡胶工业中，橡胶/纤维复合材料的应用占很大比例，其中纤维主要作为增强材料。它可以提高橡胶制品的强度，降低制品的变形量，承受作用于橡胶制品上的工作负荷。其中，玻璃纤维具有较高的断裂强度和弹性模量以及较低的断裂伸长率，可大大提高橡胶制品的拉伸强度和硬度，制品的尺寸稳定性好。橡胶制品在使用过程中常常会受到动负荷的反复作用，而玻璃纤维由于性脆、耐磨性及弯曲性能差，在动负荷的反复作用下很容易折断。因此，要将玻璃纤维应用于橡胶制品，必须提高其耐疲劳性能。提高玻璃纤维耐疲劳性能的途径包括[33]：①改进玻璃成分，改变纤维生产工艺参数，以减小纤维表面微裂纹的数量和尺寸；②在纤维表面涂覆憎水性物质，防止吸附水进入微裂纹。在此基础上还需解决两大难题，首先是要防止玻璃纤维单丝之间互相摩擦，因为磨断的玻璃纤维起不到任何作用；其次是玻璃纤维和橡胶之间要有良好的黏合性，使制品所受的应力能充分地传递到玻璃纤维上。

关长斌等[34]采用湿法混炼工艺制备了玻璃纤维增强橡胶密封材料，研究了玻璃纤维的表面涂层、长径比、体积分数及硫化工艺对其性能的影响。结果表明，玻璃纤维的加入可改进橡胶密封材料的密度、邵尔A硬度、拉伸强度、抗蠕变性、压缩回弹性、耐油性、耐热性和密封性等，其最佳硫化工艺条件为：140℃，10MPa，20min。申明霞等[35]研究了玻璃纤维表面处理条件对玻璃纤维线绳断裂强力和黏合力及增强橡胶耐疲劳性能的影响。结果表明：随着间苯二酚/甲醛（R/F）摩尔比减小，纤维线绳断裂强力提高，黏合力减小；采用R/F起始摩尔比为1∶0.8的酚醛树脂与橡胶胶乳混合均匀后，补加甲醛使R/F总摩尔比为1∶1的方法配制RFL浸渍液处理玻璃纤维线绳，可提高复合材料的耐疲劳性能；木质素的加入也有利于提高其耐疲劳性能。

四、玻璃纤维增强水泥基复合材料

玻璃纤维增强水泥基复合材料（GRC）是一种混合材料，在水泥、砂或其他填料的基质中掺入各种形式的耐碱玻璃纤维制成。这种复合物综合了玻璃纤维的高抗张强度和水泥基质的高抗压强度，而且可按照各种不同的用途加以设计。设计的方法是改变玻璃纤维的比例、纤维的长度、水泥的种类、外掺料的种类、有机与无机添加剂、选用等。其典型配方见表 5-3[36]。

表 5-3　GRC 的典型配方　　单位：份

材料	水泥	黄沙	塑化剂	黏结剂	水	玻璃纤维	养护剂	防冻剂
喷射法	50	30～50	0.6	4	14	3～10	0.3	1
浇铸法	50	30～50	0.5	3	15	3～10	0.3	0.8

GRC 的优点是：比强度高，易于运输、搬动、安装；比石棉水泥和钢筋混凝土更耐冲击；薄截面；可模造，施工方法多；不燃烧，耐火；初期有虚假挠性，构体有韧性；不需维修与油漆；操作安全（不含石棉）；耐用、抗腐、抗虫、抗蚀；成本低。

GRC 的性能决定因素是：玻璃纤维的含量，定型形式；基材类型、密度，开始时的水/水泥比；基材硬化程度；成型方法；材料的使用状况、年限。

GRC 作为一种有许多优点的新材料，逐渐被人们认识与接受，有广泛的应用领域。板材：单层板，夹层板；管道：开口槽与水管；街道附件：花盆、座椅、路标等；建筑物组件：门、门框、窗、窗台、装饰性柱子，遮阳饰体；小房屋：活动屋、更衣室、汽车间。

第二节　碳纤维增强复合材料

碳纤维作为新一代复合材料的补强纤维，以其高比强度、高比模量、密度小、低 X 射线吸收率、耐腐蚀、耐烧蚀、耐疲劳、耐热冲击、导电导热性能好、传热系数小、膨胀系数小和自润滑等优异性能而在航天、航空、航海、建筑、轻工等领域中获得了广泛的应用。

一、碳纤维增强热固性树脂基复合材料

碳纤维增强热固性塑料是指热固性塑料为基体，以碳纤维及其织物为分散质的纤维增强塑料。碳纤维及其织物与环氧、酚醛等树脂制成的复合材料具有强度高、模量高、密度小、减摩耐磨、自润滑、耐腐蚀、耐疲劳、抗蠕变、热膨胀系数小、热导率大、耐水性好等特点。

碳纤维增强环氧树脂的纤维增强材料是一种强度、刚度、耐热性均好的复合材料。这方面的性能是其他材料无法比拟的。碳纤维增强环氧树脂的比强度与比模量均较其他材料高，拉伸强度比铝、钢都要大。弯曲、压缩、剪切等力学性能优良。张杰等[37]研究了 WBS-3 环氧树脂固化体系的反应特性，分析了该固化体系浇铸体的性能；并以碳纤维（T-700S）为增强材料，采用手糊成型螺栓加压工艺制备了 WBS-3/T-700S 复合材料，研究了复合材料的常温力学性能、高温力学性能、水煮后力学性能和动态力学性能，并对弯曲断面进行分析。研究结果表明：WBS-3 树脂基体黏度低、适用期长且韧性好，适合于手糊成型、缠绕成型等低成本制造工艺；由此制得的 WBS-3/T-700S 复合材料具有优良的力学性能和耐高温性能，其弯曲强度为 1434MPa，拉伸强度为 1972MPa，剪切强度为 76.1MPa，玻璃化温度（T_g）超过 210℃；该 WBS-3/T-700S 复合材料具有很好的界面黏结性（树脂对纤维的浸润性良好）、较低的空隙率且纤维分布均匀。

二、碳纤维增强热塑性树脂基复合材料

碳纤维增强热塑性塑料是指碳纤维为分散质，热塑性塑料为基体的纤维增强塑料。用碳

纤维增强热塑性塑料近年来发展较快，其特点是：强度与刚性高、蠕变小、热稳定性高、线膨胀系数小、减摩耐磨、不损伤磨件、阻尼特性优良。与玻璃纤维增强的相比，具有更好的力学等性能。如尼龙 66 中加入 20%碳纤维，其弯曲强度与加入 40%玻璃纤维相等，弯曲弹性模量较 40%玻璃纤维增强的高 2 倍多。但韧性不如玻璃纤维增强的好。碳纤维可降低热塑性塑料的摩擦系数，提高耐磨性，特别适于高载荷、低速度轴承。加工收缩率为玻璃纤维增强的一半左右。添加碳纤维还可提高导电性。添加 30%碳纤维的尼龙 66 的磨损因数为 20，约为添加 30%玻璃纤维的 1/4，是尼龙 66 的 1/10。热塑性塑料的耐磨性随碳纤维的增加而有不同程度的提高，效果特别显著的是尼龙 66。对乙烯-四氟乙烯共聚物、线型聚酯等均有明显增加。用碳纤维增强的聚四氟乙烯层压制品制成的密封圈，既耐腐蚀，又耐热和耐磨，适宜制作高压泵及液压系统的动力密封装置。

陶国良等[38]研究表明：随着 CF 含量的增加，复合材料的熔点和结晶度稍有提高，拉伸强度有着明显的提高，当 CF 含量在 25%～35%之间时，复合材料的增强效果为最佳；复合材料的导电性能随 CF 含量增加而提高；但 CF 含量增加使复合材料的流动性能有明显的下降，抗冲击性能也有所下降。张磊等[39]用模压成型法制备碳纤维增强 PVC（CF/PVC）和二维碳纤维平纹布增强 PVC（CB/PVC）复合材料。测试结果表明：CB/PVC 复合材料的拉伸强度和缺口冲击强度提高，但弯曲强度有所下降；CF/PVC 复合材料的拉伸强度、缺口冲击强度和弯曲强度都比原 PVC 树脂增大约 10%。

三、碳纤维增强橡胶基复合材料

碳纤维增强橡胶基复合材料在相同弯曲条件下，其使用寿命与普通橡胶相比得到了大大提高。橡胶的热导率比碳纤维的小 2 个数量级。用碳纤维增强橡胶后，碳纤维在碳纤维增强橡胶基复合材料中形成传热网络，摩擦热可散逸，从而改善了热学性能，特别是热疲劳性能。碳纤维的长径比对碳纤维增强橡胶基复合材料的性能有显著影响，当碳纤维的长径比在 70～500 之间时，拉伸强度和撕裂强度都比较高。碳纤维的长径比小于 70 时，增强效果不显著；当它的长径比大于 500 时，增强效果趋于平衡。

碳纤维有良好的耐腐蚀性能。关长斌等[40]研究了碳纤维增强的氯丁和丁腈混合橡胶在不同的介质，如甲苯、汽油、机油、水中的耐腐蚀性能。结果表明，加入碳纤维的橡胶耐腐蚀性能优良，并且橡胶的耐腐蚀性能随着碳纤维含量的增加而增加。在室温下，碳纤维含量为 20%（体积分数）的橡胶耐腐蚀性能最好。在不同溶剂中，按甲苯、汽油、水、机油的顺序腐蚀程度降低。

四、碳纤维增强水泥基复合材料

将碳纤维加入水泥基体中即制成碳纤维增强水泥基复合材料（CFRC），也称纤维增强混凝土。在水泥基体中掺入高强度碳纤维是提高水泥复合材料抗裂强度、抗渗强度、抗剪强度和弹性模量，控制裂纹发展，提高耐强碱性，增强变形能力的重要措施。

水泥是脆性材料，但只要加入 3%（体积分数）的碳纤维就可以完全改变它的脆断特性，其模量可提高 2 倍，强度增加 5 倍。如果定向加入，则加入 12.3%（体积分数）的中强度碳纤维便可使水泥的强度从 5MPa 提高到 185MPa，抗弯强度也可达到 130MPa[41]。赵稼祥[42]认为，用碳纤维增强水泥可以使抗拉强度和抗弯强度提高 5～10 倍，韧性与延伸率提高 20～30 倍，结构重量减轻 1/2。郭全贵等[43]利用单丝拔出试验测定了 CFRC 复合材料的界面结合力，认为高强度和高模量碳纤维的加入，有效阻止了裂纹的扩展，在复合材料受载荷时，基体通过界面将载荷传递给碳纤维，从而使碳纤维成为载荷的主要承载者，由于纤维的拔出或断裂吸收了大量的能量，所以复合材料的抗拉强度、抗弯性能、韧性等力学性能均得到了显著改善。

五、碳纤维增强陶瓷基与金属基复合材料

碳纤维增强陶瓷基复合材料采用高纯超细氧化物、氮化物、硼化物和碳化物等原料，经过预处理、破碎、磨粉、混合、成型、干燥、烧结等工序，同时通过化学气相渗透、熔体渗透/反应、裂解工艺或粉末冶金等特殊工艺加入碳纤维增强体，得到结构精细的无机非金属材料。它既具有陶瓷材料耐高温、耐腐蚀、硬度高和耐磨损等特性，又具有碳纤维材料的强度和韧性，应用领域十分广泛。用于高温下的碳纤维增强陶瓷基结构复合材料主要有C/C、C/SiC和SiC/SiC三种。碳纤维增强的SiC基复合材料是除C/C复合材料之外最重要的高温结构复合材料。目前已开始批量用于汽车等领域，如制动盘制动器衬片、离合器面片等，并有望大规模应用。用结构陶瓷代替高强度合金制造涡轮增压发动机、燃气轮机和绝热发动机，可以将发动机的燃烧温度从700～800℃提高到1000℃以上，热效率提高1倍以上。结构陶瓷重量为铁的一半，节能效果非常显著，同时还能减少环境污染，节约钢材等金属材料。但陶瓷材料性能的再现性和可靠性差，不能确保大量生产的稳定性，同时陶瓷有加工困难、质脆、稍有缺陷就容易破裂以及成本高等缺点，目前还没有广泛使用。

近年来，金属基复合材料因具有优异的性能在汽车工业得到了广泛应用。碳纤维增强金属基复合材料可提高金属的比强度和比模量，减小金属的热膨胀系数。采用比较常用的方法(如浸渗法、固态扩散法、粉末冶金法、搅拌铸造法等)可使其广泛甚至批量地用于汽车零部件的制造。为了减轻重量、降低能耗，碳纤维增强金属基复合材料在汽车方面主要用于汽车车身、芯轴、轮毂、缓冲器、弹簧片和发动机零件。早在1979年，福特汽车公司就用碳纤维复合材料制造了试验车的车身、车架等160个部件，结果整车减重33%，汽油利用率提高了44%，同时大大降低了振动和噪声。

第三节　陶瓷纤维增强复合材料

陶瓷纤维是由天然或人造无机物采用不同工艺制成的纤维状物质，也可由有机纤维经高温热处理转化而成，除具有优异的力学性能外，还具有抗氧化性、高温稳定性好等优点。

陶瓷纤维增强复合材料的机理主要是通过裂纹偏向和纤维拔出机制。在复合材料中通常纤维均匀分布于基体中，两者通过复合形成有机整体，在外加负荷作用下基体传递一部分负荷到纤维上。从而减少基体本身的负担，同时纤维阻止裂纹扩展。当纤维承受应力大于其本身强度时纤维发生断裂，断裂时纤维从基体中拔出吸收能量。因此，纤维既是承载单元，又起到补强的作用。

一、陶瓷纤维增强复合材料的制备工艺

(一) 泥浆浸渗/热压法

这种方法是最早用于制备CFCC的方法，也是制备低熔点陶瓷基复合材料的传统方法。工艺要点如下：将纤维束连续通过含有黏结剂的泥浆中，将浸有浆料的纤维缠绕于辊筒上，制成无纬布，经切片、叠加、热模压成型和热压烧结制备出CFCC。泥浆浸渗P热压法工艺过程如图5-1所示。

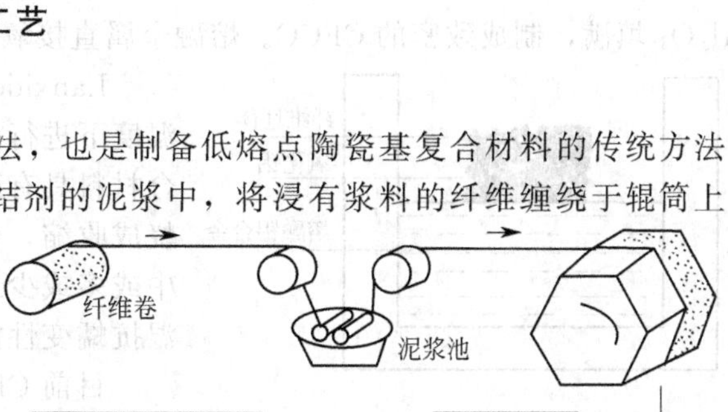

图5-1　泥浆浸渗P热压法工艺过程示意图

泥浆一般由液体介质、基体粉末和有机黏结剂组成，在热压过程中，随着黏结剂的挥发、逸出，将发生基体颗粒

的重新分布、烧结和黏结流动等过程，从而获得致密的复合材料。

泥浆浸渗/热压法存在以下不足而使其应用范围受到限制：只能制得一维或二维纤维强化复合材料，制造三维材料时，因热压使纤维骨架受到损伤；由于工艺的局限，难以制得形状复杂的大型构件。

（二）原位化学反应法/化学气相渗透法

化学气相渗透法（chemical vapor infiltration，CVI）是20世纪60年代中期在化学气相沉积法（CVD）基础上发展起来的，二者的区别在于，CVD主要从外表面开始沉积，而CVI则是通过空隙渗入预制体内部沉积。CVI是制造CFCC最适合的方法之一，用CVI可以在低温条件下制得高温陶瓷基体，制得的复合材料具有良好的力学性能；它具有能在同一个反应炉中同时沉积多个或不同形状的预制件，可以方便地制备具有三维网络结构的CFCC，以及可以通过控制沉积条件改变基体的显微结构等优点。但主要缺陷是只能沉积简单的薄壁件，对于粗厚型件内部往往会出现孔洞，存在致密性差、材料沉积不均匀的问题，同时其工艺周期特别长，制备成本高。为了获得性能优良的CFCC，发展了各种CVI工艺，分为以下五类：均热CVI、热梯度CVI、激光CVI、强制流CVI和微波CVI等。

（三）溶胶-凝胶法及聚合物先驱体裂解法

溶胶-凝胶法及聚合物先驱体裂解法又称先驱体转化法或聚合物浸渍裂解法，是近期发展出的制造CFCC的新方法。其主要工艺是：将具有一定形状的纤维坯体浸入多聚物液体中，使多聚物填满纤维间的空隙，然后将多聚物在一定条件下固化后，在一定气氛下使其发生高温分解，便制得CFCC。溶胶-凝胶法主要用于氧化物陶瓷基体，而先驱体转化法主要用于非氧化物陶瓷基体。采用合适的聚合物裂解和多次浸渍的方法可以提高复合材料的致密度和提高复合材料的力学性能。

此法的优点是：裂解温度低，材料制备过程中对纤维造成的热损伤和机械损伤较小；可制备形状复杂的异型构件。但这一工艺的缺点是：烧结过程中基体出现较大的收缩；由于高温裂解过程中有小分子逸出，材料空隙率较高，致密度低；为了达到较高的致密度，必须经过多次浸渗和高温处理，制备周期长。

（四）熔融金属直接氧化法（Lanxide法）

熔融金属直接氧化法是美国Lanxide公司首先提出并进行研究的，所以又称Lanxide法。目前此法主要用于以氧化铝陶瓷为基体的CFCC，具体步骤如下：将编织成一定形状的纤维预制体的底部与熔融的铝合金接触，在空气中熔融的金属铝发生氧化反应生成Al_2O_3基体。Al_2O_3通过纤维坯体中的空隙由毛细管作用向上生长，最终坯体中的所有空隙被Al_2O_3填满，制成致密的CFCC。熔融金属直接氧化法制造CFCC如图5-2所示。

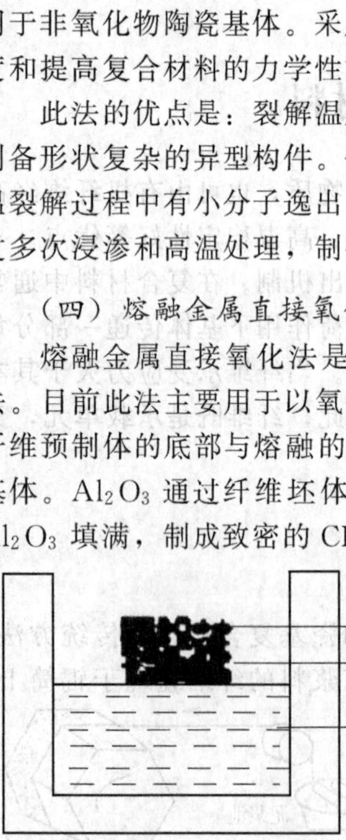

图5-2　熔融金属直接氧化法制造CFCC示意图

Lanxide法制备CFCC可以在900～1000℃的较低温度下进行，对纤维热损伤和机械损伤小，制备的复合材料具有高强度和高韧性；此法制备过程中不存在烧成收缩，也适合制备大型构件。但是由于复合材料中或多或少地会残留有一定量的金属，导致材料的高温抗蠕变性能降低，所制备的材料致密度较低。

目前CFCC的制备工艺还不完善，而且目前研究最多的是非氧化物纤维，这就给CFCC在高温高氧化条件下的应用带来了局限。因此，氧化物纤维增强陶瓷基复合材料的应用必然是未来研究的一个重要方向。纤维表面涂层技术是提高纤维增韧效果的一种有效途径，研究更加简单方便的涂层工艺是当前研究工作的重点。

二、陶瓷纤维增强树脂基复合材料

杨雄[44]采用塑性聚合物方法制备了 KNBT 压电纤维，采用排列-浇注法制备了 1-3 型压电复合材料，对复合材料的固化工艺和极化条件进行了研究。结果表明，环氧树脂基体：固化剂：塑性剂：促进剂（质量比）＝100：85：5：0.3，固化温度为 160℃时，固化效果较好。极化电场强度为 3kV/mm，极化时间为 30min，极化温度为 80℃时，复合材料有较好的介电和压电性能。还进一步研究了纤维的长径比及纤维的体积含量对复合材料性能的影响。

吴其胜等[45]采用热压成型工艺制备出陶瓷纤维增强酚醛树脂基摩擦材料，分析了陶瓷纤维含量对材料的抗热衰退性能、耐磨性能和力学性能的影响，借助于扫描电子显微镜观察了摩擦材料的磨损表面形貌，并分析了其磨损机制。研究表明，添加陶瓷纤维能够显著提高摩擦系数，改善力学性能；但是用量太多，试样的高温摩擦稳定性和力学性能都会下降。试验发现，纤维质量百分含量为 10％的样品，综合性能最好；在低温阶段磨损机制主要表现为磨粒磨损，而在高温阶段则为热疲劳磨损。张从见等[46]采用热压成型工艺制备出陶瓷纤维增强改性酚醛树脂摩擦材料，分析了纤维长度对摩擦材料抗热衰退性能、耐磨性能和力学性能的影响，并借助于扫描电子显微镜（SEM）观察了摩擦材料的断口形貌。结果表明，陶瓷纤维长度对摩擦材料的摩擦磨损性能和力学性能影响很大，在纤维用量不变的条件下，长陶瓷纤维代替短陶瓷纤维后，摩擦材料在各温度段下的摩擦系数增大，耐高温性和热衰退现象得到了明显改善，冲击强度和硬度得到显著提高，在长陶瓷纤维质量分数为 10％时，摩擦材料的综合摩擦磨损性能最好；SEM 分析表明，长陶瓷纤维与树脂基体之间的界面黏结强度比短陶瓷纤维高。

康学勤等[47]制备了硅酸铝纤维、氧化铝纤维填充聚乙烯（PE）复合材料和硅酸铝纤维、氧化铝纤维填充聚丙烯（PP）复合材料；用稳态法考察了纤维用量对复合材料导热性能的影响。结果表明，硅酸铝纤维和氧化铝纤维填充 PP、PE 复合材料的热导率基本随纤维用量的增加而增加，在某些用量时稍有波动，纤维质量分数为 35％的试样导热效果最好。

韩野等[48]采用冷压成型及热压固化工艺制备钢纤维/硅氧铝陶瓷纤维混杂增强酚醛树脂半金属摩擦材料，在 DMS-150 型定速摩擦磨损试验机上研究了不同硅氧铝陶瓷纤维含量对摩擦材料的抗热衰退性能、恢复性能以及磨损性能的影响，借助于扫描电子显微镜观察了磨损表面形貌并分析其磨损机制。结果表明，添加质量分数 5％以上的硅氧铝陶瓷纤维，能使摩擦材料的抗热衰退性能得到显著改善，但恢复性能有所下降，磨损率稍有升高，磨损机制由黏着磨损转变为黏着磨损与磨粒磨损的复合形式。

李坤等[49]以乙酸铅、乙酸镧、乙酸氧锆和钛酸丁酯为原料，用溶胶-凝胶法制备了掺镧锆钛酸铅（PLZT）凝胶纤维。该纤维经热解、烧结后成为直径约 25μm 的陶瓷纤维。陶瓷纤维的表面和断面形貌的电子扫描图像表明，该陶瓷纤维均匀致密。用阿基米德法测得陶瓷纤维的密度为 7.78×10^3kg/m^3。对于直径为 4.4mm、厚度为 43μm、陶瓷含量为 70％的 PLZT 陶瓷纤维/环氧树脂 1-3 复合材料压电片，测得其压电常数 d_{33}、机电转换常数 k_t 分别为 410pC/N 和 0.631。

三、陶瓷纤维增强陶瓷基复合材料

朱时珍等[50]采用泥浆浸渍热压工艺制备了 KD-1 SiC 长纤维增强玻璃陶瓷基复合材料，研究了烧结温度和纤维体积分数对复合材料力学性能的影响。SiC_f/BAS（$BaO-Al_2O_3-SiO_2$

玻璃陶瓷）复合材料的抗弯强度和断裂韧性最大达到494.1MPa和18.28MPa·$m^{1/2}$，SiC_f/MAS（$MgO-Al_2O_3-SiO_2$玻璃陶瓷）复合材料的抗弯强度和断裂韧性最大达到538.7MPa和16.70MPa·$m^{1/2}$。结合试样的断口形貌和抗弯载荷-位移曲线分析了复合材料的失效方式。李玉琴等[51]采用热压烧结法制备了不同纤维长度的SiC_{xf}/LAS（$Li_2CO_3-Al_2O_3-SiO_2$玻璃陶瓷）复合材料，研究了该复合材料的微观结构、力学性能和在8.2～12.4GHz频率范围内的微波介电性能。结果表明，SiC纤维体积含量为1%时，随着SiC纤维长度的增加，SiC_{xf}/LAS材料的抗弯强度先增加后降低。由于碳界面层的形成，SiC_{xf}/ LAS材料要比LAS材料具有更高的介电常数和介电损耗。当SiC短纤维的长度为4mm时，SiC_{xf}/LAS复合材料的介电常数具有最大的频散效应，分析认为这与碳界面层在复合材料中形成的电偶极子有关。袁好杰[52]选用氧化铝粉和多晶莫来石纤维为主要原料，添加1%（质量分数）的TiO_2和3%（质量分数）的CMS（CaO、MgO、SiO_2混合物）助熔剂，用电磁振荡搅拌器混料与球磨机混料相结合的方式进行混料，采用单向加压方式成型，使用传统的无压烧结技术制备出了莫来石纤维增强增韧氧化铝陶瓷基复合材料，并对复合材料的性能进行测试。研究发现：复合材料的弯曲强度随纤维含量的增加先增大后降低，纤维含量为15%（质量分数）时，复合材料的弯曲强度最高，达到504.52MPa，是普通氧化铝陶瓷的1.7倍；复合材料的断裂韧性随着纤维含量的增加先增加后降低，莫来石纤维含量为15%（质量分数）时，复合材料的断裂韧性最大达到4.46MPa·$m^{1/2}$，是普通氧化铝陶瓷的1.6倍；复合材料的抗热震性能随纤维含量的增加而提高。当烧结温度为1450℃，纤维含量为15%（质量分数）时，MFTACC的综合性能较好。

四、陶瓷纤维增强氧化硅气凝胶隔热复合材料

高庆福等[53]将陶瓷纤维与氧化硅溶胶复合，经超临界干燥得到陶瓷纤维增强氧化硅气凝胶隔热复合材料。研究了陶瓷纤维体积分数以及气凝胶密度对复合材料力学性能的影响，分析了纤维对气凝胶隔热复合材料的增强机制。结果表明，纤维与气凝胶复合后，气凝胶充分填充纤维之间的空隙，复合材料力学性能得到显著改善。气凝胶隔热复合材料的力学性能随纤维体积分数的增大先增大后减小，随气凝胶密度的增大则逐渐增大。当纤维体积分数为7.6%、气凝胶密度为0.202g/cm^3时，材料抗拉强度、抗弯强度分别为1.44MPa、1.31MPa，抗压强度可达0.599MPa（10%形变）、1.28MPa（25%形变）。

五、陶瓷纤维增强铝基与水泥基复合材料

朱秀荣等[54]采用挤压铸造法制造陶瓷纤维增强梯度铝基复合材料，观察了其金相组织，测试了其热学性能，并对梯度复合材料活塞顶的温度分布及隔热效果进行了计算。结果表明，采用挤压铸造法制造出的梯度铝基复合材料，梯度层间纤维分布逐渐过渡，无分层现象；且采用该材料制造的活塞顶具有良好的隔热效果。马一平等[55]研究了陶瓷纤维增强普通硅酸盐水泥基复合材料的力学性能及耐久性。结果表明：当在水泥砂浆中掺加长度为5mm、掺量为5%（质量分数）的陶瓷纤维时，其抗弯增强效果可达40%左右；若掺加硅灰石使基体颗粒粒度降低，则抗弯增强效果可提高至近100%；在70℃湿热老化条件下，陶瓷纤维水泥砂浆的抗弯增强效果可长时间得以保持，且其抗冲击增韧效果也得以保持，表明陶瓷纤维在普通硅酸盐水泥中的耐久性优于抗碱玻璃纤维；掺入陶瓷纤维后，混凝土的抗冻融性能明显提高；他还探讨了陶瓷纤维的耐久性机理。

第四节　硼纤维增强复合材料

硼纤维可用于增强铝、镁、铁等金属材料和树脂基高分子材料。硼/铝复合材料是用得

比较多的，通常用热压扩散复合工艺制备，硼纤维带有碳化硼或碳化硅涂层以防止与铝合金基体发生反应。硼/铝复合材料已有610mm×1830mm的板材、2m以上的型材和各种管材。一般含硼纤维45%～50%单向增强的硼/铝复合材料，纵向拉伸强度为1250～1500MPa，拉伸模量为200～230GPa，密度约为2.69g/cm^3，比强度约为钛合金、合金钢或硬铝的3～5倍，比模量也为其3～4倍。特别是耐疲劳性能大大优于一般铝合金，而且在200～400℃仍可保持较高的强度，因此，在航空航天飞行器上应用可取得明显的减重效果。

硼纤维增强树脂基高分子材料室温下的拉伸强度为1500～1600MPa，拉伸模量为190～200GPa，压缩强度大于2900MPa，弯曲强度超过2000MPa，层间剪切强度为90～100MPa，密度为2.0g/cm^3。5505和5512硼/环氧复合材料的性能见表5-4。

表5-4　硼/环氧复合材料的性能

性　能	5505		5512	
	室温	177℃	室温	177℃
拉伸强度/MPa	1590	1450	1520	1450
拉伸模量/GPa	195	195	195	195
压缩强度/MPa	2930	1250	2930	1250
压缩模量/GPa	210	210	210	210
弯曲强度/MPa	2050	1800	1790	1720
弯曲模量/GPa	190	170	190	170
层间剪切强度/MPa	110	48	97	55
热膨胀系数/$\times10^{-6}$℃$^{-1}$	4.5	4.5	4.5	4.5
密度/(g/cm^3)	2.0	2.0	2.0	2.0

硼纤维还可与碳纤维混合增强树脂基体以提高其拉伸强度、压缩强度和弯曲强度，硼纤维与碳纤维混合增强树脂基复合材料比单纯用硼纤维增强复合材料可提高拉伸强度30%～40%，压缩强度提高约10%，弯曲强度提高40%～50%，模量也可提高30%以上，可以取得明显的增强效果。硼/碳/环氧（B/IM7/3501-6）复合材料的性能见表5-5。

表5-5　硼/碳/环氧（B/IM7/3501-6）复合材料的性能

性能	拉伸强度/MPa	拉伸模量/GPa	延伸率/%	压缩强度/MPa	压缩模量/GPa	弯曲强度/MPa	短梁剪切强度/MPa
指标	2110	255	0.86	3233	283	3006	117

硼纤维复合材料主要用于制造对重量和刚度要求高的航空航天飞行器部件，并已应用于以下领域。

(1) 航天飞机的中机身桁架用硼/铝复合材料管材制造，共用长度为600～2280mm的管材243根，总重150kg，取得减重20%～66%的效果。

(2) 航天飞机货舱间隔支柱，可减重44%。

(3) 美国P&W公司在JTSD发动机上用硼/铝复合材料取代钛合金制作叶片，减重10%。

(4) 制造过J-29和F-100等多种发动机和风扇、压气机叶片。

(5) F-14、F-15等军用飞机机尾水平稳定器等。

(6) 高尔夫球杆、网球拍和滑雪橇等。

(7) 洛克希德公司L-1011民用飞机门角增强板，可节约工时50%。

第五节　玄武岩纤维增强复合材料

玄武岩连续纤维在复合材料领域内越来越受到青睐，其原因可归结为三点：一是现今碳纤维供货紧张，货源奇缺，价格暴涨，迫使人们去寻找性价比更高的替代品；二是“绿色环保”复合材料引起研究者的广泛关注，采用可天然降解的材料来制造日常消耗品等，可以实现绿色环保要求；三是玄武岩连续纤维作为一种环保材料，可天然降解，且具备较高性能，性价比较为优越，完全可以满足上述要求。因此对玄武岩连续纤维在复合材料中应用的研究日渐增多。

一、玄武岩纤维增强热固性树脂基复合材料

玄武岩纤维增强热固性树脂复合材料是指玄武岩纤维作为增强材料、热固性塑料作为基体的纤维增强塑料。

T. Czigany 等[56]制备了玄武岩连续纤维-乙烯基树脂/环氧树脂（BF-VE/EP）复合材料，研究结果表明，VE 与 EP 的质量比为 1∶1 时，复合材料能同时表现出很好的刚性与韧性，而表面处理过的 BF 的加入又进一步提升了复合材料的力学性能。杨小兵[57]等制备了玄武岩连续纤维增强树脂基复合材料靶板，并进行了抗弹性能测试，研究影响其抗弹性能的主要因素。结果表明，采用热固性树脂为基体，且基体含量较低时，复合材料抗弹性能较好。以无纬布或单向布为织物结构，并通过表面处理使纤维与基体具有良好的界面，也可提高复合材料的抗弹性能。

王明超等[58]制备的玄武岩纤维/环氧 648 复合材料具有出色的耐水、耐碱及耐有机溶剂性能。由于玄武岩纤维的耐酸和耐碱性能有差异，使复合材料具有如下腐蚀特性：酸性介质中，复合材料弯曲强度和弯曲模量同步降低；碱性介质中，复合材料弯曲强度降低，而弯曲模量几乎保持不变。黄根来、孙志杰等[59]对国产玄武岩纤维及其复合材料的基本力学性能进行了研究，并对纤维的化学组成和表面形态进行了分析。结果表明，玄武岩纤维丝束的拉伸强力低于 S-2 玻璃纤维，分散性能较大；玄武岩纤维/环氧 648 复合材料的基本力学性能多数与 S-2 玻璃纤维/环氧复合材料的基本力学性能相近，部分性能甚至高于后者。

熊陈福[60]对酚醛树脂、环氧树脂、不饱和聚酯玄武岩连续纤维增强塑料复合材料进行了制作工艺、力学性能的研究，尤其是对酚醛树脂玄武岩连续纤维增强塑料木材复合材料进行了胶接性能的研究，得出的结论是，环氧树脂玄武岩连续纤维增强塑料复合材料的拉伸性能最好，且与玄武岩纤维的黏结性能最好。硅烷偶联剂 KH550 能够有效改善玄武岩连续纤维的表面胶接性能。木材表面经偶联剂 HMR 处理可以提高其复合材料的胶接性能。应用玄武岩连续纤维增强塑料增强木质材料，克服了木质材料固有的缺陷，提高了木材的使用价值，实现了劣质木材的优化利用，大大拓宽了木质材料在建筑领域，包括居民住所、商业建筑以及公路、桥梁等基础设施上的应用。

傅宏俊等[61]采用偶联剂结合乳液型浆料上浆的方法对纤维进行了表面处理。研究表明，采用乳液型浆料处理后，玄武岩纤维的织造性能得到显著改善，在上浆处理前对纤维进行偶联剂表面处理，可使玄武岩纤维/环氧复合材料界面性能得到明显提高，从而实现了纤维织造性能与复合材料界面力学性能的共同改善。

周献刚等[62]介绍了用偶联剂表面处理过的玄武岩纤维作为增强材料制造管道的方法，管道选用不饱和聚酯树脂等热固性树脂类作为内衬的树脂层；选用不同厚度的玄武岩纤维表面毡增强内表层，选用玄武岩纤维短切毡增强次内层；根据管道口径的大小，选用不同的玄武岩纤维制备进行外部缠绕。此法与玻璃纤维相比，具有强度高、弹性模量高、化学稳定性好、吸水性低等优点。

二、玄武岩纤维增强热塑性树脂基复合材料

玄武岩纤维增强热塑性树脂复合材料是指玄武岩纤维作为增强材料、热塑性塑料作为基

体的纤维增强塑料。

Botev 等[63]研究了玄武岩短纤维/PP 复合材料，表明未经改性的玄武岩短纤维由于与 PP 基体的相容性差，导致复合材料的力学性能少许下降；通过加入聚丙烯接枝马来酸酐（PP-*g*-MA），PP/BF/PP-*g*-MA 复合材料的力学性能有了较大提升；随着 BF 含量的增加，PP 的硬度有了一定程度的提高。Bashtannik 等[64]利用熔融挤出技术制备了玄武岩纤维/聚丙烯复合材料，并研究了挤出参数对复合材料力学性能的影响；此外，他[65]还通过实验证明了 BF 增强 PP 复合材料的耐摩擦性能。T. Czigany[66]利用葵花子油和马来酸酐接枝改性玄武岩纤维，并用其增强聚丙烯，提高了聚丙烯的力学性能和对声音的阻隔性。J. S. Szabo 等[67]制备了 BF/PP/PA 复合材料，实验结果表明，当复合材料中 PA 含量在 10%～20%之间时，玄武岩纤维与 PA 在 PP 基体中形成网络结构，从而提高了 PP 的力学性能。此外，Szabo[68]对比了玄武岩纤维与陶瓷纤维改性 PP 的效果，发现随着 BF、CeF 含量的增加，复合材料的拉伸性能、弯曲性能都有大幅度提升，BF 的增韧效果好于 CeF，复合材料的断裂韧性取决于负载的类型、方向和厚度。

Zihlif 等[69]制备了玄武岩短纤维增强聚苯乙烯复合材料，测试结果为复合材料的拉伸强度存在一个最大值，但是其弹性模量与冲击强度则随着 BF 含量的增加而单调上升。Bashtannik 等[70]研究了玄武岩纤维增强高密度聚乙烯复合材料，发现纤维与聚乙烯之间的界面相容性直接决定了复合材料的各项性能。

三、玄武岩纤维增强沥青基复合材料

郭振华等[71]从海泡石纤维和改性玄武岩纤维的微观结构特性出发，进行了海泡石玄武岩复合纤维增强沥青复合材料的制备，通过路用性能试验，研究了海泡石纤维和改性玄武岩纤维对沥青混合料性能的影响以及结合机理。结果表明，添加适当量的海泡石纤维和改性玄武岩纤维可以制备性能优良的纤维复合沥青混合料。海泡石纤维对沥青表现出极强的吸持能力，有效调节沥青质与胶浆的含量。改性玄武岩纤维在沥青中主要起加固和改善混合料的作用，两种纤维的添加，使沥青混合料的高温变形性、水稳定性、低温抗裂性和耐疲劳性等显著提高。

第六节　岩棉纤维增强复合材料

岩棉纤维经后续加工可制成条、带、绳、毡、毯、席、垫、管、板状。用于单晶炉、冶金铸造、石油裂化及空间技术耐烧蚀、耐高温隔热材料；建筑和设备的吸声材料、隔热材料；以及天然石棉代用品用作水泥制品、橡胶增强材料及高温密封材料、高温过滤材料和高温催化剂载体等。

曾晓东等[72]利用 PVC 和岩棉纤维研制了一种性能优良的吸声材料，该材料具有低频吸声系数好、成型加工简单、成本低等优点。钱军民等[73]利用 PVC、EPR 和岩棉等原料用一次化学发泡法制成了一种中低频、吸声性能优良的吸声材料，该吸声材料具有成本低、工艺简单、使用寿命长、阻燃防腐等优点。

郭书海等[74]制备了一种岩棉、矿棉纤维吸附材料。其特征是所采用的配方是：有机氯硅烷 1 份，岩棉、矿棉纤维 30～100 份，0.1%～1%NaOH 溶液 100～400 份。该发明给出的吸附材料具有孔隙大、容量小、比表面积高等特点，还具有很强的疏水性和亲油性，生产工艺简单，成本低廉，成品可反复多次使用，应用于油田、炼油厂、化工厂、机械厂、印染厂、港口等进行水处理及水上除油等。

韩衍春[75]发明了一种岩棉复合材料，它由岩棉、酚醛树脂溶液、硅酸铝纤维毡按照一定的方法制作而成。与现有技术相比，该发明具有隔热保温效果好、生产工艺简单、价格便宜等优点，具有广泛的应用价值。一种岩棉复合材料，由岩棉纤维和硅酸铝纤维经黏合而成，其特征在于：首先在工作平台上均匀铺一层35～100mm厚的岩棉，用含水97%的酚醛树脂溶液喷洒，然后再在其上叠加一层5～10mm厚的硅酸铝纤维毡，用芯轴将此复合层卷起、成型，再经过烘房烘干、脱模，自然干燥。武道成[76]发明了一种高效防水岩棉的制备方法，由主料和辅料复合而成。主料按质量分数由42.72% SiO_2、14.78% Al_2O_3、22.33% CaO、10.78% MgO、6.43% Fe_2O_3 和 2.96% MnO 组成，辅料按质量分数由 10% $NaO \cdot nSiO_2$、10% $H_2Si_2O_3$、0.3% $NaHCO_3$、3% H_2O_2 和 76.7% H_2O 组成。该发明经检测，24h浸泡防水率为100%，室温热导率为0.042W/(m·K)，最高使用温度达650℃。可在常温、常压下制成板材、管材、型材，作高效防水保温节能材料，广泛应用于保温节能工程。于凤[77]制造了一种颗粒状岩棉组合物保温材料，用于建筑物屋面和墙体保温绝热。主要技术特征是：使用了纤维直径小于6μm，松散状态下颗粒直径小于30μm的颗粒状岩棉作为主体材料。各组分恰当的重量比例，使得该发明材料获得以下特点：不污染环境，对施工人员皮肤无刺激，热导率小，容重轻，成本低，抗压强度较大，黏结强度较大，不开裂，收缩率小，相对于硅酸盐复合保温材料而言憎水率较高。

参 考 文 献

[1] Din K T. Influence of short-fiber reinforcement on the mechanical and fracture behaviour of polycarbonate/acrylonitrile butadiene styrene polymer blend. J Polym Sci，1997，(32)：375-387.

[2] 袁毅，李安定，申开智．低含量短玻纤双向增强PE/PP管的研制．化工建材，2004，7：26-28.

[3] Bikiaris P Matzinos，Prinos J，et al. Use of silanes and copolymers as adhesion promoters in glass fiber/polyethylene composites. Journal of Applied Polymer Science，2001，80 (14)：2877-2888.

[4] Tovmasyan Y M，Topolkarayev V A，Berlin A I. Structural organization and mechanical properties of high density polyethylene filled with short glass fibres. Polymer Science USSR，1986，28 (6)：1292-1299.

[5] 张云灿，惠仲志，陈瑞珠．界面应力对玻纤增强HDPE基体伸展链晶体的诱导作用．复合材料学报，1998，15 (3)：54-61.

[6] 赵敏等．改性聚丙烯新材料．北京：化学工业出版社，2002.

[7] 咸贵军，益小苏，卢晓林，潘颐．注塑条件对长玻璃纤维/聚丙烯材料拉伸性能的影响．塑料工业，2000，28 (4)：29-31.

[8] 咸贵军，益小苏，胡永明，潘颐．注塑成型长玻璃纤维/聚丙烯材料的冲击韧性．复合材料学报，2001，18 (2)：36-40.

[9] 姜勇，徐声钧，王燕舞．玻璃纤维增强聚丙烯的研制及应用．塑料科技，2000，1：7-10.

[10] 张志谦，龙军，刘立洵等．玻璃纤维增强聚丙烯复合材料界面改性研究．宇航材料工艺，2002，4：28-32.

[11] 杜春阳，于德梅．长玻璃纤维增强聚丙烯复合材料的研究．化工新型材料，2003，31 (6)：34-37.

[12] 樊在霞，张瑜，陈彦模．玻璃纤维针织物增强聚丙烯复合材料的拉伸性能．玻璃钢/复合材料，2005，5：13-17.

[13] 邵静波，刘涛，张师军．PP-*g*-MAH对玻璃纤维增强PP的影响．合成树脂及塑料，2006，23 (4)：50-53.

[14] 庄辉，刘学习等．长玻璃纤维增强聚丙烯复合材料的力学性能．塑料科技，2007，86 (5)：54-59.

[15] 庄辉，刘学习，程勇锋，戴干策．长玻璃纤维增强聚丙烯复合材料的韧性．合成树脂及塑料，2006，23 (6)：53-55.

[16] 朱明，李明，周玮，邓海金．连续玻璃纤维增强尼龙的介质腐蚀效应．航空材料学报，2002，22 (3)：50-54.

[17] 刘正军，韩克清，周洪梅等．长玻璃纤维增强尼龙6的力学性能研究．工程塑料应用，2005，33 (5)：4-8.

[18] 郑云龙，戴文利，邓鑫．聚酰胺6/玻璃纤维复合材料的界面粘接作用研究．中国塑料，2006，20 (4)：35-39.

[19] 吕桂英，朱华等．玻璃纤维增强聚酰胺老化机理的研究．湖北师范学院学报：自然科学版，2006，26 (3)：77-82.

[20] 薛玉君，程先华．稀土元素表面处理玻璃纤维增强PTFE复合材料的拉伸性能．中国稀土学报，2002，20 (1)：41-44.

[21] 徐红星，宋伟，应伟斌等．玻璃纤维和石墨增强PTFE复合材料的力学性能．江苏大学学报，2007，28 (5)：401-

403.
[22] 徐红星，袁新华，程晓农等．碳纤维/玻璃纤维/石墨协同改性 PTFE 复合材料力学性能．润滑与密封，2007，32 (9)：88-91.
[23] 孙春峰，李丽，张旺玺．玻璃纤维增强聚四氟乙烯材料性能的研究．合成树脂及塑料，2003，20 (3)：36-38.
[24] 胡福田，杨卓如．玻璃纤维布增强聚四氟乙烯复合材料的制备及性能研究．化工新型材料，2006，34 (12)：19-23.
[25] 姜润喜，周洪梅，韩克清等．长玻璃纤维增强 PET 复合材料的研制．塑料工业，2006，34 (增刊)：290-292.
[26] 肖维箴，闫伟霞，韩克清．长玻璃纤维增强 PET 复合材料界面的研究．东华大学学报，2004，30 (4)：102-105.
[27] 杨革生，梁培亮，杨桂生．玻璃纤维增强 PBT/PC 共混体系的研究．工程塑料应用，2004，32 (7)：8-11.
[28] 翁永华，张祥福，周文．一种低翘曲、高表面光泽度玻璃纤维增强 PBT 复合材料：中国专利，200410017803. 2008-01-12.
[29] 李东红．短玻璃纤维增强 ABS 复合材料性能的研制．山西师范大学学报，2005，19 (1)：74-78.
[30] 邹永春．玻璃纤维增强 ABS 复合材料的研究．北京：北京化工大学，2002.
[31] 曲敏杰，索子君等．偶联剂对玻璃纤维增强 POM 性能的影响．塑料科技，2008，36 (3)：36-40.
[32] 邱军．玻璃纤维布增强聚苯硫醚复合材料的性能研究．中国塑料，2002，16 (9)：46-48.
[33] 申明霞，赵谦．增强橡胶用玻璃纤维帘线的发展与应用．橡胶工业，2003，4：245-248.
[34] 关长斌，崔占全，周振君．玻璃纤维对橡胶密封材料性能的影响．合成橡胶工业，2004，27 (2)：97-100.
[35] 申明霞，陈庆民．玻璃纤维表面处理对其增强橡胶耐疲劳性能的影响．橡胶工业，2007，4：719-721.
[36] 秦岩，彭家顺，魏有感．玻璃纤维增强水泥 (GRC) 特性与展望．国外建筑科技，2000，21 (3)：5-7.
[37] 张杰，宁荣昌，李红等．碳纤维增强环氧树脂基复合材料的性能研究．中国胶黏剂，2009，18 (3)：21-25.
[38] 陶国良，蒋必彪．碳纤维/聚丙烯复合材料的研究．江苏石油化工学院学报，1999，11 (3)：9-12.
[39] 张磊，崔善子，罗靖，刘丽．碳纤维增强 PVC 复合材料的制备工艺和力学性能．长春工业大学学报，2006，27 (4)：286-289.
[40] 关长斌，刘广，任艳军．碳纤维增强橡胶复合材料的耐腐蚀性研究．腐蚀与防护，2004，25 (9)：373-376.
[41] 邓宗才，钱在兹．碳纤维混凝土在反复荷载下的应力-应变全曲线研究．建筑结构，2002，(6)：54-56.
[42] 赵稼祥．碳纤维的发展与应用．纤维复合材料，1996，(4)：46-50.
[43] 郭全贵，岳秀珍．单丝拔出实验表征碳纤维增强水泥复合材料的界面．纤维复合材料，1995，(3)：42-46.
[44] 杨雄．KBNT 陶瓷纤维/环氧树脂 1-3 复合材料的制备及性能研究．武汉：武汉科技大学，2008.
[45] 吴其胜，张丛见，张少明．陶瓷纤维增强摩擦材料的制备与研究．非金属矿，2009，32 (2)：61-63.
[46] 张丛见，吴其胜，张少明．陶瓷纤维增强摩擦材料的性能研究．工程塑料应用，2009，37 (1)：15-18.
[47] 康学勤，孙智．陶瓷纤维填充聚烯烃复合材料的导热性能研究．塑料工业，2004，32 (3)：52-53.
[48] 韩野，田晓峰，尹衍升．硅氧铝陶瓷纤维含量对半金属摩擦材料摩擦磨损性能的影响．摩擦学学报，2008，28 (1)：63-67.
[49] 李坤，李金华，李锦春，陈王丽华．PLZT 陶瓷纤维/环氧树脂 1-3 复合材料的制备和性能研究．无机材料学报，2004，19 (2)：361-366.
[50] 朱时珍，刘以东，于晓东．SiC 长纤维增强玻璃陶瓷基复合材料的研究．北京理工大学学报，2000，20 (2)：257-260.
[51] 李玉琴，罗发，李鹏．短切 SiC 纤维对 LAS 玻璃陶瓷复合材料性能的影响．材料导报，2008，22 (6)：146-148.
[52] 袁好杰，于乐海．莫来石纤维含量对氧化铝基陶瓷复合材料性能的影响．山东陶瓷，2008，31 (5)：2-6.
[53] 高庆福，冯坚，张长瑞等．陶瓷纤维增强氧化硅气凝胶隔热复合材料的力学性能．硅酸盐学报，2009，37 (1)：1-5.
[54] 朱秀荣，童文俊，费良军，王荣．陶瓷纤维增强梯度铝基复合材料研究．宇航材料工艺，2000，3：42-45.
[55] 马一平，谈慕华．陶瓷纤维水泥基复合材料力学性能及耐久性研究．硅酸盐学报，2000，28 (2)：105-110.
[56] Czigany T，Poloskei K. Fracture and failure behavior of basalt? fiber mat-reinforced vinylester/epoxy hybrid resins as a function of resin composition and fiber surface treatment. J Mater Sci，2005，(40)：5609-5618.
[57] 杨小兵，程晓农．连续玄武岩纤维复合材料抗弹性能研究．玻璃钢/复合材料，2008，3：27-30.
[58] 王明超，张佐光等．连续玄武岩纤维及其复合材料耐腐蚀特性．北京航空航天大学学报，2006，32 (10)：1255-1258.
[59] 黄根来，孙志杰，王明超等．玄武岩纤维及其复合材料基本力学性能实验研究．玻璃钢/复合材料，2006，1：24-27.
[60] 熊陈福．玄武岩连续增强塑料 (BFRP) /木材复合材料的研究. 北京：北京林业大学，2006.

［61］ 傅宏俊，马崇启，王瑞．玄武岩纤维表面处理及其复合材料界面改性研究．纤维复合材料，2007，3：11-13.
［62］ 周献刚，颜茵茵．用玄武岩纤维作为增强材料制造管道的方法：中国专利，01130096．2003-07-02.
［63］ Botev M，Betchev H，Bikiaris D，Panayiotou C. Mechanical properties and viscoelastic behavior of basalt fiber-reinforced polypropylene. J Appl Polym Sci，1999，74：523-540.
［64］ Bashtannik，P I，Ovcharenko V G，Boot Y A. Effect of combined extrusion parameters on mechanical properties of basalt fiber-reinforced plastics based on polypropylene. Mech Compos Mater，1997，33：600.
［65］ Bashtannik P I，Ovcharenko V G. Antifriction basalt-plastics based on polypropylene. Mech Compos Mater，1997，33：299-301.
［66］ Czigany T. Special manufacturing and characteristics of basalt fiber reinforced hybrid polypropylene composites：Mechanical properties and acoustic emission study. Composites Science and Technology，2006，(66)：3210-3220.
［67］ Szabo J S，Kocsis Z，Czigany T. Mechanical properties of basalt fiber reinforced PP/PA blends. Periodica Polytechnica Ser Mech Eng，2004，48 (2)：119-132.
［68］ Szabo J S，Czigany T. Static fracture and failure behavior of aligned discontinuous mineral fiber reinforced polypropylene composites. Polymer Testing，2003，(22)：711-719.
［69］ Zihlif A M，Ragosta G. A study on physical properties of rock wool fiber-polystyrene composite. J Themoplast Compos，2003，16：273-278.
［70］ Bashtannik P I，Kabak A I，Yakovchuk Y Y. The effect of adhesion interaction on the mechanical properties of thermoplastic basalt plastics. Mech Compos Mater，2003，39：85-89.
［71］ 郭振华．海泡石玄武岩复合纤维增强沥青复合材料的制备．河北工业大学学报，2005，35：5-10.
［72］ 曾晓冬，李旭祥，席莺，茅素芬．聚氯乙烯-岩棉复合发泡吸声材料的研制．化工新型材料，1998，5：37-38.
［73］ 钱军民，李旭祥．聚合物-岩棉复合泡沫吸声材料的研制．化工新型材料，2000，28：32-34.
［74］ 郭书海，贾宏宇，李培军等．一种岩棉、矿棉纤维吸附材料：中国专利，98126597．2000-07-05.
［75］ 韩衍春．岩棉复合材料：中国专利，92104783．1994-02-02.
［76］ 武道成．高效防水岩棉：中国专利，94102987．1995-02-08.
［77］ 于凤．颗粒状岩棉组合物保温材料的制造：中国专利，00100084．2001-07-11.

第六章　有机纤维增强复合材料

从早期的草秆黏土、纸筋石灰这类最原始的复合材料的应用，发展到今天 Kevlar 纤维、碳纤维、高强度玻璃纤维、超高分子量聚乙烯纤维等一系列高性能纤维增强的先进复合材料(ACM)，每一次新的高性能复合材料的出现，无一不是伴随着人类发展的巨大进步。先进复合材料由于比强度高、比刚度大，并且具有耐高温、耐辐射及尺寸稳定等特殊性能，因而比传统的金属材料等更适合用作飞机、宇宙飞行器及某些尖端工业等的构件材料。也正是由于大量的高技术纤维的问世，并且成功地应用于先进复合材料领域，才使得人类的航天梦想变为现实。可以说如果没有先进的复合材料，就不可能有现代的航天技术突破。更重要的是，随着技术的不断进步，借助于先进复合材料，人类逐步取得了越来越实用的高性价比工业设计。其中有机纤维增强复合材料是先进复合材料的新品种。

一般而言，有机纤维增强复合材料基本上由高性能增强纤维和相对低强度低模量的基体(最常应用聚合物基体）组成，复合材料的性能不但取决于所用增强纤维及聚合物基体等组分材料的性能，还取决于复合材料的加工方式，特别是纤维复合材料三要素之一的纤维和基体之间界面的有效性，而界面的有效性又依赖于所用基体性能及纤维的表面性能。当然，从目前情况来看，纤维复合材料的可应用性不仅与复合材料的性能优劣有关，在很大程度上还取决于制造成本及增强纤维的价格高低。

第一节　芳纶纤维增强复合材料

芳纶纤维具有无机纤维的物理性能和有机纤维的加工性能，其密度与聚酯纤维接近，强度是聚酯纤维的 2 倍、玻璃纤维的 3 倍、钢丝的 6 倍，模量远大于玻璃纤维和钢丝，还具有极好的耐热性、耐腐蚀性、耐疲劳性能和尺寸稳定性。芳纶纤维是一种轻质的增强材料，是树脂基和橡胶基复合材料理想的骨架材料。

一、芳纶纤维的表面改性

芳纶是一种由高度取向结晶微区组成的材料，具有一些缺陷和空隙，但没有无定形区。由于分子链段中庞大苯环的位阻作用，酰胺基团较难与其他原子或基团发生反应，具有化学惰性，因而芳纶纤维同基体的黏合性很差，必须进行工艺处理使纤维表面取向降低或增加一定数量的活性基团，如—COOH、—OH 和—NH_2 等，这些基团可与基体间形成反应性共价键结合，从而提高复合材料的界面剪切强度和剥离强度。

芳纶纤维表面改性方法主要有物理改性和化学改性两种[1]。物理改性是通过等离子体、电子束等物理技术对纤维表面进行刻蚀和清洗，并在纤维表面引入羟基、羰基等极性或活性基团；还可以在纤维表面形成一些活性中心，进而引发接枝反应，通过刻蚀、清洗、活化和接枝的综合作用改善纤维表面的物理和化学状态，进而加强纤维与基体之间的相互作用。化学改性则是通过硝化/还原、氯磺化等化学反应在纤维表面引入氨基、羟基、羧基等活性或极性基团，通过化学键合或极性作用提高纤维与基体之间的黏合强度。在上述改性方法中，等离子体改性是应用最为广泛的一种。芳纶纤维的表面改性方法如图 6-1 所示。

- 表面改性
  - 物理改性
    - 表面涂层
    - 高能射线（X射线、γ射线、高能电子束等）
    - 等离子体
    - 超声浸渍
  - 化学改性
    - 表面活性化（刻蚀、引入官能团等）
    - 表面接枝

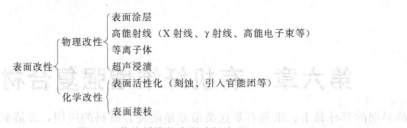

图 6-1 芳纶纤维的表面改性方法

二、芳纶纤维增强复合材料的制备

芳纶纤维和玻璃纤维一样，产品形态包括有捻纱、无捻粗纱以及各种规格布、带、毡及短切原丝等。复合材料的制备主要有两类：纤维与纤维缠绕复合和纤维与树脂或橡胶复合。

（一）纤维与纤维复合成型

湿法与干法缠绕是复合材料缠绕成型的两种主要方法。

干法缠绕成型的主要优点是含胶量较容易控制，因此过去复合材料高压容器的成型一直选用了单一的干法缠绕成型。然而由于湿法缠绕具有制品成本低、纤维磨损少、空隙率低和生产效率高等优点，被国外广泛采用。过去我国一直采用干法成型而研制了几十种干法成型黏结剂配方，有些配方如4304、4303A已成功地应用在大型固体火箭发动机上。工艺流程如下：芳纶纤维松开→混料→模压成型→热处理→磨削→成品。

湿法缠绕成型与干法缠绕成型一样，对树脂基体要求必须具有一定的力学性能，同时基体体系的黏度必须控制在一定的范围内，以保证成型时纤维束能完全浸润。降低体系黏度主要有以下两种方法：一种是选择合理的低黏度活性稀释剂，往往体系黏度虽满足了浸渍工艺要求，但同时体系的力学性能和耐热性能较大幅度下降，经过筛选使用一种混合稀释剂和在一定程度上满足设计要求；另一种是选用液体固化剂，液体固化剂的加入能使配方体系黏度有一定的降低。如哈尔滨玻璃钢研究所用的液体酸酐类固化剂组成的湿法环氧配方，已成功地应用于化工管道的生产上。只有根据实际条件，在对黏度、力学性能、储存期三者综合考虑的基础上，才能设计出合适的湿法配方。

芳纶纤维的湿法配方及湿法配方成型技术缺乏进一步研究，而高性能湿法配方技术是湿法缠绕成型中首先需解决的关键技术。

（二）纤维与树脂复合成型

成型方法和玻璃钢等的成型方法一样，有缠绕法、手糊法、浸渍法、真空袋法、加压法和注射法等，可根据需要选择。

常与芳纶纤维匹配的树脂有环氧、酚醛、不饱和聚酯、乙烯基酯和聚酰亚胺等，近年来还和尼龙、PBT等复合使用。张茂林等在对单向芳纶/聚丙烯混纤复合材料拉伸性能的研究中，芳纶无捻长丝纱（增强材料）为经纱，聚丙烯纤维（基体纤维）为纬纱，织成平纹组织的热塑性预聚体，在一定温度和压力下制成复合材料，调节经纱和纬纱的密度控制材料的组成。用芳纶制成的帘子线被越来越广泛地应用于汽车轮胎工业。芳纶与橡胶的复合材料技术发展很快，由于芳纶纤维的活性官能团少，与橡胶黏合较困难。为解决黏合问题一般采用以下措施：一方面调整或改进浸渍体系的配方及工艺，目前常用二浴浸渍或在一浴浸渍中增添专用浸渍黏合剂；另一方面是在橡胶胶料配方设计中增添胶用黏合剂。由上述两个方面的协同效应以达到较理想的黏合效果。

三、芳纶纤维增强复合材料

由于芳纶具有高强度、高模量、低滞后损失、耐高温性能好和低密度等特点，其广泛应用于热塑性树脂、热固性树脂及橡胶基体的增强体。

尼龙 6 具有力学强度高、韧性好、耐磨等一系列优点，但也存在吸湿性大、耐强酸强碱性差、制品尺寸稳定性差等缺陷。为了克服这些缺点，彭超等[2]采用经化学改性的芳纶纤维增强尼龙 6，并通过红外光谱和环境扫描电子显微镜分析其界面层。结果表明，芳纶纤维经异氰酸酯化及封端稳定处理后，其表面所接枝的不稳定基团—NCO 转化成稳定的—NHCO—，封端结果较为明显，改性后纤维表面附有接枝物，从而使表面粗糙程度大大增加。力学性能测试结果显示：改性尼龙 6 复合材料的拉伸强度和弯曲强度得到了改善，但冲击强度略为下降。

芳纶纤维能显著改善橡胶基体的力学性能和摩擦性能。黄新武等[3]研究了芳纶纤维增强丁腈橡胶（NBR）复合材料的物理机械性能和摩擦性能，并用扫描电子显微镜分析了芳纶纤维增强 NBR 复合材料的磨损表面和磨屑形貌。结果表明：芳纶的加入提高了 NBR 的拉伸强度，降低了 NBR 的摩擦系数和磨损率；随着芳纶用量的增大，复合材料的扯断伸长率降低；当芳纶用量为 20 份时，复合材料的综合性能最佳。加入芳纶对 NBR 摩擦磨损形式的改变是 NBR 摩擦性能提高的重要原因。

芳纶纤维改性热固性树脂复合材料在军事和工程方面有很重要的应用。王杨等[4]在用磷酸（PA）溶液处理芳纶纤维的基础上，系统研究了适用于制备高性能芳纶纤维增强复合材料的缠绕环氧树脂基体，测试了复合材料的力学性能和热力学性能，讨论了树脂基体对芳纶纤维增强复合材料界面性能的影响。结果表明：经过磷酸溶液处理的芳纶纤维表面存在一定量的极性官能团，与缩水甘油酯类环氧树脂有良好的界面相容性；经过优化的树脂体系其芳纶纤维增强复合材料的 NOL 环（naval ordnance laboratory ring）纤维强度转化率达到 95%，层间剪切强度（ILSS）达到 79MPa，界面剪切强度（IFSS）达到 76MPa，具有较好的界面性能。

四、芳纶纤维增强复合材料的应用

芳纶纤维增强复合材料的应用主要是围绕其高强度、高弹性模量等优异特性展开的。

（一）防弹领域

芳纶的高强度为各行各业所看好，尤其是军事方面。现代防弹头盔起源于第一次世界大战，用于降低士兵的伤亡率。第二次世界大战以后至 20 世纪 70 年代军队防弹头盔均为钢盔，大部分为高锰钢或特殊钢，盔壳多为冲压成型。尼龙盔主要应用于英国和以色列，头盔内有一层高密度聚乙烯泡沫防震层提高舒适度。芳纶盔是多层芳纶布经特殊树脂粘接，在高温、高压下成型的。芳纶盔是美国杜邦公司于 70 年代开始研制的，优点是强度高、重量轻以及防护性能好，被越来越多国家采用。

（二）轮胎领域

轮胎主要成分是橡胶，为了提高强度，工业上最早采用钢丝作为增强材料。但由于钢丝密度大，轮胎强度增大的同时，会增加车体的重量，增加能耗。并且由于存在钢丝，车胎会变硬，更容易颠簸，舒适度会下降。尤其在重型车辆方面，承重量很大，对车胎要求也就更高。

与钢丝相比，芳纶帘子线具有耐高温、高强度、高模量及变形小的特性，又具有相对密度小、耐疲劳、耐剪切的柔性，兼备了钢丝、人造丝、锦纶、聚酯帘子线的优异性能，有“合成钢丝”之称，是目前最理想的骨架材料。芳纶帘子线的优点是：①作为帘子线，轮胎的胎体可由原来的三层减到一层，车胎重量减轻，降低轮胎滚动阻力，可以减少耗油；②芳纶帘子线与橡胶的黏合效果比钢丝好，并且不容易受水分、湿度的影响；③用芳纶作帘子线后轮胎的刚性、耐磨性都提高了，延长了车胎的使用寿命；④由于减少了胎体的数目，汽车的驾驶性能、乘坐舒适度比原来有了很大的提高。

但芳纶纤维作为帘子线主要缺点是：成本太高，生产技术复杂，需要专门设备加工。

（三）管道领域

Kevlar 纤维是软管增强材料的最佳选择。目前，越来越多的汽车软管、化学工业用软管、石油工业用软管、航空工业用各种液压软管以及海洋用软管都采用 Kevlar 纤维作为增强材料。美国 Chrysler 公司和 Gates 公司则采用 Kevlar 纤维作为汽车冷却装置软管的增强材料，制成了温度可达 150℃左右的汽车冷却胶管。Gates 公司、美国 Goodall 公司将芳纶纤维制成了用于核电站、化工厂和石油勘探方面的大口径胶管。内径为 25.4cm，每根长 12m，设计工作压力为 $56kgf/cm^2$❶，弯曲半径为 1.5m。

（四）桥梁结构加固领域

芳纶纤维布在旧桥加固领域的应用范围比较广。芳纶纤维布在加固构件时，主要用于抵抗拉力，一般用于梁的受拉部位、梁与柱的抗剪部位、柱或桥墩台的围束加固等。在桥梁墩柱出现裂缝部位用芳纶纤维 AFS-40 对墩柱粘贴两层后，不仅控制了裂纹的发展，而且明显提高了桥梁的承载能力。

（五）电子电气领域

芳纶纤维具有优异的力学性能、电绝缘性能、透波性能以及尺寸稳定性能，它在电子电气领域中已应用在微电子组装技术中表面安装技术（SMT）用的特种印刷电路板、机载或星载雷达天线罩、雷达天线馈源功能结构部件和运动电气部件等多方面。美国 RCA 公司为多颗卫星研制的多部抛物面天线中，其反射面均采用芳纶纤维织物增强复合材料制造。

（六）其他领域

在密封板材领域，用芳纶纤维代替石棉纤维制成的芳纶纤维增强橡胶密封板材具有较好的密封性能，而且对人体没有危害。在船舶方面，可以用芳纶纤维增强复合材料，以减轻船体重量来提高船速。在建筑材料上，用芳纶纤维代替石棉纤维来增强水泥，取代金属材料，提供轻结构、高强度主体承重结构。

第二节 超高分子量聚乙烯纤维增强复合材料

作为增强材料，超高分子量聚乙烯纤维可明显改善复合材料的力学性能和摩擦磨损性能。与其他纤维增强复合材料相比，该类复合材料具有最好的抗冲击性能，具有重量轻、耐冲击、介电性能高等优点，在现代化战争和航空航天、海域防御、武器装备等领域发挥着举足轻重的作用。同时，该纤维在汽车、船舶、医疗器械、体育运动器材等领域也有着广阔的应用前景。因此，超高分子量聚乙烯纤维自问世起就备受重视，发展很快。

一、UHMWPE 纤维增强复合材料的制备工艺

大概是由于技术保密的原因，有关 UHMWPE 纤维增强复合材料的制备工艺很少有人报道。

通常采用层压方法制备 UHMWPE 纤维增强复合材料。将经预处理的 UHMWPE 纤维或其织物与基体树脂先通过预浸方法（又分为粉末熔化预浸和预制树脂薄膜预浸两类）进行

❶ $1kgf/cm^2=98.0665kPa$。

初步复合，然后对 UHMWPE 纤维预浸料层合堆叠，加压固化。各层间纤维层叠角度随性能要求可呈（0/90°)$_n$、(0°)$_n$、(0/+45°/−45°/90°)$_n$ 等多种分布，固化时（除 LDPE 树脂外）须加一定的压力，并应将温度控制在纤维的熔点以下（<150℃）。另外，纤维与基体的体积比可为（5～150）∶100，一般为（50～70）∶100，最佳为 75∶100。

对于以 UHMWPE 树脂为基体制备的复合材料，E. Anagnostis 等成功地改进了复合工艺，其具体方法是：将质量分数为 5% 的 UHMWPE 树脂溶解在 95% 的石蜡油中，加热到 125℃以形成“准凝胶态”，再与 UHMWPE 织物在 2MPa、125℃下层压复合。然后，降低温度至 100℃，用正乙烷抽提出石蜡油，蒸发掉正乙烷后，即制得 UHMWPE 树脂/UHMWPE 纤维复合材料。Y. Cohenr 等提出了一种新思路：将 UHMWPE 树脂涂布在单向 UHMWPE 纤维上，然后层压成单层单向的无纬片，最后将其按所需的形状裁剪，加压加热模压成型，得到 UHMWPE 纤维复合材料。W. Shalaby 等提出了另一种办法，他们认为先对 UHMWPE 粉末加热至其熔点温度以上，冷却至室温后再加热，UHMWPE 粉末会从一个更低的温度（约低 10℃）开始熔融。用这种方法先制成 UHMWPE 片或膜，在一定的温度、压力下与 UHMWPE 纤维进行层压；或在乙炔气氛中进行高能（γ 射线、X 射线）辐射，通过控制乙炔气体的浸透时间、温度和压力来控制 UHMWPE 纤维复合材料的结晶程度[5]。

二、UHMWPE 纤维增强复合材料

（一）自增强类

它是以 HDPE 或 LDPE 为基体材料，以 UHMWPE 纤维为增强体的纤维增强复合材料。由于 UHMWPE 的界面黏结性极差，故选择同一类型的聚乙烯树脂作为基体材料，材料的化学结构相似。由黏结理论可知，它应具有相对较好的黏结性，并且有利于回收再利用的现代环保要求。

（二）环氧树脂类

环氧树脂是纤维增强高聚物复合材料的主要基体材料，也是超高分子量聚乙烯纤维增强复合材料的重要基体。环氧树脂的强度、模量较高，硬度也较高，有较强的黏附力，还具有较高的耐腐蚀性、几何稳定性，可在 120℃条件下长期使用。但环氧树脂性质较脆，易开裂，损伤容限差，断裂应变小等特性导致其复合材料的断裂韧性不能满足要求，需要加入增韧成分，以提高环氧树脂的韧性。例如，由环氧树脂为主，加入羟酚基丙烷的二缩水甘油醚（dig lycidyl ether）和固化剂，在 125℃温度下固化得到的 M-1 树脂基体与 Spectra 1000 纤维构成的增强复合材料的性能比较理想。

（三）填充型复合材料

微粒填充聚合物复合材料是复合材料中的一类，不仅能提供所需要的性能，而且具有经济价值。当模量和强度增加时，断裂伸长率和韧度一般会下降。例如，在以 HDPE 为基体、UHMWPE 纤维为增强体的复合材料中加入碳酸钙填充料可增加复合材料的模量，但断裂拉伸强度和断裂拉伸应力、抗冲击性方面的性能会下降。这种复合材料通过反作用于载荷和阻止裂缝扩展而提高复合材料的延伸性，并且有利于降低成本。所使用的填充料有水合氧化铝、水不溶性硅酸盐、碳酸钙、碱式碳酸铝钠、羟基硅灰石、硅藻土和高岭土等。此外，可通过加入特殊的填充料而获得一些特殊的性能，例如，利用烧结技术获得一种基于隔离网构想的由 UHMWPE 纤维和陶瓷构成的具有传导性能的复合材料。

（四）液晶高分子原位复合材料

液晶高分子原位复合材料是指热致液晶高分子（TLCP）与热塑性树脂的共混物。赵安

赤等采用原位复合技术，对超高分子量聚乙烯（UHW-PE）加工性能的改进取得了明显的效果。用 TLCP 对 UHMWPE 纤维进行改性，不仅提高了加工时的流动性，而且可保持较高的拉伸强度和冲击强度，耐磨性也有较大提高。

（五）超高分子量聚乙烯纤维的合金化和复合化材料

据报道，UHM-PE 纤维与乙烯链段的共聚型 PP 共混，在 UHMWPE 纤维的含量为 25%时，其冲击强度比 PP 提高 1 倍多，这种现象被解释为“网络增韧机理”。对于合金化，以 PP/UHMWPE 合金最为突出，PP/UHMWPE 共混体系的亚微观相态为双连续相，UHMWPE分子与长链的 PP 分子共同构成一种共混网络，二者交织成为一种线性互穿网络。其中共混网络在材料中起到骨架作用，为材料提供机械强度。受到外力冲击时，它会发生较大形变以吸收外界能量，起到增韧的作用；形成的网络越完整，密度越大，则增韧效果越好。除 PP 外，UHMWPE 既可与塑料形成合金来改善其加工性能，也可与橡胶形成合金获得比纯橡胶优良的力学性能，如耐摩擦性、拉伸强度和断裂伸长率等。此外，UHMWPE 可与各种橡胶硫化复合制成改性 PE 片材，这些片材可进一步与金属板材制成复合材料，还可复合在塑料表面以提高抗冲击性能。

三、UHMWPE 纤维增强复合材料的应用

UHMWPE 纤维增强复合材料与其他纤维增强复合材料相比，重量轻，耐冲击，防弹性能及介电性能均很高，在武器装备、工农业生产、医疗卫生等领域有着广阔的应用前景。

（一）武器装备领域

在武器装备方面，可用于装甲车辆的防护板、雷达的防护外壳、头盔、坦克的防护内衬、防弹衣等。

近年来，防弹衣的原料已逐渐被 UHMWPE 纤维所代替，例如，在波斯尼亚，越来越多的法国维和部队使用了 Dyneema 全防式防弹衣，其中整套的 Dyneema 内插板质量不足 5kg，可一次成型，能防护人的颈部、胸部和腹部，无须用复合陶瓷或钢板，可防速度 830m/s 的 7.62mm 和 5.56mm 的 NATO 弹，其他任何材料在如此低的质量下都不能满足这一要求；日本 Sumitomo Bakelite 公司用橡胶黏合剂粘接 UHMWPE 纤维和芳纶纤维预浸料热压而成的层压板，能经受质量为 3.1g 的子弹以 650m/s 的速度射击，无穿透，无变形；我国武警部队开发的贝雷牌防弹衣，采用 UHMWPE 纤维复合材料压制而成，内衬采用高密度弹性材料附体护身，前片有减震板，能防 54 式手枪普通弹、钢芯弹和 79 式微型冲锋枪普通弹、钢芯弹。

目前，军用头盔大都由钢或纤维增强热固性树脂制成。钢头盔笨重，且防护能力有限；增强热固性树脂头盔易受低速冲击损伤。而使用 UHMWPE 纤维复合材料内衬外加钢壳头盔，使用寿命长，具有很好的抗弹、抗低速冲击能力，且质轻、价廉。在波黑战争中，装备法国士兵的 Spectra 制 F2 头盔（CGF 加勒公司生产）拯救了许多名法国士兵的生命。英军用 UHMWPE 纤维织物复合材料 0/90°铺层制作的防弹头盔，减重 16%，且有比其他防弹材料更好的防弹性能。我国警用轻型防弹头盔采用 UHMWPE 纤维复合材料热压而成，内衬采用抗震橡胶加固，能有效防 54 式手枪射击的普通弹。

另外，UHMWPE 纤维增强复合材料的介电常数和介电损耗值低，能抑制电弧和火花的转移，反射雷达波很少，适用于制造各种雷达罩。

（二）航空航天领域

在航空航天工程中，UHMWPE 纤维增强复合材料因轻质高强和抗撞击性能好而适用

于制造各种飞机的翼尖结构、飞船结构和浮标飞机部件等，其发展速度异常迅速。

（三）体育器材用品

在体育用品方面已经制成安全帽、雪橇、滑雪板、帆船板、钓鱼竿、球拍及自行车、滑翔板、超轻量飞机零部件等，其性能较传统材料好。由于UHMWPE纤维增强复合材料的比强度、比模量高，加之韧性和损伤容限好，制成的运动器械既耐用又能出好的成绩。

（四）生物材料

UHMWPE纤维增强复合材料作为牙托材料、医用移植物和整形材料等具有良好的生物相容性和耐久性，并具有高的稳定性，不会引起过敏，已作临床应用，而且还可用于X射线室的工作台等。

（五）其他应用

在工业上，UHMWPE纤维增强复合材料可用作耐压容器、传送带、过滤材料、汽车缓冲板、防护挡板、大型储罐、扬声器振动膜、光缆的保护层、无线电发射装置的天线整流罩等；在建筑材料方面，可用作墙体、隔板结构等，用作增强水泥复合材料时可以改善水泥的韧度，提高其抗冲击性能[5]。

四、UHMWPE纤维增强复合材料的发展趋势

近几年，UHMWPE纤维的消费量以高达20%的增长率递增。在进行UHMWPE纤维增强复合材料应用开发的同时，UHMWPE纤维本身的性能也在进一步提高，UHMWPE纤维及其复合材料还有许多潜力尚待开发，比如，UHMWPE纤维的理论强度比现有纤维还能提高7～8倍；从理论上推断，其V_{50}值比芳纶纤维高0.7～1倍。因此，UHMWPE纤维增强复合材料还有很大的发展潜力和更为广阔的应用前景[6]。

第三节 尼龙纤维增强复合材料

尼龙纤维在复合材料中的应用主要以帘子线的形式出现，用作轮胎、运输带、传动带等橡胶制品的增强材料，即骨架材料。尼龙纤维帘子线有强度高、耐疲劳、抗冲击性好、单位质量小、尺寸稳定性好、耐摩擦、与橡胶黏结力高等优良性能，多年来一直是橡胶用骨架材料的首选之一。以尼龙6为例，在尼龙6树脂中，加入耐热剂经熔体纺丝成多孔粗纤度纤维，将两股合股再机织成帘子布，经浸胶（间苯二酚-甲醛树脂与胶乳的混合液）和热拉伸处理，经压延挂胶后作为橡胶制品如轮胎、胶管、胶带等的骨架材料，可有效提高橡胶制品的耐磨、耐热性能。

一、尼龙纤维增强橡胶基复合材料

橡胶基质较软，韧性较高，加入短纤维后，胶料的强度和刚度都提高了。近年来，短纤维补强橡胶以其具有诸如设计灵活、性能各向异性、刚性大、减振性好和加工经济等优点而变得日益重要。宋国君等[7]用预处理的尼龙短纤维与橡胶复合，研究了纤维的分散性、长度保持率、取向参数及黏合性能与复合材料抗溶胀性和宏观力学性能的关系。研究发现，纤维在混炼过程中分散良好，且随着混炼时间的增加，复合材料的扯断强度先升后降。在复合材料中，尼龙纤维起到对橡胶的增强和限制变形的作用，随着纤维含量的增加，复合材料的抗溶胀性提高，当纤维投量达到10%时，抗溶胀性趋于平缓，显示过高的纤维含量对抗溶胀性作用不大。复合材料的拉伸强度随尼龙纤维含量的增加先升后降，在5%达到最低点，

此后拉伸强度不断增强，而断裂伸长率则持续下降。这主要是因为一开始，纤维在复合材料中以应力集中物存在，含量过少，形不成搭接网络。在此之后逐渐有搭接形成，强度逐渐上升。韩东选研究发现，当 NBR 基质中加入短纤维后，胶料的最小扭矩、（最大扭矩－最小扭矩）值和硫化速率都提高了。随着纤维用量的增加，焦烧时间和硫化时间都缩短。复合材料的力学性能随纤维用量和取向而变化。随着纤维用量的增大，拉伸强度、撕裂强度和耐磨性等性能提高，在纤维纵向取向时更高。随着纤维用量的增加，回弹性和压缩永久变形降低。

二、尼龙纤维增强水泥基复合材料

混凝土中的微裂缝是普遍存在的，它不仅影响混凝土的强度及外观效果，更重要的是决定着混凝土的耐久性。在各种控制混凝土裂缝的方法和措施中，纤维增强技术得到了广泛的应用，其中以尼龙为代表的合成纤维在混凝土中的应用取得了很大的进展。虽然合成纤维因其弹性模量低，目前只能起到非结构加强的作用，但由于短切尼龙纤维作为抗裂材料可减少塑性裂缝，提高抗裂性、抗冲击韧性和耐磨性，同时不影响混凝土的和易性，且单位体积掺量、价格也大大低于钢纤维，因而已在世界各国的许多工程应用中取得了明显的效益。应晓[8]等制备了以 MDF 水泥为基体的尼龙纤维增强复合材料，并对其力学性能进行了测试。结果表明，在 MDF 水泥基体中加入少量尼龙纤维可以有效地提高材料的抗冲击性能。当复合材料中尼龙纤维含量为 0～2%（体积分数）时，材料的冲击强度即可达 14.25kJ/m^2，弯曲强度达 81.2MPa。复合水泥的抗冲击性能与纤维体积分数、纤维直径呈较好的线性增加关系；复合水泥的断裂行为不同于基体水泥。断口形貌不再是整齐的断裂面，在弯曲断裂过程中显示出多级断裂行为；冲击断口形貌也呈现出阶梯形多处断裂形貌。由此可见，尼龙纤维能有效改善材料的抗冲击性能是通过改变材料断裂模式和能量消耗方式来实现的。

三、尼龙纤维增强树脂基复合材料

于德海[9]等研究了尼龙短纤维增强 PVC 复合材料。研究表明，随着纤维长径比的增加，沿纤维取向方向拉伸强度逐渐上升，达到最大值后又开始下降，在长径比为 200～300 时拉伸强度达到最大。短纤维的加入，使材料的断裂伸长率下降，但在长径比为 200～400 范围内变化不大。对材料微观相态的观察发现，此材料的取向度并未随纤维长径比的增加而明显下降。当纤维用量增大到一定值时，纤维在基体中的分散及取向变差，发生相互缠绕，影响了增强效果。随纤维含量的增加，复合材料的断裂伸长率下降，使材料的韧性下降。这与纤维长径比对它的影响规律一致。但由于纤维的加入降低了材料的蠕变程度而使材料的尺寸稳定性得到一定改善。复合材料的永久形变较基体树脂增高，但在纤维含量小于 23.1%（质量分数）时变化不大。复合材料的硬度在纤维含量大于 10%以后基本不随纤维含量的增加而变化。

第四节　麻纤维增强复合材料

环境恶化、资源缺乏和能源危机使得人类认识到保护环境和有效利用资源对实现社会和经济持续发展的重要性和迫切性，人们已越来越重视采用可再生生物资源（biomass renewable resource）来制造新材料。近年来，用自然界中资源最丰富的天然植物纤维替代现在广泛使用的玻璃纤维等合成增强纤维，开发具有优良性能和价格低的复合材料的研究，已引起人们的高度重视。植物纤维价廉质轻、比强度和比刚度高以及可生物降解等优良特性，是其他的增强材料无法比拟的。

在天然植物纤维中，麻类纤维不仅具有很高的强度和模量，同时具有纤维素质硬、耐摩擦、耐腐蚀的特点。我国的麻类资源极其丰富，是世界上麻分布最广、产量最多的国家之一。目前用麻纤维制备植物纤维增强复合材料的研究已经在欧美、日本和我国广泛展开，有的科研成果也已进入实用推广阶段，显示出良好的应用前景。

一、麻纤维的改性

麻纤维增强聚合物复合材料的性能与麻纤维和聚合物两相间的界面相容性有关，界面黏结强度对材料的性能影响很大。麻纤维中由于含有大量的羟基而呈现亲水性，而大部分聚合物是憎水的，因而麻纤维与聚合物基体的界面黏结性差，造成复合材料的性能下降。因此，在制备麻纤维/聚合物复合材料时，需要对麻纤维进行改性处理，降低其亲水性，提高麻纤维与聚合物的界面黏结强度[10]。

（一）热处理

麻纤维含有游离水和结合水，游离水可通过干燥除去，而结合水则很难除去。在制备麻纤维/聚合物复合材料过程中，水的存在是极其不利的，未经充分干燥的麻纤维在与聚合物共混过程中因温度上升而失水，就不可避免地在复合材料中产生孔隙和内部应力缺陷。具有缺陷的复合材料，在受到外力作用时，很容易使麻纤维拔脱和脱键，导致复合材料的断裂，降低复合材料的性能。因此，麻纤维在填充聚合物前必须进行除水处理，目前广泛使用的是热处理方法。

热处理方法可以不改变麻纤维的化学成分，除去麻纤维中的游离水和结合水，使其吸水性降低；同时，通过影响麻纤维的结构和表面特性来提高麻纤维的结晶度[11]，使其断裂强度和初始模量明显增加，改善了麻纤维与聚合物的界面黏结性，提高了复合材料的综合性能。

（二）化学处理

化学处理方法应用广泛，操作简单，可用于工业化连续生产。主要包括碱处理、偶联剂处理和接枝改性等方法。

1. 碱处理

碱处理是最为常用的化学改性方法，可以溶去麻纤维表面的半纤维素和木质素及其他杂质，使麻纤维产生粗糙的表面形态；同时由于碱与羟基反应，破坏了部分纤维素分子链间的氢键，降低了麻纤维的密度和聚合度[12]，使纤维变得松散、柔软，这些都增加了麻纤维与聚合物浸润的有效接触面积，从而有利于增强麻纤维与聚合物之间的界面黏合性，提高复合材料的力学性能。

2. 偶联剂处理

偶联剂是一种可以把两种不同性质的物质通过化学或物理作用结合起来的助剂，在复合材料中应用十分广泛。偶联剂起“分子桥”作用，它在麻纤维和聚合物之间形成共价键或络合键[13]。一方面偶联剂与麻纤维中羟基的氧键合，减少了麻纤维表面的羟基数目，从而提高了麻纤维的疏水性，降低了其表面张力；另一方面偶联剂与聚合物基体存在一定的物理作用。目前有多种偶联剂用于麻纤维/聚合物复合材料的制备，这些偶联剂可分为三类：有机、无机、有机和无机杂化。麻纤维/聚合物复合材料中最常用的偶联剂为有机类，包括硅烷偶联剂、钛酸酯偶联剂、铝酸酯偶联剂、异氰酸酯偶联剂等。

目前，钛酸酯偶联剂和铝酸酯偶联剂多作为无机填料的表面改性剂，而应用于改性处理天然麻纤维方面的研究则较少。这两种偶联剂同样能与麻纤维中含—OH 和—COOH 的纤维素反应，使纤维素表面由原来的亲水性转变为亲油性[14]，改善麻纤维和聚合物两相界面间的黏结力，从而提高复合材料的性能，并且两种偶联剂的毒性小、价格合理、使用简便，因此用于麻纤维表面改性处理是具有十分重要意义的。

异氰酸酯、亚甲基丁二酸酐等偶联剂大部分含有羧基，能够与麻纤维中的羟基发生酯化反应，从而降低麻纤维的极性和吸湿性，起到偶联效果。这些偶联剂的加入通常采用界面偶合法[15]，此法工艺简单，便于大规模的工业化生产。

3. 接枝改性

各种表面改性方法中，在麻纤维表面直接引入官能团的方法是最为方便和高效的。在制备麻纤维/聚合物复合材料过程中，通常是将麻纤维进行预先烘干处理或采用偶联剂进行表面有机化处理，然后将处理后的麻纤维用含有官能团的马来酸酐（MA）、丙烯酸、缩水甘油甲基丙烯酸酯（GMA）等单体进行接枝改性，改性后麻纤维的抗湿性和热稳定性有所提高，但其综合力学性能有所下降。

二、麻纤维复合材料的成型工艺

非织造加工方法如针刺、化学黏合等是麻纤维增强体的首选加工方法。与针织、机织相比，操作流程短、工艺简单、生产成本较低。纤维增强复合材料的加工方法[16]，目前的研究重点放在大批量生产技术上，主要有三种具有代表性的成型加工方法。

（一）模压法

模压法主要用于热固性树脂。是将已干燥的浸胶（指树脂胶液）纤维、纱线或机织布、无纺布等制品放入金属模具内，加热加压，经过一定时间成型。这是高压成型法之一，能获得尺寸精确、表面光滑、机械强度较高的制品。

（二）注射成型工艺法

将纤维增强的粒料，从料斗加入注射成型机的料筒，料筒外部包电热圈加热，使粒料熔化至流动状态，以很高的压力和较快的速度注入温度较低的闭合模具内，经过一定时间的冷却，即可脱模。由于这种加工工艺与给病人打针相似，故称注射成型。注射成型具有成型周期短、自动化程度高，对各种塑料及增强塑料的加工适应性强，能制造外形复杂、尺寸精确或带有金属嵌件的制品等优点。

（三）纤维缠绕成型法

用机械控制，将浸透胶液的连续纤维束，在缠绕机上按预定的纤维排列规律缠绕到各种形式的芯模上，达到设计厚度后经室温或加热固化，脱去芯模而得复合材料制品。纤维缠绕复合材料的特点之一是在形成复合材料的同时形成结构件，这就使设计具有很大的自由度。纤维缠绕的方向性很强，可以按照设计所需承受应力的要求来铺设纤维，以充分发挥纤维的增强作用，因此特别适用于对强度有高度方向性要求的结构件。这种成型方法比其他方法（如手糊法），更能发挥连续纤维的高强度特性，且省去了纤维的编织工序，降低了成本，减少了纤维的磨损。

（四）其他成型工艺法

其他成型工艺，比如树脂传递成型（RTM）是一种闭模模塑工艺。工艺过程是：先在模具成型面上涂脱模剂或胶衣层，铺覆增强材料，锁紧闭合的模具，注入树脂基体，固化后开模取出制品。该方法与传统的手糊法相比，优点是：生产周期短，材料损耗少，劳动力省，制品两面较光洁，苯乙烯的挥发量大大减少，允许埋入嵌件及加强筋。成本比手糊法低16%，劳动力节省24%，原材料消耗减少15%。

三、大麻纤维增强复合材料

Panthapulakkal 等[17]制备了短大麻纤维/玻璃纤维/PP 复合材料，复合材料中大麻含量为 25%（质量分数），玻璃纤维含量为 15%时，其弯曲强度为 101MPa，弯曲模量为 5.5GPa，缺口冲击强度也提高 34%；玻璃纤维的加入使复合材料的热性能和耐水性得到了提高。Keller 等[18]通过熔融挤出工艺制备了脱胶大麻纤维增强生物降解塑料（PEA），研究了不同的脱胶方法对复合材料性能的影响。研究表明，大麻纤维对 PEA 的拉伸强度提高不大，但其弹性模量可提高到 6GPa，加工过程中控制纤维长度大于 0.53mm 时，复合材料的各项性能还会提高。

Rouison 等[19]利用树脂传递模塑成型工艺制备了大麻纤维增强不饱和聚酯复合材料，研究发现，纤维排布良好，复合材料没有明显的缺陷；随着纤维含量的提高，复合材料的力学性能也提高。雷文等[20]采用模压工艺制备了不饱和聚酯（UP）树脂/大麻纤维复合材料，研究了大麻纤维加入量及纤维的碱处理、乙酰化处理及偶联剂处理对复合材料力学性能的影响；采用傅里叶变换红外光谱仪对复合材料的结构进行了表征和分析。结果表明：随着大麻纤维含量的增加，UP 树脂/大麻纤维复合材料的拉伸弹性模量逐渐增加，拉伸强度、弯曲强度、弯曲弹性模量及冲击强度等均先降低而后逐渐增大；偶联剂处理对复合材料力学性能的改善效果最好；偶联剂与纤维之间发生了酯化反应。Dhakal 等[21]对大麻纤维增强不饱和聚酯合成材料进行了低速冲击响应试验，研究了无编织大麻纤维增强材料抗冲击性能的效果。对纤维体积分数为 0、0.06、0.10、0.15、0.21、0.26 的大麻纤维增强不饱和聚酯合成材料试件的冲击响应与包含相同纤维体积分数被玻璃纤维缠绕的试件进行比较。当大麻纤维作为加固材料时，承载力和冲击能量吸收显著提高。结果表明，纤维体积分数、复合层压板的刚度、冲击荷载和总吸收能之间存在明确的相关性。当出现低峰荷载、低冲击能以及破坏时间小于大麻纤维增强不饱和聚酯合成材料时，不饱和聚酯合成材料控制试件显示脆性破坏的性能。冲击试验结果显示，纤维体积含量为 0.21 的大麻纤维增强加固试件的冲击响应，与包含相同纤维体积分数被玻璃纤维缠绕的不饱和聚酯合成材料试件具有可比性。Ozturk[22]制备了大麻纤维/苯酚甲醛、玄武岩纤维/苯酚甲醛、大麻/玄武岩杂化纤维/苯酚甲醛复合材料，并进行了表征。在大麻纤维/苯酚甲醛中，大麻纤维的含量为 40%（体积分数）时，复合材料的力学性能最佳；玄武岩纤维含量为 32%（体积分数）时，复合材料的拉伸强度最高，其弯曲强度则线性下降，大麻/玄武岩杂化纤维含量为 48%（体积分数）时，复合材料的冲击强度得到最大值。

四、黄麻纤维增强复合材料

黄麻纤维的硬度很高，具有较高的比强度和比模量，但是与玻璃纤维相比，仍有弯曲强度低、吸湿性大、染色性差等缺点。因此，在黄麻纤维增强复合材料的制备过程中，需要解决复合材料的耐水性差以及界面强度低下等问题。

郑融等[23]研究了黄麻线状单向纤维和随机分布短纤维增强环氧树脂复合材料的力学性能，并与竹纤维增强环氧树脂复合材料进行了对比。实验中加入固化剂对纤维表面进行处理，提高了纤维和树脂界面的黏结性能，取得了较好的效果。曾竟成等[24]研究了黄麻捻合纤维束和黄麻布增强环氧树脂、酚醛树脂和不饱和聚酯树脂复合材料的力学性能，发现黄麻纤维与热固性树脂基体之间有较好的浸润性；黄麻纤维单向复合材料的性能比黄麻布复合材料高，接近玻璃纤维布增强复合材料的性能，表明黄麻纤维能够代替玻璃纤维制备成结构材料的可能性。杨亚洲等[25]采用碱溶液（20g/L NaOH）、热（140℃）处理方法对黄麻纤维进行改性处理，采用热压工艺将纤维与酚醛树脂制成复合材料。通过力学性能、冲击断口形貌对复合材料进行表征。结果表明，当碱处理时间不超过 2h、热处理时间不超过 3h 时，黄麻纤维增强酚醛树脂基复合材料的拉伸强度和冲击强度均有不同程度提高。碱处理 2h 的黄麻纤维增强酚醛树脂基复合材料的拉伸强度和冲击强度提高幅度最大，分别为 13.5%和 25%；冲击断口分析结果表明，热处理纤维与基体的界面结合强度高于碱处理纤维，断口呈平面化。王福玲等[26]采用碱处理工艺对黄麻纤维进行了表面改性，提高了纤维对基体树脂的浸润性，改善了纤维与树脂基体的界面黏结性。研制了一种新型的黄麻纤维增强硬质聚氨酯结构泡沫材料。测试结果发现，碱处理后纤维表面出现沟槽和裂纹，拔出的单丝纤维表面包覆有聚氨酯基体，纤维与基体结合紧密。压缩性能实验结果表明，添加改性纤维的复合材料，其压缩强度明显提高，当纤维含量（质量分数）为 3.0%时，复合材料的压缩强度达到最大值（8.01MPa）；纤维含量（质量分数）为 3.0%、长度为 3mm 的短切纤维的增强效果较好；随着纤维含量和长度的增加，复合材料的压缩模量也随之增大。赵磊等[27]对黄麻纤维进行表面处理，并制作纯黄麻纤维以及与碳纤维混杂的针刺毡；采用真空辅助树脂传递模塑法制备黄麻纤维毡增强乙烯基树脂复合材料，并测试其力学性能。结果表明：碱处理和双氧水处理后黄麻纤维表面杂质被去除，复合材料的界面性能得到改善，综合力学性能得到提高；黄麻纤维/碳纤维混杂增强复合材料的拉伸性能提高更为显著，拉伸强度和拉伸模量比未处理纤维毡增强复合材料分别增加了 146.2%和 43.6%，但其弯曲性能却低于其他两种处理后的黄麻纤维增强复合材料。

张安定等[28]用注射成型工艺制备黄麻纤维增强聚丙烯复合材料时发现，随着纤维含量（质量分数）或长度的增加，材料的拉伸、弯曲强度和模量是递增的，而冲击强度是递减的；黄麻纤维的添加改善了聚丙烯的力学性能，大幅度提高了材料的拉伸模量和弯曲模量，但是冲击强度和断裂伸长率有所降低。刘晓烨等[29]研究了黄麻纤维增强聚丙烯体系中黄麻纤维的表面处理以及基体中改性剂和无机填料对界面剪切强度的影响。实验表明，NaOH 和硅烷偶联剂（KH550）表面处理以及基体改性均能够增强界面黏结性，当 NaOH 溶液浓度为 2%时界面剪切强度达到 5.3MPa，且处理时间对界面剪切强度影响不大；KH550 浓度为 0.5%时界面剪切强度达到 5.5MPa；当基体中马来酸酐接枝聚丙烯（PP-*g*-MAH）含量为 2%时界面剪切强度达到 5.7MPa；添加纳米碳酸钙和滑石粉后，界面剪切强度随之增大，但含量分别超过 20%和 10%后界面结合反而变差。日本 Shima 等[30]用注射成型方法制备了黄麻纤维增强聚丙烯复合材料，分析了吸湿性对纤维和复合材料力学性能的影响，同时用去油、脱脂和硅烷偶联剂预处理纤维，研究了复合材料的界面变化。结果表明，黄麻纤维的强度和刚性不随吸湿性的变化而改变，复合材料的破坏形态在吸湿实验前后也没有显著变化，但是复合材料内部的纤维由于吸湿出现浸润膨胀，材料的刚性有所下降，但是拉伸强度保持不变。用电子显微镜观察由硅烷偶联剂预处理纤维增强复合材料的断面，表明纤维和树脂之间良好的黏结界面，是几种处理方法中效果最好的。Dieu 等[31]在开发黄麻纤维/聚丙烯复合材料过程中发现，纤维经过室温 20℃、低浓度 0.4%的碱溶液处理后，其与树脂之间的界面黏结性能得到显著提高；当共混物中添加了马来酸酐接枝聚丙烯后，材料的界面也能得到改善，而且拉伸强度和弯曲强度分别增加 55%和 190%，但是冲击强度没有提高。与黄麻纤维增强复合材料相比，黄麻纤维/玻璃纤维/聚丙烯混杂复合材料显示出极好的力学性能，材料的冲击强度从 13.2kJ/m^2 增加到 38.9kJ/m^2。此外，Takemura 等[32]利用日本传统增强麻质渔网和渔线的 Kakishibu 方法处理黄麻织物，分析了黄麻纤维/聚丙烯复合材料的拉伸蠕变性能，结果表明，处理后的纤维增强复合材料在蠕变初期的弹性应变出现减少；纤维在小负荷的张紧状态下处理时，材料的弹性模量增加；但是在大负荷的状态下处理，效果反而变坏。

郭伟娜等[33]通过模压成型工艺制得了精细化黄麻纤维毡增强聚乳酸（PLA）复合材料。对成型工艺参数进行了初步的探索，并对材料的力学性能、拉伸断口进行了测试与分析。研究结果表明，在压力12MPa、模压时间25min、模压温度155℃时，纤维含量（体积分数）为40%复合材料的综合力学性能最好。断口分析发现，黄麻毡内纤维与PLA基体的界面黏结性并不好，在后续的研究中，需要对纤维做表面处理。

曲微微等[34,35]采用模压成型工艺制备了可降解黄麻纤维/PBS复合材料，通过拉伸性能、弯曲性能测试、红外分析和SEM观察，探讨了纤维含量和碱处理对材料性能的影响。结果表明：随着纤维含量的增加，复合材料的拉伸强度先增大后减小，在纤维含量为10%时达到最大值，比纯PBS提高了30.1%；拉伸模量、弯曲强度和弯曲模量均随纤维含量的增大而提高，在纤维含量为30%时分别比纯PBS提高了24.2%、185.5%和107.7%。碱处理后黄麻纤维表面杂质被去除，表面部分因刻蚀变粗糙，复合材料的综合力学性能得到提高，其中弯曲模量提高显著，比未处理的黄麻纤维增强复合材料提高了58%。

五、亚麻纤维增强复合材料

在植物纤维复合材料中，亚麻纤维复合材料是性能较好的一种，除了具有较高的拉伸性能和弯曲性能外，还具有很高的冲击强度。但亚麻纤维中含有大量的羟基而呈现出较强的亲水性，使其与聚合物基体树脂界面间的黏结不牢固；同时，亲水性纤维还易吸收外界的水分，使材料在使用过程中界面逐渐脱黏，造成性能下降[36]。

为了得到性能优良的复合材料，需对纤维进行改性处理，使其更好地被基体树脂浸润，改善界面间的黏结性。亚麻纤维的改性方法主要有两种：一种是采用硬脂酸、偶联剂等改性剂对亚麻纤维进行表面改性处理，目前关于此方法的研究较多[37,38]；另一种是直接用有机单体对亚麻纤维进行接枝改性，目前这类研究报道较少。

张文华等[39]研究了亚麻纤维（flax-fiber，FF）含量、增容剂马来酸酐接枝聚乙烯（PE-*g*-MAH）对聚乙烯/亚麻纤维复合材料各项性能的影响。结果表明：随着FF含量提高，复合材料的密度未明显增大，拉伸强度和弯曲强度提高，硬度和维卡软化温度提高，但材料冲击强度有所下降；FF含量为20%时，复合材料综合性能较好；添加PE-*g*-MAH后，复合材料的力学性能提高，且材料吸水后仍能保持较好的力学性能。高留意等[40]则研究了NaOH溶液浸泡亚麻纤维（FF）、添加马来酸酐接枝聚烯烃（MAH-*g*-PO）、两种方法相结合对FF/聚丙烯（PP）复合材料力学性能及微观结构的影响。结果表明，NaOH溶液浸泡FF后FF/PP复合材料的力学性能有所提高。分子量较大且接枝率较高的马来酸酐接枝聚丙烯（MAH-*g*-PP）增容效果较好；马来酸酐接枝三元乙丙橡胶（MAH-*g*-EPDM）和马来酸酐接枝乙烯-辛烯共聚物（MAH-*g*-POE）对FF/PP复合材料起到增容和增韧的作用。NaOH溶液浸泡FF和添加MAH-*g*-POE相结合的FF/PP复合材料的力学性能好于单独采用一种方法的FF/PP复合材料。韩志超等[41]以过硫酸钾（$K_2S_2O_8$）为引发剂，制备了Flax-*g*-MA接枝物，研究了反应条件对接枝率和接枝效率的影响。结果表明，接枝率和接枝效率均随着单体用量的增加而增大，随引发剂用量的增加和反应温度的升高先增大后减小，随反应时间的延长而逐渐增大并趋于平衡。当反应温度为60℃，反应时间为4h，引发剂与单体质量比为0.12∶1，单体与亚麻纤维质量比为1.2∶1时，接枝率和接枝效率最高。加入MA单体接枝改性的亚麻纤维后，有效地改善了PVC/亚麻纤维复合材料的各项性能。

亚麻纤维是完全生物降解的绿色材料，利用其增强生物降解聚合物则可得到全生物降解复合材料。王春红等[42]以亚麻落麻纤维、聚乳酸纤维为原料，采用非织造结合模压成型工艺制备了完全可降解复合材料。研究结果表明：材料的弯曲强度、冲击强度均随纤维长度的增加而增大，当纤维长度为72mm时，体积分数为40%的材料具有最好的弯曲性能，纵向、横向弯曲强度分别为55.15MPa、42.02MPa；体积分数为50%的材料具有最好的抗冲击性能，纵向、横向冲击强度分别为 19.714kJ/m²、14.012kJ/m²；裁切断口处的 SEM 表明，增强纤维与基体树脂之间存有一定数量的空隙，两相之间的界面结合强度有待进一步改善；确定出材料的最优成型工艺为梳理次数 2 次，增强纤维体积分数 39.6%，模压温度 190℃，所压材料的纵向、横向拉伸强度分别达到 33.3MPa、20.1MPa；以同样工艺制备的亚麻纤维增强聚丙烯基复合材料的纵向、横向拉伸强度分别约为 53MPa 和 36MPa[43]。

针对预成型件的铺层角度对复合材料力学性能产生影响的问题，张文娜等[44]以亚麻纤维为增强体，与聚乳酸纤维通过开松、混合、梳理工序制成预成型件后，采用模压成型工艺制备了亚麻纤维/聚乳酸复合材料。研究预成型件的各种铺层角度对复合材料拉伸性能、弯曲性能的影响，并通过扫描电子显微镜讨论亚麻纤维/聚乳酸复合材料的破坏机制以及拉伸断裂形貌。结果表明：铺层角度为 90°时，复合材料横向拉伸、弯曲强度和模量最高；铺层角度为 0°时，复合材料纵向拉伸、弯曲强度和模量最高。王瑞等[45]采用亚麻纤维/低熔点聚酯纤维针刺非织造布为预成型材料，经热压制作了热塑性复合材料。结果表明：碱溶液处理后复合材料单层板的纵向拉伸强度、弯曲强度分别提高了 10%和 22%以上；热压工艺为压力 9MPa、温度 180℃、时间 30min 时，板材的力学性能最佳；在铺层数或纤维含量相同的情况下，层合板的力学性能低于单层板的纵向力学性能，而高于其横向力学性能。刘丽妍等[46]以亚麻纤维作为原料，经过针刺工艺制得亚麻纤维针刺毡，作为复合材料的增强体。通过改变纤维、热固性树脂种类，利用真空辅助 RTM 方法及模压法制备复合材料板材。研究表明：经过碱处理的漂白麻纤维更易与树脂结合；漂白麻纤维/环氧树脂复合材料板的拉伸性能、弯曲性能优于未漂麻纤维/聚酯复合材料板及漂白麻纤维/聚酯复合材料板。

六、剑麻纤维增强复合材料

根据剑麻纤维增强复合材料的基体类型，可以将复合材料分为以下几类：剑麻纤维增强热塑性树脂复合材料、剑麻纤维增强热固性树脂复合材料、剑麻纤维增强橡胶复合材料、剑麻纤维增强水泥和石膏复合材料、其他基体复合材料。

植物纤维/树脂基复合材料的增强机理有四种：树脂浸润机理、分子间扩散和结合机理、天然纤维胶合增强机理及密度增强机理。

（一）剑麻纤维增强热塑性树脂基复合材料

由于热塑性树脂具有价格低廉、成型工艺简单、可回收利用的优点，近年来，剑麻纤维增强热塑性树脂复合材料开始吸引人们更多的关注。从已有的报道来看，热塑性树脂复合材料的加工多采用熔融或溶液共混的方法将纤维和基体均匀混合、挤出、注射成型。在增强热塑性树脂的研究方面，剑麻纤维（SF）主要用来增强低密度聚乙烯、聚丙烯、聚苯乙烯和聚氯乙烯。

1. 剑麻纤维增强聚乙烯

剑麻纤维增强聚乙烯主要用在低密度聚乙烯上，目前对剑麻纤维增强高密度聚乙烯的研究较少。对短剑麻纤维增强低密度聚乙烯的研究表明，材料的性能受纤维含量、长度、纤维排列方向和成型工艺的影响。在采用溶剂法混料时，由于避免了熔融高温混料对纤维造成的损害，材料的拉伸强度提高了 30%，材料的强度随纤维体积含量的增加而逐步增大，与混合律相符；纤维长度增加使材料的性能提高，当纤维长度为 6mm 时，材料的强度达到最大值，然后开始下降；纤维取向研究表明，单向排列时复合材料的拉伸强度和模量是无规排列时的 2 倍多。几种常用的纤维处理方法（包括碱处理、异氰酸酯处理和过氧化物引发接枝聚乙烯处理等）对短剑麻纤维/低密度聚乙烯性能的影响研究表明，这几种处理方法均可提高材料的性能（拉伸强度提高了 25%～35%），其中过氧化物引发接枝聚乙烯处理的效果最好，异氰酸酯处理次之。对异氰酸酯处理和未处理的短剑麻纤维增强低密度聚乙烯的动态力学特性的研究表明，界面对材料动态力学性能有影响。

2. 剑麻纤维增强聚丙烯

对短剑麻纤维/聚丙烯的研究表明：纤维长度为 2mm 时，复合材料的强度最高；纤维经向排列时，材料的强度优于纬向排列和随机排列，纬向排列时材料的强度最差；复合材料的强度随纤维体积含量的增加而增大。文献指出，纤维长度大于 10mm 和纤维含量在 15%～35%之间的复合材料板表现出较好的力学性能。文献表明，剑麻纤维长度为 20mm，聚丙烯含量为 30%时，SF 对 PP 的增韧效果最好。用氢氧化钠、高锰酸钾、二异氰酸甲酯和马来酸酐对纤维处理后，材料的拉伸强度均有所提高，其中氢氧化钠处理提高的程度最大，达 20%左右。苯甲酰化和乙酰化作用也能改善纤维与基体之间的界面黏结性。用熔融混合和溶液混合方法制备短剑麻纤维增强 PP 复合材料的过程中大量纤维受损。剑麻纤维的加入导致材料熔体黏度增大，熔体弹性减小。比较熔融混合和溶剂混合，发现溶剂混合方法能使复合材料的黏度较高。剑麻纤维的加入使材料结晶温度和结晶度提高，这是由纤维表面的成核作用导致跨晶区域的形成引起的。增加纤维含量，PP 组分的熔融温度移向更高的温度，表明 PP 的熔融受阻。SF 加入 PP 中也使得材料的储能模量和损耗模量增大而机械损失因子减小，储能模量随着温度的升高而降低。针对环境对短剑麻纤维增强聚丙烯复合材料的影响研究表明，水分对材料的破坏作用大于 HCl 和 NaOH。防水剂可以有效地提高复合材料的防水性。

研究表明，甲基丙烯酸甲酯（MMA）可以成功地接枝到剑麻纤维表面，和 PP 熔融混合后注射成型。聚甲基丙烯酸甲酯（PMMA）接枝到剑麻纤维表面可以提高 SF 和 PP 基体分子之间的作用力，改善 SF 在 PP 基体中的分散性，促进 PP 中 β 晶型的形成。接枝改性提高了 SF/PP 复合材料的热稳定性和力学性能。对 SF/PP 复合材料在 γ 射线辐射下的研究表明，低剂量的辐射可以改良 PP 和填充物的性能，并具有无残余物污染、无化学反应和烦琐的加工后处理等优点。因此，γ 射线处理将是工业上改良这些复合材料的一种很有前途的技术。

3. 剑麻纤维增强聚苯乙烯

对短剑麻纤维/聚苯乙烯复合材料的研究表明，当纤维长度为 10mm 时，材料的拉伸强度最大，拉伸强度随纤维体积含量的变化不遵循混合律（或混合法则），在 $V_f=10\%$时出现极小值。剑麻纤维的取向对复合材料拉伸性能的影响程度为：纵向取向＞无规取向＞横向取向。经苯甲酰化处理的剑麻纤维能明显提高复合材料的拉伸性能。

4. 剑麻纤维增强聚氯乙烯

对热处理、乙酰化处理和硅烷偶联剂处理剑麻纤维/聚氯乙烯复合材料的力学性能和耐水性的研究表明，几种纤维预处理均无助于界面黏结性的提高，这表明针对不同的基体，只有选择合适的表面处理方法，才能有效地改善复合材料的性能。

（二）剑麻纤维增强热固性树脂基复合材料

剑麻纤维增强热固性树脂基复合材料的复合工艺以树脂浸渍纤维后模压成型为主，树脂传递模塑（RTM）工艺用得较少。在这方面 SF 主要用于聚酯树脂、环氧树脂、酚醛树脂等的增强。

1. 剑麻纤维增强不饱和聚酯

在剑麻纤维增强热固性树脂中，研究最多的是剑麻纤维增强不饱和聚酯复合材料。研究表明，剑麻纤维/不饱和聚酯复合材料的拉伸强度、弹性模量及冲击强度与纤维体积含量在 $V_f<40\%$的范围内呈线性增加关系，与混合律吻合得很好。当纤维填充量为 30%（质量分

数）时，材料的力学性能最佳。剑麻纤维增强不饱和聚酯复合材料的冲击试验表明，纤维和基体的界面黏结性最差。为了提高剑麻纤维增强复合材料的性能，应该对纤维进行表面处理。用*N*-甲基丙烯酰胺、硅烷、聚氨酯多元醇（PEAP）、锆酸盐和钛酸酯等偶联剂处理剑麻纤维，使得复合材料的力学性能均有不同程度的提高。其原因是偶联剂在纤维表面通过氢键以及烷氧基作用，与纤维形成结合紧密的界面层，提高了纤维的憎水性，所以纤维与基体的相容性得以提高，同时减少了纤维与纤维的接触，降低了复合材料的应力集中。纤维憎水性的提高导致材料的吸湿性显著降低，在潮湿环境下各材料的强度明显下降。对剑麻纤维先用硫化钠溶液处理，再用乙酸酐-乙酸混合溶液处理，分析浸入蒸馏水中不同时间时复合材料的弯曲行为，可以发现，浸入时间短的复合材料的弯曲性能有所提高。

2. 剑麻纤维增强环氧树脂

对剑麻纤维增强环氧树脂的研究表明，复合材料的力学性能随着纤维体积含量的增加而增大，复合材料塑性形变较小且易脆断。为了改善纤维和基体的界面黏结性，可以对纤维进行预处理，包括碱处理、乙酰化处理、氰乙基化处理、硅烷偶联剂处理和热处理等。碱处理使复合材料的力学性能显著提高，相对其他复杂的表面改性方法来说，是一种简单易行的处理方法。氰乙基化和乙酰化处理可以使材料的耐水性提高。热处理能提高材料的冲击强度。通过对短剑麻纤维/不饱和聚酯和短剑麻纤维/环氧体系抗冲击性能的比较发现，材料中剑麻纤维吸水导致纤维和基体的界面变弱，剑麻纤维/不饱和聚酯材料的吸水率为剑麻纤维/环氧材料的2～3倍，因此材料吸水后，剑麻纤维/不饱和聚酯材料的冲击强度比剑麻纤维/环氧体系下降得更为严重。

3. 剑麻纤维增强酚醛树脂

韧性的剑麻纤维还可用于增强脆性的酚醛树脂，加入硅烷偶联剂能有效地改善界面，提高复合材料的强度，并降低材料的吸湿性。丙烯酸接枝改性剑麻纤维也能提高复合材料的耐水性。酚醛基复合材料的力学性能随着纤维长度的增加（5～30mm）而提高，PET基复合材料则无明显变化；环氧复合材料的力学性能在纤维长20mm左右时达到最大值，这是由于长纤维使纤维接触点增多，当热压时，接触处成为无树脂点，而酚醛树脂在热压前已部分固化在纤维表面，所以随纤维增长不会成为无树脂点，因此，醛与羟基反应形成较强界面，导致各类材料的力学性能均随纤维体积含量的增加而增加。纤维长度为5mm时，剑麻纤维增强酚醛树脂复合材料的弯曲性能比环氧和PET基复合材料高20%和45%。

（三）剑麻纤维/玻璃纤维/聚合物基混杂复合材料

在单一基体中用两种或两种以上的纤维作为增强剂可以导致复合材料性能的多样性。其中剑麻纤维和玻璃纤维（GF）混杂增强聚合物基复合材料就是很成功的例子，不仅可以降低玻璃纤维复合材料的成本，而且由于混杂效应的存在，使复合材料的某些性能比预期的性能更好。这些成功的例子主要包括SF/GF/不饱和聚酯复合材料、SF/GF/LDPE复合材料和SF/GF/PVC复合材料。有人发现剑麻纤维/玻璃纤维/红泥复合材料也有优良的物理和力学性能。类似的研究还有剑麻纤维与晶须混杂增强聚丙烯复合材料。

1. 剑麻纤维/玻璃纤维/不饱和聚酯复合材料

由于剑麻纤维/不饱和聚酯复合材料具有较高的冲击比强度，但其他力学性能不佳，所以利用剑麻纤维复合材料密度低及玻璃纤维复合材料力学性能高的优点，人们通过铺层设计来达到提高抗冲击性能、降低密度的目的。研究表明，铺层时剑麻纤维处在表层的层压板抗冲击性能比在芯部的高，当剑麻纤维体积含量为40%，玻璃纤维为20%时，剑麻纤维/玻璃纤维/不饱和聚酯复合材料与玻璃纤维/不饱和聚酯复合材料的冲击比强度相近，而其他力学性能比剑麻纤维/不饱和聚酯体系大为提高。

2. 剑麻纤维/玻璃纤维/低密度聚乙烯复合材料

对剑麻纤维/玻璃纤维/低密度聚乙烯复合材料的研究表明，纤维的取向、含量、预处理均会对复合材料的力学性能产生明显的影响。复合材料的各项性能（断裂伸长率除外）随玻璃纤维含量的增加而提高，呈现正的混杂效应；剑麻纤维经碱处理后，复合材料的强度得到进一步提高，拉伸强度和模量比未处理的高10%以上（剑麻纤维：玻璃纤维=1：1），混杂纤维复合材料的吸水率也从11.6%降至3.1%。

3. 剑麻纤维/玻璃纤维/聚氯乙烯复合材料

利用剑麻纤维质轻价廉的优点，通过与玻璃纤维混杂增强聚氯乙烯，以达到降低成本及提高材料的比强度、比模量的目的。结果表明，剑麻纤维/玻璃纤维/聚氯乙烯复合材料在弯曲模量和冲击强度上都存在正的混杂效应，但复合材料经水浸泡后，水分仍会对纤维与基体的界面产生不良的作用，导致复合材料性能下降。

4. 剑麻纤维/$CaSO_4$晶须/聚丙烯复合材料

对剑麻纤维/$CaSO_4$晶须/聚丙烯复合材料热性能、微观结构和力学性能的研究表明，晶须提高了复合材料的热稳定性，阻碍了PP的结晶，降低了复合材料中PP相的结晶度和结晶速率，SF和晶须提高了复合材料的模量和韧性，但由于混杂增强复合材料弱界面键合的制约，晶须的高强性能并没有在复合材料中充分表现出来。

（四）剑麻纤维增强橡胶基复合材料

橡胶是剑麻纤维增强复合材料中应用最广的基体之一，仅次于聚苯乙烯。剑麻纤维增强橡胶复合材料把纤维的刚性和橡胶的柔性结合起来，既具有纤维的高模量，又具有橡胶的高弹性。对剑麻纤维增强橡胶复合材料的研究表明，当纤维长度为6mm时，剑麻纤维增强橡胶复合材料的综合性能最好，这与剑麻纤维增强聚乙烯复合材料一致。橡胶中加入短剑麻纤维可以起到增强作用，用适当的偶联剂如间苯二酚/六键合体系处理剑麻纤维可以更好地提高材料的强度。用双螺杆挤出机进行混料和挤出时对剑麻纤维有很大损伤，其损伤程度随着剪切速率的增加而增强。材料的流变行为表现为假塑性，黏度随着剪切速率的增加而降低，随着温度的升高而增加。加入剑麻纤维后，天然橡胶的溶胀性受到抑制，并表现出各向异性。随着纤维含量的增加，复合材料的溶胀性降低，用偶联剂处理和乙酰化处理的剑麻纤维增强橡胶复合材料的溶胀性明显低于未经过处理的剑麻纤维增强橡胶复合材料。

对短剑麻纤维补强ENR/PVC复合材料性能的研究表明，该复合材料具有较高的硬度和纵向拉伸强度、较低的扯断伸长率和扯断永久变形、良好的耐油和耐老化性能。短剑麻纤维的用量宜为30份，ENR/PVC的共混比宜为70：30。

（五）剑麻纤维增强石膏和水泥等其他基体复合材料

除了以上的基体体系，剑麻纤维还可以用来增强石膏、水泥、坚果壳（CNSL）、塑化木屑、木纤维、聚己酸内酯/淀粉、聚丁烯-琥珀酸酯、甘蔗废弃物等体系。

第五节　竹纤维增强复合材料

竹材与木材相比较，具有强度高、韧性好、硬度大等特点，是作为工程结构的理想原料。相比较而言，竹纤维增强复合材料的研究还未引起人们足够的重视。将竹纤维增强塑料制成的复合材料，不仅可以保持竹材与塑料特性，而且通过复合效应，克服了竹材固有的缺点，具有成本低、收缩与扭曲小、防水、抗虫蛀、抗霉变、工程特性优良等优点，因此目前也已经应用于建筑、汽车、家具、装修等领域。

一、竹纤维增强热塑性树脂基复合材料

20 世纪 80 年代初，加拿大学者 Ginsbusy 和 Shin 等研究了竹塑复合材料的制作。在国内，中科院力学研究所的冼杏娟等[47]进行了竹纤维增强塑料复合机理及复合材料力学性能的研究；四川大学高分子科学与工程学院对竹屑增强塑料进行了开发研究[48]。

党江涛等[49]研究了该类型竹纤维增强复合材料的拉伸力学性能。将该性能与单向连续玻璃纤维增强聚合物的拉伸力学性能进行了比较，发现竹纤维增强聚合物的拉伸模量要明显高于玻璃纤维增强聚合物的对应值，而其拉伸强度和玻璃纤维增强聚合物的相当。同时发现竹纤维增强聚合物的纵向延展性较小，呈现一次性单界面脆性断裂状况，相对地，连续玻璃纤维增强聚合物的拉伸断裂是多次多界面分段断裂。王春红等[50]以竹原纤维、聚乳酸为原料，采用非织造结合模压成型工艺制备完全可降解材料。研究了材料降解随时间的变化规律及材料中增强纤维体积分数对材料拉伸性能、弯曲性能和降解性能的影响，采用扫描电子显微镜和傅里叶变换红外光谱仪研究了材料的降解机理。结果表明，当纤维体积分数为 50% 时，材料的纵向、横向拉伸强度和弯曲强度均达最大，分别为 20.60MPa、15.12MPa 和 27.47MPa、21.27MPa；材料的降解速率随时间增加呈加快趋势，且纤维含量高的材料降解较快；降解首先发生在材料界面的缝隙处，随后产生了树脂开裂和纤维降解。杨勇等[51]实验证明，与 PP 材料相比，添加竹纤维可使复合材料的力学性能有不同程度的改善，特别是对复合材料的冲击强度、拉伸强度及断裂伸长率影响较明显。

二、竹纤维增强热固性树脂基复合材料

孙正军等[52]制备的竹丝/环氧复合材料具有良好的拉伸比模量，超过了玻璃纤维增强塑料，用它来制造风轮叶片具有良好的刚度。竹丝/环氧材料的压缩强度好，远超过木/环氧材料，与玻璃纤维布/环氧材料的性能相当。竹丝/环氧材料的横向和纵向剪切模量与玻璃纤维增强塑料相当，但强度较低。竹丝/环氧材料的层间剪切强度高于木/环氧材料，低于玻璃纤维增强塑料，但层间剪切比强度则同它相近。竹丝/环氧复合材料可以替代玻璃纤维增强塑料，用于制作风电叶片翼梁。周松等[53]将竹纤维加入环氧树脂中以形成增强环氧复合材料，研究了竹纤维和纳米二氧化硅（SiO_2）对环氧树脂的力学性能和耐溶剂浸蚀性能的影响。竹纤维含量为 15%时，竹纤维/环氧树脂的冲击强度比纯环氧树脂提高 50%。纳米 SiO_2 能同时增强和增韧竹纤维/环氧树脂，并提高其耐溶剂浸蚀性能，纳米 SiO_2 含量为 4%时，纳米 SiO_2/竹纤维/环氧树脂三元复合材料的冲击强度和拉伸强度分别比未添加纳米 SiO_2 的竹纤维/环氧树脂提高 40%和 30%。当纳米 SiO_2/竹纤维/环氧树脂的质量比为 4∶15∶85 时，三元复合材料的综合性能较好。

竹纤维增强复合材料可应用于汽车工业、室内装饰材料及日常生活等领域，如可以作为汽车车门内衬板、工具箱等材料，也可以制作地板、护墙板、门窗等型材。开发竹纤维作为增强材料在环境保护和资源保护方面都有重要的意义。

第六节　椰纤维增强复合材料

按基体树脂的不同，椰纤维可以分别作为热固性树脂、热塑性树脂、天然橡胶、水泥等的增强材料，利用不同增强体的性能互补，还可以进行椰纤维混杂复合材料的研究开发。

一、椰纤维增强热固性树脂基复合材料

椰纤维增强热固性树脂如不饱和聚酯树脂（UP）、脲醛树脂（UF）、环氧树脂（EP）

等是研究得较多的领域。表 6-1 为椰纤维增强复合材料的力学性能及其与常用材料的比较。从表 6-1 数据可以看出，碱处理比未处理的椰纤维增强的力学性能好。这可解释为：首先，碱处理后椰纤维的本体强度得到提高；其次，碱处理后椰纤维孔隙率大，分散得更理想，更有利于树脂的浸润。另外，从表 6-1 可看出，处理椰纤维增强的力学性能超过木胶合板、木碎板，与松木的性能相接近。这说明椰纤维增强复合材料可部分代替木材、胶合板等作为结构材料实际应用。

表 6-1　椰纤维增强复合材料的力学性能及其与常用材料的比较[54]

材料	拉伸强度/MPa	断裂伸长率/%	拉伸模量/GPa	弯曲强度/MPa	冲击强度/(kJ/m²)
未处理椰纤维/UP	23.9	0.4	7.29	22.2	3.2
NaOH 处理椰纤维/UP	33.2	0.6	8.09	51.1	2.99
木胶合板	12～54		1.2～4.6		
木碎板	11～15		0.6～2.4		
松木	49		4～9		

D. S. Varma[55]还研究了椰纤维增强 UP 层压材料的热导率，发现随着椰纤维含量的增加，材料的热导率下降很多，椰纤维含量达到 42.4%（质量分数）时，其效果可以与玻璃纤维相比拟。S. V. Prasad 等利用超声波研究发现，加入椰纤维，材料的衰减比纯 UP 有较大的提高。这些都证明椰纤维增强体作为绝热和隔声材料使用的潜力。

二、椰纤维增强热塑性树脂基复合材料

热塑性树脂如 PP、PVC、PE 等在使用中可以方便地回收再加工。从综合因素考虑，现代复合材料的一大趋势是热塑性树脂复合材料的兴起 。对于椰纤维增强热塑性树脂复合材料，目前国际与国内报道得都不多。O. Owolabi[56]用 Co^{60} 处理的椰纤维增强聚氯乙烯和聚丙烯；李欣欣采用简单的碱处理方法研究椰纤维增强聚丙烯，总体来说，增强效果并不十分理想，有许多问题有待解决。但从经济和成本节约的角度考虑，热塑性椰纤维复合材料还是很有前景的。

三、椰纤维增强橡胶基复合材料

N. Arumugam[57]首先将 8mm 长的椰纤维经 10%NaOH 溶液处理后来增强天然橡胶，研究了材料的应力与应变、邵尔硬度的变化。V. G. Gethamma[58]则详细考察了椰纤维长度、取向及碱处理对材料性能的影响，并利用 SEM 来考察纤维的表面形态、纤维的拉出和纤维与树脂的界面状态。K. R. Chandran 用椰纤维取代常用的橡胶填料炭黑来进行研究，认为在强度要求不很高的场合，椰纤维的含量可达到 100 份/100 份天然橡胶。

四、椰纤维混杂增强复合材料

混杂复合材料是由两种（或两种以上）纤维增强同一基体混杂复合而成的材料，这可以发挥不同纤维的优点，弥补各自的不足。椰纤维混杂复合材料的研究有特别重要的意义，其很多实际应用都是与其他增强体共混使用的。在天然植物纤维中，椰纤维的韧性好，竹纤维的刚性好。冼杏娟[59]以环氧为基体进行了两种纤维的混杂研究。经混杂后，材料的各项性能指标都较单一椰纤维复合材料好，尤其是压缩强度比竹纤维/EP 和椰纤维/EP 复合材料分别提高了 13%和 54%。SEM 观察显示，较韧性的椰纤维能均匀地填满刚性好的竹短纤维的空隙，环氧渗入也较好，增大了试件承压的截面面积，从而改善了材料的压缩性能。

第七节　甘蔗渣纤维增强复合材料

利用甘蔗渣纤维作为增强体的复合材料现在报道不多。植物纤维与聚合物基体复合时相

容性较差，从而影响复合材料的性能，因此甘蔗渣纤维的表面处理及其与聚合物的相容性研究逐渐成为热点。

李学峰等利用硅烷偶联剂处理的甘蔗渣纤维填充无规共聚聚丙烯制备了复合材料，研究了其力学性能与相态结构。结果表明：在甘蔗渣用量为10～15份时，用硅烷偶联剂KH570处理的甘蔗渣制备的复合材料较直接填充物的拉伸强度与冲击强度各提高30%以上；试样结晶更完善，纤维在树脂中分布更均匀。曹勇等[60～63]利用压制成型的方法制备了甘蔗渣纤维增强全降解复合材料，探讨了碱处理对材料性能的影响。结果表明，1%碱溶液处理后材料的力学性能得到了提高。碱处理后纤维的分解细化和表面优化改善了纤维/基材的黏结性能，从而使材料力学性能得到提高。而且，处理后纤维拉伸强度和长径比的增大以及纤维缺陷的降低也会增强材料性能。曹勇等还利用注射成型工艺制备了甘蔗渣纤维增强聚丙烯复合材料，分析了纤维含量质量分数、注射成型条件以及添加物对复合材料力学性能的影响。结果表明，随着纤维含量质量分数的增加，材料的弯曲模量呈递增趋势。由于甘蔗渣纤维热降解的发生，材料的力学性能随筒体温度的增加呈下降趋势。在模具温度90℃、注射间隔时间30s、不同的筒体温度185℃和165℃的成型条件下，材料的弯曲强度和冲击强度分别呈现最大值。添加了马来酸酐接枝聚丙烯后，材料的弯曲强度和冲击强度得到了提高。

张丽等研究了甘蔗渣纤维对聚丙烯基复合材料性能的影响。分别将未处理和经过表面处理的甘蔗渣纤维填充到聚丙烯中，对其复合材料进行了性能测试。实验结果表明，当甘蔗渣含量达40份时，复合材料的综合性能较好。经过处理的甘蔗渣纤维/聚丙烯复合材料的力学性能、热性能、流动性能相对于未经处理的甘蔗渣纤维均有不同程度的提高。S. M. Luz等分别采用模压成型和挤出成型工艺制备了甘蔗渣纤维/PP复合材料，结果表明：挤出成型工艺制备的复合材料性能较好；SEM照片显示未处理的甘蔗渣纤维与PP基体的相容性较差，但是纤维的加入提高了PP的拉伸模量和硬度。

郑景新等采用在高密度聚乙烯（PE-HD）与甘蔗渣粉复合体系中直接添加马来酸酐（MAH），通过反应挤出制备了木塑复合材料。结果表明，MAH在挤出过程中与甘蔗渣粉发生了反应性接枝，相对于硅烷、钛酸酯，MAH更能较好地改善PE-HD与甘蔗渣粉之间的相容性。添加6%的MAH使材料拉伸强度提高了120%，冲击强度提高了24%，吸水率降低到0.5%。

郑玉涛等[64]分别用硅烷偶联剂KH560和钛酸酯偶联剂NDZ311对甘蔗渣/PVC复合体系进行了处理。研究了两种处理方法对甘蔗渣/PVC复合材料力学性能、界面形态、耐水性能和加工性能的影响。结果表明，与未处理的相比，两种处理方法都改善了甘蔗渣和PVC之间的界面相容性，界面黏结性得到增强，使复合材料的强度和韧性有了较大的提高，同时改善了甘蔗渣/PVC复合材料的加工性能。钛酸酯偶联剂处理对甘蔗渣/PVC复合材料性能的影响更为显著，当其用量为1%时，复合材料的拉伸强度和冲击韧性均得到提高，其中拉伸强度提高了55%。Y. Xu等研究了甘蔗渣纤维/PVC、甘蔗渣纤维/HDPE、商用木粉/HDPE复合材料的蠕变行为。结果表明：温度对复合材料的蠕变有较大的影响；低温时BF/PVC的抗蠕变性好于BF/HDPE，但是BF/PVC有很强的温度依赖性。Y. T. Zhang等研究苯甲酸对纤维的表面处理及其对PVC基复合材料性能的影响，并研究了纤维含量、苯甲酸表面处理工艺、复合材料制备工艺对复合材料的影响。

V. Vilay等制备了甘蔗渣纤维/不饱和聚酯复合材料，研究了纤维含量及纤维的表面处理对复合材料性能的影响。结果表明：随着纤维含量的增加，复合材料的拉伸性能及弯曲性能得到了提升；丙烯酸处理的纤维比NaOH处理的纤维能更好地提高USP的性能；纤维的加入提高了不饱和聚酯的储能模量及玻璃化温度。Biliba等热处理和以硅烷偶联剂改性纤维，并考察了改性对纤维的多孔性、直径、微观形态及疏水性的影响。结果表明，改性后纤维的耐水性增加，从而增加了纤维/水泥黏结复合材料的耐水性，制备了适用于建筑工业的复合材料。

第八节　有机碳源控释复合材料

随着氮肥的过量施用以及生活和工业废水的排放，硝酸盐已经成为世界范围内地下水的主要污染物。区域性地下水硝酸盐污染问题由于污染程度逐步加深，污染范围不断扩大，严重影响以地下水为水源的饮水安全，成为环境领域突出的问题之一。据美国环保局报道，美国有 300 万人饮用水硝酸盐超标；欧洲 22%农业区地下水硝酸盐浓度超标，且以每年 0.2～1.3mg/L 的速度上升。我国普遍存在地下水硝酸盐污染问题，尤其以西南、东北地区更为严重。硝酸盐可导致高铁血红蛋白症，且易致癌，对孕妇和婴儿的危害尤其明显。中国 118 个大中城市中有 76 个地下水硝酸盐污染严重，北方以地下水为主要供水水源的大城市硝酸盐超标面积在 100～200km^2 以上的有 4 个。由于硝酸盐可导致婴儿高铁血红蛋白症，也可形成高度致癌的亚硝胺或亚硝酰胺，世界卫生组织（WHO）规定饮用水中 NO_3^--N 的含量低于 10mg/L。因此，地下水作为饮用水源，其硝酸盐污染对安全饮水和人类健康构成了严重威胁。

针对地下水硝酸盐污染，国内外对地下水脱氮技术进行了全面研究。原位生物脱氮因可将硝酸盐彻底还原为氮气，成本低，且可充分利用地下水具有恒定的温度和酸碱度条件等优点成为目前研究的热点[65]。目前，国内外学者针对水污染处理及人工湿地反硝化碳源不足的问题，多采用向进水中投加葡萄糖、甲醇、乙酸钠等液态有机碳的方法。由于液态有机碳反应速率快，需不断补充，增加了运行成本和后续管理的难度。缓释有机碳源材料（slow-release organic carbon-source，SOC）作为近年来兴起的研究新方向，在材料配比、材料性能与影响因素、制备条件、材料释碳速率、生物可利用性等技术难题的解决方面取得了长足的进展。

一、有机碳源概述

碳源（carbon source）是在微生物生长过程中为微生物提供碳素来源的物质，是影响反硝化细菌活性的重要因素之一。碳源对微生物生长代谢的作用主要为提供细胞的碳架，提供细胞生命活动所需的能量，提供合成产物的碳架。碳源在制作微生物培养基或细胞培养基时有重要的作用，为微生物或细胞的正常生长、分裂提供物质基础。反硝化菌以亚硝酸盐或硝酸盐作为电子受体，将污水中有机物作为碳源充当电子供体，通过同化和异化作用将含氮污染物转化为有机氮化合物和气态氮。以往的研究发现，废水生化处理中只有当 $\rho_C/\rho_N \geqslant 7$ 时才能取得较好的总氮去除率。从废水生化脱氮的角度来看，能为反硝化细菌所利用的碳源主要分为三类：废水中的有机碳源、外加碳源和内碳源。内碳源的反硝化速率极低，利用内碳源进行反硝化脱氮，要求反应器泥龄长、污泥负荷低，这样会导致反应器的容积相应增大，负荷率低。因此，当污水本身所含有机碳源极低时，要想获得较好的脱氮效率就需要外加碳源。

同步硝化反硝化（simultaneous nitrification and ditrification，SND）工艺是在一定的操作条件下，在同一个反应器内同时完成硝化和反硝化作用而达到生物脱氮目的。近年来研究表明，国内外对于活性污泥法 SND 工艺研究已取得较好效果，而对于生物膜工艺 SND 研究报道较少。移动床生物膜反应器（MBBR）既能解决固定床反应器需定期反冲洗、流化床需使载体流化的问题，也能解决淹没式生物滤池堵塞需清洗滤料和更换曝气器的复杂操作等问题，同时移动的生物载体也能为世代时间长、增殖速率慢的硝化菌群提供良好的生存环境，使在MBBR中实现同步硝化反硝化具有一定的优势。研究者[66]利用MBBR实现同步硝化反硝化，主要探讨了有机碳源同步硝化反硝化脱氮的影响。

二、有机碳源种类

在自然界，糖类、脂肪酸、石油等含碳的有机物称为有机碳源。常用的有机碳源有糖类、油脂、有机酸及有机酸酯和小分子醇。二氧化碳、碳酸氢钠等含碳的无机物称为无机碳源。

按照碳源对反硝化效率的影响，外加碳源通常分为两类：第一类是易生物降解的小分子有机物，第二类为可慢速生物降解的大分子有机物。魏海娟等[66]分析了北京市某地区排放的生活污水水质情况，比对以上两种碳源对同步硝化反硝化作用的影响做了对比。

从表6-2中可以看出，实际生活污水中的$\rho_{NH_4^+\text{-}N}$比普通生活污水中的$\rho_{NH_4^+\text{-}N}$高（大多数生活污水中$\rho_{NH_4^+\text{-}N}$约为50mg/L），ρ_C/ρ_N较低，约为3.0。

表6-2 废水水质指标

指标	pH值	ρ_{COD}/(mg/L)	ρ_{BOD}/(mg/L)	$\rho_{NH_4^+\text{-}N}$/(mg/L)	$\rho_{NO_3^-\text{-}N}$/(mg/L)	ρ_{TN}/(mg/L)
波动范围	7.2～8.0	200～300	90～200	60～100	0.42～1.50	80～110

以淀粉、葡萄糖、甲醇作为外加有机碳源对同步硝化反硝化的影响如图6-2所示。

从图6-2中可以看出，甲醇的添加对各项指标的去除率都是最明显的，但是甲醇价格高，且有毒性，容易造成二次污染；葡萄糖作为小分子的有机碳源，能达到排放标准（GB 18918—2002），但是降解速率快、运行成本高；淀粉等大分子有机碳源虽然在某些方面没有小分子有机碳源效果明显，但是降解速率慢、价格低廉，成为控释碳源复合材料的主力。

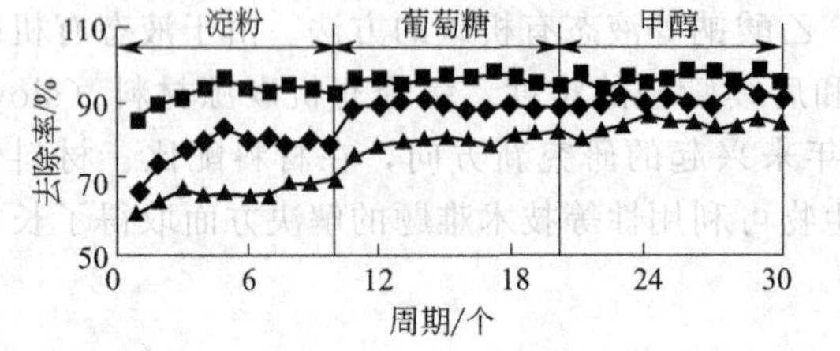

图6-2 添加不同碳源时COD、NH_4^+-N和TN去除效果

—◆—COD去除率；—■—NH_4^+-N去除率；—▲—TN去除率

植物作为一种天然纤维素原料，分解时能释放出体内富含的有机物质。将植物材料补充于水处理填料中，作为碳源的储存库，利用植物材料分解释放的有机物质作为反硝化碳源提高脱氮效率，理论上具有一次添加长期释放、后续管理方便的特点。天然植物纤维由于具有价廉、易得、有机质含量高等特点，近年来国内研究很多。

赵联芳等[67]对木屑、玉米秸秆、芦苇秆、稻壳四种材料作为外加天然植物碳源对人工湿地的脱氮效率的影响做了研究和对比。实验中，有机物释放量Δm为单位质量的植物材料释放出的有机物量：

$$\Delta m=\frac{(C_t-C_0)V}{2}$$

式中，C_t、C_0分别为t时刻和初始配水中测定的高锰酸盐指数；V为水体积，为1L试验采用2g植物材料。玉米秸秆、芦苇秆、稻壳及木屑四种植物材料的有机物随时间的释放特点如图6-3所示。

由图6-3中可以看出，玉米秸秆释放的有机物随时间波动性大，且经试验发现，伴随其分解释放出大量N、P，会恶化水质；短时间内稻壳、木屑的有机物释放量较低；芦苇秆有机物释放量较稳定，且释放的N、P浓度较低。

此外，污泥（尤其是初沉污泥）作为生物处理系统的碳源也很具发展潜力[68]。通过生物热解、化学水解及生物水解等，可将其中的固态有机物转化为易于生物利用的低分子溶解态有机物（即快速碳源），重新投加于污水处理系统，从而获得较高的脱氮除磷效率。Rong等[69]对用臭氧氧化污泥作为反硝化碳源进行了研究，研究结果表明，由于臭氧氧化污泥中含有氨，用它作为反硝化碳源不能完全去除氨。Diafer等[70]采用湿式氧化法处理污泥，处理后的污泥可直接用于填埋；用处理后的上层清液作为反硝化菌的碳源，效果令人满意。

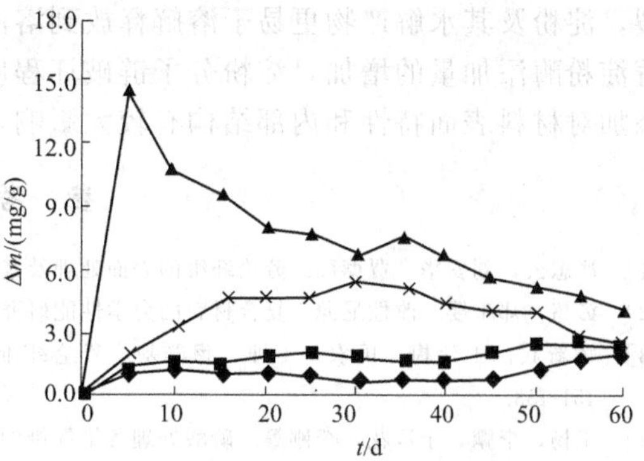

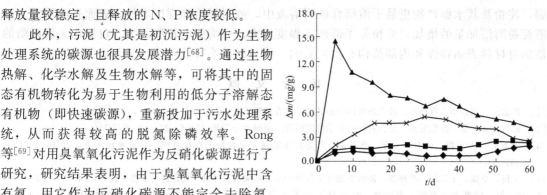

图 6-3　四种植物材料的有机物随时间的释放特点
—◆—木屑；—■—稻壳；—▲—玉米秸秆；—×—芦苇秆

三、缓释有机碳源复合材料

研究结果表明，碳源释碳速率是脱氮的控制性因素。现有固态碳源均为天然材料，存在释碳速率不可控的缺点。若投加不足，会导致亚硝酸盐积累；而投加过量，则存在有机物二次污染等问题。因此，筛选和制备合理的可控释碳材料成为地下水原位脱氮研究的重要内容。

缓释碳源材料（slow-release organic carbon-source，SOC）不仅应具有释碳能力，而且要具备一定的力学性能，以满足地下水原位生物脱氮的工程技术要求。张大奕等[71]开发的缓释碳源材料选择玉米淀粉作为碳源原料，PVA为骨架载体，通过湿法共混低温冻胶技术成型，力学性能达到21.77～69.07MPa，工艺流程如图6-4所示。制备过程是：首先将淀粉与水加入反应釜中，加热至40～70℃，恒温搅拌，糊化1～3h。然后将反应体系升温至80～120℃，加入PVA恒温搅拌1h。最后取出混合物注入模具，至室温后转移至低温箱－12℃冷冻成型。

采用SEM对各种材料的表面进行测试，结果如图6-5所示。从图中可知，SOC系列材料中，PVA与淀粉共混获得的两相体系中，当淀粉含量低时，PVA为连续相，淀粉为分散相，PVA对淀粉具有良好的包覆作用；当淀粉含量高时，两相结构发生逆转，即淀粉成为连续相，PVA成为起到增韧增强作用的填充物，控制淀粉释放能力。

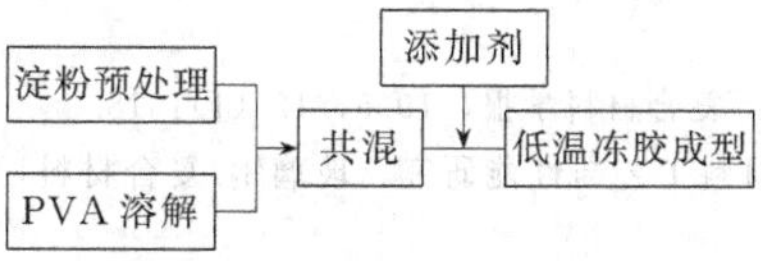

图 6-4　SOC材料制备工艺流程

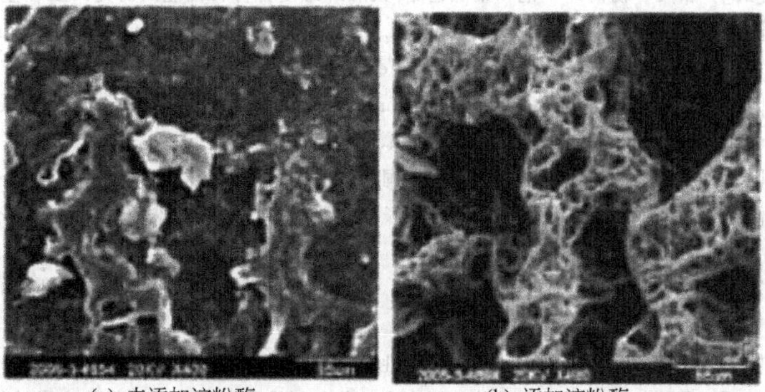

(a) 未添加淀粉酶　(b) 添加淀粉酶

图 6-5　SOC系列材料SEM结果

在添加α-淀粉酶的SOC材料中，其表面孔洞显著增大，骨架物质（PVA）交联缠绕结构凸显。主要原因是α-淀粉酶可将淀粉颗粒水解为短链分子片段，使其高分子链结构发生断裂，淀粉及其水解产物更易于溶解释放到溶液中，故材料溶蚀程度增加，表面孔隙增大。随着淀粉酶添加量的增加，淀粉分子链破坏程度加大，可溶解的程度加大。可看出α-淀粉酶的添加对材料表面特性和内部结构有较大影响，使材料减小释放阻力，显著增大溶蚀性。

参考文献

[1] 严志云，刘安华，贾德民. 芳纶纤维的表面处理及其在橡胶工业中的应用. 橡胶工业，2004，51：56-60.

[2] 彭超，郑玉婴. 改性尼龙6复合材料的力学性能研究. 福州大学学报，2006，34（4）：543-546.

[3] 黄新武，王廷梅，田农，王坤，薛群基. 芳纶纤维增强丁腈橡胶的摩擦性能. 合成橡胶工业，2006，29（6）：451-453.

[4] 王杨，李鹏，于运花，李刚等. 磷酸处理芳纶纤维的缠绕环氧树脂基体. 复合材料学报，2007，24（5）：33-37.

[5] 黄玉松，陈跃如，邵军，李明利. 超高分子量聚乙烯纤维复合材料的研究进展. 工程塑料应用，2005，33（11）：69-73.

[6] 王楠，张慧萍，晏雄. 高性能聚乙烯纤维及其复合材料的进展. 玻璃钢/复合材料，2003，（2）：47-50.

[7] 宋国君，王俊霞，吴涛等. 预处理PA6短纤维与橡胶复合材料的研究. 弹性体，1996，6（1）：33-38.

[8] 应晓，朱逢吾，肖纪美. 尼龙纤维增强DMF水泥的力学性能研究. 华南理工大学学报：自然科学版，2000，28（1）：103-109.

[9] 于德海，谢大荣，陈海峰. 尼龙短纤维增强PVC复合材料研究. 高分子材料科学与工程，1997，13（2）：113-115.

[10] 韩志超，刘俊龙. 麻纤维增强聚合物复合材料的研究进展. 塑料科技，2007，35：10.

[11] 杨桂成，曾汉民，张维邦. 剑麻纤维的热处理及热行为的研究. 纤维素科学与技术，1995，3（4）：15-19.

[12] Xie X L，Li K Y，Mai Y W，et al. Structural properties and mechanical behavior of injection molded composites of polypropylene and sisal fibre. Polym Compos，2002，23：319.

[13] 唐建国，胡克鳌. 天然植物的改性与树脂基复合材料. 高分子通报，1998，（2）：56-62.

[14] 梅冬生. 钛酸酯偶联剂及其应用. 塑料助剂，1998，（3）：12-15.

[15] 赵义平，刘敏江，张环. 热塑性树脂/植物纤维复合材料的纤维改性方法. 中国塑料，2001，15（12）：17-20.

[16] 顾里之. 纤维增强复合材料. 北京：机械工业出版社，1988.

[17] Panthapulakkal S，Sain M. Injection-molded short hemp fiber/glass fiber-reinforced polypropylene hybrid composites-mechanical，water absorption and thermal properties. Journal of Applied Polymer Science，2007，103：2432-2441.

[18] Keller A. Compounding and mechanical properties of biodegradable hemp fiber composites. Composites Sci Tech，2003，63：1307-1316.

[19] Rouison D，Sain M，Couturier M. Resin transfer molding of hemp fiber composites：Optimization of the process and mechanical properties of the materials. Composites Sci Tech，2006，66：895-906.

[20] 雷文，杨涛. 不饱和聚酯树脂/大麻纤维复合材料性能的研究. 工程塑料应用，2008，36（4）：25-29.

[21] Dhakal H N，Zhang Z Y，et al. The low velocity impact response of non-woven hemp fibre reinforced unsaturated polyester composites. Composites Structures，2007，81（4）：559-567.

[22] Ozturk S. The effect of fiber content on the mechanical properties of hemp and basalt fiber reinforced phenol formaldehyde composites. J Mater Sci，2005，40（17）：4585-4592.

[23] 郑融，冼杏娟，叶颖薇，冼定国. 黄麻纤维/环氧复合材料及其性能分析. 复合材料学报，1995，12（1）：18.

[24] 曾竞成，肖加余，梁重云，张长安，张纯禹. 黄麻纤维增强聚合物复合材料工艺与性能研究. 玻璃钢/复合材料，2001，2：30.

[25] 杨亚洲，佟金，马云海，徐杰. 改性黄麻纤维和酚醛树脂复合材料的力学性能. 吉林农业大学学报，2009，31（6）：788-792.

[26] 王福玲，梅启林，杜明等. 改性黄麻纤维增强聚氨酯硬泡性能的研究. 聚氨酯工业，2006，21（2）：12-14.

[27] 赵磊，俞建勇，刘丽芳，罗永康. 黄麻纤维毡增强复合材料的力学性能研究. 山东纺织科技，2008，5：8-11.

[28] 张安定，马胜，丁辛，王依民. 黄麻纤维增强聚丙烯的力学性能. 玻璃钢/复合材料，2004，2：3.

[29] 刘晓烨，戴干策. 黄麻纤维增强聚丙烯界面剪切强度的研究. 中国塑料，2007，21（7）：24-28.

[30] Shima K，Mizoguehi H，et al. Effect of pellet geometry and water absorption on strength of long jute fiber reinforced polypropylene. J Soc Mat Sci Jpn，2002，51（7）：826.

[31] Dieu T V, Phai L T, Ngoc P M, et al. Study on preparation of polymer composites based on polypropylene reinforced by jute fibers. JSME International Journal. Series A, 2004, 47 (4): 547.

[32] Takemura K. Static and creep properties of jute fiber reinforced plastics //Proc of Second Imernationa Workshop on Green Composites, Yamaguchi, Japan: Jpn Soc Mat Sci. 2004: 41.

[33] 郭伟娜，潘志娟. 精细化黄麻纤维毡增强 PLA 复合材料的制备及其力学性能. 国外丝绸，2009，4：9-12.

[34] 曲微微，俞建勇等. 可降解黄麻/PBS 复合材料的结构与力学性能. 纺织学报，2008，29 (8)：52-55.

[35] Liu L, Yu J, et al. Mechanical properties of poly (butylenesuccinate) (PBS) biocomposites reinforced with surface modified jutefibre. Composites: Part A, 2009, 40: 669-674.

[36] 梁小波，杨桂成，曾汉民. 表面处理对剑麻纤维表面状况及热性能的影响. 广东化工，2004，(1)：12-14.

[37] 许瑞，徐闻，程赫鹏. 亚麻/LLDPE 复合材料力学性能的研究. 复合材料学报，2002，19 (5)：14-21.

[38] 韩志超，刘俊龙. 麻纤维增强聚合物复合材料的研究进展. 塑料科技，2007，35 (10)：112-116.

[39] 张文华，王立多. 聚乙烯/亚麻纤维复合材料的性能研究. 化学建材，2009，25 (3)：13-15.

[40] 高留意，王立多，赵梓年. 增容方法对聚丙烯/亚麻纤维性能的影响. 现代塑料加工应用，2009，21 (2)：35-38.

[41] 韩志超，迟红训等. 丙烯酸甲酯接枝亚麻纤维及其在 PVC/亚麻复合材料中的应用. 大连工业大学学报，2008，27 (3)：241-244.

[42] 王春红，王瑞等. 麻纤维增强完全可降解复合材料的制备及性能研究. 塑料，2008，37 (2)：46-50.

[43] 王春红，王瑞等. 亚麻落麻纤维/聚乳酸基完全可降解复合材料的成型工艺. 复合材料学报，2008，25 (2)：63-67.

[44] 张文娜，李亚滨. 亚麻纤维增强聚乳酸复合材料的制备与性能表征. 纺织学报，2009，30 (6)：49-54.

[45] 王瑞，牛海涛，焦晓宁. 亚麻/低熔点聚酯纤维热塑性复合材料性能研究. 天津工业大学学报，2005，24 (4)：1-4.

[46] 刘丽妍，王瑞. 亚麻纤维增强热固性树脂复合材料板材的研究. 玻璃钢/复合材料，2004，(4)：29-33.

[47] 冼杏娟，冼定国，郑维平等. 竹纤维增强复合材料力学性能及微观结构分析. 复合材料学报，1988，5 (3)：7-16.

[48] 张卫勤，马利锋，林克发. 竹/塑复合材料的开发研究. 塑料加工，2001，37 (6)：23-26.

[49] 党江涛，郑志银. 单向竹纤维增强聚合物的拉伸性能. 力学季刊，2006，27 (4)：719-725.

[50] 王春红，王瑞，沈路，姜兆辉. 竹原纤维增强聚乳酸完全可降解材料的性能研究. 工程塑料，2008，36 (1)：8-11.

[51] 杨勇. 竹纤维增强 PP 复合材料的研究. 塑料，2004，33 (3)：47-50.

[52] 孙正军，程强，江泽慧. 竹丝/环氧复合材料力学性能. 航空制造技术，2008，6：89-91.

[53] 周松，王静怡，张再昌等. 纳米 SiO_2/竹纤维/环氧树脂复合材料性能研究. 塑料助剂，2009，2：47-50.

[54] 李欣欣，普萨那，张伟，韩哲文，吴平平. 天然椰壳纤维及其增强复合材料. 上海化工，1999，14：28-30.

[55] Vama D S, et al. J Reinf Plast & Comp, 1985, 4: 419-426.

[56] Owolabi O, et al. J Appl Polym Sci, 1988, 35 : 573-582.

[57] Arumugam N, et al. J Appl Polym Sci, 1989, 37 : 2645-2659.

[58] Gethamma V G, et al. J Appl Polym Sci, 1995, 55 (4) : 583-594.

[59] 冼杏娟等. 竹纤维增强树脂复合材料及其微观形貌. 北京：科学出版社，1995.

[60] 曹勇，陈鹤梅. 甘蔗渣纤维增强可降解复合材料的制备与弯曲模量的预测. 高分子材料科学与工程，2006，4 (22)：188-191.

[61] 曹勇，合田公一，吴义强. 甘蔗渣纤维增强聚丙烯复合材料的制备和力学性能. 复合材料学报，2007，6 (24)：1-6.

[62] 曹勇，合田公一，吴义强. 甘蔗渣纤维统计强度及纤维增强可降解复合材料拉伸强度的评价. 高分子材料科学与工程，2008，3 (24)：90-96.

[63] 曹勇，柴田信一. 甘蔗渣的碱处理对其纤维增强全降解复合材料的影响. 复合材料学报，2006，3 (23)：60-66.

[64] 郑玉涛，陈就记，王东山，曹德榕. 偶联剂与甘蔗渣/PVC 复合材料性能的研究. 中国塑料，2005，6 (19)：94-98.

[65] 王允，张旭，张大奕，李广贺，周贵忠. 用于地下水原位生物脱氮的缓释碳源材料性能研究. 环境科学，2008，29 (8)：2183-2188.

[66] 魏海娟，张永祥，蒋源，张璨. 碳源对生物膜同步硝化反硝化脱氮影响. 北京工业大学学报，2010，36 (4)：506-510,545.

[67] 赵联芳，朱伟，高青．补充植物碳源提高人工湿地脱氮效率．解放军理工大学学报：自然科学版，2009，10（6）：644-649.
[68] 王守仁，王增长，宋秀兰．污泥处理技术发展．水资源保护，2010，26（1）：80-83.
[69] Rong Cui，Deokjin J. Nitrogen control in AO process with recirculation of solubilized excess sludge. Water Res，2004，(38)：1159-1172.
[70] Diafer M Luckm，Rose J P，et al. Transforming sludge into a recyclable and valuable carbon source by wet airoxidation. Wat Sci Tech，2000，41（8）：77-83.
[71] 张大奕，李广贺，王允，周贵忠，张文静．缓释有机碳源材料释碳模型与生物脱氮效应．清华大学学报：自然科学版，2009，49（9）：1507-1511.

第七章 矿物与晶须复合材料

第一节 矿物插层复合材料

许多天然矿物，如层状硅酸盐、石墨等，具有典型的层状结构，层间往往具有某种活性。某些有机、金属有机、有机聚合物（或其单体）可以通过一定途径插入这些矿物的层间，形成有机/无机复合材料。这些层状矿物的结构特点是：呈层状堆积，每层结构紧密，但层间存在空隙，其每层厚度和层间距离多数在纳米尺度范围内。插层法是制备有机/无机复合材料的重要方法之一。

一、矿物插层方法

按照复合的过程，插层法大致可以分为三种。

（一）插层聚合

将聚合物单体和层状无机物分别溶解分散到某一溶剂中，充分溶解分散后，混合到一起，搅拌一定时间，使单体进入无机物层间，然后在合适的条件下使单体聚合。由于小分子的聚合物单体较聚合物大分子小许多，较容易插入无机物的层间，使用范围较广。用此方法，根据需要既能形成线型聚合，又能形成网状聚合，形成复合材料的性能范围很广。

（二）聚合物溶液插层

它是通过聚合物溶液将聚合物直接嵌入层状无机物层间的方法。将聚合物大分子和层状无机物一起加入某一溶剂，搅拌使其分散在溶剂中，并实现聚合物层间插入。聚合物溶液插层的关键是寻找合适的单体和相容的聚合物-黏土共溶剂体系，但大量的溶剂不易回收，对环境不利。

（三）聚合物熔融插层

先将层状无机物与聚合物混合，再将混合物加热到熔融状态下，在静止或剪切力的作用下实现聚合物插入层状无机物的层间。该方法不需要溶剂，可直接加工，易于工业化生产，且适用面较广。

插层法从整体上来说工艺较简单，原料来源丰富、价廉。插层聚合法合成材料可以提高材料的力学性能，降低成本。溶液插层法利用层状孔道使分子有规则排列，所得聚合物结构更规整，具有各向异性，在合成功能材料方面具有较大优势。熔体插层与其他插层相比，工艺简单，不需任何溶剂，易于工业化应用。

二、矿物插层复合材料的类型

从结构的观点来看，聚合物层状硅酸盐纳米复合材料可以分成以下三种类型。

（一）普通型

这种聚合物层状硅酸盐复合材料中，无机物片层紧密堆积，分散相状态为大尺寸的颗粒状，层状硅酸盐的颗粒分散在聚合物基体中，但聚合物与层状硅酸盐的接触仅局限于层状硅酸盐的颗粒表面，聚合物没有进入层状硅酸盐颗粒中，无机物片层之间并无聚合物插入。

（二）插层型

这种聚合物层状硅酸盐纳米复合材料中，无机物片层之间通常有少量聚合物分子嵌入，一般无机物片层间只有1～2层聚合物分子进入，使其层间距扩大，而其层状结构的框架并没有发生变化，无机物颗粒在聚合物中保持着“近程有序，远程无序”的层状堆积的骨架结构。由于高分子链输运特性在层间受限空间与层外自由空间有很大的差异，因此插层型聚合物层状硅酸盐纳米复合材料可作为各向异性的功能材料。

（三）剥离型

这种聚合物层状硅酸盐纳米复合材料中，厚度为数量级的无机物片层独立均匀地分散于聚合物中，无机物分散程度接近于分子水平，此时无机物片层与聚合物实现了纳米尺度的均匀复合。剥离型聚合物层状硅酸盐纳米复合材料具有很强的增强效应，是理想的强韧型材料。

三、矿物插层复合材料的研究进展

（一）层状矿物的有机化处理

天然层状矿物是片层结构，层间距在纳米尺度范围内，层间是水合的 Na^{+}、Ca^{2+} 等可交换无机阳离子，这种亲水的微环境不利于插层反应的进行。这就需要进行离子交换，用有机阳离子去改变层状矿物片层的极性，降低其片层的表面能，以增加两相间的亲和性。这样的有机阳离子就称为插层剂。常用的插层剂为长链的季铵盐，在改变其层间微环境的同时，由于季铵盐体积较大，进入层间后可使层间距扩大，削弱了片层间的作用力，因而有利于插层反应的进行。利用插层复合法制备聚合物/层状矿物复合材料都必须经过层状矿物的有机化处理这一步骤，层状矿物有机化处理得好坏，直接影响所制备的复合材料的性能。因此，可以认为层状的有机化处理是制备矿物插层复合材料的一个关键因素。

（二）矿物插层复合材料的研究进展

矿物插层复合材料与常规聚合物基复合材料相比，具有以下特点：①只需少量层状矿物即可使复合材料获得较高的强度、弹性模量、韧性及阻隔性能等；②具有优良的热稳定性及尺寸稳定性；③因为层状矿物在二维方向上起增强作用，其力学性能等优于纤维增强聚合体系；④由于层状呈片层平面择优取向，因此膜材具有很高的阻隔性；⑤我国有丰富的层状矿物资源，且价格低廉。

目前，有关聚合物蒙脱石纳米复合材料的研究非常活跃，1993年，Usukj 等[1]用十二～十八烷基氨基酸作插层剂对钠基蒙脱石进行离子交换处理，使蒙脱石层间被撑开，然后将ε-己内酰胺插入蒙脱石的层间，在常规条件下进行原位聚合，得到了聚酰胺6/黏土纳米复合材料。漆宗能、李强等[2]则简化了 PLS 纳米复合材料的制备过程，将蒙脱石离子交换、己内酰胺单体插入以及单体聚合在同一分散体系中一步完成，制备了尼龙6/黏土纳米复合材料。R. A. Vaia[3]先用十八烷基溴化铵处理蒙脱石，然后直接将熔融的聚苯乙烯插入蒙脱石层间，得到了 PLS 纳米复合材料。

与蒙脱石类似，高岭石、蛭石、云母、石墨等层状矿物也可通过有机化处理得到插层复合材料。聚丙烯腈/高岭石复合材料是最早报道的一例聚合物/高岭石复合材料。1988年 Y. Sugahara 报道了用两步置换的方式，使丙烯腈插入高岭石层间，通过加热实现了丙烯腈的原位聚合，得到了聚丙烯腈/高岭石纳米复合材料[4]。韩炜等[5]以十六烷基三甲基溴化铵为插层剂，用球磨法对蛭石进行了快速有机插层，用熔融共混法制备出天然橡胶/有机蛭石纳米复合材料。用XRD、SEM、TEM对其微观结构进行了表征与分析，证明蛭石以纳米片层分散在天然橡胶基体中。力学性能测试表明，复合材料拉伸强度、扯断伸长率、300%定伸强度、邵尔A硬度、撕裂强度得到明显的改善。DMA、DSC测试表明，复合材料的模量有明显的提高，而玻璃化温度无明显变化。可见有机插层蛭石对天然橡胶的综合性能具有较明显的改善作用。张泽朋等[6]采用溶液插层法制备了CR/有机蛭石纳米复合材料，探讨了CR插入有机蛭石的作用机理，研究了溶剂种类、插层温度、插层时间和有机蛭石用量对插层效果的影响。结果表明，CR溶剂为四氢呋喃、插层温度为65℃、插层时间为48h、有机蛭石用量为3～5份时，插层效果良好。余剑英等[7]用十六烷基三甲基溴化铵对膨胀蛭石进行了有机化处理，并用熔融法制备了酚醛树脂/有机蛭石插层纳米复合材料。通过XRD、AFM、TGA测试分析了所制备的复合材料的结构与热性能。结果表明，酚醛树脂能插层于蛭石片层中，制得的酚醛树脂/蛭石插层纳米复合材料的耐热性有了很大程度的提高。刘婷婷等[8]研究了高岭土、云母、滑石三种常见的层状硅酸盐矿物在聚合物中作为填料对聚合物的刚性、尺寸稳定性及其他物理化学性能（如抗压缩性、抗冲击性、耐腐蚀性、电绝缘性）有显著的影响 。滑石粉可以提高填充材料的刚度、冲击强度、硬度和降低线膨胀系数等；高岭土可增大材料的体积，提高塑料的绝缘强度、电阻，增强对红外线阻隔效果等；白云母有利于提高聚丙烯的刚性、屈服强度、冲击强度和断裂伸长率等。聚合物/层状矿物纳米材料的制备作为新兴的技术有着广阔的应用前景。

第二节　矿物共混复合材料

共混法类似于聚合物的共混改性，是聚合物与无机粉体粒子的共混，该法是制备复合材料最简单的方法，适合于各种形态的粒子。共混法是首先制备合成出各种形态的矿物粒子，再通过各种方式将其与有机聚合物混合。

一、共混方法

（一）溶液共混

把聚合物基体溶解于适当的溶剂中，然后加入矿物粒子，充分搅拌溶液，使粒子在溶液中分散混合均匀，除去溶剂或使之聚合制得样品。

（二）悬浮液或乳液共混

与溶液共混方法相似，只是用悬浮液或乳液代替溶液。

（三）熔融共混

将表面处理过的矿物材料与聚合物混合，经过塑化、分散等过程，使纳米材料以纳米水平分散于聚合物基体中，达到对聚合物改性的目的。该方法的优点是与普通的聚合物共混改性相似，易实行工业化生产。

对于共混法来说，如何保护矿物粉体的良好分散状态，一直是非常难以解决的问题。由于矿物粉体具有很高的表面能，容易团聚成大的颗粒以降低能量，导致矿物粉体在聚合物基体中团聚形成应力缺陷，影响复合材料的性能。此外，矿物粉体表面一般为亲水性的，与聚合物基体的相容性较差，在实际的生产应用中，需对矿物粉体进行表面改性来提高矿物粉体与基体材料的黏结性，达到提高复合材料性能的目的。

二、矿物粉体的表面改性

采用物理或化学方法对粉体颗粒进行表面处理，有目的地改变其表面物理化学性质，称为表面改性，又称表面修饰。可通过粉体表面改性增加粉体颗粒间的斥力，降低粉体颗粒间的引力，使其易于分散，提高粉体的应用性能。通过对粉体的表面改性，可以达到以下的目的：① 改善或改变粉体的分散性；②提高微粒表面的活性；③使微粒表面产生新的物理、化学、力学性能及新的功能；④改善粉体粒子与其他物质之间的相容性。

（一）粉体表面改性的机理

粉体表面改性的机理是超细粉体表面与表面改性剂发生作用，改善粒子表面的可润湿性，增强粒子在介质中的界面相容性，使粒子容易在有机化合物或水中分散。表面改性剂分子结构必须具有易与粒子表面产生作用的特征基团，这种特征基团可以通过表面改性剂的分子结构设计而获得。根据粒子与改性剂表面发生作用的方式，改性机理可分为包覆改性和偶联改性等。

1. 粉体表面覆盖改性

表面覆盖法是用无机化合物或有机化合物（水溶性或油溶性高分子化合物及脂肪酸皂等）对粒子表面进行覆盖，对粒子的团聚起到减弱或屏蔽作用，由于包覆物而产生了空间位阻斥力，使粒子再团聚十分困难，从而达到改性的目的。

2. 超细粉体表面偶联改性

偶联改性是粒子表面发生化学偶联反应，两组分之间除了范德华力、氢键或配位键相互作用外，还有离子键或共价键的结合。粒子表面经偶联剂处理后可以与有机物产生很好的相容性。偶联剂分子必须具备两种基团：一种与无机物粒子表面或制备纳米粒子的前驱物进行化学反应；另一种（有机官能团）与有机物基体具有反应性或相容性。由于偶联剂改性操作较容易，偶联剂选择较多，所以该方法在纳米复合材料中应用较多。制备聚甲基丙烯酸甲酯/二氧化硅纳米复合材料时，用甲基丙酰氧基丙基三甲氧基硅烷作偶联剂，其碳碳双键与聚甲基丙烯酸甲酯共聚，丙基三甲氧基硅烷基团则与正硅酸乙酯水解生成二氧化硅键合，从而使复合体系分散均匀且稳定。

（二）表面改性的方法

粉体表面改性方法有多种分类，概括来说，主要方法是在粉体表面包覆或反应生成其他物质，改变粉体原有性质。改性可分为物理法和化学法。

1. 物理法表面改性

物理法包括表面包覆改性、高能表面改性和沉淀反应改性。表面包覆改性是利用黏附力，将改性剂覆盖于矿物粉体表面，也包括利用吸附、附着及简单化学反应或沉积现象进行的包覆。高能表面改性是利用等离子体、电晕放电、紫外线等手段，对粉体表面进行改性。其中近年来较新的研究是微波等离子体聚合法，是指颗粒在离开等离子区时，表面带有高密度的相同符号的电荷，可以有效防止颗粒间的团聚，这一特点是其他气相反应如惰性气体沉积或传统的化学气相合成所不具备的。既可以在纳米粉体外包覆陶瓷粉体，也可以在纳米粉体外包覆有机高分子。高能表面改性不需用改性剂，不存在环境污染的问题，但由于此法技术复杂、成本高，在粉体表面改性方面的实际应用还不多见。沉淀反应改性是利用化学反应，将无机物或有机物在矿物粉体表面沉积一层或多层改性剂。

2. 化学法表面改性

化学法包括机械力化学改性和表面化学改性。机械力化学改性是指通过粉碎、摩擦等机械方法，使矿物粉体晶格结构、晶型等发生变化，体系内能增大，温度升高，促使粒子熔解、热分解、产生游离基或离子，增强粉体表面活性，促使粉体和其他物质发生化学反应或相互附着，达到表面改性的目的。表面化学改性是利用表面改性剂中的有机官能团，与矿物粉体表面进行化学反应或化学吸附进行表面改性。改性可分为有机表面改性、聚合物表面改性和复合表面改性。

(1) 有机表面改性 通过粉末粒子本身所含有的极性基团或者表面的自由质子（来源于粉末粒子表面的结合水、结晶水、化学吸附水或者物理吸附水），与表面改性剂的极性基团形成一定的化学键，而改性剂的非极性部分向外，规整的空间结构以及范德华力的作用，形成一层包覆膜，从而降低表面张力，提高分散性。

(2) 聚合物表面改性 用聚合物处理无机粉体，具有颗粒表面包覆均匀、包覆效果好、改性后颗粒与聚合物相容性好、表面包覆的聚合物定性定量可控等优点，最近引起了人们的广泛注意和进行了很多研究。研究发现，在无机粉体表面包覆一层有机高分子物质可以很好地改善材料的性能，目前国内外对无机粒子的胶囊化研究越来越多，主要有接枝聚合法、乳液聚合法和界面缩聚法。

(3) 复合表面改性 为了获得应用性能更佳的粒子产品，根据表面处理的要求，通常不止采用一种表面处理剂，而是采用两种或多种表面处理剂，使处理剂同时或一层层包覆在粒子表面，获得更好的效果。例如，在对二氧化钛进行表面处理时，经用硅或铝的盐进行湿法表面处理后，再用季戊四醇进行干法表面处理，这种二氧化钛产品内包膜为二氧化硅（或氧化铝），外包膜为季戊四醇，此产品具有良好的分散性和润湿性，可以广泛应用于橡胶和合成纤维的着色以及印刷油墨等领域中。郑典模用硬脂酸、二（磷酸二辛酯）钛酸乙二酯和聚乙二醇对碳酸钙进行复合改性处理，发现采用复合改性剂的改性效果优于采用单一改性剂。

三、矿物共混复合材料

（一）碳酸钙改性复合材料

碳酸钙（$CaCO_3$）作为一种通用填料，具有价格低廉、来源丰富、无毒、无味、白色、粒径可控、容易包裹改性、容易共混等特点。传统上，人们在塑料中加入碳酸钙，主要是为了降低聚合物制品的成本，提高其刚性、耐热性、尺寸稳定性、遮盖性等，但它的加入也会使材料的抗冲击性能下降和加工性能变差。近年来，随着填料粒子超细化技术和高效表面活性剂的开发与应用，以及对聚合物增韧规律与本质的进一步认识，聚合物的填充改性已从最初简单的增量增强，上升到增强增韧的新高度。人们在应用无机碳酸钙粒子作为增韧剂既提高塑料韧性又保持原有模量方面进行了开拓性的研究，为开发高刚性、高韧性的高分子结构材料展现了广阔的前景。

对于碳酸钙填充聚合物体系，要使碳酸钙起到增韧作用，控制粒径是一个关键的因素。一般而言，碳酸钙粒子粒径越小，其增韧效果越好，达到增韧效果的临界用量也越小。傅强等[9]则选用粒径分别为 6.6μm、7.44μm 和 15.9μm 三种不同粒径的碳酸钙粒子填充 HDPE，发现 HDPE/$CaCO_3$ 体系的冲击强度随碳酸钙用量的增加呈非连续性变化，碳酸钙用量存在一临界值，当用量低于临界值时，没有增韧作用；当用量高于临界值时，冲击强度突然增加。对于上述三种粒径的碳酸钙，其临界体积分数分别为 9.3%、10.7%、22.3%。碳酸钙粒径越小，其临界体积分数越小，冲击强度越大，当碳酸钙粒径较大（如 15.9μm）时，几乎没有增韧作用。胡圣飞等[10]用纳米级碳酸钙填充 PVC/PE-C（氯化聚乙烯）复合材料，发现随碳酸钙用量的增大，复合材料的冲击强度逐渐增大，在碳酸钙用量为 10%时达最大值 8.9kJ/m^2，是 PVC/PE-C 二元体系的近 2 倍。此后，复合材料的冲击强度随碳酸钙用量的增加而下降，且当碳酸钙用量达 20%时，其冲击强度降至 PVC/PE-C 二元体系之下。对于轻质碳酸钙填充体系，随碳酸钙用量的增加，复合材料的冲击强度呈直线下降趋势。

为使应力能够顺利传递，基体与碳酸钙粒子之间必须有适当的界面黏结性。为此必须对碳酸钙粒子进行表面处理，使表面改性剂在基体与填料之间形成弹性界面层，有效地传递和松弛界面上的应力，更好地吸收和分散外界冲击能。为改善界面黏结性，于建等[11]采用三种分子链不同的烷基羧酸盐 A_1、A_2、A_3（分子链长依次增大）作为偶联剂对碳酸钙粒子进行表面改性。实验结果表明，对于 A_1 或 A_2，由于分子链较短，不能与大分子基体进行很好的缠结并形成有效的界面层，所以它们的填充体系没有发生脆韧转变。而长链烷基羧酸盐 A_3 对 HDPE/$CaCO_3$ 复合材料体系有良好的偶联效果，该体系不仅综合性能好，而且冲击韧性高。在偶联剂用量为1.5%、碳酸钙添加量为50%时，体系的缺口冲击强度可比 HDPE 提高5.2倍。

（二）层链状硅酸盐改性复合材料

层链状硅酸盐的天然一维棒晶或棒状结构决定了其是制备聚合物复合材料的理想矿物资源，可以在微米填充和纳米增强两个水平上与聚合物进行复合，得到性能良好的复合材料。凹凸棒石、海泡石、硅灰石、纤蛇纹石等作为复合材料的增强体的研究已较多。

1. 热固性树脂基复合材料

杨德安等[12]采用预浸料模压工艺制备了纳米凹凸棒石（Attap）/短碳纤维/BMI 树脂复合材料，分析了纳米凹凸棒石对复合材料的增强与增韧作用，当其质量分数为5%～6%时，弯曲强度和冲击强度分别提高了30%和57%。陆盘芳[13]等以独特的松解方法对海泡石原矿进行分散，然后采用季铵盐对其进行有机改性处理，最后将有机海泡石纤维均匀分散到不饱和聚酯中，加入引发剂、促进剂和交联剂，使不饱和聚酯交联制得纳米复合材料。用 SEM、FTIR 对复合体系的分散效果进行了分析和表征，并用差热分析方法对其热稳定性能进行了研究。结果表明，海泡石纤维以纳米级水平均匀分散在不饱和聚酯中，纳米复合材料的热分解温度也得到了明显提高。与 UP 相比，纳米复合材料的热分解温度提高了将近14%。郑亚萍[14]等采用海泡石，制备了环氧树脂纳米复合材料，采用胶化时间、X 射线衍射、扫描电子显微镜及力学性能等测试方法研究了海泡石对环氧树脂基体反应性、力学性能及热性能的影响。结果表明，海泡石对环氧树脂的工艺性没有影响，当海泡石含量为1%时，可使环氧树脂的玻璃化温度提高近50℃，冲击强度提高5倍，弯曲强度提高2倍。在环氧树脂中添加针状硅灰石后，填充体系的机械强度和硬度显著提高；硅灰石表面经钛酸酯偶联剂处理后，对填充体系的增强效果更好；填充体系的机械强度随硅灰石添加量的增大先提高后降低；硅灰石粒径越小，比表面积越大，与环氧树脂的结合力越强，填充体系强度越大[15]。

2. 热塑性树脂基复合材料

Lai 等[16]通过模压法制备了聚四氟乙烯（PTFE）和酸处理 Attap 的纳米复合材料。所得 PTFE/Attap 复合材料的摩擦系数变化不大，但磨损率远低于纯 PTFE。酸处理的纳米 Attap 对于 PTFE 耐磨损性能的提高优于未处理的 Attap，其耐磨损性能随着酸处理 Attap 添加量的增大而呈现单调提高的趋势。与纯 PTFE 相比，PTFE/Attap 复合材料有更高的热吸收容量且展示出更高的耐磨损性能。高翔等[17]对 Attap 进行了有机化表面改性，并通过熔融共混法制备了聚丙烯（PP）/Attap 复合材料。结果表明，适当的表面修饰有助于 Attap 在PP 基体中实现以棒晶为基本形态的均匀分散，Attap 在提高 PP 结晶度的同时又会增大所得复合材料的强度和模量，在 Attap 含量较低时，复合材料的屈服强度、弹性模量较纯 PP 不同程度增加，但 Attap 含量较高时性能下降明显。

戈明亮[18]制备了聚丙烯（PP）/海泡石复合材料，考察了海泡石对复合材料熔融性能、结晶性能、力学性能及热变形温度的影响。结果表明：海泡石的加入提高了 PP 的结晶温度，对 PP 的结晶起到了异相成核的作用；在升温熔融过程中，由于针状的结构，体积小，易分散和运动，导致在温度达到 PP 熔点之前，PP 的晶体被破坏，从而导致 PP 熔点下降；在结晶过程中，海泡石阻碍了 PP 分子链进一步的有序排列，导致其结晶度下降；加入 3%海泡石后，PP/海泡石复合材料的拉伸强度和冲击强度比纯 PP 分别提高了 14.5%和 11.1%，改善效果不明显；加入 3%海泡石后，PP/海泡石复合材料的热变形温度比纯 PP 提高了 6℃，效果明显。S. Xie 等[19]研究了蒙脱石及海泡石纤维增强尼龙 6 复合材料，结果表明，与蒙脱石相比，海泡石纤维促进了尼龙 6 的结晶，提高了尼龙 6 的热性能及力学性能。与纯尼龙 6 比较，复合材料的热变形温度和弹性模量都提高，尤其是弹性模量提高明显；SEM 与 TEM 测试结果表明，海泡石在尼龙基体中的分散性良好。

谢刚[20]等研究了不同粒径、不同含量和不同表面处理的硅灰石对线型低密度聚乙烯（LLDPE）力学性能的影响，结果表明，未经表面改性的硅灰石/LLDPE 复合材料的拉伸强度和断裂伸长率均随硅灰石含量的增加而降低，弯曲强度、弯曲模量和硬度则随硅灰石含量的增加而增加；而经硅烷偶联剂改性的硅灰石/LLDPE 复合材料的拉伸强度、断裂伸长率、弯曲强度和弯曲模量均大幅度提高，其中拉伸强度、断裂伸长率在硅灰石含量为 20%时最大；改性后的硅灰石粒径越小，复合材料的力学性能越好。硅灰石能改善硬 PVC 的力学性能，在其表面包覆聚甲基丙烯酸甲酯（PMMA）后，对硬 PVC 的改性效果更好；不同形状硅灰石粒子具有协同效应，复合使用有利于提高复合体系力学性能；用表面包覆 PMMA 的硅灰石填充 PVC，在填充量为 50 份时，复合材料综合性能最好，其冲击强度和拉伸强度分别比未填充时提高 128%和 9%，白度提高 28%[21,22]。

3. 橡胶基复合材料

到目前为止，橡胶最理想的补强材料仍然是炭黑。但因为炭黑生产工艺复杂，价格较高，所以寻找新的廉价补强材料已成为一种趋势。由于层状硅酸盐矿物来源广泛，价格低廉，将其通过一定的途径制成改性的填充增强剂制备复合橡胶材料已成为一个热门课题。用适当的技术将层状硅酸盐进行解离，使其以棒晶-短纤维的方式分散在聚合物基体中，则会对橡胶基体产生优异的增强效果。

孙传金等[23]采用预水解的方法，用硅烷偶联剂 KH-845-4 对凹凸棒石进行有机表面改性，并制备了有机凹凸棒石/SBR 复合材料，研究了该复合材料的物理性能和结构。研究结果表明，由于硅烷偶联剂 KH-845-4 成功地包裹到了凹凸棒石的表面，并且提高了凹凸棒石和 SBR 分子之间的结合力，制得的有机凹凸棒石/SBR 复合材料具有良好的力学性能。杨超松等[24]采用不同种类的改性剂对新疆哈密硅灰石进行表面化学包覆改性，其中用硬脂酸和铝酸酯复合改性剂效果较好，红外光谱与界面接触角分析结果表明，改性硅灰石粒子表面具有亲油性。TEM 结构分析和 SEM 形貌分析表明，改性硅灰石粉料与橡胶基质相容性良好。TGA 表明，改性硅灰石/顺丁橡胶比硅灰石/顺丁橡胶提高了 25.9℃，显示其热稳定性得以提高。将改性硅灰石用于填充顺丁橡胶替代白炭黑，制备的复合硫化胶片的力学性能为：绍尔硬度 64，伸长率 610%，扯断强力 22.1MPa，磨耗量 0.039cm^3/km。研究表明，改性硅灰石可以替代白炭黑应用于顺丁橡胶。

（三）水镁石改性复合材料

纤维水镁石独特的短纤维结构使其作为聚合物的增强体使用时，可以显著提高复合材料的力学性能，纤维水镁石主要化学成分为 $Mg(OH)_2$，可释放的化学水的理论含量高达30.9%（质量分数），具有显著的阻燃作用。纤维水镁石经特殊加工可以制成长径比约为100的水镁石短纤维材料，水镁石短纤维部分或全部代替粒状无卤阻燃剂可以制成增强复合无卤阻燃剂，用于改性聚合物基体，从而得到阻燃复合材料。

1. 水镁石改性热塑性树脂基复合材料

吴惠民等[25]以聚丙烯（PP）为基体树脂，采用不同表面处理剂处理的水镁石制备了聚丙烯/水镁石无卤阻燃复合材料，探讨了不同的表面处理方法对聚丙烯/水镁石无卤阻燃复合材料阻燃性能和力学性能的影响。结果表明，用自配的复合表面处理剂进行表面改性的聚丙烯/水镁石无卤阻燃复合材料具有较好的阻燃性能和力学性能，氧指数可以达到28.0%；拉伸强度达到32.0 MPa，与空白聚丙烯的力学性能相当。向素云、臧克峰等[26]对天然水镁石填充PP与ABS塑料的性能进行了研究，得出：当水镁石的填充量达到40%以上，ABS、PP/水镁石复合材料可作为阻燃塑料使用，且具有良好的消烟性能，达到60%时可作为难燃塑料使用。哈尔滨理工大学的赵敏杰[27]也进行了水镁石纤维作为无卤阻燃剂的研究，指出水镁石短纤维对HDPE复合体系具有明显的增强作用，并且具有一定的阻燃作用。水镁石短纤维是同时具有增强、阻燃及填充作用的功能性材料；随着填充量的增加，阻燃性能逐渐提高。张显友等[28]研究了水镁石短纤维增强HDPE/EPDM复合材料的力学性能、介电性能以及水镁石短纤维的阻燃效果，对水镁石短纤维和粒状无卤阻燃剂填充HDPE/EPDM复合体系的拉伸性能、介电性能和阻燃效果进行了对比研究，并采用动态力学谱、SEM等方法对该体系的微观结构进行了分析。结果表明，水镁石短纤维对复合体系除具有阻燃作用外，还具有显著的增强作用。

2. 水镁石热固性树脂基复合材料

邓国初等[29]采用化学作用与机械力结合的方法，将天然水镁石剥离到纳米单纤维级，并采用有机分散剂将其均匀分散，使其可以采用常规的工业挤出设备（如双螺杆挤出机）制备水镁石纳米纤维/EVA复合材料。在这种纳米复合材料中，纤维分散均匀，与EVA高分子结合牢固，对EVA的力学性能改善明显，为水镁石作为阻燃剂在高分子材料中的广泛应用提供了一种方便可行的方案。张清辉等[30]采用化学复合法制备出氧化锌/水镁石复合阻燃剂，研究了制备工艺的主要影响因素，并通过正交实验法确定了适宜的工艺条件。与目前普遍采用的机械混合相比，此工艺能更好地实现阻燃剂间的均匀分散，发挥阻燃剂的协同效应。用此复合阻燃剂填充的EVA材料，氧指数可达41.8%，拉伸强度达13.4MPa，断裂伸长率达193%，较表面未包覆的水镁石及水镁石与氧化锌机械混合样的应用性能有显著提高。

3. 水镁石改性水泥基复合材料

刘开平等[31]研究了不同水镁石纤维掺量对水泥砂浆抗折强度、抗压强度、用水量、流动性等的影响及水镁石纤维水泥砂浆的强度增长规律。试验表明，2%以内的纤维用量能提高水泥砂浆的抗压强度和抗折强度，纤维用量过大时，由于用水量的增加，试件结构疏松，强度降低。与普通水泥砂浆相比，水镁石纤维水泥砂浆0～3d的抗压强度和抗折强度增长较快，7～28d的抗压强度增长率也有明显增加。

（四）硅藻土改性复合材料

1. 硅藻土改性树脂复合材料

硅藻土作为塑料的填料，可广泛应用于黏合剂、聚氨基甲酸酯、环氧树脂、聚乙烯等的制备中。例如，作为低密度聚乙烯薄膜的防结块剂，其配制方法是：先制备含10%～15%

（质量分数）硅藻土的母料，然后加入薄膜树脂中。此种母料的数量一般要达到令制品薄膜中防结块剂的含量为 $500\times10^{-6}\sim3000\times10^{-6}$。用于生产助滤剂时，可通过风选对硅藻土进行粒度分级，分选出来的粒度多在 10μm 左右，白色。用作聚氯乙烯（白色）填料时，两者配比为 10∶3（质量比），预制成的塑料板板厚约 2mm，其撕裂强度、冲击强度等均较好，但塑料板呈浅灰色，这与填料粒度有关。研究发现，填料粒度在 10μm 时塑料板即呈浅灰色。因此，制备预定颜色制品时需调整填料的粒度，并辅以相应的添加剂。研究结果还表明，利用硅藻土来作无滴棚膜添加剂，效果良好。与其他添加剂相比，硅藻土具有无滴显效期长、保温性能良好的优点。

2. 硅藻土改性橡胶复合材料

在国外，硅藻土已在硅橡胶、室温硫化硅橡胶中应用。在硅橡胶中加入硅藻土填料，可使橡胶耐油性和耐热性增强。在 100 份二聚有机硅氧烷中加入 5～100 份硅藻土粉，可使硅橡胶补强、增黏，并改善其加工性能。将硅藻土-白炭黑复合材料用作橡胶补强剂时，其拉伸强度、扯断伸长率等均可达到各类指标，定伸强度则可达到白炭黑指标，而且，就是全部用硅藻土作补强剂时也是如此。硅藻土填料加工成本比白炭黑低，所以具有明显的价格优势，这是开发硅藻土填料的有利条件。

第三节 矿物负载复合材料

利用天然矿物因为其结构的特殊而具有的比表面积大、化学性质稳定、吸附能力强等特点，可作为理想的载体，不仅可以实现具有光催化 TiO_2 的固载，而且可以负载不同的抗菌剂，从而制备矿物负载光催化复合材料和矿物负载抗菌复合材料。

一、矿物负载光催化复合材料

纳米 TiO_2 无毒，光催化活性强，被广泛用作光催化剂。大量有机物在光催化氧化作用下可以完全氧化为 CO_2 和 H_2O 等简单无机物。在 TiO_2 的三种同质多象变体（金红石、锐钛矿、板钛矿）中，以锐钛矿的催化活性最高，在有机污染物降解等环境治理方面应用前景广阔。由于粉末比表面积低，很难有效接触到目标污染物，使光催化氧化法难以实际应用。为了使光催化性能得到充分的发挥，需要将光催化剂固定在载体上，大比表面积多孔的惰性吸附剂等有可能成为良好的 TiO_2 光催化剂固定载体。

利用天然矿物作为 TiO_2 载体，不仅可以实现 TiO_2 的固载，而且可以利用矿物的离子交换和吸附性能将废水中的有机物有效地吸附至 TiO_2 晶粒表面，增加催化剂与污染物的接触概率，达到提高光降解效率、增大降解速率的目的。纳米 TiO_2/矿物光催化材料已成为近年来的研究热点。

（一）矿物负载光催化复合材料的制备工艺

1. 粉体烧结法

将二氧化钛粉体分散于含分散剂的水中形成悬浮液，将矿物载体加入其中，利用超声分散或强力搅拌等手段让钛分散进入载体层间，然后在 100℃左右加热脱水或脱醇，并进行焙烧使 TiO_2 活性提高。因为温度过高会导致 TiO_2 由催化活性较高的锐钛矿型向活性较低的金红石型转化，所以焙烧温度不宜超过 500℃。

此法的特点是：操作简单，可保持粉末良好的光催化性能。由于 TiO_2 粉末与载体之间是以范德华力结合，故牢固性较差，且分布不均匀，透光性较低。

2. 液相沉积法

液相沉积法是利用水溶液中氟的金属配离子和金属氧化物之间的化学平衡反应，将金属氧化物沉积到浸渍在反应液中的载体上。

此法的特点是：在室温下不需要特殊的设备就可将 TiO_2 沉积在比表面积较大、形状各异的载体上；膜厚和 TiO_2 晶相可控制，但不易得到纯的 TiO_2 膜。

3. 溶胶-凝胶法

溶胶-凝胶法（sol-gel）是目前国内外研究最多的一种 TiO_2 的负载固定技术。是以钛的无机盐类（如 $TiCl_4$）或者钛酸酯类［如 $Ti(OC_4H_9)_4$］作为原料，将其溶于低碳醇中（如 C_2H_5OH、C_3H_7OH），液体无机钛盐（如 $TiCl_4$）则直接取用，然后在室温下加入中强酸度的水溶液中，一般是用 HNO_3 调节（pH 值在 4.0 左右），在强烈搅拌下水解，制得 TiO_2 的溶胶，也可返滴，即将调节好酸度的水滴加入钛盐或钛酸酯溶液中。也有直接使用商品化 TiO_2 锐钛矿型水溶胶。如载体为片状，用浸渍法或旋涂法将 TiO_2 溶胶涂布其上，颗粒状的则需浸入，搅拌后再过滤。不规则状的可用溶胶进行流动涂布。有时在溶胶中加入 TiO_2 粉体以增大吸光效率。然后在 100℃左右或自然状态下凝胶，上胶与凝胶过程可多次重复以增加厚度，再在一定温度下恒温烧结一定时间（一般为 300～700℃）即成。温度过高则会发生 TiO_2 由锐钛矿型向金红石型转化。烧结温度与烧结时间成反比，以防止晶粒尺寸过大。

溶胶-凝胶法工艺简单、条件温和，可将纳米 TiO_2 的制备与负载一次完成，但是通过有机途径负载的薄膜，在干燥时容易发生龟裂；通过无机钛盐产生的膜，虽然没有龟裂现象，但由于溶胶是由制得的 TiO_2 小颗粒稳定地悬浮在溶剂之中形成的，因此制得的膜附着力差，容易脱落。

4. 化学气相沉积法

化学气相沉积法（CVD）和物理气相沉积法（PVD）是传统的制膜技术。由于 PVD 需较高的温度将源物质蒸发再沉积，而 TiO_2 在高温下只会制得光催化活性较低的金红石型而不是锐钛矿型，而不适合制备光催化活性膜。化学气相沉积法是利用气态物质在固体表面上进行化学反应，生成固态沉积物的过程，前驱物需用载气（H_2、Ar 等）输送到反应室进行反应，一般用于制膜，也可用于非膜状负载，还常用来制备无机材料。其中有机金属化合物化学气相沉积法（MOCVD）在负载 TiO_2 时，是用钛的有机醇盐［如 $Ti(OCH(CH_3)_2)_4$］作为源物质（可避免 $TiCl_4$ 作为源物质时，Cl^- 对光催化活性的不良影响），在反应室里，在一定的温度下（一般在 500℃左右）进行热解或氧化反应。因有机醇盐具有易挥发、反应温度低、常压、低消耗、易操作等特点而最有价值。此外，也可使用等离子体辅助的化学气相沉积法（PCVD）。

以上方法中以粉体烧结法和溶胶-凝胶法最为常用，而又以溶胶-凝胶法因具有工艺简单、光催化活性高、普适性高等特点而最具有广泛的应用前景[32]。此外，还有一些其他方法，如离子交换法、电泳沉积法和分子吸附沉积法等。

（二）*矿物负载光催化复合材料*

天然黏土是含铝、镁等元素为主的硅酸盐矿物，主要是蒙脱石、膨润土、累托石、海泡石等黏土矿物以及有机物的混合物。天然黏土多为层状结构，层间包含可交换的无机阳离子，这些离子可与钛离子进行交换，经过一定处理，TiO_2 像柱子一样嵌在黏土结构层间，联结并撑开两个邻近的硅酸盐层形成柱撑材料。

1. 蒙脱石负载光催化复合材料

蒙脱石是一类天然的硅酸盐物质，具有很大的比表面积和良好的吸附性，蒙脱石的硅酸盐层之间存在中和层间负电荷的Mg^{2+}，这些Mg^{2+}可以与钛离子进行交换，经过一定的处理，TiO_2像“柱子”一样嵌在蒙脱石结构层间，联结并撑开两个邻近的硅酸盐层形成所谓的柱撑材料。TiO_2与蒙脱石的复合一方面可以实现TiO_2的固载，另一方面利用蒙脱石良好的吸附性，也能增加催化剂与有机污染物的接触，以达到增大光降解速率的目的。

陈小泉等[33]用4mmol TiO_2溶胶与2g钠基蒙脱石在60℃复合、400℃灼烧方法制备得到TiO_2/蒙脱石复合光催化剂，该催化剂在中性或碱性环境中能有效地吸附和降解亚甲基蓝有机染料。李新平等[34]以蒙脱石为载体，利用$TiCl_4$水解法将纳米TiO_2引入蒙脱石层间，经500℃煅烧后得到稳定结构的TiO_2柱撑蒙脱石，再通过化学还原法将金属银负载于其上，合成出载银/二氧化钛柱撑蒙脱石复合光催化剂（Ag_2TiO_2/MMT）。通过XRD、IR、BET、AAS等分析方法对复合光催化剂的物相组成、键合状况、比表面积、元素含量等物化性质进行了表征。对降解亚甲基蓝的光催化活性测试表明具有如下的光催化活性序列：Ag_2TiO_2/MMT＞TiO_2/MMT＞TiO_2，其中Ag_2TiO_2/MMT由于柱化后具有较大的比表面积和Ag的负载改性而具有最高的光催化活性。

2. 海泡石负载光催化复合材料

海泡石是一种纤维状的含水硅酸镁，它是由硅氧四面体和按八面体配位的镁离子组成的，具有链状和层状的过渡型结构特征。独特的晶体结构使其具有极大的比表面积，从而具有强吸附性及催化性。TiO_2与黏土的复合一方面可以实现TiO_2的固载，另一方面利用黏土矿物良好的吸附性，可以增加催化剂与有机污染物的接触，达到增大光降解速率的目的。谢治民等[35]分别用焦硫酸钾和钛酸丁酯制得TiO_2酸性溶胶，再用浸渍、振荡等方法制得TiO_2/海泡石光催化剂。该种光催化剂的吸附能力较原矿粉大大提高；在光催化体系中，活性艳蓝的高去除率（＞96%）并不是简单的吸附行为，而是发生了光催化降解被完全矿化而去除，说明Ti已经嵌入海泡石的层间结构中。在反应液中加入H_2O_2能提升光催化降解的速率，同时光催化过程会使溶液pH值朝着中性方向变化。

3. 沸石负载光催化复合材料

沸石是一族具有架状结构的多孔性含水铝硅酸盐矿物的总称。沸石的三维骨架结构中有连续的孔洞通道和比较均匀的孔径，因而具有大的比表面积和离子交换容量，而且热稳定性好。赵纯等[36]通过固体扩散法将纳米TiO_2负载在疏水沸石上制成复合光催化剂。研究了不同配比的复合光催化剂在32W紫外灯照射下对水中土霉素的去除效果。结果表明，质量分数为40%的纳米TiO_2和质量分数为60%的疏水沸石制成的复合光催化剂在UV（紫外线）照射下对土霉素具有最佳的去除效果，对于初始质量浓度为50mg/L的土霉素水溶液，复合光催化剂投加500mg/L，UV照射150min即可将土霉素去除99%以上，UV照射6h，溶液的总有机碳可去除86%。土霉素初始质量浓度越低，降解速率越快，随着pH值的提高，其降解速率常数逐渐增大。

4. 硅藻土类负载光催化复合材料

硅藻土是一种天然的多孔矿物。传秀云等[37]采用硅藻土作载体，用溶胶-凝胶法制备TiO_2硅藻土复合光催化剂，TiO_2呈薄膜状负载在硅藻土上，部分团聚成颗粒状，在紫外线条件下负载TiO_2硅藻土对亚甲基蓝具有良好的光催化降解性能，36h后对亚甲基蓝的脱除率为90%，48h达到98%，降解效果好。纯硅藻土对亚甲基蓝的脱除率仅35%左右。负载TiO_2硅藻土对亚甲基蓝的光降解性能受TiO_2的同质多象结构影响，随着锐钛矿含量增加，负载TiO_2硅藻土的光降解性能增强。但是，当温度进一步升高，TiO_2由锐钛矿型转化为金红石型，负载TiO_2硅藻土的光降解性能随之降低。添加H_2O_2明显提高了亚甲基蓝溶液的降解效果。

二、矿物负载抗菌复合材料

矿物负载抗菌复合材料是指以矿物为载体，采用一定的加工工艺制备而成的具有抗菌性能的功能性复合材料。载体矿物多利用具有微孔道结构和离子交换性能的天然矿物，如沸石、蒙脱石、坡缕石、海泡石和磷灰石等。抗菌矿物材料制备有离子交换法、共沉淀法、共凝聚法、粉体烧结法和水解沉淀法等方法。

（一）矿物负载抗菌复合材料的制备工艺

1. 以有机阳离子为抗菌剂的矿物负载

以有机阳离子（如季铵盐）为抗菌剂的抗菌材料通常用离子交换法制备。离子交换法分为液相离子交换法和固相离子交换法两种。由于有机抗菌剂不耐高温，故多用液相离子交换法。液相离子交换法是有机阳离子在溶液中，通过离子交换，进入矿物，经过低温烘干后制得抗菌材料。

2. 以金属离子为抗菌剂的矿物负载

制备以金属离子为抗菌剂的抗菌材料通常用离子交换法和共沉淀法两种方法。液相离子交换法是最常用的方法。固相离子交换法制备金属离子抗菌材料的应用比较少，但这种工艺制备的抗菌材料具有优良的稳定性和耐热性。将磷酸钙与银的化合物混合后于1000℃以上进行高温烧结，经碾磨后即制得载银磷酸钙，与陶瓷釉、纤维、涂料等混合加热成型，制品不变质、不着色、不泛黄，耐热温度达1200℃以上。共沉淀法就是先在液相中制备无定形抗菌粉体，经高温处理后得到抗菌材料。

（二）矿物负载抗菌复合材料

1. 沸石负载抗菌复合材料

天然沸石是一族具有架状结构的多孔性含水铝硅酸盐矿物的总称。沸石的三维骨架结构中有连续的孔洞通道和比较均匀的孔径，因而具有大的比表面积和离子交换容量，而且热稳定性好。因此，以沸石为载体的无机抗菌剂是目前最常用的抗菌剂之一。

1984年日本[38]品川燃料公司首次成功研制出载银沸石抗菌剂，随着应用市场的不断扩大，沸石抗菌剂从单一的载银发展到载铜、载锌或载银铜、载铜锌、载银铜锌等复合金属离子，但抗菌效果以载银沸石抗菌剂为最佳。载银沸石抗菌剂具有很好的安全性，但目前部分载银沸石抗菌材料在储存和使用过程中有可能在光和环境作用下产生颜色的改变，这对于对颜色变化要求高的使用场合，应考虑载银沸石抗菌材料的颜色稳定性问题。王洪水等[39]以4A沸石为载体，通过离子交换法制备了抗菌性能良好的载银沸石抗菌剂，研究了制备工艺对抗菌剂载银量（C_{Ag}）及抗菌性能的影响。结果表明，$AgNO_3$浓度对C_{Ag}的影响十分显著，随$AgNO_3$浓度的增加，C_{Ag}呈线性增加；反应温度对C_{Ag}也有较大影响，在50℃时C_{Ag}达到最大值；增加体系的$AgNO_3$浓度可明显提高抗菌剂的抗菌活性。俞波等[40]以13X沸石为载体，用不同的方法制备了Ag^+、Cu^{2+}、Zn^{2+}等四类金属离子抗菌沸石。结果表明，金属离子交换过程没有改变13X的基本结构，进入13X的抗菌金属离子具有缓释性。采用复合离子交换法制备的多金属的含银抗菌沸石具有最佳抑菌性能，其相对抗菌强度优于阳性对照AGZ-330，且成本较低。复合金属离子抗菌沸石较高的多种抗菌离子含量及缓释能力具有协同抑菌作用和广谱抑菌性。

2. 海泡石负载抗菌复合材料

海泡石是一种多孔的镁硅酸盐黏土矿物。它是由硅氧四面体和按八面体配位的镁离子组成的，具有链状和层状的过渡型结构特征。四面体的顶层是连续的，每六个硅氧四面体顶角相反，因此形成由2∶1型的层状结构单元上下层相间排列的与键平行的孔道。这种特殊的结构使海泡石与沸石、膨润土、吸附性硅胶等无机载体相比，表现出更大的比表面积、更好的吸附性、分散性和热稳定性。刘晓洪[41]采用海泡石载银抗菌剂制备了抗菌母料，研究了抗菌母料用量对抗菌薄膜的抗菌性能、流变性能、力学性能的影响。结果表明，海泡石载银抗菌剂制备的抗菌母料与LDPE有良好的相容性，抗菌薄膜中抗菌母料用量为3%时，对大肠杆菌和金黄色葡萄球菌的抗菌率分别为99.8%和99.5%，抗菌薄膜具有高效、持久的抗菌性能，而流变性能和力学性能基本不受影响。

3. 凹凸棒石负载抗菌复合材料

凹凸棒石又称坡缕石，是一种层链状镁铝硅酸盐，在结构上存在四面体层上活性氧的相间倒转造成八面体带的不连续，使平行纤维状晶体的延长方向存在沸石孔道结构。在结晶化学组成上广泛存在的异价类质同象置换现象及普遍存在的晶格缺陷和晶体生长缺陷，可成为晶体表面能高聚集区中心和具有强吸附性，使坡缕石晶体有较强的金属离子可置换性。这些结构特征使坡缕石具有良好的吸附性能、大的比表面积和良好的分散性。因此，坡缕石在载银抗菌剂的研制上具有广阔的应用前景。赵娣芳等[42]采用液相离子交换法制备了铜改性坡缕石，通过正交实验得到的最佳改性工艺条件为：母液初始浓度0.02mol/L，反应温度95℃，常压，反应时间6h。对大肠杆菌、金黄色葡萄球菌48h抑菌率分别达到了87.3%和82.2%。铜改性坡缕石仍然保持着坡缕石的基本晶体结构，但结晶度有所降低，晶体颗粒更易分散，单晶表面略显粗糙，单晶的长度有所变小。陈天虎等[43]研究了凹凸棒石-Ag纳米复合抗菌材料的制备方法和抗菌效果。结果表明，用丙氨基三乙基硅烷为表面活性剂，醛醇为还原剂，凹凸棒石硝酸银浸渍法制备的复合材料，纳米银均匀分布在凹凸棒石表面，具有较好的抗菌效果，悬浮液浊度法抗菌实验显示，凹凸棒石-Ag复合抗菌剂最低抗菌浓度为0.47g/L。

4. 累托石负载抗菌复合材料

累托石属于1∶1型的规则层间黏土矿物，层间可交换的阳离子为Na^+、K^+、Ca^{2+}，有较大的比表面积和较强的离子交换能力，耐高温，结构稳定。含90%的累托石外比表面积为69.2m^2/g，内比表面积为202.3m^2/g，总比表面积为271.5m^2/g，因而具有很强的吸附性能，是制备抗菌材料理想的载体。余海霞等[44]研究发现，以改性（钠化）的天然累托石为载体，采用离子交换与吸附方法制备的载银累托石抗菌材料，其抗菌性能在含银量达5%以上时对大肠杆菌和霉菌均有理想的抑菌效果；且Ag^+与累托石结合牢固，不易脱落，因而性能十分稳定。而且工艺简单，成本低，效果好，值得进一步研究和开发。王小英等[45]以合成的壳聚糖季铵盐通过溶液插层法将其插层进入有机累托石层间制备纳米复合材料。抗菌结果显示，在偏酸性、中性及偏碱性条件下，复合材料均具有较好的抗菌性能，且与有机累托石的含量和层间距成正比。与壳聚糖季铵盐及有机累托石相比，纳米复合材料对革兰阳性菌、革兰阴性菌及真菌的抗菌性能大大提高，对金黄色葡萄球菌和枯草芽孢杆菌的最小抑制浓度仅为0.00313%（质量浓度），且能在30min内杀死90%以上的金黄色葡萄球菌和80%以上的大肠杆菌。

5. 蒙脱石负载抗菌复合材料

蒙脱石属于2∶1型的层状硅酸盐，每个单位晶胞由两个硅氧四面体中间夹带一层铝氧八面体构成，二者之间靠共用氧原子连接，其中铝氧八面体上部分Al^{3+}被Mg^{2+}等置换，层内表面具有负电荷，过剩的负电荷通过层间吸附的阳离子来补偿。膨润土层间的可交换阳离子有Ca^{2+}、Mg^{2+}、Na^+等，它们很容易与有机或无机阳离子进行交换，并且有很大的离子交换容量，因此具有良好的离子交换性能，可作为抗菌剂的载体。朱桂平等[46]以蒙脱石为载体，通过溶液离子交换以及高温灼烧法，将具有抗菌活性的Cu^{2+}固载到载体的孔道中，同时将具有光催化降解自净化功能的TiO_2插入硅酸盐的层间，得到了对大肠杆菌（8099）

和金黄色葡萄球菌（ATCC6538）抗菌率为99.99%、光催化降解亚甲基蓝溶液的净化率为92.65%的自净化功能基元材料 Cu^{2+}-TiO_2/蒙脱石（Cu^{2+}-TiO_2-M）。叶瑛等[47]以内蒙古赤峰蒙脱石为原料合成了载铜蒙脱石，研究发现，它对革兰阴性菌 *E. coli* 和革兰阳性菌 *S. faecans* 均有很强的抑制和杀灭作用，抗菌能力大大优于载铜沸石，蒙脱石在载铜反应后矿物表面带有剩余正电荷。其抗菌能力优于载铜沸石的原因，一方面是由于矿物对带相反电荷的细菌的吸附作用，另一方面是矿物释放出的铜离子对细菌的杀灭作用。

第四节 晶须增强复合材料

晶须（whisker）是指一种具有一定长径比的纤维状晶体，其直径小，原子高度有序，几乎不存在缺陷，强度接近于完整晶体的理论值。它们有优良的力学性能、良好的相容性、优良的平滑性、化学稳定性和再生性能好等诸多性质，是极佳的改性增强材料。晶须最早的工业化产品出现于1962年，因其价格极高，从而限制了它的应用。直到20世纪80年代，较廉价的钛酸钾晶须在日本问世后，晶须的应用才有所突破，之后又有硫酸钙、硫酸镁晶须相继开发成功，造价较低。当前，世界各国对晶须的研究开发非常活跃，生产规模日益扩大，应用领域不断拓宽，展示了十分广阔的前景。

一、硫酸盐晶须复合材料

目前用到的硫酸盐晶须主要是硫酸钙晶须。硫酸钙晶须（calcium sulfate whisker, CSW）又称石膏晶须、石膏纤维，属于无机盐晶须，它是以石膏为原材料，通过人为控制，以单晶形式生长的。硫酸钙晶须作为一种新型的增强材料，具有高强、坚韧、耐热、耐磨、防腐、绝缘、导电、减振、阻燃等许多特殊的功能，可用于热固性、热塑性树脂、橡胶等聚合物中，能够制造高性能的工程塑料、复合材料、胶黏剂、涂料等。因此，硫酸钙晶须具有广泛的应用和市场前景。

由于晶须具有纤维状结构，当受到外力作用时较易产生形变，能够吸收冲击振动能量。同时，裂纹在扩展中遇到晶须便会受阻，裂纹得以抑制，从而起到增韧作用。有研究表明，采用硫酸钙晶须将环氧树脂的断裂表面能由 $<250J/m^2$ 提高到 $460J/m^2$，得到了韧性较佳的环氧树脂体系。

周健等[86]采用活性硫酸钙晶须、增韧剂乙烯-辛烯共聚物（POE）和其他助剂与共聚聚丙烯（PP）通过熔融挤出共混制得 PP /硫酸钙晶须复合材料。结果表明，硫酸钙晶须在 PP 中分布均匀，对 PP /硫酸钙晶须复合材料的力学性能和热性能起到明显的增强作用。葛铁军等[87]以硫酸钙晶须复合增强 PP 为研究对象，初步探讨了晶须增强的掺混工艺、表面处理和填充量对硫酸钙晶须增强 PP 力学性能和加工性能的影响。研究结果表明，采用双螺杆挤出机对 PP 与硫酸钙晶须混合，效果较为理想，能实现增强改性的目的。保持晶须的长径比是获得理想增强效果的必要条件。硫酸钙晶须增强 PP 时，若采用钛酸酯偶联剂处理其表面，或对聚丙烯接枝马来酸酐，增强效果佳。

邱孜学等[88]采用钛酸钾和硫酸钙晶须为增强剂，分别与聚酰亚胺树脂混合，研究了它们各自的理化性能，并且与玻璃纤维粉、石墨及聚四氟乙烯增强复合材料的性能进行了比较。结果证明，钛酸钾和硫酸钙两种晶须增强聚酰亚胺材料的综合性能优异，提高了聚酰亚胺的耐热性，改善了其摩擦性能，同时弥补了玻璃纤维粉等填充料性能上的缺陷，而且具备良好的制备、加工性能，降低了聚酰亚胺材料成本。

张立群等[89]研究了用硅烷偶联剂 KH550 处理的 $CaSO_4$ 晶须与三元乙丙橡胶/聚丙烯共

混型热塑性弹性体复合的材料的各项性能。$CaSO_4$ 晶须的表面处理是在高速搅拌机中完成的。处理方法如下：先在低速下将晶须搅拌 30s，使其预分散，然后加入偶联剂的丙酮溶液，高速搅拌 1min，处理剂 KH550 用量为 $CaSO_4$ 晶须用量的 1%，出料后在 80℃下烘干 2h。研究表明，改性后的 $CaSO_4$ 晶须能够显著提高 EP 共混型热塑性弹性体的硬度、屈服强度、热变形温度，撕裂强度也有所改善，耐热老化性能较好。

二、碳酸盐晶须复合材料

目前主要的碳酸盐晶须主要是碳酸钙晶须。碳酸钙晶须属于文石型结构，可用 0.1mol $Ca(NO_3)_2$ 与0.1mol K_2CO_3 混合后在 90℃反应一定时间制得。具有高强度、高模量和优良的热稳定性，价格更为低廉。目前，碳酸钙晶须的研究开发以日本最为活跃，日本丸尾钙株式会社已经开发出可用于塑料增强用碳酸钙晶须，近年来，我国西安交通大学等单位也涉足该领域。

碳酸钙晶须改性复合材料主要有以下几个方面[90]。

(1) 增强塑料，在 PBT 和 PA6 树脂中添加碳酸钙晶须后其拉伸强度和弯曲强度都有明显提高，在尼龙 66 中添加碳酸钙晶须，其物性与玻璃纤维增强尼龙基本相当，虽然其冲击强度略低，但所得制件表面光滑，且由于其成型流动性好，可以制成形状复杂（如齿轮）的制件。

(2) 提高材料耐磨性，碳酸钙晶须耐温性好，用于摩擦材料可以显著提高耐磨性，且碳酸钙晶须的原材料廉价，制造成本低，因而极有可能取代石棉而成为新的摩擦材料。

(3) 造纸填料，随着人们对纸张需求量，尤其是对质高价廉和具有特殊性能的高档纸张要求的提高，使用碳酸钙晶须代替粒状碳酸钙作填料就成了一种明智之选。由于碳酸钙晶须具有特殊的柱状方向性，作造纸填料时能够与原纸表面平行而紧密地排列，而且其白度和填充性都很高，与用粒状碳酸钙填充的纸张相比，显示出优越的印刷适应性。尤其是在一些特殊要求的纸张中，更显现出其较广阔的应用前景。

(4) 由于碳酸钙晶须具有高强度、高模量和隔热性能好等特点，也可广泛应用于电气部件制造、高光洁度结构部件制造等领域。

余卫平[91]采用特殊的水热法，利用尿素水解产生的二氧化碳与可溶性钙盐反应，制备出成本低廉的碳酸钙晶须，对碳酸钙晶须在 PE 塑料中应用和环保效应进行了初探。结果表明，碳酸钙晶须添加到 PE 中可以使复合材料的加工流动性能明显提高，力学性能得到显著增强，同时复合材料的热分解温度下降，热稳定性明显下降，可焚烧性能提高，而且可以减少焚烧过程中有害气体的产生量。

曹有名[92]采用廉价的碳酸钙晶须对聚丙烯及尼龙进行增强研究，表明碳酸钙晶须增强聚丙烯和尼龙，可以获得表面光洁度高、尺寸稳定性良好、弯曲弹性模量高、热稳定性高的聚合物基复合材料，该类材料可满足不同使用条件的电子电气、汽车、仪器仪表等使用。从性价比看[93]，碳酸钙晶须比较适合增强高分子材料，可使材料的强度及韧性同时提高。聚丙烯（PP）添加 20%碳酸钙晶须，其拉伸强度和冲击强度均提高 1 倍。另外，可利用晶须代替石棉作为摩擦材料，碳酸钙晶须就是一种较好的摩擦材料。

目前，数量巨大的废弃塑料对环境、生态造成了巨大的危害，因此生物降解塑料受到人们的广泛青睐。一般纤维状填料是很难分解的，但 $CaCO_3$ 晶须的基本成分 $CaCO_3$ 本来就是土壤的成分之一，因此可应用于降解塑料的填料。另外，由于 $CaCO_3$ 在酸性条件下能分解为可溶性物质，它的粉尘即使被人们吸入，也能在人体内分泌酶的作用下分解而排出体外，对人体的健康没有多大的影响，因此是一种对人体无伤害的、性能优良的增强填充物。可以相信，$CaCO_3$ 晶须将以其原料丰富、工艺简单、成本低以及环保无毒的优点，迅速应用于电子电气、汽车、仪表等诸多领域，体现出其强劲的市场优势。

三、碳化硅或其他晶须复合材料

目前 SiCw 已广泛用于增韧金属基、陶瓷基和聚合物基复合材料，SiCw 增韧的陶瓷切削工具已应用于生产。

（一）SiCw 增韧金属基复合材料

在既保证获得良好的润湿性又不产生严重的界面反应损伤晶须的前提下，目前制备工艺较成熟的是 SiCw 增韧的铝基复合材料。几乎所有的商用铝合金，都可通过压铸法或粉末冶金法与 SiCw 成功地复合，并已走向实用化[48]。生产 SiCw 增韧金属基复合材料制品的主要厂家有 ACMC 公司、三菱电机株式会社、美国海军武器中心等，其制品具有轻质、高强度、耐热、低热膨胀系数、脱气性好等优点，广泛应用于航空航天和军事领域，如飞机蒙皮、翼面、垂尾、导弹、超轻空间望远镜等；还可用于汽车、机械等部件及体育运动器材等。

（二）SiCw 增韧陶瓷基复合材料

SiCw 增韧的陶瓷材料主要有 Al_2O_3、ZrO_2、莫来石陶瓷等。随着复合技术的不断成熟，又出现了 SiCw 增韧 ZrB_2 以及玻璃陶瓷等复合材料。

1. Al_2O_3 陶瓷基复合材料

Al_2O_3 陶瓷具有高的熔点和硬度，且化学稳定性好，但韧性和强度相对较低。经 SiCw 增韧补强后，其韧性可达 $9MPa \cdot m^{1/2}$ 以上，强度可达 600～900MPa。V. Garnier 等[49]制备的 Al_2O_3-SiCw 陶瓷在 1200℃时的蠕变速率比纯 Al_2O_3 陶瓷低 2 个数量级。SiCw 的增韧补强拓宽了 Al_2O_3 陶瓷的应用范围，使其在刀具、陶瓷发动机、内燃机等领域有着良好的应用前景。其中 Al_2O_3-SiCw 陶瓷刀具比普通刀具切削速率高、使用寿命长，并且具有良好的韧性和抗热冲击性能，可用于切削高温合金等难加工材料。中国长沙工程陶瓷公司制备的 Al_2O_3-SiCw 陶瓷刀具在含镍、硼、磷铸铁以及各种冷硬轧辊等的加工方面得到了广泛的应用。但是，目前用 SiCw 增韧 Al_2O_3 陶瓷还存在以下问题[48]：①SiCw 在切削加工时能与金属钛和铝发生化学反应，不适合加工此类工件；②暴露在空气中的 SiCw /Al_2O_3 在温度超过 1000℃时会发生界面反应，降低复合材料的性能。

2. ZrO_2 陶瓷基复合材料

ZrO_2 陶瓷因具有高化学稳定性、高熔点、良好的高温电导而被广泛用作耐火材料、快离子导体、高温发热体等。由于在高温下相变增韧机制失效，使得其高温力学性能严重恶化。SiCw 的加入可以提高其弹性模量、硬度、高温强度和韧性，从而拓展其应用范围[50]。目前 SiCw 增韧的 ZrO_2 陶瓷可应用于 1350℃以上使用的燃气涡轮转子、涡轮定叶片、各种陶瓷发动机部件、陶瓷工具、拔丝模具、轴承等。此外，由于其隔热性能优异，在隔热发动机上可作为金属的匹配件材料。缺点是 SiCw 的热膨胀系数与 ZrO_2 相差较大，复合材料容易产生裂纹，导致室温性能下降。

3. 莫来石陶瓷基复合材料

莫来石陶瓷具有膨胀均匀、热震稳定性好、硬度大、高温蠕变值小等优点，是一种优质的耐火材料，但韧性相对较低，从而影响了其实际应用。研究发现[51]，在莫来石陶瓷中加入体积分数为 10% 的 SiCw 后，韧性可提高 100% 以上，最高可达 $6.37MPa \cdot m^{1/2}$。吕林等[52]将莫来石陶瓷材料的增韧机理与发动机低应力化设计结合起来，所研制的 6150 无水冷发动机的耐久性试验的时间达到了国际领先水平。

4. ZrB_2 陶瓷基复合材料

ZrB_2 陶瓷具有高熔点、高硬度、优良的耐磨性和化学稳定性等优点，是典型的超高温陶瓷，可应用于冶金行业、电子装备和难熔金属的铸造等。由于韧性较低，限制了其应用范围的进一步扩大。在 ZrB_2 基体中加入 SiCw 可提高材料的韧性。此外，在陶瓷材料中加入晶须还可以起到桥连增韧和裂纹偏转增韧的作用。研究表明[53]，当晶须加入体积分数为30%的量时，材料的韧性可达 6.33 MPa·$m^{1/2}$，比纯 ZrB_2 陶瓷提高了71%，比 SiC 颗粒增韧的 ZrB_2 陶瓷提高了33%。SiCw 增韧后的 ZrB_2 陶瓷可应用于热防护装备、超声速宇航飞行器的前舱以及火箭喷管等耐热部件。

5. 玻璃陶瓷基复合材料

在玻璃陶瓷中加入 SiCw 既能保留玻璃易成型的优点，又可使材料的强度和韧性分别提高2倍以上。其中，SiCw 增韧补强的生物活性玻璃陶瓷复合材料，韧性可达 4.3MPa·$m^{1/2}$，强度可达 460MPa，韦布尔（Weibull）系数可达 24.7，由于 SiCw 的无毒性和生物玻璃陶瓷的生物活性，使得该种材料在与人体密质骨抗弯强度相当的应力作用下，寿命可超过50年，是预测寿命最长的生物陶瓷材料，可用于制备人造牙齿及骨头、关节等骨修复材料和骨组织工程支架材料[54]。

（三）SiCw 增韧聚合物复合材料

SiCw 作为聚合物材料的增韧补强剂时，既不增加熔体黏度，又能显著提高材料的韧性和延伸率，可用于制备形状复杂、精度高、表面光洁度高的零部件。研究表明[55]，在 PVC 中加入质量分数为5%的 SiCw 可使材料的韧性提高50%，延伸率提高4倍以上。因此 SiCw 与 PVC 等聚合物复合，可制备出性能优异的复合材料，如喷气式发动机涡轮叶片、直升机螺旋桨、飞机与汽车构件等。

第五节 矿物改性环境友好复合材料

一、工业废渣改性复合材料

复合材料用的工业废渣主要有赤泥、粉煤灰、煤矸石等，将工业废渣应用在聚合物的填充改性中，在大大降低聚合物成本的同时，使聚合物的力学性能得到明显提高，并赋予聚合物以功能化效用，实现对工业固体废弃物的综合利用。

（一）赤泥改性复合材料

赤泥是塑料制品优良的补强剂和热稳定剂，与其他常用的稳定剂并用时，还具有协调效应，使填充后的塑料制品具有优良的耐老化性能。

赤泥改性聚氯乙烯等材料的研究较多，其工艺简单，生产成本低廉，易于推广应用，改性后的聚氯乙烯耐老化性能提高，具有良好的热稳定性能和加工性能以及较好的耐酸、碱性和更强的阻燃性。目前研究工作主要集中在聚氯乙烯方面。赤泥中含有一定量的 TiO_2、Fe_2O_3 以及微量其他金属氧化物，它们具有优良的光屏蔽性能，能够吸收紫外线辐射，阻止或减弱紫外线对聚合物的降解，使塑料制品的老化速度减缓，耐老化性能明显提高。同时赤泥含有大量游离碱和碱金属及碱土金属的氧化物或盐类，能中和或吸收 PVC 降解过程中放出的 Cl^- 等，封闭降解中心、抑制热分解过程的发生，从而起到稳定作用。王勇[56]等在联合法赤泥填充聚氯乙烯板材、管材、地板砖、鞋底料等塑料制品研制基础上，研究了赤泥聚氯乙烯材料耐热老化性能的影响因素，实验表明，赤泥的碱性、胶体性、金属氧化物及其盐类起热稳定剂的作用，是提高材料耐热老化性能的因素之一。江培青[57]等研究了联合法赤泥填充 PVC 管材的性能，发现赤泥可添加量为10～20份时，随着赤泥加入量的提高，复合材料的力学性能降低，经0.8%偶联剂 KH550 对赤泥改性后力学性能明显提高。方海林[58]等研究了赤泥填充剂对聚氯乙烯硬质材料力学性能、热性能的影响，发现随着赤泥添加量的增加，该赤泥聚氯乙烯地板砖的弯曲强度和冲击强度下降，热分解温度上升，耐碱性好，具有一定的工业应用价值。杨孝梅[59]等在联合法赤泥填充聚氯乙烯复合材料的基础上，用扫描电子显微镜分析了赤泥 PVC 材料、普通 PVC 材料、钙塑 PVC 材料热老化前后的微观形态，并用热寿命方程估算了该三种材料的使用年限，发现赤泥 PVC 的热寿命要比钙塑 PVC 长一些，比普通聚氯乙烯材料长 2～3 倍的时间。

解竹柏[60]等以氯化聚乙烯为主要原料加入赤泥及适量的稳定剂、增塑剂等制成弹性体防水材料，研究发现在 CPE/赤泥填充体系中，随着赤泥量的增加，试样的伸长率变小，拉伸强度变大，在 1∶3.5 配比时出现峰值，其后随着赤泥量的增加，强度变小。在一定范围内，赤泥的细度对产品性能的影响不大。赤泥必须烘干，否则会严重影响产品质量。杜建新等[61]选用拜耳法赤泥作为无机阻燃剂，聚乙烯作为基材，制备了赤泥阻燃聚乙烯复合材料。实验表明，赤泥的阻燃效果差于氢氧化镁和氢氧化铝，将赤泥与无机协同阻燃剂进行复配后阻燃性能有大幅度提高。赤泥阻燃聚乙烯复合材料阻燃效果良好、成本低廉，具有良好的经济效益与社会效益。

Akinci 等[62,63]通过测试赤泥填充量为 10%、20%、30%、40%、50%（质量分数）的 PP 复合材料的拉伸强度、三点弯曲强度、硬度等，获得了赤泥含量与性能之间的关系，并对三点弯曲强度测试后的断裂面进行 SEM 表征，结果显示，随着赤泥含量的提高，拉伸强度和弯曲强度下降，硬度提高。通过 DSC 和 XRD 研究赤泥含量、粒度与性能之间的关系，发现结晶取向率随着赤泥含量的增加而上升，而对熔化温度没有多少影响。Chand 和 Hashmi[64～66]研究了赤泥改性低密度聚乙烯/聚丙烯共混基体的力学性能和流变性能。张以河等[67]利用赤泥制备了一种 PP 基的抗菌母粒，并探讨了复合材料的力学性能和抗菌性能。

杜建新等[68]采用三元乙丙橡胶为基材，选用拜耳法赤泥作为无机阻燃添加剂，制备了赤泥阻燃三元乙丙橡胶复合材料。实验表明，赤泥和 ATH、MH 复配可以有效提高 EPDM 的阻燃性能。赤泥阻燃三元乙丙橡胶复合材料阻燃效果良好，氧指数为 29.4%，UL94 垂直燃烧 V-1 级，最大烟密度为 168。拉伸强度超过 4MPa，断裂伸长率达到 452%。综合性能良好，成本低廉，具有良好的经济效益与社会效益。

（二）粉煤灰改性复合材料

粉煤灰是一种工业固体废弃物，具有密度与比热容小、硬度与热稳定性高、流动性好、易分散均匀等优点，因此可作为填料应用于塑料和橡胶工业中。粉煤灰属于极性无机物，具有粒径分布宽、吸油率低、与高分子相容性较差等缺点，需对其表面进行活化处理，以改善与高分子材料的黏结性，提高复合材料的强度。

冯绍华等[69]分别用硬脂酸和硅烷偶联剂对粉煤灰进行表面处理，制备了粉煤灰/PVC 复合材料，并添加玻璃纤维对复合材料进行增强。研究表明，在 PVC 中添加未经处理的粉煤灰后，体系力学性能随粉煤灰含量的增加而下降。用硅烷偶联剂和硬脂酸对粉煤灰进行表面处理后，共混体系的力学性能有所提高，且硅烷偶联剂的处理效果好于硬脂酸。徐元等[70]选用粉煤灰制成的纤维棉（FAF）和聚氯乙烯（PVC）树脂作为原料，制备了 FAF/PVC 复合材料。研究表明，复合材料含有经 KH550 处理的 FAF 40phr 时，拉伸强度提高约 12%；含经软化剂处理的 FAF 10phr 时，冲击强度提高约 110%；含经偶联剂和软化剂联合处理的 FAF 10phr 时，冲击强度提高约 70%，拉伸强度提高约 11%；维卡软化温度随 FAF 添加量的增加呈上升趋势。制成的环保型 FAF/PVC 复合材料不仅性能全面高于纯 PVC，而且材料成本显著降低。

未经偶联剂处理的粉煤灰与聚丙烯之间为物理混合；偶联剂处理的粉煤灰与聚丙烯结合

较紧密。粉煤灰的含珠量、粒度也对材料性能有很大影响，粉煤灰的含珠量越高、粒度越小、活性越高，复合材料性能越好，尤其是抗冲击性能显著改善。刘彤等[71]采用不同偶联剂对粉煤灰进行改性处理，然后利用共混塑化成型法制备粉煤灰/聚丙烯复合材料。研究发现，当采用0.1%（质量分数）硅烷偶联剂（KH590）处理粉煤灰时，复合材料的综合性能较好。

张道权等[72]分别以粉煤灰、硅藻土和石墨填充超高分子量聚乙烯，采用模压成型工艺制备复合材料。研究发现，材料缺口冲击强度下降，粉煤灰填充材料下降最慢；适量的粉煤灰可使材料的耐磨性提高约50%；粉煤灰含量在约40%时，可使热变形温度提高30℃左右。

粉煤灰在橡胶工业中的应用，主要是将其中的微珠经分选后直接或改性后在橡胶中填充，部分或者全部代替炭黑、碳酸钙、陶土等。粉煤灰具有亲水疏油性，在橡胶中浸润性差，不易分散，大量填充易导致材料力学性能下降，必须对其进行增加表面活性的表面改性处理。王炜芹等[73]通过测定拉伸强度、断裂伸长率、300%定伸应力、永久变形等研究了粉煤灰、改性粉煤灰在天然橡胶中的填充性能。结果表明：改性对粉煤灰的填充性能有较大影响，改性粉煤灰和纳米碳酸钙在橡胶中的填充性能接近，改性粉煤灰可部分替代纳米碳酸钙作为橡胶的补强或半补强填料。

（三）煤矸石改性复合材料

煤矸石是煤的伴生废石，是在掘进、开采和洗煤过程中排出的固体废物。将煤矸石用作塑料制品的填料以改善其性能和降低生产成本是利用煤矸石的一种很好的方法。

李莹[74]等采用熔融共混法制备了煤矸石粉/聚丙烯复合材料，研究结果表明：随着煤矸石粉用量的增加，复合材料的弯曲强度上升，冲击强度和断裂伸长率下降，但对复合材料的拉伸强度和加工流动性的影响不大；用钛酸酯偶联剂对煤矸石粉进行处理后，复合材料的断裂伸长率、冲击强度及加工流动性有了一定的改善。龚关[75]等研究发现，经硬脂酸处理的煤矸石粉能改善均聚PP为基体的复合材料的断裂伸长率、冲击韧性及加工性能。加入马来酸酐接枝聚丙烯可以明显提高复合材料的拉伸强度和冲击韧性。

废弃煤矸石经超细磨碎、焙烧和硅烷偶联剂表面活性处理后，可用作天然橡胶的补强填充剂[76]。影响煤矸石补强性能的主要因素是煤矸石的粒度、表面吸附性及其主要组成结构[77]，对煤矸石进行表面改性，部分或全部替代炭黑用作橡胶补强填料是可行的，可大大降低橡胶的生产成本。煤矸石中有机质多，填料的有机化程度也高，化学活性相应增大，与橡胶大分子之间的相容性会得到改善，有利于改善煤矸石粉在橡胶中的分散性状，补强性能好。将其与几种常用补强剂的补强性能进行了比较。结果表明，改性煤矸石粉的补强性能略好于陶土和碳酸钙，比炭黑的补强性能稍弱。煤矸石粉经偶联剂处理后，在橡胶中有较好的分散性。赵鸣[78]等研究发现，适当的改性煤矸石矿粉代替通用炭黑，可以明显提高制品的抗磨耗性；煤矸石矿粉填充硫化胶（NR）的磨耗机理是由机械力引发的具有链式反应特征的力化学反应，胶料磨耗的破坏过程与其热氧老化破坏过程相似，磨耗不仅会导致高分子链的断裂，而且可能会发生链转移反应和大分子自由基的异构化反应。适当的表面改性剂可不同程度地提高矿粉的耐磨性，通常ENR最好，硅烷偶联剂次之，铝钛复合偶联剂最差。

二、矿物改性水土保持复合材料

保水剂应用是近年来发展迅速的化学节水技术。保水剂（aquasorb或super absorbent polymer，SAP）又称高吸水剂、保湿剂、超强吸水树脂。它是利用强吸水性树脂制成的一种具有超强吸水保水能力的高分子聚合物。它能迅速吸收比自身重数百倍甚至上千倍的纯水，而且有反复吸水功能，吸水后的水凝胶可缓慢释放水分供作物利用。同时，保水剂能增强土壤保水性，改良土壤结构，减少土壤水分、养分流失，提高水肥利用率，具有用途广、投资少、见效快等优点，在农业生产等方面有着广泛的应用发展前景。

（一）保水剂的结构

保水剂属于高分子化合物，这种高分子化合物的分子链无限长地连接着，分子之间呈复杂的三维网状结构，使其具有一定的交联度。保水剂吸收和储存水分就是由于其结构中的三维网络上有许多—COONa、—COOH、—OH 等亲水基团，—COONa、—COOH 基团遇水发生解离，产生—COO^- 和 Na^+、H^+ 等离子，由于高分子链上的—COO^- 不能向水中扩散，而网络中的 Na^+ 离子浓度高于水中的 Na^+ 离子浓度，产生了浓度差，使高分子聚合物网络外部的水向网络内部渗透，以达到网络内外 Na^+ 离子浓度的平衡；其次，由于解离后网络上—COO^- 之间同性离子浓度变大，产生斥力，使网络吸水扩张，同时网络上的亲水基团—COO^-、—OH、—$CONH_2$ 可与 H_2O 形成氢键，当保水剂遇水后可以迅速吸收和储存较多的水，形成水凝胶。这与传统的吸水材料如海绵、棉花、纸浆等物理吸水机理是不同的。所以保水剂的吸水是由于高分子电解质的解离和离子排斥所引起的分子扩张与网状结构引起阻碍分子扩张相互作用所产生的结果。高分子的聚集态同时具有线型和体型两种结构，由于链与链之间的轻度交联，线型部分可自由伸缩，而体型结构却使之保持一定的强度，不能无限制地伸缩。因此，保水剂在水中只膨胀形成凝胶而不溶解。当凝胶中的水分释放殆尽后，只要分子链未被破坏，其吸水能力仍可使之恢复吸水性。

（二）保水剂的性能

（1）吸水性　由于保水剂分子中含有大量的亲水基团，这些亲水基团遇水解离，使保水剂的吸水能力大、吸水速度快。保水剂能吸收自身重量几十倍、几百倍甚至几千倍的去离子水，其吸水能力与其组成、结构、粒径大小、水中盐离子浓度及 pH 值有关。保水剂适宜应用的 pH 值范围一般为 5～9，pH 值过大或过小都可使其吸水能力下降。保水剂所吸收的水大部分是可被植物利用的自由水。

（2）保水性　由于保水剂的三维网状结构，使所吸水分被固定在网络空间内，吸水后保水剂变为水凝胶，其吸收的水分在自然条件下蒸发速度很慢，而且加压也不易离析。

（3）有效持续性　保水剂具有反复吸水功能，即吸水—释水—干燥—再吸水。据室内测定，保水剂经过多次反复吸水，一般吸水倍数下降 50%～70%后而趋于稳定，有的品种甚至失去了吸水功能。保水剂的有效持续性与其本身性质、土质及用量有关。

（4）安全性　保水剂的水溶液呈弱酸性或弱碱性，无刺激性。经大量动物试验和农业试验证明：用于食品、医药卫生等方面的保水剂安全无毒；用于农林业方面的保水剂不会改变土壤的酸碱度。

（5）保温性　保水剂所吸水分分散在保水剂内部，该部分水分可保持部分白天光照产生的热能，从而调节夜间温度，使土壤的昼夜温差减小，有利于植物生长。

（6）保蓄养分性　保水剂表面分子有吸附、离子交换作用，保水剂对 K^+、$NH_4{}^+$ 和 NO_3^- 有较强的吸附作用，从而降低了其流失量，并且在一定的范围内随着保水剂用量的增加，养分流失量减少。一方面，在土壤中的养分较充分时，它吸附养分，起保蓄作用；另一方面，当植物生长需要土壤供给养分时，保水剂将其吸附的养分通过交换作用供给植物。由此可以看出，通过施用土壤保水剂，使土壤中养分的供给与植物对养分的需求更加同步。但需注意的是，有些肥料元素会使保水剂失去亲水性，降低保水能力，经试验验证保水剂不能与锌、锰、镁等二价金属元素的肥料混用，可与硼、钼、钾、氮肥混用。

(7) 改善土壤结构性　保水剂施入土壤中，随着它吸水膨胀和失水收缩的规律性变化，可使周围土壤由紧实变为疏松，孔隙增大，从而在一定程度上使土壤的通透状况得到改善；保水剂对土壤团粒结构的形成有促进作用，特别是可使土壤中 0.5～5mm 粒径的团粒结构增加显著。同时，随着土壤保水剂含量的增加，土壤中大于 1mm 的大团聚体胶结状态较多，这对稳定土壤结构，改善通透性，防止表土结皮，减少土面蒸发有重要作用。

(8) 环境降解性　保水剂的环境降解性主要是指吸水保水复合材料中高分子部分的生物降解性。保水剂在使用周期后可在自然环境下降解，以免造成二次污染。

(三) 矿物改性保水剂用复合材料

为了克服传统的合成和半合成型高吸水性树脂存在的价格高、耐盐碱性差、凝胶强度低的缺点，新一代高吸水性材料——非金属矿物/高分子吸水保水复合材料（mineral/polymer superabsorbent composite，MPSAC）应运而生。此类材料由非金属矿物超细粉体与丙烯酸盐等亲水性单体通过水溶液聚合复合制备而成。它既保持了传统高吸水性树脂的优良吸水保水性能，还具有价格低廉、耐盐碱性较好、凝胶强度高等优点，可直接用作保水剂，也可将其与各种肥料、微量元素、植物生长调节剂等复配制成多功能保水剂使用。此类材料已成为高吸水性材料研究领域最有意义的方向之一。目前 MPSAC 的研究主要集中在中国，主要的研究单位有华侨大学、中国地质大学（武汉）、中国科学院兰州化学物理研究所以及中国台湾的大同大学等。

矿物改性高吸水性树脂中，与高分子单体复合的矿物主要有高岭土、滑石、凹凸棒石、辉沸石、膨润土、海泡石黏土矿物等，研究表明，非金属矿物的种类及非金属矿物在复合材料中的含量都是影响复合材料吸水性能的重要因素。高分子主要以聚丙烯酸钠、聚丙烯酸钠-丙烯酰胺共聚体（PAA-AM）为主，合成方法主要是溶液聚合法和反相悬浮法[79]。

膨润土是以蒙脱石为主要成分的层状硅酸盐黏土矿物，是一种用途非常广泛的黏土类矿物，价格低廉。膨润土施入土壤后，能够有效提高磷肥的利用率，使植物表现出明显的增产作用。膨润土的存在有利于土壤中有机质的累积，而土壤有机质是土壤肥力的物质基础，是植物养分的来源。范力仁等[80]以蒙脱石和丙烯酸为原料，采用溶液聚合法，以蒙脱石添加量为 30%，单体的中和度为 70%，交联剂用量为 0.10%，引发剂用量为 0.15%，合成了超强吸水性蒙脱石/聚丙烯酸钠复合材料。得到的复合材料吸蒸馏水倍率为 420g/g，吸自来水倍率为 220g/g，吸生理盐水倍率为 55g/g，凝胶强度为 215g/cm^2。同时，该复合材料具有聚合反应便于控制且不粘容器、吸水倍率高、抗盐性能好、凝胶强度大、成本大幅度降低等优点。

粉煤灰具有一定吸水能力，从“植物→煤→粉煤灰”的转化过程可以看出，粉煤灰继承了古代植物中多种养分元素，可明显改良土壤理化性质。我国伊利石原料不仅储量大、成本低，而且本身就有吸水性；同时，复合材料制备所用伊利石含钾量高（层间钾），使用该复合材料可以改善土壤的缺钾状况。凌辉等[81]采用溶液聚合法，当温度为 70℃，以丙烯酸单体为基准，粉煤灰和伊利石添加量各 40%，交联剂 0.04%，丙烯酰胺 50%，中和度 90%，引发剂 0.10% 为配方合成的粉煤灰/伊利石/丙烯酸-丙烯酰胺高吸水性复合材料，其吸蒸馏水、自来水、生理盐水倍率分别为 1695g/g、445g/g、106g/g。同时该复合材料具有优越的保水性，在 25℃条件下干燥 8d，吸水凝胶还可以保持 50% 的吸水量；在 0～120℃范围内性能稳定；具有较高的二次吸液能力，可以多次使用。同时伊利石复合到高吸水性材料之后，丙烯酸钠中的 Na^+ 置换了伊利石中的 K^+。在蒸馏水中，伊利石所含钾离子的释放程度为 0.55%，而高吸水性复合材料中伊利石所含钾离子的释放程度为 12.80%，钾离子的释放程度大大提高，使得高吸水性复合材料具有释放钾离子的功能，有利于改良、改善土壤的缺钾状况。

我国土壤缺磷面积已达79%。土壤严重缺磷已成为农业生产和可持续发展的重要限制因素。磷矿粉作为矿物肥料直接使用可以降低磷肥生产成本、提高施用水平。然而，磷酸盐在土壤中移动性很小，且施入土壤后很容易转化为植物难以吸收利用的非有效态磷，使得磷肥的利用率很低。尹秋英等[82]以过硫酸钾为引发剂，*N*，*N*-亚甲基双丙烯酰胺为交联剂，丙烯酸、丙烯酰胺为主要原料，经部分酸化和无机材料改性处理的活化磷矿粉为主要添加原料，采用水溶液聚合法制备活化磷矿粉/PAA-AM复合保水材料。当中和度为70%、活化磷矿粉添加量为45%、交联剂用量为0.04%、引发剂添加量为0.5%时，所得复合保水材料吸蒸馏水、自来水、生理盐水倍率分别为390倍、200倍、62倍。通过释磷性能研究表明，该复合材料具有较好的可持续供磷性能，有利于改良、改善土壤的缺磷状况。

凹凸棒石同样有着良好的吸水性能，刘瑞凤等[83]以丙烯酰胺和凹凸棒石为原料合成了PAM-atta复合保水剂，在凹凸棒石含量为30%时，纯水吸水率达1700g/g，前10min吸水即可达1003g/g，而在60min时即可达饱和吸水量，在重复吸水四次后吸水率保持在370g/g左右，在各种盐溶液中，表现出了较高的吸水性能，对1.00%的NaCl溶液的吸水倍率达75g/g。

栗海峰等[84]利用水溶液聚合法制备了海泡石黏土/聚丙烯酸（钠）复合材料，研究了海泡石的添加量（指海泡石与丙烯酸单体质量比）对复合材料吸水、保水、重复吸水以及抗电解质溶液等性能的影响。结果表明：①海泡石添加量大于60%时，复合材料吸水倍率大幅度下降；②复合材料的保水率随着海泡石添加量的增加而小幅度增加；③海泡石黏土添加量为40%～60%时，复合材料的重复吸水性能稳定；④复合材料吸蒸馏水的倍率随各电解质溶液离子强度的升高而不断降低。范力仁等[85]用煅烧累托石、丙烯酰胺、丙烯酸（钠）为原料，在水溶液中聚合复合制备新型保水剂基础材料——累托石/聚丙烯酸（钠）-丙烯酰胺吸水保水复合材料。通过研究复合材料吸水后，水分子与高分子之间存在的作用力来解释复合材料具有较高的保水能力。田惠卿等[86]通过丙烯酸与坡缕石复合，充分发挥坡缕石的特点，制备出综合性能优异的高吸水性复合材料。坡缕石表面存在大量的亲水性羟基，可与高聚物产生氢键作用或化学键作用，较好地与有机单体进行复合。结果表明，采用水溶液法制备出高吸水性复合材料，最高吸蒸馏水量可达1825g/g，0.9%的NaCl可达122g/g。添加坡缕石后，提高了复合材料的抗盐性，降低了原料成本。

三、矿物改性生物降解复合材料

生物降解高分子材料是指在自然界微生物或在人体及动物体内的组织细胞、酶和体液的作用下，使其化学结构发生变化，致使分子量下降及性能发生变化的高分子材料。生物降解高分子材料的分类如下：根据生物降解高分子材料的降解特性可分为完全生物降解高分子材料和生物破坏性高分子材料（或崩坏性）；按照其来源的不同主要分为天然高分子材料（如淀粉、纤维素、木质素和甲壳素等）、微生物合成高分子材料（如聚羟基脂肪酸酯）和化学合成高分子材料（如聚乳酸、聚乙烯醇、聚丁二酸丁二酯等）三类。

近年来研究表明，采用层状硅酸盐制备生物降解高分子复合材料，可有效提高和改善生物降解高分子的性能，扩大其应用范围。生物降解高分子/层状硅酸盐复合材料是一种新兴的先进材料[87]。

（一）矿物改性聚β-羟基丁酸酯（PHB）复合材料

PHB是微生物在营养不均衡条件下（如碳源过剩，其他如氮、磷、硫等营养限制）积累在体内作为其营养和能量储存物质参与细胞代谢的天然产物。PHB有良好的生物降解性，其分解产物可全部为生物利用，对环境无任何污染。

张水生等[88]用溶液插层法成功制备了插层型PHB/蒙脱石纳米复合材料。研究结果表明：蒙脱石层间距从1.8nm升至2.4nm左右，有机蒙脱石的加入，可以加快PHB的结晶速率，降低熔融温度，提高了材料的力学性能，有机蒙脱石含量为3%时，其综合性能最佳。Maiti等[89]采用熔融挤出法制备了插层型PHB/层状硅酸盐纳米复合材料，纳米复合材料相比纯聚合物而言，力学性能和热学性能得到明显提高；硅酸盐颗粒在PHB结晶化过程中起到成核剂的作用；复合材料的生物降解性能有显著改善。

（二）矿物改性聚乳酸（PLA）复合材料

聚乳酸（polylactide acid，PLA）是一种新型高分子材料，属于脂肪族聚酯。PLA在自然环境条件下可完全生物降解，生成二氧化碳和水，对环境不会产生污染，同时还具有优良的生物相容性和吸收性，因此广泛应用在包装材料、医药卫生等领域。PLA的物理、力学性能与其他热塑性高分子材料相当，但它的亲水性差，冲击强度低，加工成型困难，因而限制了它的应用。矿物改性PLA复合材料可以很好地改善PLA的实际应用性能，如储能模量、弯曲模量、弯曲强度、热变形温度和气体阻隔性，同时可以大大提高它的生物降解速率[90]。

Zhang等[91]采用原位插层聚合法制备了PLA/有机蛭石纳米复合材料，有机改性剂是LLA。TGA结果显示，纳米复合材料的降解性能较纯PLA有所增强；纳米复合材料的拉伸强度和韧性得到提高。Tian等[92]分别用熔融挤出法和溶液聚合法制备出PLA/珍珠岩和PLA/蒙脱石复合材料。考察了无机/有机成分的比例，无机化合物的种类对复合材料性能的影响。表征结果显示，PLA/无机复合材料的力学性能和热学性能得到很大改善。

（三）矿物改性淀粉基复合材料

淀粉是绿色植物光合作用的最终产物，是由生物合成的最丰富的可再生资源，也是地球上含量第二多的生物量，具有品种繁多、价格便宜的特点。但淀粉是一种强极性的结晶性物质，它的结晶度较大，一般玉米淀粉的结晶度可达39%，热塑性差，加工困难，力学性能差，同时淀粉是亲水性物质，纯淀粉制品不适宜在有水或湿度较大的环境中使用，而且气候变化对制品的性能也有很大的影响，而与无机矿物材料进行复合能显著提高这些性能。

李本红等[93]合成了多羟基小分子胺盐改性蒙脱石，并同淀粉进行复合。XRD结果表明，多羟基小分子胺盐与蒙脱石层间Na^+发生了离子交换反应，并进入层间，淀粉与有机蒙脱石共混后几乎未能进入土层。采用少量聚乙烯醇（PVA）对有机蒙脱石进行预插层，然后再与淀粉进行共混，当m（PVA）/m（淀粉）=1/9，m（有机蒙脱石）/m（PVA+淀粉）=4%时，制成的复合材料没有衍射峰出现，说明是一种剥离型的纳米复合材料。

黄明福等[94]用蒙脱石（MMT）作增强剂、甲酰胺和尿素为混合塑化剂制备了MMT增强热塑性淀粉（MTPS）。SEM表征结果说明，MMT可均匀分散在热塑性淀粉（TPS）中，MMT和TPS有良好的界面结合。力学性能测试结果表明，w（MMT）=0～30%时，MTPS拉伸强度达到23.415MPa，断裂伸长率从112.522%降至21.421%，屈服应力从3.172MPa升至17.204MPa，屈服应变从31.221%降至4.471%，弹性模量达到531.114MPa，断裂能从2.033N·m下降到1.414N·m。该材料的耐水性能和热稳定性均高于纯TPS。

张以河[95]等利用天然矿物凹凸棒石改性淀粉复合材料，并制备了复合材料牙签，测试结果表明，牙签的力学性能良好，且具有良好的生物降解性。

（四）矿物改性聚乙烯醇（PVA）复合材料

聚乙烯醇（PVA）是一种具有许多优良特性的水溶性高分子，品种繁多，用途广泛。PVA本身虽无毒性，但是它具有较大的表面活性，能在水中形成大量的泡沫，影响水体的复氧，从而抑制甚至破坏水生生物的呼吸活动，将含有PVA的废水直接排放会带来严重的环境问题，因此，对PVA生物降解性能的研究引起了人们广泛的关注；同时，由于PVA流变性好，可形成强度较高的膜，又具有亲水性、生物相容性及生物降解性，人们对含PVA的复合材料进行了大量的研究[96]。

丁运生等[97]采用VAc单体渗入有机化蒙脱石层间。经γ射线辐照引发原位插层聚合，使蒙脱石片层结构发生剥离，形成无机/有机纳米复合材料，并用XRD、红外光谱、扫描电镜以及透射电镜等现代测试手段对复合材料进行了表征，可以认为通过辐照方法引发原位插层聚合制备无机/有机纳米复合材料是可行的；实验中制备出的复合材料中无机粒子尺寸在10～100nm范围内，材料力学性能优良。Yeun等[98]采用溶液插层法制备出皂石/PVA纳米复合材料。黏土含量在0～10%范围内的纳米复合材料的分散情况、形貌特征、热学性能和气体阻隔性能都进行了表征。当黏土含量上升到5%时，黏土颗粒能很好地分散在PVA基体中而不团聚。然而，当黏土含量超过7%时就会产生团聚。黏土含量在0～10%范围内，复合材料的热稳定性随着黏土含量的增加呈线性提高；氧气的阻隔性能呈单调下降。

（五）矿物改性聚丁二酸丁二醇酯（PBS）复合材料

PBS力学性能优异，力学强度与聚烯烃PE、PP接近；耐热性能较好，软化温度接近100℃；加工性能也很好，可在现有塑料加工通用设备上进行各类成型加工；PBS生产设备简单，对现有通用聚酯生产设备略作改造即可。另外，PBS只有在堆肥、水体等接触特定微生物条件下才发生降解，在正常储存和使用过程中性能非常稳定。因此可以用于包装、餐具、化妆品瓶及药品瓶、一次性医疗用品、农用薄膜、农药及化肥缓释材料、生物医用高分子材料等领域。

Sinha Ray[99,100]等最早报道了OMLS/PBS纳米复合材料，其课题组采用熔融挤出法制备了该纳米复合材料，并且对该复合材料进行表征，无论是力学性能还是热学性能都有不同程度的提高和改善。Mitsunaga等[101]制备的层状硅酸盐/马来酸酐接枝PBS复合材料的TEM图也证明复合材料的插层结构；Someya等[102]研究了不同改性剂改性的蒙脱石对PBS基复合材料性能的影响，LEA改性蒙脱石所制备的复合材料具有较高的插层度，呈现出较高的拉伸模量和弯曲模量，但其拉伸强度降低；EA-M/PBS复合材料的T_g也明显提高。王进峰等[103]制备了改性蒙脱石/PBS复合材料，测试结果表明，复合材料的力学性能及维卡软化温度均有较大提高。Chang等[104]将1,4-丁二醇、丁二酸和有机改性的云母采用原位插层聚合法制备层状硅酸盐/PBS纳米复合材料，复合材料的热分解性能随着黏土含量的增加得到改善。

参 考 文 献

[1] Usuki A, Kojima Y, et al. J Mater Res, 1993, 8: 1179.

[2] 漆宗能，李强，赵竹第．中国发明专利，CN1138593A．1996.

[3] Vaia R A, et al., Synthesis and properties of two-dimensional nanostructure by direct intercalation of polymer melts in layered silicates. Chem Mater, 1993, 5: 1694-1696.

[4] Yoshiyuki Sugahara, et al. Evidence for the formation of interlayer polyacrylonitrile in kaolinite. Clays and Clay Minerals, 1988, 36 (4): 343-348.

[5] 韩炜，刘炜，吴驰飞．纳米有机蛭石/天然橡胶复合材料的制备及性能．复合材料学报，2006，23（2）：77-81.

[6] 张泽朋，刘建辉，廖立兵．溶液插层法制备CR/有机蛭石纳米复合材料的研究．橡胶工业，2005，52（8）：464-468.

[7] 余剑英，魏连启，曹献坤．有机蛭石/酚醛树脂熔融插层纳米复合材料的研究．材料工程，2004，(4)：20-23.
[8] 刘婷婷，张培萍，吴永功．层状硅酸盐矿物填料在聚合物中的应用及发展．世界地质，2001，20 (4)：360-363.
[9] 傅强，沈九四等．碳酸钙刚性粒子增韧 HDPE 的影响因素．高分子材料科学与工程，1992，8 (1)：107-112.
[10] 胡圣飞等．纳米级 $CaCO_3$ 填充 PVC/CPE 复合材料研究．塑料工业，2000，28 (1)：14-18.
[11] 于建等．复合体系中微观相界面对材料性能的影响——Ⅲ．非反应性助偶联剂对 HDPE/$CaCO_3$ 复合体系的增韧效果．合成树脂及塑料，1999，6 (1)：8-12.
[12] 杨德安，梁辉，贾静等．纳米凹凸棒石对碳纤维/BMI 树脂复合材料的增强增韧．天津大学学报，2000，33 (4)：523-525.
[13] 陆盘芳．不饱和聚酯/海泡石纳米复合材料的制备及表征．材料开发与应用，2007，22 (3)：9-11.
[14] 郑亚萍．海泡石/环氧树脂纳米复合材料的研究．西北工业大学学报，2004，22 (5)：614-618.
[15] 李珍，姚书振，沈上越等．硅灰石/环氧树脂增强体系性能研究．合成树脂及塑料，2004，21 (1)：58-61.
[16] Lai Shi-Quan，et al. A study on the friction and wear behavior of PTFE filled with acid treated nano-attapulgite . Macromolecular Materials and Engineering，2004，289：916-922.
[17] 高翔，毛立新，马军朋等．凹凸棒石表面改性及其对聚丙烯力学性能的影响．塑料，2004，33 (3)：34-39.
[18] 戈明亮．海泡石填充聚丙烯性能研究．塑料科技，2009，37 (4)：51-53.
[19] Xie S，Zhang S，et al. Preparation，structure and thermomechanical properties of nylon-6 nanocomposites with lamella-type and fiber-type sepiolite. Composites Science and Technology，2007，67：2334-2341.
[20] 谢刚，范雪蕾，杨巍等．硅灰石填料对线性低密度聚乙烯力学性能的影响．黑龙江大学自然科学学报，2006，23 (6)：751-755.
[21] 吴学明，王兰，黄建忠等．硅灰石填充改性硬质聚氯乙烯的研究．中国塑料，2002，16 (1)：28-31.
[22] 吴学明，王兰，王锡臣等．硅灰石粉填充硬聚氯乙烯的颜色研究．现代塑料加工应用，2002，14 (3)：12-14.
[23] 胡盛，杨眉，沈上越等．凹凸棒石的改性及其在天然橡胶中的应用．硅酸盐学报，2008，36 (6)：858-861.
[24] 杨超松，庞桂林等．哈密硅灰石表面包覆改性及在顺丁橡胶中的应用研究．非金属矿，2009，32 (1)：35-38.
[25] 吴惠民，彭超，涂思敏等．不同表面处理方法对聚丙烯/水镁石无卤阻燃材料性能影响的研究．塑料技术与装备，2008，34 (11)：28-32.
[26] 向素云，臧克峰，安悦，韩涛．天然水镁石及其阻燃 PP 与 ABS 塑料的性能．塑料助剂，2004，(4)：21-24.
[27] 赵敏杰．水镁石短纤维无卤阻燃剂制备与应用研究．哈尔滨：哈尔滨理工大学，2005.
[28] 张显友，吕明福，盛守国等．水镁石短纤维增强 HDPE/EPDM 无卤阻燃复合材料的研究．复合材料学报，1998，15 (3)：82-86.
[29] 邓国初，卢永定，杨友生．水镁石纳米纤维/EVA 复合材料的力学性能与阻燃性能研究．中国塑料，2003，17 (7)：20-23.
[30] 张清辉，郑水林，张强等．化学复合法制备氧化锌/水镁石复合阻燃剂．非金属矿，2006，29 (3)：8-10.
[31] Liu K，Cheng H，Zhou J. Investigation of brucite fiber reinforced concrete. Cement and Concrete Research，2004，34 (11)：1981-86.
[32] 王彦梅，胡新鸽等．矿物负载纳米 TiO_2 光催化复合材料的研究进展．四川化工，2009，12 (1)：19-22.
[33] 陈小泉，李芳柏，李新军等．二氧化钛/蒙脱石复合光催化剂制备及对亚甲基蓝的催化降解．土壤与环境，2001，10 (1)：30-32.
[34] 李新平，刘建军，徐东升等．Ag-TiO_2/蒙脱石复合纳米光催化剂的研究．分子催化，2006，20 (4)：355-359.
[35] 谢治民，陈镇，戴友芝．TiO_2/海泡石催化剂的制备及其对印染废水的处理．环境科学与技术，2009，32 (5)：123-127.
[36] 赵纯，邓慧萍．疏水沸石负载纳米 TiO_2 光催化去除水中土霉素．同济大学学报：自然科学版，2009，37 (10)：1360-1365.
[37] 传秀云，卢先春，卢先初．负载的硅藻土对亚甲基蓝的光降解性能研究．无机材料学报，2008，23 (4)：657-661.
[38] 梁凯，唐丽永，王大伟．非金属矿物载银抗菌材料的研究现状与发展趋势．矿产综合利用，2006，6：37-39.
[39] 王洪水等．载银沸石抗菌剂的制备及其抗菌性能．材料科学与工程学报，2006，1 (24)：40-43.
[40] 俞波，王芳．复合金属离子抗菌剂的制备．无机材料学报，2005，4 (20)：921-926.
[41] 刘晓洪．海泡石载银抗菌薄膜的研制．现代塑料加工应用，2006，18 (3)：19-21.
[42] 赵娣芳等．铜改性坡缕石的结构特征与抗菌性能研究．矿物学报，2006，26 (2)：219-222.
[43] 陈天虎等．凹凸棒石-银纳米复合抗菌材料制备方法和表征．硅酸盐通报，2005，2：123-126.

[44] 余海霞，张泽强，谢恒星．载银型抗菌累托石的制备及其性能．武汉科技学院学报，2003，25（1）：46-48.
[45] 王小英等．壳聚糖季铵盐/有机累托石纳米复合材料的抗菌性能研究．无机材料学报，2009，24（6）：1236-1240.
[46] 朱桂平，董发勤，徐光亮，张旭梅．Cu^{2+}-TiO_2/蒙脱石自净化功能基元材料．硅酸盐学报，2004，32（10）：1260-1263.
[47] 叶瑛等．新型无机抗菌材料：载铜蒙脱石及其抗菌机理讨论．无机材料学报，2003，18（3）：569-573.
[48] 靳治良，李胜利，李武等．晶须增强体复合材料的性能与应用．盐湖研究，2003，11（4）：57-66.
[49] Garnier V，Fantozzi G，Nguyen D，et al. Influence of SiC whisker morphology and nature of SiC/Al_2O_3 interface on thermomechanical properties of SiC reinforced Al_2O_3 composites. J Am Ceram Soc，2005，25（15）：3485-3493.
[50] Sharif M A，Sueyoshi H. Preparation and properties of C/SiC/ZrO_2 porous composites by hot isostatic pressing the pyrolyzed performs. Ceram Int，2009，35（1）：349-358.
[51] 梁波．添加碳化硅晶须的锆莫来石材料力学性能．河北理工学院学报，2002，24（3）：53-57.
[52] 张玉军．结构陶瓷材料及其应用．北京：化学工业出版社，2005：24-27.
[53] Chen D J，Xu L，Zhang X H，et al. Preparation of ZrB_2 based hybrid composites reinforced with SiC whiskers and SiC particles by hotpressing. Int J Refract Met Hard Mater，2009，27：792-795.
[54] 李缨．碳化硅晶须及其陶瓷基复合材料．陶瓷，2007，8：39-42.
[55] 白朔，成会明，苏革等．哑铃形碳化硅晶须增强聚氯乙烯（PVC）复合材料的制备和性能．材料研究学报，2002，16（2）：121-125.
[56] 王勇，陈光莲，周田君，段予忠．赤泥聚氯乙烯材料耐热老化性能影响因素的探索．粉煤灰，2000，4：12-13.
[57] 江培青，段予忠．联合法赤泥在建筑用PVC管中的应用．粉煤灰，1998，3：30-31.
[58] 方海林，袁淑军．赤泥聚氯乙烯塑料地砖．化学建材，1997，2：58-60.
[59] 杨孝梅，莫红滨，段予忠．赤泥聚氯乙烯复合材料的微观形态．粉煤灰，1999，2：16-20.
[60] 解竹柏，张书香，周春华，李春生．赤泥填充CPE防水卷材的研究．山东建材，2004，25（3）：23-25.
[61] 杜建新，郝建薇．赤泥阻燃聚合物材料的应用研究．2008年全国阻燃学术年会论文集．2008：155-158.
[62] Akinci A，Akbulut H，Yilmaz F. The effect of the red mud on polymer crystallization and the interaction between the polymer-filler. Polymer-Plastics Technology and Engineering，2007，46（1）：31-36.
[63] Akinci A，Akbulut H，Yilmaz F. Mechanical properties of cost-effective polypropylene composites filled with red-mud particles. Polymers & Polymer Composites，2008，16（7）：439-446.
[64] Chand N，Hashmi S A R. Mechanical and rheoelogical characteristics of polypropylene/polyethylene red mud composites. Research and Industry，1995，40（3）：193-202.
[65] Chand N，Hashmi S A R. High stress wear studies on addition of polycarbonate in red mud filled isotactic polypropylene. Indian Journal of Engineering and Materials Sciences，1998，5（5）：324-328.
[66] Hashmi S A R，Chand N. Effect of blend composition on abrasive wear of red mud filled PP/LDPE blends. Indian Journal of Engineering and Materials Sciences，1998，5（5）：319-323.
[67] 张以河，张安振，甄志超，余黎，季君晖．一种赤泥填充的抗菌塑料母料及其复合材料：中国专利，200910157204. 5. 2009.
[68] 杜建新，郝建薇．赤泥阻燃三元乙丙橡胶的应用研究．2009年中国阻燃学术年会论文集．2009：48-52.
[69] 冯绍华，张丽，王超，赵燕，宋炜．PVC/粉煤灰/玻璃纤维复合材料力学性能的研究．塑料科技，2007，35（4）：36-40.
[70] 徐元，陈建定，王彦华．废渣粉煤灰纤维棉增强复合材料．玻璃钢/复合材料，2007，3：37-40.
[71] 刘彤，杨光均，康锡瑞，张坤．改性粉煤灰填充聚丙烯的研究．中国稀土学报，2008，26：863-865.
[72] 张道权，林薇薇，陈浮，方振逵．超高分子量聚乙烯填料改性研究．材料科学与工程，1997，15（4）：61-62.
[73] 王炜芹，杨玉芬，王启宝，盖国胜，苏莹．改性粉煤灰在橡胶中的填充性能研究．中国粉体技术，2005，15：105-108.
[74] 李莹，王振华，万青．煤矸石粉填充改性聚丙烯材料的研究．塑料，2007，5：81-83.
[75] 龚关，谢邦互，李忠明，杨伟，杨鸣波．煤矸石粉填充聚丙烯复合材料的性能．塑料工业，2004，11：13-15.
[76] 陈静，钟杰平，赵鸣，杨磊．改性煤矸石粉作天然橡胶补强填料研究．非金属矿，2005，6（28）：29-31.
[77] 陈静，钟杰平．利用煤矸石作橡胶补强填料的研究综述．煤炭加工与综合利用，2005，1：50-52.
[78] 赵鸣，姚素玲，陈清如．改性煤矸石粉对硫化胶料的抗磨耗性能的影响．中国矿业大学学报，2008，1（37）：84-87.
[79] 沈上越，夏开胜，范力仁，舒小伟．煅烧高岭土/PAA-AM高吸水保水复合材料的合成与性能研究．功能材料，

2007，38（1）：154-156.
[80] 范力仁，沈上越，夏开胜等．超强吸水性蒙脱石/聚丙烯酸钠复合材料的研究．矿物岩石，2005，25（3）：88-90.
[81] 凌辉，沈上越，范力仁等．粉煤灰-伊利石/PAA-AM高吸水复合材料的吸液性与释钾性能研究．矿物岩石，2007，27（2）：17-21.
[82] 尹秋英，范力仁，沈上越等．磷矿粉复合保水材料的制备与性能研究．矿物岩石，2008，28（4）：30-35.
[83] 刘瑞凤，张均平，王爱勤．PAM-atta复合保水剂的保水性能及影响因素研究．2005，21（9）：47-50.
[84] 栗海峰，范力仁，徐志良，沈上越，宋吉青，李茂松．海泡石矿物含量对海泡石/聚丙烯酸（钠）复合材料吸水保水性能的影响．高分子材料科学与工程，2009，25（1）：59-62.
[85] 范力仁，王春龙，栗海峰，景录如，沈上越．累托石/聚丙烯酸（钠）-丙烯酰胺吸水保水复合材料的制备及性能．中国地质大学学报，2007，32（1）：105-116.
[86] 田惠卿，范力仁，沈上越，徐志良．坡缕石/聚丙烯酸钠高吸水保水复合材料的制备与性能研究．化工新型材料，2006，34（4）：44-46.
[87] 卢波，张以河，季君晖．生物降解高分子/层状硅酸盐复合材料研究．塑料，2010，39（2）：98-101.
[88] 张水生，刘爱珍．聚β-羟基丁酸PHB/蒙脱石纳米复合材料的结构与力学性能．德州学院学报，2005，21（4）：23-25.
[89] Maiti P，Batt C A，Giannelis E P. New biodegradable polyhydroxybutyrate/layered silicate nanocomposites. Biomacromolecules，2007，8：3393-3400.
[90] Suprakas S R，Kazunobu Y，Okamoto M，et al. New polylactide-layered silicate nanocomposites. 2. Concurrent improvements of material properties，biodegradability and melt rheology. Polymer，2003，44（3）：857-866.
[91] Zhang J H，Zhuang W，Zhang Q，et al. Novel polylactide/vermiculite nanocomposites by in situ intercalative polymerization. Ⅰ. Preparation，characterization，and properties. Polymer Composites，2007，28（4）：545-550.
[92] Tian H Y，Tagaya H. Preparation，characterization and mechanical properties of the polylactide/perlite and the polylactide/montmorillonite composites. Journal of Materials Science，2007，42（9）：3244-3250.
[93] 李本红，张玉清，姚大虎等．蒙脱石/淀粉基纳米复合材料研究．塑料工业，2004，32（1）：17-19.
[94] 黄明福，于九皋，马骁飞．蒙脱石增强热塑性淀粉性能的研究．石油化工，2004，33（7）：662-665.
[95] 张以河，余黎，陆金波，张涛．天然纳米矿物改性可降解淀粉牙签及其制备方法：中国专利，2008101747007. 2008.
[96] 张惠珍，刘白玲，罗荣．PVA及其复合材料生物降解研究进展．中国科学院研究生院学报，2005，22（6）：657-666.
[97] 丁运生，张志成，刘亚军等．辐照法制PVAcP蒙脱石纳米复合材料及其表征．高分子学报，2002，4：504-508.
[98] Yeun J H，Bang G S，Park B J，et al. Poly（vinyl alcohol）nanocomposite films：Thermooptical properties，morphology，and gas permeability. Journal of Applied Polymer Science，2006，101（1）：591-596.
[99] Ray S S，Okamoto K，Okamoto M. Structure-property relationship in biodegradable poly（butylene succinate）/layered silicate nanocomposites. Macromolecules，2003，36（7）：2355-2367.
[100] Ray S S，Okamoto K，Maiti P，et al. New poly（butylene succinate）/layered silicate nanocomposites. 1. Preparation，characterization，and mechanical properties. J Nanosci Nanotech，2002，2：171-176.
[101] Mitsunaga T，Okada K，Nagase Y. Properties of biodegradable resin/clay nanocomposites. PPS Asia/Australia Meeting，Taipei，Taiwan，2002：139.
[102] Someya Y，Nakazato T，et al. Thermal and mechanical properties of poly（butylene succinate）nanocomposites with various organo-modified montmorillonites. Journal of Applied Polymer Science，2004，91：1463-1475.
[103] 王进锋，石峰晖，蒋志敏，刘伟，卢波，张以河，季君晖．PBS-MMT纳米复合材料的制备与表征．中国塑料协会降解塑料专委会年会论文集．2007.
[104] Chang J H，Nam S W. Synthesis of poly（butylene succinate）nanocomposites via in-situ interlayer polymerization：thermo-mechanical properties and morphology of the hybrid fibers. Composite Interfaces，2006，13（2-3）：131-144.

第八章　纳米复合材料

第一节　纳米复合材料概述

人类在科学技术上的进步，总是与新材料的出现和使用密切相关，作为人类赖以生存和发展的主要物质基础之一的材料，标志着人类文明的进步程度。当今，人们利用物理、化学和现代科学技术不断创造出新材料，但如何采用新的科技手段将其有效地应用，创造出性能优异的产品是当前研究的热点课题。充满生机的21世纪，以知识经济为主旋律和推动力正在引发一场新的工业革命。节省资源、合理利用能源、净化生存环境是这场革命的核心。纳米技术在生产方式和工作方式的变革中正在发挥重要作用，它对社会发展、经济繁荣、国家安全、环境与健康和人类生活质量的提高所产生的影响是无法估量的。2000年3月，美国政府推出的促进纳米技术繁荣的报告中明确指出：启动纳米技术促进计划，关系到美国在21世纪的竞争实力。纳米技术与信息技术和生物技术成为21世纪社会经济发展的三大支柱，也是当今世界强国争夺的战略制高点。在富有挑战性的21世纪前20年，纳米技术产业发展的水平决定着一个国家在世界经济中的地位，也为我国实现第三个战略目标，成为世界文化、科技、经济、军事等现代化强国提供了一次难得的机遇。从前瞻性和战略性的高度看，发展纳米技术产业，全方位向高技术和传统产业渗透和注入纳米技术是刻不容缓的，是关系到我国在未来世界政治经济竞争格局中，能否处于有利地位的关键问题。中国科学技术发展“十五”计划及以后一段时期，是我国产业结构调整发展纳米技术产业的好时期。纳米技术的切入，为产业升级带来新的机遇，并有可能在若干年内对国民经济进一步协调发展起到推动作用。

一、纳米复合材料定义

纳米复合材料（nanocomposites）的概念最初是在20世纪80年代初期由德国学者Gleitert提出，它是指分散相尺寸至少在一维方向上小于100nm的复合材料。组成复合材料的基体可以是金属、聚合物、陶瓷等。由于纳米粒子具有小尺寸效应、表面效应、界面效应、量子尺寸效应等基本特性，因此与基体复合后可使材料表现出优异的性能。一般来说，纳米复合材料是指显微结构中至少有一相的一维尺寸小于100nm的复合材料。近十年来，纳米复合材料的发展非常迅速，受到了材料界和产业界的普遍关注，形成了纳米复合材料研究的热潮。目前国内外许多科学工作者都在通过高技术手段，采用纳米技术及先进的制造工艺，将纳米技术用于复合材料的制造中，以提高复合材料的性能，并取得了许多可喜的研究成果。

二、纳米复合材料分类

众所周知，已知纳米材料在磁性、内压、光吸收、热阻、化学活性、催化和烧结等方面呈现各种各样的优异特性，因此，将纳米材料用于制备功能材料的前景十分光明。三大材料（金属、陶瓷、聚合物）可自身或相互形成一系列性能各异的纳米材料，西方各发达国家纷纷把纳米材料的研究、开发列入本国的高技术发展计划中。我国在攀登计划中也设立了纳米材料科学组。纳米材料的研制开发工作在金属和陶瓷领域开展得比较广泛和深入。

相比之下，聚合物纳米复合材料的研究起步较晚，但近几年发展相当迅速，引起高分子科学领域的广泛关注。由于纳米科学技术是一门新发展的技术，许多理论研究尚不完善，理论学派不少，观点不尽一致，定性研究较多，定量研究较少。但世界各国在纳米材料发展的方向是“复合”这一点上达成了共识，如微米/纳米复合、纳米/非晶复合、纳米陶瓷粉与高分子材料复合等。纳米功能材料更是丰富多彩，利用纳米材料特殊的磁、光、电等性质，可以开发出难以计数的元器件，将在信息、能源、医学、轻工、农业、航天、航空、交通等众多领域发挥重要作用，涉及国民经济、国防的方方面面。

纳米复合材料还可以按基体分为聚合物基纳米复合材料、陶瓷基纳米复合材料和金属基纳米复合材料三种。纳米复合材料按基体分类如图 8-1 所示。

纳米复合材料按组合形式可分为三种类型。

(1) 0-0 复合　即不同成分、不同组成或不同种类的纳米粒子复合而成的纳米固体，通常采用原位压块、相转变等方法实现，结构具有纳米非均匀性，也称聚集性。

(2) 0-2 复合　即把纳米粒子分散到二维的薄膜材料中，它又可分为均匀弥散和非均匀弥散两类，称为纳米复合薄膜材料。

- 纳米复合材料
  - 非聚合物纳米复合材料
    - 金属/金属
    - 金属/陶瓷
    - 陶瓷/陶瓷
  - 聚合物纳米复合材料
    - 有机/无机纳米复合材料
      - 聚合物基无机材料
    - 聚合物/聚合物纳米复合材料
      - 分子复合
      - 原位复合
      - 微纤基体

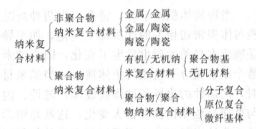

图 8-1　纳米复合材料按基体分类

(3) 0-3 复合　即纳米粒子分散在常规三维固体中。另外，介孔固体也可作为复合母体通过物理或化学方法将纳米粒子填充在介孔中，形成介孔复合的纳米复合材料。

三、纳米粒子效应

纳米微粒由于表面原子存在大量的缺陷和许多悬挂键，具有高度的不饱和性质，因而有很强的化学反应活性及很高的表面能；同时，当微粒的尺寸与光波波长、德布罗意波长以及超导态的相干长度或透射深度等物理特征尺寸相当或更小时，周期性的边界条件将被破坏，声、光、电、磁、热、力学等特性均会呈现新的尺寸效应；另外，当微粒尺寸下降到一定值时，电子能级由准连续变为离散能级，从而导致纳米微粒磁、光、声、电、热及超导电性与宏观特性的不同。

纳米微粒的基本特性使其呈现许多奇异的物理、化学性质，从而导致纳米微粒的热、磁、光、敏感特性和表面稳定性等不同于正常粒子。例如，一些氧化物、氮化物和碳化物的纳米微粒对红外线有良好的吸收和反射作用、对紫外线有良好的屏蔽作用；纳米微粒在含有奇数或偶数电子时，显示出不同的催化性质；可以通过改变微粒尺寸来控制吸收边的位移，制造具有一定频宽的微波吸收纳米材料，用于电磁波屏蔽、隐形材料等。这就使得纳米微粒在服装材料上具有广阔的应用前景。

纳米材料由纳米粒子组成。纳米粒子一般是指尺寸在 1～100nm 之间的粒子，是处在原子簇和宏观物体交界的过渡区域，从通常的关于微观和宏观的观点看，这样的系统既非典型的微观系统，也非典型的宏观系统，是一种典型的介观系统，它具有如下效应，并由此派生出传统固体不具有的许多特殊性质。

(一) 表面效应

粒子直径减少到纳米级，不仅引起表面原子数的迅速增加，而且纳米粒子的比表面积、表面能都会迅速增加。这主要是因为处于表面的原子数较多，表面原子的晶场环境和结合能与内部原子不同所引起的。

众所周知，固体材料的表面原子与内部原子所处的环境是不同的。当材料粒径远大于原子直径时，表面原子可以忽略；但当粒径逐渐接近于原子直径时，表面原子的数目及其作用就不能忽略，而且这时晶粒的比表面积、表面能和表面结合能等都发生了很大的变化，人们把由此而引起的种种特异效应统称为表面效应。随着纳米材料粒径的减小，表面原子数迅速增加。例如，当粒径为10nm时，表面原子数为完整晶粒原子总数的20%；而粒径为1nm时，其表面原子分数增大到99%；此时组成该纳米晶粒的所有约30个原子几乎全部集中在其表面。由于表面原子周围缺少相邻的原子，有许多悬空键，具有不饱和性，易与其他原子相结合而稳定下来，故表现出很高的化学活性。随着粒径的减小，纳米材料的比表面积、表面能及表面结合能都迅速增大。

（二）体积效应

当物质体积减小时，将会出现两种情况：一种是物质本身的性质不发生变化，而只有那些与体积密切相关的性质发生变化，如半导体电子自由程变小，磁体的磁区变小等；另一种是物质本身的性质也发生了变化，因为纳米粒子由有限个原子或分子组成，改变了原来由无数个原子或分子组成的集体属性，当纳米材料的尺寸与传导电子的德布罗意波长相当或更小时，周期性的边界条件将被破坏，磁性、内压、光吸收、热阻、化学活性、催化性及熔点等与普通晶粒相比都有很大变化，这就是纳米材料的体积效应（也称小尺寸效应），这种特异效应为纳米材料的应用开拓了广阔的新领域，例如，随着纳米材料粒径的变小，其熔点不断降低，烧结温度也显著下降，从而为粉末冶金工业提供了新工艺；利用等离子共振频移随晶粒尺寸变化的性质，可通过改变晶粒尺寸来控制吸收波的位移，从而制造出具有一定频宽的微波吸收纳米材料，用于电磁波屏蔽、隐形飞机等。

（三）量子尺寸效应

是指纳米粒子尺寸下降到一定值时，费米能级附近的电子能级由连续能级变为分立能级的现象。这一效应可使纳米粒子具有高的光学非线性、特异催化性和光催化性质等。当材料的粒径下降到一定值时，费米能级附近的电子能级由准连续能级变为分立能级的现象称为量子尺寸效应；Kuto曾提出公式$\delta=4E_f/2N$（其中，δ为能级间距，E_f为费米能级，N为总原子数），宏观物质包含无限个原子（即$N\rightarrow\infty$），则能级间距$\delta\rightarrow0$；而纳米材料由于所含原子数有限，即N值较小，这就导致δ有一定的值。即能级间距发生分裂，能级的平均间距与纳米晶粒中自由电子的总数成反比。

量子尺寸效应产生最直接的影响就是纳米材料吸收光谱的边界蓝移。这是由于在半导体纳米晶粒中，光照产生的电子和空穴不再自由，即存在库仑作用，此电子-空穴对类似于宏观晶体材料中的激子，由于空间的强烈束缚导致激子吸收峰蓝移，带边以及导带中更高激发态均相应蓝移，并且其电子-空穴对的有效质量越小，电子和空穴受到的影响越明显，吸收阈值就越向更高光子能量偏移，量子尺寸效应也越显著。

纳米材料中处于分立的量子化能级中电子的波动性，将直接导致纳米材料的一系列特殊性能，如高度的光学非线性、特异的化学催化和光催化性能等。

（四）宏观量子隧道效应

微观粒子具有贯穿势垒的能力称为隧道效应。近年来，人们发现一些宏观量（如微粒）的磁化强度、量子相干器件中的磁通量等也具有隧道效应，它们可以穿越宏观体系的势垒而产生变化，故称为宏观的量子隧道效应（macroscopic quantum tunneling，MQT）。这一效应与量子尺寸效应一起，确定了微电子器件进一步微型化的极限，也限定了采用磁带和磁盘进行信息存储的最短时间。用这一概念可以定性解释纳米Ni晶粒在低温下继续保持超顺磁性现象。

以上四种效应是纳米粒子与纳米固体的基本特性，它使纳米粒子和固体呈现许多奇异的物理性质、化学性质，出现一些“反常现象”，如金属为导体，但纳米金属微粒在低温由于量子尺寸效应会呈现电绝缘性；纳米磁性金属的磁化率是普通金属的 20 倍；化学惰性的金属铂制成纳米微粒（箔黑）后，却成为活性极好的催化剂等。

（五）光学性质

当金属材料的晶粒尺寸减小到纳米数量级时，其颜色大都变成黑色，且粒径越小，颜色越深，表明纳米粒子的吸光能力很强。纳米材料的吸光过程还受其能级分立的量子尺寸效应和晶粒及其表面上电荷分布的影响，由于晶粒中的传导电子能级往往凝聚成很窄的能带，因而造成窄的吸收带。例如，半导体 Si 和 Ge 都属于间接带隙半导体材料，在通常情况下难以发光，但当它们的粒径分别减小到 5nm 和 4nm 以下，由于能带结构的变化，就会表现出明显的可见光发射现象，且粒径越小，发光强度越强，发光光谱逐渐蓝移，进一步的研究发现其他纳米材料，如纳米 CdS、SnO、Al_2O_3、TiO_2 和 Fe_2O_3 等也具有粗晶状态下根本没有的发光现象，纳米氮化物、氧化物和纳米半导体材料的红外吸收研究是近年来比较活跃的领域，纳米材料的拉曼（Raman）光谱研究也引起人们的广泛关注。

纳米材料光学性能研究的另一个方面为非线性光学效应。最典型的如 CdS 纳米材料，由于能带结构的变化，导致载流子的迁移、跃迁和复合过程不同于其粗晶材料，因而呈现不同的非线性光学效应，Ohtsuka 等采用脉冲激光法研究了 CdTe 纳米材料的三阶非线性光学效应，发现有较大的三阶非线性吸收系数。采用四波混频研究 InAs 纳米材料的非线性光学效应时，发现量子化的纳米晶粒是其呈现非线性的根本原因，而且三阶非线性极化率与入射光强度成正比。

当黄金（Au）被细分到小于光波波长的尺寸时（即几百纳米），会失去原有的光泽而呈现黑色。实际上，所有的金属超微粒子均为黑色，尺寸越小，色彩越黑。银白色的铂变为铂黑，铬变为铬黑，镍变为镍黑等。这表明金属超微粒子对光的反射率很低，一般低于 1%。约有几纳米的厚度即可消光，利用此特性可制作高效光热、光电转换材料，可高效地将太阳能转化为热电能。此外，又可作为红外敏感元件、红外隐身材料等。

（六）电磁性质

金属材料中的原子间距会随粒径的减小而变小，因此，当金属晶粒处于纳米范畴时，其密度随之增加。这样，金属中自由电子的平均自由程将会减小，导致电导率的降低，由于电导率按 $\sigma \propto d^3$（d 为粒径）规律急剧下降，因此原来的金属良导体实际上已完全转变成为绝缘体，这种现象称为尺寸诱导的金属-绝缘体转变。

纳米材料与粗晶材料在磁结构上也有很大的差异，通常磁性材料的磁结构是由许多磁畴构成的，畴间由畴壁分隔开，通过畴壁运动实现磁化，而在纳米材料中，当粒径小于某一临界值时，每个晶粒都呈现单磁畴结构，而矫顽力显著增长，例如，纳米 Fe 和 Fe_2O_3 单磁畴的临界尺寸分别为 12nm 和 40nm，随着纳米晶粒尺寸的减小，磁性材料的磁有序状态也将发生根本的改变，粗晶状态下为铁磁性的材料，当粒径小于某一临界值时可以转变为超顺磁状态，如 α-Fe、Fe_3O_4 和 α-Fe_2O_3 粒径分别为 5nm、16nm 和 20nm 时转变为顺磁体。纳米材料的这些磁学特性是其成为永久性磁体材料、磁流体和磁记录材料的基本依据。

（七）化学和催化性能

纳米材料由于其粒径的减小，表面原子数所占比例很大，吸附力强，因而具有较高的化学反应活性。许多金属纳米材料室温下在空气中就会被强烈氧化而燃烧，如将纳米 Er 和纳米 Cu 在室温下进行压结就能够反应形成 CuEr-金属间化合物；即使是耐热、耐腐蚀的氮化物纳米材料也变得不稳定，例如，纳米 TiN 的平均粒径为 45nm 时，在空气中加热便燃烧成为白色的纳米 TiO_2。暴露在大气中的无机纳米材料会吸附气体，形成吸附层，因此可以利用纳米材料的气体吸附性制成气敏元件，以便对不同气体进行检测。对金属纳米材料的催化性能的研究发现，其在适当的条件下可以催化断裂 H—H、C—C、C—H 和 C—O 键。这主要是其比表面积大，出现在表面上的活性中心数增多所致。纳米材料作为催化剂具有无细孔、无其他成分、能自由选择组分、使用条件温和以及使用方便等优点，从而避免了常规催化剂所引起的反应物向其内孔缓慢扩散带来的某些副产物的生成，并且这类催化剂不必附在惰性载体上使用，可直接放入液相反应体系中，反应产生的热量会随着反应液流动而不断向周围扩散，从而保证不会因局部过热导致催化剂结构破坏而失去活性。例如，金红石结构的 TiO_2 纳米材料，当其比表面积由 $2.5m^2/g$（粒径约 400nm）变为 $76m^2/g$（约 12nm）时，它对 H_2S 气体分解反应的催化效率也可以提高 8 倍以上。另外，纳米材料作为光催化剂时因其粒径小，激子到达表面的数量多，所以光催化效率也很高。

（八）Hall-Petch（H-P）关系

当晶粒减小到纳米级时，材料的强度和硬度随粒径的减小而增大，近似遵从经典的 Hall-Petch 关系式。Hall-Petch 关系是建立在位错塞积理论基础上，经过大量实验的证实，总结出来的多晶材料的屈服应力（或硬度）与晶粒尺寸的关系，即 $\sigma_y=\sigma_0+Kd^{-1/2}$，其中，$\sigma_y$ 为 0.2%屈服应力，σ_0 是移动单个位错所需的克服点阵摩擦的力，K 是常数，d 是平均晶粒尺寸。如果用硬度来表示，关系式可用下式表示：

$$H=H_0+Kd^{-1/2}$$

这一普适的经验规律，对各种粗晶材料都是适用的，K 值为正数，这就是说，随晶粒尺寸的减小，屈服强度（或硬度）都是增加的，它们都与 $d^{-1/2}$ 呈线性关系。

从 20 世纪 80 年代末到 90 年代初，对各种纳米材料的硬度和晶粒尺寸的关系进行了研究。归纳起来有三种不同的规律。

① 正 H-P 关系（$K>0$） 对于蒸发凝聚、原位加压纳米 TiO_2，用机械合金化（高能球磨）制备的纳米 Fe 和 Nb_3Sn_2，用金属 Al 水解法制备的 γ-Al_2O_3 和 α-Al_2O_3 纳米结构材料等试样，进行维氏硬度试验，结果表明，它们均服从正 H-P 关系，与常规多晶试样一样遵守同样规律。

② 反 H-P 关系（$K<0$） 这种关系在常规多晶材料中从未出现过，但对许多种纳米材料都观察到这种反 H-P 关系，即硬度随纳米晶粒的减小而下降。例如，用蒸发凝聚原位加压制成的纳米 Pd 晶体以及非晶化法制备的 Ni-P 纳米晶体的硬度试验结果表明，它们遵循反 H-P 关系。

③ 正-反混合 H-P 关系 最近对多种纳米材料硬度试验都观察到了硬度随晶粒直径的平方根的变化并不是线性地单调上升或单调下降，而是存在一个拐点（临界晶粒尺寸 d_c），当晶粒尺寸大于 d_c，呈正 H-P 关系（$K>0$），当 $d<d_c$，呈反 H-P 关系（$K<0$）。这种现象是在常规粗晶材料中从未观察到的新现象。

除上述关系外，在纳米材料中还观察到两个现象，即在正 H-P 关系和反 H-P 关系中随着晶粒尺寸的进一步减小，斜率（K）变化，对正 H-P 关系 K 减小，对反 H-P 关系 K 变大。另一个现象是对电沉积的纳米 Ni 晶体观察到偏离 H-P 关系。

对纳米结构材料，上述现象的解释已不能依赖于传统的位错理论，它与常规多晶材料之间的差别关键在于界面占有相当大的体积分数，用位错塞积理论来解释纳米晶体材料所出现的这些现象是不合适的，必须从纳米晶体材料的结构特点来寻找新的模型，建立能圆满解释上述现象的理论。

（九）热学性质

当足够地减少组成相的尺寸的时候，由于在限制的原子系统中的各种弹性和热力学参数的变化，平衡相的关系将被改变。例如，被小尺寸限制的金属原子簇熔点的温度被大大降低到同种固体材料的熔点之下。

DTA 试验表明，平均粒径为 40nm 的纳米铜粒子的熔点由 1053℃降到 750℃，降低了 300℃左右。这是由于 Gibbs-Thomson 效应而引起的，该效应在所限定的系统中引起较高的有效压强的作用。

另一个例子是由逆胶束化学沉淀法制备的直径为 2.4～7.6nm 的 CdS 半导体原子簇。这种材料熔点的降低是相当显著的。类似的情况在直径为 8nm 的纳米相钇的氧化物中出现，氧化钇能够稳定在高压多晶型结构。纳米材料的比热容 C_p 也大于同类粗晶材料，纳米金属或合金的 C_p 值可高出 10%～80%。例如，在 150～300K 温度范围内，纳米 Pd（6nm，80%理论密度）和纳米 Cu（8nm，90%理论密度）的 C_p 值比相应的粗晶材料分别增加 29%～54%和 9%～11%。

四、纳米粒子的表面修饰

有机/无机纳米复合材料被誉为“21 世纪的新材料”。与传统的复合材料相比，由于纳米粒子带来表面与界面效应，使得纳米复合材料具有优于相同化学成分常规复合材料的力学性能和热性能。但要充分发挥纳米粒子的性能就要对其进行表面修饰或处理。

纳米微粒的表面修饰是指用物理、化学方法改变纳米微粒表面的结构和状态。从而实现人们对纳米微粒表面的调控。其主要作用是：①改善或改变纳米微粒的分散性；②提高微粒的表面活性；③使微粒表面产生新的物理、化学、力学性能及新的功能；④改善纳米微粒与其他物质之间的相容性。

（一）表面化学修饰

通过纳米微粒与处理剂之间进行化学反应，改变纳米微粒表面结构和状态，达到改性目的，称为表面化学修饰。常用的表面化学修饰方法有以下几种。

（1）偶联剂法　利用偶联剂覆盖于粒子表面，赋予粒子表面以新的性质的表面修饰方法。

（2）表面接枝修饰法　通过化学反应将高分子链接到无机纳米粒子表面的方法。

（3）高能表面改性法　利用高能电晕放电、紫外线、等离子射线等对粒子表面改性。另外，利用超声波的分散、粉碎、活化、引发等多重作用，建立了超声波引发包裹乳液聚合制备聚合物无机纳米复合材料的技术，解决了无机纳米粒子因表面能高而易团聚的难题。

（4）酯化反应法　金属氧化物与醇的反应称为酯化反应。利用酯化反应对纳米微粒表面修饰，最重要的就是使原来亲水疏油的表面变成亲油疏水的表面，这种改性功能在实际应用中十分重要。如 α-$Al(OH)_3$ 用高沸点醇处理后，可获得表面亲油疏水的 α-Al(OH) 及中间氧化铝。

（二）表面物理修饰

表面物理修饰是指基体和改性剂之间除了范德华力、氢键相互作用以外，不存在离子键和共价键的作用。可分为以下几种。

（1）外层膜改性　这种方法是在纳米粒子的表面均匀包覆一层其他物质的膜，如无机包膜、有机包膜、高分子包膜及复合包膜使粒子表面性质发生变化，而使纳米粒子趋于稳定。

（2）粉体/粉体包覆改性　此法是依据不同粒子的熔点差异，通过加热熔点较低的粒子先软化，先软化小粒子后包覆于大粒子表面或者使小粒子嵌入软化的大粒子表面而达到改性的目的。

（3）机械化学改性　在外力作用下采用粉碎、摩擦等方法使分子晶格发生位移，内能增大，活性的粉末表面与其他物质发生附着，以达到表面改性的目的。

（4）利用沉淀反应进行表面修饰　这是目前工业上用得最多的方法，将一种物质沉积到纳米微粒表面形成与微粒表面无化学结合的异质包覆层。

表面修饰技术可以从本质上提高纳米微粒填充聚合物的各项性能。因而成为这一领域的关键技术，因此，大力发展表面修饰技术无论在学术上还是在工业上都有重要的意义。

第二节　纳米复合材料制备方法

一、插层复合法

插层复合法是制备高分子基纳米复合材料的一种重要方法。许多无机化合物，如硅酸盐类黏土、磷酸盐类、石墨、金属氧化物、二硫化物等具有典型的层状结构作为主体，将有机高聚物作为客体插入主体的层间，从而可以制备高分子基纳米复合材料。插层复合法可分为三类[1]。

（一）插层聚合法

插层聚合法是先将高分子物单体分散、插入层状无机物（硅酸盐等）片层中（一般是将单体和层状无机物分别溶解到某一溶剂中），然后单体在外加条件（如氧化剂、光、热等）下发生原位聚合。利用聚合时放出的大量热量，克服硅酸盐片层间的库仑力而使其剥离，从而使纳米尺度硅酸盐片层与高分子物基体以化学键的方式结合。1987 年，日本首先利用插层复合法制备尼龙 6/黏土纳米复合材料（NCH）。中国科学院化学研究所对尼龙 6/蒙脱石体系进行了研究，并首创了“一步法”复合方法，即将蒙脱石层间阳离子交换、单体插入层间以及单体聚合在同一步中完成。

（二）溶液插层法

溶液插层法是高分子链在溶液中借助于溶剂而插层进入无机物层间，然后挥发除去溶剂。该方法需要合适的溶剂来同时溶解高分子和分散黏土，而且大量的溶剂不易回收，对环境不利。如在溶液中聚环氧乙烷、聚四氢呋喃、聚己内酯等很容易嵌入层状硅酸盐和 V_2O_5 凝胶中。Furuichi 等用疏水性绿土（SAN）（季铵盐交换处理）与聚丙烯（PP）的甲苯溶液共混，经加热可以获得 PP/SAN 纳米复合材料。Ruiz-Hitzky 等将聚环氧乙烷（PEO）与不同交换性阳离子的蒙脱石混合搅拌，合成了新的具有二维结构的高分子基纳米复合材料。

（三）熔体插层法

熔体插层法是将高分子物加热到熔融状态下，在静止或剪切力的作用下直接插入片层间，制得高分子基纳米复合材料。对大多数很重要的高分子来说，因找不到合适的单体来插层或找不到合适的溶剂来同时溶解高分子和分散料，因此上述两种方式都有其局限性，采用熔体插层法即能很方便地实现。实验表明，熔体插层法、溶液插层法和插层聚合法所得到的复合材料具有相同的结构。熔体插层法是美国 Cornell 大学的 Vaia 和 Giannelis 等首先采用的一种创新方法。他们通过熔体插层法制备了 PS/黏土、

PEO/黏土高分子基纳米复合材料。

二、原位复合法

原位复合法是将热致液晶高分子物与热塑性树脂进行熔融共混，用挤塑或注塑方法进行加工。由于液晶分子有易于自发取向的特点，液晶微区沿外力方向取向形成微纤结构，在熔体冷却时这种微纤结构被原位固定下来，故称原位复合。只有当材料的微区尺寸在100nm以下时才能归属于纳米复合材料的范畴。中科院广州化学所黎学东等[2]详细概述了原位成纤复合材料的成纤原理、流变性能、力学性能、形态分布、结晶行为以及影响形态性能的因素。原位复合材料的研究开发进展很快，ICE公司的LCP/PA合金、Hoechst Celanese公司的LCP/PA12合金和40%玻璃纤维增强的LCP/PPS合金等均已商品化。原位聚合是可使刚性分子链均匀分散的一种复合新途径。在柔性聚合物（或其单体）中溶解刚直棒聚合物均匀地分散在高分子机体中而形成原位分子复合材料，这种方法称为原位聚合法。钱人元等[3]将吡咯单体溶胀、扩散到柔性链聚合物基体中，以一定的引发剂使吡咯单体在机体中原位就地聚合，制得了既具有一定的导电性，又提高了基体材料力学性能的原位复合材料。Lindsey等以微量交联的聚乙烯醇（PVA）作为基体，用电化学方法就地使吡咯单体聚合，形成增强微纤，得到PPY/PVA原位分子复合材料。张晟卯等[4]采用原位聚合法合成了TiO_2/聚丙烯酸丁酯纳米复合薄膜材料。这种纳米复合薄膜有望在某些工况条件下作为新型特种润滑材料而获得应用。贾志杰等[5]将纯化的碳纳米管与乙酰胺、氨基乙酸一起放入反应器混合，在一定条件下进行聚合反应，制得尼龙6/碳纳米管复合材料与纯商品尼龙6以一定比例共混。结果表明，制得的纳米复合材料性能优良。

三、溶胶-凝胶法

该法是使用烷氧金属或金属盐等前驱物（水溶性盐或油溶性醇盐）溶于水或有机溶剂中形成均质溶液，溶质发生水解反应形成纳米级粒子并形成溶胶，溶胶经蒸发干燥转变为凝胶。如果条件控制得当，在凝胶形成与干燥过程中聚合物不发生相分离，即可获得高分子基纳米复合材料。近年来，利用金属烷氧化物的溶胶-凝胶反应与聚合反应巧妙地组合，制备高分子基纳米复合材料已成为材料科学新的热点。溶胶-凝胶法可以分为以下几种情况：①前驱物溶解在预形成的高分子物溶液中，在酸、碱或某些盐催化作用下，让前驱物水解，形成半互穿网络；②前驱物和高分子物单体溶解在溶剂中，让水解和单体聚合同时进行，这一方法可使一些完全不溶的高分子物靠原位生成而均匀地插入无机网络中，如果单体未交联则形成半互穿网络，单体交联则形成完全互穿网络；③在以上的高分子物或单体中可以引入能与无机组分形成化学键的基团，增加有机与无机组分之间的相互作用。该方法反应条件温和，分散均匀。孙蓉等采用溶胶-凝胶法合成了粒径为40～60nm油酸修饰二氧化钛纳米微粒。牛新书等[6]以钛酸四丁酯和硝酸钇为原料，采用溶胶-凝胶法制备了掺杂不同量Y的TiO_2纳米材料。杜宏伟等[7]用钛酸丁酯作前驱物，*N*-甲基吡咯烷酮（NMP）作溶剂，冰醋酸为稳定剂，通过溶胶-凝胶法制得了TiO_2溶胶。孙蓉制备了表面修饰的TiO_2纳米复合材料，将其作为润滑油添加剂具有良好的抗磨性能，并能显著提高基础油的失效负荷。

四、纳米粒子直接分散法

该方法是将纳米粒子直接分散于高分子基质来制备高分子基纳米复合材料，其中高分子基质多选用具有优异性能的功能材料。该方法的优点是通过控制条件获得高分散、小微粒的纳米复合材料。缺点是粒子易发生团聚，难以均匀分散。通常在纳米粒子的表面覆盖一层单分子层活性剂，从而可防止纳米粒子本身的凝聚。

五、LB膜法

LB膜法是利用具有疏水端和亲水端的两亲性分子在气-液界面的定向性质，来制备高分子基纳米复合材料。目前利用LB膜法制备的高分子基纳米复合材料，主要有两种方法：一种是利用含金属离子的LB膜，通过与H_2S等进行化学反应获得；另一种是已制备的纳米粒子直接进行LB膜组装。用LB膜法制备的纳米复合材料，除具有纳米粒子特有的量子尺寸效应，还具有LB膜分子层次有序、膜厚可控、易于组装等优点。如果改变纳米粒子的种类及制备条件，那么可以改变所得到材料的光电性能。从而使得该类材料在微电子学、光电子学、非线性光学和传感器等领域得到了广泛的应用。

六、微乳液聚合法

Gao等在$FeCl_3$水溶液/甲苯/甲基丙烯酸的微乳液体系中，搅拌、回流2h，得到包覆有甲基丙烯酸，粒径为1.9～2.7nm的Fe_2O_3，然后加入适量交联剂二乙烯基苯和引发剂偶氮二异丁腈。将微乳液加热到70℃并维持7h，然后用甲醇将聚合物/Fe_2O_3凝胶沉淀出来，制备成有机/无机复合膜材料。成国祥等[8]确定了水/Span85-Tween60/环已烷反相微乳液体系的适宜条件，如表面活性剂含量、HLB值和溶水量值，进而在其中进行丙烯酰胺聚合反应和AgCl、ZnS沉淀反应，制备了大小比较均一、形状规则而平均粒径约为20nm的AgCl/PAM、ZnS/PAM无机/有机纳米复合微粒。

第三节 纳米矿物复合材料

两种或两种以上物理和化学性质不同的物质组合而成的多相固体材料即为复合材料。在复合材料中，通常有一相为连续相，称为基体；而另一相为分散相，称为增强材料。分散相以独立的相态分布于整个连续相中，可以是纤维状、颗粒状或弥散的填料。当分散相的尺度至少有一维小于100nm的复合材料则称为纳米复合材料，纳米矿物复合材料即为由纳米矿物充当填料，均匀分散于基体中的复合材料。纳米矿物填料所具有的表面效应、量子尺寸效应、刚性、尺寸稳定性等可以与基材一起产生许多独特的性能，在电子、光学、机械、生物等领域有着广泛的应用前景。

一、插层纳米矿物复合材料

层状矿物如层状硅酸盐、石墨、云母等，在一维方向上为纳米材料，层间距及每层厚度在1～100nm之间，利用这类矿物的膨胀性、吸附性及离子交换性，将基材作为客体插入层状矿物的层间，可以迫使层与层分离成分散相，从而得到插层纳米矿物复合材料。层状硅酸盐由于结构单元是由两片硅氧四面体夹一片铝氧八面体，层间靠共用氧原子而形成的层状结构，含有可置换阳离子的特点，是目前研究最多及具有实际应用前景的填料。

插层法制备纳米矿物复合材料的关键是将基体插入填料的分子片层间，利用剪切力、放热等因素，克服填料分子层间的作用力，加大片层间距成为分散相。一般先用插层剂对基材进行处理，改变层间距及亲水性。

溶液插层是将层状矿物分散于含有基材的溶剂中，通过溶剂的作用使基材顺利插入层间，除去溶剂即得到插层型复合材料。袁龙飞等[9]利用新疆夏子街高蒙脱石（MMT）含量的钠基膨润土原矿，通过有机化得到有机蒙脱石（OMMT）。将一定量的聚乳酸（PLA）和有机蒙脱石共同分散于三氯甲烷溶剂中，待三氯甲烷挥发后即得到聚乳酸/蒙脱石复合材料薄膜。该复合薄膜的 XRD 谱图（图 8-2）表明，由图 8-2 可知，PLA 无明显的衍射峰，仅存在 PLA 的无规宽漫峰衍射。MMT 中整齐有序的硅酸盐片层在 XRD 图中呈现对应的衍射峰，而 OMMT 的衍射峰首峰前移。计算得到蒙脱石的层间距在有机化后从 1.26nm 增加到 1.69nm，有机阳离子进入片层间。而复合材料对应的 PLA/OMMT 衍射峰首峰继续向小角处偏移，计算表明，有机蒙脱石片层间距在有机插层纳米复合前后由 1.69nm 增加到了 2.39nm，即该蒙脱石片层已由所插入的聚乳酸分子撑开而增加了 0.70 nm，形成了插层纳米复合结构。

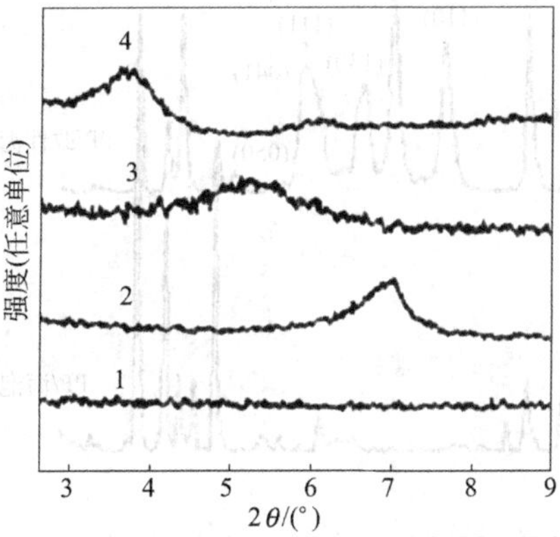

图 8-2　复合薄膜的 XRD 谱图

1—PLA；2—MMT；3—OMMT；4—PLA/OMMT

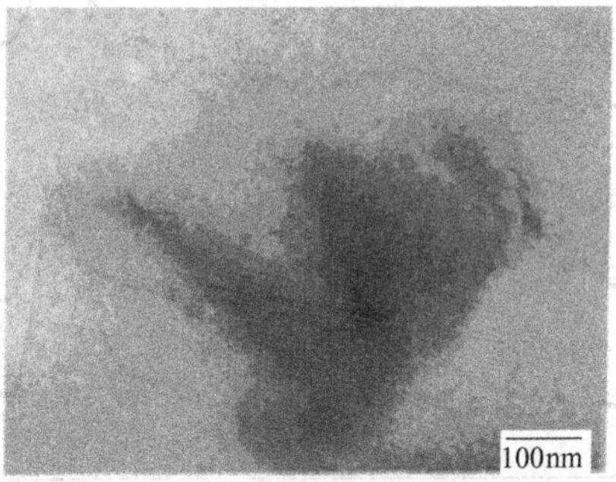

图 8-3　PLA /OMMT 复合材料 TEM 图

图 8-3 是 PLA /OMMT 复合材料 TEM 观测的结果，白色区域为 PLA 基体，灰暗色区域为蒙脱石片层，聚合物分子链已经插层进入蒙脱石的层间，形成了明暗条纹相间的结构，构成晶粒中有序堆砌的 MMT 片层已经变得疏松，表明制备的 PLA/OMMT 为插层型复合材料。与 PLA 基材相比，PLA/OMMT 复合材料的热分解温度得以提高，表现出较好的热稳定性。PLA/OMMT 复合材料的热稳定性提高的主要原因是：一方面，在聚乳酸基体中分散的蒙脱石片层具有较高的刚性，对聚乳酸分子的活动性具有一定的抑制作用，使聚乳酸分子链在受热分解时比完全自由的分子链具有更高的分解温度，从而延缓了复合材料热分解的速率；另一方面，在复合材料发生热降解时，处于材料表层的蒙脱石能够在一定程度上阻隔材料内部由于聚乳酸分子链热分解而产生的小分子的迁移。同时，蒙脱石与聚乳酸基体之间存在较强的界面相互作用，蒙脱石在复合材料体系当中充当物理交联点，可以在一定程度上抑制分子链的运动，从而提高了材料的热稳定性。

熔融插层主要应用于高聚物与纳米矿物的插层。该法首先把高聚物和层状矿物混合，加热到聚合物熔点以上，在静止或剪切力作用下，使高聚物长链直接插入蒙脱石的层间。如郭静等[10]用十六烷基三甲基溴化铵对 400 目海泡石进行改性，然后通过熔融插层制备得到聚丙烯/海泡石纳米复合材料。其 X 射线衍射图如图 8-4 所示，图(a)显示聚丙烯大分子进入海泡石层间，层间距由 1.85nm 增加至 2.43nm，成为插层型纳米复合材料，而图(b)则表明未改性海泡石由于片层间的负电荷对聚丙烯大分子链有排斥作用，阻碍片层周围的聚丙烯分子链结晶过程，导致聚丙烯/海泡石复合材料的 α 晶型特征峰消失，改变了聚丙烯大分子的结晶形态；而改性后的海泡石由于本身间距加大，且与聚丙烯相容性较好，在成核过程中，聚丙烯大分子链在改性海泡石片层间或周围结晶顺利，且改性海泡石还起到异相成核的作用，这使得改性海泡石的加入对聚丙烯大分子的结晶形态并无影响。在改性海泡石的添加量为2%时，聚丙烯/改性海泡石复合材料冲击强度达到最大值，相对纯PP提高76.18%。这是由于聚丙烯基体中，当改性海泡石含量较低时，大分子链更牢固地嵌入海泡石层间而形成比较稳定的相容结构体系；另外，改性海泡石纳米粒子会引导PP进行异相成核，大量微晶的形成会使PP结晶更加完善，实现PP冲击强度的提高。当海泡石含量超过一定量后，纳米海泡石粒子的表面不能充分润湿，界面黏合减弱或产生孔洞，致使冲击强度下降。

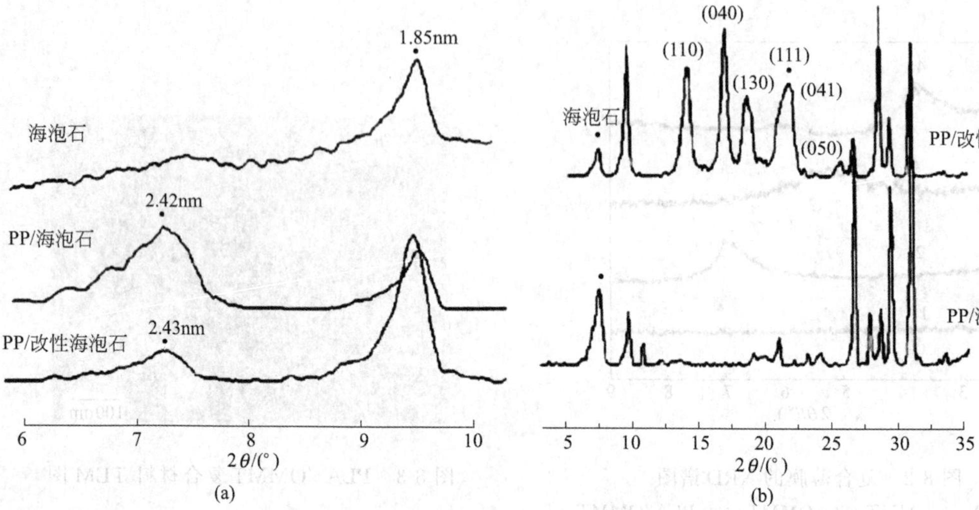

图 8-4 聚丙烯/海泡石纳米复合材料的 XRD 谱图

近年来，聚合物熔融插层发展成聚合物熔融挤出插层，它利用传统聚合物双螺杆挤出加工过程成功地制备了聚合物/黏土纳米复合材料，制备出尼龙/黏土、硅橡胶/黏土、聚丙烯/黏土等纳米复合材料。熔融挤出插层法不使用溶剂，工艺简单，易于工业化连续制造，是一种有利于环境保护的制备方法，具有很广泛的应用前景。

二、共混纳米矿物复合材料

插层纳米矿物复合材料的填料一般为层状矿物，在被插层前，填料的层与层之间并不需要剥离，也就是说填料本身可能并不是纳米级的材料。显然对于一些纳米矿物材料，就无须用插层法来制备复合材料。这其中包括颗粒状纳米矿物材料（如纳米碳酸钙）、棒状纳米矿物材料（如纳米凹凸棒石、纳米坡缕石）和层状剥离的纳米矿物材料（如石墨烯等）。这类矿物直接采用与基体共混的方法即可制得纳米矿物复合材料。但由于纳米填料本身的团聚作用及与基体的相容性问题，共混之前一般需要对填料进行改性处理，使其与基体更好地结合。

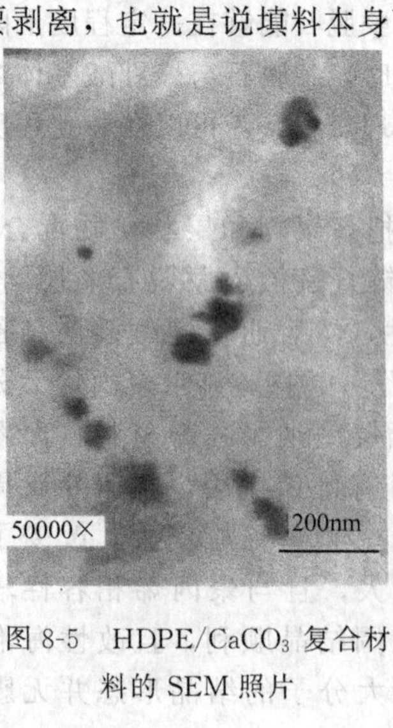

图 8-5 HDPE/$CaCO_3$ 复合材料的 SEM 照片

何智慧等[11]将经过表面处理的纳米 $CaCO_3$ 复合材料与高密度聚乙烯（HDPE）熔融共混，并通过挤出制备得到 HDPE/纳米 $CaCO_3$ 复合材料。通过 SEM 观察复合材料的微观结构（图 8-5），复合材料基体中的粒子粒径最大的也不超过100nm，表明 $CaCO_3$ 粒子在 HDPE 基体中是以纳米级单粒子分散。在这种情况下，纳米 $CaCO_3$ 粒子能够有效地成为应力集中点，而消耗更多的能量，从而提高 HDPE 纳米复合材料的韧性。通过对纳米复合材料的熔体指数研究表明，与纯 HDPE 相比，纳米 $CaCO_3$ 的加入使基体的熔体指数下降明显，这是由于加入的纳米 $CaCO_3$ 增加了 HDPE 熔体状态下分子间的摩擦力，从而使熔体的流动阻力增大，流动性能下降。随着纳米 $CaCO_3$ 用量的增加，HDPE/纳米 $CaCO_3$ 复合材料的缺口冲击强度增加，当纳米 $CaCO_3$ 用量为 5 份时，缺口冲击强度达到 15.97kJ/m^2，比不加纳米 $CaCO_3$ 的空白样提高了近 26.2%。这是由于随着填料的微细化，粒子比表面积增大，与基体接触面积增大，材料受到冲击时，会产生更多银纹，吸收冲击能，从而使冲击强度值有所提高。而当纳米填料用量增大时粒子过于接近，所引发的银纹组合成大的裂纹，材料冲击强度反而下降，且纳米 $CaCO_3$ 用量增加后，在基体中分散更加困难，易使粒子团聚，而团聚的粒子表面缺陷容易引起 HDPE 基体树脂损伤而产生应力集中，也是造成冲击强度下降的原因，因此纳米填料的加入量不可过多。

第四节　纳米二氧化硅复合材料

纳米二氧化硅为无定形白色粉末，是一种无毒、无味和无污染的非金属功能材料。纳米二氧化硅分子呈三维网状结构，粒子表面存在众多表面缺陷和非配对原子，如未受干扰的孤立硅羟基、彼此形成氢键的连生硅羟基以及两个羟基连在一个硅原子上的双生硅羟基等（图 8-6）[12]。因此纳米二氧化硅具有很高的活性，其与聚合物发生物理或化学结合的可能性较大，故可用于增强与聚合物基体的界面结合，提高聚合物的承载能力，从而达到增强增韧聚合物的目的。

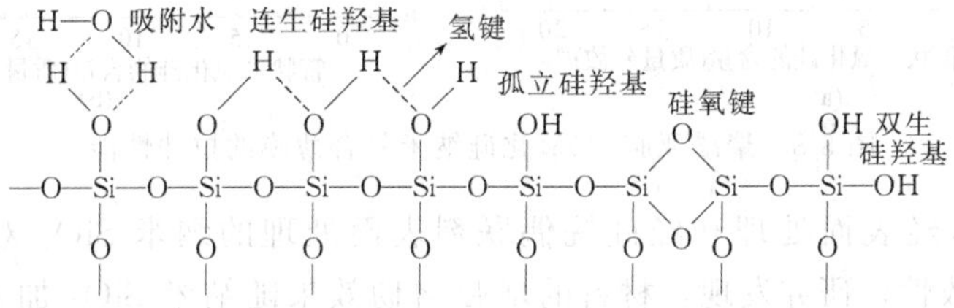

图 8-6　纳米二氧化硅表面结构

一、纳米二氧化硅改性热固性树脂基复合材料

在热固性树脂中加入纳米二氧化硅制备得到的复合材料，可以在一定程度上克服热固性树脂韧性和加工性能相对较差的缺点，并带来其他诸如介电、耐热等一系列的变化。

张以河[13]等利用正硅酸乙酯水解，并在 D，L-酒石酸存在的条件下，自组装得到长度 40～400μm 的二氧化硅纳米管。如图 8-7 所示，二氧化硅纳米管直径不到 100nm。利用这些二氧化硅纳米管通过原位聚合法制备得到了热固性聚酰亚胺薄膜，并对其低温力学性能进行研究。如图 8-8(a)所示，聚酰亚胺/二氧化硅纳米复合薄膜在低温下的拉伸强度远高于室温下的拉伸强度。同时当二氧化硅纳米管的加入量为 1%～5%（质量分数）时，复合薄膜的拉伸强度比纯聚酰亚胺薄膜有着明显的提高，这是由于二氧化硅纳米管与聚酰亚胺分子之间的相互作用导致的。而随着二氧化硅纳米管用量的增加，其在聚酰亚胺基体中不可避免地发生团聚，进而导致拉伸强度的下降。与此相应，如图 8-8(b)所示，复合薄膜的断裂伸长率也有着相类似的变化。模量随着二氧化硅纳米管的用量增加而不断提高。

用同样方法制备的聚酰亚胺/二氧化硅纳米复合薄膜的介电性能也得到研究[14]。结果表明，对于纯聚酰亚胺薄膜介电常数在 3.5 左右，二氧化硅纳米管的添加量在低含量时可导致介电常数降低，在 3%（质量分数）时最低可达 2.9，此后随着添加量的上升，介电常数也随之增加，在 20%（质量分数）时可达 3.7。

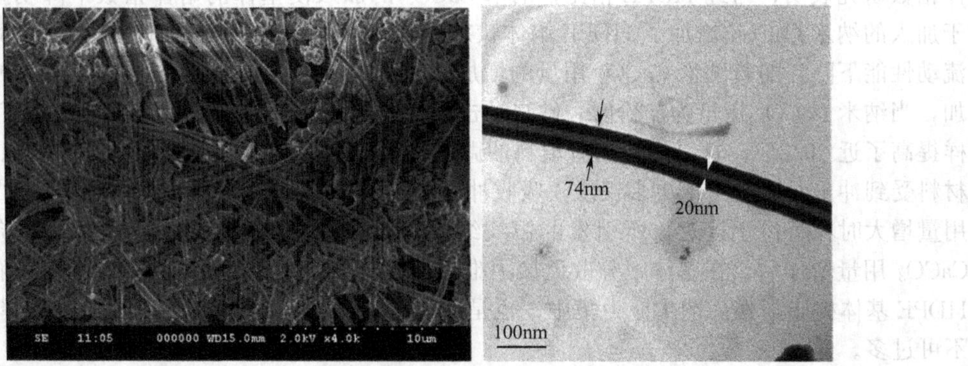

(a) (b)

图 8-7 二氧化硅纳米管的 SEM 图

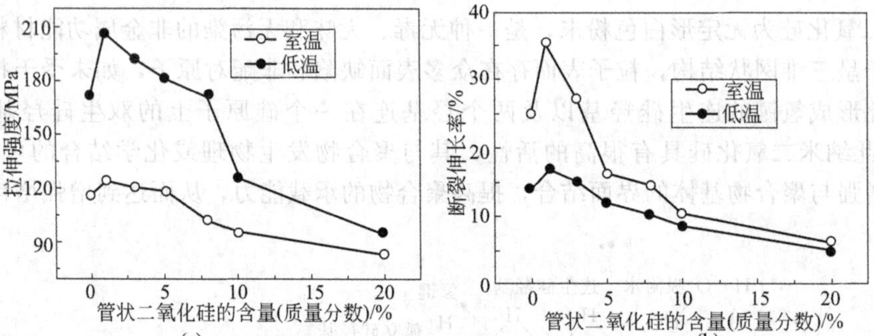

(a) (b)

图 8-8 聚酰亚胺/二氧化硅纳米复合薄膜的拉伸性能

张毅[15]等用未经表面处理和经硅烷偶联剂表面处理的纳米 SiO_2 对不饱和聚酯树脂（UPR）进行填充改性，研究发现，材料的增强增韧效果随纳米 SiO_2 加入量而改变，拉伸强度在纳米 SiO_2 填充量为 6%时达到最高，其后不断下降；而材料的弯曲强度在纳米 SiO_2 的加入量为 4%～6%时出现明显的脆韧转变；材料的冲击强度随纳米 SiO_2 填充量的增多而逐渐上升，到 6%时达到最大，此后随填充量的增加趋于下降，并且在 4%～6%时出现了明显的脆韧转变（图 8-9）。这是因为不饱和聚酯/纳米 SiO_2 复合材料对冲击能量的分散是由两相界面共同承担的。纳米 SiO_2 颗粒因具有比表面积大、表面羟基多、表面能高、表面严重配位不足等特点，使其与 UPR 结合牢固，两者界面因而可承担一定的载荷，吸收大量冲击

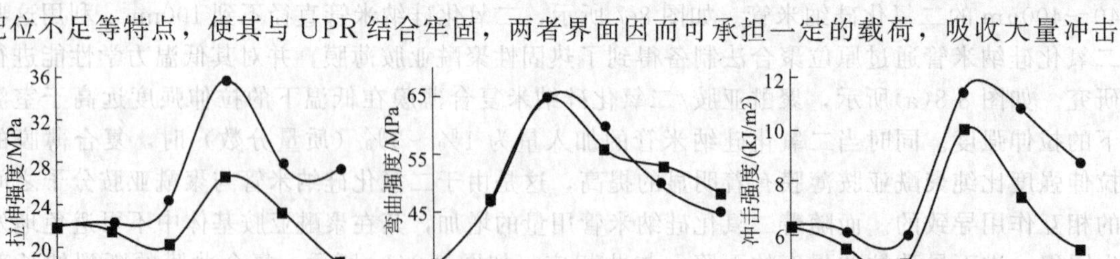

(a) (b) (c)

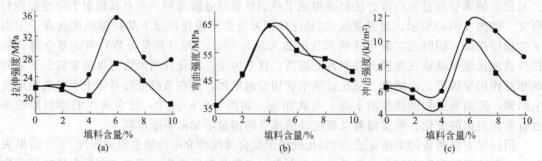

图 8-9 纳米 SiO_2 对复合材料体系力学性能的影响

—■— 未处理 SiO_2 填充体系；—●— WD-21 处理 SiO_2 填充体系

能，添加的纳米 SiO_2 颗粒分布在高分子链的空隙中，使不饱和聚酯树脂韧性、延展性、抗冲击性得到提高；同时由于纳米粒子的粒径小，应力很集中，可诱发大量的小裂纹或银纹，这些小裂纹或银纹发展需要大量的能量，同样可吸收大量的冲击能，因而具有增强增韧的功效。用 DSC 测定复合材料的玻璃化温度（T_g），可以发现复合材料的 T_g 比纯 UPR 高，且烷基化纳米 SiO_2 填充的 UPR 的 T_g 更高。

二、纳米二氧化硅改性热塑性树脂基复合材料

纳米二氧化硅颗粒可以与热塑性树脂在挤出机、开炼机里直接共混，制备二氧化硅改性热塑性树脂基复合材料。二氧化硅颗粒可以改变基体树脂的结晶结构及力学性能。

张成波等[16]用偶联剂对纳米二氧化硅进行表面处理后与聚丙烯粉末共混、挤出造粒。共混后复合材料的力学性能在 2%时达到最高（表 8-1）。图 8-10(a)和 8-10(b)分别是纯 PP 和 PP/纳米 SiO_2 复合材料［2%（质量分数）］的偏光显微镜照片。图中可见纯 PP 的球晶粗大、球晶边界清晰且尺寸分布不均匀，由于纳米 SiO_2 的成核作用，填充纳米 SiO_2 后的改性 PP 球晶尺寸逐渐减小，球晶边界变得模糊，球晶尺寸分布均匀。在通常情况下，从熔体冷却结晶时，结晶聚丙烯倾向于生成球晶，由于组成球晶的二级结构单元从中心沿径向发散生长的速率相同，所以其宏观外形接近于球形，在偏光显微镜的正交偏振片之间，它呈现特有的黑十字消光图案。结晶聚丙烯的晶体结构对聚丙烯材料的力学性能有着本质的影响。当 PP 熔体中含有纳米 SiO_2 无机微粒时，这种微粒在 PP 降温结晶时充当了成核剂，PP 基体树脂中均相成核方式占主体变为异相成核占主体，球晶尺寸开始细化，PP 在相同时间内晶核密度提高；与此同时，纳米 SiO_2 对 PP 分子链束缚作用强，球晶生长到一定程度时，PP 分子链受到纳米粒子的约束而难以迅速扩散到球晶生长前沿，导致球晶发育不成熟，晶界模糊。因此，对于具有相同结晶度的 PP 最终材料来说，填充纳米 SiO_2 的改性 PP 的球晶尺寸就明显小于纯 PP，力学性能也就有不同程度的提高。

表 8-1　纳米二氧化硅的含量对 PP 拉伸性能的影响

SiO_2 含量	0	1%	2%	4%	6%	8%
拉伸强度/MPa	31.93	35.58	58.47	53.16	34.66	32.81
弹性模量/MPa	554.312	1134.675	1381.535	1245.34	700.97	593.06
断裂强度/MPa	14.86	28.65	36.12	31.27	17.18	15.83

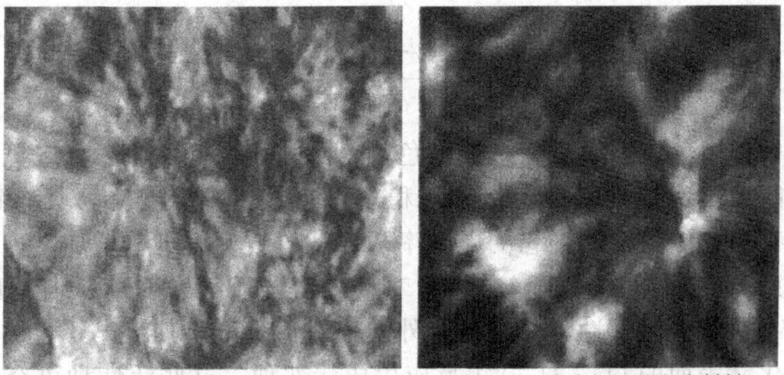

(a) 纯 PP　　(b) PP/纳米 SiO_2 复合材料

图 8-10　纯 PP 和 PP/纳米 SiO_2 复合材料(2%)的偏光显微镜照片

三、纳米二氧化硅改性橡胶基复合材料

橡胶的增强剂最初为炭黑，与炭黑相比二氧化硅作为橡胶增强剂的历史要短得多。直到 20 世纪 60 年代，二氧化硅主要应用于胶鞋的胶料配方中，而在轮胎工业中，二氧化硅首先是作为改性剂使用的，其次才是与炭黑一起作为橡胶补强剂使用。20 世纪 70 年代两次石油

危机使得炭黑的价格剧增，对二氧化硅增强橡胶技术的研究也随之增多。此外，公众和工业界环保意识的增强，对长寿命、低能耗、高性能轮胎的需求，尤其是70年代末使用双官能团硅烷偶联剂改性二氧化硅技术的出现，为二氧化硅用于橡胶轮胎创造了机会。目前，二氧化硅已经广泛用于制造胶辊、轮胎、鞋类、硅橡胶制品、垫片、管类制品等橡胶工业中。

二氧化硅对橡胶的改性可以通过直接共混来实现，即首先对纳米二氧化硅颗粒进行表面改性，增强其与橡胶的相容性，其后通过共混使其分散到橡胶基体中。邱权芳[17]等首先用硅烷偶联剂对纳米二氧化硅颗粒进行表面改性，其后将改性的纳米二氧化硅颗粒通过乳液聚合接枝聚甲基丙烯酸甲酯(PMMA)，所得填料与经甲基丙烯酸甲酯改性的天然树脂通过胶乳共混制得复合材料。复合材料脆断界面SEM图（图8-11）显示，接枝上的PMMA对二氧化硅表面起到包埋作用，克服了纳米二氧化硅的团聚，且与接枝在天然橡胶上的PMMA分子链相互缠绕，提高了二氧化硅与天然橡胶的界面相容性，表现为二氧化硅颗粒的粒径小，在60～100nm之间，分布均匀，与基体的界面模糊，脆断后的表面凹凸不平。复合材料的力学性能测试表明，改性后的复合材料定伸应力增加明显，拉伸强度提高2倍以上，但断裂伸长率有所下降。

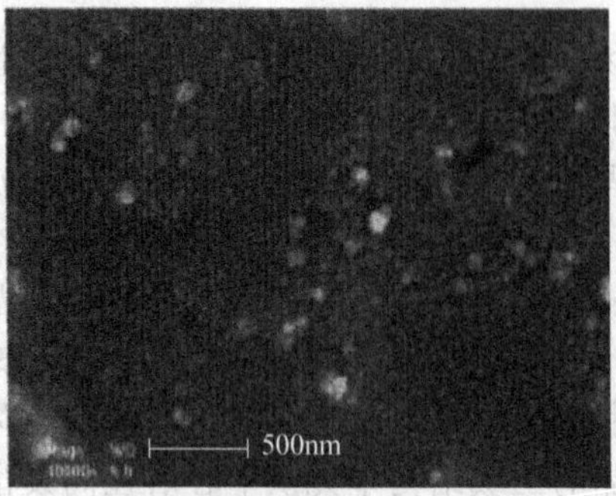

图8-11 天然橡胶/PMMA/纳米二氧化硅复合材料脆断界面SEM图

除直接用纳米二氧化硅颗粒与橡胶共混制备复合材料外，利用二氧化硅前驱体在橡胶中水解也可以制备得到纳米二氧化硅/橡胶复合材料[18]。将橡胶的纯胶硫化胶浸泡在四乙氧基硅烷（TEOS）中，至溶胀平衡后转移到催化剂的水溶液（如盐酸或正丁胺的水溶液）中，在一定温度下进行溶胶-凝胶反应，反应完毕后减压干燥。TEOS最终在硫化胶网络中形成了粒径为50～100nm的SiO_2粒子。该纳米复合材料中的纳米粒子直径分布窄，分散均匀。在具有同样的SiO_2质量分数时，该纳米复合材料性能明显超过了沉淀法SiO_2增强橡胶纳米复合材料，特别是滞后生热很小。SiO_2粒子原位生成时会与橡胶大分子之间产生“局部微互穿网络”结构，可以在粒子内捕捉一些大分子链，从而提高粒子与基质之间的相互作用。

第五节 纳米二氧化钛复合材料

二氧化钛是一种白色粉末，是最好的白色颜料之一，俗称钛白粉。二氧化钛作为增白剂具有良好的遮盖能力，和铅白相似，但性质稳定，不像铅白会变黑，具有锌白一样的持久性。二氧化钛具有半导体的性能，它的电导率随温度的上升而迅速增加，这使其在电子工业领域用途极大，如生产陶瓷电容器等。纳米二氧化钛粒径约为普通钛白粉的1/10或更小。纳米二氧化钛具有独特的光敏性，在受到紫外线辐射情况下，其价电子会被激发而产生光电子，从而与二氧化钛表面的O_2、H_2O等反应生成活性种。这些活性种可夺取其他物质中的自由电子而发生氧化反应，或者直接杀死细菌等微生物。由于这些性质，纳米二氧化钛在复合材料中有着极其广泛而独特的应用。

一、纳米二氧化钛改性热固性树脂基复合材料

李鸿岩等[19]将粒径为30～60nm的金红石相纳米TiO_2颗粒，通过原位聚合法制备了聚酰亚胺/纳米TiO_2复合材料。研究表明，在聚酰胺酸的合成过程中，纳米TiO_2颗粒被高分

子键段缠绕，阻止了纳米颗粒在聚酰胺酸溶液中的二次团聚，进而在聚酰亚胺薄膜中保持良好的分散性（图 8-12）。聚酰亚胺的体积电阻率很高，但 TiO_2 的本征体积电阻率约为 $10^8\Omega \cdot m$，当纳米 TiO_2 的含量超过一定量时，会造成复合体系的体积电阻率降低。随后的研究表明，随着纳米 TiO_2 含量的增加，复合材料的体积电阻率呈减小趋势。聚合物和填料在制造过程中会引入许多离子，因此介质中的导电通常以离子为输运载流子，复合体系中 TiO_2 浓度低时，颗粒之间距离较大，且介质为电阻率较大的聚酰亚胺，载流子迁移所需要克服的势垒较大，所以体积电阻率降低速度较慢。纳米 TiO_2 浓度一旦超过某个临界值，颗粒之间距离减小，而界面积累的电荷量增大，载流子迁移所需的势垒降低，造成体积电阻率的下降速度加快。

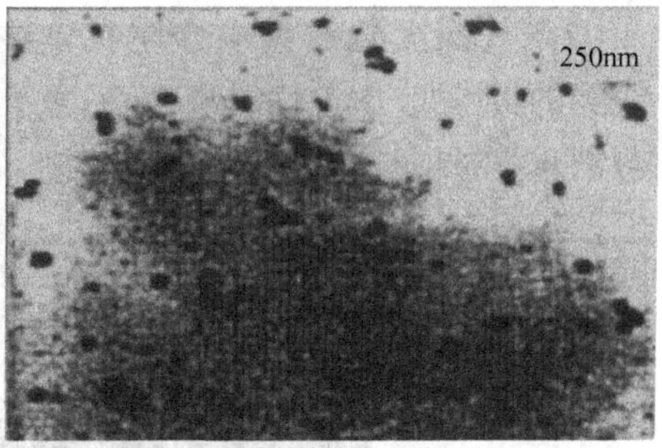

图 8-12 纳米 TiO_2/聚酰亚胺复合薄膜 TEM 图

TiO_2 是半导体材料，当电场强度超过一定值时，纳米 TiO_2 的导电性增加，空间电荷在材料内部的重新分布，在一定程度上消除了复合材料内部局部电场强度的不均匀性，因此提高了聚酰亚胺薄膜的电气强度。此外，纳米 TiO_2 的加入能提高 PI 薄膜的耐电晕寿命，实验表明，当纳米 TiO_2 含量为 15%时，复合薄膜的耐电晕寿命为纯 PI 薄膜的 40 多倍。

纳米 TiO_2 对某些热固性树脂的固化过程有着良好的催化作用，缩短固化时间和降低固化温度。如刘祥萱[20]等在研究发现纳米 TiO_2 对双马来酰亚胺单体聚合具有催化作用的基础上，研究了纳米 TiO_2 对引入芳香二胺、*N*-取代苯基马来酰亚胺等组分的改性、双马树脂固化反应性和固化树脂热稳定性的影响，结果表明，纳米 TiO_2 的引入可使固化温度下降 45～105 ℃，固化物的耐热温度提高 19～27℃。

二、纳米二氧化钛改性热塑性树脂基复合材料

纳米 TiO_2 在热塑性树脂中作为填料一般可增加基体树脂的韧性，而最新的研究表明，二氧化钛同时可作为基体树脂的光降解促进剂参与到基体树脂的降解过程中，这为白色污染的解决提供了一个新的思路。罗颖等[21]分别将未改性的纳米 TiO_2 和经过苯乙烯改性的纳米 TiO_2 颗粒加入低密度聚乙烯粒料中，通过机械混合及双螺杆挤出制成母料并吹塑成膜。由光降解失重曲线（图 8-13）可以看到，添加纳米 TiO_2 后，复合材料的降解失重率大幅度提高，在 400h 以后，可以达到 30%的失重率，而此时对照的纯低密度聚乙烯则几乎没有降解。研究发现，光催化降解反应主要发生在 PE-LD 与纳米 TiO_2 界面，这是由于纳米 TiO_2 吸收紫外线后，其表面产生的电子可氧化周围的高分子有机体，从而加速降解过程。由降解前后的表面 SEM 图（图 8-14）可知，未添加纳米 TiO_2 的 PE-LD 薄膜在 240h 紫外线照射后仍能保持表面光滑，而添加纳米 TiO_2 的 PE-LD 复合薄膜不同程度地出现明显圆坑，其中添加改性后纳米 TiO_2 的复合薄膜出现的圆坑，数量多，分布均匀，这表明改性后的纳

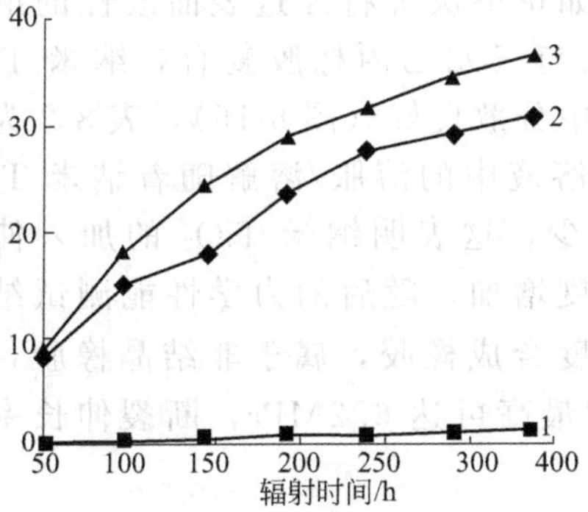

图 8-13 PE-LD 光降解失重曲线

1—PE-LD；2—PE-LD/TiO_2；3—PE-LD/TiO_2-*g*-PS

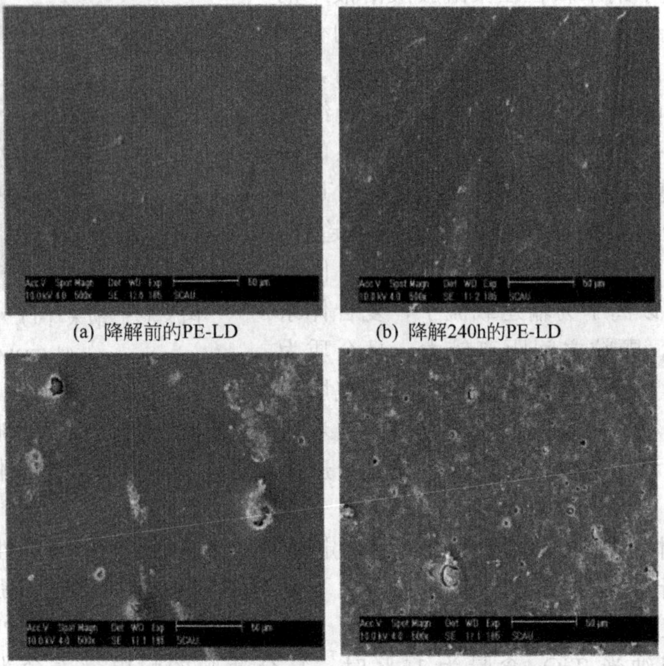

(a) 降解前的PE-LD (b) 降解240h的PE-LD

(c) 降解240h的PE-LD/TiO_2 (d) 降解240h的PE-LD/TiO_2-*g*-PS

图 8-14 纳米复合材料降解前后的表面 SEM 图

米 TiO_2 在基体树脂中分散性较好，从而提高了光催化降解的性能。

纳米 TiO_2 的光催化性还可用于制备抗菌塑料方面。徐瑞芬等[22]采用锐钛矿型纳米 TiO_2，经表面包覆处理，添加于 PE 等树脂中，通过挤出造粒拉膜，制备得到抗菌塑料薄膜。研究发现，经过改性的纳米 TiO_2 通过挤出，可以很好地分散在树脂中，且呈现较好的相容性。

图 8-15 纳米 TiO_2 在三元乙丙橡胶中的分散性

三、纳米二氧化钛改性橡胶基复合材料

纳米 TiO_2 与橡胶基材复合可以有效提高复合橡胶的力学性能。如崔举庆等将经过表面改性的纳米 TiO_2 通过沉淀法与三元乙丙橡胶复合，纳米 TiO_2 颗粒在橡胶基材中分散良好（图 8-15），表 8-2 为复合材料在二甲苯溶液中的溶胀/溶解随着纳米 TiO_2 用量的增加而减少，这表明纳米 TiO_2 的加入使复合材料体系交联度增加。随后的力学性能测试结果如图 8-16 所示，由于三元乙丙橡胶是一种低不饱和度合成橡胶，属于非结晶橡胶，拉伸强度很低，而添加纳米 TiO_2 后复合材料力学强度最高可达 6.2MPa，断裂伸长率提高到 2435%，有着十分明显的增加。

表 8-2 纳米 TiO_2 不同添加量下复合材料的溶胀/溶解情况 单位：%

添加量	1h	3h	6h	12h	24h	48h
0	223/0.9	433/1.5	513/2.2	616/2.7	668/2.9	690/3.0
2.5%	173/0.6	179/1.1	181/1.4	182/2.0	185/2.6	187/2.8
7.5%	167/0.4	174/0.6	178/1.1	179/1.4	172/2.1	184/2.2
12.5%	120/0.2	159/0.4	160/0.8	163/1.2	164/1.8	166/2.0

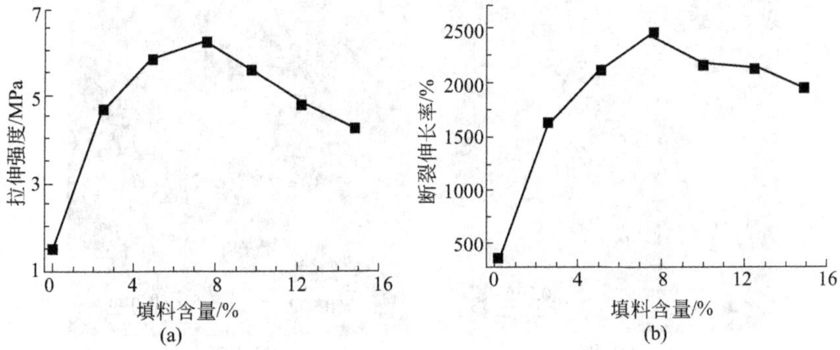

图 8-16　纳米 TiO_2/三元乙丙橡胶复合材料力学性能

纳米 TiO_2 在橡胶中同样可保持其抗菌作用，这使得利用纳米 TiO_2 制备抗菌医用橡胶设备成为可能。如林桂等[23]用粒径为 20～40nm 的纳米 TiO_2 填充天然橡胶（NR）和丁腈橡胶（NBR）制备了橡胶复合材料。结果表明，纳米 TiO_2 在 NR 和 NBR 中表现出良好的分散性，绝大多数 TiO_2 在橡胶中聚集体尺寸小于 100nm，特别是在 NR 中 TiO_2 分散颗粒大小与其原生颗粒大小相近；在纳米 TiO_2 用量小的情况下，橡胶复合材料的力学性能基本不受影响，而且橡胶基体中填充纳米 TiO_2 后，其抗菌性能明显提高，当用量超过 2 份（质量份数）时，其抗菌性能已经达到较高的水平；热氧老化不影响橡胶复合材料中 TiO_2 发挥其抗菌特性。

第六节　纳米三氧化二铝复合材料

Al_2O_3 是一种结构较为复杂的无机化合物，有多种结晶形态，常见的有 α、β、γ 三种，一般的工业氧化铝主要是 γ-Al_2O_3，在一定条件下生成 α-Al_2O_3。α-Al_2O_3 是氧化铝中最稳定的形态，由于具有良好的介电性能及耐热、耐磨、耐酸碱、耐腐蚀等许多优点，因此广泛应用于电子、特种陶瓷及耐火材料。

一、纳米三氧化二铝改性热固性树脂基复合材料

纳米 Al_2O_3 本身的耐磨优点，常被用来改善环氧树脂、聚四氟乙烯等材料的耐磨性能。如汤戈等[24]针对纳米 Al_2O_3 对环氧树脂耐磨性能的改善进行了研究。他们利用超声分散法将平均粒径为 200nm 的纳米 α-Al_2O_3 和平均粒径为 30～60nm 的纳米 γ-Al_2O_3 加入环氧树脂之中，制得一系列不同比例的纳米 Al_2O_3/环氧复合材料，利用磨损失重法评价了环氧树脂复合材料的耐磨性能。随着纳米 Al_2O_3 含量的增加，复合材料的耐磨性能经历提高—下降—提高的过程，但均优于不添加纳米 Al_2O_3 的纯环氧树脂。

张代军[25]等对纳米 Al_2O_3 改性环氧树脂的固化反应动力学进行了研究。他们采用未经改性的纳米 Al_2O_3 与环氧树脂共混，制备了不同纳米 Al_2O_3 含量的复合材料。复合材料的 SEM 图（图 8-17）显示，未改性的纳米 Al_2O_3 在环氧树脂中会出现不同程度的团聚，团聚体结构松散，尺寸在 200nm 左右。未改性纳米 Al_2O_3 可以导致复合材料固化的起始温度和终止温度随着其加入量的增加而降低（表 8-3），并使得固化反应活化能下降（图 8-18），与此同时反应频率因子和反应级数基本不变。

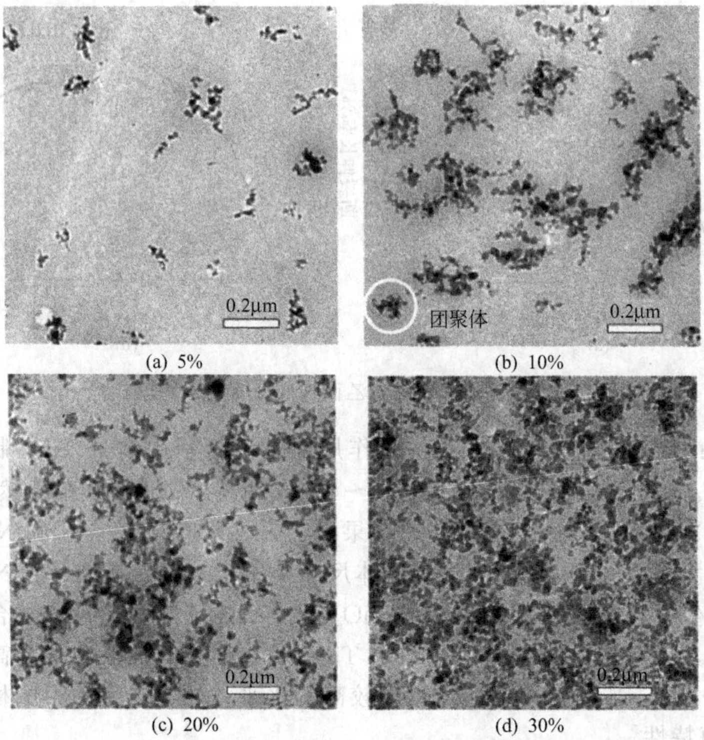

图 8-17 不同含量纳米 Al_2O_3 在环氧树脂中的分散情况

表 8-3 纳米 Al_2O_3/环氧树脂复合材料不同固化度对应温度

ω(纳米 Al_2O_3)/%	固化度对应温度/℃		
	10%	50%	90%
0	156.34	200.71	240.78
5	153.45	188.71	236.54
10	149.87	186.73	230.40
20	143.98	182.25	223.87
30	138.08	174.89	211.03

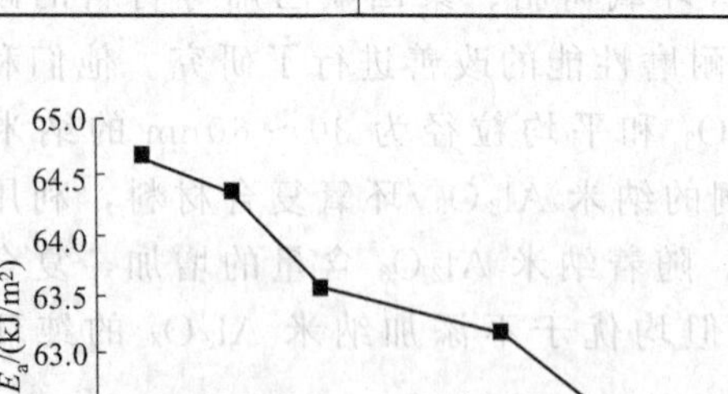

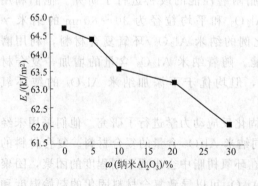

图 8-18 不同含量纳米 Al_2O_3 对环氧树脂固化反应活化能的影响

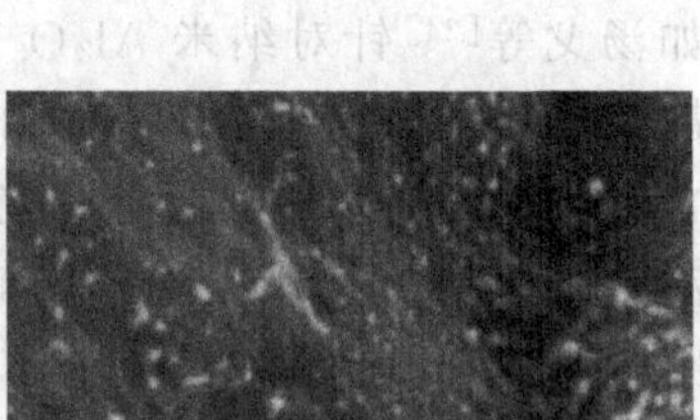

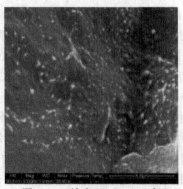

图 8-19 纳米 Al_2O_3/PP 复合材料的 SEM 图

二、纳米三氧化二铝改性热塑性树脂基复合材料

纳米 Al_2O_3 作为填料在诸如聚丙烯、聚乙烯等热塑性材料中有着很好的应用，可起到增强增韧基体材料的作用。

雷文[26]用钛酸酯偶联剂处理纳米 Al_2O_3，并用挤出工艺将纳米 Al_2O_3 与聚丙烯（PP）共混，图 8-19 为改性后纳米 Al_2O_3 在聚丙烯中 SEM 图，可以看到聚丙烯中的纳米颗粒分散较均匀。填充后不同含量纳米 Al_2O_3 对复合材料力学性能的影响如图 8-20 所示，由图可知添加纳米 Al_2O_3 后，复合材料的拉伸强度、弯曲强度、冲击强度及拉伸模量都有不同程度的提高，在含量为 1%时各项指标达到最高。

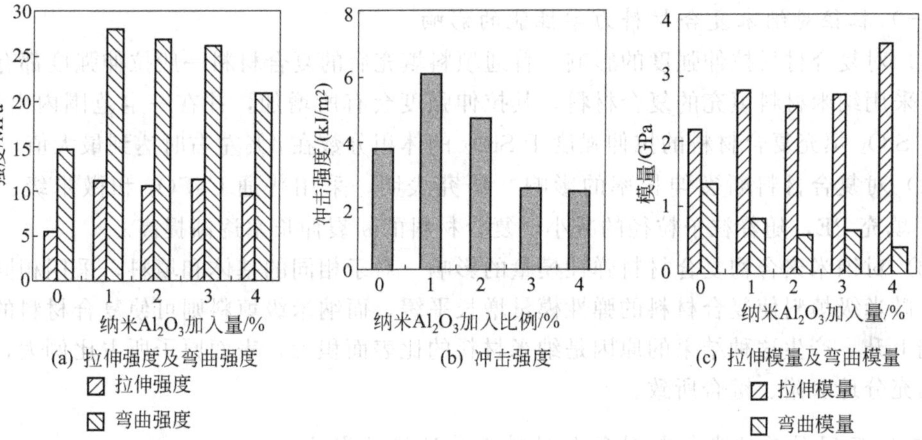

图 8-20　纳米 Al_2O_3 含量对复合材料力学性能的影响

纳米 Al_2O_3 与热塑性树脂的复合同样可以提高基体树脂的摩擦性能。如王海宝[27]采用压制和烧结的方法，制备了纳米 Al_2O_3 和超高分子量聚乙烯的复合材料。研究了纳米 Al_2O_3 粒子对超高分子量聚乙烯的摩擦磨损性能的影响。结果表明，因为纳米 Al_2O_3 的尺寸小、比表面积大，表面原子数、表面能和表面张力随粒径的下降急剧增大，表现出小尺寸效应、表面效应、量子尺寸效应和宏观量子隧道效应等特点。使得其表面较为光滑，在复合材料的摩擦过程中，在复合材料的 PE 磨损表面产生富积，充当了自润滑剂的作用，从而减小了复合材料的摩擦系数。同时在磨损过程中，Al_2O_3 颗粒一方面在复合材料磨损表面产生富积，充当润滑剂；另一方面在正压力的作用下，富积的 Al_2O_3 纳米颗粒被重新嵌入复合材料基体中，减少了超高分子量聚乙烯被直接磨损的机会，从而提高了复合材料的耐磨性。此外，纳米 Al_2O_3 的加入还可以使超高分子量聚乙烯的硬度增大，扩大了超高分子量聚乙烯材料的应用范围。

三、纳米三氧化二铝改性橡胶基复合材料

崔蔚等[28]以粒径为 25nm 的纳米 Al_2O_3 颗粒与炭黑一起对天然橡胶进行改性。由于纳米 Al_2O_3 表面所带羟基对橡胶的硫化具有延缓作用，可以缩短胶料的焦烧时间，降低硫化速度。研究表明，当纳米 Al_2O_3 和炭黑用量比为 1∶1 时，制备所得的复合材料有着最好的力学性能，其拉伸强度和撕裂强度分别可达 24.66MPa 和 67.3MPa；而当纳米 Al_2O_3 和炭黑用量比为 3∶1 时，复合材料的耐磨性和耐疲劳性能达到最高。纳米 Al_2O_3 与橡胶相互作用中保持一定数量的氢键结合时可以提高复合材料的耐疲劳性能。疲劳是橡胶大分子在重复应力作用下吸收能量，经活化形成微破坏并在其周围产生应力松弛，再经一定时间作用后产生的以破坏中心为起点的微破坏的扩展。疲劳过程中某些化学键的断裂和形成能部分吸收能

量，从而延缓裂口的增长，提高硫化橡胶的疲劳寿命。由于氢键的结构参数键长、键角、方向性可在相当大的范围内变化，因而形成氢键的条件比较灵活，加上它的形成和破坏所需要的活化能小，因此在疲劳过程中，氢键能不断地断裂和形成，从而吸收了部分能量，延缓裂口的增长。

第七节 纳米复合材料理论研究与应用展望

一、纳米粒子对复合材料性能的影响

（一）粒径对纳米复合材料力学性能的影响

（1）对复合材料拉伸强度的影响　普通填料填充后的复合材料一般拉伸强度都有明显下降，而采用纳米材料填充的复合材料，其拉伸强度会有所增加，并在一定范围内出现极值。如纳米 SiO_2 填充复合材料的拉伸强度于 SiO_2 的体积分数在 4%左右时达到最大值。

（2）对复合材料断裂伸长率的影响　研究表明，采用普通 $CaCO_3$ 和微米级、纳米级 $CaCO_3$ 填充 PE，随着粒子粒径的减小，复合材料的断裂伸长率逐渐提高。

（3）对纳米聚合物复合材料弹性模量的影响　对于相同的基体和填料，采用相同的处理方法，微米级填料使复合材料的弹性模量增长平缓，而纳米级填料则可使复合材料的弹性模量急剧上升。产生这种结果的原因是纳米材料的比表面积大，表面原子所占比例大，易于与聚合物充分地吸附、键合所致。

（二）不同种类纳米材料对复合材料力学性能的影响

采用不同种类的纳米材料填充聚合物，使复合材料的性能在某一点上出现极值。这是由于不同粒子的官能团种类、数目及表层厚度不同，在粒子与基体作用的同时，粒子之间也相互吸附，从而表现出协同效应。如用超微 $CaCO_3$ 和超微滑石粉进行试验，当填充量增大时，无论是单纯用 $CaCO_3$ 还是滑石粉的结果，冲击强度、断裂伸长率都减小，而按照一定比例混合使用时，由于协同效应作用，冲击强度、断裂伸长率等得到不同程度的增大。

二、纳米复合材料的增强增韧机理

与传统的复合材料相比，许多聚合物基纳米复合材料表现出了更好的增强增韧效果。但纳米粒子对不同聚合物的增强增韧效果有所不同，而且这种增强增韧是有一定限度的，当纳米填料的含量超过一定值时性能反而下降。纳米复合材料的增强增韧机理有以下几种：物理化学作用增强增韧机理、微裂纹化增强增韧机理、裂缝与银纹相互转化增强增韧机理、临界基体层厚度增强增韧机理和物理交联点增强增韧机理等[29]。

（一）物理化学作用增强增韧机理

研究中发现，纳米复合材料的增强增韧与纳米粒子和聚合物两相间的物理化学作用有密切关系。无机粒子能否增强增韧，与它在基体中的分散有关。一方面，当无机粒子均匀而个别地分散在基体中时，无论无机粒子与基体树脂是否有良好的界面结合（化学作用），都会产生一定的增韧效果，这主要是两相间的物理作用引起的。另一方面，为了改善纳米粒子与基体之间的结合（化学作用），有时需要对纳米粒子进行表面修饰，加入偶联剂就是经常采用的一种手段。研究结果表明，偶联剂的加入提高了两相之间的增容等作用，使得无机纳米粒子的粒径大大减小，分散更加均匀。因此，从分子之间作用角度提出了纳米复合材料增强增韧的物理化学作用机理，认为两相之间的作用越强，增强增韧效果越明显。

（二）细微裂纹化增强增韧机理

从微观力学的角度来看，通过适当的工艺将刚性纳米粒子均匀地分散在基体中，当基体受到外力冲击时，由于刚性无机粒子的存在产生应力集中效应，易激发周围树脂基体产生微裂纹（或银纹），吸收一定形变功，粒子之间的基体也产生屈服和塑性变形，吸收冲击能，同时刚性粒子的存在使基体树脂裂纹扩展受阻和钝化，最终停止，不至于发展为破坏性开裂，从而产生增韧效果。但当粒子加入太多时，在外力冲击下会产生更大银纹或塑性形变，并发展为宏观开裂，冲击强度反而下降。在纳米复合材料受到外加拉伸载荷时，当载荷达到一定值，在基体中会产生一些微裂纹，由于纳米刚性无机粒子的存在，阻止了微裂纹的生长和扩展，从而使纳米复合材料具有承受更高载荷的能力。这就是从微细观力学角度进行解释的微裂纹化增强增韧机理。此外，关于微裂纹化增韧机理还有其他解释，如贾巧英[30]提出的纳米粒子通过晶界区的快速扩散而产生相对滑移，使初发的微裂纹迅速弥合的增强增韧机理。杨伏生[31]提出的纳米粒子产生应力集中，同时由于纳米粒子与基体界面作用较强而不能脱黏，因此能够引发基体树脂产生更多的微裂纹，吸收更多的能量而增韧。

（三）裂纹与银纹相互转化增强增韧机理

由于复合材料的强度和韧性都与材料本身的内部缺陷或外部应力所引起的裂缝与银纹有关，而且从断裂力学的角度来看，高分子的冲击断裂及拉伸断裂过程是一个裂缝扩展过程，因此高分子材料的冲击韧性和拉伸强度的改变与聚合物中的裂缝扩展或消失相关。由于不同的聚合物产生的银纹数量及形态和结构不同，所以纳米粒子对不同的聚合物的增强增韧效果有所不同。“裂缝与银纹相互转化”机理可解释为：聚合物在外力（或外部能量）作用下由于结构缺陷或结构不均匀性所造成的应力集中而产生银纹化。由于形成银纹需要消耗大量能量，这些能量包括生成银纹时的塑性功、银纹扩展时的黏弹功、形成银纹和空洞的表面功以及高分子链断裂的化学链断裂能等。在应力作用下进一步发展成裂缝，在无纳米粒子时，聚合物在内、外应力作用下，形成的银纹可进一步发展成破坏性裂纹缝，导致材料宏观断裂；而在纳米粒子存在下，纳米无机粒子进入裂缝空隙内部，通过纳米无机粒子活性表面和活性原子中心与高分子链的作用力形成“丝状连接”结构，而使产生的裂缝又转化为银纹状态。由于裂缝被终止而转化为银纹状态阻延了塑料的断裂，因此需要再消耗更多的外界能量或更大的应力才能使材料断裂，从而提高了塑料的冲击韧性和拉伸强度，起到增强增韧效果。从银纹转化为裂缝的过程可知，当银纹生长时，在银纹-本体界面上引发微纤破裂，裂缝通过破坏微纤而逐渐推进和扩展，在此过程中，若存在额外的物质与高分子微纤作用，这种裂缝的扩展将被阻延而向原银纹转变。而纳米粒子的存在就可以提供这种作用力。当纳米无机粒子含量过多形成团聚体至一定尺寸时，由于团聚体尺寸超过裂缝体内部空隙，纳米无机粒子不能进入裂缝内部，使裂缝不能转化成银纹状态，此时纳米无机粒子只起到应力集中点作用而使材料韧性和强度降低。

（四）临界基体层厚度增强机理

纳米粒子在复合材料中的含量多少直接影响到复合材料的韧性。随着纳米粒子增多，相应地，聚合物基体所占的分数变少，因而包围着纳米粒子的基体层就变薄。研究表明，对于聚合物基纳米复合材料而言，其冲击韧性的提高与两个因素有关：一是树脂基体对冲击能量的吸收能力；二是无机刚性粒子表面对冲击能量的吸收能力。这两个因素承担的冲击能并不完全按体积分数进行分配，而是与基体层厚度 L 有关。

$$L=\frac{2r}{(\pi/6V_{\mathrm{f}})\gamma-1}$$

式中，V_f 是分散粒子的体积分数；r 是粒子的半径；γ 是常数；L 是 V_f 和 r 的函数。研究中发现，存在一个临界增韧厚度 L_c，纳米复合材料的韧性与 L_c 相关。在受到外力作用时，L_c 是聚合物基体承担的冲击能和无机刚性粒子表面吸收的冲击能主次关系的转折点。当 $L>L_c$ 时，冲击能按体积分数分配给基体树脂和无机刚性粒子，因此单位体积的树脂基体承担的冲击能不变，基体没有增韧效果。当 $L<L_c$ 时，无机刚性粒子表面吸收冲击能的能力显著增加，聚合物基体很少或不再承担冲击能，因此，此时冲击的破坏仅是刚性粒子界面的破坏，其冲击韧性只与界面性质有关。而纳米粒子的比表面积大，表面的原子多，表面的物理和化学缺陷多，易与高聚物分子发生物理和化学的结合，所以界面结合得非常牢固。因此用纳米粒子增韧聚合物，当粒子分散良好且 $L<L_c$ 时，增韧效果非常明显。

（五）物理交联点增强增韧机理

采用具有层状结构的蒙脱石进行复合则得到插层纳米复合材料。目前关于插层纳米复合材料的研究报道得较多，部分品种已实现了工业化，然而关于蒙脱石增强增韧机理的研究却报道得较少。由于蒙脱石的特殊结构，因而其在纳米复合材料中的作用机理与普通的纳米粒子也有所不同。

关于蒙脱石（MMT）在纳米复合材料中的增强增韧机理可以进行以下分析。一方面，研究结果表明，纳米复合材料中 MMT 与基体之间存在强烈的相互作用，并且 MMT 的层间距越大，增强增韧效果越明显，纳米复合材料的综合力学性能越好；剥离型的综合力学性能优于插层型。另一方面，聚合物分子链在与 MMT 硅酸盐片层结合时，一是聚合物分子链以物理吸附的形式直接与硅酸盐内外表面结合；二是通过 MMT 硅酸盐片层间烷基胺（或铵）分子与聚合物分子链“相容”，间接地与 MMT 硅酸盐片层结合在一起。由于这两种结合区域均为纳米尺度，因此它们的集合效应将是很大的。对于层状纳米复合材料而言，层状硅酸盐在聚合物基体中相当于“物理交联点”（即以物理方式交联在一起的聚集点）。该“物理交联点”与聚合物分子链“钉锚”在一起。因此当体系受到外力作用时，这些“物理交联点”受到破坏，吸收能量，使材料的抗冲击性能和弯曲性能得到改善。当复合材料中的 MMT 硅酸盐片层的离散程度越大，或片层层间距越大，聚合物分子链与硅酸盐片层的结合概率就越大，“物理交联点”也越多，因此增强增韧效果越好。所以，正因为 MMT 硅酸盐片层在聚合物中起“物理交联点”作用，因而只要添加少量 MMT 就能较大幅度地提高纳米复合材料的综合力学性能。但是，当 MMT 含量达到一定程度后，MMT 开始团聚，纳米尺度的“物理交联点”将减少，那么将导致复合材料的强度、刚性和韧性降低。

三、纳米复合材料应用进展

纳米材料加入高聚物中，可使高分子材料的性能大大提高，是制备高性能、高功能复合材料的重要手段之一。纳米材料具有许多新奇的特性，它在塑料中的应用不仅仅是增强作用，而且还能赋予基体材料其他新的性能。如由于粒子尺寸较小，透光率好，将其加入塑料中可以使塑料变得很致密。特别是半透明的塑料薄膜，添加纳米材料后不但透明度得到提高，韧性、强度也有所改善，且防水性能显著地增强。

(1) 对塑料的增韧增强作用　塑料的增韧增强改性方法较多，传统的方法有共混、共聚、使用增韧剂等。无机填料填充基体通常可以降低制品成本，提高刚性、耐热性和尺寸稳定性，而随之往往会带来体系冲击强度、断裂伸长率的下降，即韧性下降。往硬性塑料中加入橡胶弹性粒子，可以提高其冲击强度，但同时拉伸强度则有所下降；往高分子材料中加入增强纤维，可以大幅度提高其拉伸强度，但同时冲击强度，特别是断裂伸长率常常有所下降；近年来采用液晶聚合物对高分子材料的原位复合增强等，可使材料的拉伸强度及冲击强度均有所改善，但断裂伸长率仍有所下降。而纳米技术的出现为塑料的增韧增强改性提供了一种全新的方法和途径。纳米粒子表面活性中心多，可以和基体紧密结合，相容性比较好。当受到外力时，粒子不易与基体脱离，而且因为应力场的相互作用，在基体内产生很多的微变形区，吸收大量的能量。这也就决定了其能较好地传递所承受的外应力，又能引发基体屈服，消耗大量的冲击能，从而达到同时增韧和增强的作用。

(2) 通用塑料的工程化 通用塑料具有产量大、应用广、价格低等特点。在通用塑料中加入纳米粒子能使其达到工程塑料的性能。如采用纳米技术对聚丙烯进行改性，其性能可达到尼龙 6 的性能指标，而成本却降低 1/3，这样的产品如工业化生产可取得较好的经济效益。

（一）高性能工程塑料

高分子物与硅酸盐形成高分子基纳米复合材料后，由于其纳米粒子的表面与界面效应使得复合材料具有高耐热性、高强度、高模量和低膨胀系数，但密度仅为一般复合材料的65%～75%，因此可作为高性能工程塑料，广泛应用于航空、汽车等行业。高分子物加入层状无机物实现纳米复合后，能使力学性能大大提高。PA6 中仅加入 4%（质量分数）的黏土，因为实现了纳米复合，拉伸强度提高 50%，拉伸模量提高近 100%，而且冲击强度基本不降低。不仅强度、模量提高幅度大，而且克服了一般复合材料强度、模量提高伴随韧性下降的问题。热变形温度提高约 90℃，热膨胀减少。日本丰田公司已将它用于制造汽车部件，如皮带罩等。张以河等[32]发明了一种二氧化硅弯曲纤维材料的制备方法，采用模板自组装方法制备，其直径为 2～4μm，纤维形状为弹簧状或纽扣状，其优点为：具有良好的韧性，可用于有机/无机纳米复合材料的增强增韧填料及吸附功能性材料；且方法简单、经济、实用，成本低，易于推广应用。

（二）电子产品材料

利用不同电学特性的高分子物（如绝缘或导电高分子、高聚物电解质）与不同电学特性的层状无机物（如绝缘体、半导体等）制得的高分子纳米复合材料具有多种新的电性能，可作为各种电气、电子及光电子产品材料。如张以河等[33～36]选用云母、蒙脱石等层状黏土为填料，聚酰亚胺为基体，采用原位复合工艺制备了无机纳米黏土增强复合材料，系统研究了纳米粒子对复合材料的介电性能和力学性能的影响。PEO/Na_4 蒙脱石或 PEO/Li_4 蒙脱石的电导率与 PEO 盐电解质接近，但热稳定性更好，在更宽的温度范围内保持良好的离子导电，而且还克服了 PEO 盐电解质存在的形成离子对问题，可用于固体电池中作高聚物电解质。PEO 与电子导电型层状无机物复合（PEO/V_2O_5 xerogel），成为离子电子混合导电材料，开拓了新的使用领域。对导电高分子物聚苯胺、聚吡咯与各类层状硅酸盐、磷酸盐、过渡金属氧化物形成的高分子基纳米复合材料也已开展了许多研究，材料表现出各种导电性能。绝缘高分子物 PS/MoS_2 纳米复合材料的各向异性电学特性也非常引人关注。Niwa 等以 PVC 为基体，电导率在 10^{-1}～10S/cm 之间。此外，聚酰亚胺纳米复合材料因具有优良的耐热性能、力学性能和电气性能[37]，而被广泛地应用在大型高能物理实验装置的磁体线圈中。纳米材料的高电磁波吸收性能更是引起人们的关注，同时纳米材料还兼具吸波频带宽、重量轻、厚度薄、兼容性好等特点。在电磁场的作用下，纳米材料中的原子、电子运动加剧而促进极化，使电磁能转化为热能，从而增加了对电磁波能量的吸收。以纳米吸收剂为主的吸波材料研究列入了各军事大国的新型隐身材料计划[38]。

（三）高效催化材料

以高分子物/半导体微粒纳米复合材料作催化剂，可提高半导体微粒的光催化活性。

Krishnan 等采用高分子物原位合成纳米颗粒，将 Nafion 树脂用 Cd 离子交换后暴露于 H_2S 气体中，制得纳米复合催化剂。

（四）改进聚合物加工性能

超高分子量聚乙烯的加工流动性很差，熔体指数为零。所以不能采用常用的热塑性塑料加工方法来进行挤出或注射成型，而采用原位复合技术制得的液晶聚合物与其共混。液晶聚合物刚性棒状分子在加工过程中，在外力作用下发生取向而生成微纤，微纤易于平行滑动，因而带动基体分子一起滑动，高效地增加了材料的加工流动性。因此可以采用常用的加工设备进行挤出、注射成型。

（五）声、光、热、电等功能纳米复合材料

利用纳米粒子的表面与界面效应、量子效应等特性引起的一系列特异声、光、热、电等性能，可以制得具有特殊功能的高分子基纳米复合材料。例如，金属等纳米粒子与高分子物形成的复合材料，能吸收和衰减电磁波、减少反射和散射，在电磁隐身方面有着重要的应用。某些生物类物质，例如蛋白质，可以封存到孔状的 sol-gel 玻璃中，而形成生物凝胶体，可以控制生物反应，在生物技术、酶工程中有重要用途。

（六）高效润滑材料

华中科技大学关文超等利用 C_{60} 合成的纳米复合材料作为高效润滑材料。张彦保等用聚合法合成的 PS 纳米微球和具有核-壳结构的 PS/PMMA 纳米微球作为润滑油添加剂，在四球试验机上研究了它的摩擦学行为，结果表明，聚合物纳米微球具有良好的减摩抗磨性能。

（七）包装材料

高分子纳米复合材料的阻隔性能比纯高聚物及一般共混物都有显著提高。利用这一性能，可用作包装材料。美国康奈尔大学、日本宇部工业集团与丰田公司也开发了该类包装材料。

（八）电致发光材料

Colvin 等对电致发光材料进行了研究，他们用纳米 CdSe 与聚亚苯基乙烯（PPV）制得一种有机/无机复合发光装置，随着纳米颗粒大小的改变，发光的颜色可以在红色到黄色之间变化（量子尺寸效应）。

纳米复合材料及其诱人的应用前景促使人们对这一崭新的材料科学领域和全新的研究对象努力探索，扩大其应用，使它为人类带来更多利益。在 21 世纪，纳米复合材料将成为材料科学领域的一个重点，展露在新材料、能源、信息等各个领域，发挥了举足轻重的作用。美国联邦政府投资 6 亿美元用于纳米技术的研究开发，美国许多州政府也有很多类似的研究开发计划，欧洲和日本也有相近的计划。在不久的将来，一定能准确表征纳米材料的精细结构，从结构上分析、解释纳米材料所具有的新特性，逐步实现对纳米粒子的形态、尺寸、分布的控制，实现根据材料的性能要求，设计、合成纳米复合材料，使纳米复合材料的研究更加深入，应用领域更加广泛。纳米技术的发展意义深远，美国政府认为，纳米技术对 21 世纪初的经济和社会产生的影响，甚至可能与信息技术或现代生物技术的影响相媲美，因而非常重视纳米技术的研究。2000 年初，美国提出了《国家纳米技术促进计划》，并将该计划列为 2001 年财政预算的最优先项目。欧盟 1995 年的研究报告曾预计，此后 10 年，纳米材料的科研生产将成为仅次于芯片制造的第二大制造业。自 1992 年世界纳米材料会议后，纳米材料逐渐成为世界材料科学界研究的热点，引起了各发达国家的高度重视。美国、日本、德国及不少西欧国家都将纳米技术列为“关键技术”加以开发。纳米技术、信息技术和生物技术将成为21世纪社会发展的三大支柱，而纳米技术的发展有可能导致世界各国经济地位的重排。纳米技术作为新崛起的一门高新技术，正如钱学森在1991年所指出的“纳米结构是下一个阶段科学发展的重点，会是一次技术革命，从而将是21世纪又一次产业革命。”目前，纳米材料已广泛应用于光学、医学、半导体、信息通信、纺织等方面，到2010年纳米技术的市场容量将达14400亿美元。

大量研究表明，纳米粒子具有与宏观颗粒所不同的特殊的体积效应（小尺寸效应）、表面界面效应和宏观量子隧道效应等，因而表现出独特的光、电、磁和化学特性，这为制备高性能、多功能复合材料开辟了一个全新的途径，被誉为“21世纪最有前途的材料”。随着无机粒子微细化技术和粒子表面处理技术的发展，特别是近年来纳米级无机粒子的出现，用纳米级填料填充聚合物基体有可能将无机材料的刚性、尺寸稳定性及热稳定性与聚合物的韧性、加工性能及介电性能相结合，获得性能优异的复合材料。在实际应用中已取得了不少的技术突破，并且成功地制备了各种纳米聚合物复合材料，如纳米$CaCO_3$/聚合物、纳米SiO_2/聚合物、纳米TiO_2/聚合物以及黏土NC/聚合物等纳米复合材料。与原有的聚合物相比，其性能都有了较大的提高，而且加工性能也有了一定的改善。纳米材料自诞生以来所取得的成就及对各个领域的影响和渗透十分引人瞩目。诺贝尔物理学奖得主罗雷尔曾说过：20世纪70年代重视微米技术的国家如今都已成为发达国家，现在重视纳米技术的国家必将成为21世纪先进的国家。纳米材料在建材、环保、半导体、化纤、化妆品、机械加工等许多领域取得了令人满意的应用成果。如今，纳米材料在塑料工业中的应用也出现了喜人的前景，而塑料是家用电器制造的重要材料之一。家用电器往往采用一些具有特殊功能的塑料，为了满足某些特殊行业以及某些特殊零部件的需要，伴随着纳米技术的产生，已出现了许多由纳米材料改性的特殊功能塑料，如抗菌塑料、阻燃塑料、导电塑料、磁性塑料、增韧增强塑料以及为了适应环保要求的生物降解塑料。

纳米材料及其技术是随着科技发展而形成的新型应用技术。纳米技术产业的发展将可能重新排列各国在世界经济中的地位，因而成为当今世界大国争夺的战略制高点。例如，美国自1991年开始将纳米技术列为“政府关键技术”及“2005年战略技术”，并开展研究纳米技术的“星球大战”计划；日本的“材料纳米技术计划”，西欧的“尤里卡”计划，我国的“863规划”和“九五计划”等都将其列入重点研究开发课题。目前，纳米材料的研究领域正在不断扩大，已经从对纳米晶体、纳米非晶体、纳米相颗粒材料（20世纪80～90年代）的研究扩展到了对纳米复合材料（20世纪90年代以来）的研究。材料的分子尺度或纳米尺度设计是目前高性能复合材料研究的前沿科学。纳米粒子的加入不仅使聚合物的功能增多、性能提高，更开辟了许多应用领域。

参 考 文 献

[1] 张以河，付绍云，黄传军，李来风，李广涛，严庆．热固性聚合物基纳米复合材料的研究进展．金属学报，2004，40（8）：833-840.

[2] 黎学东，陈鸣才，黄玉惠．原位复合材料研究进展．广州化学，1996，1：51-56.

[3] 钱人元，李永舫．导电聚吡咯的研究．中国科学基金，1996：212-214.

[4] 张晟卯，张治军，党鸿辛，刘维民，薛群基．TiO_2/聚丙烯酸丁酯纳米复合薄膜的制备及结构表征．物理化学学报，2003，19（2）：171-173.

[5] 贾志杰，王正元，徐才录，梁吉，魏秉庆，吴德海，张增民．原位法制取碳纳米管/尼龙6复合材料．清华大学学报，2000，40（4）：14-16.

[6] 牛新书，许亚杰，孙瑞霞，郑立庆，蒋凯．Y掺杂纳米TiO_2的合成及晶型转变过程．应用化学，2002，19（9）：898-901.

[7] 杜宏伟，孔瑛．NMP中制备TiO_2溶胶及其凝胶化．应用化学，2002，19（9）：882-886.

[8] 成国祥，马林荣，刘静，沈锋，姚康德. 立德粉/聚（甲基丙烯酸甲酯-共-甲基丙烯酸）复合微粒颜料的制备及其分散特性. 中国皮革，1998，27（5）：7-10.
[9] 袁龙飞，甄卫军，徐月等. 聚乳酸/蒙脱石复合材料的溶液插层法制备及其性能表征. 硅酸盐通报，2009，28（4）：679-685.
[10] 郭静，张烨，毕建稳. 聚丙烯/海泡石纳米复合材料的制备与研究. 化工新型材料，2009，37（4）：101-103.
[11] 何智慧，马万珍，高志生等. HDPE/$CaCO_3$ 纳米复合材料的制备及性能. 塑料，2009，38（4）：95-97.
[12] 杨波，何慧，周扬波等. 气相法白炭黑的研究进展. 化工进展，2005，24（4）：372-377.
[13] Yihe Zhang，Yuanqing Li，Guangtao Li，et al. Polyimide-surface-modified silica tubes：preparation and cryogenic properties. Chemical Material，2007，19（8）：1939-1945.
[14] Yihe Zhang，Shengguo Lu，Yuanqing Li，et al. Novel silica tube/polyimide composite films with variable low dielectric constant. Advanced Materials，2005，17（8）：1056-1059.
[15] 张毅，马清秀，李永超等. 纳米 SiO_2 增强增韧不饱和聚酯树脂的研究. 中国塑料，2004，18（2）：35-39.
[16] 张成波，李青山，王建伟. 聚丙烯（PP）/纳米二氧化硅 SiO_2 复合材料的制备及其性能研究. 材料工程，2007，31：73-79.
[17] 邱权芳，彭政，罗勇悦等. "胶乳共混法"制备天然橡胶/二氧化硅纳米复合材料及其性能. 广东化工，2009，36（4）：7-10.
[18] 段先健，张立群，伍社毛等. 用溶胶-凝胶法原位生成 SiO_2 增强橡胶. 合成橡胶工业，2000，23（3）：148-152.
[19] 李红岩，郭磊，刘斌等. 聚酰亚胺/纳米氧化钛复合薄膜的介电性能研究. 绝缘材料，2005，6：30-33.
[20] 刘祥萱，陆路德，杨绪杰. 热分析研究复合纳米 TiO_2 催化酸酐/环氧树脂固化特性. 热固性树脂，2000，15（1）：26-29.
[21] 罗颖，董先明，刘英菊等. 改性纳米 TiO_2 固相光催化降解 PE-LD 薄膜的研究. 中国塑料，2009，23（4）：58-60.
[22] 徐瑞芬，许秀艳，付国柱. 纳米二氧化钛在抗菌塑料中的应用性能研究. 塑料，2002，31（3）：26-28.
[23] 林桂，钱燕超，张鹏等. 纳米二氧化钛填充橡胶复合材料的分散结构与性能. 合成橡胶工业，2005，28（2）：98-104.
[24] 汤戈，王振家，马全友等. 纳米 Al_2O_3 粉末改善环氧树脂耐磨性的研究. 热固性树脂，2002，17（1）：4-8.
[25] 张代军，刘刚，张晖等. 纳米粒子改性环氧树脂固化反应动力学研究. 热固性树脂，2010，25（2）：5-10.
[26] 雷文，张曙. 纳米氧化铝改性聚丙烯力学性能的研究. 塑料科技，2007，35（9）：54-58.
[27] 王海宝，王家序，陈战等. 纳米 Al_2O_3 对聚乙烯工程材料性能的影响. 重庆大学学报：自然科学版，2002，25（4）：26-28.
[28] 崔蔚，曹奇，贾红兵等. 纳米 Al_2O_3/炭黑并用增强天然橡胶. 合成橡胶工业，2002，25（5）：300-303.
[29] 张以河，付绍云，李国耀，李广涛，严庆. 聚合物基纳米复合材料的增强增韧机理. 高技术通讯，2004，(5)：99-105.
[30] 贾巧英，马晓燕. 纳米材料及在聚合物中的应用. 塑料科技，2001，(2)：6-10.
[31] 杨伏生，周安宁，李天良等. 聚合物增强增韧机理研究进展. 中国塑料，2001，15（8）：6-9.
[32] 张以河，付绍云，李广涛，李来风，刘献明，李元庆. 一种自组装二氧化硅弯曲纤维材料及其制备方法：中国发明专利，ZL200410074660. 0. 2006-3-15.
[33] Zhang Yi-He，Fu S Y，Li R K Y，Wu J T，Li LF，Ji J H，Yang S Y. Investgation of PI-mica hybrid films for cryogenic applications. Composite Science and Technology，2005，65（11-12）：1743-1748.
[34] Zhang Yi-He，Dang Z-M，Xin J H，Daoud W A，Ji JH，Liu Y Y，Fei B，Li Y Q，Wu J T，Yang S Y，Li L F. Dielectric properties of PI-mica hybrid films. Macro Rap Commu，2005，26：1473-1477.
[35] Zhang Yihe，Su Q，Yu L，Zheng H，Huang H，Chan H L W. Study on the dielectric properties of hybrid and porous PI-silica films. Adv Mat Res，2008，47-50：973-976.
[36] Zhang Yihe，Su Q，Yu Li，Liao L，Zheng H，Huang H，Zhang G，Yao Y，Lau C，Chan H L W. Preparation of low-k fluorinated PI-phlogopite nanocomposites. Adv Mat Res，2008，47-50：987-990.
[37] 李元庆，张以河，李艳，李明，付绍云，肖立业，杨士勇. 聚酰亚胺纳米复合薄膜的低温电气强度研究. 绝缘材料，2004，5：19-22.
[38] 刘献明，付绍云，张以河. 雷达隐身复合材料的研究进展. 材料导报，2004，18（5）：8-12.

第九章 木塑复合材料

第一节 概 述

木塑复合材料（wood-plastic composites，WPC）是一种以植物纤维填充热塑性塑料而通过挤出等加工成型的复合材料。植物纤维一般采用废弃的木屑、秸秆粉、甘蔗渣粉、稻壳粉等。选用植物纤维作为木塑复合材料的增强填充物，主要是因为植物纤维比较廉价、来源广、易降解、密度小，具有较高的刚度和强度，而且植物纤维具有多孔性，在一定工艺条件下，熔融的塑料基体可以渗入植物纤维的细胞空腔中，达到增强改性的目的。

木塑复合材料主要有三类。第一类是木片、木粉等木质填料和酚醛树脂、脲醛树脂等热固性树脂经热压成型而制得的复合材料，这类材料由于在使用过程中会释放甲醛，使用范围正受到越来越多的限制。第二类是在低档次的木材中浸入聚合物单体或预聚体，然后通过辐射或加热引发单体或预聚体聚合所制得的复合材料，这类材料性能优异，但成本偏高，难以广泛应用。第三类就是木塑（木质填料/热塑性塑料）复合材料（WPC）。WPC具有很多明显的优点：与相应的塑料相比，WPC具有更好的拉伸强度、拉伸模量、硬度、弯曲性能和抗蠕变性能，以及更自然的外观；与木材相比，WPC具有更好的尺寸稳定性、耐水性、维护性和加工性能；有一定的生物降解性和可回收性，环保性较好；可大量利用废旧塑料和木粉、秸秆、稻糠等农业和林业的废弃物，成本低廉，并可减少白色污染。正是由于其优良的性能、低廉的成本和较好的环保性，WPC已成为研发的热点。

目前已经制得了PE、PP、PVC、PS和PUR基等类型木塑发泡复合材料，其中，PVC基木塑发泡复合材料由于具有化学稳定性强、强度高、耐酸碱腐蚀、耐水浸泡、阻燃及成本低等优点，已被广泛应用。典型的木塑复合材料生产工艺是利用热搅拌技术将木质纤维和热塑性塑料充分混合，再以挤出、层压、模压或者注塑的方式成型得到木塑复合材料。典型木塑复合材料加工工艺流程如图9-1所示，主要分为两步：第一步是偶联剂或增容剂对木材或塑料的改性；第二步是木材与塑料的复合。

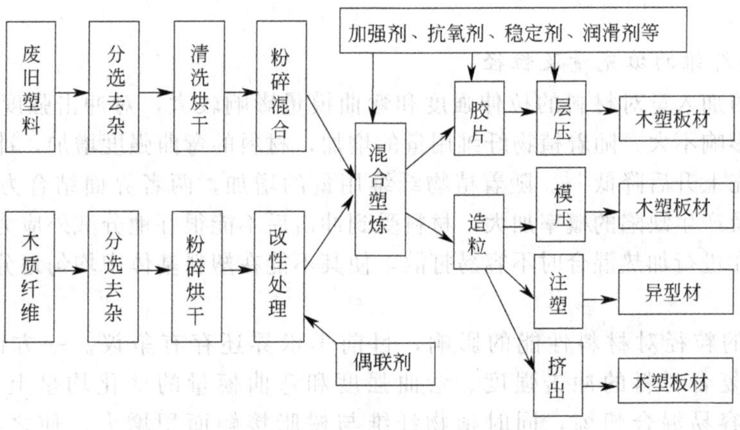

图 9-1 典型木塑复合材料加工工艺流程

第二节　木塑复合材料性能影响因素

木塑复合材料的成型制备是一个受到多种因素影响的复杂过程，植物纤维和塑料的表面特性、纤维所含或吸附的化学成分、塑料的理化性能指标、木塑复合途径等都能对木塑复合材料的性能产生影响。在木塑复合材料加工制造过程中，各种工艺因素（如温度、压力、螺杆转速、原料配比、原料形态、表面处理等）对木塑复合材料性能有很大的影响。本节主要从原料的选择与配比、植物纤维填充量及粒径、木/塑界面相容性、挤出工艺的调控几个方面论述影响木塑复合材料结构性能的因素。

（一）原料的选择与配比

木塑复合体系基本组成为基体树脂和植物纤维，再辅以各种助剂。基体树脂常采用热塑性塑料，依据不同的产品要求选择不同的塑料基体。目前，采用 PE、PVC 作为基体的木塑复合材料的研究已成熟，并已得到市场化应用；以 PP 为基体的木塑复合材料正在研究开发之中；在 PE 基体的木塑复合材料中，植物纤维可大量添加，最高添加量可达 75%～80%；而在 PVC 基体的木塑复合材料中，植物纤维的添加量很少，一般只有 30%左右，因为 PVC 的流动性较差，如果植物纤维添加量过多，容易造成挤出困难。

植物纤维在基体塑料熔体中的分散性也是木塑复合材料性能优劣的一个重要因素。熔体的黏度低，植物纤维在熔体中的分散就好；黏度高，则纤维在熔体中易聚结成团。选择高的熔融流动指数（MFI）的塑料基体将明显有助于植物纤维的分散。研究表明[1]，高熔融流动指数（MMFI）的 HDPE 木塑材料的力学性能明显优于低熔融流动指数（LMFI）的 HDPE 木塑材料。这是因为，MMFI-HDPE 木塑材料中植物纤维分布更加均匀。为降低成本和满足环保的要求，木塑复合材料常采用回收的废旧塑料作为塑料基体。由于各种回收塑料中含有各类助剂小分子，这在一定程度上影响了产品的性能。回收塑料的分类较为麻烦，因此各类塑料在混合使用的过程中要解决好它们之间的相容性。

近年来，采用微发泡技术，即在复合体系中加入发泡剂发泡来调节材料的密度，改善产品外观、性能，逐渐成为人们关注的热点。也有报道将复合材料直接浸入 CO_2 中发泡[2]和利用木纤维中本身的湿气（H_2O）作为发泡剂发泡[3]。有实验表明[4]，低的黏度和高的气体浓度是制备高空隙率发泡样品的必要条件。因此选择一种合适的发泡剂不仅可以降低成本，同时也可以增加弹性，减少脆性，降低热导率，但经过发泡的产品的拉伸强度在一定程度上降低了。

（二）植物纤维的填充量及粒径

植物纤维的加入量对材料的拉伸强度和弯曲模量影响较大，对冲击强度也有一定的影响，而对密度影响不大。随着植物纤维用量的增加，材料的弯曲强度增加，冲击强度略有减小，拉伸强度先上升后降低[5]。随着植物纤维用量的增加，两者界面结合力减弱，颗粒引起的应力集中及产生缺陷的概率加大，材料受到冲击后不能很好地分散外应力。此外，由于植物纤维填料在进行加热混合时不容易打散，使其不能在塑料基体中均匀地分散，从而影响材料的性能。

植物纤维的粒径对材料性能的影响，目前学术界还存有争议。一方面认为[6]随着粒径的减小，复合材料的冲击强度、弯曲强度和弯曲模量的变化均呈上升趋势。因为粒径越小，越容易混合塑炼，同时植物纤维与树脂接触面积增大，使之与基体的结合力增大，从而改善了力学性能。但另一方面认为[7]虽然植物纤维细度越细，均一性越好，但纤维长度和长径比会大大下降。木材的强度主要取决于纤维素，并与纤维素的取向度有关，纤维的取向度越高，强度越好，刚性越强。在木塑材料中，考虑纤维的长度及取向时，Kelly提出纤维有一个临界长度 L_c，小于 L_c，应力则无法传递到纤维上，纤维起不到增强的作用。

（三）木/塑之间的界面相容性

植物纤维与塑料之间的相容性对木塑材料的力学性能有直接的影响。当植物纤维与基体树脂复合时，虽然依靠高速混合得到了宏观上混合均匀的体系，但由于植物纤维上含有很多羟基，使纤维具有很强的吸水性和极性。热塑性塑料基体界面一般是非极性的，因此两者界面相容性很差，微观上呈非均相体系，两相存在十分清晰的界面，黏结力差。当材料受到外部应力时，塑料上受到的应力不易传递到植物纤维上，导致纤维与塑料之间的缺陷逐渐扩大，长此以往，纤维易从材料中析出，吸湿而使材料膨胀，使得材料的力学性能和尺寸稳定性变差[8]。

通过添加增容剂可以改善相间结构，增强界面的相容性，降低相界面张力，增加相间的黏合强度。然而添加的各种增容剂的用量对材料力学性能的影响也很大。用量太少时，植物纤维表面的包覆不完全，难以形成良好的增容剂分子层，起不到有效地改善界面相容性的效果，而且对植物纤维表面易反应的羟基官能团消耗不够，材料易吸湿变形；增容剂用量太多，则会出现过剩的情况，植物纤维覆盖过多的增容剂，形成多分子层，易造成植物纤维与树脂之间界面结构的不均匀性，而且一般增容剂的力学性能都弱于塑料基体，过多会造成材料的力学性能下降[9]。

（四）挤出工艺的调控

木塑复合材料在挤出成型过程中，温度、压力、螺杆转速的调控相当重要。植物纤维属于一种刚性材料，加入塑料基体中，会使混合体系的黏度升高，黏度过高，植物纤维在熔体中易聚结成团。温度的升高有利于熔融体系的流动，但过高的温度会使植物纤维降解、焦化，导致产品力学性能降低，外观颜色较深。一般植物纤维在200℃以上时便开始出现降解、焦化，所以设定温度一般高于塑料基体熔融温度，而低于200℃。木塑熔融体系到达口模时，必须保证一定的压力，没有足够的挤出压力，会造成制品的强度缺陷，也不利于物料在挤出口模时的制品定型。

木塑混合体系在挤出过程中，螺杆转速过快，混合体系在挤出机中停留时间太短，得不到充分混合；转速过慢，虽能使植物纤维与塑料基体之间得到充分的混合，但植物纤维在挤出机内停留的时间过长，容易发生焦化、降解，而且过慢的转速严重降低生产效率。因此，合适的转速既能保证木/塑之间的充分混合，又能尽可能提高生产效率。

下节中将结合聚氯乙烯基木塑复合材料加以说明。

第三节 聚氯乙烯基木塑复合材料

木纤维表面有大量的极性官能团，在木塑复合材料制备过程中，亲水性的木纤维与憎水性的聚合物基体之间，有着比较大的界面能差，两者界面很难充分融合；而且木材表面存在许多的羟基，易于形成氢键聚集，导致木纤维在聚合物中不能分散均匀，这些木纤维团聚体在外力作用下容易导致应力集中，使得复合材料的物理机械性能下降。因此木纤维与聚合物基体的黏结状况是影响复合材料性能的关键因素，界面黏结强度决定了复合材料的强度。一般对木纤维进行表面改性处理来提高界面黏结强度。表面处理剂主要是通过化学反应减少木纤维表面的羟基数目，在木粉与聚合物之间建立物理和化学交联。通过在木粉表面形成一层憎水性薄膜，从而提高其与聚合物的相容性和促进木粉的分散。目前常用的方法有润滑剂法、偶联剂法、超分散剂法、相容剂法[10]等方法。润滑剂法常用的润滑剂有硬脂酸(HSt)、白油等，主要通过与木粉混合，均匀地覆盖在木粉表面，从而提高其与聚合物基体的黏结强度。偶联剂法采用偶联剂提高无机填料、无机纤维与基体树脂之间的相容性，同时也可改善木粉与聚合物之间的界面状况。硅烷偶联剂和钛酸酯偶联剂是应用最广泛的两类偶联剂。超分散剂由多种偶联剂复合而成，是多组分、多结构形态的产品，可以满足多方面的综合要求；且具有优异的偶联性能和分散性能，可以应用于各类无机填料的包覆、改性、活化，防止粒子团聚，可以提高制品的冲击强度，增加填充量，改善加工流动性能。

一、木粉及其处理技术

木粉的选择对木塑复合材料的发泡性能有重要影响。木粉粒径减小，则体系表观黏度增加，发泡较容易。但是颗粒过小则容易团聚，且物理性能变差，故一般粒径选择150μm左右。增加木粉含量会使木塑复合材料的加工温度升高[11]，且木粉的填充量越高，越不容易发泡。

未经处理的木粉与PVC相容性差，界面的黏结力小，分散效果差，导致材料的力学性能和发泡性能差。要获得性能优异的木塑产品，必须对木纤维进行表面处理。木纤维的处理方法可以分为物理方法和化学方法[12]。

(一) 木质纤维的预处理及表面改性

(1) 物理方法　不改变纤维的化学成分，但改变纤维的结构和表面性能，从而改善纤维与基体聚合物的物理黏合。低温等离子体放电是根据作用气体的不同，使纤维表面发生化学修饰、聚合、自由基产生等变化。此外，还有拉伸、压延、混纺等用于改变纤维的结构和表面性质，以利于复合过程中纤维的机械交联[13]。热处理能够除去植物纤维吸附的水分和低沸点物质，但不能除去大部分的果胶、木质素及半纤维素。由于植物纤维各成分热膨胀系数的差别和水分等物质的挥发，使纤维产生孔洞缺陷，导致木纤维拉伸强度、弹性模量和韧性随着热处理温度升高而下降。李兰杰[14]等发现在不使用相容剂的情况下，塑料基质对木粉的浸润性差，较高的表面粗糙度会使复合材料的界面处更易形成孔洞缺陷，从而使复合材料力学性能下降。使用相容剂可以改善塑料对木粉的浸润性，提高复合材料的拉伸强度和冲击强度。G. M. Rizvi[15]等将木粉在不同温度下干燥，然后用丙酮萃取大部分挥发物，发现去除挥发物后有更好的泡孔形态。除了上述物理方法外，还有拉伸、压延、热处理、混纺、电晕、低温等离子体、辐射等物理方法。

(2) 化学方法　主要是在木材表面通过对极性官能团进行酯化、醚化、接枝共聚等进行改性处理，使其生成非极性化学官能团并具有流动性，使木材表面与塑料表面相似，以降低塑料与木质材料表面之间的相斥性，达到提高界面黏合性的目的。木材的醚化包括甲基醚化和羟乙基醚化等。木材的甲基醚化一般是通过一氯甲烷与经过碱处理的木材反应；羟乙基醚化是木材与环氧乙烷或2-氯乙醇在碱存在条件下反应。

碱溶液处理法是常用的化学方法。将木粉浸泡于碱溶液中，使植物纤维中的部分果胶、木质素和半纤维素等低分子杂质被溶解除去、纤维表面变得粗糙、纤维与树脂界面之间结合能力增强。同时使未处理前的抽提物消失，将形成许多空腔，这些空腔增强聚合物母体与纤维填料的“锁紧力”。另外，碱处理导致纤维束分裂成更小的纤维，纤维的直径降低、长径比增加、与基体接触面积增大。碱处理法一般与其他方法联合使用，它取决于碱的溶解形式、浓度、体系温度、处理时间等。对木纤维通常采用在23℃下用20%的NaOH溶液浸泡

48h 碱处理[16]。苑会林[17]等应用铝酸酯偶联剂和丙烯酸丁酯预聚物处理木塑复合材料进行发泡，发现铝酸酯偶联剂处理提高了 PVC/木塑发泡板材的拉伸强度和冲击强度，而丙烯酸丁酯预聚物处理能够改善熔体流动性。钟鑫等[18]采用表面接枝甲基丙烯酸甲酯的方法处理木纤维，用硝酸铈铵作引发剂在木纤维表面羟基处形成自由基，这些自由基与甲基丙烯酸甲酯发生反应，形成接枝物，可增强其与 PVC 树脂的界面黏合性。F. Mengeloglu[19]等发现经氨基硅烷处理过的木纤维具有很强的碱性和供电子能力，而 PVC 经氨基硅烷处理后具有更强的酸性，使 PVC 与木粉在界面处发生化学反应，有效提高了 PVC 和木粉的界面性能。刘涛[20]等用钛酸酯偶联剂、油酸酰胺、聚氨酯预聚物三种表面改性剂对木粉进行处理，PVC/木塑复合材料的力学性能均有不同程度的提高；聚氨酯预聚体对木粉进行表面处理，还能明显改善复合体系的流变性能。

其他常用的化学表面处理剂有多异氰酸亚甲基多苯酯、甲基丙烯酸甲酯、马来酸酐等。

以多种木粉表面处理方法相结合，利用组分之间的协同作用，往往可以获得更好的界面性能。丁筠[21]等用适当质量分数的 NaOH 溶液浸泡木粉，然后再用硅烷偶联剂处理木粉。碱溶液降低了木粉的亲水性，使硅烷偶联剂更易与木粉中的羟基发生反应。其界面性能比只用硅烷偶联剂处理木粉更好。

（二）添加合适的改性剂

1. 偶联剂处理

目前有超过 40 种的偶联剂用于木塑复合材料制备。这些偶联剂可分为三类：有机类、无机类和有机无机杂化类。偶联剂是多官能团的有机化合物，一端可溶解或扩散到界面区的树脂中，另一端可与亲水基团形成键结合，提高填料与基体之间的界面黏合性，从而提高复合材料的性能。常用的有机偶联剂有异氰酸酯、酸酐、酰胺、丙烯酸盐、硅烷、有机酸等。一般偶联剂的添加量为木粉添加量的 1%～8%[22]。

李志军等[23]用硅烷偶联剂 A-171 和天然橡胶胶乳（MGL-30）改性碱处理后的橡胶木粉。3%的 MGL-30 提高复合材料冲击强度的效果较 A-171 要好。MGL-30 非极性的橡胶分子链段较长，有利于与基体的缠结和与其相互贯穿，复合材料受到外力作用时，能有效地诱导基体树脂发生剪切屈服，因而大幅度提高复合材料冲击强度。刘涛等使用钛酸酯偶联剂、油酸酰胺、聚氨酯预聚物三种表面改性剂处理木粉并制备了 PVC/木粉复合材料。结果表明，几种木粉表面处理剂均可明显提高复合材料的力学性能。其中使用 4 份聚氨酯预聚体和 6 份油酸酰胺处理木粉表面的复合体系的力学性能较优。用 Brabender 转矩流变仪检测结果显示，聚氨酯预聚体能改善复合体系的流变性能，但随着改性剂用量的增加，复合体系的平衡转矩先减小后增大。聚氨酯预聚体用量在 4～6 份时达到极小值。

2. 界面融合剂处理

在制备木塑复合材料过程中加入界面融合剂是最简单而且很有效的方法[24]。其原理是界面融合剂的一些组分与其中的一种聚合物相融，另一些组分与另一种聚合物相融，最终达到两种聚合物之间的融合。这种方法同样可以用在木塑复合材料体系中，以改善木材填充物与聚合物基材之间的黏合性能。虽然用这种方法不能使两种材料达到完全的聚合，但可以降低界面的能量，从而使木材与塑料聚合物之间的界面达到较好的黏合。

宋永民[25]等研究了 EPDM-MA 对木粉/聚丙烯复合材料性能的影响。结果表明：添加适量 EPDM-MA 可以改善木粉与聚丙烯的界面结合，提高木粉/聚丙烯复合材料的力学性能；EPDM-MA 的加入会对复合材料的热性能产生影响，改善材料的耐低温冲击性能；EPDM-MA的添加使得木粉微粒以直径约为 0.1～1μm 的球状粒子形态分散于聚丙烯中。另外，EPDM-MA的添加有效降低了复合材料的吸水性。刘文鹏[26]等研究了三种相容剂和三种偶联剂在单独使用和配合使用情况下对PP/木粉（质量比50：50）复合材料力学性能的影响。相容剂PP-*g*-MAH、PE-*g*-MAH、SBS-*g*-MAH对复合材料力学性能均有改善作用，而且不同偶联剂的加入对复合材料力学性能有不同程度的影响。

3. 接枝共聚

对塑料或木粉/木纤维进行接枝处理是一种有效的改性方法，即在引发剂作用下，马来酸酐、甲基丙烯酸甲酯、苯乙烯等单体被引发生成游离基，与合成高聚物或与木质材料表面接枝共聚，提高相容性。主要的官能性单体有马来酸酐（MA）、丙烯酸（AA）、缩水甘油甲基丙烯酸酯（GMA）等。

王澜等[27]用LDPE-*g*-MAH接枝物来改善木粉与聚乙烯之间的相容性，结果表明，LDPE-*g*-MAH接枝物的加入改善了木粉与聚乙烯之间的相容性。随其加入量的提高，材料的力学性能逐步提高。当它的加入量为总量的20%～30%时，材料的强度达到最高值。

二、挤出成型工艺

良好的加工工艺和设备应保证物料和发泡剂混合均匀，并保持足够高且稳定的机头压力，使口模压力足够大和压降速率足够快，以获得形态良好的泡孔。木塑复合材料的加工是依据废旧塑料复合再生工艺，以废旧的塑料和锯末为主要原料，通过增容共混工艺进行生产的一项实用技术。主要有三种工艺路线：挤出成型工艺、热压成型工艺和挤压成型工艺。由于挤出成型工艺加工周期短、效率高、工艺简单，因而应用得更广泛。挤出成型工艺可分为单螺杆或双螺杆挤出机挤出成型，可连续挤出任意长度的板材，又以双螺杆挤出机挤出为主，有异向锥形双螺杆和同向平行双螺杆挤出机。

（一）混料和喂料

混料工艺通过影响不同组分之间的接触与反应影响各组分的分散，进而影响材料性能[28]。混料时，应该选择合适的加料顺序、加料温度、加料时间。由于木粉粉料蓬松，加料过程中容易出现“架桥”和“抱杆”现象。加料不稳定会使挤出波动，造成挤出质量降低，因此必须对加料方式和加料量做严格的控制，一般采用强制加料装置或饥饿喂料，以保证挤出的稳定。

PVC/木粉复合材料挤出发泡成型一般分为两步法和一步法两种工艺路线：两步法即先造粒后成型；一步法即省去造粒工序，采用表面改性后的木粉与PVC粉经高速混合后直接加料挤出。研究表明，母粒法（两步法）有利于提高PVC/木塑复合材料的力学性能[29]。美国Cincinnati公司简化了原料的合成工序，采用电子称量、喂料，将木粉和其他组分直接加入挤出机进料斗，使成本节省40%以上。

（二）成型温度

设定挤出成型温度应考虑物料在挤出机机筒内的物理作用和化学反应。加料段温度既要保证物料能够快速熔融，阻止分解气体逃逸，又要防止发泡剂提前分解；压缩段和计量段温度设定则需要考虑化学发泡剂分解温度和分解速率、木粉烧焦及PVC分解等因素；机头温度应使熔体保持良好流动性的同时，具有足够的熔体黏度，以维持机头内熔体处于高压下，使之在机头内不发泡[30]。姚祝平[31]认为在充分塑化的条件下，应采用低温挤出。螺杆和成型模具等设备也应具有低温挤出特性，以保证泡孔有良好的形态和较小直径。加料段温度控制在165℃以下，压缩段和均化段在160～180℃之间，机头和口模设定在160℃以下。

(三) 螺杆转速

螺杆转速对挤出发泡的影响主要体现在以下几个方面。

(1) 影响挤出压力，转速越高，挤出机内压力越大，从而越有利于成核，成核的泡孔数目也越多，发泡率也就越高。但压力过高时成核的泡孔生长受到抑制，影响泡孔的充分生长。

(2) 螺杆转速越高，剪切作用越强，剪切作用过强时容易使泡孔合并或破裂，影响发泡体质量和低密度泡沫塑料的形成。

(3) 螺杆转速过高或过低，使停留时间过短或过长，容易发生提前发泡或发泡剂分解不充分等现象，不利于形成均匀细密的泡孔结构。因此在其他影响因素不变的情况下，螺杆转速存在一个最佳值，一般在12～18r/min之间[32]。

(四) 挤出压力

挤出压力不足会造成制品表面粗糙、强度低，而较高的挤出压力不仅能控制机头内的含气熔体不提前发泡，而且使机头口模内外压差大，从而使压降速率高，有利于气泡成核，成核的气泡数量增多，发泡率也随之增大，有利于得到均匀细密的泡孔结构。但挤出压力过高对泡孔的生长不利。要得到适宜的机头压力，可以通过调节螺杆转速、机头温度及口模形状来实现。

第四节　木塑复合材料的应用

木塑复合材料既有热塑性塑料的易成型性，又有类似木材的二次加工性，如可切割、能粘接、可涂饰，且具有抗虫蛀、耐老化、吸水性小、可重复利用等优点，故被广泛应用于各个领域。

(一) 包装行业

木塑复合材料目前在国际上应用最广的产品是托盘。北美地区托盘用量每年高达2亿多个，日本托盘用量每年约600万个，其中木塑托盘产品已经占到近一半市场。中国物流与采购联合会托盘专业委员会预测，近几年内，我国木托盘的平均使用量将会突破8000万个/年，木塑托盘也将占据一定市场份额。

(二) 铁路轨枕

目前，木塑复合材料铁路轨枕因成本偏高而用量不大，但却很有前景。如何进一步降低成本，已成为是否能推广应用的关键。

(三) 建筑行业

木塑复合材料在建筑行业主要用作回廊板、窗户和门板、混凝土水泥模板等，其中发展最为迅速的是回廊板。虽然这种回廊板比加压处理的木材价格高，但它不需要太多维护，不易开裂，有良好的环境亲和性。建筑门窗是另一个重要应用领域，木塑异型材在隔热保温、防腐、装饰等方面都优于传统建材。PVC是生产窗户构件最常用的热塑性塑料，也有用其他塑料的，如Certain-Teed公司将PVC的芯子与填充了木材的PVC表层一起挤出，产品表层可涂饰或染色；国内一家木塑门窗企业生产的木塑门窗采用了ACR改性PVC和国际先进的软硬复合成型挤出技术，产品充分体现了木材与塑料两种材料的优点。

（四）园林庭院

园林庭院方面主要用于制造室外桌椅、庭院扶手及装饰板、露天地板、废物箱（图 9-2）等。

(a) 上海延安绿地铺设的木塑地板　(b) 国外木塑材料的应用　(c) 无锡太湖一景点木塑材料的应用

图 9-2　木塑复合材料的应用实例

（五）汽车内装饰件

在汽车内装饰方面，福特、奔驰、奥迪、宝马、丰田、雪铁龙、沃尔沃等名牌轿车的内装饰件基材，均在不同程度上使用了木塑复合材料。从近几届国际汽车博览会推出的轿车零部件产品看，采用木塑复合材料制造轿车内装饰件基材，已经成为此类产品发展的趋势。

第五节　木塑复合材料研究与发展前景

一、国内外发展现状

WPC之所以能替代其他传统材料，并不断扩大应用，进入新的市场，主要取决于其独特的性能和制品的总成本优势。WPC有良好的室外耐用性和外观，外观十分类似天然木材，并具有防腐、防潮、尺寸稳定性高、不开裂、不翘曲等优点，比纯塑料硬度和刚性高，能像塑料一样加工，可共挤出或镶面。WPC制品可进行切割、粘接，也可用钉子或螺栓固定连接。尽管WPC制品价格相对较高，但可以从室外维修费用低和使用寿命长中得到补偿。在强调节约资源和能源的今天，有特别重要的意义，这是WPC市场发展的动力。工业咨询家认为，高耐用性和低维修成本将促进WPC市场持续增长[33]。第七届国际木纤维-塑料复合材料会议指出，WPC是塑料工业中引起人们关注度增长最快的产品，1998年以后销售额以年均25%的速率递增，快速发展成为塑料工业的一个研究开发的分支工业[34]。许多加工厂、供应商、大学和研究集团正在合作进行开发，目前全球WPC市场销售总额正快速接近20亿美元。美国从事工业研究市场分析的商务通讯公司将目标集中定位于欧洲WPC相对落后的产品——铺板市场，因目前WPC铺板仅占巨大铺板市场的1%，市场空间很大，并以此带动和推进欧洲WPC市场发展。

（一）美国WPC工业和消费居领先地位

北美（美国、加拿大）WPC技术、生产和市场均明显领先于世界其他地区，特别是表现在美国有庞大的市场，市场的形成一个是靠先进的技术，另一个是成功地把WPC开发应用于铺板。业界认为[35]，WPC工业发展要求开发高性能产品，这涉及采用先进科学的配方和助剂，其配方技术已超过一般塑料挤出和注塑工艺用的配方技术。偶联剂（相容剂）解决了木纤维和塑料之间界面结合的问题，提高了WPC性能；润滑剂有助于提高挤出产量，降低成本，增加制品竞争力。现已解决偶联剂和润滑剂的互相干扰问题，有关论文介绍了这两个主要助剂的作用机理、代表性的产品和最新技术进展[36]。市场上已有含抗菌剂、紫外线吸收剂的专用色母料。建筑是美国 WPC 的最大应用市场，其中铺板市场（350kt）占 WPC 总市场（700kt）的 1/2[37]。为配合 WPC 生产和加工，美国塑料机械厂开发生产出不同的单螺杆、双螺杆挤出生产线，包括同向和异向双螺杆挤出机、平行和锥形双螺杆挤出机，也有可脱除木粉中较高含量水分的双阶加工设备，并且能提供更大直径的设备以提高产量，靠规模效益降低成本来增加产品的市场竞争力。目前美国有 101 家 WPC 加工厂，加拿大有 11 家，大型生产厂家竞争力强，占据市场份额高，控制和引领市场的发展。

（二）中国木塑复合材料产业的发展现状

在国家循环经济政策的鼓励和企业潜在效益需求的双重推动下，全国性木塑复合材料热逐渐兴起[38]。我国的天然木材资源日益减少，木质制品的市场需求量却与日俱增。巨大的市场需求和技术突破必然会不断拓宽木塑复合材料的市场通道。从市场需求角度分析，木塑复合材料最有可能在建筑材料、户外设施、物流运输、交通设施、家具用品等领域开始规模性拓展。据不完全统计，全国直接或间接从事木塑复合材料研发、生产和配套的企事业单位已逾 150 家，包括国有、民营、独资、合股和合资等多种类型，国有或国有控股企业占有一定的优势。WPC 企业集中分布在珠三角和长三角地区，东部远远超过中、西部。东部个别企业工艺水平较为领先，南方企业则占有产品数量和市场的绝对优势。

在国内外木塑复合材料发展较快的产品是挤出成型的窄面积板和条，加工用设备是锥度双螺杆挤出机、同向或异向双螺杆挤出机，产品多用作门窗框、地板、装修材料、物流托盘等。窄面、长条的木塑产品存在以下几个缺陷。

(1) 加工木塑复合材料要使用筛选磨制加工的木纤维，不能使用如花生壳、豆秆之类的植物纤维，木材是填充物，从根本上讲它不是木质材料而是石油材料。

(2) 挤出成型困难，废品率高，因为是挤出成型产品，密度小、强度低、刚性差。

(3) 使用塑料原料的用量大、成本高，且品种少。

(4) 设备、模具、辅机价格昂贵。

(5) 因使用原料和木材，不具备节约型经济特征。

（三）发泡 WPC 前景看好

WPC 制品室外耐用性高，但生产厂仍面临用户要求制备外观和感觉上更像木材制品的挑战。WPC 密度高，运输、加工成本高，且不方便，单位体积制品成本高，而新开发的结构发泡 WPC 外观更像传统木材，如低密度的发泡 WPC 吸收能量好、质轻，作为木材的替代材料，可令安装者施工作业时心情愉快。美国马里兰州 Columbia 销售木粉/塑料母料的 American Wood Fiber 公司称，“发泡 WPC 发展是 WPC 铺板替代木铺板后的另一个浪潮”，或是“新的革命”。发泡 WPC 也能像 WPC 一样锯割、用螺栓或钉子连接，挤出加工型材表面质量优于不发泡 WPC，有更清晰的轮廓和拐角，另一个优势是发泡 WPC 能大幅度降低成本。由于最终制品型材密度可降低 20%～25%，且树脂占型材材料的 40%～50%，树脂成本一般占材料成本的 80%～90%，因而采用发泡 WPC 能降低成本约 1/2。

（四）多种途径降低成本

由于塑料价格不断上涨，WPC 与木材、塑料的竞争和 WPC 生产厂间的竞争都在加剧，除发泡 WPC 产品外，还有一个方法是 WPC 生产厂通过提高木/塑比例来抑制总成本上涨，欧洲的 WPC 木/塑比例高于美国，但带来的缺点是耐水性下降。另一个重要途径是大量使用回收塑料，美国 WPC 加工厂采用回收塑料的比例高于欧洲。塑料价格走高会推动欧洲 WPC 加工厂朝这个方向努力，更多地采用回收塑料，并开发相关技术，增加产品竞争力。Krass-Maffei 公司产品经理认为，除用木纤维/PVC（或 PE、PP）制发泡 WPC 铺板、栅栏和型材的趋势外，预计北美还会开始向中空 WPC 型材方向发展，欧洲也将开始采用这种战略，因为与北美相比，欧洲木材资源相对不足。

二、木塑复合材料的发展趋势

产品由低附加值（如木塑托盘、仓库地板）向高档方向（如室内装饰材料）发展。其应用领域也由比较简单的低附加值产品向相对复杂的高附加值产品（如房屋、建筑、管材等）方向发展。木塑复合材料技术也因市场的发展而日趋成熟，特别是在混料、成型、温控、速度、切割、配方等方面进行了大幅度的革新和改进，并有效地提高了材料强度，降低了成本。

用回收废木材或天然纤维和旧塑料制造的 WPC，可替代传统材料，减少原始木材用量，保护森林资源，也有助于减少对以石油为原料的塑料的依赖，当前油价持续走高和石油资源有限，塑料和能源价格居高不下，发展 WPC 十分必要。我国是人口大国，人均森林资源少，石油储量不丰，木材综合利用水平低，因此更有必要加速开发 WPC 并推广应用。利用回收塑料是应对以石油为原料的塑料和能源（加工、运输）成本价格高位运行和石油资源短缺的发展策略之一。从 1998 年 2 月开始，美国、加拿大和欧盟国家相继对我国出口物资的木质包装材料实施新的检疫标准，要求采取蒸煮或高温消毒处理，否则将拒绝入境，这将加速我国采用木塑型材做包装托盘为代表的 WPC 制品的发展。目前从事 WPC 原料、制品及相关的加工机械的生产厂家和开发单位数量增长较快，有的已有一定规模，进入实用化推广阶段。但尚存在产品结构雷同、基础研究不扎实、性能不稳定、档次低和应用范围窄等问题，影响发展的因素主要有配套的助剂和加工机械（包括模具）不够成熟、种类少、WPC 产品市场接受度不高（或者说公众认知度偏低）、原料来源不稳定等，后者是产品供应和产品质量的主要障碍。我国建筑业市场大，虽然不像美国那样适合大规模发展铺板，但窗框、门部件、护栏、高速公路隔声板、江边和海岸边站台板及栏杆和扶手等应用都蕴藏着巨大的商机。2008 年北京奥运会和 2010 年上海世博会有许多户外设施和部件，无疑会对发展 WPC 应用起到示范和引导作用。要加强宣传，使用户更理性地选择材料，要引导消费者根据使用寿命、维护费用和长期外观效果等来合理比较综合成本，不能简单地仅以售价为选择材料的唯一依据。另外，还应启动一些试探性项目，如美国市场呈上升势头的铁路轨枕。木塑轨枕保质期长达 50 年，性能好、成本低，可以在要求使用周期长和快速检修更换的轨枕（如桥面上轨枕）上先试用。这就需要铁路、塑料加工厂、塑料机械厂通力协作，如国家有关管理部门牵头则效果更好。从长期和更深的层次来看，需提高我国全民的环境意识，倡导和加强材料回收利用，建立从收集、分类开始的木纤维、废塑料回收链，政府应从政策上予以鼓励、扶植和支持。

木塑复合材料自起步后发展势头良好，始终保持着强劲的市场增长率，预计未来几年仍将保持较高增幅。美国木塑复合材料研发、生产技术和工业应用均居领先地位，PE 基 WPC 铺板是代表性产品，建筑是首选应用领域。欧洲则以汽车工业为最大用户，而建筑上的应用也正在快速启动。欧美 WPC 用基础热塑性树脂结构也不同。发展 WPC 有利于合理利用地球资源和能源（森林和石油），符合人们日益高度重视的保护环境理念。产品成本仍是进入市场的关键，因此，除生产综合性能更优的产品和提高生产效率外，发泡 WPC 引起业界极大的关注和兴趣，相关技术正在开发，市场前景广阔。

参 考 文 献

[1] Balasuriya P W, Ye L, Mai Y W. Mechanical properties of wood flake-polyethylene composites. Part Ⅰ: Effects of processing methods and matrix melt flow behaviour. Composites: Part A, 2001, 32: 619-629.

[2] Laurent M Matuana, Chul B Park, John J Balatinecz. Cell morphology and property relationships of microcellular foamed PVC/wood-fiber composites. Polymer Engineering and Science, 1998, 38 (11): 1862-1872.

[3] Ghaus Rizvi, Laurent M Matuana, Chul B Park. Foaming of PS/wood fiber composites using moisture as a blowing agent. Polymer Engineering and Science, 2000, 40 (10): 2124-2132.

[4] Laurent M Matuana, Chul B Park, John J Balatinecz. Processing and cell morphology relationships for microcellular foamed PVC/wood-fiber composites. Polymer Engineering and Science, 1997, 37 (7): 1137-1147.

[5] 黄兆阁，陈国昌，李少香等．稻壳粉填充聚乙烯复合材料的研究．塑料科技，2005，33 (2)：62-64.

[6] 孔展，张卫勤，方吕等．PVC/木粉复合材料的性能研究．塑料工业，2005，33 (10)：17-20.

[7] 陈耀庭，徐凌秀．天然纤维复合仿木材料的设计与开发．塑料助剂，2003，(3)：16-21.

[8] Geng Y, Li K, Simonsen J. Effects of a new compatibilizer system on the flexural properties of wood-polyethylene composites. Journal of Applied Polymer Science, 2004, 91: 3667-3672.

[9] 薛平，张明珠，何亚东等．木塑复合材料及挤出成型特性的研究．中国塑料，2001，15 (8)：53-59.

[10] 苑会林，李军马，沛岚．表面处理对木粉增强 PVC 发泡复合板材性能的影响．工程塑料应用，2003，31 (8)：22-24.

[11] 钟鑫，薛平，丁筠．改性木粉/PVC 复合材料的性能研究．中国塑料，2004，18 (3)：62-64.

[12] Mengeloglu Fatih, Matuana Laurent M. Foaming of rigid PVC/wood flour composites through a continuous extrusion process. Journal of Vinyl and Additive Technology, 2001, 7 (3): 142-148.

[13] 林翔，李建章，毛安等．木塑复合材料应用与研究进展．木材机械加工，2008，(1)：46-49.

[14] 李兰杰，胡娅婷，刘得志等．木粉的碱化处理对木塑复合材料性能的影响．合成树脂及塑料，2005，22 (6)：53-57.

[15] Rizvi G M, Park C B, Lin W S, et al. Expansion mechanisms of plastic/wood-flour composite forms with moisture, dissolved gaseous volatiles, and undissolved gas bubbles. Polymer Engineering and Science, 2003, 43 (7): 134.

[16] 臧克峰，项素云，路萍．MAH-*g*-PP 及偶联剂处理木粉填充 PP 的研究．中国塑料，2001，15 (2)：71-73.

[17] 苑会林，李军马，沛岚．表面处理对木粉增强 PVC 发泡复合板材性能的影响．工程塑料应用，2003，31 (8)：24-25.

[18] 钟鑫，薛平，丁筠．改性木粉/PVC 复合材料的性能研究．中国塑料，2004，18 (3)：64-66.

[19] Mengeloglu Fatih, Matuana M Laurent. Foaming of rigid PVC/wood flour composites through a continuous extrusion process. Journal of Vinyl and Additive Technology, 2001, 7 (3): 142-148.

[20] 刘涛，洪凤宏，武德珍．木粉表面处理对 PVC/木粉复合材料性能的影响．中国塑料，2005，19 (1)：27-30.

[21] 丁筠，钟鑫，薛平等．木纤维改性对聚氯乙烯/木纤维力学性能的影响．北京化工大学学报，2004，31 (1)：76-82.

[22] 苑会林，李运德，闫雪晶．木粉填充聚氯乙烯发泡体系的力学性能研究．聚氯乙烯，2002，(6)：19-23.

[23] 李志军，符新，余浩川．改性橡胶木粉/HDPE 复合材料结构和力学性能的研究．塑料，2006，35 (3)：1-5.

[24] 秦特夫．改善木塑复合材料界面相容性的途径．世界林业研究，1998，(3)：46-51.

[25] 宋永民，王清文，郭垂根．EPDM-MA 对木粉/聚丙烯复合材料性能的影响．林业科学，2005，41 (6)：138-143.

[26] 刘文鹏，李炳海．不同相容剂对 PP/木粉复合材料力学性能的影响．塑料，2005，34 (5)：21-24.

[27] 王澜，胡乐满，董洁．提高木塑复合材料相容性的研究．上海塑料，2004，(3)：32-36.

[28] 张正红．PVC/木塑复合微孔发泡材料挤出成型技术研究．浙江化工，2007，35 (12)：8-10.

[29] 刘涛，洪凤宏，武德珍．PVC/木粉复合体系加工方法与性能的关系．高分子材料科学与工程，2006，22 (1)：174-177.

[30] Guo G, Rizvi G M, Park C B, et al. Critical processing temperature in the manufacture of fine-celled plastic/wood-fiber composite foams. Journal of Applied Polymer Science, 2003, 91: 621.

[31] 姚祝平．微发泡硬质 PVC/木粉体系型材的挤出．上海塑料，2002，(3)：27-29.

[32] 薛平，贾明印，王哲等．PVC/木粉复合材料挤出发泡成型的研究．工程塑料应用，2004，32 (12)：66-70.

[33] Ivan Lerner. High durability and low maintenance boost WPC prospect. Chemical Market Reporter, 2003, 264 (22): 12.

[34] Richard Stewart. Wood fiber composites. Plastics Engineering, 2007, 63 (2): 20-25.

[35] Lilli Mandis Sherman. Wood-filled plastics. Plastics Technology, 2004, 50 (7): 52.

[36] 唐伟家，丁建生．木塑复合材料润滑剂和偶联剂技术进展．国外塑料，2006，24 (11)：78-83.

[37] David Vink. WPC step up in Europe. European Plastics News, 2006, 33 (6): 19-25.

[38] 雄戈．木塑复合材料的技术进步及应用拓展．国外塑料，2008，(26)：70-73.

第十章 碳/碳复合材料

第一节 概 述

一、碳/碳复合材料的定义

碳/碳（C/C）复合材料是由碳纤维或各种碳织物增强碳或石墨化的树脂碳（或沥青）以及CVD沉积碳所形成的复合材料，是具有特殊性能的新型工程材料，也被称为碳纤维增强碳复合材料。由三种不同组分构成，即碳纤维、树脂碳和热解碳。几乎完全是由元素碳组成的，故能承受极高的温度和极大的加热速率。通过碳纤维适当取向增强，可得到力学性能优良的材料，在高温下这些性能保持不变，甚至某些性能指标有所提高。在机械加载时，碳/碳复合材料的变形与延伸都呈假塑性，最后以非脆性方式断裂。它的抗热冲击和抗热诱导能力极强，且具有一定的化学惰性（表10-1）。

表 10-1　碳/碳复合材料的主要优缺点

优　点	缺　点
高温性状稳定	材料：非轴向力学性能差
升华温度高	破坏应变低
烧蚀凹陷低	空洞含量高
平行于增强方向具有高强度和高刚度	孔分布不均匀
在高温条件下的强度和刚度可保持不变	纤维与基体结合差
抗热应力	热导率高
抗热冲击	抗氧化性能差
力学性能为假塑性	成本高
抗裂纹传播	加工：制造加工周期长，可还原性差
非脆性破坏	设计：设计与工程性能受限制
衰减脉冲	缺乏破坏准则
化学惰性	设计方法复杂
重量轻	环境特性曲线复杂
抗辐射	各向异性
性能可调节	尚无较好的非破坏检验方法
原材料为非战略材料	使用经验不足
易制造加工	连接与接头困难

二、碳/碳复合材料的发展

关于碳/碳复合材料的研制，可一直追溯到20世纪60年代初期，当时碳纤维已开始商品化，用它来增强如火箭喷嘴一类的大型石墨部件。结果在强度、耐高速高温气体的腐蚀方面都有非常显著的提高。

碳/碳复合材料的发展主要是受宇航工业发展的影响，它具有高的烧蚀热、低的烧蚀率。有抗热冲击和超热环境下具有高强度等一系列优点，被认为是再入环境中高性能的烧蚀材料。例如，碳/碳复合材料作导弹的鼻锥时，烧蚀率低且烧蚀均匀，从而可提高导弹的突防能力和命中率。碳/碳复合材料还具有优异的耐摩擦性能和高的热导率，使其在飞机、汽车刹车片和轴承等方面得到了应用。

碳/碳复合材料在宇宙飞船、人造卫星、航天飞机、导弹、航空、原子能以及一般工业部门中都得到了日益广泛的应用。它们作为宇宙飞行器部件的结构材料和热防护材料，不仅可满足苛刻环境的要求，而且还可以大大减轻部件的重量，提高有效载荷、航程和射程。

第二节　碳/碳复合材料成型加工技术

碳/碳复合材料的成型加工方法很多，其各种工艺过程大致可归纳为图 10-1。

一、坯体

增强碳纤维或其织物预先成型为一种坯体。坯体可通过长纤维（或带）缠绕、碳毡、短纤维模压或喷射成型、石墨布叠层的 z 向石墨纤维针刺增强以及多向织物等方法制得。

碳纤维长丝或带缠绕方法和 GFRP 缠绕方法一样，可根据不同的要求和用途选择适宜的缠绕方法。

碳毡可由人造丝毡碳化或聚丙烯腈毡预氧化、碳化后制得。碳毡叠层后，可用碳纤维在 x、y、z 三向增强，制得三向增强毡。

喷射成型是把切断的碳纤维（约 0.025mm）配制成碳纤维-树脂-稀释剂的混合物，然后用喷枪将此混合物喷涂到芯模上使其成型（图 10-2）。

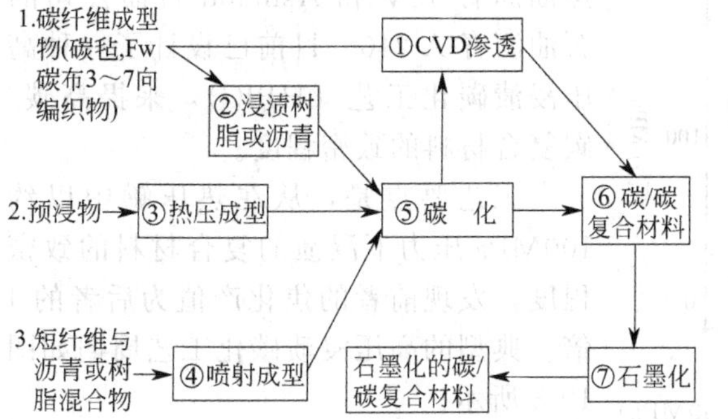

图 10-1　碳/碳复合材料的成型加工方法

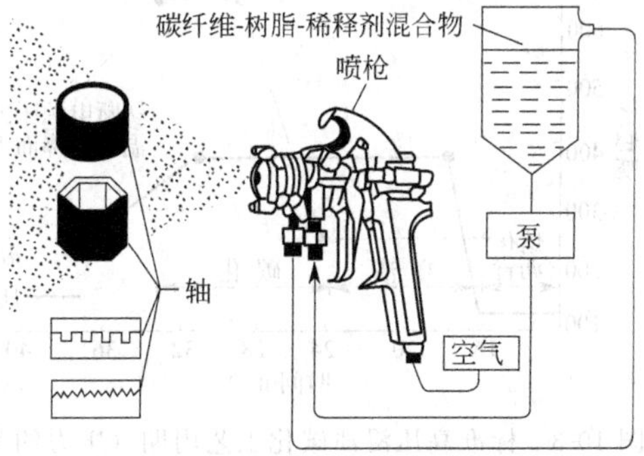

图 10-2　喷涂成型工艺示意图

研制的重点是多向织物，如三向、四向、五向或七向等，目前是以三向织物为主。x、y、z 方向的纱线并没有交织点，只有重合点，这样才能充分发挥织物里面每个纤维的力学性能。三向织物研究的重点在细编织及其工艺、各向纤维的排列对材料的影响等方面。三向织物的细编程度越高，碳/碳复合材料的性能越好，尤其是作为耐烧蚀材料更是如此。细编程度常用织物的正向间距大小来衡量。z 向间距越小，编织密度越高，线烧蚀率越低。随着编织技术的改进，z 向间距可缩小到 0.46mm。单位长度 x 和 y 向纤维的层数也是衡量细编程度的重要因素，通常每厘米的纤维层数为 10～16 层，最多可达 20 层以上。在三向纺织的基础上，对四向和七向编织物也进行了研究。四向织物是在相应于立方体的四个长对角线方向上，纤维进行正交排列。七向织物是 x、y、z 三维方向上再加上立方体的四个长对角线方向进行编织，由于编织方向增多，改善了三向织物的非轴线方向的性能，使材料的各部分性能趋于平衡，提高了强度（主要是剪切强度），降低了材料的热膨胀系数。

二、基体

碳/碳复合材料的碳基体可从多种碳源采用不同的方法获得，典型的基体有树脂碳和气相沉积碳，前者是合成树脂或沥青经碳化和石墨化而得，后者是由烃类气体的气相沉积而成。也可以是这两种碳的混合物。

（1）把来源于煤焦油和石油的熔融沥青在加热加压条件下浸渍到碳/石墨纤维结构中去，

随后进行热解和再浸渍。

(2) 已知有些树脂基体在热解后具有很高的焦化强度，有几种牌号的酚醛树脂和醇树脂，热解后的产物能够很有效地渗透进较厚的纤维结构。热解后必须进行再浸渍再热解，如此反复。

(3) 通过气相（通常是甲烷和氮气）化学沉积法在热的基质材料（如碳/石墨纤维）上形成高强度热解石墨。

也可以把气相化学沉积法和上述两种工艺结合起来以提高碳/碳复合材料的物理性能。

(4) 把由上述方法制备的，但仍然是多孔状的碳/碳复合材料在能够形成耐热结构的液态单体中浸渍，是又一种精制方法。由四乙烯基硅酸盐和强无机酸催化剂组成的渗透液将会产生具有良好耐热性的硅-氧网络。硅树脂也可以起到同样的作用。

(一) 沥青基混合物

用煤焦油沥青或石油沥青浸渍碳/石墨纤维可得碳/碳复合材料。在所提到的各种沥青基体中，经常使用的是联合化学公司的煤焦油沥青 15V 和 Ashland 石油公司的石油沥青 A-240。目前已设计了一种高压浸渍碳化工艺（HPIC），来提高碳/碳复合材料的致密程度。

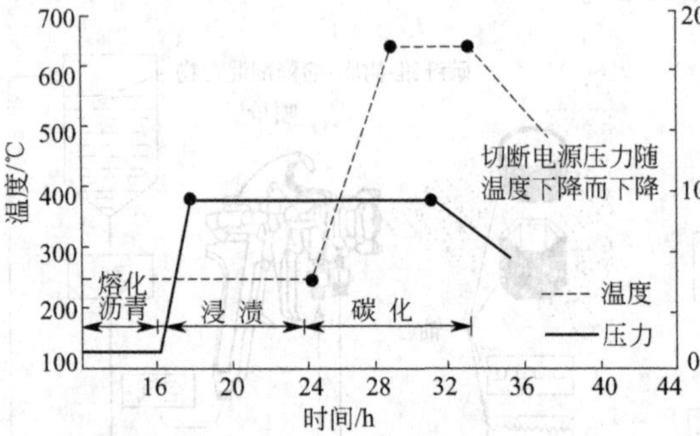

图 10-3 标准高压浸渍碳化工艺周期（压力约为 100MPa）

工艺要点是，从在热压罐中以约 100MPa 压力下浸渍的复合材料的致密程度，发现前者的焦化产值为后者的 1 倍。典型的高压浸渍碳化工艺周期如图 10-3 所示。

石墨纤维三维编织型坯在 100MPa 压力下维持 16h。虽然也可以采用较低的浸渍压力，但为了达到相同的致密程度就需要重复 2～3 次工艺周期。

火箭头锥顶端的标准石墨化工艺在氩气中进行，时间和温度规范如下。

① 以 300℃/h 的升温速率从室温升到 600℃。

② 以 20℃/h 的升温速率从 600℃升到 1000℃。

③ 以 70℃/h 的升温速率从 1000℃升到 2500℃。

④ 以 100℃/h 的升温速率从 2500℃升到 2700℃＋（0～25℃）。

⑤ 在 2700℃＋（0～25℃）下浸渍 30min。

⑥ 冷却并卸压。

非常高的石墨化温度可能会损害某些沥青基碳纤维的拉伸强度。Tohnson 确定了处理三维编织预型坯（2in×2in×5in[1]，用 V-15 沥青浸渍）的工艺参数以及它们对型坯性能的影响，为了使碳/碳三维型坯致密化，要求沥青渗透进纤维间较大的孔隙中。如果在浸渍碳化工艺中采用 1.5×10^{3} lbf/in^{2}[2] 的压力，则较低的石墨化温度（2400℃）能明显提高沥青纤维碳/碳三维型坯的拉伸强度。

由编织物制造的新型三维型坯是把线股垂直地穿过织物平面，这种型坯具有良好的阻止裂

❶ 1in＝0.0254m。

❷ 1lbf/in^{2}＝6894.76Pa。

纹在基体中形成和扩展的能力（图 10-4）。把它们用酚醛树脂和（或）煤焦油沥青（它们的焦化产值高）进行浸渍，然后碳化和石墨化（2704℃）若干次，得到本体密度为 1.70g/cm³。

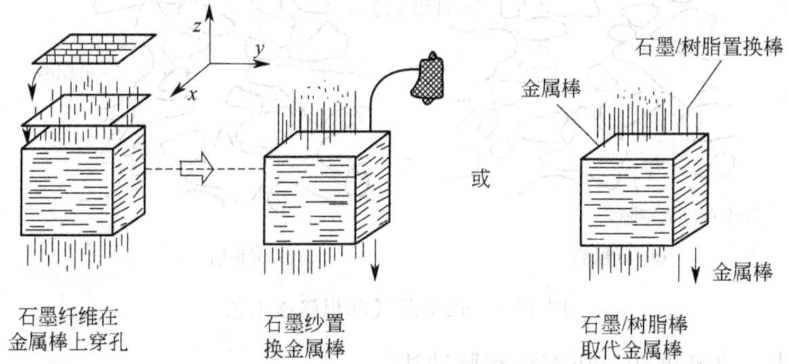

图 10-4 Mod-3 坯体的制造示意图

（二）合成树脂基体

采用合成树脂制备碳/碳复合材料。

① 在工艺低温度和低压力下具有低黏度这一点上，合成树脂比石油或煤焦油沥青强。

② 合成树脂的纯度比天然产物高，化学结构更容易鉴定，沥青的成分常随产地和提炼方法而异。

③ 比较容易得到含碳量高的树脂体系，并可能转化为耐高温的碳素产物。

20 世纪 60 年代初期的测试已表明，某些糠醇或酚醛热固性高聚物具有相当的“焦化强度”，这类高聚物热解后的性能下降不像其他树脂那样严重。而合成的热固性树脂和前述的沥青一样，高温热解后留下的碳素残渣具有相当好的强度。而像 PS 这样的热塑性塑料在高温热解后便“消失”了，剩下的炭渣几乎可忽略不计。

近年来出现了一种以芳基乙炔为浸渍剂的低压复合工艺，为碳/碳复合材料开辟了新的途径。芳基乙炔黏度小，易于浸渍，含碳量高，在中低压下固化、碳化，有极高的残炭率（>80%），且所获得的碳纯度非常高，是碳/碳复合材料性能优异的基体材料。使用芳基乙炔制造复合材料，可以大大简化工艺过程。

（三）化学蒸气沉积

渗透工艺中使用化学蒸气沉积技术有可能大大提高碳/碳复合材料结构的性能（图 10-5）。CVD 可以用来代替碳/石墨纤维浸渍沥青或合成树脂基体的工艺过程，也可以在碳/石墨纤维浸渍基体之外再用 CVD 工艺处理，CVD 技术的通用性也是显而易见的，例如，除了热解石墨以外，还有钛、硅和硼的碳化物。硅和钛的硼化物，都能利用 CVD 技术来大幅度提高碳/碳复合材料的物理性能。

“热解碳”（PC）和“CVD 碳”是在 1100℃左右碳源蒸气经热解而沉积在基质材料上的碳质的总称。而“热解石墨”（PG）则是由碳氢化合物气体在 1750～2250℃沉积的碳，PG 的电性能、热性能和力学性能是各向异性的，随测试方向而变化。热解石墨沉积工艺中最经济的气体源是天然气，它通常含有 85%～95%甲烷、2%～5%乙炔和 2%～5%其他碳氢化合物。

如果热解石墨或热解碳在固体表面的沉积速率远远超过了在微孔内的沉积速率，则孔内的碳量就不再增加，结果表面微孔就被封闭起来。为了使微孔重新开放以利于进一步化学沉积渗透，必须磨去或用机械加工方法除去热解碳或热解石墨表面层。进一步的 CVD 处理能够使碳/碳复合材料更加致密，物理性能进一步提高。目前化学气相沉积基体碳主要采用四

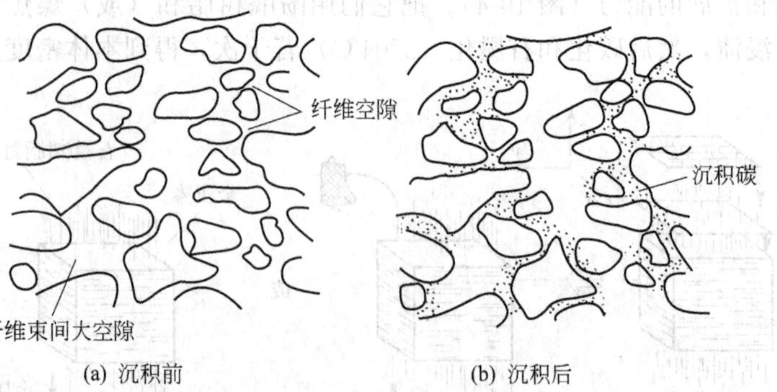

图 10-5 化学蒸气沉积渗透工艺

种方法：均热法、热梯度法、压差法和脉冲法。

均热法是将坯体放在恒温的空间（950～1150℃），在适当低的压力（1～150mmHg[1]）下让烃类气体在坯体表面流过，其部分含碳气体扩散到坯体孔隙内产生热解碳，沉碳速率取决于气体的扩散速率。此法渗透时间长，每一周期需 50～120h。由于靠近坯体表面的孔优先被填充，生成硬壳，故在渗透过程中要进行机械加工，将其硬壳层除去，然后再继续沉碳。温度、压力、气流和炉子的几何形状都会影响热解碳和热解石墨的沉积速率。此外，还要采用适当的工艺措施以避免生成多灰的各向同性碳，因为这种碳不易石墨化（图 10-6）。

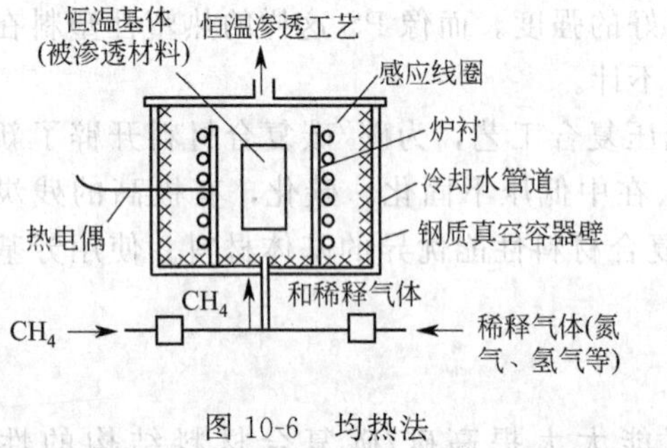

图 10-6 均热法

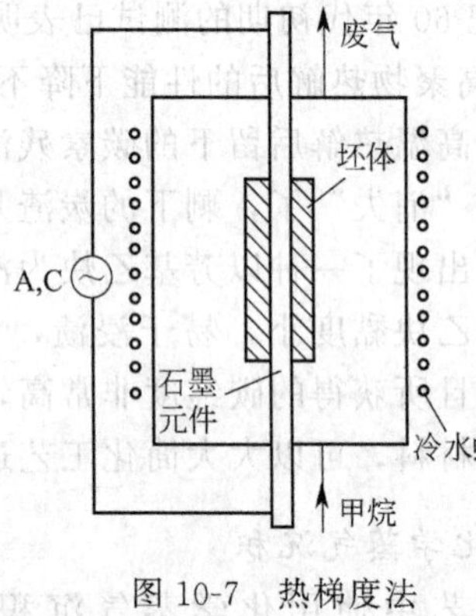

图 10-7 热梯度法

热梯度法与均热法类似，其过程也受气体扩散所支配，但因炉压较高，沿坯体厚度方向可形成一定的温差。气态烃类首先与坯体的低温表面接触，逐步向内部高温处扩散。由于温差的影响，越向内部，沉积越快，有效地防止了表面沉积快而生成硬壳的现象。炉内发热体为支撑坯体的石墨芯模，炉壁有冷却水管，形成坯体内外有一温差，并随沉积时间的增加，沉积层由内向外移动（图 10-7）。

随着沉积的致密化，材料的导热性增加，内外温度的梯度变小。此法沉积周期短，制品密度高，性能比均热法更好。存在的问题是重复性差，不能在同一时间内加工不同的坯体和多个坯体，坯体的形状也不能太复杂。

压差法是在沿坯体厚度方向造成一定的压力差，反应气体被强行通过多孔坯体，此法沉积速率快，渗透时间较短，沉积的碳也较均匀，适用于处理透气性低的部件（图 10-8）。由

[1] 1mmHg＝133.322Pa。

于易生成表面硬层，在沉积过程中需要中间加工。

脉冲法是一种改进的均热法，在沉积过程中利用脉冲阀交替地充气和抽真空。抽真空过程中有利于气体反应产物的排除。由于它能增加热渗透深度，故适宜制造不透气的石墨材料（图 10-9）。

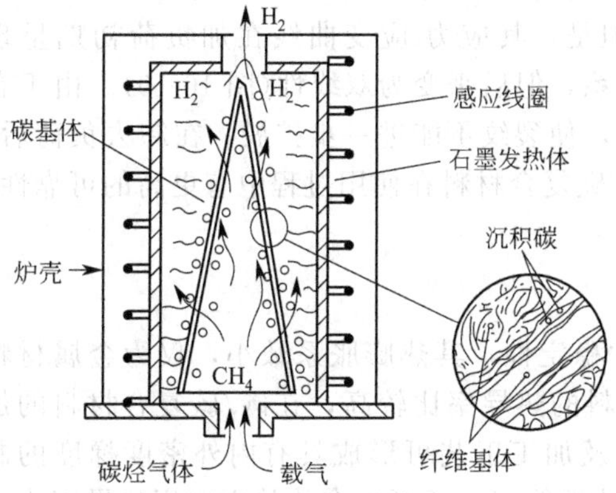

图 10-8 压差法

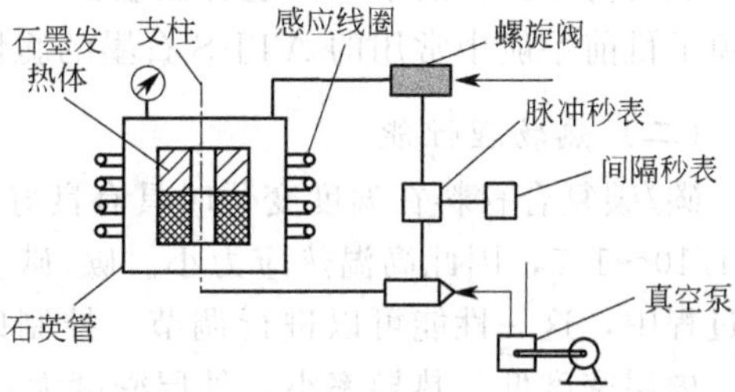

图 10-9 脉冲法沉碳示意图

沥青碳化时，分解气体产物沿纤维表面逸出，纤维和基体的膨胀系数也不同，因而破坏了纤维和基体的结合，导致生成复合材料的力学性能较差。化学气相沉积法工艺简单，沉积过程中纤维不受损伤，制品的结构较均匀和完整，故致密性好，强度高。为了满足各种使用的需要，同时制品的密度和密度梯度也已能够加以控制，此法近年来发展较快。

碳/碳复合材料进一步高温石墨化（>2500℃）处理时，虽然强度和模量都有所降低，但其抗热震能力得到显著提高，这点对化学气相沉积形成的基体尤为明显。作为再入热防护材料应用时，都需要高温石墨化处理。

综上所述，在碳/碳复合材料里主要有三种类型的碳，即纤维碳、树脂碳和沉积碳。一般纤维在整个材料中占 60%～80%，如果它所占的比例较小，相对的树脂碳所占比例较大，在热处理过程中易在树脂的富集区形成裂纹。这三种类型碳的性质有所差异，特别是热物理性质的不同会导致烧蚀过程中接触界面开裂和剥落，影响烧蚀结果。因此在选择纤维、浸渍剂和沉积气体时应多考虑，工艺参数的选择也是十分重要的。在碳/碳复合材料的加工过程中，密度的变化十分明显，也适宜于测量和控制物性的指标。一般坯体的密度约为 0.2～0.8g/cm³，经过多次浸渍、沉积、碳化和石墨化后，密度可达 1.4～2.0g/cm³。密度越高，意味着坯体中的空隙被填充越实，并使弯曲强度和层间剪切强度得到了提高。一般密度越高，抗烧蚀性能越好，在碳/碳复合材料的制造过程中，要经常测定密度的变化。

第三节 碳/碳复合材料性能与应用

一、碳/碳复合材料的性能

碳/碳复合材料的性能与纤维的类型、增强方向、制造条件以及基体碳的微观结构等因素密切相关，但其性能可在很宽的范围内变化。

（一）力学性能

碳/碳复合材料密度小，抗拉强度和弹性模量高于一般碳素材料，碳纤维的增强效果十

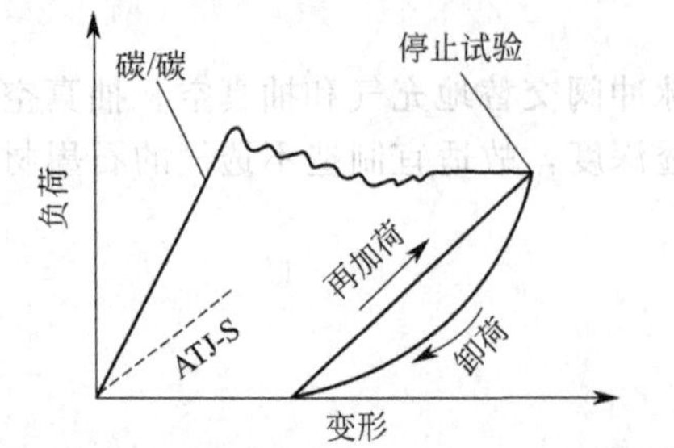

图 10-10 碳/碳复合材料的负荷-变形曲线

分显著。在各类坯体形成的复合材料中，长丝缠绕和三向织物制品的强度最高，其次是毡化学气相沉积碳的复合材料。三向正交细编的碳/碳复合材料，抗拉强度大于100MPa，抗拉模量大于40～60GPa。

碳/碳复合材料断裂应变较小，仅为0.12%～2.4%。但是，其应力-应变曲线在加负荷初期呈现出线性关系，但后来变为双线性(图10-10)。由于有增强坯体，使裂纹不能进一步扩展。在卸去负荷后，可再加负荷至原来的水平。这种假塑性效应使碳/碳复合材料在使用过程中有更高的可靠性，避免了目前宇航中常用的ATJ-S石墨的脆性断裂。

（二）热物理性能

碳/碳复合材料在温度变化时具有良好的尺寸稳定性，其热膨胀系数小，仅为金属材料的1/10～1/5，因此高温热应力小。碳/碳复合材料的热导率比较高，在碳/碳复合材料的加工过程中，这一性能可以进行调节。控制碳沉积及加工工艺可形成具有内外密度梯度的制品。内层密度低，热导率小；外层密度大，抗烧蚀性能好。还可以在传热方向用热导率小的石英纤维、氧化锆纤维或氧化铝纤维代替碳纤维，使其起到隔热的作用。

碳/碳复合材料的比热容高，其值随温度上升而增大，因而能储存大量热能。碳/碳复合材料的抗热震因子相当大，为各类石墨制品的1～40倍。

（三）烧蚀性能

碳/碳复合材料暴露于高温和快速加热的环境中，由于蒸发升华和可能的热化学氧化，其部分表面可被烧蚀。但其表面的凹陷浅，可良好地保留其外形，且烧蚀均匀而对称，这正是它被广泛用作防热材料的原因之一。

碳的升华温度高达3000℃以上，故碳/碳复合材料的表面烧蚀温度高。在这样高的温度下，通过表面辐射除去了大量热能，使传递到材料内部的热量相应减少。

碳/碳复合材料的有效烧蚀热高，材料烧蚀时能带走大量热。碳/碳复合材料的有效烧蚀热比高硅氧/酚醛高1～2倍，比尼龙/酚醛高2～3倍。从烧蚀性能看，碳/碳复合材料比高硅氧/酚醛、石英/酚醛等烧蚀材料要好，与宇航级的石墨ATJ-S相近。经高温石墨化后，碳/碳复合材料的烧蚀性能更加优异。

（四）化学稳定性

碳/碳复合材料99%以上都是由元素碳组成的。因此它具有和碳一样的化学稳定性。碳/碳复合材料的最大缺点是耐氧化性能差。为了提高其耐氧化性，可在浸渍树脂时加入抗氧化物质或在气相沉碳时加入其他抗氧元素。用碳化硅涂层来提高其抗氧化能力，即将碳/碳复合材料制品埋在混合好的硅、碳化硅和氧化铝的粉末中，在氩气保护下加热到1710℃并保持2h，可得到完整的碳化硅涂层。

二、碳/碳复合材料的应用

碳/碳复合材料有高比强度、高比模量、耐烧蚀、传热导电、自润滑性、本身无毒等特点。

（一）导弹、宇航工业的应用

碳/碳复合材料的发展主要是受导弹、宇航工业的要求所推动，因而首先在这些领域开始试用。

洲际导弹、载人飞船等飞行器以高速返回地球通过大气层时，由于绝热压缩空气的阻力，使它们的动能散发到空气中产生冲击波。尽管大部分能量随冲击波由飞行器的侧面流过，但在冲击波的内侧，在空气对飞行器来说相对静止的驻点处热焓极高。此外，部分热量由高温空气的扩散并传导到飞行器的表面。在极高温度下，辐射也占一定的比例。传入飞行器的热量与它的气体动力学外形、飞行速度、高度（气体密度）以及飞行轨道等有关。采用鼻锥式等更为合理的设计可使实际流入飞行器的热量仅为整个热量的1%～10%。然而，这部分热量的绝对值仍相当大。

在金属中钨的熔点最高为3500℃；非金属材料中石墨的耐热性极好，升华温度在3800℃左右；最好的耐热材料碳化钽和碳化铪的熔点在4000℃左右。即使是这些材料也难以承受飞行器在再入环境中受到的极高热环境。曾相继研究了五种基本的防热方法：发汗、磁流体冷却、吸热、辐射和烧蚀。

烧蚀冷却是其中用得最广泛的一种，烧蚀防热是利用材料的分解、解聚、蒸发、气化及离子化等化学和物理过程带走大量热能，并利用消耗材料本身来换取隔热效果。同时，也可利用在一系列的变化过程中形成隔热层，使物体内部温度不致升高。在防热材料表面，由于物质相变吸收大量的热能，挥发产物又带走大量热能，残留的多孔碳化层也起到隔热作用，阻止热量向内部传递，从而起到防热作用。

除热作用外，由于飞行器以数十马赫的超声速飞行，形成的冲击波对飞行器的头部产生很大的压力，所以周围气流也对它产生不同程度的剪切应力；飞行器在高速飞行时还可能受到其他机械力的作用，如粒子撞击、声振荡和惯性力等。由于极高的环境温度，空气还可能部分解离和离子化，并与头部材料发生氧化还原等化学作用。

由于反导弹武器的发展，为了提高突防能力，躲避对方拦截，发展了分导式多弹头和机动弹头。这种弹头，尤其是鼻锥部分的再入环境极其苛刻。为了提高导弹的命中率，除了改善制导系统外，还要求尽量减少非制导性误差。因此，要求防热材料在再入过程中烧蚀量低，烧蚀均匀和对称。同时，还希望它们具有吸波能力、抗核爆辐射性能和在全天候使用的性能。早在20世纪50年代人们就开始研制石墨鼻锥，并成功地研制成了高应变的ATJ-S石墨材料。块状石墨属于脆性材料，其抗热震能力差等问题始终未能得到很好的解决。碳/碳复合材料保留了石墨的特性，而且由于碳纤维的增强作用，其力学性能得到了提高。

碳/碳复合材料具有极佳的低烧蚀率、高烧蚀热、抗热震、高温力学性能优良等特点，故被人们认为是苛刻再入环境中有前途的高性能烧蚀材料。20世纪70年代以来，美国战略武器的头部防热材料的研制已从硅基转向碳基，碳/碳复合材料已成为第三代战略核武器头部防热的主要材料。碳/碳复合材料制成的截圆锥和鼻锥等部件已能满足不同型号洲际导弹再入防热的要求。美国战略核武器“民兵-Ⅲ”型导弹是分导式MK12A多弹头，该导弹的鼻锥由碳/碳复合材料制成。

对于火箭来说，要求耐烧蚀的另一个部位是发动机燃烧室和喷管系统（图10-11）。由喷管喷出数千度的高温高压气体，把推进剂燃烧产生的热能转换为推进动能。喷管喉部是烧蚀最严重的部位。

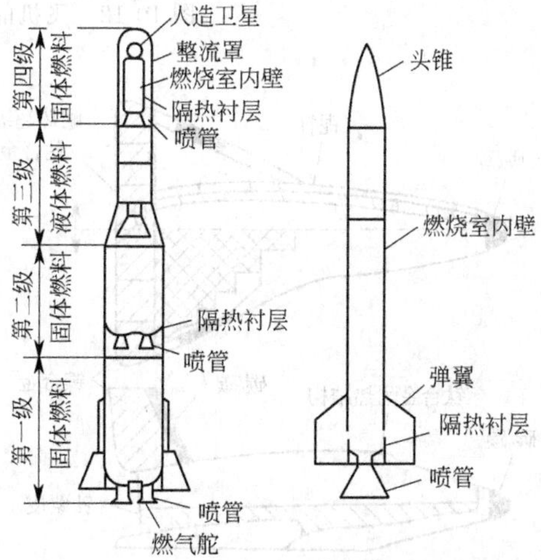

图10-11 火箭及导弹所用烧蚀材料的部分示意图（粗线部分）

作为喷管材料应承受：耐温2000～3500℃；点火后在表面极高的热速率引起的热冲击；高的热梯度引起的热应力；压力达69MPa；经得起超高速侵蚀气体几分钟的作用。石墨材料已用作喷管材料。但是，对于大型固体火箭来说，随着喉径增大和时间延长，烧蚀率显著增加，这不仅使石墨制造大型喷管困难，而且会出现环向断裂。这就促进了研制新的碳纤维增强复合材料的喷管。阿波罗指挥（令）舱的姿控发动机的喷管是用碳/碳复合材料制成的，在 F2/肼液体燃料发动机上进行了试验（3837℃），经 255s 后，线烧蚀率仅为 0.005mm/s。

航天飞机是由轨道飞行器、燃料箱和固体运载火箭等组成的。前者是其心脏部分，其他是为其提供后勤用的。当轨道飞行器返回地面的过程中，其表面经受 1000～1500℃的苛刻热环境。机头的温度超过 1260℃，驻点可达 1463℃以上，主翼前缘温度也在 1260℃以上（图 10-12）。

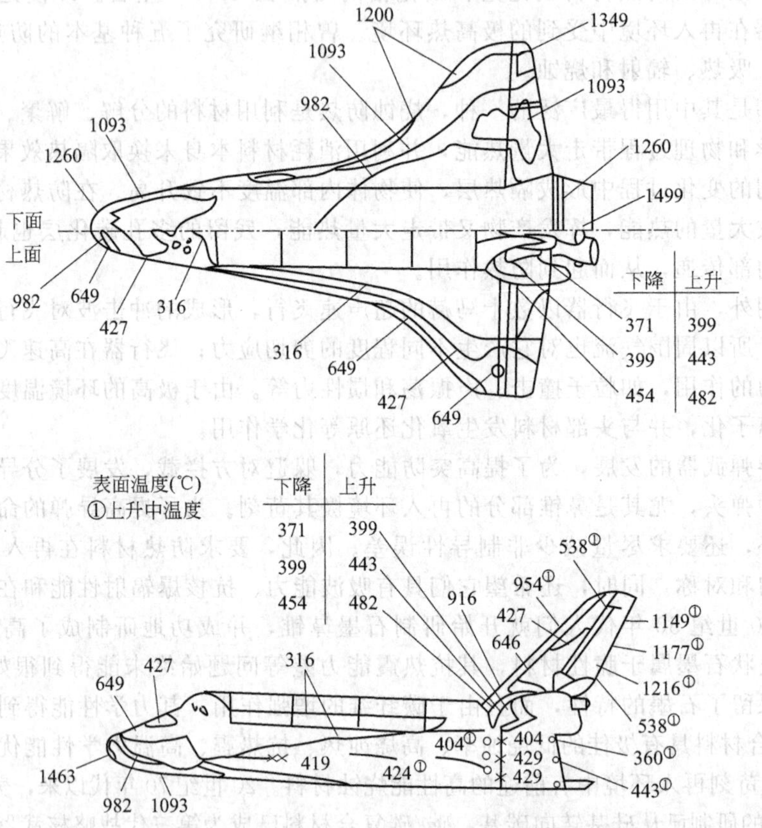

图 10-12 飞机的轨道飞行器的最高表面温度

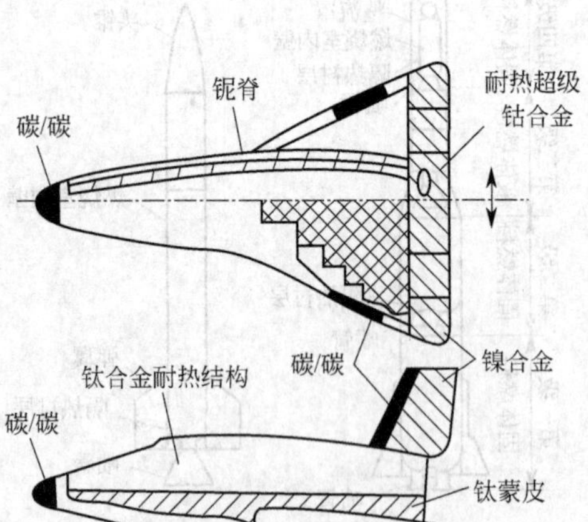

图 10-13 碳/碳复合材料在航天飞机上的应用

在这些烧蚀最严重的部位采用了碳/碳复合材料。道格拉斯公司在航天飞机的设计中，采用碳/碳复合材料的部分占其全部表面积 185.5m^2 的 1/5（图 10-13）。主要用在鼻锥（机头）、机翼和尾翼前缘部位等处。这样可以大大减轻航天飞机的重量，提高其性能。碳/碳复合材料曾在 1650℃下、40min 内进行了 100 次试飞，材料性能良好。

（二）航空工业

飞机重量轻，可实现加速快，起飞时的离地速度高，可缩短滑行跑道的距离；在高空飞行时，爬升快，转弯变向灵活，航程远，有效载荷大。F-5A 战斗机，当其重量减轻 15%时，用同样多的燃料可增加 10%的航程，或多载 30%的武器，飞行高度提高 10%，跑道的滑行距离可缩短 15%。利用碳/碳复合材料摩擦系数小和热容大的特点可以制成高性能的飞机刹车装置。

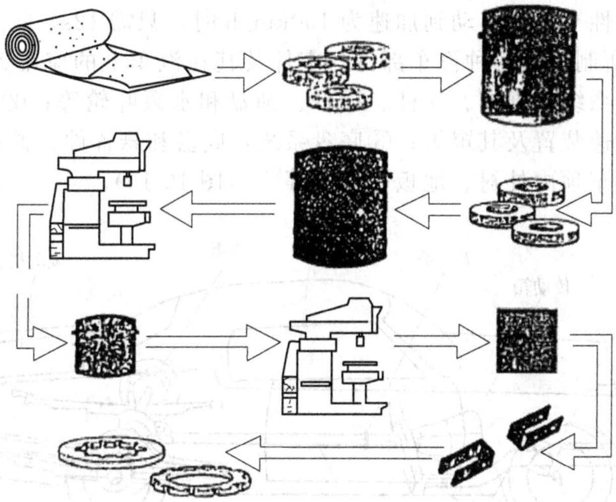

图 10-14　碳刹车盘的制造工艺流程

碳/碳复合材料是理想的摩擦材料。大部分军用和民用飞机及一些高级赛车均采用碳/碳复合材料制造刹车装置。世界上生产的碳/碳复合材料中按体积计算有 63%用于制造飞机的刹车装置。在现代高速飞机或赛车刹车时，刹车盘摩擦表面温度高达 1000～1300℃，已接近金属基刹车盘的使用极限温度，由于热应力大，金属基刹车盘易开裂，变形磨损增大，摩擦性能不稳定以及刹车热偶黏结。为适应这一要求，出现了以碳/碳复合材料为基体的刹车盘，习惯上称为“碳刹车”，与金属基相比，碳刹车的使用寿命是金属基的 5～7 倍，重量为发动机 1/10 的碳/碳制动体系的制动能力是钢制动器的 3～5 倍，因而广泛在飞机中得到应用。现在采用的制备方法是：首先制得碳纤维增强体，然后在其空隙中引入碳基体，工艺流程如图 10-14 所示。

2008 年 8 月我国成功完成了 A320 系列飞机碳刹车盘地面台架试验，超码公司成为国内首家完成该型号碳刹车盘地面动力试验的单位。该产品实现了我国在碳/碳复合材料领域的技术突破，为民族航空工业的发展做出了重要贡献。图 10-15 为 A320 系列飞机碳/碳刹车盘成品[1]。

图 10-15　A320 系列飞机碳/碳刹车盘成品

（三）其他方面的应用

1. 汽车工业

汽车工业是今后大量使用碳/碳复合材料的部门之一。目前，石油短缺，要求汽车耗费燃料量逐年下降，促使汽车向车体轻量化、发动机高效化、车型阻力小等方向发展。车体轻量化将逐步改变目前以金属材料为中心的汽车结构（金属材料占 80%，非金属材料占 20%），使其逐步塑料化。轻质和一材多用的碳/碳复合材料是理想的选材。汽车质量与其燃料耗费有着密切的关系。车越轻，耗费每千克汽油行驶的里程越远。对小型汽车来说，车体减重 7kg，每加仑❶汽油可多行驶 0.1mile❷。目前，小汽车约重 1500～1600kg。美国福特汽车公司以石墨纤维增强复合材料为主制成了 LTD 实验车。这辆 6 人乘坐的小汽车，质量仅为 1130kg，而同类金属材料车为 1690kg，减重 560kg。同类车每加仑汽油只能行驶 7.2km，而 LTD 车为 9.9km。这种车由于重量轻和惯性小，从启动到加速为 100km/h 时，只需 12s。

碳/碳复合材料所制成的各种汽车部件、零件及其在汽车上的应用大致可以归纳为以下四个方面：①发动机系统：推杆、连杆、摇杆、油盘和水泵叶轮等；②传动系统：传动轴、万能箍、变速器、加速装置及其罩等；③底盘系统：底盘和悬置件、弹簧片、框架、横梁和散热器等；④车体：车顶内外衬、地板、侧门等[2]（图 10-16）。

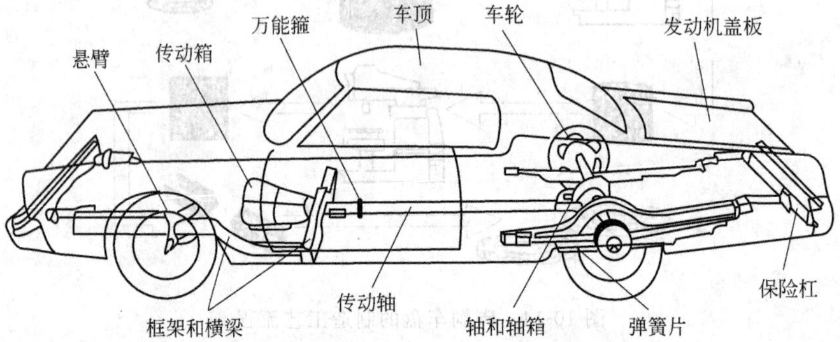

图 10-16　碳/碳复合材料用于小汽车的部分示意图

2. 化学工业

碳/碳复合材料主要用于耐腐蚀设备、压力容器和密封填料等。

3. 电子、电气工业

碳/碳复合材料是优良的导电材料，利用它的导电性能可制成电吸尘装置的电极板、电池的电极、电子管的栅极等。例如在制造炭电极时，加入少量碳纤维可使其力学性能和电性能都得到提高。用碳纤维增强酚醛树脂的成型物在 1100℃氮气中碳化 2h 后，可得到碳/碳复合材料。用作送话器的固定电极时，其敏感度特性比炭块制品要好得多，和镀金电极的特性接近。

4. 医疗方面

碳/碳复合材料对生物体的相容性好，可在医学方面用作骨状插入物以及人工心脏瓣膜阀体。

碳材料是目前生物相容性最好的材料之一。在骨修复上，碳/碳复合材料能控制孔隙的形态，这是很重要的特性，因为多孔结构经处理后，可使天然骨骼融入材料之中。故碳/碳复合材料是一种极有潜力的新型生物医用材料，在人体骨修复与骨替代方面有较好的应用前景。

碳/碳复合材料作为生物医用材料主要有以下优点：①生物相容性好，强度高，耐疲劳，韧性好；②在生物体内稳定，不被腐蚀；③与骨的弹性模量接近，具有良好的生物力学性能。

现已成功地在人体内植入了碳/碳复合材料制造的人工关节。由于具有优异的生物

---

❶ 1UK gal＝4.54609dm³。

❷ 1mile＝1609.344m。

相容性与潜在的力学相容性，碳/碳复合材料在生物医用方面有很好的应用前景。碳/碳复合材料的骨盘、骨夹板和骨针已有临床应用；用碳/碳复合材料制成的人工心脏瓣膜、中耳修复材料也有研究报道；另外，碳/碳人工齿根也已取得了很好的临床应用效果。经研究发现，在几种碳基复合材料中，只有通过气相渗碳得到的热解碳基复合材料最适用于髋关节置换，这种材料具有关节置换生理环境所需的生物相容性和生物力学稳定性[3,4]。

碳/碳复合材料还可以用于制造核反应堆中的无线电频率限幅器、卫星上的通信反射器、高温紧固件、热压模、超塑性金属模具以及体育器材等。图 10-17 为碳/碳复合材料在体育器材方面的一些应用。体育休闲用品是碳纤维复合材料应用的另一个重要领域，如高尔夫球杆、滑雪板、滑雪车、网球拍、钓鱼竿等。用碳纤维复合材料制成的球拍与传统的铝合金球拍相比，其重量更轻，手感和硬度更好，对振荡和振动的吸收也更好，且使用寿命大大延长。同时由于复合材料本身的可设计性，使得制造商在球拍的硬度、弹性、球感、击球性能的设计上，有了更大的想象空间。而碳纤维钓鱼竿由于其良好的韧性与耐用性，更是被广泛青睐。近年来，碳纤维复合材料在运动及休闲型自行车零部件方面的应用也非常广泛。

(a)　(b)

图 10-17　碳/碳复合材料在体育器材方面的应用

碳/碳复合材料的发展方向将由双元复合向多元复合发展。今后将以结构碳/碳复合材料为主，向功能和多功能碳/碳复合材料发展，研究的重点是控制孔隙的最佳数量，提高高温下的抗氧化性能，降低成本。

参 考 文 献

[1] 颜月娥，黄启忠，邹林华等. 航空刹车用 C/C 复合材料的应用与发展. 新型碳材料，1996，11 (3)：13-17.

[2] 廖勋鸿，廖名华，王鑫秀等. C/C 复合材料在火箭发动机和飞机上的应用. 炭素，2002，(3)：11-13.

[3] 侯向辉，陈强，喻春红等. 碳-碳复合材料的生物相容性及生物应用. 功能材料，2000，31 (5)：460-463.

[4] 王荣国，武卫莉，谷万里等. 复合材料概论. 哈尔滨：哈尔滨工业大学出版社，2004.